体育场施工新技术

肖绪文 赵 俭 杨中源 等编著

中国建筑工业出版社

图书在版编目（CIP）数据

体育场施工新技术/肖绪文，赵俭，杨中源等编著.
北京：中国建筑工业出版社，2008
ISBN 978-7-112-10215-0

Ⅰ. 体…　Ⅱ.①肖…②赵…③杨…　Ⅲ. 场地（体
育）-工程施工　Ⅳ. TU245.1　TU745.9

中国版本图书馆 CIP 数据核字（2008）第 104749 号

　　本书阐述了多个大型体育场成功施工方法，详细介绍了现代化体育场
工程施工技术和成套工艺工法。包括四方面内容：一是体育场综合施工技
术，包括核心创新技术、特殊创新技术、通用创新技术等；二是施工技术
管理，包括现代化大型体育场施工组织设计、施工技术方案编制方法及实
施；三是主要分部分项工程工法，包括特殊基础、超大主体结构、超大异
型篷盖、露天看台等工法；四是三个体育场施工组织设计，由其指导成功
完成相应场馆建设，技术领先，质量优良。本书内容来源于工程施工实
际，内容详实，图文并茂，具有较强的实用性和指导性。
　　本书可供土建施工单位工程技术人员、工程设计人员、监理人员使
用，也可作为土建工程院校师生教学参考书。

＊　　＊　　＊

　　责任编辑：郦锁林
　　责任设计：郑秋菊
　　责任校对：兰曼利　王金珠

体育场施工新技术

肖绪文　赵　俭　杨中源　等编著

＊

中国建筑工业出版社出版、发行（北京西郊百万庄）

各地新华书店、建筑书店经销

北京红光制版公司制版

北京蓝海印刷有限公司印刷

＊

开本：787×1092 毫米　1/16　印张：30¼　字数：755 千字
2008 年 11 月第一版　2008 年 11 月第一次印刷
印数：1—3000 册　定价：**68.00 元**
ISBN 978-7-112-10215-0
(17018)

前　言

我国成功申办 2008 年奥运会，激发了国人全民健身的高涨热情，为满足这种要求，全国各地开始了大量兴建大型体育场馆及其设施。但是，国内对体育场馆施工和用于体育建筑的智能工程技术等方面缺少系统的研究和技术集成；在国外，也很难找到可供参考的完整的体育场施工的成套技术。为此，我们开发研究一套适用于大中型体育场施工的成套技术，从理论和实践角度为体育场建设提供示范和指导，有利于奥运体育场馆建设质量的提高。

中建八局涉足体育场馆施工建设具有悠久历史，并积累了较为丰富的经验，近年来，先后完成了近二十多项体育场总承包和主体施工项目，特别是通过武汉和南京体育中心项目的施工，广泛与相关设计院以及一些颇具实力的专业公司的合作，对体育场的建设特点和难点有了更深入地认识，结合施工实践对体育场施工有了更加系统的思考，结合自身先后完成的许多类似工程项目，从体育场核心施工技术、特殊施工技术和一般施工技术三个层面全面进行研究，形成了体育场施工成套技术成果，对于同类工程组织施工具有指导借鉴意义。其中，830m 环向基础和看台无缝施工技术、812m 长大型环梁无缝施工技术、396m 长预应力地梁施工技术等达到了国际领先水平，填补了我国在体育场施工方面的空白，研究成果获得了国家 2006 年度科技进步二等奖，该成果的取得必将有效促进我国现代化大中型体育场施工水平的提高。

本书正是基于以上原因编制而成，且遵循以下思路：

(1) 对施工全过程进行系统的技术总结；

(2) 在总结的基础上提高，力求对一般体育场的施工具有实用性和指导性；

(3) 充实现有的工程实体，并加以扩展；

(4) 力求覆盖体育场施工的各分部分项，但也尽可能避免面面俱到，平铺直叙，尽量做到重点突出；

(5) 以武汉体育场为研究基础，以南京奥体中心体育场、嘉兴体育场为进一步研究载体，并针对其不同点进行知识扩展，力求能对一般体育场工程施工具有指导作用。

本书从体育场基础施工，到机电设备安装和智能工程，系统地介绍了大中型体育场工程的施工技术和一些关键技术的施工方法，并对有关大中型体育场工程的系列施工工法作了介绍，同时，介绍了几个具有代表性的大中型体育场工程施工组织设计，编排新颖，图文并茂，具有实用性和指导性强、资料详实等特点。

本书涵盖以下四个方面的内容：一是体育场综合施工技术篇，包括体育场施工核心创新技术、体育场施工特殊创新技术、体育场施工通用创新技术；二是体育场施工技术管理篇，包括体育场工程施工组织设计编制、体育场工程施工技术交底编制；三是体育场工程施工工法篇，覆盖了地基基础工程、主体结构工程、篷盖工程、疏散平台工程、地面工程、装饰装修工程以及安装和智能工程等六个方面；四是体育场工程施工组织设计实例，收录了武汉体育场工程、南京奥林匹克体育场工程和嘉兴体育场工程施工组织设计的部分内容。

基于"现代化体育场施工技术的研究"成果，本书的出版是全体课题组成员和建设工程有关单位的工程、技术人员、管理人员的共同努力的结果，是在省、市和中建总公司有关部门领导关怀下、各参建单位（上海宝冶建设有限公司、武汉安通电子工程有限公司、东南大学、上海市机械施工有限公司等）大力支持下完成的，亦得益于各方面专家和学者的支持，编制过程中，得到赵志缙老师的悉心指导，在此一并表示衷心感谢。

参加本书编写工作的还有：戈祥林、沈兴东、马荣全、汪仲琦、毛仲喜、陈桥生、李维滨、陆德宝、郝晨钧、程建军等，谨致谢忱！

由于时间仓促，书中定有诸多不足和错误，敬请批评指正。

目　　录

1

绪　论

1.1 现代化体育场综合施工技术开发背景

1.1.1 我国体育场建设的基本情况和发展趋势

当今世界，体育已成为令人瞩目的新兴产业，每年的产值达到 4400 亿美元。然而，与发达国家相比，我国的体育产业还相对落后，据意大利奥委会文献信息部资料，1990年，意大利每万人拥有 212 个体育场地，芬兰拥有 457 个，德国拥有 248 个，瑞士拥有 220 个。另据日本文部省 1990 年调查和韩国文体部 1994 年资料，1990 年日本每万人拥有 260 个体育场地，1994 年韩国每万人拥有 100.62 个体育场地。我国每万人仅拥有 6.58 个体育场地，人均体育场地面积仅 1m^2 多一点，与发达国家相去甚远。

随着我国改革开放事业的不断深入，我国人民的生活水平得到很大提高，人们在不断创造物质财富和精神财富的同时，更加注重自己的身体健康，特别是我国成功申办 2008年奥运会，更加激发了全民健身运动，国务院为此制定了《全民健身计划纲要》，确定了发展目标，国内各地开始重视体育场的建设，体育事业开始迅猛发展：2003 年底，全国体育场共有 3230 个，比 1995 年增加了 2058 个，是 1995 年的 2.75 倍。近几年来，各地还在不断地上马体育场项目，可以预测，在今后相当长的一段时间内，体育场建设将是我国基本建设的重点。

1.1.2 现代化体育场综合施工技术开发的必要性

目前，我国各地已掀起了兴建体育场的热潮。体育场建筑作为一个国家、一个城市精神、文化的象征，往往要求能集中其文化、教育、历史、地理及娱乐于一体，能结合育与乐，融合力与美，展现出一个区域文化与艺术的内涵、创新的观念、宏观的视野。因而，其建筑设计也历来成为各路建筑大师全力展现其创造力和想象力的绝好时机，每个城市的体育场建筑设计，式样纷繁，变化万千。建筑大师的尽情发挥，匠心独运，往往给结构设计，特别是给建筑施工带来一道道难题，世界各地的建造工程师们在建造过程中，充分发挥聪明才智，攻克了一个个施工难题。但国内在体育场建设施工技术和智能工程等方面缺少系统的研究和技术集成；在国外，也没有一套可供参考的完整的体育场施工成套技术。这种状况显然不适应未来体育场的建设需要，不利于我国奥运体育场施工质量的提高。因此，着眼于奥运工程，立足于中建八局施工的武汉体育场、南京奥体中心主体育场及嘉兴体育场项目建设，开发研究一套适用于现代化体育场施工综合技术，从理论和实践的角度为体育场建设提供示范作用和思维方法，已成为该领域的一项紧迫任务。

1.1.3 中建八局体育场建设的施工水平

早在 20 世纪 80 年代中期，中建八局已经开始涉足体育馆、训练馆的施工领域，并积累了一定的施工经验。90 年代开始涉足体育场建设领域，先后承接了苏州新区体育中心、武汉体育中心体育场、南京奥林匹克体育中心、华中科技大学体育中心、湖北大学体育馆、中南财经政法大学田径运动场、嘉兴体育场、淮北市体育场、常熟体育中心体育场等十多个项目。体育场的建设基本形成一定的规模，并在施工方面初具实力。特别是在武汉和南京体育中心项目的施工中，通过与建设单位、设计院以及专业公司等一些颇具实力的专业单位的通力合作，在体育场建设方面有了更深的研究，总体实力更强大，施工水平在原有的基础上得到了进一步提高。

在体育场施工大型设备方面，中建八局充分提高现存设备的使用功能，满足了大型钢结构吊装需要；其他方面的设备，如体育场清水混凝土施工模具设备、超长大型钢结构的运输吊装设备、大体积混凝土制作运输设备以及预应力施工设备等，形成了现代化体育场施工机械设备实力，对提高工程施工质量、加快施工速度和提高施工效率起了重要的作用。

在体育场施工工艺方面，中建八局已经形成了一套优势技术。如超长预应力地梁施工技术，环向超长钢筋混凝土结构无缝施工技术，看台支撑变截面 Y 形柱与悬挑大斜梁施工技术，高空大跨度、双曲线、超长预应力环梁施工技术，空间大悬挑预应力索桁钢结构制作安装技术，高空张拉式索膜无盖施工技术，372m 跨巨型斜双拱施工技术，71.332m 长屋盖钢箱梁制作、安装施工技术以及体育场智能化系统集成应用方案与施工技术等方面都有了突破性的进展，形成自身特有的专利。

在体育场施工总承包管理方面，形成了工程专业总承包模式，并充分利用电子计算机及现代化先进手段进行科学管理，自行开发研制了项目管理信息系统软件，建立了体育场建设施工技术数据库，并制定了一系列有效的管理措施和政策。

到目前为止，中建八局在体育场施工方面，无论从工程数量还是施工规模以及施工技术水平，在国内都处于先进水平，尤其在国内建筑业一直探索研究的大型体育场环向超长结构无缝施工技术、体育场矩形断面非正交构件施工技术、大倾角斜梁施工技术、清水混凝土施工技术、大跨度构件和屋盖施工技术、体育场智能化集成应用方案与施工技术以及大型体育场施工总承包管理等方面，组织若干攻关课题组，进行科技攻关，取得多项突破性成果，其中一些技术在国际处于领先水平。

1.1.4 中建八局施工的现代化体育场

南京奥林匹克体育中心主体育场（图 1.1.4-1），总投资 8.7 亿元，建筑面积146700m²，设有 64000 个观众席位。工程外围呈圆形，直径为 286.4m，外围周长为 900m，内场近似椭圆形，看台部分为 7 层（局部 8 层）无支撑面钢筋混凝土框架结构，看台篷盖为 2 榀大跨度倾斜钢拱、104 根钢箱梁及钢筋混凝土环向支撑梁构成马鞍形屋盖组合结构，屋顶上空两道钢拱与地面呈 45°夹角，跨度为 372m，与地下 396m 的超长预应力地梁组成完整的受力支撑体系。该项目由看台区、赛事办公区、新闻工作区、药检工作区、赛事官员工作区、公众卫生间和商业服务区等组成，其主要特征是多功能性、灵活性、通用性，可举办田径、足球等多种体育赛事和大型演出，是 2005 年第十届全国运动会的主赛场。该工程于 2002 年 10 月 15 日开工，2005 年 6 月 30 日竣工，通过了南京市建筑安装工程质量监督站验收，2005 年荣获"全国十大建设科技成就奖"，2006 年荣获国家"鲁班奖"。

图 1.1.4-1 南京奥林匹克体育中心主体育场

武汉体育中心主体育场（图 1.1.4-2），总投资约 5 亿元，建筑面积 78200 ㎡，容纳 6 万人。工程整体呈马鞍形，平面呈椭圆形，南北长 296m，东西长 263m，周边为面积 2.7 万 m² 的疏散平台；看台部分为 4 层（局部 2 层）花瓣式钢筋混凝土框架结构，平面形状为椭圆形，篷盖结构体系采用了目前国际上流行的索膜张拉结构，由若干伞状膜单元组成，通过与四角处井筒相连的上、下环梁以及内环索将各个伞状膜单元相互连成一个整体。足球场、田径场的布局和建设标准完全按照国际足联和国际田联的最新标准设计，并配有两块标准及封闭的训练场地，训练场有地下专用通道与比赛场地连接，是 2007 年第六届城市运动会的主赛场，同时是 2007 年女足世界杯比赛场地。该工程于 1999 年 10 月 16 日开工，2002 年 9 月 2 日竣工，通过了武汉市建筑安装工程质量监督站验收，2003 年荣获国家"国优工程"奖。2004 年荣获国家"第四届詹天佑土木工程大奖"。

图 1.1.4-2 武汉体育中心主体育场

济南奥林匹克体育中心体育场（图 1.1.4-3），总投资约 8.8 亿元，总建筑面积 154323 ㎡，设计有 6 万个座席，体育场南北向长轴约 365m，东西向短轴约 310m；外平台宽约20m，主体看台为7层现浇混凝土框-剪结构，看台上屋面系统为管桁架网壳结构，为东西两片独立弧形罩棚，单片最宽处约70m；南北长约330m，最高点、最大悬挑长度均为53.3m，128组"柳叶"状结构单元序列摆放，突出表现了地方文化特色。该体育场有与之相配套的田径训练场和足球训练场，功能上满足全国运动会和世界单项体育赛事的要求，是2009年第十一届全国运动会的主会场。该工程于2006年6月11日开工，计划在2008年10月竣工验收。

图 1.1.4-3　济南奥林匹克体育中心体育场

嘉兴市体育中心体育场（图1.1.4-4），总投资约3.5亿元，总建筑面积55115m²，设有3.5万个座席，平面形式为"内椭外圆"，外围周长近900m，看台结构为2～6层钢筋混凝土框架结构，屋面系统为管桁架结构，由两座拱及众多钢V形支撑与径向钢管桁架支撑组成，形成一个钢构空间整体受力体系。该工程于2004年11月1日开工，于2006年8月竣工。

图 1.1.4-4　嘉兴市体育中心体育场

泉州市海峡体育中心体育场（图1.1.4-5），总投资约5.5亿元，总建筑面积40753m²，设有3.2万个座席，外围呈椭圆形，外环周长850m，内环周长600m，看台主体结构为4层现浇钢筋混凝土框架结构，上部为钢结构屋盖。该体育场超高内倾、变截面灯柱、火炬柱、高支弧形柱、交叉斜撑梁、穿芯筒钢梁雨篷、看台实腹悬臂钢梁雨篷，施

工技术要求高，为 2008 年第六届全国农运会的比赛主场馆。该工程于 2006 年 6 月 14 日
开工，于 2007 年 12 月 31 日竣工。

图 1.1.4-5 泉州市海峡体育中心体育场

常熟市体育中心体育场（图 1.1.4-6），建筑面积 46851m²，设有 3 万多个座席，体育
场采用外圈套内圈的不对称平面布局，内环呈椭圆形，外环为圆形，看台分为东、南、
西、北四个，总长约 250m+240m，西看台为 5 层钢筋混凝土框架结构，其余看台为 2 层
钢筋混凝土框架结构，看台上部篷盖为大跨度钢管桁架结构，由两座斜拱及众多 V 形钢
支撑、钢大梁及悬索状钢管支撑形成空间整体受力体系。场内设标准足球场及田赛、径赛
设施，能满足举办国际级的各类田径比赛、足球比赛和省级综合运动会开幕式。该工程于
2004 年 9 月 8 日开工，于 2006 年 9 月竣工。

图 1.1.4-6 常熟市体育中心体育场

淮北体育场（图 1.1.4-7），总建筑面积 39078m²，设有 3.08 万个座席，外围呈近似
圆形，半径为 121m，外周长约 720m，内侧为近似椭圆形，长轴长度为 192m，短轴长度
为 130m，周长约 543m，五层框架结构，框架上部为索膜结构顶棚。该体育场配置有综合
训练、全民健身活动用房，以及体育宾馆和商业门面房，建成后不仅能满足承办省级运动
会和全国单项体育比赛的要求，而且又是一个标志性建筑。该工程于 2005 年 11 月 18 日
开工，2007 年底竣工验收。

常州市体育场（图 1.1.4-8），总建筑面积 32354m²，设有 3.5 万个座席，内场为近似
椭圆形，内场南北长 205m，东西宽 140m，最窄处 22m，最宽处 48m，采用 2～5 层全现
浇钢筋混凝土框架结构体系，上部屋盖为钢结构，沿纵向为近似马鞍形，沿径向为微微上

图 1.1.4-7 淮北体育场

图 1.1.4-8 常州市体育场

翘的大悬挑屋盖。该工程于 2006 年 8 月 25 日开工，计划于 2008 年 7 月竣工。

广州大学城中心区体育场（图 1.1.4-9），总投资约 4 亿元，建筑面积 45000m²，设有

图 1.1.4-9 广州大学城中心区体育场

5万个座席，外形为四个相切圆弧组成近似椭圆形，看台分为东、南、西、北四部分，东、西看台为五层钢筋混凝土框架结构，南、北看台为三层钢筋混凝土框架结构，其中东看台屋盖结构为悬索钢结构体系（八榀），主要杆件断面为焊接或热扎 H 形截面，立柱椭杆采用圆钢管，拉索采用镀锌钢丝索，面盖轻型屋面板；西看台屋盖结构为网壳结构体系，单跨最大跨度约为 300m，主要杆件断面为无缝钢管或直缝钢管，屋面覆盖张拉膜。看台下面设有组委会办公室、管理办公室、贵宾室、运动员休息室、裁判员休息室、仲裁室、医疗救护室、新闻发布厅、网络机房等，可满足国际级田径及足球比赛需求，是2007年全国大学生运动会主会场，2010年亚运会分会场。该工程于 2006 年 4 月 18 日开工，于 2007 年 5 月竣工。

淄博体育中心体育场（图 1.1.4-10），总建筑面积约 75926m²，可容纳观众 4.5 万人。该工程呈椭圆形，南北长约 267m，东西宽约 320m，看台为 5 层钢筋混凝土框架结构，上部罩棚为折板型空间悬挑钢桁架网壳结构，形成一个钢构空间整体受力体系。该工程于2007 年 5 月 15 日开工，计划于 2008 年 12 月竣工。

图 1.1.4-10 淄博体育中心体育场

滕州奥林匹克体育中心体育场（图 1.1.4-11），总建筑面积 34732m²，设有 2.5 万个座席。该工程南北向约 290m，东西向约 210m。主体看台为 5 层现浇混凝土框架结构，屋面系统为钢桁架网壳结构，形成一个钢构空间整体受力体系。建成后的体育场将作为2009 年第十一届"全运会"的分会场，2007 年 5 月开工，计划于 2008 年 10 月竣工。

图 1.1.4-11 滕州奥林匹克体育中心体育场

1.2 整体开发思路

目前，国内在体育场建设前期策划、工程设计、施工技术和智能工程等方面缺少系统的研究和技术集成；在国外，也还没有一套可供参考的完整的体育场建设成套技术。我们的目标是：通过对体育场特点和难点的研究，凭借多年积累的施工经验，从体育场核心施工技术、特殊施工技术和一般施工技术三个层面全面进行研究，形成体育场施工成套技术，并建立起施工技术数据库，以填补我国在体育场施工方面的空白。

整个开发过程遵循以下几条思路：

（1）对施工全过程进行全面系统的技术总结。

（2）在总结的基础上提高，力求对一般体育场的施工具有实用性和指导性。

（3）结合同类工程，进行验证和内容扩展。

（4）力求覆盖体育场施工的各分部分项，同时力图避免面面俱到，平铺直叙，并突出重点。

（5）用实验方法、理论分析方法和模拟仿真方法，对各类工程难点进行技术攻关，力求找出规律，指导一般工程实践。

（6）借助科研院校和专业公司优势。

课题组由中建八局总工程师担任组长，并邀请东南大学、上海机械施工有限公司、宝冶集团等单位参加，组成了实力强大的研发攻关小组。

课题实施中，结合工程特点，分别成立了针对分部分项工程攻关的联合攻关小组，针对专项技术攻关的专业攻关小组，与合作单位一起，针对工程载体编制详尽的研究实验方案，并对实验结果进行认真地理论分析和实践检验。同时，针对所承接的各类体育场工程的不同情况，用业已形成的综合技术指导新的工程施工，再在新的工程实施中，结合新的工程难点，制定周密计划，进行实验研究，并用新的成果对其进行充实、完善和提高，周而复始，持续改进，最终形成了本研究成果。

1.3 现代化体育场施工技术的研究内容

1.3.1 现代化体育场项目的特点、难点分析

通过多个大、中型体育场项目的施工和多年的潜心研究，发现体育场虽然外形千差万别，但在建筑设计上仍具有许多共同的特点，具体如下：

（1）平面尺寸大，建筑造型变化多，平面大多为不同曲率的曲线和曲面组合而成。

（2）因看台呈阶梯形，加之四周一般设有疏散平台，并有较大尺寸的挑出，故结构断面尺寸大，梁、柱正交者甚少，大多呈"Y"形或"V"形等复杂形状。

（3）观众席篷盖最能体现体育场个性特征，由于尺寸超大，中、小型体育场大多采用悬挑索桁结构，大型体育场大多利用四个方向的看台或采用特殊的横跨体育场的拱架和索架，构筑复杂的空间立体篷盖支撑体系，在四个方向的看台顶部形成一个形态各异、变化纷繁的空间结构体系。

（4）因体育场人流的高度集中，容纳观众量有的多达数万人。人流的组织疏散和管理异常突出，迫切需要用现代化手段对人流进行科学组织和规划。

（5）因体育比赛的特殊需要，体育场功能异常复杂，要建立高速、大容量的信息传送平台，为体育中心提供语音、数据、图像、多媒体信息等各种信息。

基于以上工程特点，体育场施工有如下难点：

（1）体育场看台大多为钢筋混凝土结构，构件尺寸大（如南京奥体主体育场看台环向长度达 900m），对温度变化和基础不均匀沉降反应极其灵敏，施工中以及后期的使用中如何克服混凝土出现各种裂缝是体育场施工需要解决的大难题。以往国内外大型体育场在结构设计中一般设置多道变形缝的方法防止裂缝产生；而现代体育场设计往往要求进行无缝施工，即不设变形缝。在这种情况下，如何解决超长结构裂缝问题成为施工界一直探索的难题。

（2）体育场形状复杂，导致结构构件的形状复杂（如大斜梁、环形梁、Y 形柱、V形柱、阶梯形板等），其立面及空间曲线、曲面相互联系，同一空间点受几个参数（如圆心、半径、高程）限制；对构件外观质量要求高，一般均要求为清水混凝土。上述几个问题交融在一起，使得体育场异型构件施工一直成为施工界的难题，虽然在解决不同构件施工方面花费了大量的精力和费用，但始终没有形成一套定型的、经济适用的施工方法。

（3）体育场篷盖因规模大小和特殊的支撑条件呈现出复杂多变、形态各异的特点。不同项目的屋盖有其自身特有的特点和难点，比如南京奥体主体育场 360m 双斜拱空间钢屋盖、武汉体育场 280m 悬挑预应力索桁钢结构篷盖，这两种形式的篷盖结构不仅在国内为首创，在国外也未见有此形式的屋盖，施工更是无经验可参照，故此，体育场篷盖施工历来是该类工程中一个特殊难题。

（4）现代化体育场的使用功能和管理要求，决定了体育场必须采用智能综合控制管理系统。虽然智能化系统集成应用技术在国内已有较大的发展，但将智能化集成系统完整地应用于体育场项目在国内尚不多见，而针对体育场智能化集成系统技术的研究在国内外也是鲜为人见，在现代化体育场施工中仍是一个空白。

（5）体育场建设是一项庞大而复杂的系统工程，由于体育场建设的多专业性、多领域性，所以在整个建设周期内将有几支甚至上百支施工队伍参与工程建设，施工中的总承包管理技术成为该类工程成败、质量优良的关键环节。虽然国内其他行业（如石化、化工、冶金、铁道等）在总承包管理方面已有成功的经验，但如何对水平不一的建筑专业队伍实行总承包管理一直是建筑施工企业着力研究的难题。

现代化体育场除上述几个难点有待研究解决外，较其他建筑尚有如下一些难点：体育场不仅平面结构复杂，上部钢结构也十分复杂，安装精度高；混凝土结构内钢结构预埋件多、形状及空间位置变化大，因此，测量放样计算数据特别多，测量工作难度非常大。体育场的特殊结构决定了体育场的篷盖材料必须具有多功能要求，如防水、受力、遮阳等。因而，施工也面临许多需要解决的难题。看台表面装饰经常处在冲击、震动状态下，因而装饰层与结构粘结的可靠性、抗裂性、耐磨性和防水功能成为突出的矛盾。

1.3.2　现代化体育场综合施工技术研究内容

在分析了现代化体育场特点和难点基础上，从中提炼出六项目前国内外还未解决的施工难题，作为本课题核心创新技术进行攻关，分别是：

(1) 项目总承包信息管理技术和工程技术数据开发研究；

(2) 环向超长钢筋混凝土无缝施工综合技术；

(3) 变截面 Y 形柱与悬挑大斜梁施工技术；

(4) 大悬挑预应力索桁钢结构—张拉式索膜屋顶施工技术；

(5) 大跨度双斜拱空间结构钢屋盖体系施工技术；

(6) 体育场智能化系统集成应用方案与施工技术。

上述六项技术经专门机构进行的国内外查新，未见有报道，该成果的研究在国内或国外为首创或领先。如何组织实施、采用何种实施方案、如何确保施工过程的安全可靠是课题研究的主线。

在对上述六项核心创新技术攻关的同时，我们对现代化体育场施工进行全面总结，将体育场施工技术归纳出十一项特殊创新技术和十项通用创新技术，直接用于指导现代化体育场施工。

十一项特殊创新技术分别是：

(1) 体育场建设高精度三维空间测量控制技术；

(2) 体育场大型构件预埋件制作、安装施工技术；

(3) 体育场结构清水混凝土施工技术；

(4) 体育场组合式 V 形钢管混凝土柱施工技术；

(5) 大型体育场结构施工监控检测技术；

(6) 体育场看台纤维混凝土施工技术；

(7) 体育场金属屋面施工技术；

(8) 体育场工程大面积楼地面施工技术；

(9) 体育场附属用房内轻质隔墙施工技术；

(10) 体育场外墙面涂饰施工技术；

(11) 体育场疏散平台防水施工技术。

十项通用创新技术为：

(1) 重力式水泥挡土墙在深基坑支护的应用；

(2) 采用沉井法施工钢筋混凝土井筒技术；

(3) 粉煤灰在体育场工程中的应用；

(4) 滚轧直螺纹钢筋连接技术；

(5) 大体积混凝土施工技术；

(6) 免振捣自密实混凝土技术；

(7) 建筑节能技术在体育场建设中的应用；

(8) 中水系统在大型体育场建设中的应用；

(9) 制冷系统安装与调试技术；

(10) 计算机技术在施工管理中的应用。

1.3.3 专利成果和工法

在形成上述六项核心创新技术、十一项特殊创新技术和十项通用创新技术的基础上，运用系统工程方法，把先进技术和科学管理结合起来，经过工程实践，对单项技术特点和应用的成熟度进行分类，对原创性技术进行了专利保护；对较成熟的技术进行工法认定，使专项技术定型，对技术及其管理的各个环节均予以规范化，随时用于指导相应工程项目的施工。目前已获得四项专利，另有八项专利正处于公示期；形成二十九项工法，其中国家级工法一项，省部级工法二项，企业级工法二十六项。

本综合技术由体育场的施工工法、施工组织设计案例等内容组成，内容基本涵盖了现代化体育场总承包施工的关键工序和施工全过程的管理。

1.4 技术水平和综合效益

1.4.1 技术水平

为检验"现代化体育场综合施工技术"的技术水平，分别对武汉体育中心体育场、南京奥体中心主体育场的创新技术进行了国内外查新，并分别委托中建总公司科技部和江苏省进行了成果鉴定，得到业内专家的高度评价，认为综合技术达到国际先进水平，其中的环向超长混凝土结构无缝施工技术处于国际领先水平。

1.4.2 综合效益

"现代化体育场综合施工技术"通过在本企业推广应用，施工过的体育场，在质量、安全、文明施工方面均取得了良好的业绩：

中建八局承建的武汉体育中心体育场工程，被评为湖北省"楚天杯"、"中建总公司优质工程"金奖，1999年、2000年连续两年被评为"湖北省文明施工样板工地"，2003年荣获国家优质工程奖，2004年荣获第四届詹天佑土木工程大奖。施工过程中，国内各舆论界多次对该工程施工表示关注，2003年9月，中央电视台在"科技之光"栏目以"力与美的结合"为题，对武汉体育场施工及新技术开发应用进行了近二十分钟的详细报道，为所有参建该项目建设的单位均赢得了良好的社会效益。中建八局为此又成功承接中南财大体育场、华中科技大学体育中心、南京奥体项目，并在这些项目的施工中获得较好的社会信誉。武汉体育场的二期工程"武汉体育馆"和"武汉游泳馆"在投标中，以绝对优势中标。

中建八局施工的南京奥体中心主体育场工程，由于确定为2005年第十届全国运动会的主赛场，在施工过程中一直备受媒体的关注，国家体育总局、江苏省、南京市有关领导多次到现场视察。项目多次评为南京市和江苏省的文明工地，2003年，体育场项目部被南京市建筑工程局评为安全文明施工管理先进集体。2006年2月，该项目被当选为"2005年全国十大建设科技成就"，2006年评为"鲁班奖"工程。

南京奥体中心主体育场施工过程中，多家体育中心建设单位前往考察，了解其施工技术，并对中建八局形成的成套施工技术倍感兴趣。嘉兴体育场建筑也设计有钢拱结构，建设单位在考察时，详细了解了南京奥体中心主体育场斜钢拱所采用的施工方案和技术措施，并将嘉兴体育场项目交予施工。淮北体育场篷盖为钢结构篷膜结构，外观类似于武汉体育场屋盖，建设单位考察后，对体育场成套施工技术十分赞赏，该项目顺利完成施工。此外如常熟体育场、常州体育场、淄博体育场、泉州海峡体育场等项目业主均慕名邀请参加项目投标。目前，这些项目有的已经顺利竣工，有的正处于施工过程中，中建八局所研制的现代化体育场施工技术也已在多个项目得以推广应用，并进一步验证了该套施工技术的可操作性和较强的指导性，各体育场项目施工运用本课题研究的新技术和现代化管理手段，有效地避免了施工管理混乱、工程质量通病等不良问题，对这些项目节约成本、安全快速的施工起到了很好的指导作用。

2

综合施工技术

2.1 体育场施工核心创新技术

2.1.1 项目总承包信息管理技术和工程技术数据库开发研究

总承包管理是目前国际上工程管理的一种常用模式，而如何具体实施总承包管理，其管理手段不尽相同。由于房屋建筑工程施工缺少成熟的总承包管理方法，因此国内大多数建筑工程施工仍处于一种粗放型的管理状态。通过武汉体育场和南京奥体中心主体育场两个大型建筑的施工，摸索出一套体育场总承包施工信息管理经验，将信息化管理技术融入到总承包管理中，对项目施工全过程实行全面受控管理。经查新和专家鉴定，其技术水平在国际处于先进水平。由中建八局完成的"以实现法人层次管理项目为目的的信息化建设"成果于 2005 年荣获"全国工程建设企业管理现代化成果"一等奖。

2.1.1.1 技术难点

（1）国内总承包管理和实践尚处在探索阶段，特别是体育场工程项目总承包信息管理技术，更缺乏系统研究。

（2）项目总承包专业技术能力难以满足总承包管理需要。

（3）体育场总承包涉及专业广、交叉作业多、智能控制系统复杂，对工程总承包要求极高。

（4）建筑工程施工数据库建立本身就是一个系统工程，欲把分布在世界各地的同类工程如实、全面、系统地收集录入和系统化，既是一个管理难题，在技术上也面临挑战。

2.1.1.2 关键技术措施

（1）广泛收集国内外总承包管理的实践和理论研究成果，明确总承包的管理思想。形成了适合大中型体育场总承包管理的框架体系。即：运行机制，"总部宏观调控，项目授权管理，专业施工保障，社会力量协调"；组织结构，"两层分离，三层关系"，即管理层与作业层分离，项目层次与企业层次的关系，项目经理与企业法定代表人的关系，项目经理部与劳务作业层的关系；推行主体，"两制建设，三个升级"，即项目经理责任制和项目成本责任制，技术进步、科学管理升级，总承包管理能力升级，智力结构和资本运营升级；基本内容，"四控制，三管理，一协调"，即进度、质量、成本、安全控制，现场（要素）、信息、合同管理和组织协调。

（2）探索体育场工程合理的管理构架，再造管理流程，开发研究总承包管理软件，并在体育场建设中强力推进。我们制定的管理思路是：系统管理的思想，网络管理的手段，"主要矛盾线"的控制。实施方法是：通过自行开发的"项目管理信息系统"软件，将信息化管理引入到总承包管理中，一方面，可使局总部的资源与项目共享；另一方面，使项目各项管理受到局总部及时性监控，从而提高项目的管理、集成水平。"项目管理信息系统"则具有信息系统、监控系统、报表辅助工具、查询工具功能。信息搜集与输入由项目经理部完成，信息传递途径见图 2.1.1-1，所有原始数据直接传入公司服务器。

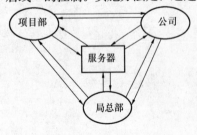

图 2.1.1-1 信息传递途径图

（3）建立大中型体育场施工数据库，主要以当前中建八局施工的体育场项目为基础，并逐步将非本局施工但在国内有影响的体育中心建设的有关技术内容收集到本数据库，各项内容将不断进行充实、完善。本数据库分设五个部分内容，分别为施工组织设计、施工方案、技术交底、施工工法及规范、标准（图2.1.1-2）。目前，本数据库已收录有国内十多个体育场的施工组织设计、施工方案，收录有武汉体育场、南京奥体中心主体育场施工技术交底、施工工法二十多项。

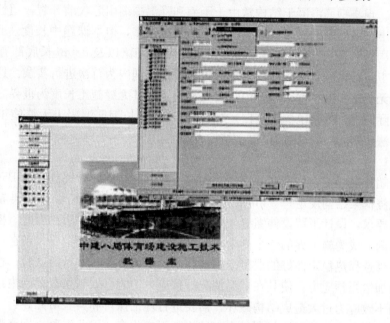

图 2.1.1-2 数据库

2.1.1.3 实施效果

项目总承包信息管理系统软件在武汉和南京体育场项目总承包管理中得到很好的应用，工程在工期、质量、安全、成本控制等方面均取得了良好的效果。嘉兴体育场等目前正在推广应用。项目各管理人员一方面借助于各管理软件，另一方面及时将施工管理信息和数据输入信息系统，公司和局总部及时通过该系统了解项目施工情况，指挥项目总承包管理，发现问题后，及时采取应急措施，做到跟踪管理、跟踪服务。

数据库的建立，使得体育场建设施工中技术管理工作在一定程度上进行了"革命"，使项目施工能通过局域网实现"零距离"便捷查询，极大地提高了施工组织设计、施工方案、技术交底的编制速度。

2.1.2 环向超长钢筋混凝土无缝施工综合技术

环向结构是体育场结构的一个主要特点。武汉体育中心工程基础为桩基承台环向基础梁结构，总长约830m；主体露天看台为阶梯式环向预应力钢筋混凝土结构，最长段230m，板厚60mm。南京奥体中心主体育场为七层环向钢筋混凝土框架－剪力墙结构，外围呈圆形，半径142.8m，周长约900m；内侧呈椭圆形，长轴长195m，短轴长132m，周长约545m；看台板内设计有预应力筋，后浇带内也施加有预应力。南京奥体中心主体育场屋面环梁沿钢结构屋盖支座处周围布置，截面尺寸为1500mm×1200mm（宽×高），

— 17 —

周长 812m，环梁下共有 52 根钢筋混凝土柱，构成大小不同的 52 个跨间。其中最大跨度达 22m。环梁顶面标高 16.6～44.28m 不等，仅在楼面的四层、五层和六层环梁顶面标高和楼面标高一致，其他不同位置的标高变化很大，形状多变呈马鞍形。环梁中除配有 50 根非预应力筋外，还配有 12 束钢绞线。

上述环向结构，基本为露天结构，其中的阶梯式看台由于使用功能要求，对裂缝和渗漏要求很高。现浇钢筋混凝土结构常由于干缩和降温冷缩引起收缩开裂，超长、大体积混凝土尤为突出。虽然国内对超长结构混凝土的研究很多，但本课题中长度达到 900m 的混凝土环向结构、812m 长变标高且呈多变马鞍形曲线环梁以及 830m 长底部有约束环形结构，缺少施工实践，经分别查新，未见有报道，这在国内为首次进行实践。这种超长混凝土结构采用无缝施工的技术，经国内知名专家鉴定，其无缝施工长度为世界之最长，技术水平达到国际领先，填补了国内空白。"体育场环向超长钢筋混凝土无缝施工工法"评为国家一级工法，"超薄超长钢筋混凝土结构无缝施工方法"获得国家专利。

2.1.2.1 技术难点

为防止超长混凝土结构裂缝的出现，我国《混凝土结构设计规范》（GB50010－2002）中对露天现浇框架结构规定每 35m 长宜设伸缩缝。而现代体育场看台框架等结构由于使用、防水等要求，设计不留设伸缩缝，要求施工采用无缝施工方法。因此，控制结构裂缝在允许范围内，成为施工界的一个尚未很好解决的世界性难题，主要表现在：

（1）恰当选择热稳定性好的混凝土材料和配比，需要进行大量的试验、检验。

（2）施加恰当预应力，使其在低温情况下预应力仍能有效制止裂缝产生，在高温情况下预应力筋不致应力过大造成结构破坏，需要进行理论探讨和实验研究。

（3）露天看台板超薄且倾斜角度大，结构断面变化多，因此混凝土后浇带划分和浇筑工艺、钢筋配置等均存在许多有待解决的难题。

2.1.2.2 关键技术措施

（1）针对武汉体育场工程先后进行了数百次不同配比的试验，对各类材料进行选择和配比优化，并探索针对不同地区和工程对象进行配比设计，在总结经验的前提下，编制了"高稳定性混凝土配比设计和施工规程"，并具体指导南京奥体主体育场看台配比的试验，根据当地材料不同等，对配比进一步进行优化。

（2）认真组织施工图深化设计，针对混凝土浇筑初始的差异，进行多种模拟，对预应力施加量进行了调整，通过上述实践，开发研究了"超长结构预应力施工图深化和优化实施办法"，用于指导施工。

（3）针对看台结构施工特点，组织了混凝土工程、钢筋配置及预应力工程和模板工程施工专项攻关小组，创造了预应力"温差补偿法"张拉、混凝土采用"后浇带改良法"浇筑，钢筋配置依据"温度场原理增减"，以综合治理超长结构温差裂缝的产生。

另外是合理分段。综合混凝土浇筑时间以及浇筑后温度控制等诸多因素进行计算，确定分段数量和分段长度。如武汉体育场超长基础经计算后，共设置后浇带有 8 条，每段长度长达 100m 多，后浇带宽度 800mm。南京奥体中心主体育场施工时，通过设置的四个后浇跨，将整个主体育场划分成东、西、南、北四个区。每个区分四个施工段，分别进行混凝土浇筑，各段之间各设施工缝。

2.1.2.3 实施效果

武汉体育场工程自 2001 年 6 月主体施工完成至今，冬去春来，日晒雨淋，有多年时间，经实地检测，未发现有任何裂缝，施工取得令人满意的效果，无论是外表还是内在质量，均得到业主、设计院的充分肯定和高度评价（图 2.1.2）。南京奥体中心主体育场主体结构自 2003 年 12 月施工完毕至今，已有四年多时间，未发现结构有任何裂缝。说明本综合技术解决环向超长混凝土结构裂缝问题是行之有效的。而上述各项措施，缺少任何一项或其中某一项技术没有解决好，无缝施工技术均不会获得成功。

图 2.1.2　超长混凝土施工

此外，充分重视，精心安排，设计与施工紧密配合，理论指导施工，施工实践经验融入理论之中，也是本技术得以成功的一个重要原因。

2.1.3　变截面 Y 形柱与悬挑大斜梁施工技术

武汉体育场看台大斜梁和 Y 形柱是整个工程结构的最重要部分，全部结构均坐落在柱和斜梁上。这种结构形式减少了框架作为篷盖柱铰支座点的悬挑长度，调整了支承框架内力，保证了框架在最不利荷载下的强度，经查新表明，目前国内未见有这种结构形式的报道。本施工方法经业内专家鉴定，认为其施工技术已达到国际领先水平，编制的"体育场钢筋混凝土变截面 Y 形柱悬挑施工工法"评为省部级工法，"Y 形柱与悬挑大斜梁的施工方法"获得国家专利。

2.1.3.1　技术难点

（1）每根 Y 形柱的几何尺寸都不一样，最大截面尺寸达 1000mm×5618mm，上部斜向双向悬挑，最大角呈 33.13°倾角，自重大，最重达 340t，悬挑长度长，最长达 8.68m。大体量构件清水混凝土模板工程、混凝土工程和钢筋工程施工，一直是施工界寻找最佳解决方案并致力研究的难题。

（2）大体积复杂形体混凝土高空控制内外温差及防止有害裂缝产生难度大。

（3）斜梁顶端承受来自篷盖的各种巨大荷载作用，因此斜梁端部构造复杂，钢筋、铁件相互交错，施工要求高。

2.1.3.2 关键技术措施

（1）解决混凝土自重可能对斜构件的下部产生较大的水平推力，确定其模板支撑体系问题。通过对斜梁及 Y 形柱的专题研究，在模板方面，创造性地利用截面平衡水平推力原理，并委派有经验的技术人员对 Y 形柱进行现场测量定位放样，掌握每根柱子的准确尺寸，根据所确定的尺寸加工制作模板，保证 Y 形柱的几何尺寸。另外，在浇筑混凝土前对模板体系进行等荷载预压，同时也对模板支撑系统的稳定性进行检验。

（2）解决超重结构对支撑架子的影响。采用自重平衡水平推力原理和堆载预压法解决斜向构件混凝土产生的巨大水平推力，巧妙利用拉、撑和"借力"等手法，并据此确定模板支撑系统和支撑方案。

（3）在钢筋工程方面，针对钢筋工程在此类结构中截面尺寸难以控制，准确就位困难和易下滑等情况，课题组在深入细化设计的基础上，提出了一系列创新工艺技术思路，如利用三角形受力最稳定原理，发明了"钢筋形态固化器"，利用钢筋受拉性能好的原理，制作了"限位环"等。另外，由于 Y 形柱与大斜梁节点处钢筋绑扎密集，错综复杂，为提高操作工人的熟练程度，在施工前制作 1∶20 的实物模型，让工人了解节点处钢筋的穿插方向，提高了施工质量和现场的工作效率。

（4）在混凝土施工方面，在优化混凝土配合比的基础上，对混凝土工程施工提出了"最大限度减少施工缝，最大可能扩张施工段"的思路。当部分混凝土达到一定强度并足以抵抗大斜梁混凝土施工时产生的水平推力，再施工其上部斜梁混凝土，充分利用下部已完的结构来保持整个结构的稳定。

（5）对坍落度控制、混凝土浇捣程序、混凝土入模和振捣方式进行了深入研究，做好混凝土配合比试验，对混凝土的坍落度、初凝时间和终凝时间都有明确要求，由于斜梁具有一定的倾斜度，为防止混凝土溢出，施工时严格控制浇筑速度。

2.1.3.3 实施效果

为检验已施工完成的体育场看台大斜梁和 Y 形柱混凝土的密实度、强度以及施工缝结合面的接缝质量是否达到要求，委托华中科技大学建筑工程质量检测中心采用超声波、超声波—回弹综合法技术对该重点部位全部构件进行无损检测。通过超声波法对构件的无损检测，判别构件施工缝区域混凝土的密实度及施工缝结合面的接缝质量；通过超声波—回弹综合法对构件的无损检测，确定 Y 形柱的直柱与两斜柱、环向梁、平台梁相交处施工缝区域的混凝土强度等级，以指导施工对质量的控制。

经过华中科技大学建筑工程质量检测中心的检测，混凝土强度全部符合设计强度要求；外观按照清水混凝土质量要求进行检测，全部符合要求（图 2.1.3）。

图 2.1.3　清水混凝土柱

本工程质量经过当地质检部门验收，认为该工程主体结构达到了清水混凝土的要求，混凝土大斜梁未发生位移，挠度也在允许范围之内，构件表面清晰、美观、棱角方正。质检部门一次评为优良。

2.1.4 大悬挑预应力索桁钢结构——张拉式索膜屋顶施工技术

武汉体育中心体育场为国内首座采用大悬挑预应力索桁钢结构—张拉式全索膜屋盖体系的大型体育场，篷盖钢结构覆盖面积为 27600m²，东西方向最大轴线长 248.01m，南北方向最大轴线长 280.414m，屋盖由 64 个伞状膜单元形成纵向独立受力单元，通过井筒、环梁、下拉杆屋盖水平支撑形成整体空间受力体系，由 68 榀钢桁架支撑在 56 根 Y 形柱悬挑斜梁和 4 个钢筋混凝土井筒上，并通过其立柱分别坐落在 56 个冠状球面支座上，每个立柱脚底呈凸形球状，形成"万向节点"，结构设计新颖，造型轻巧、功能良好，又充分利用了材料受力性能，形成整体的全场受力体系，将建筑功能和结构作用融为一体，提高了安全性，也大大节省了用钢量，节省了投资。经查新，国内目前未见有这种膜面形式的报道，该项技术水平处于国内领先。中建八局发明的"空间大型索架钢结构体系施工方法"获得国家专利。

2.1.4.1 技术难点

（1）索桁钢结构通过立柱分别坐落在冠状球面支座上，形成"万向节点"。无论是立柱和支座的制作，还是索桁钢结构的整体安装，均不易控制位置的准确和支柱的垂直度等，在国内也未见其设计和施工。

（2）组件的多样性。上下环梁均为空间双曲面造型，故不论是立柱单元体还是斜撑，几何尺寸和形状随结构的造型变化而变化，同类型组件具有多样性。而这些组件的安装精度要求又非常之高，钢管的相互连接差之毫厘，就可能使整个结构谬以千里，因此给工厂的加工制作带来一定难度。

（3）组件的复杂性。内环索安装既要考虑提升，又要考虑张拉，而且要求两者协调配合、统一实施；另外，井筒间的钢结构在成型前，不具有稳定性，要求在安装中采取有效措施，使不稳定变为稳定，同时还应设计安全可靠的方法，解决相邻立柱单元共用下弦节点的安装问题。

（4）索桁预应力张拉与通常采用液压装置张拉有着根本的不同。本张拉是通过拧紧内环索来实现预应力，这种预应力控制缺少常见的张拉通过油压表直接得到拉张数值，而是分别通过控制 56 个内索与主索夹的高强螺栓的拧紧力控制张拉力，由于内环索呈椭圆形，因此每个螺栓的拧紧力有所不同，在高空控制难度很大。

（5）本屋盖膜面施工共计由 36 块膜组成，由脊索将膜面连接成一个整体，每块膜面的面积约为 1000 ㎡，单块最大尺寸为 22m×68m，设计将常用的索膜直覆钢结构表面的做法（仅为防雨）改进为防雨、受力二位一体的索膜受力体系，由于操作面不理想，施工工艺复杂，施工困难。

（6）本工程全索膜结构屋盖体系在国内体育场建设中为首次采用，而如此大面积的屋盖篷膜在国内为首例，国内尚无膜面安装及验收规范、规程，施工、验收无统一规定标准。

2.1.4.2 关键技术措施

针对篷盖钢结构"万向节点"构造和屋面篷膜索膜受力张拉体系，通过多种方案的比较、优化，制定一套从工厂制作到现场拼装、吊装的方案，形成具有自身特点的"万向节点"施工方法：

（1）工厂制作采用分段分片制造，桁架组装采用倒装工艺，并自行设计控制软件，确定控制精度，通过计算机控制杆件下料和制作精度和工厂与现场密切配合，即时调整预埋件造成的误差。

（2）钢结构构件的现场拼装采取匹配制造的方式。创造性地将公路桥梁中钢结构的制作安装工艺引用到体育场钢屋盖施工中：探索出钢屋盖体系用于体育场的制作、运输和安装的一套施工方法，以强化质量和安全控制，加快施工进度。

（3）构件吊装采用整体单元吊装和插补单元吊装相结合的方法，配合采用高精度三维空间网络测量定位，保证构件吊装位置的准确和立柱下节点与预埋球座的吻合，并针对不同部位、不同构件等，采取一些列的吊装、调整、监测措施，保证"万向节点"施工。

（4）内环索采用地面组装后提升方案，通过多次模拟试验和理论计算，采用多步提升连接法，即根据计算确定提升次数和高度，每一步骤提升到位进行内索与主索夹的连接，保证提升、张拉协调一致。

（5）针对屋面膜面受力体系，课题组成立攻关小组，借鉴美国 BIRDAIR 公司提供的"膜面安装指导书"中的关键控制点和国内一些大型膜结构验收记录，制定全索膜结构屋盖体系安装及验收规范、规程，并与设计、监理单位以及美国 BIRDAIR 公司现场指导，共同制定适用于本工程的膜面施工自检表及验收记录。施工中采用自制张拉小工具——浮动环，将膜面提升到位。同时，将膜面放置 1~2d，让应力释放后再运用手拉葫芦进行张拉。

2.1.4.3 实施效果

通过上述技术措施的严格实施，工程质量达到国家有关标准和设计要求。施工过程中，对钢结构杆件制作全部作了超声波检测，检测结果全部符合焊接规范要求；另外，在施工过程中，分两个阶段分别对索桁结构进行了动态应力监测，第一阶段为膜面刚开始施工阶段，第二阶段为膜面全部完成，并处于冬期有雪荷载时。检测结果表明，在恒荷载和雪荷载作用下，索桁结构是安全可靠的。膜面安装完成后，经建设单位组织当地质检部门、美国 BIR-DAIR 公司、设计院和监理单位共同验收，现场实测部位达 256 处，均符合要求，合格率 100%；膜面索安装共 712 根，安装位置正确，索具调节完好；膜单元造型与设计一致，并与钢结构匹配；膜面无明显松弛、污损等现象，经使用，未发现篷膜面有积水现象，一致同意评为优良（图 2.1.4）。

图 2.1.4 索膜篷盖

2.1.5 大跨度双斜拱空间结构钢屋盖体系施工技术

南京奥体中心主体育场屋盖结构体系是由 2 榀与水平面呈 45°倾斜角、拱身跨度 361.582m 的三角形变断面钢桁架拱和由 104 根钢箱形梁形成的中空马鞍形空间结构组成，罩篷径向长度 68.14～27m，覆盖面积 4 万多 m²，钢结构总量约 12153t。斜拱拱顶标高达 64.719m，弧线长度达 429.26m，主弦管为 φ1000 和 φ500 的钢管，采用铸钢节点、压制球节点和相贯节点，号称"世界第一拱"，见图 2.1.5-1。倾斜主拱和屋面箱形梁互相依托，传力体系异常复杂，整个屋盖结构体系在各种不同荷载组合情况下，分别由主拱和钢箱形梁外端的"V"形支撑将荷载传至下部 4 个拱脚基础，并设计 396m 长横跨体育场南北的预应力地下系梁（简称"地梁"），平衡钢拱架安装后以及屋盖的部分活荷载对拱脚基础的水平推力。拱脚基础东西两侧净距 66.3m，南北两端净距 336m，每个拱脚基础长 30m，宽 18m，两道 396m 长预应力地梁的断面为 1450mm×1050mm（宽×高），内埋设 8φ180×

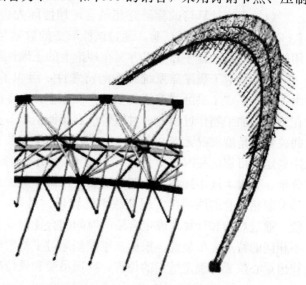

图 2.1.5-1　主拱整体模型图

6mm 钢管，钢管内穿设长度达 410m 的 24φ⁵15.2 高强度低松弛预应力钢绞线。这种组合结构形式和施工工艺经国内外查新，国内尚无先例，国际上也实属罕见。这一设计理论通过施工已经得到了很好的体现和验证。经国内知名专家鉴定，认为该施工技术达到国际领先水平。

2.1.5.1 技术难点

（1）该工程屋盖结构体系独特，倾斜主拱通过前吊杆为箱形梁的悬臂端提供竖向约束，而箱形梁则通过后撑杆为主拱提供平面外的侧向稳定，两者相互依托。在整个结构体系未形成之前，屋面系统与主拱皆非独立的结构静定体系。施工过程中，不但要考虑吊装方案、吊装顺序、支撑系统布置方案、铸钢件焊接方案、温度和焊接变形控制方案、主拱组装和翻身方案、主拱合拢方案，而且还要考虑吊装完成后的整体卸载方法和顺序，施工难度相当大，为世界建筑史上少有的难题。

（2）主拱节点体型大、重量重、支管数量多、空间角度变化多样、空间定位困难、组装难度大，不可见焊缝多。这种节点无论是在设计还是施工质量，均无现成标准可循。箱形梁节点构造复杂，且各箱形梁中连接节点的空间方位均不相同，箱形梁组装时，连接节点的空间定位难度大，定位精度要求高。同时，节点区域存在大量的隐蔽焊缝，加大了箱形梁的组装及焊接难度。

（3）地梁长度达 396m，穿越整个体育场，为超长预应力，而该体育场地质土为软土质地基。根据工程整体施工要求，地梁需要分区段间断施工，且间隔时间长达一年。在长达1年时间中如何分段，如何控制各段标高以及预应力钢管预埋标高位置一致，保证钢绞线穿束和预应力张拉，是本项目施工的又一大难点。地梁预应力筋长达410m，每束重12t多，这在国内是绝无仅有的最长最重的预应力筋。如何将重12t、长410m的超长预应力筋穿过396m长的水平钢管，以及对该超长预应力筋采用什么样的张拉方法，保证张拉安全可靠，是本项目施工的又一个难点。

2.1.5.2 关键技术措施

（1）理论计算与试验研究相结合，用国际先进软件程序进行理论分析计算，并制作1：20的实体模型进行试验。通过试验取得的数据与理论计算结果分析比较，验证设计采用的计算模式、程序和施工方案在理论上的正确性与可靠度。

（2）针对工程屋盖系统结构的特殊性，组织了钢拱、钢箱梁制作、安装专项攻关小组，创造了"主拱卧式连续拼装法"，通过三维建模搭设组装胎架，解决主拱组装难题。在钢箱梁加工制作过程中，对短管节点及铸钢球节点等定位采取三维定位法，确保节点空间位置和角度准确无误。在确定主拱和钢箱梁安装方案中，通过多种方案的比较论证，采用稳定、可靠的临时支撑胎架系统支承（图2.1.5-2），钢结构安装完成后，临时支撑再分批、分级、同步卸载，胎架下端安置可调节螺旋式千斤顶，按多次循环、反力控制与位移控制相结合的原则，实现荷载平稳转移。另外，通过实体模型的试验，确定主拱合拢段，通过观测和计算，确定合适的时间和合拢温度。针对构件的空间方位、角度及重心均不相同的特点，吊装前，根据三维模型通过平衡滑轮和捯链进行角度调节，计算机准确计算出重心位置并确定吊点的位置，确保吊装和就位准确。

图 2.1.5-2 临时支撑胎架

（3）地梁施工中，攻关组进行了多项小发明，解决了地梁布管和穿束的难题：一是发明了角钢支架，确保8φ180×6钢管在不同位置的准确；二是发明了特制的牵引头，采用三级穿束法解决超长超重预应力筋的穿束难题。另外，在地梁预应力筋张拉方案中，通过多种方案的论证，确定采用双控法对张拉进行控制，即：一方面要控制张拉力，另一方面控制张拉长度。采用群锚进行张拉，张拉设备选用大吨位的650型千斤顶，分4次完成张拉。这种"双控"张拉形式在预应力筋张拉中是不多见的，缺少经验数据的指导，攻关组通过摸索，积累了大量宝贵的施工数据。

2.1.5.3 实施效果

在进行地梁预应力施工时，对张拉应力进行实测。西南角拱脚最后1束钢绞线张拉完毕后，测定第1束预应力值为2486kN（设计要求为2500kN），8束张拉完毕后，建立的控制应力值为19896kN（设计要求为20000kN），比设计值小104kN，差值仅为设计值的

0.5%，符合规范要求。东北角拱脚预应力张拉完毕后，测定第1束建立的控制应力为2512kN，8束张拉完毕后，建立的控制应力为20096kN，比设计值大96kN，符合规范要求。另外，还对拱脚位移进行实测。设计要求张拉力为20000kN时拱脚基础水平位移不大于6mm，实测水平位移值分别为1.1mm和1.37mm，均小于6mm，符合设计要求。

钢屋盖从主拱、大型箱梁的拼装施工、支撑胎架的设计、安装，各种不同厚度、不同形式钢管钢板接头的焊接以及构件吊装等一系列的施工，土建与安装密切配合，并进行了精心组织、精心施工，从而使得360m跨的主拱合拢一次成功，并完成了104根钢箱梁的安装任务。特别对焊接变形、温度变形和安装过程中的胎架和箱形梁的结构受力等各种变形因素采取了相应的技术措施，从而解决了吊装精度要求特别高，特别严的困难。为我国大跨度空间钢结构的新形式作出了大胆的尝试（图2.1.5-3）。

图2.1.5-3 南京奥体中心体育场施工

2.1.6 体育场智能化系统集成应用方案与施工技术

2.1.6.1 技术难点

国内体育场馆弱电智能化综合管理系统尚属空白，系统集成无经验可借鉴。

2.1.6.2 关键技术措施

（1）在理清管理思路的基础上，组织软件编程人员开发"多媒体IC卡注册检录系统"、"多用途计算机网络系统"、"广播电视场内传输系统"、"记者、评论席通信传输系统"、"标志引导系统"等软件。

武汉体育场采用感应式IC卡设计，国内首创实现对运动场地的运动员、教练员、新闻记者以及其他有关人员进行注册登记、数码成像、制证、发卡检录、自动识别、统计以及门禁通道等数据库管理，确保运动场安全、高效地实施人员、场地管理。

（2）引进国外先进的"多功能田径赛信息系统"、"数字化网络监控系统"等。

武汉体育场为了确保田径比赛成绩的唯一性和可靠要求，对引进的比利时计时计分系统的通信网络，采用了有线和新颖的无线数传的双回路备份通信方案。

（3）体育场共享式弱电中央机房。集约化综合布线系统采用集约化综合布线系统和实施方案，将整个弱电系统做到统一规划、统一安排，利用特制桥架将各种弱电线缆一次布线到位。

（4）自行开发"入口智能检票管理系统"（图2.1.6-1）。

国内首创第一套具有符合中国国情的体育场制售、检票智能化管理系统，自主开发的

图 2.1.6-1 入口智能检票系统

软件结合三杆自动闸机，可同时对 142 条检票通道进行快速条码识别、确认的智能化管理，既保障了观众入场时间（设计最大流量为 60000 人/h，平均进入时间 5s/人），又杜绝了假票伪票的混入，确保了活动主办方的经济利益不受损。该系统还可进行实时入场人数统计，为公安部门的治安工作提供了强有力的帮助。该制售、检票智能管理系统填补了国内空白，达到国际先进水平。

2.1.6.3 实施效果

（1）《AT-DZJP 电子检票系统软件》获得国家计算机软件著作权，武汉体育场系统集成物业管理软件获湖北省科学技术奖。

多用途计算机网络系统充分考虑目前体育场的实用性及后期发展的需要，传输网络分别采用了宽带射频千兆网和超五类百兆网。互联网系统功能在满足网上信息发布的同时，并具备有视频点播功能，为国内体育场首创。

广播电视场内传输系统解决了目前国际体育场尚无场内电视摄像机专用机位的传输系统，为广播电视部门提供了方便，节约了经费，系统填补了国内空白，达到国内领先水平。

新闻中心会议系统充分考虑了新闻中心的需求，对会议扩音系统、同声传译接收系统、记者工作席通信系统、摄像跟踪、音视频实时记录、大屏幕显示系统等进行了更为科学的综合管理，使该系统达到了国内领先水平。

记者、评论席通信传输系统充分考虑了体育场新闻记者、现场评论解说员对不同通信手段的需求，填补了目前国际上各体育场无记者、评论席通信传输系统的空白，为新闻记者、现场评论解说员的新闻稿件、视频图像、图片和语音的发送以及各种资料的查寻提供极大的方便。该系统达到国际领先地位。

标志引导为国内首创，采用新型的电子显示屏和结合现代工艺造型及色彩的各种标志引导牌，美观、大气，给人温馨、亲切感。电子显示屏可方便实时地进行信息发布（图 2.1.6-2）。

图 2.1.6-2 标志引导

（2）计时计分系统的无线数传网络覆盖整个体育场，既为无线数据传输提供了路由，又为体育竞赛系统配备了有效的网络自动切换备份通路。该系统为国内首创。

数字化网络监控系统采用国际先进的数字化网络监控系统，弥补传统模拟监控系统中画面处理、录像、矩阵切换等影响画面质量、切换速度慢所需储存空间大的不足和缺陷，同时，以视频移动报警技术实现对场内人员进出道口的全天候、智能化监控，并对周界及重要区域可以方便地建立无形的立体防范系统。不仅满足了体育场监控系统全方位、高速监视的需求，也为交通诱导进行视频图像传输提供了平台。

（3）集约化综合布线系统节约空间、节约设备，且布局充分考虑和满足后期扩容变更的需求。该"集约化综合布线桥架"已申请国家专利。

（4）道路交通智能管理系统采用光纤、无线数据网络。组成数字化多媒体网络系统，实现在武汉体育中心 10km² 范围内，对各主要路口摄像机和高亮度 LED 信息显示屏进行实时和远程监视、控制，对赛事活动人员和车辆通行进行有效地引导、疏散和管理。该系统技术达国内一流水平。

2.2　体育场施工特殊创新技术

2.2.1　体育场建设高精度三维空间测量控制技术

2.2.1.1　技术难点和特点

体育场工程由于在平面和立体造型上的不规则和多样性，采用普通方法及仪器很难满足设计及精度要求，其工程测量历来是测量工程师研究的重点。武汉体育场、南京奥体中心主体体育场工程的测量同样复杂、多变，难点如下：

（1）体育场平面呈椭圆形，其环向由若干条不同圆心、不同半径的圆弧组成；立体造型上，主体结构较一般的框架结构复杂，用于支撑看台和篷盖的立柱一般均设计成 Y 形柱或 V 形柱等，在空间上属变截面异型结构。

（2）屋盖结构系统不同节点埋件，分别位于若干根异型柱或异型梁顶部，埋设控制精度要求高，而埋设精度控制则完全依赖于测量技术。

（3）屋面钢结构一般均为高空、立体多变形，诸如马鞍状、双曲面形、波浪形等。空中钢结构的安装及精度控制给测量提出了新的要求。

（4）除共性特点外，体育场还常常会有各自独特的特点。如南京奥体中心主体育场 2 根 396m 长预应力地梁和 2 根 372.377m 跨斜钢拱的控制技术等。

2.2.1.2　主要措施

（1）利用全球卫星定位系统（GPS）和高精度全站仪三维测量技术，合理建立坐标控制网，并采用分区段轴线控制、多圆心高程控制方法，组成一个水准控制网。

（2）通过自编计算程序，简化测量工序，解决体育场工程测量数据多，重复计算量大，简单方法计算量大，数据容易出错等问题。

（3）异型构件的定位、测量，可利用电脑模拟试验，确定理论控制点的视角。用极坐标法解决主体呈弧状分布轴线的构件的测量；采用转点法，解决轴线点与圆心点不能通视的矛盾。

（4）预埋件的施工，精密监测至关重要，采用自行设计的专用照准工具，并配套设计三角夹子固定，使这套对中装置的实际对中精度达±1mm。这种棱镜杆在使用时用非常方便、精度高，可以满足施工高精度要求。

2.2.1.3　实施效果

（1）本测量技术，保证了体育场定位控制线的准确，也保证了各种异型结构几何尺寸的精确；

（2）加快了测量速度，提高了工作效率，节约了人力；

（3）简化了计算程序，运用其特有的计算程序，使人们从繁琐的数据处理事务中解放出来，计算变得简单，使用方便。

2.2.2 体育场大型构件预埋件制作安装施工技术

2.2.2.1 技术难点和特点

大中型体育场工程的屋盖等部位由于结构构件重量大、跨度大，与主体结构接触部位一般都设计有大型预埋件，这些大型预埋件的共同特点是尺寸大，重量重，埋置方位根据构件要求确定。如：

（1）南京奥体中心主体育场环梁与下部 V 形钢管柱交接部位设计有 1500mm×1500mm×100mm 超重（重达 4.5t）、超厚铸钢埋件，为支撑上部 V 形撑底座，其标高随位置不同而变化，特别是斜面可变角度埋件。

（2）南京奥体中心主体育场主拱支座预埋件平面尺寸为 5.5m×5m，厚 60mm，单体重量达 38t，与平面呈 45°斜向埋置。采用 4 道 160mm×160mm×10mm 角钢焊接固定，角钢的下端与拱脚基础预埋铁件焊接固定。

上述大型预埋件一方面给构件的钢筋安装带来不便，另一方面给混凝土的浇筑带来困难。正确处理各钢筋、各预应力筋和锚板之间的关系，是项目施工难点。如何保证平面面积达 20 多 m² 的预埋件下部的混凝土浇筑密实是一个难题。

2.2.2.2 主要措施

（1）采用自制钢支架控制超重、超厚埋件精确定位，采用锚板预先打眼法解决钢筋和预应力筋与锚板矛盾，并细化设计图纸，优化施工方案，确定钢筋的绑扎顺序和方法，根据不同部位，采取多种钢筋固定方法解决钢筋安装问题。图 2.2.2-1 为南京奥体中心主体育场环梁预埋件。

（2）采取在预埋件钢板上预留浇筑孔的方法，解决混凝土浇筑密实问题。如南京奥体主体育场在 60mm 厚、角度为 45°的钢板面上留八个直径为 200mm 的孔，作为混凝土的浇筑孔。在斜面板的后背焊有 1500mm 长、20mm 厚锚板，在每块锚板上均留有 φ300 孔，使混凝土浇筑能进入主拱支座底部，如图 2.2.2-2 所示。

图 2.2.2-1　环梁预埋件

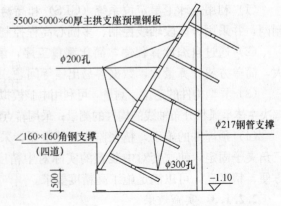

图 2.2.2-2　主拱支座大型预埋件安装示意图

2.2.2.3 实施效果

南京奥体中心主体育场环梁和拱脚基础预埋件，通过采取上述措施，使复杂的柱头铸钢件、拱脚大型预埋件准确顺利就位，确保了上部钢结构顺利安装。

2.2.3 体育场结构清水混凝土施工技术

2.2.3.1 技术特点和难点

清水混凝土系一次成型，不做任何外装饰，直接采用现浇混凝土的自然色作为饰面。因此，要求混凝土表面平整光滑，色泽均匀，无碰损和污染，对拉螺栓及施工缝的设置应整齐美观，且不允许出现普通混凝土的质量通病。

体育场看台混凝土结构、异型梁、柱等构件通常为清水混凝土。与一般公共建筑清水混凝土结构不同的是，体育场结构一般都是异型、大跨度超长结构。由于这些特点，对清水混凝土构件的模板配制、混凝土浇筑等都带来一定的技术难度。

2.2.3.2 主要措施

（1）对模板体系进行计算论证，根据构件的规格和形状，合理选用不同的模板材料，配制若干定型模板，圆形构件可选择钢模板，其他截面形式复杂的构件可采用涂塑九夹板等较为经济合理。

（2）根据不同地区不同材料的供应，进行清水混凝土配合比试验，在材料和浇筑方法允许的条件下，采用尽可能低的坍落度和水灰比，坍落度一般为 90 ± 10mm，以减少泌水的可能性。同时，控制混凝土含气量不超过 1.7%，初凝时间 6~8h。

（3）清水混凝土表面缺陷修补控制措施。

拆模后即清除表面浮浆和松动的砂子，采用相同品种、相同强度等级的水泥拌制成水泥浆体，修复和批嵌缺陷部位，待水泥浆体硬化后，用细砂纸将整个构件表面均匀地打磨光洁，并用水冲洗洁净，确保表面无色差。或者拆模后用 4:6（白水泥:普通水泥）拌制的干粉立即涂刷柱子表面，并在拆模 3h 内用塑料薄膜包裹养护 10~14d，使混凝土靠自身水分进行保温养护。

2.2.3.3 实施效果

武汉体育场、南京奥体中心主体育场清水混凝土柱和看台，施工后均达到了清水混凝土的效果，外观光洁平滑，无蜂窝、麻面，甚至连气泡也没有，达到了内实外光。

2.2.4 体育场组合式 V 形钢管混凝土柱施工技术

2.2.4.1 技术特点和难点

钢管混凝土具有承载力高、塑性和韧性好、经济效益显著，以及施工快捷等突出的优点，因而在我国得到了普遍的推广应用，尤其是在高层建筑和拱桥方面应用较多。但钢管混凝土用于体育场建设的报道较少，尤其是组合式 V 形钢管混凝土柱的施工，更是未见有先例。

南京奥体中心主体育场在 26.2m 标高楼面，共有 16 组 32 根钢管混凝土柱，每组钢管混凝土柱有一根垂直立柱和一根斜叉柱，构成组合式 V 形钢管混凝土柱。垂直立柱高度约 17m，斜柱长度从 14~20m 不等，钢管混凝土柱外径 1m，钢管壁厚 18mm，斜管与垂直立管夹角从 20°~32° 不等。17m 高立柱高度较一般高层建筑的钢管混凝土柱要高得多，钢管的吊装、钢管混凝土浇筑和质量控制都带来较大的困难。另外，斜钢管的吊装就位，尤其是起吊后要斜穿过 2.5m 长锚接钢筋笼，其施工难度是相当大的。

2.2.4.2 施工措施

(1) 钢管柱的加工制作在工厂进行，各相贯口采用电脑放样，按相贯口切割加工、焊接，并采用计算机自动跟踪超声波检测系统探测焊接质量。

(2) 钢管柱的安装宜从工程实际出发，如南京奥体中心主体育场则采用桅杆这一成熟和传统的吊装工艺，通过滚杠将钢管滑移到要求安装位置，用三脚架将管件、预埋件装卸就位，完成 V 形钢管混凝土柱钢管的吊装任务，如图 2.2.4-1 所示。

(3) 斜管测量定位，利用电脑模拟试验，并计算出理论观测点到其投影点的距离。施工时，据此画出各相关线，利用全站仪控制斜管上下位置，利用经纬仪控制斜管左右位置。斜管测量定位如图 2.2.4-2 所示。

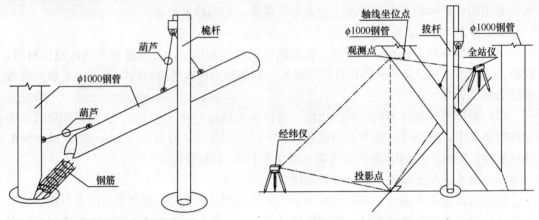

图 2.2.4-1　桅杆安装斜管示意图　　　　图 2.2.4-2　斜钢管测量定位示意图

(4) 钢管混凝土浇筑是关键环节，采用高位抛落无振捣法和长度达 18m 的特制振动棒进行振捣，每次混凝土浇筑高度不大于 2m，振捣时间不少于 1min。

2.2.4.3 实施效果

钢管混凝土结构的施工工艺简单，使工期大大缩短，工程可提前竣工。若加上提前投产所创造的经济效益，则钢管混凝土结构的经济效益更加可观。

南京奥体中心主体育场组合式 V 形钢管混凝土柱施工后，通过敲击法对钢管混凝土进行检查，并委托采用应力波法进行检测，立柱与斜柱的相关线角焊缝 100% 超声波检测、预埋件与钢筒连接角焊缝 20% 超声波检测均达到《钢焊缝手工超声波探伤方法和探伤结果分级》GB 11345—89 标准要求，未发现有缺陷混凝土，V 形柱定位尺寸准确，施工获得成功。

2.2.5 体育场结构监控检测技术

2.2.5.1 技术特点和难点

(1) 体育场篷盖钢结构形式各不相同，且大多在结构未成型前不具有稳定性，施工不确定因素多，如何准确测定这些不确定因素，保证大型钢屋盖安全施工，最终满足设计结构受力要求，是施工需要解决的难题。

(2) 体育场大悬挑、大跨度、大断面等构件形式各不相同，所处施工环境也不相同，

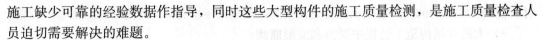

施工缺少可靠的经验数据作指导，同时这些大型构件的施工质量检测，是施工质量检查人员迫切需要解决的难题。

2.2.5.2 施工措施

1) 体育场整体模型风洞试验

风荷载在体育场膜篷盖结构方案中起着主控的作用。但在设计过程中无论从理论上还是实际应用上对风荷载取值、结构内力分析等，均缺乏可靠的技术依据。为此，根据体育场当地近地面风荷载特性，对膜篷盖进行风荷载模拟实验，以提供风荷载作用的有关数据和抗风分析。通过对整体膜篷盖的风洞试验，给设计和施工提供了依据。如，空间铰的设计是保证索桁受力和框架支座安全的关键，通过风洞试验，设计最终确定索与钢臂、立杆、拉杆采用销接，钢臂与框架支座采用空间铰"万向节点"。

2) 看台大悬臂梁节点模型试验

（1）武汉体育场主体结构看台设计为 Y 形柱上为大斜梁，整个篷盖全靠 56 个节点支撑，为验证设计的可靠性，进一步完善设计提供依据，确保这一关键节点质量，对看台大悬臂梁节点进行了节点模型的模拟试验。本试验的模型尺寸为实际结构的 1/4，预埋件构造形式同实际结构，预埋件的钢板厚度为实际的 1/4～1/3。

（2）试件的垂直及水平位移由百分表测量，梁柱纵筋、箍筋、混凝土的应变分别由应变片，通过静态应变测量系统测量。

3) 超声波—回弹综合法对混凝土结构进行无损检测

体育场看台大斜梁和 Y 形柱是整个工程结构的最重要部分，全部结构均坐落在该柱和梁上，由于 Y 形柱和斜大梁设计钢筋密集，构件断面较大，仅凭常规的检测混凝土强度试块不足以证明其工程质量，特别是结构内部混凝土是否密实、施工缝处的接缝是否密实等，无法检测。而这些内在质量问题的存在，将给整个工程带来极大的隐患。采用超声波、超声波—回弹综合法技术对该重点部位构件进行了全面的无损检测，通过超声波法对构件的无损检测，判别构件施工缝区域混凝土的密实度及施工缝结合面的接缝质量；通过超声波—回弹综合法对构件的无损检测，确定 Y 形柱的直柱与两斜柱、环向梁、平台梁相交处施工缝区域的混凝土强度，以指导施工对质量的控制。

检测选用 CTS-25 非金属超声波检测仪、HT225A 型中型回弹仪，根据被测构件及现场条件，采用各自不同的方法进行检测。

4) 篷盖钢结构杆件动态应力监测

武汉体育中心体育场看台篷盖结构为钢结构悬挑形式，悬挑跨度大，各构件的连接均为铰接，尤其是整个钢结构与混凝土结构之间的连接点为"万向节点"连接，这种新型的连接形式，施工中若稍有偏差，对每根钢结构杆件将会产生不利应力。通过对钢架主要杆件的应力的变化情况，跟随施工进程及时进行监测，直至整个篷盖系统施工结束，及时把测得的数据通知设计院，由设计单位随时进行安全验算和复核。

5) 大体积混凝土监测

南京奥体主体育场每个拱脚基础长 30m、宽 18m、厚 3m，主拱支座 6m×7.98m×22.5m(厚×高×长)，尤其是主拱支座属于大体积露天混凝土结构，对外界温度变化十分敏感，它的变形不仅在施工阶段处于变化状态，而且在使用阶段，它的影响也长期存在。在拱脚基础和主拱支座大体积混凝土施工中，采用 JDC-Z 型便携式电子测温仪进行测温，掌握大体积混凝土浇筑后的内部混凝土温度变化情况，控制大体积混凝土的内外温差在25℃以内。

6) 大跨度结构施工过程中受力和变形监测

南京奥体主体育场396m长预应力地下连系梁张拉过程中，以控制拱脚承台水平位移为主，同时对张拉应力值进行控制。张拉施工前，在每个拱脚承台上设置2个位移观测点，采用全站仪和4个千分表双控措施，监控水平位移，在每根地梁的两端各埋设2个JMZX-3XOO型智能弦式数码传感器，进行预应力值和拱脚基础水平位移的监测试验获得成功。

7) 主拱及悬挑钢箱梁支撑胎架拆除前后的应力应变监测

南京奥体中心主体育场在主拱和悬挑钢箱梁的安装过程共设置了钢支撑胎架约300根，组成一套完整的支撑胎架。在支撑胎架拆除过程中，屋盖钢结构系统工况变化复杂，卸载过程既是拆除胎架的过程，又是结构体系逐步转换过程，除根据设计要求支撑胎架必须进行分批、分级进行拆除外，采用光纤及光纤栅传感监测技术，对屋盖钢结构系统关键部位在短期和长期的各种荷载工况下的杆件进行应力应变数据的监测，是国内外目前最先进的监测技术。

2.2.5.3 实施效果

武汉和南京体育中心体育场建设过程中，为使设计和施工有可靠的依据，确保设计和施工质量，分别进行了一整套的试验研究，每一步都严格按照基本建设的有关程序，进行了充分的论证和研究，为设计提供了可靠数据，为施工提供了技术指导，达到了预期的目标。这在国内体育场建设施工中是少见的，本监测结果成为今后类似体育场建设宝贵的参考资料。

2.2.6 体育场看台纤维混凝土施工技术

2.2.6.1 技术特点和难点

（1）体育场混凝土看台结构一般为超长结构，混凝土极易产生裂缝，另外，看台处于人流密集流动部位，楼板面易于磨损，这些因素通常制约着结构物的使用寿命。

（2）纤维混凝土是在普通混凝土中掺入一定数量的针状纤维（钢纤维、聚丙烯纤维等）而制成。纤维与混凝土粘结性能好，可共同承受荷载。另外，当纤维混凝土受力后出现新的微裂缝时，与微裂缝垂直的纤维仍能传送部分拉力。这就使纤维混凝土表现为良好的塑性特征。与普通同级的混凝土相比，塑性、韧性显著增大，抗拉、抗弯强度也显著提高，具有有效抗裂性能，并提高混凝土的抗磨损性。

2.2.6.2 施工措施

（1）聚丙烯纤维混凝土施工要点。

聚丙烯纤维与混凝土骨料、外加剂、掺合料和水泥都不会发生冲突，对搅拌设备也没有特别的要求。施工时，可根据配合比直接将整袋纤维投入搅拌机内或分批投入。对搅拌及施工工艺亦无特殊要求，只要保证搅拌时间即可。

（2）钢纤维混凝土施工要点。

钢纤维易成束结团附在粗骨料表面，且分布不均，不利于钢纤维发挥作用。因此，应按粗骨料粒径为钢纤维长度一半对粗骨料进行严格地进料控制和筛选（控制在15～20mm左右）。另外，纤维拌合中易互相架立，在混凝土中形成微小孔洞，影响混凝土质量，微孔还使钢纤维与水泥砂浆无法形成有效握裹，发挥不了钢纤维的增强作用，因此宜采取比

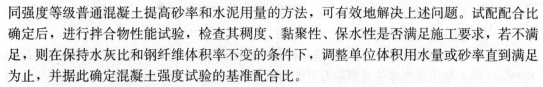

同强度等级普通混凝土提高砂率和水泥用量的方法,可有效地解决上述问题。试配配合比确定后,进行拌合物性能试验,检查其稠度、黏聚性、保水性是否满足施工要求,若不满足,则在保持水灰比和钢纤维体积率不变的条件下,调整单位体积用水量或砂率直到满足为止,并据此确定混凝土强度试验的基准配合比。

2.2.6.3 实施效果

(1) 南京奥体中心主体育场看台结构混凝土全部采用聚丙烯纤维混凝土,C40 混凝土中聚丙烯掺量为 0.8 kg/m³。

(2) 武汉体育场工程看台面积约 32500m²,完成钢纤维混凝土 1625m³,钢纤维混凝土中钢纤维掺量 0.8%,钢纤维用量 100 多 t。

施工过程中共制作钢纤维混凝土试块 26 组,试验结果其试块强度 100% 达到设计要求;外观质量也做到了表面平整、光滑、无裂缝、线条顺直,无任何渗漏现象。主体结构经当地建设主管部门验收,评为优良。

2.2.7 体育场金属屋面施工技术

2.2.7.1 技术特点和难点

南京奥体中心主体育场屋面系统由大拱和悬挑梁罩篷两部分组成,其中大拱由铝单板、0.9mm 厚直立锁边铝板面板、檐口铝单板、聚氨酯天幕板(阳光板)四部分组成。

大拱结构最高点标高 62.47m,面积约 28000m²,面层采用 2.5mm 厚铝镁合金平板,表面氟碳预滚涂。结构檩条为镀锌 C 形檩,断面尺寸为 250mm×76mm×20mm×2.5mm,铝板为 2.5mm 厚铝单板,主板分格尺寸为 1380mm×3000mm,板缝采用开放式设计,由 U 形铝扣条填嵌。

悬挑梁罩篷部分的屋面面积约 21000m²,屋面为 0.9mm 厚铝镁锰直立锁边面板,淡银金属色氟碳烤漆面层,底板为 0.6mm 厚穿孔钢板,背衬吸声膜、50mm 厚吸声棉一层。最长板长约 72m,分布在南北两侧,最短板约 25.3m,分布在东西两侧。屋面系统的构造形式呈坡状。

檐口铝单板包括四部分内容:东西环梁铝板面积约 2780m²,铝板外沿口总弧长364.8m,每立面弧长 182.4m,每立面分格 152 格,每格宽度为 1.2m;外挑檐铝板,面积 2490m²,外沿口总弧长为 864m,共 540 个分格,每分格为 1.6m;内挑檐铝板,面积2050m²,总弧长 720m,共 480 个分格,每分格为 1.5m;1/4 内挑檐铝板,面积 1480 多m²,东西立面总弧长 408m,总分格 272 格,每格为 1.5m。

聚氨酯天幕板(阳光板)总面积 13388m²,阳光板结构采用主次檩结构,主檩为C250×76×20 高强 C 形檩,次檩为 50mm×80mm 铝方管,主檩通过连板与结构用螺栓连接,次檩通过钢角码与主檩采用螺栓连接。阳光板用钢扣件固定后用铝扣槽连成整体。

悬挑梁罩篷部分底板为倒贴板,施工难度大。且底板下看台同时施工,因此施工时无法搭设脚手架。另外,底板面为双向曲面,而每块底板又为平面板,如何才能满足要求,达到该效果,檩条如何安装是一个难题。

铝单板施工,由于环梁及挑檐是一个三维空间结构,在平面的图纸上无法完全表达清楚,也不像平面一维空间的工程那样容易施工,需要在施工过程中精确测量尺寸,边设计边施工,施工具有一定难度。

2.2.7.2 施工措施

1) 屋面直立锁边铝板安装

(1) 面板 T 码安装：铝板 T 码是屋面与结构结合的连接件，是屋面系统的主要传力构件，T 码安装质量直接关系到屋面系统的承载力及使用寿命，因此施工时必须严格控制面板 T 码轴线方向最大偏差和水平转角。

(2) 面板安装：面板安装顺序必须由低处向高处依次安装，在最高点处两条小边或两条大边交汇处采用换肋的方法解决铝板的咬合。

2) 底板安装

底板安装采用倒贴板高空挂绳吊篮施工法，底板檩条在径向采用预弯处理，使檩条在径向呈一条光滑弧线，在每一块板环向方向，确保每一块板 4 根檩条在一个平面上，以若干短直线拼成曲线，通过现场实际放样，沿环向方向由 180 个小直线段组成近似曲线。底板檩条安装时确保檩条环向在每一个等分段内为一直线。

3) 环梁铝板设计及施工

(1) 东西混凝土环梁铝板施工。

结合环梁结构的特点，设计上面板与下面板、下面板与环梁底部板的夹角，使其具有一种强烈的立体感。

在龙骨焊接施工中，先在结构面上放好安装线，再以每六格一单元焊好一标杆，先精确地把标杆校准好。根据每格进出尺寸、前后位置及上下分格尺寸和水平控制尺寸进行初步点焊、检查、调整和满焊划定。

铝板安装时，在每根龙骨上弹放出墨线，量出每块铝板所需的尺寸，铝板初步安装完毕后，对铝板进行整体调整。

(2) 内、外挑檐铝板设计及施工：

①对内、外挑檐的各箱梁挑出长度及天沟外檩条的进出位置及长度进行测量，根据所测量的数据设计挑檐龙骨的开口角度，再根据铝板长度设计龙骨长度，最后根据所测数据确定每格分格尺寸、进出尺寸等。

②龙骨焊接时，以每八格为一单元焊好一标杆，根据每格进出尺寸及分格尺寸、水平控制尺寸进行初步点焊、调整和满焊固定。

③铝板安装施工，先在每根龙骨上弹放出墨线，根据弹放的墨线进行铝板安装，对铝板进行整体调整。

(3) 1/4 内挑檐铝板设计及施工。

将 1/4 内挑檐设计成弧线形，即外挑下铝板设计成弧板。详细测量 1/4 内挑檐箱形梁及天沟外檩条进出尺寸及长度，以此为据精确计算出铝板分格尺寸、进出尺寸及水平控制尺寸等。

在龙骨焊接及铝板安装施工中，按内、外挑檐的施工按要求进行安装施工。

4) 大拱檩条及铝板的安装

(1) 檩条的安装。

主檩条安装高度大，且每组主檩为双片 C 形钢（每组约重 200kg），主檩条在地面组装好，采用 1t 卷扬机吊装就位，点焊于主结构上。次檩也为 C 形钢，重量较小，先用螺栓和角码连接在主檩条上，在特定区域调整好位置后将螺栓拧紧、固定。

（2）铝板安装：

铝板安装采用卷扬机相配合的方法进行。

①标准板的安装，关键在于与理论位置的吻合。在标准板安装时，对标准板的位置控制尺寸予以严格检验，保证各尺寸与理论尺寸不超过影响外观的界限。

②边部圆弧板安装，关键在于整体安装完成后的效果是否让人看的舒服，线条流畅。所以，在该部分铝板安装时不是强调与理论尺寸的吻合，而是以从多个角度人目测的效果来确定位置的。

5）聚氨酯天幕板（阳光板）安装

阳光板安装前先排版，找出第一块板的安装控制线，安装下口泛水，然后安装第一块板，再安装钢扣，施工时钢扣要紧贴已安装的阳光板，且不能倾斜，再安装第二块板，安装扣槽，扣槽用橡皮锤砸入板肋中，再施工上泛水，依次类推，直到安装完毕。

2.2.7.3 实施效果

本项目屋面各种形状金属面板安装，由于采用了上述多种控制措施，使得各种部位、各种型号金属面板安装平整度、接缝直线度、接缝高低差及铝板外檐口线条的流畅性等各项技术质量完全达到质量要求。

2.2.8 体育场看台面层施工技术

2.2.8.1 技术特点和难点

体育场看台楼面均为超长大面积，而体育场使用的特殊性，要求看台既要满足屋面的防水性能要求，同时又要满足公共场所对地面的使用要求，即看台面层要达到"不起壳、不裂、不渗、耐磨、不起砂、尺寸准确、表面平整美观"。由于看台地面为环向阶梯状，不同于一般楼地面，环向长度长，阴阳角的处理工作量较大，地面平整度、各台阶高差、裂缝等控制要难于一般大面积的楼地面。

2.2.8.2 施工措施

以南京奥体中心主体育场看台施工为例：

（1）制定面层施工方案。分析看台的使用特点，看台面层做法见图 2.2.8。

（2）选用低收缩率的面层材料，找平层和表面涂层尽可能选择低收缩率的材料，找平层混凝土采用普通水泥，其中熟料含量不得小于 80%，矿渣含量不得少于 10%，碱含量不得超过 0.6%。面层采用高强度低收缩的环氧类砂浆。可选用多功能复合型抗裂防渗化学外加剂，另备有聚合物水泥防水涂料（Ⅰ型）、混凝土表面封闭剂（采用硅酸类密封固化剂）。

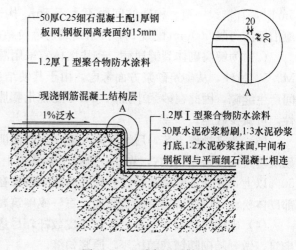

图 2.2.8 看台面层做法

（3）用薄层多次涂抹（浇灌）施工方法。面层 1.2mm 厚的聚合物防水涂料分 2～3 次刮涂，每度刮涂厚度控制在 0.5mm 左右。面层细石混凝土，可采用振动棒振捣，混凝土磨光机磨面，也可采用振动棒加平板振动器的振动方式。

（4）对面层细石混凝土进行分隔缝的划分，分隔缝应根据台阶位置、看台弯折点进行设置。人行通道台阶踏步的两侧留设分隔缝，如果踏步侧边有看台则设在看台上；如果踏步侧边为栏板则设在踏步上。其余部位根据看台的长度等间距布设，分隔缝间距小于 6m，根据看台的实际长度控制在 4～6m 为宜，并且同一楼层上下层看台须对缝，同时分隔缝的设置需考虑座椅的位置，应均匀设在座椅之间。

2.2.8.3 实施效果

南京奥体中心主体育场看台外围呈圆形，半径为 142.8m，周长约 900m，内侧为近椭圆形，长轴长度为 195m，短轴长度为 132m，周长约 545m，总面积 35267.6m²。采用上述施工措施，使用至今未出现有面层裂缝现象，表面平整，体育场经过多次使用，每次使用后都要对看台面层进行冲洗清洁，未发现有渗漏现象，整个看台排水顺畅，也无积水现象。

2.2.9 体育场附属用房内轻质隔墙施工技术

2.2.9.1 技术特点和难点

体育场内功能性用房等的内隔墙通常采用轻质砌块隔墙、板材隔墙和骨架隔墙等轻质隔墙，其隔墙与一般房屋建筑的内隔墙相比，具有隔墙长度长、高度高的特点；另外，由于体育场属于公用建筑，人流动量大，对轻质隔墙的刚度、牢固性等要求较一般建筑要高；而超长轻质隔墙的施工较一般隔墙更易发生墙体开裂、空鼓等的质量通病。

2.2.9.2 施工措施

1）超长隔墙轻质砌块施工措施

（1）为增强砌块建筑的整体刚度，沿隔墙的水平、竖直方向增加圈梁和构造柱：在基础部位设置一道现浇圈梁；当檐口高度为 4～5m 时，应设置一道圈梁；当檐口高度大于 5m 时，宜增设一道。构造柱间距不大于 5m，构造柱与墙体的连接处宜砌成马牙槎，并应沿墙高每隔 500mm 配置 2φ6 拉结钢筋与墙拉结，每边伸入墙内不应小于 1000mm。

（2）为解决砌体裂缝通病，砌块墙体宜采用混合砂浆砌筑，砂浆的强度等级不宜低于 M2.5，另外，从砌筑砂浆方面考虑，由于其硬结过程中本身发生收缩，在砂浆与砌块之间产生缝隙，因此在砂浆中加入 UEA 混凝土膨胀剂约 10%，砂浆可具有极微弱的膨胀性，可减少收缩。

（3）改进操作工艺，后填竖向灰缝，不能保证砂浆与砌块的紧密结合。砌筑时，宜将砌块垂直面倾斜 45°左右，先在一侧挂上砂浆再上墙、推挤，从而使竖向砂浆饱满率达到 80% 以上，并保证紧密结合。另外，为减少砂浆在砌筑后收缩变形和由于顶部振动引起下部砌体松动，应严格控制砌筑周期，每昼夜砌筑高度不宜超过 1.8m。

（4）砌墙时挂水平、垂直线，立皮数杆，尽量不设脚手眼，不留直槎。纵横墙应同时砌筑，做到随砌随铺灰随挤压，原浆勾缝。

2）轻质板材隔墙施工措施

（1）为增强体育场内隔墙抗震、抗裂性能，隔墙板的安装其上部宜采用柔性结合连接，下部采用刚性连接。即上部在两块条板顶端拼缝处设 U 形或 L 形钢板卡，U 形或 L 形钢板卡用射钉固定在梁和板上，随安板随固定 U 形或 L 形钢板卡，与主体结构连接，见图 2.2.9-1。墙板下部用木楔顶紧后空隙间填入细石混凝土，见图 2.2.9-2。

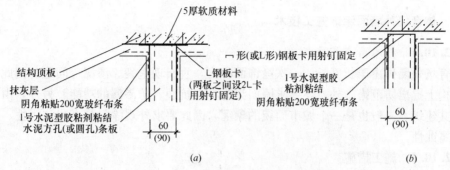

图 2.2.9-1　隔墙板上部柔性结合连接
(a) 单层水泥条板顶与顶板钢板卡连接一；(b) 单层水泥条板顶与顶板钢板卡连接二

（2）在板材安装时，应注意板材之间的连接处理。板与板缝间的拼接，要满抹粘结砂浆或胶粘剂，拼接时要以挤出砂浆或胶粘剂为宜，缝宽不得大于 5mm（陶粒混凝土隔板缝宽 10mm）。

板与板之间在距板缝上、下各 1/3 处以30°角斜向钉入钢销或钢钉，在转角墙、T 形墙条板连接处，沿高度每隔 700～800mm 钉入销钉或 $\phi8mm$ 铁件，钉入长度不小于 150mm，钢销和销钉应随条板安装随时钉入。

（3）做好板缝和条板、阴阳角和门窗框边缝处理。

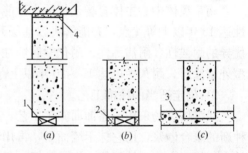

图 2.2.9-2　隔墙板上下部连接构造
(a) 侧向对打木楔；(b) 木楔间空隙填塞细石混凝土；(c) 细石混凝土硬固后取出木楔，做地面
1—木楔；2—细石混凝土；3—地面；4—粘结砂浆

3）骨架隔墙施工措施

（1）应对龙骨骨架进行设计。体育场内隔墙一般高度较大，竖龙骨间距应较一般隔墙龙骨要密，以 400～600mm 为宜。隔墙骨架高度超过 3m 时，应设横向龙骨。

（2）沿地、沿顶及沿边龙骨应安装牢固。横龙骨与建筑顶、地连接及竖龙骨与墙、柱连接可采用射钉，选用 M5×35mm 的射钉将龙骨与混凝土基体固定，砖砌墙、柱体应采用金属胀铆螺栓。射钉或电钻打孔间距宜为 900mm，最大不应超过 1000mm。

体育场建筑轻钢龙骨与建筑基体表面接触处，应在龙骨接触面的两边各粘贴一根通长的橡胶密封条，以减少震动对隔墙的影响。

2.2.9.3　实施效果

（1）南京奥体中心主体育场内隔墙大部分为弧形，最大墙长 15m，最大墙高 35.8m，墙厚为 200mm、300mm，室内填充墙大部分为 MU5 加气混凝土砌块墙体；部分内隔墙为蒸压轻质加气混凝土板，厚度 100mm、125mm、150mm、175mm、200mm 不等，总量达 8 万 m²。

（2）武汉体育场内隔墙在标高±0.000 以下为 240mm 厚 MU10 灰砂砖墙，±0.000以上一般墙体为 MU2.5 粉煤灰加气混凝土砌块墙。在施工过程中充分考虑了体育场建筑的特性，采取一些列防范措施后，竣工后至今，未发现隔墙墙体开裂现象。

2.2.10 体育场外墙面涂饰施工技术

2.2.10.1 技术特点和难点

体育场外墙体由于长度长，一次涂饰面积大，宜出现龟裂、渗漏等问题。因此，除在墙体结构上提出防范措施外，还要求墙面涂饰具有抗裂、防渗漏的功能。另外，由于体育场为公共建筑，一般也是一个城市面貌的象征，因此要求外观涂料具有耐沾污性、耐老化性和耐腐蚀性。

2.2.10.2 施工措施

1）选择性能优异的外墙涂料。

市场上外墙涂料品种繁多，要选择性能优异，质量好的外墙涂料：涂料工程的等级和产品的品种应符合设计要求和现行有关产品国家标准的规定，应选用绿色环保产品。

武汉体育场选用的 STA-2000 高弹防水复合型涂料，为参考国外高新技术研制而成的新一代墙体装饰材料，该涂料具有独特的高弹性，延伸率可达 400%，从根本上解决了建筑物常见的龟裂、渗漏等问题，具有优异的柔韧性和抗风化性。

南京奥体中心主体育场选用的高性能弹性涂料，具有耐老化、耐沾污性、抗裂和耐久性达 10 年以上等优点，并能解决因基层开裂导致涂层开裂的涂料通病。氟碳涂料，具有优异的耐候性、耐沾污性、耐化学腐蚀性，同时不回粘、不吸尘，其综合性能优于其他类型外墙涂料，耐久性可达 15～20 年以上。

2）确定适当的涂饰工艺。

武汉体育场采用滚涂饰面施工工艺，主要是在水泥砂浆中掺入聚乙烯醇缩甲醛形成一种新的聚合砂浆，用它抹于墙面上，再用辊子滚出花纹。这种砂浆具有良好的保水性和粘结力，施工方法比较简便，容易掌握，不需要特殊设备，工效较高，可以节省材料、降低造价。另外，施工时不易污染墙面和门窗，对于局部装饰尤为适用。

3）加强成品保护

体育场工程占地面积大，因此外墙涂料的成品保护特别重要。

（1）每次涂刷前均应清理周围环境，防止尘土污染。涂料未干燥前，不得清理周围环境。涂料干后，也不得挨近墙面或从窗口、阳台上泼水及乱扔杂物，以免污染涂料面。

（2）底部涂料刷施完毕，宜在现场派人值班看护，防止有人摸碰，也不得靠墙放置任何工具。拆除脚手架时，亦应注意，不得碰坏涂层。

（3）在施工过程中，如遇到气温突然下降、暴晒，应及时采取措施，加以保护涂膜，若在施工进行中遇到大风、雨雪，则应立即用塑料薄膜等覆盖，并在适当的位置留好接茬口，暂停施工。涂料施工完毕，应按涂料使用说明规定的时间和条件进行养护，冬期应采取必要的防冻措施。

2.2.10.3 实施效果

武汉体育中心体育场工程平面呈椭圆形，外墙面 6.00m 大平台以上外露柱子及外圈梁、看台栏板、观众席面向球场墙面均作外墙涂料，其外墙涂料施工总面积达 13 万余 m²，设计为 STA-2000 高弹防水复合型涂料，直接施涂于外墙混凝土表面。

南京奥体中心主体育场采用了高性能弹性涂料，工程的外墙、看台栏板及出入口等处

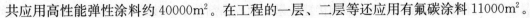

共应用高性能弹性涂料约 40000m²。在工程的一层、二层等还应用有氟碳涂料 11000m²。

上述工程施工后，外观色泽鲜艳，内墙干燥无渗漏现象。经过几年时间的风吹日晒雨淋，依然光亮如新。

2.2.11 体育场疏散平台防水施工技术

2.2.11.1 技术特点和难点

体育场疏散平台一般都处于露天，受热胀冷缩影响较大，同时处于一种受震动状态，这是较一般屋面等防水结构的特别之处。其防水层设置一般为三道设防，由内往外分别为涂膜防水层、卷材防水层及刚性防水层。施工时，应精心组织，认真处理，严格按照操作规程施工，方可确保工程质量。

2.2.11.2 施工措施

（1）设计在第一层涂膜防水层上面设置一层保温层，可有效避免该防水层受温度的影响；在第二层卷材防水层上面再做一层刚性防水层，可保护卷材防水层免受到过多的震动影响。三道防水层既是相互保护，又各自发挥其防水作用，其三重防水屏幕，确保疏散平台屋面不渗漏。

（2）涂膜防水层防水涂料应选择亲水性强，可在潮湿的基层上使用，冷作业、技术简单、操作方便的材料。武汉体育场则选用了聚氨酯沥青防水涂料，三道涂膜，当涂膜固化到不粘手时，开始进行下道涂膜的施工。

（3）卷材防水层材料宜选择低温柔性好，延伸性能强，具有自愈能力，粘结性能好；冷施工操作方便，施工速度快且安全；含固率高，耐寒耐热、耐老化性好，无异味，是环保型产品；涂层之间不易分层，能与防水卷材相融。武汉体育场选用了自粘型卷材，基层涂胶基本干燥后，即可进行铺贴卷材施工。卷材末端收头必须用聚氨酯嵌缝膏或其他密封材料封闭。

（4）在卷材铺贴完毕后，绑扎钢筋网片，经隐检、蓄水试验，确认无渗漏水的情况下，施工刚性防水层。采用 50mm 厚 C20 细石混凝土，压实、搓毛。浇水养护。同时，做 6m×6m 分格，缝宽 10mm 内嵌灌缝胶的分隔缝。

（5）刚性防水层之上可根据使用要求，铺装地面。武汉体育场铺装地面为花岗石地面，由于工程疏散平台面积大，对花岗石地面进行分格，每 20m 见方设一道分格缝，缝宽 20mm，缝深 40mm，缝内用 YN－聚氨酯填缝胶嵌填，嵌填时，将缝两侧的花岗石贴上双面胶纸加以掩盖，待修整工作完成后撕去胶纸。填缝胶平面应低于花岗石表面 1～3mm，无漏灌，不溢出缝外，施工后 4h 内防止接触雨水，4～8h 可完全固化。

（6）大面积疏散平台面层应做好排水设计，对突出地面的管根、地漏、排水口等与地面交接处的防水层不得破坏。

2.2.11.3 实施效果

体育场疏散平台防水采用综合防治措施，多道设防，实践证明是可行的。武汉体育场疏散平台施工至今，防水效果很好，没有出现任何渗漏现象，为今后类似工程的防水施工提供了可借鉴的经验。特别是采用的自粘型卷材防水材料，解决了其他新型防水卷材施工时接缝不易处理好的问题。传统的防水卷材在施工时，其搭接部位需要用喷灯或胶粘剂接缝，喷灯热熔时产生的烟气对人体产生一定的危害并污染环境，同时热熔时其温度控制不易掌握，宜出现烤焦等现象，影响接缝效果；而胶粘剂粘结的接缝，则容易脱胶开裂，影响防水效果。自粘型卷材则解决了上述问题。

2.3 体育场施工通用创新技术

2.3.1 重力式水泥土挡土墙在深基坑支护中的应用

水泥土挡土墙，依靠其本身自重和刚度进行挡土和防渗，主要用于深基坑支护。其制作工艺是：通过特制的多轴深层搅拌机自上而下将施工场地原位土体切碎，同时从搅拌头处将水泥浆等固化剂注入土体并与土体搅拌均匀，通过连续的重叠搭接施工，形成水泥土地下连续墙。

南京奥体中心位于主体育场西北区的地下通道与训练场相连，长度约 89.66m，底标高为－7.93m。基坑支护采用深层搅拌桩作为重力式挡土墙结构，桩径为 700mm（双轴）@1000mm，搭接大于等于 200mm。根据基坑的不同部位，分别做成宽 1700mm（实体式）、2700mm、4200mm（格构式）三种形式的挡土墙，并在顶面做 200mm 厚配筋混凝土面层。利用深层搅拌桩作为全封闭帷幕，并在基坑内设 6 个降水深井，用于疏干基坑和降水，深井间距 15m 左右，并在四周设明沟排水和集水坑。

该技术具有以下技术特点：

（1）施工时对邻近土体扰动较少，故不至于对周围建筑物、市政设施造成危害；

（2）可做到墙体全长无接缝施工、墙体水泥土渗透系数 k 可达 $10\sim7cm/s$，因而具有可靠的止水性；

（3）成墙厚度可低至 550mm，故围护结构占地和施工占地大大减少；

（4）废土外运量少，施工时无振动、无噪声、无泥浆污染；

（5）工程造价较常用的钻孔灌注排桩的方法约节省 20%～30%。

水泥土地下连续墙技术指标：按《建筑地基处理技术规范》（JGJ79—2002）相关要求施工。水泥土强度宜大于 1MPa，水泥土渗透系数 k 宜大于 $10\sim6mm/s$，水泥土墙厚宜大于 550mm，且应符合当地对水泥土止水帷幕厚度的要求和施工技术的要求。

2.3.2 采用沉井法施工钢筋混凝土井筒技术

沉井是修筑深基础和地下构筑物的一种施工工艺，体育场钢筋混凝土井筒具有单个面积小、埋置深度深的特点，按常规挖土、施工混凝土井筒的方法施工，对土质较差的地区，其土坑支护费用较高，而采用沉井法施工，则可省去基坑支护费用。

沉井制作工艺是：先在地面或基坑内制作开口的钢筋混凝土井身，待其达到规定强度后，在井身内部分层挖土运出，随着挖土和土面的降低，沉井井身藉其自重或在其他措施协助下克服与土壁间的摩阻力和刃脚反力，不断下沉，直至设计标高就位，然后进行封底。

武汉体育场沉井法施工钢筋混凝土井筒，东、西、南、北看台分界处为 4 个直径 10m

的井筒，其基础设计为沉井壁厚 0.9m，沉井高 12.9~13.9m，入岩 1m，底标高为−16.5~−17.5m，施工时分两节制作分段下沉，采用井内出土排水下沉法施工，应用信息法、网络法、应力释放法等方法进行监测，采用调整挖土顺序，触变泥浆法，加压重法纠编，四个沉井下沉偏差均在允许范围内。为了保证井壁与土的摩擦力，还采用井壁周围预埋注浆管，在沉降完毕后注入水泥浆，以提高沉井的承载能力。

该技术具有以下特点：

（1）可在场地狭窄情况下施工较深（可达 50 余米）的地下工程，且对周围环境影响较小；

（2）可在地质、水文条件复杂的地区施工；

（3）施工不需要复杂的机具设备；

（4）与大开挖相比，可减少挖、运和回填的土方量，但该工艺施工技术要求高，质量控制难。

2.3.3 粉煤灰在体育场工程中的应用

粉煤灰是从煤粉炉排出的烟气中收集到的细颗粒粉末。按排放方式，粉煤灰分为干排灰和湿排灰；按其品质，分为Ⅰ、Ⅱ、Ⅲ三个等级。由于粉煤灰能扩散水泥颗粒和致密水泥浆体，改善了混凝土骨料反应；粉煤灰二次水化反应，改善了混凝土的孔隙结构，减少了毛细孔，从而有利于提高混凝土的密实性、抗渗性与抗裂性能，能够确保并大幅度提高工程质量。随着应用的不断发展，粉煤灰的生产质量不断提高，粉煤灰应用技术也不断地趋于成熟。

武汉体育场工程在所有混凝土中均掺加有粉煤灰，粉煤灰的掺量根据混凝土强度等级、性能等不同，通过试配分别为水泥重量的 18.1%、9.16%、8.6%、8.0% 等，粉煤灰掺量共计 2848t，混凝土试块经检验均达到设计及规范要求。

南京奥体主体育场超长看台纤维混凝土、V 形钢管混凝土柱及所有楼面 C40 级混凝土，粉煤灰掺量为水泥重量的 13% 左右，施工后效果较好，尤其对超长结构和钢管混凝土，保证了混凝土具有足够的流动性，同时又具有足够塑性黏度和稳定性，使骨料悬浮于水泥浆中，不出现离析和泌水问题，使混凝土自由流淌并充分填到钢管内，形成密实均匀的结构。

粉煤灰性能指标：按《粉煤灰混凝土应用技术规范》（GBJ 146—90）相关要求施工。用于地上工程的粉煤灰混凝土，其强度等级龄期定为 28d；用于地下大体积混凝土的粉煤灰，其强度等级可定为 60d、90d。粉煤灰混凝土的收缩、徐变、抗渗等性能指标可采用相同强度等级基准混凝土的性能指标。粉煤灰混凝土的抗碳化性能在满足现有规程有关要求或同时掺入减水剂时，也可视为与基准混凝土基本相同。

2.3.4 滚轧直螺纹钢筋连接技术

我国粗直径钢筋机械连接技术广泛应用已有多年，滚轧直螺纹钢筋机械连接技术为最新技术。钢筋滚轧直螺纹套筒连接是利用金属材料塑性变形后冷作硬化增强金属材料强度的特性，使接头与母材等强的连接方法。滚轧直螺纹钢筋连接技术是把带肋钢筋端头压圆，然后通过专用滚丝设备制成直螺纹，再用螺纹套管把钢筋连接成一体。直螺纹接头的特点是工艺简单、质量稳定、性能可靠，不污染环境，节约钢材等特点，接头可达到行业标准Ⅰ、Ⅱ级的要求。另外，现场可实现提前预制，在连接作业面施工方便、快捷。

武汉体育场工程观众看台主要支承在 56 根 Y 形柱及大斜梁上，大斜梁长为 26～40m，主要截面为 800mm×2500mm，最大截面为 1200mm×2840mm，主要受力钢筋为 $\phi36$，其接头为 1.792 万只；Y 形柱最大截面为 1000mm×5618mm，主要受力钢筋为 $\phi25$，其接头为 1.3 万只。全部采用了滚轧直螺纹钢筋连接技术。

南京奥体主体育场主筋 $\phi20$ 以上采用滚轧直螺纹连接，施工时共采用 8 台直螺纹机械，先将钢筋端部镦粗，然后再切削直螺纹，最后用套筒实行钢筋对接。采用直螺纹连接 $\phi22$、$\phi25$、$\phi28$、$\phi32$ 四种规格钢筋，共完成 17.3 万只连接接头。

滚轧直螺纹钢筋连接具有省工、省时、易操作，质量有保证。经现场见证取样并送检，接头现场随机抽取合格率达 99.6% 以上，$\phi25$、$\phi36$ 滚轧直螺纹连接接头均达到 A 级指标，主体结构经当地建设主管部门验收，质量评为优良。

2.3.5 大体积混凝土施工技术

大体积混凝土的裂缝控制问题是一项国际性的技术难题，许多国家都成立了专门的研究机构，理论成果颇多，但在工程实践中仍然缺乏成熟和实用的理论依据，一些规范和规程尚不能完全解决现实设计和施工中提出的问题。

控制大体积混凝土裂缝的方法一般采用综合治理方法，一是优选混凝土原材料，尽量扩大粗骨料的粒径，适量添加如减水剂、缓凝剂、引气剂等外加剂；二是采用合理的施工方法，在混凝土拌制、混凝土浇筑、拆模、降低混凝土内部的温度和表面隔热保护、养护等方面严格控制；三是分段施工，采用"跳仓浇筑"以施工缝直接连接的方法，施工缝以企口形式连接即可。

南京奥体中心主体育场工程在四个拱脚基础及主拱支座的混凝土总量达 10000m³ 以上大体积混凝土施工中，采用分层、分区段的施工方法，有效地解决了大体积混凝土的散热效果。并且加强了混凝土的表面覆盖保温，减少内外温差，以及采用 JDC-Z 型便携式电子测温仪进行技术监控，掌握大体积混凝土浇筑后的内部温度变化，控制大体积混凝土的温差在 25℃ 以内，从而有效地控制了大体积混凝土的裂缝产生。

2.3.6 免振捣自密实混凝土技术

混凝土在自重的作用下，不采取任何密实成型措施，能充满整个模腔而不留下任何空隙的匀质的混凝土称之为自密实混凝土。主要技术内容：对混凝土原材料的技术要求，自密实混凝土设计要点即流动性、充填性、抗离析性以及保塑性和自密实混凝土配合比设计等。

南京奥体中心主体育场在主拱的 A、B、C 三根主弦管中采用 C40 免振捣自密实混凝土，用量约 250m³，三根主弦管浇筑混凝土的长度分别为 35.51m、29.38m、32.26m，与地面的倾斜角度分别为 30.5°、27.36°、27.79°。主弦管的直径均为 $\phi1000mm$，壁厚分别为 65mm、34mm、40mm，施工时采用的混凝土配合比（每立方用量）为：P.O42.5 水泥 446kg、细度模数 $Mx=2.5$，黄砂 622kg，5～15mm 石子 1058kg，JM-Ⅲ外加剂 54kg，水 180kg、粉煤灰 40kg，水灰比 0.33，坍落度 190～210mm。

由于上述配合比合理确定了胶结材料、粗细骨料、外加剂及掺合料之间的比例,虽然水灰比仅为0.33,但坍落度可以达到190~210mm,从而保证了混凝土具有足够的流动性,同时又具有足够塑性黏度和稳定性,使骨料悬浮于水泥浆中,不出现离析和泌水问题,使混凝土自由流淌并充分填充到钢管内,形成密实均匀的结构。JM-Ⅲ外加剂具有大减水率、高增强、高保坍和高体积稳定性等特点。

免振捣自密实混凝土适用于难以用机械振捣的混凝土的浇筑。由于自密实混凝土细粉含量较大,更应重视混凝土抗裂性能。在采取抗裂措施的情况下,自密实混凝土抗裂性能相对较差。不适用于连续墙、大面积楼板的浇筑。

2.3.7 建筑节能技术在体育场建设中的应用

体育场是集体育比赛、商业办公等为一体的大型公用建筑,建筑容量大,质量起点高,科技含量高,配套设施先进、功能齐全,耗水、耗电量巨大。若施工过程中不能有效地采用建筑节能材料及节能技术,则其投入使用后日常运行、管理费用巨大。因此,体育场建设过程中,要积极采用节能材料、高效节能技术。在武汉体育中心体育场建设中,采用了以下节能技术:

1)新型管材的选用

原设计中,体育场环状地沟内DN200供水主干管采用无缝钢管二次镀锌,共计700m,给水支管用镀锌钢管螺纹连接,约有6000m。经设计院、业主协商后,改为节能、环保型的PP-R管及孔网钢带复合塑料管。

2)节能灯具、卫生器具的选用

(1)体育场内管理办公室经常使用的房间全部采用节能灯管,约5000支,该节能灯管光效相当于普通灯管的3~6倍;

(2)体育场内坐式大便器全部采用喷射虹吸式大便器,这种大便器不但具有普通虹吸式大便器的所有优点,而且质量、性能和使用效果都很好,更重要的是其冲洗水量仅为6L/次,每次冲洗可节水1/3。

3)优质、节能保温材料的应用

(1)屋面保温材料应用:体育场疏散平台建筑总面积约2.1m²,其上方露天,下方即为功能用房。经过几番比较,本工程选用了JF-206防水树脂珍珠岩保温材料。具有良好的保温、轻质的特点,而且还具有强度高、耐火、化学稳定性好,无毒、不霉、不腐、吸声、隔声效果好、施工方便等优点。

(2)管路系统保温材料应用:空调系统为冷、热水同行的管路系统,整个系统管道由无缝钢管焊接而成。设计热水供水温度为65℃,回水温度为55℃,冷冻水供水温度为7℃,回水温度为12℃,共需保温材料210m³。选用聚乙烯发泡管、板材,与传统的保温材料,如岩棉制品、超细玻璃棉制品、玻璃纤维制品等比较,不但施工过程较简单,而且导热系数较小。

4)高效、节能冷凝水回收泵的应用

工程中采用机械泵进行冷凝水的回收。此机械泵包括一个泵体(冷凝水依靠重力流入)、浮球和自动机构。相比较而言,机械泵无需电力,没有轴承密封的磨损或泄漏问题,因流量和扬程较大,不会产生汽蚀现象,使维修量最小,安装简单,只需连接进、出口和一根动力气管。能耗低，每回收 1t 冷凝水消耗的蒸汽量为 3kg。更重要的是，在有冷凝水产生时泵即工作，在无冷凝水时，自动停止工作，且密封良好，此组合泵还带有一个流量计数器，可以计算出凝结水回收量，不需要电控系统。

5）玻璃钢风管的应用

体育场中采用不燃型无机玻璃钢作为通风管道，它的主要成分是氧化镁、氯化镁，因此它不但解决了有机玻璃钢材料热变、易燃等缺点，而且具有无化学腐蚀、无毒、无污染及耐高温、耐老化等特点。

6）空调计量技术的应用

根据建筑节能的需要，对集中供热供冷的用户按实用热量、冷量收取费用是今后建筑节能的必然措施。武汉体育场一楼部分功能用房需满足出租的条件，东、西区三楼包厢满足出售的条件。为更有效地降低建筑耗能，减少体育场投入使用后的运行费用，对以上部位的空调系统安装电子式热能表，按用户耗能量收费。

7）供热制冷系统运行调节及水力动态平衡技术的应用

由于体育场容量大，整体空调系统所需风量也较大，除充分利用自然通风以外，体育场内设有 33 台空调机组及 3 台恒温恒湿机，为降低能耗，实现供热制冷系统的动态调节，变频空调机组的使用约占空调机组使用的 40%，并根据体育场 BA 系统的使用特点和设计要求，采用 M5 系统。

2.3.8 中水系统在大型体育场建设中的应用

体育场由于生活用水和绿化用水，其用水量非常大，建立一套合理的用水系统，对节约能源、降低排污量、保护环境意义非常重大。

中水系统可结合各体育场实际情况灵活运用：

（1）若体育场室外绿地面积很大，洗浴水量与绿化浇灌水量接近时，则中水重复利用可只用于绿化浇灌，室内冲刷用水仍由市政给水承担，这样，即可简化室内给排水系统，也可简化中水处理系统（处理工艺中无需超滤、絮凝沉淀消毒后直接浇灌，充分利用草坪、水土自净系统）。

（2）若体育场室外绿地面积很小时，洗浴水用于冲厕的同时，也可用于冷却塔的补水，中水处理系统可类似本方案。

武汉体育场建筑面积 80840m²，体育中心绿化面积约 10 万 m²，体育场设环状地沟，生活给水、消防给水、冷媒水总管均集中于此，体育场供水由两路进水从市政管网引入，在地沟由 DN200 复合钢带管形成环路。一至三层由环状管网直接供水，四层卫生间由屋顶水箱供水，在一层设有容积为 400m³ 的贮水池，供消防及绿化用水，绿化浇灌总管为 DN150，生活污水经化粪池处理后排入市政管网。

2.3.9 制冷系统安装与调试技术

制冷系统是公用建筑使用功能中的一个重要组成部分，对体育场这样大型建筑而言，这一系统显得尤为重要，武汉体育中心体育场工程制冷系统从设计到安装调试均体现其先进性和科学性。

武汉体育场设计冷负荷为 4187kW，选用四台制冷量为 1044kW 的螺杆式冷水机组，设计冷冻水供水温度为 7℃，回水温度为 12℃，设计系统热负荷为 3780kW，选用四台制热量为 945kW 的等离子体改性强化换热器，蒸汽由总体热网供应，热网压力为 800kN/m²，经减压阀减压至 400kN/m²，空调热水供水温度为 65℃，回水温度为 55℃，生活热水用汽量为 2t/h，分两路设计总体蒸汽管路，总供汽量为 8t/h，至冷冻机房分汽缸，分别再接至各用汽点后减压供汽，蒸汽凝结水采用凝水回收泵压送至供气点。

本工程制冷系统技术含量高、施工难度大、工艺复杂。通过举行多场大型活动，证明它的使用效果很好。

2.3.10　计算机技术在施工管理中的应用

21 世纪是信息的时代，计算机技术发展和各种管理技术软件的开发和应用，为企业的生产技术和资料管理水平带来了方便，提高了效率，为能够动态控制工程进度和合理安排时间、人力、物力资源，提供了新的方法。为了使本工程能优质、高速、低成本地组织施工，充分发挥总承包管理的职能，在体育场工程施工过程中，运用了现代管理与计算机应用技术辅助进行总承包管理。

在实施总承包管理过程中，将计算机技术应用于生产的各个方面，如在工程质量、进度、成本控制中，进行动态控制；在技术管理上，应用计算机辅助管理，编制施工组织设计、技术交底和绘制工程施工图等；在材料管理上，应用计算机控制项目材料的采购、进货、发货等的计划管理等等，并借助于局域网和互联网，实现了信息传递和资源共享，为中建八局总部和公司对工程进展实施监控，实现"零距离"管理提供了方便。

3

体育场工程施工
技术管理

3.1 体育场工程施工组织设计编制

3.1.1 概述

3.1.1.1 体育场施工组织设计概念

体育场建筑作为一个国家、一个城市精神、文化的象征，往往要求能集中其文化、教育、历史、地理及娱乐于一体，能结合育与乐，融合力与美，展现出一个区域文化与艺术的内涵、创新的观念、宏观的视野，因而每个城市的体育场建筑设计，式样纷繁，变化万千，给建筑施工带来一道道难题；另外，体育场建设项目往往都是投资在上亿元甚至几十亿元以上的大项目，管理和经营活动较一般的民用建筑复杂，并具有一定的风险性；同时，建筑施工活动是一次性的，即建筑工程项目的生产活动不可重复，工程施工项目所用资源耗量较大，施工时间较长，操作条件时好时坏，施工环境多变，所有这些都存在不可预知的风险。

施工组织设计是以施工工程项目为对象编制的，用以指导工程施工全过程各项施工活动的技术、经济、组织、协调和控制的综合性文件。上述体育场项目建设的不利因素只有通过编制施工组织设计，才能确保资源优化，施工工艺合理、施工进度满足要求，排除各种不利因素，正常进行施工活动。

另外，编制施工组织设计的过程是项目经理部施工人员熟悉工程环境，了解设计要求，分析主、客观条件，统一认识，进行决策的过程。因此，按照体育场施工项目建设的基本规律、施工工艺规律等，合理安排施工顺序和进度计划，优化配置人员，合理安排和节约使用材料，编制出详细周密的施工组织设计是非常必要的。

3.1.1.2 编制体育场施工组织设计应遵循的基本原则

（1）贯彻国家工程建设的法律、法规、方针、政策、技术规范和规程。

编制体育场项目施工组织设计，不仅要将国家工程建设的法律、法规、方针、政策、技术规范和规程的要求融入到施工及管理中，而且还应将体育场馆建设方面的有关法律、法规、方针、政策、技术规范和规程融入其中。

（2）贯彻执行工程建设程序，采用合理的施工程序和施工工艺。

体育场工程虽然外形、结构千变万化，但仍有其本身特有的规律，在工程性质、施工条件和使用要求等方面，也有可遵循的共性规律，如施工面大、主体为环形超长结构、屋盖系统为特种屋盖结构、智能化安装程度较高等等，按照反映这些规律的工作程序组织施工，则能够保证各项施工活动相互促进，紧密衔接，避免不必要的重复工作，加快施工速度，缩短工期。

（3）运用现代建筑管理原理，积极采用信息化管理技术、流水施工方法和网络计划技术等，做到有节奏、均衡和连续地施工。

体育场项目大面积的特点，最有利于采用流水作业施工。用流水作业方法组织施工，可以使工程施工连续地、均衡地、有节奏地进行，能够合理地使用人力、物力和财力，能多、快、好、省、安全地完成工程建设任务。

用网络计划技术编制施工进度计划，逻辑严密，主要矛盾突出，有利于应用电子计算机进行计划优化和及时调整，能对施工进度计划进行动态的管理。

（4）优先采用先进施工技术和管理方法，推广行之有效的科技成果，科学确定施工方案，提高管理水平，提高劳动生产率，保证工程质量，缩短工期，降低成本，注意环境保护。

先进的施工技术是提高劳动生产率、改善工程质量、加快施工速度、降低工程成本的重要源泉。体育场工程由于其建筑造型的独特性，使得其在施工过程中必须采用大量的先进技术，方可保证建设的圆满成功。因此，在编制施工组织设计时，必须注意结合具体的施工条件，广泛地采用国内外的先进的施工技术、施工方法。

拟定施工方案，通常包括确定施工方法、选择施工机具、安排施工顺序和组织流水施工等方面的内容。每项工程的施工都可能存在多种可能的方案供选择。

就一座体育场建筑而言，可采用不同的施工方法和不同施工机具来完成，对某一分项工程的施工操作和施工顺序，也可采用不同的方案来进行；工地现场的临时设施办公用房、仓库、预制场地以及供水、供电、供气、供热等管线布置可采用不同的布置方案；工程开工前所必须完成的一系列准备工作，也可采用不同的方法来解决。在选择时，要注意从实际条件出发，在确保工程质量和生产安全的前提下，使方案在技术上是先进的，在经济上是合理的。

（5）充分利用施工机械和设备，提高施工机械化、自动化程度，改善劳动条件，提高劳动生产率。

建筑施工是消耗巨大社会劳动的物质生产部门之一。以机械化代替手工劳动，特别是体育场项目大面积场地的平整、大量土方、装卸、大型钢结构屋盖构件的运输、吊装和混凝土制作等繁重劳动的施工过程实行机械化，可以减轻劳动强度，提高劳动生产率，有利于加快施工速度。

（6）科学安排冬、雨期等季节性施工，确保全年均衡性、连续性施工。

同一般建筑施工一样，体育场建筑施工的特点之一是露天作业，常受着气候和季节条件的影响。冬期严寒、夏季炎热和阴雨连绵都不利于施工的进行，而停止在这些不利季节的施工作业显然是不可行的，因此我们在采取一系列特殊措施的同时，应尽可能地合理安排各分部分项施工工期，如土方开挖、室外装饰、防水工程等应尽量避免安排在雨期进行，土方工程、混凝土施工等尽量避免安排在冬期进行等等，通过这些合理的安排，减少因季节性施工而发生的措施费，并可确保工程施工质量。

（7）坚持企业的质量方针、安全方针、环境方针等等，做好生态环境和历史文物保护，防止建筑振动、噪声、粉尘和垃圾污染。

（8）尽量使用组装式施工设施，减少施工设施建造量；科学规划施工平面，减少施工用地。

通常情况下，体育场建设施工场地一般较为宽阔，临设建筑用地较一般民用建筑要宽松，但尽管如此，临设建筑在工程结束后同样需要全部拆除。因此，在编制施工组织设计时，更须十分注意尽量减少暂设工程的数量，以便节约投资。

考虑临时生活用房时，要考虑体育场施工专业队伍较多的特点，而各专业队伍进场的时间也各有所不同，如桩基专业队伍一般出现在工程施工的前期，屋盖钢结构专业队伍一般出现在工程施工的后期，各类装饰装修专业队、智能安装专业队等一般也是出现在工程施工的后期，在考虑临设住房时则应该通盘进行考虑，避免临设的浪费。考虑生产用地时，应尽量考虑集中，一方面便于管理，另一方面节省临设用地的建造，避免场地有多大临设就有多大的现象。

（9）优化现场物资储存量，合理确定物资储存方式，尽量减少库存量和物资损耗。

体育场建筑单层体量较大，如大面积地面、大面积墙面、大面积吊顶、大面积防水平台，等等，体育场的这些特点，使得施工时为保证外观等质量而要求一些材料必须一次进场到位，较一般民用建筑施工增加了物资的储存量。因此，在施工组织设计编制时，要注意这些特点，计划好各类物资的进场时间和进场数量，优化进场物资储存量，统筹安排物资的存储。

（10）编制内容应力求重点突出，表述准确，取值有据，图文并貌。

3.1.1.3 编制体育场施工组织设计需进行的资料调查

1）自然条件资料调查

（1）地形资料调查

①建设区域的地形图。图上应标明邻近居民区、工业企业、自来水厂、邻近车站、码头、铁路、公路、上下水道、电力电讯网、河流湖泊位置，邻近混凝土供应厂、采石场、采砂场及其他建筑材料基地等。本图的主要用途在于确定施工现场、建筑工人居住区、建筑生产基地的位置，场外线路管网的布置，以及各种临时设施的相对位置和大量建筑材料的堆置场地等。

②建筑工地及相邻地区的地形图。图上应标明主要水准点和坐标距的方格网，以便测定建筑物的轴线、标高和计算土方工程量。此外，还应当标出现有的一切房屋、地上地下的管道、线路和构筑物、绿化地带、河流周界线及水面标高、最高洪水位警戒线等。本图是设计施工总平面图、布置各项建筑业务和设施等的依据。

（2）工程地质资料调查

目的在于确认建设地区的地质构造、人为的地表破坏现象（如土坑、古墓等）和土壤特征承载能力等。主要内容有：

①建设地区钻孔布置图；

②工程地质剖面图，表明土层特性及其厚度；

③土壤的物理力学性质，如天然含水率、内摩擦角、内聚力、天然孔隙率、渗透系数等；

④土壤压缩试验和关于承载能力的结论等文件；

⑤有古墓地区还应包括古墓钻探报告等。

根据上述资料，可以拟定特殊地基（如黄土、古墓、流沙等）和基坑工程的施工方法和技术措施，复核设计中规定的地基基础与当地地质情况是否相符等。

（3）水文地质资料调查

地下水部分资料调查，目的在于确定建设地区的地下水在全年不同时期内水位的变化、流动方向、流动速度和水的化学成分等。主要内容有：

①地下水位及变化范围；

②地下水的流向、流速和流量；

③地下水的水质分析资料等。

根据这些资料可以决定基坑工程、排水工程、打桩工程、降低地下水位等工程的施工方法。

地面水部分资料，目的在于确定建设地区附近的河流、湖泊的水系、水质、流量和水位等，主要内容有：

①年平均流量、逐月的最大和最小流量或湖泊、水池的水储量；

②流速和水位变化情况（特别是最低水位，它是决定给水方法的主要依据）；

③冻结的终始日期及最大、最小和平均的冻结深度；

④航运及浮运情况等。

当建设工程的临时给水是依靠地面水作为水源时，上述条件可作为考虑设置升水、蓄水、净水和送水设备时的资料。此外，还可以作为考虑利用水路运输可能性的依据。

（4）气象资料的调查

目的在于确定建设地区的气候条件。主要内容有：

①气温资料。包括最低温度及其持续天数、绝对最高温度和最高月平均温度。前者用以计算冬期施工技术措施的各项参数；后者供确定防暑措施参考。

②降雨资料。包括每月平均降雨量、降雪量和最大降雨量、降雪量。根据这些资料可以制定冬、雨期施工措施，预先拟定临时排水设施，以免在暴雨后淹没施工地区。

③风的资料。包括常年风向、风速、风力和每个方向刮风次数等。风的资料通常被制成风向玫瑰图。图上每一方位上的线段长度与风速、或者刮风次数、或者是风速和刮风次数一起的数值成比例（通常用百分数表示）。风的资料可以确定对构件吊装起参考作用，并用以确定临时性建筑物和仓库的布置、生活区与生产性房屋相互间的位置。

2）技术经济条件资料

（1）从地方市政机关了解的资料

①地方建筑工业企业情况。应当查明：当地有无材料场，商品混凝土、建筑材料、配件和构件的生产企业，并应了解其分布情况、所在地及所属关系。主要产品的名称、规格、数量、质量和能否符合建筑工程的要求，生产能力有无剩余和扩充的可能性；同时，还应当了解企业产品运往建筑工地的方法、交货价格和运输费用。

②地方资源情况。当本地可能有供生产建筑材料和零件等利用的矿物资源、地方材料和工业副产品时，尚需进行详细地调查和勘察，通过勘察应当查明：当地有无供应生产粘结材料和保温材料所需的石灰岩、石膏石、泥炭等，它们的分布、埋藏、特征和运输条件等的情况；有无供建立采石、采砂场等所需的块石、卵石、山砂等蕴藏量，同时尚需进行矿物物理和化学分析以鉴定其特征；并要研究进行开采、运输和使用的可能性以及经济合理性。

地方工业副产品也是建筑材料重要来源之一。例如，冶金工厂生产时排出的矿渣和发电站生产时排出的粉煤灰，在建筑工程中都具有极大的用途，必须充分利用。

③当地交通运输条件。应当了解建设地区有无铁路专用线可供利用，可否利用临近编组站来调度建设物资。当大量材料进行铁路运输时，应当了解机车和车皮的来源以及修理业务；对于公路运输应当了解道路路面等级、通行能力、汽车载重量等；如果

有河流可用来运输时，应当了解取得船只的可能性和数量、码头的卸货能力、装卸工作机械化程度和航期等。同时，还需深入研究采用各种运输方式时的运费，并进行经济比较。

④建筑基地情况。附近有无建筑机械及模板、支撑等租赁站，有无中心修配站及仓库，其所在地及容量，可供建筑工程利用的程度。

⑤劳动力的生活设施情况。当地可以招的工人、服务人员的数量。建筑单位在建设地区已有的、在施工期间可作为工人宿舍、厨房食堂、俱乐部、浴室等建筑物的数量，应该详细查明地点、结构特征、面积、交通和设备条件。

⑥供水、供电条件。应当了解有无地方发电站和变压站，查明能否从地区电力网上取得电力、可供建筑工程利用的程度、接线地点及使用的条件。了解水源、与当地水源连接的可能性、连接的地点、现有上下水道的管径、埋置深度、管底标高、水头压力等。

（2）从建筑企业主管部门了解的资料

①建设地区建筑安装施工企业的数量、等级、技术和管理水平、施工能力、社会信誉等。

②主管部门对建设地区工程招标投标、质量监督、工地文明卫生、建筑市场管理的有关规定和政策。

③建设工程开工、竣工、质量监督等所应申报和办理的各种手续及其程序。

（3）现场实地勘测的资料

①上述各项资料，必要时应当进行实地勘测、研究和核实。

②施工现场实际情况，需要砍伐树木、拆除旧有房屋的情况，场地平整的工程量。

③当地居民生活条件、生活水平、生活习惯、生活用品供应情况。

④建筑垃圾处置的地点等。

3.1.2 编制施工组织设计的工作程序

3.1.2.1 确定施工组织设计编制的管理机构和编制人员的要求

体育场工程的建设规模一般均较大，其施工组织设计应由企业管理层技术部门组织编制，企业管理层总工程师审批，并应在工程开工之前完成。项目经理部是施工组织设计的实施主体，应严格按照施工组织设计要求的内容进行组织施工，不得随意更改。具体的编制、审查、审批、发放、更改等应按企业相关管理标准的要求进行。

参加施工组织设计编制的人员通常可分两部分，一是起草人员，二是专业人员。起草人员既是施工组织管理的专业人员又是技术专业人员，具体执笔编写。专业人员应是各分项工程的专业技术人员，对具体专业内容的施工管理和技术内容有较深的研究。

参加施工组织设计编写的人员应具备的专业知识和能力：

（1）专业知识：体育场工程施工所涉及的专业面广，施工组织设计编制时应保证每项专业都有一定的专业人员。这些专业人员应该是具有一定的施工现场管理经验。

（2）文字表达能力：施工组织设计是一项特殊的文件，要求表达清楚，能让施工现场不同层次的人员都能正确理解。要求编制者根据施工组织设计的语言文字规则进行表述。

3.1.2.2　施工组织设计的编制程序

体育场项目投标阶段，即应开始收集、研究当地有关法律、法规文件，自然条件、资源供应等情况→建立组织机构，制定各管理人员的工作职责→正式图纸接收后，组织熟悉施工图→制定有关进度、质量和成本施工目标→确定施工方案→制定施工准备计划→编制组讨论施工方案→分工进行施工组织设计的编制→讨论初步成型的施工组织设计→继续完善施工组织设计→项目经理、总工核稿→提交上级主管部门审核、审批→对上级主管部门提出的修改意见进行整改→按企业有关规定输出施工组织设计文件。

3.1.2.3　施工组织设计的会签与审批

（1）施工组织设计内部审核。

施工组织设计编写完毕后，项目经理部应按企业管理要求，将编制完毕的施工组织设计上报上级主管部门会签与审批，并办理相关的会签手续。

（2）施工组织设计外部审核。

施工组织设计在施工企业内部会签审批完毕后，交建设单位进行审批，并办理相关的审核手续。

3.1.3　体育场施工组织设计的基本结构

体育场工程施工组织设计编制的构架与一般工程基本相同，根据工程不同的特点和要求，适当增减编制内容。一般编制基本结构如下：

3.1.3.1　编制依据

3.1.3.2　工程概况

（1）工程建设概况

（2）工程建筑设计概况

（3）工程结构设计概况

（4）建筑设备安装概况

（5）智能工程设计安装概况

（6）自然条件

（7）工程特点和项目实施条件分析

3.1.3.3　施工部署

（1）建立项目管理组织

（2）项目管理目标

（3）总承包管理

（4）各项资源供应方式

（5）施工流水段的划分及施工工艺流程

3.1.3.4　主要分部分项工程的施工方案

（1）基础工程施工方案

（2）主体土建工程施工方案

（3）主体篷盖工程施工方案

（4）装饰装修工程施工方案

（5）防水工程施工方案

（6）安装工程施工方案

（7）智能建筑施工方案

3.1.3.5 施工准备工作计划

3.1.3.6 施工平面布置

（1）临建设施一览表

（2）施工平面布置图

（3）施工平面管理规划

3.1.3.7 施工资源计划

（1）劳动力需用量计划

（2）施工工具需要量计划

（3）原材料需要量计划

（4）成品、半成品需要量计划

（5）施工机械、设备需要量计划

（6）测量装置需用量计划

（7）技术文件配备计划

3.1.3.8 施工进度计划

（1）施工进度计划表

（2）施工进度计划保证措施

3.1.3.9 施工成本计划

3.1.3.10 施工质量计划及保证措施

3.1.3.11 职业安全健康管理方案

3.1.3.12 环境管理方案

3.1.3.13 施工风险防范

3.1.3.14 项目信息管理规划

3.1.3.15 新技术应用计划

3.1.3.16 主要技术经济指标

3.1.3.17 施工方案编制计划

3.1.4 体育场施工组织设计编制的基本内容

体育场工程为单项工程，其施工组织设计应是一个比较详尽的实施性的施工计划，用以具体指导现场施工活动。因此，施工组织设计是在施工图设计完成后，以施工图为依据而编制。

3.1.4.1 编制依据

可采用表 3.1.4-1 表示。

表中，法律、法规、技术规范方面的文件包括工程所涉及的国家、行业、地方主要法律、法规、技术规范、规程和中建八局的企业技术标准及质量、环境、职业安全健康管理体系文件，合同文件等。

技术文件主要包括施工组织总设计、单项（位）工程全部施工图纸及其标准图、单项（位）工程地质勘探报告、地形图和工程测量控制网等。

施工依据主要文件 表 3.1.4-1

序 号		文 件 名 称	编 号	类 别
	法律			
	规范标准			
	体系管理			
	企业技术标准			
	技术文件			
	其他			

其他有关文件指该工程有关的国家批准的基本建设计划文件；建设地区主管部门的批文；施工单位上级下达的施工任务书等。

3.1.4.2 工程概况

1）工程建设概况

主要说明体育场建设项目名称、工程类别、使用功能、建设目的和建设地点；占地面积和建设规模；工程的建设、勘察、设计、总承包和分包单位名称，以及建设单位委托的社会建设监理单位名称及其监理班子组织状况；质量要求和投资额，以及工期要求等，可采用表 3.1.4-2 形式表达。

工程建设概况一览表 表 3.1.4-2

工程名称		工程地址	
工程类别		占地总面积	
建设单位		勘察单位	
设计单位		监理单位	
质量监督部门		质量要求	
总包单位		合同工期	
建设工期		总投资额	
工程主要功能或用途			

2）工程建筑设计概况

主要说明体育场工程平面形状、建筑面积，看台层数、层高，装饰装修主要做法，工程各部位防水做法，保温节能，绿化以及环境保护等概况，并应附以平面、立面和剖面图。内容表达见表 3.1.4-3。

建筑设计概况一览表   表 3.1.4-3

建设规模（座）			总建筑面积（m²）			总高（m）		
层数	地上		层高	首层		看台屋盖		
	地下			标准层				
				地下				
装饰装修	看台地面							
	外墙							
	附属用房楼地面							
	附属用房内墙面							
	附属用房顶棚							
	楼　梯							
	电梯厅		地面：		墙面：		顶棚：	
防水	地　下		防水等级：		防水材料：			
	疏散平台		防水等级：		防水材料：			
	厕浴间							
	保温节能							
	绿化							
	环境保护							
其他需要说明的事项：								

3）工程结构设计概况

主要说明体育场工程地基基础结构设计概况，主体结构设计概况，屋盖结构设计概况，抗震设防等级，混凝土、钢筋、钢材等材料要求等。内容表达见表 3.1.4-4。

结构概况一览表   表 3.1.4-4

地基基础	埋深			持力层		承载力标准值		
	桩基	类型：			桩长：	桩径：		间距：
	承台							
主体	结构形式				主要柱网间距			
	主要结构尺寸		梁：		板：	柱：		墙：
抗震等级设防					人防等级			
混凝土强度等级及抗渗要求	基础				墙体		其他	
	梁				板			
	柱				楼梯			
钢筋	类别：							
看台屋盖结构	（钢结构、网架、预应力）							
其他需要说明的事项：								

4) 建筑设备安装概况

主要说明体育场工程给水、排水设计情况，强电、弱电设计概况，通风空调、采暖供热、消防系统以及电梯等设计概况。内容表达见表 3.1.4-5。

设备安装概况一览表　　　　　　　　　　　　　　　　表 3.1.4-5

给水	冷水		排水	污水	
	热水			雨水	
	消防			中水	
建筑电气					
中央空调系统					
通风系统					
采暖供热系统					
电梯	人梯：	台	货梯：	台	消防梯： 台	自动扶梯： 台

5) 智能工程设计安装概况

主要说明体育场工程通信网络系统、办公自动化系统、建筑设备监控系统、火灾自动报警系统、安全防范系统、综合布线系统、智能化系统集成、环境等设计概况。内容表达见表 3.1.4-6。

智能工程概况一览表　　　　　　　　　　　　　　　　表 3.1.4-6

强电	高压		弱电	电视	
	低压			电话	
	接地			安全监控	
	防雷			楼宇自控	
				检票装置	
				综合布线	
消防系统	火灾报警系统				
	自动喷水灭火系统				
	消火栓系统				
	防、排烟系统				
	气体灭火系统				
其他需说明的事项：					

6) 自然条件

(1) 气象条件

当地气象条件和变化状况。冬期开始时间，一般平均温度、最低温度、极端最低温度和降雪量情况；夏季开始时间、一般平均温度、最高温度和极端最高温度情况；雨期时间、平均降水量和日最大降水量情况。当地主导风向和最大风力情况。

(2) 工程地质及水文条件

建筑物所处位置各层的土质情况，地下水水质、水位标高及其水位流向等。

（3）地形条件

建筑物所在位置的场地绝对标高，场地平整情况等。

（4）周边道路及交通条件

施工现场周边道路状况，运输道路是否畅通等。

（5）场区及周边地下管线

施工现场内及周边是否有地下水管、电缆、天然气、液化气等管道，并详细了解各类管道埋置位置、深度等情况。

7）工程特点和项目实施条件分析

概要说明体育场工程特点、难点，如，高、大（体量、跨度等）、新（结构、技术等）、特（有特殊要求）、重（国家、行业或地方的重点工程）、异（构件形状异形）、短（工期）等。

项目实施条件分析主要对工程施工合同条件、现场条件、现行法规条件进行分析。

3.1.4.3 施工部署

1）项目管理组织

（1）明确项目管理组织目标、组织内容和组织结构模式，通常采用组织机构框图表示，并体现人员配置、业务联系和信息反馈，明确所属机构的人员。不同的工程项目管理，其组织机构应是不相同的。

（2）对项目管理人员配备，落实管理人员名单，通常以表 3.1.4-7 格式。

施工总承包管理组织机构人员配备　　　　　　　　表 3.1.4-7

部门名称	岗位名称	姓　　名	联系方式

（3）明确总承包项目管理各部门的工作职责，通常以表 3.1.4-8 格式。

施工总承包管理部门的工作职责　　　　　　　　表 3.1.4-8

部门名称	职　　责

（4）明确项目管理人员工作职责和权限，通常以表 3.1.4-9 格式。

项目管理人员质量职责和权限　　　　　　　　表 3.1.4-9

序　　号	项目职务	姓　　名	职责和权限

2）项目管理目标

通常以表 3.1.4-10 格式。这 5 项控制目标应在已签订的工程承包合同的基础上，从提高项目管理经济效益和施工效率的原则出发，做出更积极的决策。

项目管理目标一览表   表 3.1.4-10

项目管理目标名称	目 标 值
项目施工成本	
工 期	
质量目标	
安全目标	
环保施工、CI 目标	

3）总承包管理

（1）总包合同范围。

（2）总包范围内的分包工程。

根据合同总包、分包要求，组建综合或专业工作队组，合理划分每个承包单位的施工区域，明确主导施工项目和穿插施工项目及其建设期限，可采用表 3.1.4-11 格式。

总包范围内施工区段任务划分与安排一览表   表 3.1.4-11

施工项目名称	项目负责人	专业施工队	施工队负责人	开始施工时间	建设工期	承包形式

4）各项资源供应方式

主要说明：拟投入的施工力量总规模（最高人数和平均人数），施工机械设备，物资供应方式，资金供应方式，临时设施提供方式等。

5）施工流水段的划分及施工工艺流程

（1）施工流水段的划分

根据工期目标、设计和资源状况，合理地进行流水段的划分，流水段划分应分基础阶段、主体阶段和装饰装修阶段三个阶段，并应分别附流水段划分的平面图。

（2）施工工艺流程

根据工程建筑、结构设计情况以及工期、施工季节等因素，确定施工工艺流程，并应有工艺流程图。

3.1.4.4 主要分部分项工程的施工方案

（1）基础工程施工方案

重点确定基础桩、基础环梁、运动员地下通道等的施工方案及相关技术措施。

（2）主体土建工程施工方案

重点确定主体看台、悬挑斜梁、Y 形或 V 形柱等异型构件的施工方案及相关技术措施。

（3）主体篷盖工程施工方案

重点确定篷盖钢结构的制作加工和现场安装施工方案及相关技术措施，篷盖屋面面膜或面板的安装施工方案及相关技术措施。

（4）装饰装修工程施工方案

重点确定看台地面、体育场外墙幕墙、附属用房大面积地面、吊顶以及大面积轻质隔墙等的施工技术措施。

（5）防水工程施工方案

重点确定露天看台、疏散平台等的防水施工方案和技术措施。

（6）安装工程施工方案

重点围绕建筑采暖、空调、降温、电气、照明、热水供应等内容，就如何进行建筑节能确定技术措施和方案。

（7）智能建筑施工方案

结合体育场的特点，确定信息系统、电子检录系统、网络监控系统、广播电视传播系统、记者等通信传输系统、道路交通智能管理系统等的施工方案。

3.1.4.5　施工准备工作计划

采用表 3.1.4-12 格式。

施工准备工作计划　　　　　　　　　　　　　　　表 3.1.4-12

序　号	准备工作名称	准备工作内容	完成时间	负责人

3.1.4.6　施工平面布置

1）临建设施一览表

一般采用表 3.1.4-13 格式。

施工设施计划一览表　　　　　　　　　　　　　　表 3.1.4-13

序　号	设施名称	种类	数量（或面积）	规模（或可存储量）	建造费用

2）施工平面布置图

施工平面布置图最终由基础阶段施工平面布置图、主体阶段施工平面布置图和装饰装修阶段施工平面布置图表示。

3）施工平面管理规划

施工平面管理规划指在施工过程中对施工场地的布置进行合理的调节。内容应包括：

（1）根据工程进度情况，制订施工平面布置图的调整、补充和修改计划，以满足各单位不同时间的需要。

（2）确定各个区域内部有关道路、动力管线、排水沟渠及其他临时工程的施工、维修、养护责任。

（3）根据不同时间和不同需要，结合实际情况，合理调整场地；对运输大宗材料的车辆，作出妥善安排，避免拥挤堵塞；施工现场应设专职组负责平面管理。

3.1.4.7　施工资源计划

1）劳动力需用量计划

采用表 3.1.4-14 格式。

劳动力需要量计划表 表 3.1.4-14

序号	专业工种		劳动量（工日）	需要量计划（工日）												备注
	名称	级别		年 度						年 度						
				1	2	3	4	5	…	1	2	3	4	5	6	…

2）施工工具需要量计划

采用表 3.1.4-15 格式。

施工工具需要量计划表 表 3.1.4-15

序号	施工工具名称	需用量	进场日期	出场日期	备注

3）原材料需要量计划

采用表 3.1.4-16 格式。

原材料需要量计划表 表 3.1.4-16

序号	材料名称	规格	需要量		需要时间								备注
			单位	数量	×月			×月			×月		
					1	2	3	1	2	3	1	2	3	

4）成品、半成品需要量计划

采用表 3.1.4-17 格式。

成品、半成品需要量计划表 表 3.1.4-17

序号	成品、半成品名称	规格	需要量		需要时间								备注
			单位	数量	×月			×月			×月		
					1	2	3	1	2	3	1	2	3	

5）施工机械、设备需要量计划

采用表 3.1.4-18 格式。

施工机械、设备需要量计划表 表 3.1.4-18

序号	施工机具名称	型号	规格	电功率（kVA）	需要量（台）	使用时间	备注

6）测量装置需用量计划

采用表 3.1.4-19 格式。

测量装置配备计划一览表　　表 3.1.4-19

序号	测量装置名称	分类	数量	使用特征	确认间距	保管人

7）技术文件配备计划

采用表 3.1.4-20 格式。

技术文件配备计划一览表　　表 3.1.4-20

序　号	文　件　名　称	文件编号	配备数量	持有人

3.1.4.8　施工进度计划

1）施工进度计划表

（1）施工进度计划的内容应包括：编制说明，施工进度计划表，分期分批施工工程的开工日期、完工日期、工期一览表及劳动力平衡表等。

（2）进度计划可采用网络进度计划形式表示，能表明各工序的穿插，并应标出关键工序。

2）施工进度计划保证措施

（1）确定施工进度控制点；

（2）确定影响进度要素，明确职责分工；

（3）进度控制的具体措施（包括组织措施、技术措施、经济措施等）。

3.1.4.9　施工成本计划

1）施工成本计划

依据单位（项）工程施工预算，确定项目的计划目标成本，确定正常施工成本计划及其责任分解。

2）施工成本控制措施

确定施工项目成本控制程序和内容，健全工程施工成本控制组织，明确施工项目目标的控制责任制，设计降低施工项目成本的途径和措施（如优选材料，明确设备质量和价格，优化工期和成本，减少赶工费，跟踪监控计划成本与实际成本差额，分析产生原因，采取纠正措施等）。

3）降低施工成本技术措施计划

技术组织措施以表 3.1.4-21 格式，降低成本计划以表 3.1.4-22 格式。

技术组织措施表　　表 3.1.4-21

措施项目	措施内容	涉及对象			降低成本来源		成本降低额				
		实物名称	单价	数量	预算收入	计划开支	合计	人工费	材料费	机械费	其他直接费

降低成本计划表 表 3.1.4-22

分项工程名称	成本降低额					
	总 计	直接成本				间接成本
		人工费	材料费	机械费	其他直接费	

3.1.4.10 施工质量计划及保证措施

(1) 明确工程施工质量目标，并分解为分部工程、分项工程和工序质量控制子目标。

(2) 确定质量控制点。

(3) 分析质量管理重点和难点。

(4) 确定关键过程和特殊过程，以及作业指导书编制计划，以表 3.1.4-23 格式。

关键过程和特殊过程控制表 表 3.1.4-23

施工阶段	关键过程	特殊过程	责任人	实施时间	控制措施
基础阶段					
主体阶段					
安装阶段					
初装修阶段					
精装修阶段					

(5) 制定现场质量管理制度：培训上岗制度、质量否决制度、成品保护制度、质量文件记录制度、工程质量事故报告及调查制度、工程质量检查及验收制度、样板引路制度、自检、互检和专业检查的"三检"制度、对分包工程质量检查 、基础、主体工程验收制度、单位（子单位）工程竣工检查验收、原材料及构件试验、检验制度、分包工程（劳务）管理制度等。

(6) 质量保证措施：包括组织保证措施，技术保证措施，经济保证措施等。

3.1.4.11 职业安全健康管理方案

(1) 明确职业健康安全总目标。

(2) 建立安全组织机构，明确安全职责和权限。

(3) 辨识职业健康安全重大危险源。

(4) 制定专项施工安全方案编制计划。

(5) 制定施工现场安全生产、文明施工管理制度：门卫制度、安全检查制度、食堂卫生管理制度、安全教育培训制度、宿舍卫生制度、厕所卫生制度、浴室卫生制度、设备设施验收制度、班前安全活动制度、安全值班制度、特种作业人员管理制度、安全生产责任制、安全生产责任制考核制度、安全生产责任目标考核制度、事故报告制度、安全防护费用与准用证管理制度、安全技术交底制度等。

(6) 安全保证措施：防火、防毒、防爆、防洪、防尘、防雷击、防触电、防坍塌、防物体打击、防机械伤害、防高空坠落和防交通事故，以及防寒、防暑、防疫和防环境污染等措施。

3.1.4.12 环境管理方案

（1）确定环境管理目标，用表 4.1.4-24、表 3.1.4-25 格式。

环境管理目标 表 3.1.4-24

序号	环境因素	环境目标	环境指标	完成期限	责任实施部门	协助管理部门	实施监控部门

实现环境管理目标的方法和时间表 表 3.1.4-25

序号	环境目标和指标	实 现 方 法	责任人	实施时间

（2）建立环境管理组织机构，明确环境管理职责和权限。

（3）识别实现产品符合性所需要的工作环境，明确识别结果。

（4）辨识重大环境因素。

（5）制定环境管理规章制度：施工现场卫生管理制度、现场化学危险品管理制度、现场有毒有害废弃物管理制度、现场消防管理制度、现场用水、用电管理制度等。

（6）施工环境保证措施：现场泥浆、污水和排水；现场爆破危害防止；现场打桩震害防止；现场防尘和防噪声；现场地下旧有管线或文物保护；现场溶化沥青及其防护；现场及周边交通环境保护；以及现场卫生防疫和绿化工作。

3.1.4.13 施工风险防范

（1）识别风险类型：承包方式风险，承包合同风险，工期风险，质量安全风险以及成本风险等。

（2）识别风险因素：确定施工过程中存在哪些风险，引起风险的主要因素，哪些风险必须认真对待。

（3）估计风险出现概率和损失值。

（4）分析风险管理重点，制定风险防范控制对策。

（5）明确风险管理责任：以表 3.1.4-26 格式。

风险管理责任表 表 3.1.4-26

序 号	风险名称	管理目标	防范对策	管理责任人	备注

3.1.4.14 项目信息管理规划

建立施工项目信息管理系统，说明本施工项目信息管理系统的内容和基本要求，明确施工项目管理中的信息流程，建立施工项目管理中的信息收集制度，确定施工项目管理软件。

3.1.4.15 新技术应用计划

项目施工过程中应积极推广应用建设部推广的十项新技术，并有所创新，采用表 3.1.4-27 格式。

新技术应用计划　　　　　　　　表 3.1.4-27

序　号	新技术名称	应用部位	应用时间	责任人

3.1.4.16 主要技术经济指标

1）施工工期

（1）建设项目总工期、独立交工系统工期；

（2）独立承包项目和单项工程工期。

2）项目施工质量

（1）分部分项质量标准；

（2）单项工程质量标准；

（3）单项工程和建设项目质量水平等。

3）项目施工成本

（1）建设项目总造价、总成本和利润；

（2）每个独立交工系统总造价、总成本和利润；

（3）独立承包项目造价、成本和利润；

（4）单项工程、单位工程造价、成本和利润；

（5）产值（总造价）利润率和成本降低率。

4）项目施工消耗

（1）建设项目总用工量；

（2）独立交工系统用工量；

（3）单项工程用工量；

（4）各自平均人数、高峰人数和劳动力不均衡系数，劳动生产率；

（5）主要材料消耗量和节约量；

（6）主要大型机械使用数量、台班量和利用率。

5）项目施工安全

施工人员伤亡率、重伤率、轻伤率和经济损失。

6）项目施工其他指标

施工设施建造费比例、综合机械化程度、工厂化程度和装配化程度，以及流水施工系数和施工现场利用系数。

3.1.4.17 施工方案编制计划

体育场工程在编制施工组织设计后，还应对分部分项工程、特殊分部分项工程、特殊施工时期（冬期、雨期和高温季节）以及结构复杂、施工难度大、专业性强的项目等编制施工方案，制定施工方案编制计划。安全和施工现场临时用电应按职能管理部门的规定单独编制方案，下列工程应编制专项施工方案：

（1）基坑支护与降水工程；

（2）桩基工程；

（3）土方开挖工程；

（4）模板工程；

（5）预应力工程；

（6）超长大体积混凝土工程；

（7）看台悬挑结构工程；

（8）看台框架异形梁、柱工程；

（9）屋盖结构工程；

（10）脚手架工程；

（11）防水工程；

（12）附属用房装饰装修工程；

（13）建筑安装工程；

（14）智能工程；

（15）国务院建设行政主管部门或者其他有关部门规定的其他危险性较大的工程。

施工方案编制计划按表 3.1.4-28 格式。

施工方案编制计划表   表 3.1.4-28

序　号	分部分项及特殊过程名称	编制单位	负责人	完成时间

3.2 体育场工程施工技术交底编制

3.2.1 概述

3.2.1.1 施工技术交底概念

（1）施工技术交底等同于企业管理标准中的作业指导书，是保证工程施工符合设计要求和规范、质量标准和操作工艺标准规定，用以具体指导施工活动的操作性技术文件。

（2）施工技术交底是以分项工程为对象，以施工方案和施工组织设计为指导，按照施工任务的项目属性和商品属性，从最细小的分项工程，把握施工的程序和方法，是施工方案的进一步深化和具体。技术交底由于以分项工程为对象，它进一步注重方法和操作。

3.2.1.2 编制体育场施工技术交底应遵循的基本原则

（1）工程项目实施全过程活动包括工程项目的关键过程和特殊过程以及容易发生质量通病的部位，均应进行技术交底。

（2）施工技术交底应针对工程的特点，运用现代建筑施工管理原理，积极推广行之有效的科技成果，提高劳动生产率，保证工程质量、安全生产，保护环境、文明施工。

（3）技术交底编制应严格执行工程建设程序，坚持合理的施工程序、施工顺序和施工工艺，符合设计要求，满足材料、机具、人员等资源和施工条件要求，并贯彻执行施工组织设计、施工方案和企业技术部门的有关规定和要求，严格按照企业技术标准、施工组织设计和施工方案确定的原则和方法编写，并针对班组施工操作进行细化。

（4）技术交底应力求做到：主要项目齐全，内容具体明确、符合规范，重点突出，表述准确，取值有据，必要时辅以图示。对工程施工能起到指导作用，具有针对性、指导性和可操作性。技术交底中不应有"未尽事宜参照×××××（规范）执行"等类似内容。

3.2.1.3 技术交底编制依据

（1）国家、行业、地方标准、规范、规程，当地主管部门有关规定，中建八局的企业技术标准及质量管理体系文件。

（2）工程施工图纸、标准图集、图纸会审记录、设计变更及工作联系单等技术文件。

（3）施工组织设计、施工方案对本分项工程、特殊工程等的技术、质量和其他要求。

（4）其他有关文件：工程所在地省级和地市级建设主管部门（含工程质量监督站）有关工程管理、技术推广、质量管理及治理质量通病等方面的文件；中建八局发布的年度工程技术质量管理工作要点、工程检查通报等文件。特别应注意落实其中提出的预防和治理质量通病、解决施工问题的技术措施等。

3.2.2 编制施工技术交底的工作程序和实施要求

3.2.2.1 工作程序

（1）施工技术交底应在项目施工前进行。

（2）施工技术交底由项目技术负责人组织，专业工长和/或专业技术负责人具体编写，经项目技术负责人审批后，由专业工长和/或专业技术负责人向施工班组长和全体施工作业人员交底。

3.2.2.2 实施要求

（1）施工技术交底应以书面和讲解的形式交底到施工班组长，以讲解、示范或者样板引路的方式交底到全体施工作业工人。施工班组长和全体作业工人接受交底后均签署姓名及日期，其中全体作业工人签名记录，应根据当地主管部门、中建八局和项目经理部的规定等，存放于项目经理部或施工队。

（2）班组长在接受技术交底后，应组织全班组成员进行认真学习，根据其交底内容，明确各自责任和互相协作配合关系，制定保证全面完成任务的计划，并自行妥善保存。在无技术交底或技术交底不清晰、不明确时，班组长或操作人员可拒绝上岗作业。

（3）施工技术交底记录的格式应采用统一规定的表式，各相关人员应签字确认，接受交底人一般由施工班组的组长签字。

3.2.3 体育场工程施工技术交底内容要求

3.2.3.1 工作内容

体育场工程技术交底编制的要求与一般工程基本相同，根据工程不同的特点和要求，适当增减编制内容。

说明本交底所涉及的工作内容和范围、图纸、规范、图集、施工组织设计和施工方案等对此项工作的要求。

3.2.3.2 施工准备

1）作业人员

说明劳动力配置、培训、特殊工种持证上岗要求等。

2）主要材料

（1）说明施工所需材料名称、规格、型号，材料质量标准；

（2）材料品种规格等直观要求，感观判定合格的方法；

（3）强调从有"检验合格"标识牌的材料堆放处领料；

（4）每次领料批量要求等。

3）主要机具

（1）机械设备

说明所使用机械的名称、型号、性能、使用要求等。

（2）主要工具

说明施工应配备的小型工具，包括测量用设备等，必要时应对小型工具的规格、合法性（对一些测量用工具，如经纬仪、水准仪、钢卷尺、靠尺等，应强调要求使用经检定合格的设备）等进行规定。

4）作业条件

说明与本道工序相关的上道工序应具备的条件，是否已经过验收并合格。本工序施工现场工前准备应具备的条件等。

3.2.3.3　施工进度要求

对本分项工程具体施工时间，完成时间等提出详细要求。

3.2.3.4　施工工艺

1）工艺流程

详细列出该项目的操作工序和顺序。

2）施工要点

根据工艺流程所列的工序和顺序，分别对施工要点进行叙述，并提出相应要求。部分项目技术交底编写内容可见有关章节。

3.2.3.5　控制要点

1）重点部位和关键环节

（1）结合施工图提出设计的特殊要求和处理方法；

（2）细部处理要求；

（3）容易发生质量事故和安环施工的工艺过程。

2）质量通病的预防及措施

根据中建八局提出的预防和治理质量通病和施工问题的技术措施，针对工程特点具体提出质量通病及其预防措施。

3.2.3.6　成品保护

（1）对上道工序成品的保护提出要求；

（2）对本道工序成品提出具体保护措施。

3.2.3.7　质量保证措施

重点从人、材料、设备、方法等方面制定具有针对性的保证措施。

3.2.3.8　安全注意事项

（1）作业相关安全防护设施要求；

（2）个人防护用品要求；

（3）作业人员安全素质要求；

（4）接受安全教育要求；

（5）项目安全管理规定；

（6）特种作业人员执证上岗规定；

（7）应急响应要求；隐患报告要求；

（8）相关机具安全使用要求；

（9）相关用电安全技术要求；

（10）相关危害因素的防范措施；

（11）文明施工要求；

（12）相关防火要求；

（13）季节性安全施工注意事项。

3.2.3.9 环境保护措施

（1）国家、行业、地方法规环保要求；

（2）企业对社会承诺；

（3）项目管理措施；

（4）环保隐患报告要求。

3.2.3.10 质量标准

1）主控项目

国家质量检验规范要求，包括抽检数量、检验方法。

2）一般项目

国家质量检验规范要求，包括抽检数量、检验方法和合格标准。

3）质量验收

对班组提出自检、互检、班组长检的要求。

3.2.4 体育场工程的施工技术交底要点

3.2.4.1 定位测量

（1）建设单位提供的标准水准点和坐标位置、标识；

（2）设计图纸对体育场工程基础的标高、平面尺寸要求；

（3）设计图纸对体育场异型构件，如曲线环梁、异型梁柱、屋盖结构等的截面尺寸、平面尺寸和立面标高等要求；

（4）异型、圆弧形平面曲线图形、立体空间的放线方法和步骤；

（5）测量仪器的准备；

（6）测量的精度要求；

（7）标桩的埋设要求。

3.2.4.2 土方工程

（1）地基土的性质与特点；

（2）各种标桩的位置与保护办法；

（3）挖填土的范围和深度，放边坡的要求；

(4) 回填土与灰土等夯实方法及容重等指标要求；

(5) 地下水或地表水排除与处理方法。

3.2.4.3 桩基工程

(1) 地基土的性质与特点；

(2) 各种型号桩位布置轴线尺寸，包括桩标高、桩直径等；

(3) 预防桩身倾斜、位移、断桩等的措施；

(4) 特殊地质情况成桩的技术处理。

3.2.4.4 模板工程

(1) 各种钢筋混凝土构件的轴线和水平位置、标高、截面形式和几何尺寸；

(2) 支模方案和技术要求；

(3) 支撑系统的强度、稳定性具体技术要求；

(4) 大斜梁、V形或Y形柱、圆柱、看台台阶斜板等异形构件模板配置、支设要点；

(5) 超长环梁、板在后浇带部位模板配置要点；

(6) 预埋件、预留洞的位置、标高、尺寸、数量及预防其移位的方法；

(7) 特殊部位的技术要求及处理方法、拆模时间。

3.2.4.5 钢筋工程

(1) 所有构件中钢筋的种类、型号、直径、根数、接头方法和技术要求；

(2) 预防钢筋位移和保证钢筋保护层厚度技术措施；

(3) 钢筋代换的方法与手续办理；

(4) 异型梁柱、悬挑大梁等特殊部位的技术处理；

(5) 大型预埋件、预应力筋套管与钢筋相互位置关系。

3.2.4.6 预应力工程

(1) 所有构件中预应力筋及其配套材料的规格、数量以及其质量要求；

(2) 预应力锚固体系、张拉设备等性能要求，标定状态等；

(3) 预应力筋布置与构造要求，以及锚固区等其他特殊部位的构造要求；

(4) 预应力筋的下料、布管、穿束、张拉等施工要点和技术要求；

(5) 与模板安装与拆除、钢筋绑扎安装、混凝土浇筑等工序的配合要求。

3.2.4.7 混凝土工程

(1) 水泥、砂、石、外加剂、水等原材料的品种、技术规程和质量标准；

(2) 不同部位、不同强度等级混凝土种类和强度等级；

(3) 配合比、水灰比、坍落度的控制及相应技术措施；

(4) 搅拌、运输、振捣有关技术规定和要求；

(5) 混凝土浇筑方法和顺序，混凝土养护方法；

(6) 施工缝的留设部位、数量及其相应采取技术措施、规范的具体要求；

(7) 大体积混凝土施工温度测设要求、控制的技术措施；

(8) 超长混凝土后浇带混凝土浇筑要点；

(9) 异型梁、柱清水混凝土配比要求和浇筑要点；

(10) 大型预埋件部位混凝土浇筑顺序和振捣要点；

(11) 防渗混凝土施工具体技术细节和技术措施实施办法；

（12）混凝土试块留置部位和数量与养护；

（13）预防各种预埋件、预留洞位移具体技术措施，特别是机械设备地脚螺栓移位，在施工时提出具体要求。

3.2.4.8 架子工程

（1）所用的材料种类、型号、数量、规格及其质量标准；

（2）架子搭设方法、强度和稳定性技术要求（必须达到牢固可靠的要求）；

（3）异型柱、悬挑梁等特殊部位架子搭设方法，屋盖安装架子的搭设；

（4）架子逐层升高技术措施和要求；

（5）架子立杆垂直度和沉降变形要求；

（6）架子工程搭设工人自检和逐层安全检查部门专门检查。重要部位架子，如下撑式挑梁钢架组装与安装技术要求和检查方法；

（7）架子与建筑物连接方式与要求；

（8）架子拆除方法、顺序及其注意事项。

3.2.4.9 篷盖钢结构制作工程

（1）钢结构的型号、重量、数量、几何尺寸、平面位置和标高，各种钢材的品种、类型、规格、连接方法与技术措施、焊缝形式、位置及质量标准；

（2）焊接设备规格与操作注意事项，焊接工艺及其技术标准、技术措施、焊缝形式、位置及质量标准；

（3）构件下料直至拼装整套工艺流水作业顺序。

3.2.4.10 篷盖钢结构吊装工程

（1）建筑物各部位需要吊装构件的型号、重量、数量、吊点位置；

（2）吊装设备的技术能力；

（3）有关绳索规格、吊装设备运行路线、吊装顺序和吊装方法；

（4）吊装联络信号、劳动组织、指挥与协作配合；

（5）吊装节点连接方式；

（6）吊装构件支撑系统连接顺序与连接方法；

（7）吊装构件吊装期间的整体稳定性技术措施；

（8）吊装操作注意事项。

3.2.4.11 钢结构预应力工程

（1）预应力索和锚固体系规格、型号、重量及其技术性能；

（2）预应力索布置、就位与固定方法；

（3）预应力索张拉力顺序和张拉方法；

（4）预应力索张拉力控制及其保证措施。

3.2.4.12 篷盖篷膜工程

（1）膜面操作平台的搭设方案和方法；

（2）膜面起重设备的布置及要求；

（3）膜材的铺设、就位、展开、固定及提升等方法和技术要求；

（4）膜面产品保护措施。

3.2.4.13　篷盖屋面板安装工程

（1）不同材料屋面板材质性能和外观质量要求；

（2）篷盖屋面板布板图、组拼要点；

（3）屋面板安装细部处理方法和要求。

3.2.4.14　墙体工程

（1）各类墙体材料的性能要求和外观质量要求；

（2）超长、超高轻质隔墙施工注意要点，细部处理方法以及防治开裂的措施；

（3）门窗框与墙体连接固定的方法等。

3.2.4.15　看台楼地面工程

（1）看台楼地面做法要求、施工顺序；

（2）超长看台楼地面分隔缝划分、设置图及其详细做法；

（3）露天看台防雨、排水的要求和措施。

3.2.4.16　室内外楼地面工程

（1）各部位的楼地面种类、工程做法与技术要求、施工顺序；

（2）新型楼地面或特殊行业特定要求的施工工艺；

（3）超长、大面积楼地面分隔缝划分，板块楼地面排版图，不同材料接缝处等细部处理做法详图。

3.2.4.17　看台、疏散平台等防水工程

（1）防水工程的构造、形式、种类，防水材料型号、种类、技术性能、特点、质量标准及注意事项；

（2）保温层与防水材料的种类和配合比、表观密度、厚度、操作工艺，基层做法和基本技术要求，铺贴或涂刷的方法和操作要求；

（3）各种节点处理方法；

（4）防渗混凝土工程止水技术处理与要求。

3.2.4.18　装修工程

（1）各部位装修的种类、等级、做法和要求、质量标准、成品保护技术措施；

（2）新型装修材料和特殊工艺装修要求的施工工艺和操作步骤，与有关工序联系交叉作业互相配合协作；

（3）超长面、大面积装饰装修防止收缩裂缝的措施。

3.2.4.19　管道安装工程

（1）配合土建确定预埋位置和尺寸；

（2）管道及其支、吊架、紧固件等预制加工及要求；

（3）管道安装顺序、方法及注意事项；

（4）管道连接方法、措施等；

（5）焊接工艺及技术标准、措施、焊缝形式、位置等；

（6）管道试压压力、介质、温度及步骤；

（7）管道吹扫方法、步骤；

（8）管道防腐要求及操作程序。

3.2.4.20 电气安装工程

（1）密切配合土建施工，确定预埋类型、位置和方法；

（2）电气母线、电缆、电线、桥架、配管、盘柜、开关、器具等安装方法、程序、措施、要求及操作要点等。

3.2.4.21 通风安装工程

（1）风管加工制作尺寸的核定；

（2）能风管咬口形式及加工程序、质量要求、风管支吊架制作及安装要求；

（3）风管安装方法、操作要点等；

（4）洁净风管制作安装措施，风管防腐涂刷要求；

（5）保温材料选择、厚度、保温方法及操作要点。

3.2.4.22 自动化仪表安装工程

（1）仪表设备、阀门器材等按要求保管、选用、安装；

（2）仪表安装与其他专业施工配合工序、要求；

（3）仪表管路和设备的安装方法、措施、质量要求和操作要点；

（4）仪表单体调试和联校程序及要求；

（5）原材料、设备及成品防护措施。

3.2.4.23 智能工程

（1）综合布线系统、通信网络、信息网络及建筑设备等系统的基本要求；

（2）设备材料规格、数量以及性能要求等；

（3）各系统缆线的处理、牵引、连接等方法和技术要求；

（4）机柜、机架和配线架等的安装操作要点和注意事项；

（5）系统的检测方法、检测设备和要求。

4

体育场工程施工工法

4.1 地基与基础工程施工工法

4.1.1 体育场钢筋混凝土井筒沉井法施工工法

沉井是工业建筑常见的地下构作物，也是修建深基础地下室、工业厂房、地下深构筑物的主要基础形式和较多应用的方法之一。在武汉体育中心体育场四个现浇混凝土井筒施工中采用沉井法，施工效果较好，形成本工法。

4.1.1.1 工法特点

(1) 沉井结构截面尺寸和刚度大，承载力高，抗渗、耐久性好，内部空间可利用，可用于很深地下工程进行施工，深度可达 50m。

(2) 不需复杂的施工机具设备，在排水和不排水情况下均能施工。

(3) 可用于各种复杂地形、地质和场地狭窄条件下施工，节省施工用地；对邻近建筑物、构筑物影响较小，甚至不受影响。

(4) 当沉井尺寸较大，在制作和下沉时，均能使用机械化施工；变地下大部分工序为地面作业，减少劳动强度。

(5) 可在地下水很旺，土的渗透系数大，难以将地下水排干，地下有流沙或有其他有害的土层情况下施工。

(6) 不需设置深基坑支护，可防止塌方，不需土方二次回填和搬运。

(7) 比大开挖施工，可大大减少挖、运、回填土方量，加快施工速度，降低施工费用。

(8) 在沉井内挖土作业，施工比较安全。

4.1.1.2 适用范围

本工法适用于体育场钢筋混凝土井筒，在松软、不稳定含水土层、人工填土、黏性土、砂土、砂卵土等地基中的施工。

4.1.1.3 工艺原理

沉井施工是在修建沉井的地面或地坑上，现场制作开口钢筋混凝土井筒，做到全高或部分高度（分节时），达到一定强度后，用人工或机械在井筒内不断分层挖土、运土，随着井内土面逐渐降低，沉井筒身借其自重（或外加荷载作用下）克服与土壁之间摩阻力及刃脚下土的阻力，不断切土下沉。采取分节制作，则在井筒下沉过程中或下沉各个阶段中，逐节加高井筒，继续挖土下沉，如此循环往复，待井筒刃脚达到设计标高后，进行基底整形，浇筑混凝土垫层和钢筋混凝土底板封底。

4.1.1.4 施工工艺流程和操作要点

1) 工艺流程

准备工作，测放井点位置 → 开挖基坑、导槽 → 制作第一节沉井 → 拆除枕梁 → 挖土下沉 → 制作第二节沉井 → 挖土下沉 → 基坑回填 → 封底 → 浇筑底板 → 沉井外壁注浆 → 制作内隔墙 → 收尾

2）操作要点

（1）准备工作、测放井点位置

场地平整后，按设计要求进行沉井定位，测放沉井井点位置。

（2）开挖基坑、导槽

① 用反铲挖土机或人工开挖基坑。机械开挖多用于直径 10m 以上的较大型沉井，人工挖土一般用于土质较松软的小型沉井。

② 清理、平整基坑底，同时在坑周边设置排水沟和集水井，测放沉井点位。

③ 根据沉井尺寸，开挖导槽，并铺填砂垫层和枕梁（枕梁满铺，规格 200mm×200mm，长 1.5m），如图 4.1.1 所示。

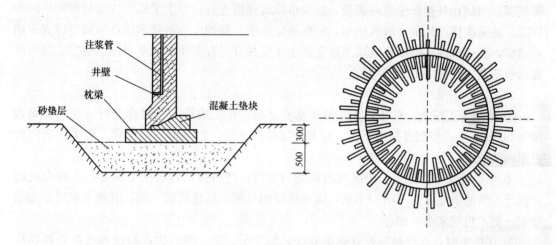

图 4.1.1　沉井导槽简图

（3）制作第一节沉井

① 刃脚支设。在枕梁上定位放刃脚，定位要求准确，刃脚采用垫架法施工。

② 钢筋工程施工。按图纸要求制作外侧壁钢筋，并安放在枕梁上，安放前，应先在枕梁上给钢筋定位。钢筋制作、安装等要求符合国家现行规范规定。

在安放井壁钢筋时，必须注意预埋好底板和内隔墙的搭接钢筋。

③ 模板工程施工。立模前，应按设计尺寸在枕梁上进行定位。井壁模板可采用组合钢模板、竹胶模板，亦可采用倒模、滑模等支模形式。本工程根据现场情况，选用组合钢模板，局部木模配合。

为确保第二节沉井与第一节沉井的连接质量，第一节沉井模板支模时，内、外侧模板均一次支到比施工缝略高 100mm 处。

模板的制作、安装等要求应符合国家现行规范规定，要求表面平整，拼缝严密，连接件和支撑牢固，在浇筑混凝土时，保证不漏浆、不变形、不错位。

④ 脚手架工程施工。沉井内搭设满堂红脚手架，外侧搭设双排脚手架，以便于钢筋、模板和混凝土的施工，沉井下沉时，应拆除内外脚手架。第二节沉井施工时，重新搭设脚手架。

⑤ 混凝土施工。开工前须进行混凝土配合比试验。混凝土严格按配合比拌制，拌制时间、运输、振捣、养护都应按要求进行操作。本工程混凝土强度等级为 C30，抗渗等级为

P6，要求合理选用砂、石材料，控制好水灰比，提高砂率及水灰比，掺加抗渗剂，以满足设计要求。

浇筑混凝土时，应将沉井分成若干段同时对称均匀分层浇筑，每层厚 300mm，以免造成地基不均匀下沉或产生倾斜。

混凝土应一次连续浇筑完成，不留设施工缝。浇筑时，自由下落高度不宜超过 2m，并设置串筒或溜槽。

混凝土采用自然养护。为加快拆模下沉，可在混凝土中掺加早强剂等。

（4）拆除枕梁

待混凝土强度达到设计值 100％后（以同条件下养护的混凝土试块强度为准）开始拆除枕梁。为防止井壁产生纵向破裂，枕梁拆除需谨慎进行，力求平稳，应按对称顺序隔根拆除。抽除次序：先抽一般承垫架，后拆定位架。每抽出一根垫木后，刃脚下应立即用砂填实，在刃脚内外侧填筑成适当高度的小土堤并分层夯实使下沉重量传给垫层。抽出时要加强观测，注意下沉是否均匀。

（5）挖土下沉

① 采用人工挖土，料斗装土，吊车垂直运输。挖土应均匀、对称进行，在刃脚周边预留 500mm 土，使沉井挤土下沉。对井底部位的基岩，如风镐不能挖除，可采用定向静态爆破法挖除。

② 一般情况下，挖土自中间向四周均匀进行，严格控制每次挖土深度，不得出现超过深于刃脚的锅底。对不均匀土质，应先挖硬的一侧，后挖软的一侧，有地下水时，先挖背水一侧，再挖来水一侧。

③ 在挖土时，应严格监控井壁垂直度，每天早、中、晚三次，初沉和终沉及爆破作业阶段应加大频次。具体观测方案：在沉井制作完毕后，在井壁上选三个点，做好标记，并用水准仪测量其高程，作为基准平面；下沉时，再测量三点的高程，进行对比，算出其倾斜度和倾斜方向。如发现倾斜，则立即采取措施纠偏。

④ 沉井下降到其顶面高出基坑坑底 1m 左右时，即应停止挖土、下沉，接高浇筑第二节沉井。

（6）制作第二节沉井和沉井下沉

第二节沉井钢筋、模板、脚手架和混凝土施工、沉井下沉同第一节沉井。并注意以下事项：

① 上下节井壁的接缝应设置凸形水平缝，并在浇筑混凝土前先浇一层减半石子混凝土。

② 第二节沉井筒壁尺寸应较第一节筒壁尺寸相应缩小一些，以减小下沉摩阻力。

③ 第二节沉井混凝土强度达 70％时，即可拆模下沉。

④ 沉井下沉至离设计标高 2m 左右时，应加强观测，若 8h 的累计下沉量不大于 10mm，则沉井趋于稳定，可进行封底作业。

（7）回填基坑

当沉井下沉到距设计标高 0.1m 时，停止井内挖土和排水，使其靠自重下沉至设计或接近设计标高，在经 2～3d 下沉稳定，或经观测 8h 累计下沉量不大于 10mm 时，即可进行外壁土方回填和封底。

土方回填应按规范要求对称均匀分层进行，铺土厚度每层为 0.3～0.5m，填料地质按设计要求，压实系数要求 $λ_c≥0.90$。

（8）封底

回填完毕后，准备封底。如基底涌水量不大，地基稳定，可采取干封底法：首先要对基底进行清理，洗净刃脚处泥土，沿周边向中心浇筑混凝土。如水量较大，则须采用湿封底法：根据涌水量，在封底混凝土中设置集水井，不断抽水，待混凝土满足强度后，迅速封住集水井。

（9）浇筑底板

绑扎底板钢筋并和原预埋筋焊接，然后浇筑混凝土，浇筑混凝土要逐层浇筑，循序前进，一个坡度一次浇筑完成，不留施工缝。

混凝土浇筑后，应养护 7～14d。

（10）井壁注浆

利用井壁预先埋设的注浆管（环向均匀埋设 8 根 $φ25$ 钢管），在井筒环向空隙内注 1∶1.5 水泥浆（水泥采用强度等级 42.5 级的普通硅酸盐水泥），置换泥浆，以增强侧壁摩阻，提高沉井竖向承载力。注浆压力控制在 2～3MPa，注浆量约为 $168m^3$。此项工序根据现场实际情况随时作相应调整，并详细记录发生情况。

（11）制作内隔墙

内隔墙钢筋在井内绑扎，钢筋需和原预留筋焊接，钢筋按要求绑扎好后，架立模板，再浇筑混凝土。钢筋、模板和混凝土作业同普通结构工程一样。

4.1.1.5 材料与设备

1）材料要求

（1）水泥品种应按设计要求选用，其强度等级不应低于 32.5 级，不得使用过期或受潮结块水泥；

（2）碎石或卵石的粒径宜为 5～40mm，含泥量不得大于 1.0%，泥块含量不得大于 0.5%；

（3）砂宜用中砂，含泥量不得大于 3.0%，泥块含量不得大于 1.0%；

（4）拌制混凝土所用的水，应采用不含有害物质的洁净水；

（5）外加剂的技术性能，应符合国家或行业标准一等品及以上的质量要求；

（6）钢筋及钢材按设计选用，钢筋进场时，应按现行国家标准《钢筋混凝土用钢 带肋钢筋》（GB 1499.2—2007）的规定抽取试件，作力学性能检验，其质量必须符合有关标准的规定。

2）主要机具设备

见表 4.1.1-1。

沉井施工机具设备一览表　　　　　表 4.1.1-1

序　号	设 备 名 称	用　途
1	混凝土搅拌机	拌制混凝土
2	插入式振捣器	振捣混凝土
3	反铲挖土机	挖土

序　号	设　备　名　称	用　　途
4	空压机	送风、带动风镐
5	卷扬机	提土
6	钢筋弯曲机	制作钢筋
7	钢筋切断机	切割钢筋
8	水准仪	测量标高
9	经纬仪	测量垂直度
10	吊车	垂直运输
11	潜水泵	抽取地下水
12	泥浆搅拌机	拌制泥浆
13	羊足碾	土方回填

4.1.1.6　质量控制标准

（1）沉井工程中的模板、钢筋、混凝土等均应符合现行施工质量验收规范的规定。

（2）混凝土抗压强度和抗渗等级及下沉前混凝土的强度均必须符合设计要求和施工质量验收规范的规定。

（3）沉井下沉前应进行中间验收，其制作质量按浇筑段（节）内外各抽查 1～5 处，其允许偏差和检验方法见表 4.1.1-2。

（4）沉井下沉后的位置偏差和基底的验收应在封底前进行，其质量按每座沉井检查，其允许偏差和验收方法见表 4.1.1-2。

（5）沉井的下沉标高、位移和倾斜超过表 4.1.1-2 允许偏差值时，应在征得设计单位同意后，方可进行封底。

（6）沉井封底必须符合设计要求和现行施工规范的规定。

沉 井 的 允 许 偏 差　　　　表 4.1.1-2

项次	项　　　目		允许偏差(mm)	检验方法
1	制作质量	平面尺寸：（1）长度、宽度 （2）曲线部分半径 （3）对角线差	$\pm 1/200$ 且不大于 100 $\pm R/200$ 且不大于 50 $b/100$	尺量检查 拉线和尺量检查 尺量检查
		井壁厚度	± 15	尺量检查
2	下沉后质量	刃脚平均高度	± 100	用水准仪检查
		底面中心偏移：$H>10mm$	$\leqslant H/100$	吊线和尺量检查 或用经纬仪检查
		$H\leqslant 10mm$	100	
		刃脚平均高差：$L>10mm$	$L/100$ 且不大于 300	用水准仪检查
		$L\leqslant 10mm$	100	

注：沉井外壁应平滑。

4.1.1.7　安全技术措施

1）劳动组织

见表 4.1.1-3。

主要操作人员一览表

表 4.1.1-3

序　号	工　种	人　数	工种说明	备　注
1	木　工	6~12	支模、拆模	
2	钢筋工	4~8	钢筋制作、安装	
3	混凝土工	6~8	混凝土浇筑	
4	电焊工	3	钢筋、铁件焊接	持证上岗
5	起重工	2	垂直运输	持证上岗
6	架子工	3	架子搭设	持证上岗
7	电　工	3	临时用电拉设	持证上岗
8	普　工	20	挖土、装卸等	

说明：管理人员配备 10 人左右，含项目经理、总工、质检员、安全员、测量员、材料员、试验员等。

2）安全措施

（1）执行国家颁布的安全生产制度和安全技术操作规程。认真进行安全技术教育和安全技术交底，对安全关键部位进行经常性的检查，及时排除不安全因素，以确保全过程安全施工。

（2）做好地质详勘，查清沉井范围内的地质、水文及地下障碍物情况，摸清对邻近建（构）筑物、地下管道等设备影响情况，采取有效措施，防止沉井挖土下沉施工中出现异常情况，以保证顺利和安全下沉。

（3）严格遵循沉井垫架拆除和土方开挖程序，控制均匀挖土和刃脚处破土速度，防止沉井发生突然性下沉和严重倾斜现象，导致人身伤亡事故。

（4）做好沉井下沉排水降水工作，并设置可靠电源，以保证沉井挖土过程中不出现大量涌水、涌泥或流沙现象发生，造成淹井事故。

（5）沉井上部应设置安全平台，井口周围设安全栏杆，井内上下层立体交叉作业，设安全网、安全挡板或挡棚等隔离措施，以保证上下作业安全。井下作业应戴安全帽，穿胶皮鞋。

（6）沉井内土方吊运应由专人操作和指挥，统一信号，防止发生碰撞或脱钩。采用起重机吊运土方和材料时，或运输汽车行驶，靠近沉井边坡行驶时，应在土方破坏棱体范围以外进行，并加强对边坡稳定性检查，防止发生塌陷、倾翻事故。

（7）沉井内爆破基岩时，操作人员应撤离沉井，机械设备应进行保护性护盖；烟气排去，清点炮数无误，始准下井清渣继续作业。

（8）做好防洪、防雨、防雷措施，机电、起重设备及钢管脚手架作好接地。

4.1.1.8　环保措施

（1）易于引起粉尘的细料或松散物运输时，用帆布等遮盖物覆盖。

（2）排出的地下水应经沉淀处理后方可排放到市政地下管道或河道。

（3）食堂保持清洁，腐烂变质的食物及时处理，食堂工作人员应有健康证。

（4）对驶出施工现场的车辆进行清理，设置车辆冲洗台及污水沉淀池。

（5）安排工人每天进行现场卫生清洁。

4.1.1.9 效益分析

采用沉井施工技术，既不影响周围工程的施工，同时可减少大量的土方开挖，具有一定的经济效益和社会效益。与土方大开挖方案对比测算，如采用土方大开挖方案施工，一是土方开挖量大，二是增加了土方回运费，三是增加了土方回填费，四是对土质较差情况增加了基坑支护费。

4.1.1.10 工程实例

武汉体育场工程结构在四周设计有四个钢筋混凝土井筒，其间直线距离短边为144.1m，长边为193.0m，对角线距离240.9m。每座井筒外径为10m，高度为37.50m，壁厚0.9m，埋深12.9~13.9m，井筒顶面标高−3.600m，下部进入基岩1m，混凝土强度等级为C30，抗渗等级为P6，其地基土主要为硬塑土，采用沉井法施工钢筋混凝土井筒，四周沉井均顺利下沉，施工质量符合设计要求。

4.1.2 体育场超长预应力地梁施工工法

在结构工程施工中，预应力技术的应用越来越广泛，在南京奥体中心主体育场南北分别设计两个大型拱脚，在南北拱脚之间由396m长预应力地梁连接，针对396m超长预应力筋的穿束及张拉施工难度大，技术含量高的特点，总结并形成本工法。

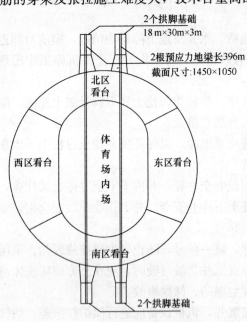

图 4.1.2-1 拱脚基础和 396m 长
预应力地梁平面位置示意图

南京奥体中心主体育场四个拱脚基础分别位于体育场的南北两端、东西两侧。拱脚基础东西两侧净距66.3m，南北两端拱脚基础净距为336m，每个拱脚基础南北方向长30m，东西方向宽18m，南北拱脚基础通过396m长预应力地梁连接。两道396m长预应力地梁的断面为1450mm×1050mm（宽×高），每道地梁内埋设8ϕ180×6mm钢管，在每根钢管内穿过24Uϕ^s15.2高强度低松弛预应力钢绞线，预应力筋每束长度达410m。拱脚基础和396m长预应力地梁位置如图4.1.2-1所示。

4.1.2.1 特点

通过对超长预应力工程的分区段施工和采用大吨位预应力张拉机具，解决了超长预应力筋穿束及张拉的难题，保证了施工质量。

4.1.2.2 适用范围

本工法适用于超长、大吨位结构预应力工程施工。

4.1.2.3 工艺原理

（1）根据工程施工进度计划安排，对地梁内8ϕ180mm×6mm钢管进行合理的分段。两拱脚基础间预应力地梁总长达396m，南北两端对称。预应力地梁的施工包括钢管预埋、预应力筋穿管、非预应力筋绑扎、支模和混凝土浇筑。根据整个施工进度的安排，将396m长预应力地梁分别不同部位，组织分区段施工。即首先组织体育场看台基础位置预应力地梁施工，其次进行体育场中部球场区的地梁施工，然后进行⑩轴到拱脚之间地梁及板的施工，最后进行拱脚内的地梁施工，分区段施工的平面位置如图4.1.2-2所示。

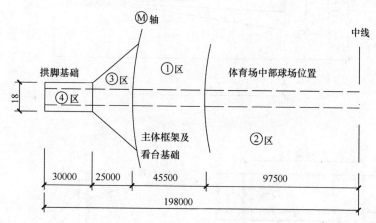

图4.1.2-2　396m预应力地梁分区施工示意图

（2）采用自制角钢支架确保8φ180×6mm钢管在不同位置的准确。

（3）采取墩粗预应力束法，并配以自制钢制牵引头牵引，解决超长超重预应力筋的穿束难题。

（4）预应力锚端采用群锚钢锚板、OVM15-25FS防松夹片锚具，解决张拉端锚板问题。

（5）采用大吨位650型千斤顶，分4次完成对预应力筋的张拉。

4.1.2.4　施工工艺及操作要点

1）施工工艺流程

安放钢管支架→钢管预埋→非预应力筋绑扎→模板支设→分段混凝土浇筑→预应力筋穿束→观察孔钢套管安装→后浇段混凝土浇筑→预应力张拉。

2）操作要点

（1）钢管预埋和钢筋绑扎

在地梁垫层混凝土浇筑后，绑扎非预应力筋，安装钢管支架，钢管支架用L50×5mm角钢焊接制成，在拱脚基础30m范围内，支架的宽度随钢管位置的不同而变化，宽度为1.23～11.4m不等。钢管平面位置及角钢支架断面如图4.1.2-3所示。

根据主体育场施工总进度安排，看台结构的基础首先施工，−2.55m～−1.1m标高的拱脚基础最后施工，该区域（即①区和④区）的预应力地梁必须随同看台基础和拱脚基础同步施工。所以，在施工主体育场中间球场区和拱脚基础内（即②区和④区）的预应力地梁时，其位置和标高必须与已施工的①区和③完全一致，特别是预埋钢管支架上8根φ180×6mm钢管的安装和固定，必须用测量仪器准确定位。

预埋钢管φ180×6mm的连接采用长度约500mm、φ190×6mm钢套管连接，连接后与φ180×6mm钢管焊接固定，连接示意如图4.1.2-4所示。

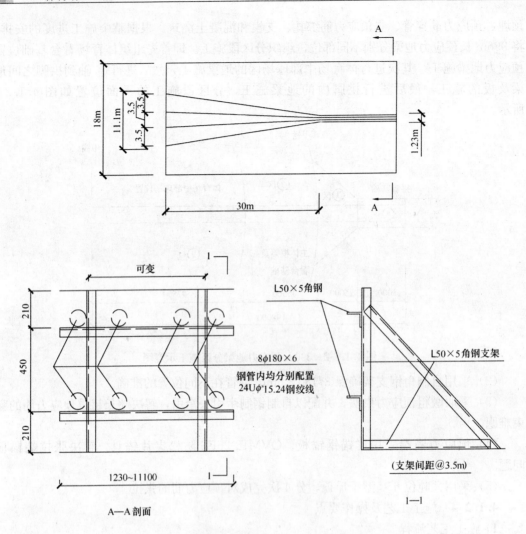

图 4.1.2-3 拱脚内钢管平面位置和角钢支架断面示意图

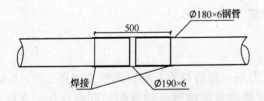

图 4.1.2-4 预埋钢管的连接示意图

在钢管支架安装完毕，并经复核标高、位置无误后，即可进行地梁非预应力筋的绑扎安装。

（2）观察孔钢套管安装

位于看台之间球场区段的预应力地梁长度达 195m，为了确保预应力筋穿束顺利进行，在 195m 长度的第②区段范围内分五段施工，分段之间设 8.5m 长后浇段四处，并在后浇段的钢管上各留出 4m 长观察孔，在穿过预应力钢绞线时，观察 24 根钢绞线在穿束过程中有无故障，待钢绞线顺利穿完后，将四个后浇段中约 4m 长的 $\phi190 \times 6mm$ 钢套管就位封闭，然后进行预应力地梁后浇段混凝土浇筑。

后浇段观察孔 $\phi190 \times 6mm$ 钢套管安装就位如图 4.1.2-5 所示。

（3）模板安装

根据分段浇筑混凝土的施工方案，模板采用九夹板分段支模、分段施工，两端用钢板

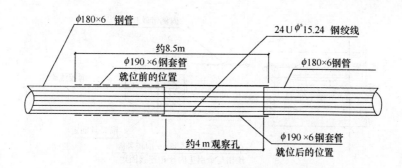

图 4.1.2-5 观察孔 φ190×6 钢套管安装示意图

网封堵混凝土。在 8.5m 长后浇段施工时，考虑施工过程较长，施工工序较多，为便于施工，采用 240mm 砖胎模作地梁的侧模。砖胎模施工完毕，其他位置地梁侧面木模拆除后，就可以进行地梁两侧土方回填。而预应力地梁位于后浇段的混凝土必须在钢套管内预应力筋穿束完成，观察孔钢套管焊接封闭后才能进行浇筑。

（4）混凝土分段浇筑施工

非预应力筋和 8 根钢管及支架位置、标高经检查验收符合要求后，进行混凝土分段浇筑，由于预埋钢管较多，因此应做好钢管下及其两侧混凝土的振捣。先进行分段混凝土浇筑，再浇筑后浇段混凝土，由于预应力地梁超长，为防止混凝土地梁在张拉前产生温度和收缩裂缝，在混凝土中掺 JM-3（A）型防裂增强剂，施工时采用商品混凝土泵送到位，每段混凝土一次浇筑振捣完毕。

（5）超长预应力筋穿束

预应力地梁中共埋设 8 根 φ180×6mm 钢管，每根钢管中穿 24 根钢绞线，410m 长预应力钢绞线要穿过 396m 长的水平钢管，这是一件十分艰难复杂而细致的工作，施工时，在 φ180×6mm 的钢管内，通过钢板制成的牵引头固定 24 根钢绞线进行牵引，具体做法如下：

①每束 24 根钢绞线墩粗。

穿束前在直径为 110mm、厚为 35mm 的钢板上穿 24 个 φ6 孔洞，将 φ15.2 钢绞线外围 6φ5 钢丝剪短 50～100mm 左右，仅留出中间 1φ5 钢丝穿过钢板（直径为 110mm，厚为 35mm）上 φ6mm 小孔内，φ15.2 钢绞线端头芯筋处理如图 4.1.2-6 所示。

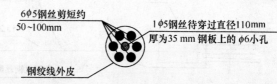

图 4.1.2-6 φ15.2 钢绞线端头芯筋处理示意图

当 24 根钢绞线的 φ5 钢丝芯全部穿过钢板（直径为 110mm，厚为 35mm）后，就将其逐根墩粗锚固在钢板（直径为 110mm，厚为 35mm）上。然后与钢制牵引头内壁带丝的钢套筒连接固定（φ110×35mm 墩粗钢板外圈带有公丝丝扣）。

钢绞线墩粗及牵引头的连接示意图如图 4.1.2-7 所示。

②牵引。

施工过程中，在各分区段安装钢管时，由人工先将总长约 410m 单根钢绞线穿过 φ180×6mm 预埋钢管内，作为牵引线，最终通过牵引头和 24 根钢绞线连接固定，用作牵引的

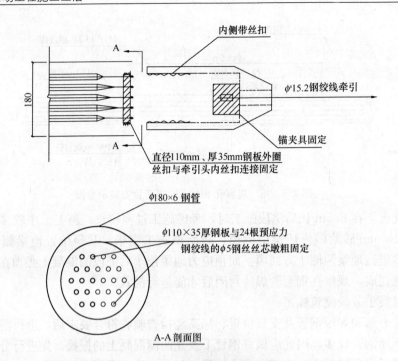

图 4.1.2-7　24ϕ^s15.2 预应力芯筋墩粗安装后牵引示意图

钢绞线另一端与卷扬机钢丝绳连接固定，然后进行钢绞线的牵引工作。

每束 24 根预应力钢绞线编组后采用 5t 卷扬机进行牵引。卷扬机钢丝绳的另一端与牵引单根钢绞线连接线固定后，通过牵引头拉动 24 根预应力钢绞线进行牵引。由于预应力筋总长达 410m，用卷扬机钢丝绳不能一次牵引到位，每次牵引约 25m 左右，牵引一次后，重新转换钢丝绳与连接的牵引点进行牵引，直到全部牵引到位。分次牵引方法如图 4.1.2-8 所示。

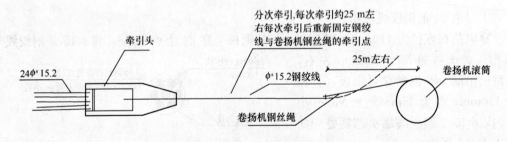

图 4.1.2-8　分次牵引钢绞线示意图

每束 24Uϕ^s15.2 钢绞线牵引到位后，将墩粗在锚板上的 ϕ5 钢绞线的芯线剪断，待张拉时通过防松夹片锚具固定。

在钢绞线牵引过程中，24 根绞线的相对位置要保持不变，并不能出现扭转，首先对牵引头连接的每根绞线编号，并将 24 根钢绞线分成上下五排，其中两排四根，两排五根，一排六根（见图 4.1.2-7 的 A—A 剖面）。编束时，用 ϕ48 钢管调整好每排钢绞线位置，然后每隔 4m 用 12 号钢丝捆成整体。在四个观察孔中对每排钢绞线再次进行检查，每束穿筋完成后在两端对每根钢绞线进行编号固定。

（6）地梁预应力张拉

超长预应力地梁长度达 396m，每道地梁内配置 8 束预应力筋，由于预应力地梁的张拉，与斜钢拱结构受力的作用密切相关，采用在双拱安装合拢后落架（落架：指钢拱架安装时的临时支撑体系拆除）前完成地梁预应力张拉。

①张拉端钢锚板安装。

张拉端采用 380mm×380mm×100mm 钢锚板作为 24 根预应力筋张拉的支承锚板。钢锚板在浇筑拱脚基础和地梁混凝土时，预埋在拱脚基础端头，并凹进基础侧面 600mm。钢锚板在拱脚基础施工时，随同 800mm×1450mm 喇叭形木盒安装时，一并固定在拱脚基础内。

张拉端锚垫板和木盒位置如图 4.1.2-9 所示。

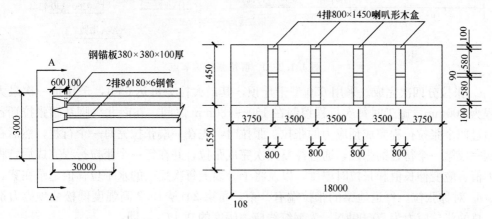

图 4.1.2-9 张拉端锚垫板和预埋木盒位置示意图

②双控进行张拉控制。

在张拉过程中，以控制拱脚承台水平位移为主，同时对张拉应力值进行控制。张拉施工前，在每个拱脚承台上设置 2 个位移观测点，采用全站仪和 4 个千分表双控措施监控水平位移，在每道地梁的两端各埋设 2 个 JMZX-3XOO 型智能弦式数码传感器，进行钢绞线预应力值的监控测试。

③采用群锚进行张拉。

张拉前，先加工 φ260×30mm 的钢板作为锚垫板，并在钢板上预先加工好 25 个 φ19mm 孔（其中心位置 1φ19mm 孔为出气孔），使每束 24 根钢绞线穿过钢板，通过群锚夹片固定在 φ260×30mm 厚的锚垫板上。采用 650 型千斤顶进行张拉，张拉时通过锚垫板将张拉应力均匀传递到拱脚基础钢垫板上（380mm×380mm×100mm）。

群锚张拉端节点如图 4.1.2-10 所示。

④张拉顺序和张拉要求：

a. 在每个拱脚张拉端侧面各安装两个千分表，作为拱脚基础位移监测点，全程监控拱脚水平位移值。同时，在张拉端设置传感器，监控张拉应力值，钢绞线的应变伸长值和张拉时的温度情况。

b. 初步张拉，使各预应力筋松紧一致，施工时预紧值为 21t。

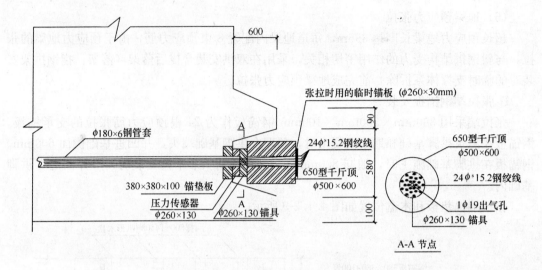

图 4.1.2-10 群锚张拉端节点

c. 张拉分四次完成。采用 650 型千斤顶，其最大拉力可达 650t，千斤顶一次最大的行程为 200mm，施工时每次行程控制在 150～180mm 之间，在南北拱脚基础张拉端各分别通过四个张拉行程完成预应力的张拉。张拉时，先在一端张拉完每一个行程，然后在另一端完成第一个行程的张拉，通过往复四次完成张拉，并在每一个张拉行程完成后，将预应力值、应变伸长值和张拉时温度，以及将千分表上每次反映的水平位移值记录在案。

d. 对称张拉。每道地梁的张拉端有 8 束，每束 24Uϕ^s15.2 高强度低松弛预应力钢绞线，总的张拉应力为 20000kN，为钢绞线应力幅度的 $0.4f_{ptk}$，即：

$\delta_{con} = 0.4f_{ptk} = 0.4 \times 1860 = 744 \text{N/mm}^2$，其单根张拉力为 744N/mm^2，每根钢绞线的截面为 140mm^2，则每束钢绞线 24Uϕ^s15.2 的张拉力为：$744\text{N/mm}^2 \times 140\text{mm}^2 \times 24 = 2499.84\text{kN}$，近似等于 250t，采用 650 型千斤顶，其额定张拉力为 650t，满足设计要求。由于每束钢绞线的张拉应力特别大，8 束预应力筋必须对称张拉，张拉端锚具采用 OVM15-25FS 防松夹片锚具。施工时按以下顺序进行对称张拉。对称张拉示意图如图 4.1.2-11 所示。

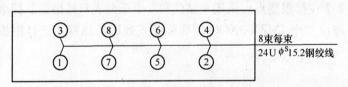

图 4.1.2-11 预应力对称张拉示意图

8 束预应力筋拉完 4 束（即 1、2、3、4）后停止 20h，观察拱脚位移和预应力的松弛情况，在无异常情况后，继续张拉另外 4 束预应力筋。

e. 张拉应力实测值。位于西南角拱脚最后一束钢绞线张拉完毕后，测定第一束预应力值为 2486kN（设计要求为 2500kN），8 束张拉完毕后，建立的控制应力值为 19896kN（设计要求为 20000kN），比设计值少 104kN（比设计值小 0.5%，符合规范要求）。

位于东北角拱脚预应力地梁张拉完毕后，测定第一束建立的控制应力为 2512kN，8 束张拉完毕后，建立的控制应力为 20096kN，比设计值大 96kN（比设计值大 0.48%，符合规范要求）。

f. 张拉后拱脚水平位移值测定。设计要求张拉力为 20000kN 时拱脚基础水平位移小于等于 6mm，实测水平位移值分别为 1.1mm 和 1.37mm 均小于 6mm，符合设计要求的控制值。

4.1.2.5 材料及机具设备

1）材料

（1）无粘结预应力筋

①钢绞线或钢丝束中每根钢丝为整根，不得有接头或死弯。

②外包材料沿预应力筋全长应连续、封闭、厚薄均匀，外观光滑无裂缝、无破损、无明显折皱。

（2）锚具

锚具进场时，应按照出厂证明文件核对其锚固性能类别、型号、规格、数量，并认真进行检查验收。

2）机具设备

650 型千斤顶、OVM15-25FS 防松夹片锚具、电动油泵、便携式钢筋切断机、液压紧楔机、JMZX-3XOO 型智能弦式数码传感器。

4.1.2.6 质量控制

（1）钢管支架的安放位置必须准确，方能保证预应力钢绞线的位置准确。

（2）无粘结预应力筋完全依靠锚具对结构施加预应力，锚具质量必须确保，进场锚具应严格按照要求进行检查验收，其锚固性能必须符合Ⅰ类锚具标准。

（3）张拉机具应由专人负责使用、管理、维修与校验。张拉设备必须配套校验，检验期限根据工程情况而定，一般不宜超过半年。

4.1.2.7 安全环保措施

（1）张拉前，对操作人员进行安全技术交底。

（2）张拉时，操作人员应站在千斤顶的两侧，千斤顶后方严禁站人。测量伸长时，禁止用手抚摸千斤顶缸体。

（3）张拉过程中，操作人员应精神集中，细心操作，给油、回油平稳。

（4）施工过程中，自觉形成环保意识，最大限度地减少施工产生的噪声和环境污染。

（5）张拉设备定期保养、维护，避免油管漏油污染作业面。

（6）混凝土施工时的废弃物应及时清运，保持工完场清。

4.1.2.8 效益分析

南京奥体中心主体育场采用此工法通过合理分段、精确放样、准确定位，严格控制预应力的张拉，使施工难度较大的 396m 超长预应力地梁顺利完成，且质量获得了业主及监理的高度评价。该项施工技术应用所产生的综合经济效益为 71 万元。

4.1.2.9 应用实例

南京奥体主体育场 396m 预应力地梁施工过程时间长，从主体育场基础工程施工就要配合进行该区段位置的地梁施工，待南北两端、东西两侧四个拱脚基础混凝土施工完毕，两根 396m 长的地梁才最终浇筑完混凝土，前后经历 361d 时间。在施工过程中加强了各区段地梁施工的工序交接、成品保护及轴线标高的严格控制，从而确保了超长预应力地梁顺利完成。

预应力地梁张拉过程延续时间长，由于该预应力地梁的作用主要是平衡钢拱安装后以及屋盖部分荷载对拱脚基础的水平推力，防止拱脚基础产生过大的水平位移。所以采用的预应力张拉方法以控制拱脚基础水平位移为主，同时对预应力张拉应力值进行监测和控制，用理论计算和设计参数作对比。从两道地梁开始张拉到张拉结束，在 14d 内，对拱脚位移和建立的控制应力检测结果如下：拱脚基础产生的水平位移分别为 1.1mm 和 1.37mm，均小于 6mm，满足设计要求。张拉后建立的控制应力分别为 19896kN 和 20096kN，均符合设计和规范要求的控制应力值±6％允许偏差范围之内。

地梁预应力张拉结束 7d 后，钢拱架支撑系统全部拆除完毕，通过传感器测定地梁的 8 束预应力筋的预应力值有一定变化，原东北角第一束的预应力值在开始张拉后，测定的应力值为 2514kN；钢拱架落架后约 7d，通过传感器测定，该束的预应力值为 2491kN，比张拉时测定的值小 23kN。位于西南角第一束预应力筋张拉时建立的预应力值为 2486kN，在钢拱架落架后约 7d，通过传感器测定该束的预应力值为 2435kN，比张拉时测定的值小 51kN，比原张拉时建立的应力分别小 1％～2％，经分析研究认为，属于预应力筋的松弛和温度升高约 6～7℃而产生的应力损失，属正常现象。

总之，396m 长预应力地梁张拉完成后，钢拱架落架结束，通过对拱脚基础的观察和预应力值监测结果分析，证明超长预应力地梁的张拉方法获得成功，为今后建造类似工程提供了经验。

4.2 主体结构施工工法

4.2.1 体育场高精度三维空间网络测量定位工法

武汉体育场工程平面、外形复杂，屋面预埋件精度要求高。总结其施工经验，形成本测量工法。

4.2.1.1 工法特点

武汉体育场设计平面呈椭圆形，整体呈马鞍形，工程结构复杂，径向分布 72 条辐射状轴线，由变截面 Y 形柱和悬挑大斜梁组成，环向分布 10 条弧形轴线，且环向轴线分布在 10 个不同圆心、不同半径的圆弧上，见图 4.2.1-1，南北长 296m，东西长 263m，在四个井筒及 56 根混凝土柱顶安装钢结构预埋件，在其上安装悬挑式索桁钢结构和索膜篷盖，精度要求很高，且各埋件分布极不规则，测量难度非常大。根据体育场结构的特殊性，在测量控制定位上，经过综合比较，采用了全站仪三维测量技术。

（1）精度高，投入少。普通全站仪精度可达到：$2''\pm(2+2\text{ppm})$，只需十万元左右，而相同精度的 GPS（全球卫星定位系统）的价格至少要高三倍以上；

（2）速度快，操作简单。全站仪测一组数据只需几分钟，而 GPS 测一组数据需 45min 以上，全站仪人机对话很简单，屏幕直接显示测量数据，一般测量人员 10min 就可学会，而 GPS 必须通过专业培训，数据处理十分复杂；

（3）使用方便。智能型全站仪能自动计算数据，可存储测量成果，并可与 E500 型

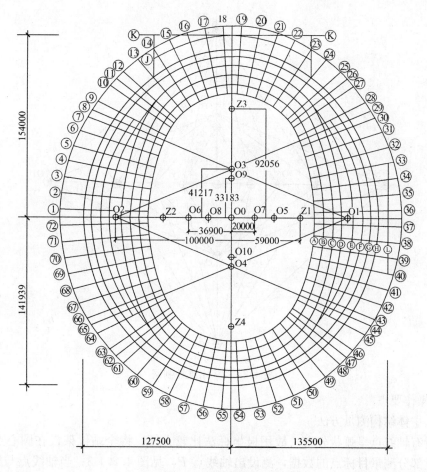

图 4.2.1-1　体育场测量定位图

PC 机和微机进行数据交换，还能直接与打印机连接打印出测量资料，操作十分方便。

4.2.1.2　适用范围

本工法适用于平面和立面均较为复杂的建筑物的测量定位放线，以及预埋件精度要求较高的测量。

4.2.1.3　工艺原理

建立以椭圆中心点为坐标原点（0，0）、十个圆心点连线为坐标轴的建筑坐标系；同时建立以各区段圆心点为原点的十个极坐标系统，分别控制不同区域的相应轴线，并将各圆心的高程也同时测出，组成一个水准控制网，见图 4.2.1-2。

为确保各控制点安全可靠，采用 φ25 钢筋作控制标志，周围制作成 400mm×400mm 混凝土柱，外面砌成直径 2m 的圆柱形测量平台，全部控制点均采用索佳 SET2110 型全站仪，按附合导线进行测量，数据经过平差计算，最大点位中误差为 2mm，边长最大相对误差为 1/22000，符合规范要求，精度可靠，可以满足本工程的精度要求。

4.2.1.4　工艺流程及操作要点

1）工艺流程

利用极坐标法建立水准控制网→设置固定观测平台→轴线、高程测设、预埋件监测→根据偏移情况复测→满足精度要求。

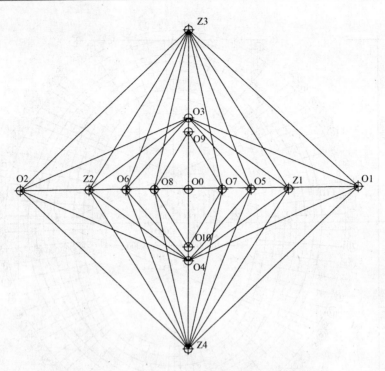

图 4.2.1-2 水准控制网

2）操作要点

（1）主体结构测量方法

因所有轴线点呈弧状分布，故用极坐标法比较方便，将全站仪架设在圆心点 O_X 上，根据相应部分测量目标点的数据，测设出轴线点 P，见图 4.2.1-3；当轴线点与圆心点不能通视时，则用转点来完成，在区内适当位置测得一转点 $O_{X'}$，保证此点与圆心点 O_X 及轴线点 P 通视，然后将仪器置于 $O_{X'}$ 点，根据计算数据 β 和 γ 测设出轴线点 P，见图 4.2.1-4。

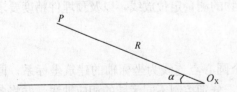

图 4.2.1-3 采用极坐标测设轴线示意图

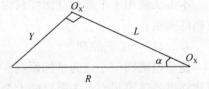

图 4.2.1-4 轴线测设转点法示意图

（2）柱顶预埋件的施工精密监测

① 在 Y 形柱大斜梁上分布着 56 根钢筋混凝土柱，柱顶安装大型钢结构预埋件与上部钢结构相连接。柱子呈弧形分布，标高 17.486～31.297m，柱顶端安装悬挑梁，其上覆盖索膜。由于悬挑梁和索膜为预制件，施工限差很小，对施工精度要求很高。

② 为了测定大斜柱中心的坐标，在体育场内设置 4 个固定观测墩，它们与设置在体育场中心的 1 个固定观测墩一起作为三维坐标测量的控制点。控制点的平面坐标采用全站仪精确测定控制点间的距离以检核控制点的稳定性和精度；控制点的高程采用精密水准仪测定；柱中心的三维坐标用极坐标和三角高程方法测定。高精度测定高程的传统办法是几

何水准方法，但由于施工场地复杂，工期紧迫，采用几何水准方法费时费力极不方便，所以选择三角高程方法间接测定施工面的高度，实践证明这种方法简单、精度高，可以满足施工精度要求。

在监测大斜柱的过程中，为了提高测量精度，设计了专用照准工具。在普通的棱镜杆上靠近棱镜处固定两个相互垂直、格值为 $20''$ 的水准管，1.5m 长的棱镜杆在气泡偏离一格时偏离铅垂位置$(20/206265) \times 1.5m = 0.15mm$，就是说棱镜杆在气泡居中时严格铅垂；棱镜杆的伸缩处用方钢固定，消除了棱镜杆在伸缩时中间活动杆的偏心差。同时，还设计了适合棱镜杆对点的专用对点器，对点器为十字形钢板，中间为一V形孔，V形孔底部有 1mm 的小孔，对点时把小孔对准监测点，再把对中杆放入V形孔。这套对中装置的实际对中精度达 $\pm 1mm$。这种棱镜杆在使用时用配套设计的三角夹子固定，非常方便。

③ 精度分析：

a. 柱中心平面坐标监测精度。

平面坐标监测误差由控制点的误差和极坐标测量误差组成，全站仪的测距精度为$(2mm + 2ppm \cdot D)$，由边长互差可见，控制点间相对精度优于 $1/10^6$，GPS 网平差后控制点点位中误差达 $m_k = \pm 2mm$。

极坐标方法测定斜柱中心位置的精度与水平角测定精度、距离测定精度以及距离的长短有关，其点位中误差为：

$$m_{p1}^2 = m_k^2 + m_s^2 + s^2 \times (m_\alpha/\beta)^2 \qquad (4.2.1\text{-}1)$$

对于小于 300m 的边，m_s 可确保小于 $\pm 3mm$；水平角采用索佳 $2''$ 级全站仪测定 4 测回，由于边长较短，测角中误差假定为 $\pm 2''$。

根据式 (4.2.1-1)，由 $m_s = \pm 3mm$ 和 $m_\alpha = \pm 2''$ 可得：

$$m_{p1} = \pm 3.8mm \qquad (4.2.1\text{-}2)$$

采用强制观测墩和前述的专用棱镜杆，对点精度为 $m_{p2} = \pm 1.0mm$；所以，大斜柱中心位置平面坐标监测精度可达：

$$m_p = \sqrt{m_{p1}^2 + m_{p2}^2} = \pm 3.9(mm) \qquad (4.2.1\text{-}3)$$

b. 监测施工面高程的精度。

高程测定的精度与控制点高程精度和用单向三角高程测定控制点与斜柱施工面间高差的精度有关，而测定高差的精度则与垂直角、距离长短、仪器和目标高的测定精度以及大气折光改正有关。高差计算公式如下：

$$\Delta H = S \times \cos\alpha + (1-k)/2R \times (S \times \sin\alpha)^2 + I - V$$
$$= \Delta H_1 + H_2 + H_3 \qquad (4.2.1\text{-}4)$$

式中　ΔH——高差；

　　　S——视线斜长；

　　　α——天顶距；

　　　V——棱镜高；

　　　I——仪器高。

四个固定观测墩和体育场中心观测墩的高程用对向三角高程测量方法测定，垂直角观测 4 测回，多次复测的结果表明，三角高程路线（全长约为 1.5km）闭合差为 6mm 左右，控制点高程中误差约±4.0mm。

用单向三角高程方法测定控制点与柱施工面高差时，高差测定精度分析如下：

对于 ΔH_1：

$$m_{\Delta H1} = m_s^2 \times (\cos\alpha)^2 + (S \times \sin\alpha \times m_a/\rho)^2 \qquad (4.2.1\text{-}5)$$

④ 测回距离测量误差 $m_s = \pm 3mm$。

为了检验垂直角测定精度，对 300m 左右的目标 4 测回测定垂直角得到 23 组数据，统计结果表明，垂直角测定精度为±1.99″。精度估计时，假定 4 测回垂直角测角中误差为±3″，天顶距 α 取 60°，则由式（4.2.1-5）得：

$$m_{\Delta H1} = \pm 4.1mm \qquad (4.2.1\text{-}6)$$

ΔH_2 是大气折射引起的高差改正。大气改正系数随地区、气候、地面覆盖物、视线高度等的不同而有一定的变化，习惯上，本地区的 k 值取 0.14，地球半径取 6370km。对于 300m 左右的短边，k 值从 0.10 变化到 0.20 对大气折射改正的影响小于 1mm，可以忽略 k 的取值对高差测定的影响。由于距离较短、垂直角测角精度又较高，所以，$m_{\Delta H2}$ 很小，可忽略。

由于采用了特殊的照准工具和固定观测墩，仪器高和目标高用卡尺测定，其测定误差 $m_{\Delta H3}$ 小于±1.0mm。

综上所述，测定的高差中误差 $m_{\Delta H}$ 为：

$$m_{\Delta H} = \pm\sqrt{m_{\Delta H1}^2 + m_{\Delta H2}^2 + m_{\Delta H3}^2} = \pm 4.2(mm) \qquad (4.2.1\text{-}7)$$

可见，满足前述施工设计的精度要求。

3）井筒预埋件的施工精密监测

本工程四角分布四个井筒，在每个井筒不同高度、不同平面位置上分布有 15 个预埋件与屋盖钢结构相连，而每个预埋件上都有 1～2 个空间坐标工作点，与钢结构上的工作点相对应，两点连线分别与水平面、垂直面及井筒壁面形成多个空间夹角，连接部位精度要求高，在施工过程中，高空作业点多，易受日照、风力摇摆等不利因素的影响，同时，施工现场受通视条件限制，因此测量校正工作十分困难。

设计图只给出了各工作点的坐标，而工作点在预埋件里，无法直接测量，因此须将其转换才能控制。先在井筒相应楼面上测设出各空间连线的水平投影线，在水平线上测设出一控制点，并计算其与工作点的距离并作标记，然后根据水平线搭设支撑平台，用吊车将预埋件初步就位和固定，用全站仪测量转换点的平面坐标及高程，调整预埋件位置，固定、绑扎钢筋。在钢筋绑扎过程中，埋件会有一定量的位移，因此，当钢筋绑扎好后，应进行复测和调整，之后支设模板，混凝土浇筑前再复测，数据符合要求后浇筑混凝土。混凝土施工过程中进行跟踪测量，防止预埋件发生位移，混凝土初凝后再进行复测，并将复测成果整理归档。通过以上方法，确保了埋件误差控制在 2mm 以内，完全满足设计及规范要求。

4.2.1.5 机具设备

主要测量器具见表 4.2.1。

主要测量器具一览表 表 4.2.1

仪器名称	型 号	数 量	精 度	用 途
全站仪	AGA510N	2	2″±（2mm+2ppm）	距离和角度测量
经纬仪	J2-2	2	2″	角度测量
经纬仪	J2	1	2″	角度测量
经纬仪	3T2Kπ	1	2″	角度测量
精密水准仪	NI005A	1	±0.5mm/1km	沉降观测
水准仪	DSZ2	1	±1.5mm/1km	水准测量
水准仪	DS2200	2	±2mm/1km	水准测量
激光垂准仪	DZJ6	1	1/30000	垂直度测量
钢卷尺	50m	4	经计量局检验合格	垂直水平距离测量
线锤		4		垂直度测量
对讲机	5km	4		通讯联络

4.2.1.6 质量控制

（1）建立合理的复核制度，每一工序均有专人复核。

（2）测量仪器均在计量局规定周期内检定，并有专人负责。

（3）阴雨、曝晒天气在野外作业时一定打伞，以防损坏仪器。

（4）测量时，尽量选在早晨、傍晚、阴天、无风的气候条件下进行，以减少旁折光的影响。

（5）非专业人员不能操作仪器，以防损坏而影响精度。

（6）对原始坐标基准点和轴线控制网定期复查。

（7）所有施工测量记录和计算成果均应按工程项目分类装订，并附有必要的文字说明。

（8）由于施工区域车辆进出频繁及施工机械等因素影响，必须定期对施工控制网进行检测和复测，以保证施工测量顺利进行。

4.2.1.7 效益分析

（1）体育场建设工程周期长、项目多、精度要求高，考虑测量方案时应具有完整性、总体性和长远性。

（2）应充分利用 GPS 技术、数字测图技术，为体育场建设提供快速准确的成果资料。利用计算机技术建立各种测绘数据库，为今后的管理提供各类地理信息。

（3）采用高精度三维空间网络测量定位技术，自行建立基准网格，与委托测设相比，按一般的体育场测设进行计算，约可节约费用 10 万元左右，经济效益比较可观。

4.2.1.8 应用实例

在武汉体育场及南京奥体中心主体育场的建设过程中，由于采用了适当的观测方法，其测定点位三维坐标达到了很高的精度。武汉体育场及南京奥体中心主体育场的施工测量实践证明，高精度空间三维测量控制技术，解决了传统的吊线坠和经纬仪难以解决的高空测量施工难题，确保了工程质量，取得了较好的效益。

4.2.2 滚轧直螺纹钢筋连接工法

钢筋机械连接是国家建设部科技成果重点推广项目之一，滚轧直螺纹连接是钢筋机械连接的一项新工艺，其接头可达 A 级接头性能。体育场看台大 Y 形支柱和大斜梁钢筋接头搭接困难，而采用焊接不易保证质量的情况下，选择了滚轧直螺纹连接形式，效果很好，并形成本工法。

4.2.2.1 特点

该工艺对钢筋无特殊要求，具有操作简单、施工速度快捷、连接可靠、对中性好、质量保证、施工安全且不污染环境、节约钢材、经济效益高的优点与其他机械连接技术相比，具有接头强度高，与母材等强，连接速度快，性能稳定，操作方便，节约成本等特点，可以弥补其他机械连接无法施工的缺点，接头抗拉强度均达到或超过母材抗拉强度的标准值，具有优良的延性和抗弯扭性能。

4.2.2.2 适用范围

带肋钢筋直螺纹套筒连接技术适用于钢筋混凝土结构中的 $\phi18\sim\phi40mm$ 的 HRB350、HRB400 级同径或者异径带肋钢筋之间的连接，对可焊性较差的钢筋接头更为适合，且可用于带弯曲钢筋的连接。

体育场工程结构大多为大悬挑结构，结构断面较大，钢筋配备量大且多，对钢筋接头的要求也较高，因此钢筋接头采用带肋直螺纹套筒连接技术较为适宜。

4.2.2.3 工艺原理

滚轧带肋钢筋直螺纹套筒连接技术是把两根待连接的钢筋端头冷压成圆，然后在专用滚丝机上将压圆的钢筋端头滚出螺纹，再通过螺纹套筒用一定臂长的扳手把两根钢筋连接成一体。其等强连接机理是：通过金属材料塑性变形后冷作硬化增强金属材料强度，使接头与母材等强。即利用滚压螺纹能使螺纹综合机械性能大幅度提高的特性，同时利用螺纹连接传力不均率与螺杆横截面积变化率相协调对应能够降低螺杆抗拉应力，改变连接过渡段内力曲线形状，降低变截面应力集中影响的特点来弥补钢筋横截面积的削弱影响，达到钢筋等强连接。因而，它对体育场工程等一类重大结构十分适用。

4.2.2.4 工艺流程及操作要点

1）工艺流程

螺纹套筒验收→钢筋断料、切头→钢筋端头压圆→用外径卡规检验直径→在压圆端头上滚丝→螺纹环规检验螺纹→套保护套→套螺纹套筒→用扳手现场拧合、安装→接头检查，拧合到位。

2）施工方法

（1）钢筋端头切平压圆

① 检查被加工钢筋是否符合要求，然后将钢筋放在砂轮切割机上切除 $5\sim10mm$，达到端部平整。

② 再按规格选择与钢筋直径相适配的压模，调整好压合高度及长短定位尺寸。将钢筋端头放入模口内，调整液压泵压力进行压圆操作。钢筋端头经压圆后，钢筋端头形成圆

柱形的回转体。

（2）钢筋滚螺纹

根据钢筋规格选择好相应的滚丝轮，装在专用的滚丝机上，将已经压圆端头的钢筋从尾座卡盘的通孔中插入至滚丝轮的引导部分并夹紧钢筋，开动电动机，在电动机旋转的驱动作用下，钢筋自动轴线进出滚压成螺纹。

（3）钢筋螺纹保护

把加工好的钢筋端部螺纹套上保护套，然后按不同规格进行堆放，并用标签做好标志。

（4）现场安装方法

① 采用钢筋旋转拧合的安装方法，1人扶正钢筋，1人用扳手拧紧套筒。

② 取下保护套，按规格取相应的螺纹（连接）套筒，套在钢筋端头，用管钳顺时针旋转螺纹套筒到位，然后取另一根带螺纹的钢筋对准螺纹套筒，用管钳顺时针旋转钢筋拧紧为止。

4.2.2.5 材料

1）钢筋

钢筋应符合《钢筋混凝土用钢 带肋钢筋》GB 1499.2—2007 和《钢筋混凝土用余热处理钢筋》GB 13014 的规定，具有出厂合格证和现场检验报告。

2）螺纹（连接）套筒及锁母

螺纹套筒及锁母应选用优质碳素结构钢或低合金结构钢，供货单位应提供供货质量保证书，并应符合《优质碳素结构钢》GB 699、《低合金高强度结构钢》GB 1591 及《钢筋机械连接通用技术规程》JGJ 107 的规定。

（1）套筒的机械性能为：

屈服强度：$\sigma_s \geqslant 355$MPa；

抗拉强度：$\sigma_b \geqslant 600$MPa；

延伸率：$\delta_s \geqslant 16\%$。

（2）螺纹套筒规格应符合表 4.2.2-1、表 4.2.2-2 规定，套筒如图 4.2.2-1、图 4.2.2-2，且必须有出厂合格证。

等径螺纹套筒的基本尺寸（mm）　　　　　　　　　　　　　　表 4.2.2-1

钢筋直径	d	$D \geqslant$	$L \geqslant$
18	18.2	28	50
20	20.2	32	54
22	22.2	36	58
25	25.2	40	62
28	28.2	44	66
32	32.2	50	74
36	36.2	56	82
40	40.2	62	90

异径螺纹套筒的基本尺寸（mm）   表 4.2.2-2

钢筋直径	d_1	d_2	$D \geqslant$	$L \geqslant$
20/18	20.2	18.2	32	54
22/20	22.2	20.2	36	58
25/22	25.2	22.2	40	62
28/25	28.2	25.2	44	66
32/28	32.2	28.2	50	74
36/32	36.2	32.2	56	82
40/36	40.2	36.2	62	90

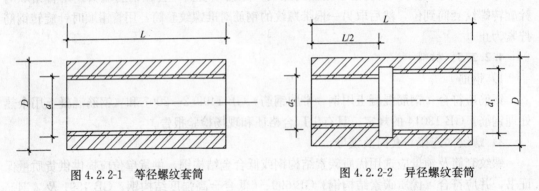

图 4.2.2-1　等径螺纹套筒　　　　　图 4.2.2-2　异径螺纹套筒

4.2.2.6　主要机具设备

（1）压圆设备

液压泵、供油软管、回油软管、导线钳、压模等。

（2）滚丝设备

回转驱动器、滚丝轮、尾座及夹紧卡盘、送料操纵机构、底座、导轨等。

（3）其他设备

砂轮切割机、螺纹环规、外径卡规、管钳、扳手等。

4.2.2.7　质量控制

1）钢筋连接（螺纹）套筒制造

（1）钢筋连接套筒应按照产品设计图纸要求制造，其尺寸、外径、长度、螺纹外形及精度应符合要求。

（2）钢筋连接套筒内螺纹尺寸应按《普通螺纹基本尺寸》GB/T 196—2003《普通螺纹公差》确定，中径公差应满足《普通螺纹公差》GB/T 197—2003 中 6H 精度要求。

（3）钢筋连接（螺纹）套筒的内螺纹牙形要求完好，螺纹表面的粗糙度为 Ra6.3μm。

（4）连接套筒外表面无油污、裂纹及其他制造缺陷，钢筋连接套筒装箱前套筒应有防护端盖，严禁套筒内进入杂物。

（5）连接套筒材料的屈服强度不低于母材的屈服标准值。

2）钢筋端头螺纹制造

（1）钢筋端部不得有弯曲，出现弯曲时应调直。

（2）钢筋下料时不得用电焊、气割等加热方法切断，钢筋端面宜平直并与钢筋轴线垂直，不得有扭曲变形。

（3）钢筋规格应与滚丝器调整一致，螺纹滚压长度满足设计规定。

（4）钢筋滚压螺纹加工时，不得使用油性切削液，不得在没有润滑液的情况下加工。

（5）钢筋端头螺纹尺寸宜按 GB/T 196—2003 的规定，中径工差应满足 GB/T 197—2003 6H 精度要求。

（6）钢筋端头螺纹加工完毕后，应立即戴上保护套或拧上连接套筒，保护套长度应比钢筋外螺纹长 10～20mm，且保护套应一端封闭，防止装卸钢筋时损坏螺纹。

（7）钢筋外露螺纹的牙完好率应大于等于 95%，若未达到此标准，应及时更换滚丝轮。

（8）因钢筋原材料直径有偏差，钢筋端头压圆后的直径应按钢筋直径的负偏差来控制。

3）钢筋连接

（1）在进行钢筋连接时，钢筋规格应与连接套筒规格一致，并保证钢筋和连接套筒丝扣干净，完好无损。

（2）标准型钢筋端头螺纹有效丝扣长度应为 1/2 套筒长度，公差为 $\pm P$（P 为螺距）。

（3）钢筋连接时，必须用管钳拧紧，使两钢筋端头在套筒中央位置相互顶紧。

（4）标准型套筒钢筋连接完毕后，套筒外露完整，有效扣不得超过 2 扣。

4）检验及试验

（1）在对钢筋接头进行检验前，应对钢筋母材进行性能检验，并符合《钢筋混凝土用钢　带肋钢筋》GB 1499、2—2007 及《钢筋混凝土用等热处理钢筋》GB 13014 标准的规定，试验方法按 GB 228 标准中有关条款执行。

（2）滚轧直螺纹钢筋连接接头施工现场检验与验收按《钢筋机械连接通用技术规程》JGJ 107 规程中有关条款执行。

4.2.2.8　安全措施

1）劳动组织

（1）加工钢筋螺纹时，一个班组配备二台滚丝机，一台压圆机，一台钢筋砂轮切割机，共 5 人操作，其中 1 人切平钢筋头，2 人操作压圆机（1 人送钢筋压圆，1 人操作液压泵），另 2 人每人操作 1 台滚丝机。

（2）现场安装时，每个操作点为 2～3 人，1 人负责扶正钢筋对中，1～2 人用管钳拧紧螺纹（连接）套筒。

2）安全措施

（1）认真贯彻"预防为主，安全第一"的方针，精心组织，严格管理，强化现场劳动纪律。

（2）参加滚轧直螺纹钢筋连接的施工人员必须经过岗前培训并考核合格，并经过"三级"安全教育后方能上岗。

（3）操作前应对压圆设备及滚丝设备进行检查、试转，符合要求后方能进行操作。

（4）操作钢筋切头、压圆以及滚丝时要防止机械伤害，要用挡板进行保护。

（5）操作人员不得硬拉压圆机的油管或用重物砸压油管，尽可能避开高压胶管的反弹方向，以免伤人。

4.2.2.9 环保措施

（1）加强对作业人员的环保意识教育，钢筋运输、装卸、加工应防止不必要的噪声产生，最大限度减少施工噪声污染。

（2）废旧钢筋头应及时收集清理，保持工完场清。

（3）钢筋螺纹保护帽要堆放整齐，不准随意乱扔。

（4）连接钢筋的钢套筒必须用塑料盖封上，以保持内部洁净、干燥、防锈。

（5）钢筋直螺纹加工经检验合格后，应戴上保护帽或拧上套筒，以防碰伤和生锈。

4.2.2.10 效益分析

（1）本工艺质量可靠性好，保证率高；适应环境性强，不受气候条件影响，现场安装不受停电影响，能做到连续施工。

（2）钢筋外螺纹可提前预制，而现场安装又极其简便快捷，能缩短工期，加快进度。

（3）具有一定的经济效益。以武汉体育场为例计算，施工采用滚轧直螺纹接头，直螺纹接头比套筒挤压接头省钢 70％左右，比锥螺纹接头省钢 35％左右。

4.2.2.11 工程实例

武汉体育场工程 Y 形柱主筋为 $\phi25$，接头数量 1.3 万个；大斜梁主筋为 $\phi36$，接头数量 17920 个。

南京奥体中心主体育场采用直螺纹连接 $\phi22$、$\phi25$、$\phi28$、$\phi32$ 四种规格钢筋，共完成 172457 个连接接头。

通过采用本工法，大大加速了施工速度，保证了施工质量，节约了材料，降低工程成本，取得良好的综合经济效益。

4.2.3 体育场环向超长钢筋混凝土无缝施工工法

现浇钢筋混凝土结构常由于干缩和降温冷缩引起收缩开裂，而超长大体积混凝土尤为突出。因此，我国《混凝土结构设计规范》（GB 50010—89）中对钢筋混凝土结构进行规定：现浇框架结构当处于露天时，每 35m 宜设伸缩缝；当处于室内或土中时，每 55m 宜设置伸缩缝等规定。随着施工技术的不断发展，颁发了《混凝土结构设计规范》（GB 50010—2002），修订后的规范对伸缩缝的设置要求有所放宽，指出，当混凝土浇筑采用后浇带分段施工或采用专门的预应力措施时，伸缩缝最大间距可适当增大，同时指出，后浇带不能代替伸缩缝，当增大伸缩缝间距时，应通过有效分析或计算，慎重考虑各种不利因素对结构内力和裂缝的影响，确定合理的伸缩缝。

体育场基础一般为环向形基础，与一般结构比，环向展开长度较长，没有可供自由伸缩的两个端部，另外，如底部有桩基，则更是缺少可供底部滑移的条件，对无缝施工尤为不利。体育场看台一般也是环向结构，且看台结构较薄，另外，看台下面为使用房间，对看台结构防水要求较高，对无缝施工的要求很高。

本工法的关键就是采用综合措施解决上述问题，最长环向长度可达 830m，经我们在查新机构进行查新，830m 长环向有约束结构采用无缝施工技术，在国内未见有报道，该施工技术已经获得了国家专利。

4.2.3.1 特点

(1) 混凝土试配时，掺加新一代的 CSA 混凝土微膨胀剂，使混凝土产生适量的微膨胀，以补偿混凝土的收缩。CSA 膨胀剂具有低碱、高效、后期膨胀较小、强度增进较大的特点，在配置微膨胀混凝土中可抑制碱骨料反应，对混凝土的长期耐久性有利，抗渗防水效果良好。

(2) 设计钢筋混凝土采用有限元温度应力计算，配置温度筋。

(3) 基础环梁通过综合计算留设后浇带。

(4) 看台为 L 形肋梁无粘结预应力混凝土结构。

(5) 看台面层采用钢纤维混凝土技术。

(6) 混凝土施工时采取一些控制措施。

4.2.3.2 适用范围

本工法适用于大、中型体育场超长混凝土结构的施工。

4.2.3.3 工艺原理

为了抵抗混凝土在收缩时产生的应力，达到防止和减少收缩裂缝的出现，在混凝土中掺加 CSA 膨胀剂，使混凝土产生适量的膨胀，在钢筋和支座等限制下，在钢筋混凝土中建立一定的预压应力，可大致抵消混凝土收缩时产生的拉应力，防止混凝土开裂。当全部混凝土均提高膨胀剂掺量，达 12%～13%时，在采取措施的情况下，后浇带间距可延长至 100m。

后浇带是为在现浇钢筋混凝土结构施工过程中，克服由于温度、收缩而可能产生有害裂缝而设置的临时施工缝。在超长混凝土结构中，作为一种扩大伸缩缝间距和取消伸缩缝的措施，这种缝仅在施工期间存在，该缝根据设计要求保留一段时间后再浇筑，将整个结构连成整体。

看台设计充分考虑了超长混凝土结构的混凝土收缩，及当地温差的特点，在梁中配置一定数量的预应力筋以抵抗温度应力造成混凝土的收缩变形裂缝，从而保证整个结构无缝施工的要求。

在体育场看台面层大量使用钢纤维混凝土，因为钢纤维混凝土掺有微膨胀剂，除了钢纤维本身抗拒作用外，在微膨胀剂发挥作用时，对钢纤维有预压作用，增强了这种抗拉能力，混凝土结构因此抗拉性质显著提高，有效阻止了结构中微裂缝的开展和传播，并具有抗渗作用。

基础环梁采用掺加 CSA 膨胀剂、配制温度筋、留设后浇带等综合措施解决无缝施工结构裂缝问题；看台结构采用掺加 CSA 膨胀剂、配制温度筋、采用无粘结预应力钢筋、表面采用钢纤维混凝土等措施解决无缝施工裂缝问题。

4.2.3.4 微膨胀混凝土施工

1) 材料要求

(1) 混凝土原材料技术要求

① 水泥：采用 42.5 级普通硅酸盐水泥。

② 砂：采用清洁中砂，含泥量不大于 3%。冬期不得含有冰块及雪团。

③ 石子：采用清洁碎石，含泥量不大于 1%。冬期不得含有冰块及雪团。

④ 膨胀剂：采用 CSA 膨胀剂，其水中 7d 限制膨胀率不小于 $2.5/10^4$，初凝时间不早

于 45min，终凝时间不迟于 10h。

⑤ 水：自来水。

⑥ 粉煤灰：达到二级品以上。

（2）混凝土技术要求

所有原材料均经过计量后投入搅拌机，计量偏差满足下列要求（按重量计）：水泥、CSA 膨胀剂、粉煤灰、减水剂、水±1%、石±2%；CSA 膨胀剂和减水剂的计量由专人负责，并严格按配合比投料。

冬期拌制混凝土采用外加剂，降低水的结冰温度，外加剂确保−10℃时水不结冰。

2）施工流程及施工工艺

（1）施工流程

微膨胀混凝土的试配→混凝土搅拌→混凝土输送→混凝土浇筑→混凝土养护。

（2）施工工艺

① 微膨胀混凝土的试配。微膨胀混凝土配合比设计时，除进行常规的设计、试验外，还增加对混凝土的限制膨胀率的设计、测试内容。

a. 限制膨胀率检测。通过检测的数据确定其掺量。经检测，其水中 7d 限制膨胀率达 4/10000（检测标准应不小于 2.5/10000），具有良好的微膨胀性。

b. 膨胀剂的掺量。试验表明，提高膨胀剂的掺量，能显著提高混凝土的膨胀率，掺量越低，混凝土的限制膨胀率越小。

根据工程实际情况，环向超长基础其基础梁断面尺寸较大，梁内配置钢筋直径较大，梁底具有较大的约束力，易产生收缩裂缝。因此，确定限制膨胀率在 2/10000 左右，经试配，膨胀剂的掺量为水泥重量的 12%～13%。

环向看台结构，与基础比较，板厚度较薄，板内配筋为小直径、小间距的配筋形式，设计有无粘结预应力等措施，裂缝相对较易控制，但看台处于露天状态，受环境影响较大。为此，确定限制膨胀率在 $1.5/10^4$ 左右，混凝土中 CSA 膨胀剂的掺量定为 8%～10%。

c. 混凝土坍落度。经试验得出：混凝土的坍落度越大，在同一膨胀剂掺量下，混凝土的限制膨胀率越小。故采用泵送混凝土时，要配制抗裂性好的微膨胀混凝土，在 CSA 膨胀剂掺量确定的条件下，控制好混凝土坍落度。根据泵送要求，经试验，确定坍落度控制在 140～160mm 之间。

d. 混凝土凝结时间。混凝土的凝结时间太短，水泥的水化反应较快，混凝土的早期收缩现象较大；混凝土的凝结时间太长，膨胀剂的膨胀能大部分消耗在塑性阶段。因此，根据本工程结构情况，确定掺膨胀剂的混凝土的凝结时间控制在 10～15h 范围内。

② 混凝土搅拌。混凝土搅拌采用强制式搅拌机搅拌，搅拌时间控制在 2～3min，严格控制搅拌时间，确保混凝土拌合物均匀。及时测定砂、石的含水量，以便及时调整混凝土级配，严禁随便增减用水量。

③ 混凝土的输送。混凝土搅拌完成后，采用固定泵泵送工艺直接输送到作业面，以确保将混凝土在最短时间运至浇筑处。

④ 混凝土的浇筑：

a. 混凝土浇筑前准备：钢筋模板按设计图纸安装、绑扎，安装要牢靠，模板表面涂刷脱模剂。模板缝用海绵垫补严密,模板内的所有杂物必须清理干净,并浇水湿润。

b. 混凝土浇筑采用循序推进的连续浇筑方法,为避免混凝土出现冷缝,每个浇筑带的宽度均控制在 2m 以内为宜。同时,严格控制混凝土的浇筑速度,分层浇捣,逐步推进。

c. CSA 混凝土振捣必须密实,不漏振、欠振、不过振。振点布置均匀,振捣器要快插慢拔。在施工缝、预埋件处,加强振捣。振捣时不触及模板、钢筋,以防止其移位、变形。梁的振捣点可采用"行列式",每次移动的距离为 400~600mm;板的振捣采用平板式振动器振捣。严格控制振捣时间及插入深度,并重点控制混凝土流淌的最近点和最远点,尽可能采用两次振捣工艺,提高混凝土的密实度。

d. 先后浇筑的混凝土接槎时间不宜超过 150min(严格控制在初凝时间内)。

e. 混凝土成形后,等表面收干后采用木抹子搓压混凝土表面,以防止混凝土表面出现裂缝(主要是沉降裂缝、塑性收缩裂缝和表面干缩裂缝),抹压 2~3 遍,最后一遍要掌握好时间。混凝土表面搓压完毕后,应立即进行养护。

f. 冬期施工,采取防冻措施,除掺加防冻剂外,尚需保证混凝土入模温度不得低于 5℃。雨期施工,采取有效防雨措施,严格按事先编制好的冬雨期施工措施执行。

⑤ 混凝土养护。

CSA 混凝土的养护是保证质量的最重要的措施之一,安排专人负责养护工作。混凝土浇筑后,在其表面马上覆盖一层塑料薄膜,然后长时间地浇水养护,一方面避免温度过快降低,另一方面避免混凝土表面水分的过快散发。潮湿养护的时间应尽量地长,养护时间不应少于 14d。

4.2.3.5 钢纤维混凝土施工

1) 材料要求

(1) 水泥:胶凝材料是影响混凝土强度的主要因素,选用细度筛余物少、抗折强度高、性能稳定的三峡原 32.5 级普通硅酸盐水泥。

(2) 细骨料:该工程采用巴河洁净的天然中砂,含泥量小于 1%,空隙率小,细度模数 2.7~3.1 之间。

(3) 粗骨料:采用江夏区乌龙泉产坚硬高强、密实的优质碎石,粒径分布范围 10~15mm。

(4) 外加剂:UEA-HZ(缓凝型)复合型高效膨胀剂。

(5) 钢纤维:武汉市汉森钢纤维有限责任公司生产弓形(剪切型)钢纤维(SF25),材料规格为 0.5mm×0.5mm×(25~32) mm,抗拉强度为 390~510MPa(设计要求大于等于 380MPa),$R=1$,90°弯折次数为 2~4 次(弯折试验要求大于等于 1 次)。

2) 施工流程及施工工艺

(1) 施工流程

① 看台面层施工工艺流程:

钢纤维混凝土配合比配置→结构基层清理→放径向轴线分区栏杆线、上人踏步线和看台台阶弧度控制线→立面凿毛→甩浆→第二遍刮糙→钉钢板网→第二遍刮糙,引测台阶水平标高控制线→做立面、平面灰饼→嵌阳角条和分区分格条→看台平面清理→绑扎钢筋网片→钢纤维混凝土拌制→浇筑钢纤维混凝土→混凝土养护→立面第三遍抹灰、阴角找正。

② 钢纤维混凝土施工工艺流程。

如图 4.2.3-1 所示。

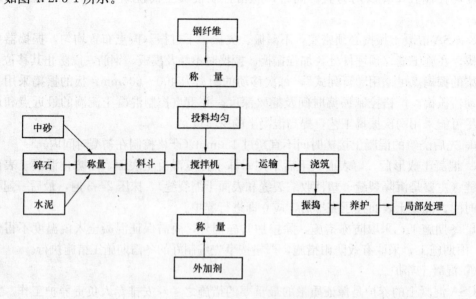

图 4.2.3-1 工艺流程

（2）施工工艺

① 钢纤维混凝土配合比配置。

由试验室在开工前进行试配准备，如发现钢纤维易成束结团附在粗骨料表面、且分布不均，显然这不利于钢纤维发挥其作用。可按粗骨料粒径为钢纤维长度一半对粗骨料进行严格的进料控制和筛选（控制在 15～20mm 左右）。另外，如发现纤维拌合中易互相架立现象，这在混凝土中会形成微小孔洞，影响混凝土质量，微孔还使钢纤维与水泥砂浆无法形成有效握裹，发挥不了钢纤维的增强作用。可将同强度等级普通混凝土提高砂率和水泥用量，有效地解决上述问题。试配配合比确定后，进行拌合物性能试验，检查其稠度、黏聚性、保水性是否满足施工要求。若不满足，则在保持水灰比和钢纤维体积率不变的条件下，调整单位体积用水量或砂率直到满足为止，并据此确定混凝土强度试验的基准配合比。

② 看台面层施工：

A. 看台上人踏步施工。

按图纸设计踏步阶数，踏步留 20mm 装修面层支模浇 C30 素混凝土，待看台面层施工完毕后带通线嵌阳角条抹上人踏步面。

B. 看台施工：

a. 看台面层施工前先根据控制线处理好结构层规矩，在立面凿毛，同时刷 801 胶的水泥浆一遍，801 胶的掺量为水泥用量的 10%～15%；

b. 紧跟刷素水泥浆厚约 30mm，看台立面第一遍刮糙厚约 15mm，如局部立面抹灰总厚度大于 40mm 时，先用 C20 混凝土找至立面抹灰厚度小于 30mm；

c. 待底层砂浆 7～8 成干后，钉 1.2mm 厚的钢板网，要求钢板网压入平面 20mm，搭接长度大于 100mm，用水泥钢钉 150mm×150mm 间距固定；

d. 钢板网分段施工完毕隐蔽验收后，抹第二遍灰厚度约 10mm，抹灰压入平面约 50mm 宽；

e. 第二遍抹灰稍干后，根据图纸设计看台踏步高度，引测看台每阶高度水平控制线，检查合格后，根据高度控制线和弧度控制线做看台面层灰饼，灰饼大小 30mm 见方，立面上下 1 个；平面径向 2 个，环向间距 2m，并按 8mm 调坡；

f. 灰饼有一定强度后，用 1：2 水泥砂浆根据灰饼嵌阳角条和分区的分格条，并派专人负责检查看台阳角条线条的流畅、分格条的垂直度和平整度；

g. 阳角条和分区的分格条不变形后，分区清理看台平面落地灰，随后绑扎 $\phi6@150mm$ 钢筋网片，钢筋接头采用冷搭接，搭接长度大于等于 7.35mm，同一断面接头错开 50%，钢筋保护层厚 15mm，分格缝处钢筋断开，钢筋隐蔽验收后，按先远后近，先高后低的原则分段浇 C30 混凝土。

③ 钢纤维混凝土拌制：

A. 钢纤维混凝土现场机械拌制，其搅拌程序和方法以搅拌过程中钢纤维不结团并可保证一定的生产效率为原则；采用将钢纤维、水泥、粗细骨料先干拌而后加水湿拌的方法，钢纤维用人工播撒。整个干拌时间大于 2min，干拌完成后加水湿拌时间大于 3min，视搅拌情况，可适当延时以保证搅拌均匀；

B. 搅拌钢纤维混凝土专人负责，确保混凝土坍落度和计量准确；

C. 混凝土搅拌过程中，注意控制出料时实测混凝土坍落度，做好相应记录，并根据现场混凝土浇筑情况作出相应调整。严禁下雨时施工。

④ 钢纤维混凝土运输。

搅拌好的钢纤维混凝土放入架子车内，先由龙门吊运至 6m 高平台，再由 6m 平台处的龙门吊运至看台上集中倾倒，通过人工转运至看台各部位进行浇筑。

⑤ 钢纤维混凝土浇筑：

A. 混凝土的浇筑方法以保证钢纤维分布均匀、结构连续为原则；

B. 浇筑施工连续进行，不得随意中断，不得随意留施工缝；

C. 混凝土用手提式平板振动器振捣。每一位置上连续振动一定时间，正常情况下为 25～40s，但以混凝土面均出浆为准，移动时间依次振捣前进，前后位置和排与排间相互搭接 30～50mm，防止漏振；

D. 混凝土初凝前分四次抹平、原浆压光，并及时清理阳角条和分格条上混凝土浆。混凝土分区完成后再抹立面第三遍灰，原浆压光，抹灰流向同混凝土浇筑流向。

⑥ 钢纤维混凝土养护。

面层采用旧麻袋覆盖养护，避免草袋覆盖养护污染及水分蒸发过快等影响装饰效果和质量。

4.2.3.6 后张拉无粘结预应力混凝土施工

1）材料要求

（1）预应力钢绞线

钢绞线性能执行的是美国《PC Strand ASTM standard》ASTM A416 规定，采用 270 级、$\phi^s15.2$ 的钢绞线。带有专用防腐油脂和外包层的无粘结预应力筋，质量要求应符合

《钢绞线、钢丝束无粘结预应力筋》（JG 3006—93）和《无粘结预应力筋专用防腐润油脂》（JG 3007—93）标准的规定。

（2）锚具系统

无粘结预应力筋锚具采用国家Ⅰ类锚具。其预应力筋—锚具组装件的锚固性能应符合下列要求：$\eta_a \geq 0.95$、$\varepsilon \geq 3.0\%$。

2）机具准备

（1）根据预应力筋的种类、根数、张拉吨位，选定 4 套 YCN-23 千卡内置式千斤顶，配套油缸选用 STDB.63×63 超高压小型电动油泵。

（2）预应力筋张拉设备校验标定：张拉设备的校验标定应按《混凝土结构施工质量验收规范》（GB 50204—2002）规定执行，由国家指定的计量监测部门检定，并有张拉设备的标定报告。

3）施工流程及施工工艺

（1）施工流程

支梁底模、梁筋绑扎→放线确定预应力筋位置→铺放无粘结预应力筋→预应力钢筋托架固定、封侧模→张拉端承压板、螺旋筋、穴模安放及固定→隐检→浇混凝土及养护→预应力筋张拉、切割、封堵。

（2）施工工艺

① 预应力筋张拉准备。

当预应力钢筋绑扎完毕后，根据水平坐标及垂直坐标用点焊固定托架，穿设预应力筋，预应力筋的搭接应在梁支座处进行，搭接长度由不同梁中预应力筋反弯点的位置而定，同一根梁的预应力筋穴模错开 1000mm。为防止张拉过程中在同一截面产生裂缝，将相邻两根梁的预应力筋的张拉端错开 500mm。承压板、螺旋筋等放置完毕后即进行自检、专检及隐蔽验收合格后浇筑混凝土。在梁混凝土浇筑过程中应留设混凝土试块并进行同等条件下养护，当混凝土强度达到 1.2N/mm² 时应及时将张拉端的穴模清理干净。当混凝土的强度达到设计要求的张拉强度时，方可进行预应力筋的张拉（用同条件下养护的试块来判别）。梁侧模拆除，检查梁混凝土的质量，特别是观察有无梁板结构的温度、收缩裂缝，记录并分析这些裂缝发生的原因和对预应力施工的影响，逐个检查张拉端承压板后的混凝土施工质量。清理检查张拉穴口的施工尺寸偏差，特别是压板与孔道的垂直度，如有问题应采取措施，并做好记录进行处理。张拉端无粘结钢绞线的外包皮应割掉，割皮时用电热法使其外包皮的切口同承压板的表面平齐。安装张拉端的锚具。穿上锚环，将夹片均匀穿入锚环中打紧并外露一致。根据张拉控制应力、千斤顶的校核报告确定张拉初始应力。预应力筋的张拉方案应与设计单位事先商定好。

② 钢绞线的张拉施工顺序。

清理承压板→割皮→穿锚环夹片→安放变角模块→穿千斤顶→张拉至初应力→测量千斤顶缸伸出值 L_1→张拉至 $100\%\sigma_{con}$→测量千斤顶缸伸出值 L_2→校核伸长值→顶压锚固→千斤顶回程→卸千斤顶。

③ 无粘结预应力张拉：

A. 预应力筋的张拉，根据设计要求采取变角张拉施工工艺，预应力筋下料长度应包括变角块厚度，变角度数控制在 30°内，单根预应力筋张拉端承压板采用 90mm×90mm×

12mm 的钢板，螺旋筋采用 $\phi6.5$ 的钢筋，螺距为 25mm，4 圈，直径为 75mm；对于群锚体系承压板采用 150mm×150mm×20mm，螺旋筋采用 $\phi8$ 的钢筋，螺距为 25mm，9 圈，直径为 150mm。依据设计张拉控制应力，预应力的张拉程序为：$0 \rightarrow 0.1 \overset{\text{量伸长}}{\sigma_{con}} \rightarrow 1.03\sigma_{con}$，根据千斤顶工作行程，对于超长钢绞线的张拉均需采用倒换行程的方法张拉，预应力筋的张拉力以控制应力为主，校核预应力钢绞线的伸长值。

B. 张拉伸长值的管理。

理论伸长值的计算公式：

$$\Delta l_p^c = \frac{\sigma_{con} l_p}{E_p}\left[1 - \frac{\mu\theta + \kappa l}{4}\right]$$

式中　σ_{con}——无粘结预应力筋的张拉控制应力；

　　　l_p——预应力筋的长度；

　　　E_p——预应力筋的弹性模量；

　　　μ——无粘结预应力筋与壁之间的摩擦系数；

　　　θ——曲线束两端的切线之夹角；

　　　κ——考虑无粘结筋壁每米长度局部偏差的影响系数。

C. 实际伸长值的测量：伸长值的量测以量测张拉千斤顶张拉缸伸出的长度来测定。当张拉至初应力时量测千斤顶缸伸出的长度 L_1，张拉至控制应力时量测千斤顶缸伸出的长度 L_2，根据 L_2-L_1 的差值算出初应力前的伸长值 L_3，实际上伸长值为 $\Delta L = L_2 - L_1 + L_3$；当千斤顶缸的长度不足时，千斤顶需要多次倒行程，量测伸长值时，每一次倒行程应量测其缸的伸出长度，然后进行累加，最后确定实际伸长值。预应力筋张拉时应认真将每根钢绞线的实测张拉伸长值做好记录。

D. 预应力筋的张拉应以控制应力为主，校核伸长值。如实际伸长值与理论伸长值的误差超出 -5%～+10% 范围，应停止张拉，待分析查明原因予以调整后，才能继续张拉。

④ 张拉穴口的封堵。

预应力筋张拉完毕经检查无误后，即可采用手提砂轮锯或氧—乙炔切割多余的钢绞线，切割后的钢绞线外露长度距锚环夹片的长度为 30mm，按规范要求用防水涂料或防锈漆涂刷锚具，然后清理穴口，用比梁混凝土高一等级的内掺 10% UEA 的细石混凝土进行封堵。

4) 劳动力组织

预应力筋的铺放、承压板的固定、螺旋筋的安装由专业施工队伍完成。预应力筋的铺放设三个组，每组 5 人；承压板及螺旋筋的安装固定两个组，每组 3 人；预应力筋张拉班两个组，每组 3 人；技术指导组 2 人，1 人全面负责，1 人现场指挥。

4.2.3.7　后浇带施工

1) 后浇带设计构造

后浇带构造见图 4.2.3-2，宽度为 800mm，加强筋为 $\phi14@100mm$，伸入混凝土内两边各 1000mm。

2) 施工流程和施工工艺

(1) 施工流程

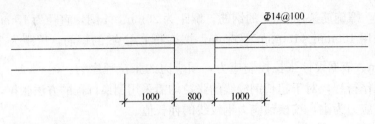

图 4.2.3-2　后浇带构造图

清理后浇带内的杂物，整理后浇带处的结构钢筋→后浇带处侧模封固→微膨胀混凝土配置和搅拌→微膨胀混凝土浇筑→后浇带混凝土养护→后浇带模板拆除。

（2）施工工艺

① 后浇带的封堵时间根据设计要求，在结构混凝土浇筑 60d 后进行。

② 清除后浇带内杂物和松散混凝土，充分浇水但不留明水。

③ 后浇带侧模用密孔钢丝网封堵。

④ 后浇带处微膨胀混凝土配置，其强度等级较结构混凝土提高一个等级，并在混凝土中掺加 CSA 膨胀剂，可使其产生微膨胀压力抵消混凝土的干缩、温差等产生的拉应力，使混凝土结构不出现裂缝，提高抗渗能力。

⑤ 后浇带混凝土浇筑前，先浇一薄层与膨胀混凝土相同配合比的砂浆，接着浇筑比原浇筑混凝土高一级的膨胀混凝土，应仔细振捣密实，浇筑 12h 后，及时进行养护，时间不少于 14d。

⑥ 看台结构后浇带混凝土达到设计强度后（后浇带混凝土施工时，用与后浇带同条件养护的试块测定）便可进行预应力张拉。

4.2.3.8　质量控制

本工法除满足设计图纸外，还必须遵守《混凝土结构工程施工质量验收规范》（GB 50204—2002）、《无粘结预应力混凝土结构技术规程》（JGJ/T 92—93）、《钢纤维混凝土结构设计与施工规程》（CECS38：92）等规范的有关规定。

4.2.3.9　安全环保措施

（1）预应力张拉过程中，严禁锚具、机具高空坠落。油管接头处、张拉油缸端头严禁站人，操作人员必须站在油缸两侧。测量伸长值时，严禁用手抚摸缸体，以免油缸崩裂伤人。张拉用工具及夹片应经常检查，避免张拉中滑脱飞出伤人。

（2）油泵操作时应精力集中，给油、回油平稳，以防超张拉过大，拉断钢筋造成事故。

（3）配电箱内必须配置防漏电装置，避免造成触电事故。

（4）在施工过程中，自觉形成环保意识，最大限度地减少施工产生的噪声和环境污染。

（5）张拉设备定期保养、维护，避免油管漏油污染作业面。

（6）严格按照当地有关环保规定执行。

4.2.3.10　效益分析

南京奥体中心主体育场超长大面积混凝土楼面结构无缝施工，施工中采取了合理的分段分块施工和超长预应力筋的张拉措施，使楼面结构工程顺利完成。由于采用该项技术，共取得综合经济效益 145 万元。

4.2.3.11　应用实例

武汉体育中心工程基础为桩基承台基础梁结构，总长约 830m，基础梁断面尺寸为 800mm×(800～1200)mm，混凝土设计等级为 C40，基础梁下每间隔 12m 有桩承台，形成有约束结构；露天看台为预应力钢筋混凝土结构，最大环向长度 280m，板厚 60mm，通过横向框架支承其结构，混凝土设计强度等级为 C40。

自 2001 年 6 月施工完成至今，经实地检测，未发现有任何裂缝，施工取得令人满意的效果，无论是外表还是内在质量，均得到业主、设计院的充分肯定和高度评价。说明本工法综合技术解决环向超长混凝土结构裂缝问题是行之有效的。而上述各项措施，缺少任何一项或其中某一项技术没有解决好，无缝施工技术均不会获得成功。

4.2.4　体育场钢筋混凝土变截面 Y 形柱悬挑梁施工工法

体育场看台由于是呈阶梯状形式，其下部支承结构形式较多，本工法施工的体育场看台支承结构为 Y 形柱上悬挑大斜梁，看台距离地面高、悬挑跨度大。根据在国内查新的结果显示，体育场看台采用上述结构的设计和施工，目前国内未见有报道，为国内首次应用，施工中所遇到的难度也是相当大的。为此，将此施工总结编制成本工法，为今后施工类似工程提供经验。

4.2.4.1　工法特点

（1）使用本工法，解决高空、超重大斜梁模板支撑体系问题。

（2）本工法解决了 Y 形柱和斜梁这种斜向构件混凝土浇筑对斜构件的下部产生较大的水平推力问题。

4.2.4.2　适用范围

本工法适用于空间大型、超重的斜向构件的模板支撑、混凝土浇筑。

4.2.4.3　工艺原理

（1）空间超重斜向构件其轴向力和水平剪切力较大，对脚手架系统受力特别不利。为减少这种较大的轴向力和水平剪切力，用"力平衡"原理，在保证整体结构力学性能的前提下，合理进行分段，即大斜梁下端 1m 左右的梁混凝土与其标高以下的混凝土楼板、楼板梁、柱子同时施工，当这部分混凝土达到一定强度并足以抵抗大斜梁混凝土施工时产生的水平推力时，再施工其上部斜梁混凝土，为确保大斜梁混凝土施工的绝对安全可靠，可将大斜梁剩余部分再进行合理分段进行混凝土施工。

（2）为确保 Y 形柱和大斜梁施工的安全，在理论计算的基础上，现场对支撑体系进行堆载试验，其试验目的，一是检测脚手架系统是否能承受施工时产生的荷载；二是检测脚手架下部的支撑体系（包括结构平台）是否能够承受上部传来的施工荷载；三是消除其初始形变作用；四是检查架子系统是否有位移。

4.2.4.4　工艺流程和施工方法

1）工艺流程

确定模板和支撑脚手架系统方案→搭设脚手架和模板→对大斜梁支撑体系作堆载试验→混凝土浇筑、养护、拆模。

2）施工方法

（1）模板和支撑脚手架系统方案

① 模板构造设计。

模板体系面层一般可采用竹胶板，主龙骨为 $\phi48\times3.5$mm 钢管，主次龙骨用对拉螺栓固定，支撑体系由主龙骨直接将力传给钢管脚手架。

② 大斜梁支撑施工段划分。

大斜梁在施工过程中，混凝土自重产生轴向力和水平剪切力，其轴向力和水平剪切力一般较大，为抗衡其水平推力，可采用 $\phi48\times3.5$mm 钢管搭设满堂红脚手架，立杆间距和横杆排距分两种情况搭设，位于 Y 形柱悬挑大斜梁投影范围内的模板支撑采用腕扣式多功能脚手架，因为该施工段是产生倾覆力最大的位置，其支撑杆间距根据计算，框架梁及环梁部位、Y 形柱分叉以下和分叉以上部位应有所不同，其水平杆与已浇的柱混凝土连接采用双钢管、双扣件固定（此部位混凝土专门安排提前浇筑完成）。位于 Y 形柱分叉以内即未悬挑部分的大斜梁的支撑采用普通钢管脚手架支撑。

③ 脚手架设计计算：

a. 斜挑大梁自重计算并折算成水平投影荷载；

b. 模板自重计算，折算成水平投影荷载；

c. 施工活荷载取 $q_4=300$kg/m；

d. 计算脚手架每根立杆的竖向传递荷载；

e. 立杆验算，u 取 1.25，每根立杆的容许应力大于钢管的设计应力。

④ 脚手架下部支撑体系方案确定。

本工法斜向构件位于高空，一般下部另有楼层结构，施工时，其脚手架均搭设在其结构平台上，脚手架下端的荷载较大，脚手架的支撑应考虑其下部结构层的安全。一般考虑在上部脚手架对应的下部楼层搭设支撑体系，将上部荷载连续传递至基础地梁。

通过计算，确定方案如下：

a. 上部脚手架系统搭设，必须在结构平台混凝土强度达到设计强度的 100% 时方可开始进行；

b. 在结构平台下层加钢管撑，该钢管撑支撑在基础梁上或对该部位基础进行加固，上部顶在结构平台主梁下。

（2）脚手架和模板搭设

① 脚手架搭设。

脚手架搭设施工顺序：

放置纵向扫地杆→自柱根部起依次向外竖立底立杆，底端与纵向扫地杆扣接固定后，装设横向扫地杆并与立杆固定，每边竖起 3~4 根立杆后，随即装设第一步大横杆和小横杆，校正立杆垂直和大横杆水平，使其符合要求后，拧紧扣件，形成构架的起始段→按上述要求依次向前延伸搭设，直至第一步架交圈完成。交圈后，再全面检查一遍构架质量→设置连柱、梁杆件→按第一步架的作业程序和要求搭设第二步，依次类推，随搭设进度及时装设连墙件和剪刀撑→装设作业层间横杆、铺设脚手板，装设作业层栏杆、挡脚板或围护，挂安全网。

② 模板支设。

按图纸放出梁、柱位置，根据立杆间距弹支撑位置线并作适当调整，使上下立杆能大体在同一垂直线上,现场放出模板拼装大样图。

当柱、梁钢筋绑扎完毕隐蔽验收通过后,便进行竖向模板施工,首先在底部进行标高测量和找平,然后进行模板定位卡的设置和保护层垫块的安放,设置预留洞,安装竖管。

梁、板模板施工时,先测定标高,铺设梁底板,弹出梁轴线进行平面位置校正、固定。

对竖向结构,在其混凝土浇筑 48h 后,待其自身强度能保证构件自身不缺棱掉角时,方可拆模。梁、板等水平结构早拆模板部位的拆模时间,应通过同条件养护的混凝土试件强度试验结果结合结构尺寸和支撑间距进行验算来确定,混凝土强度应达到设计值的 100%。

(3) 大斜梁支撑体系堆载试验

① 试验要求。

脚手架系统的安全检测是通过对脚手架立杆杆件上部和中部沉降量观测,分析杆件的弯曲度,最终确定其安全性。

② 试验依据:

a. 东、西区节点施工图;

b.《混凝土结构工程施工质量验收规范》(GB 50204—2002);

c. 体育中心看台扇形斜梁、Y 形柱施工方案。

③ 荷载统计:

a. 大斜梁自重;

b. 模板自重;

c. 施工活荷载(沿梁斜长线载);

d. 80% 的荷载、120% 的荷载。

④ 堆载与卸载:

a. 堆载前的准备。

在做堆载前,按照施工方案要求加固平台,搭设脚手架,按照图纸要求铺设大斜梁底模板,架体底部垫实,经自检并请现场监理验收合格,方可开始堆载。

在堆载前,应抽测梁底立杆上部及中部相对高程,看杆件曲率,做好观测记录。此立杆原则位于试验段两端和中间,并逐一编号,用油漆对测设点进行标记。

b. 堆载。

堆载物可为现场钢筋或其他物品。加荷制度采用分级加荷,荷载值由钢筋规格经计算而定,用塔吊沿着大斜梁斜长方向从下而上逐层堆载至施工时的 80%,用精密水准仪观测同一立杆同一部位的相对高程并作记录,同时统计出加载 80% 后所测立杆沉降量。经对测量数据分析符合要求后,再逐步加载至施工时的 100%,再一次观测各支撑杆件相对高程并统计出沉降量,分析测量数据。分析结果符合要求后,进行第三次加载,缓慢地逐步加载至施工时的 120%。加载完毕,观测各点的相对高程并统计出架体的最终沉降量。在堆载过程中,堆载物应缓慢地落于梁底模板上,不得有任何冲击,并不得有其他支撑。在堆载过程中有专人观察架体变化,发现异常情况立即停止加载,分析原因,加固处理后方可继续。

c. 卸载。

当堆载达到规定要求且架体沉降稳定后，开始卸载。卸载时，沿着大斜梁从上至下逐层逐步卸载，卸载完毕后，再一次观测架体相对高程，并与加载前对比。

⑤ 测点布置。

根据脚手架计算数据，确定脚手架测点的位置。

⑥ 测量数据分析：

a. 根据测量记录，比较各杆件的沉降量，并分析原因；

b. 根据测量记录，分析脚手架各杆件上部测点和中部测点的沉降量是否有变化，从另一个角度验证对脚手架的计算，说明脚手架支撑系统的安全性。

(4) 混凝土浇筑、养护、拆模

① Y形柱和悬挑大斜梁混凝土浇筑采用混凝土固定输送泵直接将混凝土输送至混凝土浇筑点，减少混凝土运输中水灰比的变化，确保混凝土的质量。

② 混凝土浇筑严格按施工顺序进行：接到混凝土浇筑令后，模板充分浇水，先泵送与混凝土同级配的砂浆，然后是混凝土分层浇筑振捣，每层浇筑厚度控制在 400～500mm 之间，按事先设计好的分段定一个坡度，分层浇筑，循序推进，一次到位，保证混凝土浇筑的连续性。

③ 混凝土浇筑时，控制其坍落度。由于构件均为斜向构件，坍落度过大不利于斜向构件的浇筑。另外，在拌合物中可掺加适量的粉煤灰，以减少水泥用量，改善混凝土和易性。

④ 为了确保混凝土表面接缝整齐、紧密、无缝，在模板与模板拼缝处可采用海绵条挤压填实等方法，防止漏浆。

⑤ 施工缝的处理严格按规范规定进行，在后续混凝土施工前，对接缝处必须先清洗润湿，后浇 10～15mm 厚与混凝土同配比砂浆，再进行施工。

⑥ 混凝土养护是保证混凝土质量的一个重要组成部分。为了保证混凝土强度的正常增长，防止混凝土表面出现裂缝，在混凝土浇筑后即用草袋覆盖，在 7d 内确保草袋湿润。

⑦ 混凝土拆模时间应根据留置的混凝土同条件养护试块强度确定，侧模可在混凝土浇筑两天后拆除。模板拆除后应继续养护。

4.2.4.5 材料

1) 材料要求

(1) 水泥：普通混凝土应根据工程设计的要求、施工工艺的需要选用适合品种的强度等级的水泥，普通混凝土宜按《通用硅酸盐水泥》(GB 175—2007) 等标准的规定选用。

(2) 细骨料（砂）：宜用中砂。

(3) 粗骨料（石子）：宜用中碎（卵）石：粒径 5～40mm；或细碎（卵）石：粒径 5～20mm。

(4) 水：拌制混凝土宜采用饮用水。

(5) 掺合料：掺加粉煤灰，其掺量应通过试验确定，其质量应符合有关标准要求。

(6) 混凝土外加剂：根据混凝土的性能要求、施工工艺及气候条件，结合混凝土原材料性能、配合比以及对水泥的适应性能等因素，经试验确定后方可使用。

2) 材料质量要求

（1）水泥：水泥进场应对其品种、级别、包装或散装仓号、出厂日期等进行检查，并应对其强度、安定性及其他必要的性能指标进行复验。其质量必须符合现行国家标准《通用硅酸盐水泥》（GB 175—2007）等的规定。

（2）细骨料：本工法采用泵送混凝土，宜用中砂，砂的含泥量不大于 3.0%，泥块含量不大于 2.0%。对进场材料须进行复验。

（3）粗骨料：其针、片状颗粒含量应小于等于 15%；压碎指标应小于等于 10%，含泥量不大于 1.0%，泥块含量不大于 0.5%，对进场材料须进行复验。

（4）水：当采用其他水源时，水质应符合国家现行标准《混凝土用水标准》（JGJ 63—2006）的规定。

（5）外加剂：混凝土中掺用外加剂的质量及应用技术应符合现行国家标准《混凝土外加剂》（GB 8076）、《混凝土质量控制标准》（GB 50164）的规定。不同品种的外加剂搭配使用可能会出现意料之外的反作用，未经试验验证，禁止随意搭配使用混凝土外加剂。

4.2.4.6 机具设备

（1）混凝土搅拌设备：混凝土搅拌机、推土机、装载机、磅秤等。

（2）运输设备：客货两用电梯或提升架、塔式起重机、混凝土搅拌运输车、混凝土输送泵、布料杆等。

（3）混凝土振捣设备：插入式振捣器和平板式振动器等。

4.2.4.7 质量控制

（1）施工时除满足设计要求外，应遵守《混凝土结构工程施工质量验收规范》（GB 50204—2002）等有关规定。

（2）混凝土施工除按照规范规定留置强度试块外，宜采用超声波、超声波—回弹综合法技术对重点部位、施工缝部位全面进行无损检测，以判断混凝土内部和外观质量。

4.2.4.8 安全措施

（1）混凝土运输、浇筑部位应有安全防护栏杆，操作平台。

（2）高空作业人员必须佩戴安全帽、系安全带。

（3）模板及支撑体系施工完毕，必须经堆载实验，验证支撑体系合格稳定后，方可进行下一步工序施工。

（4）施工时应严格遵守《建筑施工扣件式钢管脚手架安全技术规范》（JGJ 130—2001）、《建筑施工安全检查标准》（JGJ 59—99）、《建筑施工高处作业安全技术规范》（JGJ 80—91）等有关规定。

4.2.4.9 环保措施

（1）施工垃圾使用封闭的专用垃圾道或采用容器吊运，严禁随意凌空抛撒，造成扬尘。

（2）水泥和其他易飞扬的细颗粒散体材料应安排库内存放。露天存放时宜严密苫盖，卸运时防止遗洒飞扬。

（3）混凝土运送罐车每次出场应清理下料斗，防止混凝土遗洒。

（4）现场搅拌机前台及运输车辆清洗处应设置沉淀池，废水应排入沉淀池内，经二次沉淀后，方可排入市政污水管线或回收用于洒水降尘，未经处理的泥浆水，严禁直接排入城市排水设施。

4.2.4.10 效果分析

采用本工法施工的空间超重斜向构件，在搭设脚手架系统方面节约了钢管，同时安全性能较高。脚手架采用普通扣件脚手架和碗扣式脚手架，工人施工熟练，易保证施工质量。

混凝土施工采用分段施工，保证了混凝土浇筑质量和脚手架的受力性能，但在施工缝的处理方面增加了一定难度。采用超声波进行检测，根据检测结果，现场进行处理，以确保施工缝的施工质量。

4.2.4.11 应用实例

武汉体育场看台由 56 根变截面 Y 形柱，悬挑大斜梁以及环梁共同组成一个整体框架结构作受力支承体系，Y 形柱垂直段高 13.7m，斜叉处标高分别为 20.5m 和 27.9m（图 4.2.4）。柱截面最大处为 $1000mm \times 5618mm$，56 根混凝土柱通过阶梯式斜梁支承全部看台和上部结构，大斜梁轴向长 40m、为变截面梁，最大截面为 $1200mm \times 2840mm$，大斜梁的标高最低点为 12.70m，最高点为 37.03m，倾角为 33.13°，悬挑长度为 8.68m，梁内配筋密集（上下各 5、6 排，每排 $10 \times \phi 36$）。体育场阶梯式看台，通过断面为 $300mm \times 600mm$ 的环梁搁置在大斜梁上，四周 56 跨成一整体。混凝土等级为 C40、C45。

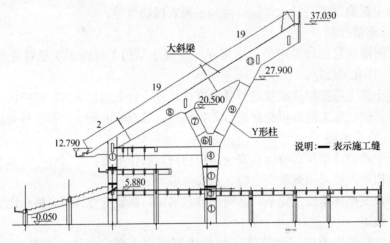

图 4.2.4　Y 形柱和大斜梁示意图

本工程质量经过当地质检部门验收，认为工程主体结构达到了清水混凝土的要求，混凝土大斜梁未发生位移，挠度也在允许范围之内，构件表面清晰、美观、棱角方正。

4.2.5 体育场组合式 V 形钢管混凝土柱施工工法

钢管混凝土具有承载力高、塑性和韧性好、经济效益显著以及施工快捷等突出的优点，因而在我国得到了普遍的推广应用，尤其是在高层建筑和拱桥方面应用较多。但钢管混凝土用于体育场建设的较少，尤其是组合式 V 形钢管混凝土柱的施工，未见有先例。根据本工程施工经验，形成本工法。

4.2.5.1 工法特点

(1) 使用本工法，解决了 V 形钢管立柱混凝土的制作、吊装、焊接及混凝土的高位抛落施工工艺难题。

（2）本工法解决了 V 形柱根部钢管相贯线下料切割和准确制作的难题，从而达到 V 形钢管柱组装后既能满足设计要求的椭圆度和弯曲度，又能满足现行建筑规范和无缝钢管的要求。

4.2.5.2　适用范围

本工法适用于组合式 V 形钢管混凝土柱的施工。

4.2.5.3　工艺原理

组合式 V 形钢管混凝土柱指每组钢管混凝土柱有一根垂直立柱和一根斜叉柱，构成组合式 V 形钢管混凝土柱。钢管混凝土柱顶部与钢筋混凝土斜梁相交，在钢管混凝土柱的根部和顶端，均有锚接钢筋与根部楼面结构和顶部钢筋混凝土斜梁相连接。在钢管混凝土柱的根部位置，采用钢板制作"8"字形预埋件作为支承 V 形钢管柱的依托，在钢管混凝土柱顶部与斜梁交接处，采用环形预埋铁件作为 V 形柱顶端焊接固定的依托。

4.2.5.4　施工工艺流程及操作要点

1）施工工艺流程

钢管柱和埋件加工→V 形柱根部相贯口制作→钢管柱吊装→斜钢管柱支撑制作与安装→钢管安装焊接→斜管测量定位→管内混凝土施工。

2）施工操作要点

（1）钢管和埋件加工

①"8"字形和环形预埋件加工。

"8"字形预埋件是采用 20mm 厚、边缘宽为 200mm 的钢板加工成中间为 2 个圆形相交孔洞的"8"字形。在 200mm 宽边缘的钢板下焊接直径 $\phi20$mm、长度 500mm 的锚筋共 54 组。锚筋在圆弧方向间距为 150mm，在边缘钢板的宽度方向间距为 100mm。

"8"字形预埋件平面、剖面见图 4.2.5-1。

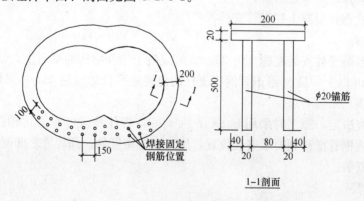

图 4.2.5-1　"8"字形预埋件平面、剖面示意图

"8"字形预埋件加工精度要求高，几何尺寸偏差不能超过 5mm，平整误差不得超过 5mm，水平度误差不得超过 1/1000。为了确保上述精度要求，采用电脑放样确定预埋件的相关尺寸。为了防止焊接锚固钢筋时预埋钢板变形，在焊接时利用夹具将"8"字形预埋件的边缘钢板固定在 40mm 厚的钢板上，在焊接固定锚筋时，采用对称施焊的焊接方法，从而确保了"8"字形预埋件的加工质量。

　　环形预埋件加工时，同样在边缘板上焊接锚筋，边缘板的加工要根据钢管圆柱周边不同位置和不同标高来确定，下料加工时同样采用电脑放样，确定相贯线后再制作加工，制作方法与"8"字形埋件基本相同。

　　② 钢管加工。

　　钢管外径 $\phi 1000 \times 18$mm，委托南京长江制管公司加工。委托加工前提出加工质量要求，钢管进场时组织严格的检查验收。

　　钢管加工的精度要求是：椭圆偏差不超过 5mm，壁厚偏差不超过 1mm，弯曲度不超过 1mm/m，全长弯曲度不超过 10mm。所有焊缝要求全焊透，要求焊口百分之百作超声波无损探伤检测，所有焊口焊满后将高出母材部分打磨与母材齐平，每组钢管制作长度不允许出现负偏差。

　　钢管运到现场后，用自制扇形靠尺检查钢管椭圆度，用游标卡尺检查钢管壁厚，用拉线的方法检查钢管的弯曲度，并认真检查拼接焊缝的超声波探伤报告。

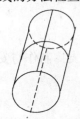

图 4.2.5-2　相贯口制作示意图

　　③ V 形柱根部相贯口制作。

　　为了确保钢管在吊装时的对准连接，要严格按相贯线要求，准确加工制作 V 形柱根部的相贯口。相贯口制作要求几何尺寸偏差不超过 5mm，相贯口组合后焊口宽度偏差不超过 5mm。V 形柱根部相贯口加工制作见图 4.2.5-2。

　　各相贯口采用电脑放样，将电脑放样绘制出的相关线在钢管上反映出来，然后沿相贯线进行切割制作钢管的连接段相贯口。

　　具体操作方法是，先沿管周将管外圈弹出纵向四等分线，此等分线作为绘制相贯线和钢管就位的基准线，以基准线为参照线描绘各相贯线。制作立管三通相贯口时，应按负误差控制，才能确保对口焊接质量。

　　(2) 组合式钢管混凝土柱钢管安装

　　① 吊装方案。

　　V 形钢管混凝土柱安装在标高为 26.2m 的混凝土楼面结构的平台上，钢管高度 17m。吊装高度在 40m 以上，且 V 形钢管混凝土柱的位置距平台边缘达 13m，采用 350t·m 以上的吊车才能满足吊装要求。

　　经反复研究决定，施工时采用 50t·m 汽车吊将管件及拔杆垂直运输到 26.2m 高平台。通过滚杠将钢管滑移到要求安装位置，用三脚架将管件、预埋件装卸就位。采用扒杆进行钢管起吊安装。

　　② 钢管吊装：

　　A. 预埋件及锚接钢筋安装：

　　a. 在浇筑 26.2m 标高楼面混凝土之前，必须将 V 形柱相应的"8"字形预埋件和锚接钢筋准确安装完毕。

　　b. 首先安装就位"8"字形预埋件，再施工斜柱锚接钢筋，封 V 形柱根部梁的侧模，最后绑扎柱根部的楼板钢筋。"8"字形预埋件就位前在预埋钢板上标注出相互垂直的就位轴线，在楼板的模板上也制作出相一致的轴线，安装"8"字形预埋件经检查核对无误后，通过相近的梁柱钢筋焊接固定。

c. 对锚固钢筋的安装，预先用电脑计算放样，在电脑上设计出所有钢筋的位置和安装角度。按电脑设计结果到现场制作安装。要求斜向钢筋与立面夹角必须准确，所有箍筋距钢管内壁按 20mm 控制。

在浇筑楼面混凝土时，必须确保"8"字形预埋件位置、标高的准确和预埋件钢板表面的水平，混凝土振捣必须密实，同时对混凝土浇筑高度严格控制。

B. 钢管吊装：

a. 立管和斜管安装就位。

立管和斜管一次安装就位。采用 25m 高拔杆先吊装垂直钢管，待垂直立管焊接完成后再吊装斜管。斜管就位的难点是吊起后斜穿 2.5m 长锚接钢筋笼。施工时采用一个吊钩固定两个吊耳，在下端的吊耳上安装一只可调长度装置（手拉葫芦）。立管根部也安装一只手拉葫芦，通过手拉葫芦调整斜管的角度，使斜管顺利插入已安装好的斜向锚筋内。

斜管安装如图 4.2.5-3 所示。

b. 钢管安装焊接。

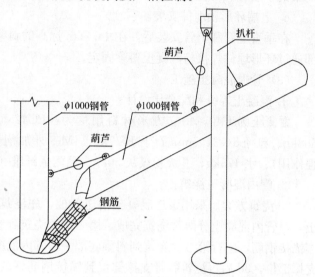

图 4.2.5-3 扒杆安装斜管示意图

焊接前，在预埋钢板上预先坡口，对口时将钢管放在"8"字形预埋钢板的圆孔相应位置，使钢管对接准确方便，保证坡口焊的顺利进行。为了防止焊接方法不当造成焊接变形使钢管产生倾斜和偏移。根据环形焊口的特点，采用等宽焊口、相同焊接遍数、相同焊接速度、分段对称施焊的方法进行焊接。

c. 斜管测量定位。

利用电脑模拟试验，将斜管上端中心坐标点引到管外边缘，作为理论定位观测点，施工时将斜管投影中心线在斜管及楼面上弹出，在楼面斜管投影中心线上标出理论观测点在此线上的投影点，并计算出理论观测点到其投影点的距离。在楼面上投影点处画出投影线的垂直线，在垂线上安装全站仪并测出其到垂足的距离，确定理论观测点的视角。在斜管中心投影线上安装径纬仪。利用全站仪控制斜管上下位置，利用经纬仪控制斜管左右位置。

斜管测量定位如图 4.2.5-4 所示。

d. 斜钢管支撑制作与安装

由于斜管较长，在拆除扒杆之

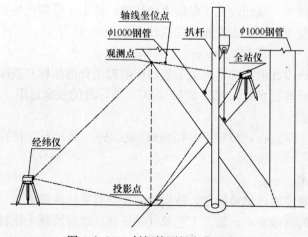

图 4.2.5-4 斜钢管测量定位示意图

前须对斜管进行临时支撑和拉杆固定。在斜管 1/2 高度位置焊接水平拉杆，变 V 形，成三角形。斜管下支撑用 2 个 $\phi200$ 钢管组成八字形撑脚，支撑位置距管顶不超过 6m，确保了浇筑混凝土时斜管的安全与稳定。用钢管作支撑时，钢管与斜管交接处，按相贯线切割后进行施焊。在垂直支撑的底部用 14mm 厚钢板铺设在楼板框架梁位置。在承受支撑力的梁的下层相应位置增加加固支撑，确保楼面结构安全。

e. 上端环形预埋件安装。

在垂直立管和斜管安装后，在 44.28m 标高的斜梁下部安装环形预埋件，使钢管的端部通过环形埋件焊接与混凝土斜梁固定。

(3) 管内混凝土施工

① 混凝土等级和配合比设计。

混凝土为 C40，每立方米材料用量为：PO42.5 水泥 410kg、粒径 2.5mm 的江砂 688kg、粒径 5～31.5mm 石子 1077kg、JM-8 外加剂 6.44kg（具有缓凝、泵送和高效增强作用）、水 175kg，Ⅱ级粉煤灰 50kg、聚丙烯纤维（丹强丝）0.8kg。

② 管内混凝土浇筑：

a. 浇筑方案。采用泵送混凝土输送到位，先浇筑垂直立管混凝土，后浇筑斜管混凝土，直管内混凝土分两次浇筑完成。第一次先浇筑到管顶锚接钢筋以下，然后安装钢管顶端锚接钢筋，进行第二次浇筑到斜梁底部。斜管内混凝土分三次浇筑，第一次浇筑到斜管支撑部位，3d 后再浇筑斜管支撑部位到锚接钢筋下的混凝土，然后安装斜管顶端锚接钢筋，再进行第三次混凝土浇筑到斜梁底部。

b. 采用高位抛落振捣法。混凝土用输送泵自钢管上口灌入，用特制的插入式振捣器振实。在钢管横截面内分布三个振捣点，使振捣棒的影响范围全部覆盖管内混凝土面。每次振捣时间不少于 60s。由于钢管高度约 18m，特制振动棒长度为 18m，使管内混凝土能顺利进行振捣。混凝土一次浇筑高度不得大于 2m。钢管内的混凝土浇筑工作要连续进行，为保证浇筑质量，操作人员及时在管外用木槌敲击，根据声音判断是否密实。

在浇筑垂直立管混凝土时，混凝土会从斜管叉口进入斜管内，随着立管混凝土的浇筑高度升高，斜管内的混凝土也随着上升，施工时用木槌敲击斜管，斜管内混凝土上升到 2m 左右就基本稳定。待垂直立管混凝土浇筑到梁底后，再进行斜管内混凝土浇筑。

由于混凝土内掺加了外加剂和外掺料，从而改变了混凝土的性能，防止了后期产生混凝土收缩的可能。从而确保了钢管混凝土三向受力性能达到设计要求。

4.2.5.5 材料

(1) 水泥：普通混凝土应根据工程设计的要求、施工工艺的需要选用合适品种和强度等级的水泥，普通混凝土宜按《通用硅酸盐水泥》（GB 175—2007）等标准的规定选用。

(2) 细骨料（砂）：宜用中砂。

(3) 粗骨料（石子）：宜用中碎（卵）石：粒径 5～40mm；或细碎（卵）石：粒径 5～20mm。

(4) 水：拌制混凝土宜采用饮用水。

(5) 掺合料：掺加粉煤灰，其掺量应通过试验确定，其质量应符合有关标准要求。

(6) 混凝土外加剂：根据混凝土的性能要求，施工工艺及气候条件，结合混凝土原材料性能、配合比以及对水泥的适应性能等因素，经试验确定后方可使用。

（7）钢材：必须符合设计要求及现行国家标准，应有出厂质量证明及复试报告。

4.2.5.6 机具设备

主要机具设备见表4.2.5。

主要机具设备一览表　　　　　　　　　　　　　　　表4.2.5

名　称	规　格	数　量	名　称	规　格	数　量
φ325×8 扒杆	25m	2台	白棕绳	φ2cm	200m
φ273×8 扒杆	25m	2台	枕木	250×250（mm）	40根
卷扬机	5t	2台	钢丝绳	φ16mm	1200m
卷扬机	2t	2台	钢丝绳	φ14mm	1200m
倒链	10t	2只	钢丝绳	φ20mm	1200m
倒链	5t	6只	钢垫板	δ18	32m²
滑轮	三轮	12只			

4.2.5.7 质量控制

（1）施工时除满足设计要求外，应遵守《混凝土结构工程施工质量验收规范》（GB 50204—2002）、《建筑钢结构焊接技术规程》（JGJ 81—2002）等有关规定。

（2）混凝土施工除按照规范规定留置强度试块外，宜采用超声波、超声波—回弹综合法技术对重点部位、施工缝部位全面进行无损检测，以判断混凝土内部和外观质量。

4.2.5.8 安全措施

（1）吊装时，梁、板混凝土必须达到100％强度。

（2）扒杆的摆放点要采取适当的措施，确保起吊点的承受荷载。

（3）扒杆的缆绳选用及着力点和着力角度要经过严格计算。

（4）吊装时，严格按操作规程进行。

4.2.5.9 环保措施

（1）严禁在易燃易爆气体或液体扩散区域内进行焊接作业。

（2）混凝土运送罐车每次出场应清理下料斗，防止混凝土遗洒。

（3）未经处理的泥浆水，严禁直接排入城市排水设施。

4.2.5.10 效益分析

钢管混凝土结构的施工工艺简单，使工期大大缩短，工程可提前竣工。若加上提前投产所创造的经济效益，则钢管混凝土结构的经济效益更加可观。南京奥体中心主体育场采用组合式V形钢管混凝土柱施工技术，产生综合经济效益约53万元。

4.2.5.11 应用实例

南京奥体中心体育场在26.2m标高楼面，共有16组32根钢管混凝土柱，每组钢管混凝土柱有一根垂直立柱和一根斜叉柱，构成组合式V形钢管混凝土柱。垂直立柱高度约17m，斜柱长度从14～20m不等，钢管混凝土柱外径1m，钢管壁厚18mm，斜管与垂直立管夹角从20°～32°不等。

钢管和预埋件的加工，特别是"8"字形预埋件的加工难度和精度要求很高，施工时采用了电脑放样，将电脑放样数据绘制出相贯线在钢管上反映出来，从而解决了加工的难点和精度要求。斜钢管的吊装难度很大，施工时通过电脑模拟试验，解决了定位困难，并利用全站仪控制斜管上下位置,利用经纬仪控制斜管左右位置,从而解决了斜管吊装定位难的难题。针对钢管吊装高度在26.2m平台以上,安装位置距平台边缘13m远的条件,采用50t汽车吊把钢管先吊到平台,然后采用扒杆起吊的方法,取得了较好的效果,特别是斜管要插入2.5m长的斜向钢筋笼,难度很大。施工时,采用一个吊钩固定两个吊耳,通过二个手拉葫芦调整斜管角度,从而巧妙解决了难题。管内混凝土浇筑采用外掺料和外加剂改善了混凝土的性能。通过高位抛落加人工振捣,确保了钢管混凝土三向受力性能达到了设计要求。

组合式V形钢管混凝土柱施工后,通过敲击法对钢管混凝土进行检查,并委托采用应力波法进行检测,未发现有混凝土缺陷,V形柱定位尺寸准确,施工获得成功。

4.2.6 体育场结构清水混凝土施工工法

清水混凝土施工工艺在国外已是一项成熟的技术,而国内大面积实施的项目并不多,清水混凝土施工从组织设计、安排施工到项目管理与监督检验,每一个环节都需要严格控制,才能顺利实现。根据体育场结构清水混凝土施工经验,形成本工法。

4.2.6.1 特点

(1)清水混凝土系一次成型,不做任何外装饰,直接采用现浇混凝土的自然色作为饰面,因此要求混凝土表面平整光滑,色泽均匀,无碰损和污染,对拉螺栓及施工缝的设置应整齐美观,且不允许出现普通混凝土的质量通病。

(2)清水混凝土在制备、模板加工、成品养护等多方面都是一般工艺所无法实现的,从建筑设计图纸到项目施工管理,都有一套独特的实现方案和技术措施。

(3)由于清水混凝土一次浇筑完成、不可更改的特性,与墙体相连的门窗洞口和各种构件、埋件须提前准确设计与定位,与土建施工同时预埋铺设,由于没有外墙垫层和抹灰层,施工人员必须为门窗等构件的安装预留槽口。清水墙体上若安装雨水管、通风口等外露节点也须设计好与明缝等的交接,只有将种种问题解决好,才能保障清水混凝土墙体呈现出它本应反映的纹理与质感。

4.2.6.2 适应范围

不需做任何外装饰的混凝土饰面。

4.2.6.3 工艺原理

通过控制测量精度,保证钢筋位置准确、不位移,从模板安装、拆除以及混凝土的浇捣和成品保护等方面采取相应的措施,达到混凝土外观表面平整光滑,色泽均匀,无碰损和污染的天然饰面效果。

4.2.6.4 工艺流程及操作要点

1)工艺流程

测量放线→钢筋正确就位→模板组装图进行对号入座,定点使用→混凝土浇捣→堵孔及缺陷修复→养护、成品保护。

2)操作要点

(1)测量放线

测量放线作为先导工序应贯穿于各个环节,它是保证主体结构外形尺寸满足设计要求的前提,是使主体结构达到清水混凝土的基础,在实际施工中应抓住以下几点:

① 施工竖向精度：

a. 水准点埋设。

水准点是竖向控制的依据，要求一个施工场区内设置不少于 3 个，点与点间距离为 50~100m，以利于互相通视和校核，墙上水准点应选设在稳定的建筑物上，以便于保存、查找、引测。

b. 高程控制网的布设。

在场区依据业主提供的水准点，建立高程控制网。

② 平面轴线投测：

平面轴线精度受控是确保设计轴线和细部线准确的基础。根据轴线控制桩，将所需轴线投测到施工平面图上，同一层上所投测的纵横轴线不得少于 2 条，以此作为角度、距离的校核。经校核无误后，方可在该平面上放出其他相应的设计轴线和细部线。在实际施工中需注意：

a. 各楼层的轴线投测，上下层垂直偏差不得超过 3mm；

b. 轴线投测后放出竖向构件几何尺寸和模板就位线、检查控制线；

c. 施工平面测量工作完成后，方可进入竖向施测；

d. 墙体拆模后，在墙体上测出结构 1m 线，以供下道工序使用；

e. 每一层平面或每段轴线施测完后，进行自检，合格后由专职人员复检，合格后再报检。

③ 引测标高控制：

引测标高要保证竖向控制的精度要求，先要进行高程控制网点的联测，检查场区内水准点是否被碰动，确认无误后引测标高。

a. 标高基准点的测设必须正确，同一层不少于 3 点，以便于互相校核，其 3 点校差不得超过 3mm，取其平均值作为平面施工中标高基准点；

b. 根据基坑情况，在坑内设置标桩，将高程引测到标桩上，用红"△"标出，并标明绝对标高和相对标高，供施工时用；

c. 在地上 1 层和电梯基坑，采用 100mm×100mm 钢板制作，用钢针刻划出"十"字线作为基准点，为高程引测提供依据，首层以上各层在基准点的正上方相应位置设计预留洞 200mm×200mm（激光束及锤球的通孔），严禁覆盖，并严防杂物从洞口坠落；

d. 各层标高的传递均利用首层红"△"上顶线为标高基准线，用检定合格的钢尺向上引测，也可位于中间层，加设标高基准点，以此向上传递；

e. 标高基准点每层不少于 3 个，用水准仪往返测，测设合格注上标记，并要设在同一个水平标高上。

(2) 钢筋工程

入模的钢筋要保持清洁，无油污及其他污染；钢筋翻样应制作准确，保护层宜按正误差控制，绑扎时需将绑扎点的扎丝扣按倒，以免翘起在混凝土面上出现锈斑。

① 专人负责钢筋翻样及钢筋绑扎，钢筋翻样要充分考虑保护层厚度，卡环安放在水平钢筋上。

② 严格进行钢筋连接、锚固、搭接、绑扎安装和保护层厚度的控制。

③ 关模前检查钢筋、扎丝，以确保无露筋、露丝现象，特别是阴阳角位置，关模后

检查钢筋是否碰到模板。

④ 保护层塑料卡环要进行选择试验，试验内容，其一是检查颜色是否返青灰色；其二是硬度及材质本身的抗折强度是否满足要求。

(3) 模板工程控制措施

① 模板设计要充分考虑在拼装和拆除方面的方便性，支撑的牢固性和简便性，并保持较好的强度、刚度、稳定性及整体拼装后的平整度。

② 模板拼缝部位、对拉螺栓和施工缝的设置位置、形式和尺寸须经监理工程师认可。

③ 根据构件的规格和形状，合理选用不同的模板材料，配制若干定形模板，以便周转施工所需。对圆形构件可选择钢模板，对 E 形、T 形等截面形式复杂的构件可采用进口芬兰板或涂塑九夹板。钢模板内表面均应进行抛光处理，以保证混凝土表面光洁度。

④ 模板制作时应保证几何尺寸精确，拼缝严密，材质一致，模板面板拼缝高差、宽度偏差应小于等于 1mm，模板间接缝高差、宽度偏差应小于等于 2mm。

⑤ 模板接缝处理要严密。模板内板缝用油膏批嵌，外侧用硅胶或发泡剂封闭，以防漏浆。模板脱模剂应采用吸水率适中的无色的轻机油。模板周转次数应严格控制，一般周转 3 次后应进行全面检修，并抛光打磨一次。

(4) 混凝土工程

① 原材料控制：

a. 选择规模大、信誉好的混凝土搅拌站作为混凝土供应商，并与搅拌站配合，优选出满足强度和抗渗等级要求，施工性能良好的配合比。

b. 选定的预拌混凝土供应厂家必须按照优化的配合比，选用同一厂家、同一品种强度等级的水泥，选用同一品种、规格的外加剂、掺合料、脱模剂和养护液；选用同一产源、同一品种、同一规格的粗细骨料，以确保执行同一配合比；并且要注意原材料的色泽，使混凝土的色差能保持在可调节范围内。

② 混凝土浇筑控制：

a. 落实施工技术保证措施和现场组织措施，严格执行有关规定；

b. 根据混凝土浇筑当天的具体条件如气温条件、运输情况、坍落度损失情况等及时微调原配合比，混凝土入模时坍落度要求控制在 140～180mm，达不到要求的，混凝土必须退回；

c. 加强现场协调力度，混凝土浇筑过程中不允许出现冷缝，罐车进场时间间隔控制在 45～60min 内；

d. 浇筑施工缝时，先前浇筑的混凝土面要剔凿到露出石子（含保护层浮浆），钢筋上水泥浆要清除，混凝土结合面要清扫干净；

e. 墙、柱模板就位后，在底部浇 50mm 厚 1：2.5 的水泥砂浆，以确保底部角线顺直，避免出现烂根现象；

f. 混凝土应分层浇筑，分层高度不得超过 500mm，现场以 500mm 进行控制，做500mm 间隔的标尺杆，振捣棒间距不得大于 500mm。浇筑完第一层 500mm 高的混凝土时，混凝土振捣棒应插至先前浇筑的混凝土面，振捣间距应减小；

g. 楼板浇筑时，用水准仪抄平，严格控制顶面标高，以确保板面平整度；

h. 窗洞口下混凝土浇筑时，从洞口两侧同时下料，使洞口两侧浇筑高度对称均匀，振捣棒距洞边 300mm 以上并从洞口两侧同时振捣，以防止洞口变形。窗洞口下部模板开口，作为出气孔及补充混凝土用；

i. 混凝土浇至顶面标高时应检查浮浆的深度，并应赶走浮浆，确保浮浆深度小于 20mm。

③ 混凝土养护：

a. 混凝土早期养护，应派专人负责，使混凝土处于湿润状态，养护时间应能满足混凝土硬化和强度增长的需要，使混凝土强度满足设计要求；

b. 养护对清水混凝土施工质量十分重要，严禁用草垫铺盖，以免造成永久性黄色污染。应用塑料薄膜严密覆盖养护。

（5）成品保护

混凝土浇筑成形后，如不加以保护易使阴阳角受损，直接影响清水混凝土的外观质量，同时，开关盒预留洞、上下水管的保护也间接影响到清水混凝土的观感效果，故应采取以下措施进行成品保护：

① 主体结构中，门洞、墙角、窗台均采用 2cm×4cm 的板条，组成阳角，护在阳角上，用钢丝扎牢，楼梯间踏步采用铺板保护。

② 电线开关盒用钢板盖封口，墙上预留洞采用泡沫塑料板覆盖，在板四周用胶带纸粘贴。

③ 上下水管用水泥袋包裹，钢丝绑扎封口。板上预留洞在 20cm 以内，先用砖盖上，再抹水泥浆，大于 20cm 采用木板覆盖。

（6）堵孔及缺陷修复方法

① 封堵螺栓孔。

对拉螺栓孔需要封堵：

a. 清理螺栓孔；

b. 用特制堵头堵住墙外侧，将颜色稍浅的补偿收缩砂浆从墙内侧向孔里灌浆至孔深 1/2，再用 $\phi 25 \sim \phi 30$ 平头钢筋扦插捣实；

c. 将止水条塞入孔中心部位，抵住砂浆，以保证防水效果；

d. 再灌补偿收缩砂浆至内墙面平，轻轻旋转出特制堵头并取出；

e. 覆盖养护。

② 缺陷修复。

对表面局部可能会产生的一些小气泡、孔眼、麻面和酥松等缺陷，拆模后应立即清除表面浮浆和松动的砂子，采用同品种、同强度等级的水泥拌制水泥浆体，修复缺陷部位，待达到一定强度后，用细砂纸将整个墙体表面打磨均匀，并用水冲洗干净。

4.2.6.5 材料与机具设备

1）清水混凝土原材料选择

（1）水泥：首选硅酸盐水泥，要求确定生产厂商、定强度等级、定批号，最好能做到用同一种熟料。

（2）粗骨料（碎石）：选用强度高、5～25mm 粒径、连续级配好、同颜色、含泥量小于 0.8% 和不带杂物的碎石，要求定产地、定规格、定颜色。

（3）细骨料（砂子）：选用中粗砂，细度模数 2.5 以上，含泥量小于 2%，不得含有杂物，要求定产地、定砂子细度模数、定颜色。

（4）粉煤灰：掺入粉煤灰可改善混凝土的流动性和后期强度，宜选用细度按《粉煤灰混凝土应用技术规范》（GBJ146—90）规定的Ⅱ级粉煤灰以上的产品，要求定供应厂商、定细度，且不得含有任何杂物。

（5）外加剂：要求定厂商、定品牌、定掺量。对首批进场的原材料经监理取样复试合格后，应立即进行"封样"，以后进场的每批来料均与"封样"进行对比，发现有明显色差的不得使用。清水混凝土生产过程中，一定要严格按试验确定的配合比投料，不得带任何随意性，并严格控制水灰比和搅拌时间，随气候变化随时抽验砂子、碎石的含水率，及时调整用水量。

2）机具设备

混凝土输送泵、混凝土运输车、塔吊、电焊机、插入式振捣器等。

4.2.6.6 质量控制

在普通结构混凝土验收标准的基础上，制定如下的混凝土质量控制标准：

（1）轴线顺直，尺寸准确。

（2）棱角方正，线条顺直。

（3）表面平整、清洁、色泽一致。

（4）表面无明显气泡，无砂带和黑斑。

（5）表面无蜂窝、麻面、裂纹和露筋现象。

（6）模板接缝、对拉螺栓和施工缝留设有规律性。

（7）模板接缝与施工缝处无挂浆、漏浆。

4.2.6.7 安全措施

（1）混凝土浇筑应检查模板及其支撑的稳固等情况，施工中严密监视，发现问题应及时加固，施工中不得踩踏模板支撑。

（2）高处作业时，应符合现行国家规范《建筑施工高处作业安全技术规范》（JGJ80—91）的规定。

（3）严格按照有关安全技术规程进行施工。

4.2.6.8 环保措施

（1）施工过程中，自觉形成环保意识，最大限度地减少施工产生的噪声和环境污染。

（2）混凝土施工时的废弃物应及时清运，保持工完场清。

4.2.6.9 效益分析

清水混凝土是一种低廉的建筑材料，只要施工得法，严格控制，精细设计，可以省略大量贴脸的装饰装潢工作，由于墙、板、柱等内外墙多处使用清水混凝土，省去了大量吊顶及内外装饰材料，在追求欣赏品味的同时实现了成本的节约和工期缩短的高效率，为其他建设项目投入和产出效益提供了可以借鉴的榜样。采用清水混凝土施工技术，减少了基层处理费用，每平方米节约成本约5.4元。

4.2.6.10 应用实例

武汉体育场建筑面积8万 m^2，南京奥体中心主体育场建筑面积约14万 m^2，采用竹夹板和九夹板作模板，施工时板面刷脱模剂，板缝用20mm宽双面胶粘贴，并在接缝处板面用50mm×100mm木方作楞，拆模后，均达到了清水混凝土效果。

4.2.7 体育场空间大跨度、双曲线、超长预应力环梁施工工法

南京奥体中心主体育场屋面环梁沿钢结构屋盖支座处周围布置，截面尺寸为 1500mm×1200mm（宽×高），周长约 810m，环梁下共有 52 根钢筋混凝土柱，构成跨度大小不同的 52 个跨间。其中跨度最大柱距达 22m。环梁顶面标高由 16.6～44.28m 不等。

环梁在径向的轴线和标高分别在以下位置：环梁 ㉕～㉘ 轴在四层楼面 16.6m 标高、㉚～㉜ 轴在五层楼面 21.4m 标高、㉞～㊱ 轴在六层 26.2m 标高、㊳～㊿ 轴在 28.44m 标高到大看台顶面 44.28m 标高。环梁 ㉘～㉚ 轴从四层楼面过渡到五层楼面、㉜～㉞ 轴从五层楼面过渡到六层楼面、㊱～㊳ 轴从六层楼面过渡到七层楼面。

环梁与体育场主体楼面及看台的结构既相互连接，又互相分开。环梁的施工必须与主体结构各楼层的施工同步进行。

以上轴线位置仅反映在北区的 1/2 和东区的 1/2 区域内环梁的走向，其余 3/4 区域环梁周长的走向位置与上述位置相对称。

环梁在环向轴线位置分别在 Ⓔ轴的 ⑰～㉜、㉜～㉞、㉞～㊲、㊲～㊳、㊳～㉒、㉒～㉔、㉔～⑮、⑮～⑰ 轴八个不同弧度的区间内。

环梁的所在位置、标高和走向如图 4.2.7-1 所示。

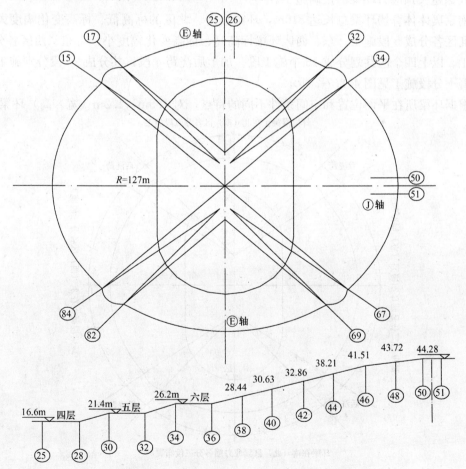

图 4.2.7-1 环梁所在位置、标高及走向示意图

空间大跨度、双曲线、超长预应力环梁施工与一般预应力梁施工相比，施工难度较大。通过对南京奥体中心主体育场马鞍形预应力环梁的施工技术总结，形成本工法。

4.2.7.1 工法特点

本工法解决了超长预应力环梁容易产生的收缩和温度裂缝，解决了环梁钢筋密集与预应力筋、预埋件锚板等相互交叉、固定矛盾较多的问题，解决了环梁标高变化的精确定位。

4.2.7.2 适用范围

适用于空间大跨度、超长预应力环梁的施工。

4.2.7.3 工艺原理

空间大跨度、双曲线、超长预应力环梁的施工，主要是根据环梁所在平面位置和空间条件的不同，通过对环梁混凝土、预应力筋张拉的合理分段，防止施工过程中因结构超长而引起的环梁混凝土的收缩和温度裂缝，根据环梁钢筋密集，与预应力筋、预埋件锚板等相互交叉、固定矛盾较多的情况，采用锚板预先打眼法解决钢筋和预应力筋与锚板之间的矛盾，并根据不同部位钢筋采取多种钢筋固定方法解决钢筋安装问题。另外，采用木制足尺大样模型控制环梁节点处的模板精度，采用自制钢支架控制超重、超厚埋件精确定位，从而确保超长预应力环梁的正确施工。

南京奥体体育场环梁总长达 810m，环梁在南、北区的标高低、标高变化幅度大，将南、北区各分成 5 段施工。东、西区环梁标高高、标高变化幅度小，将东、西区各分成 3 段施工。以上四个区共划分成 16 个施工段。加上后浇跨 4 段，共分成 20 段分别施工。环梁混凝土分段施工见图 4.2.7-2 所示。

根据环梁所在平面位置和空间条件不同的特点，对 1.5m×1.2m（宽×高）环梁中 12

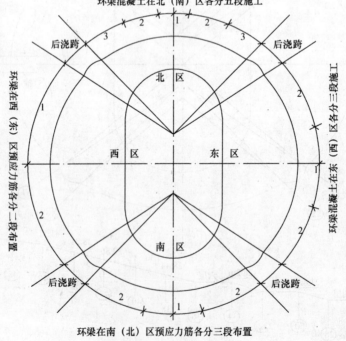

图 4.2.7-2 环梁混凝土分段施工、预应力筋分段布置示意图

束预应力筋进行合理的分段布置，在南北区各分三段埋设预应力筋，东西区各分两段埋设预应力筋，全长 810m 的环梁共分成 10 段埋设预应力筋。设计要求在同一截面的预应力张拉锚固端不能超过 4 束，即每段 12 束预应力筋要分三个不同位置作张拉锚固端。整个环梁 10 段预应力要分别在 30 个不同位置进行布置预应力筋，且要求采用两端张拉，所以在环梁混凝土施工时，必须要准确留置 60 个预应力筋的张拉端位置。

4 个后浇跨的预应力筋，分别纳入相邻的东、西、南、北 4 个区段进行分段布置。

4.2.7.4 工艺流程和操作要点

1) 工艺流程

环梁模板及支撑设计与施工→预埋件安装及钢筋绑扎→预应力筋安装→混凝土浇筑（根据方案分段施工）→预应力张拉→模板拆除。

2) 操作要点

(1) 模板支撑设计

环梁截面尺寸为 1500mm×1200mm，最大跨度达 19.68m，支撑最大高度约 16.8m，在穿过各楼层标高时，除环梁自重外，尚有楼板混凝土施工荷载传到环梁上。根据上述情况分析，经计算，在环梁下每延长米的设计计算荷载为 61.5kN/m。环梁模板下的支撑设计如下：

环梁下采用 $3\phi48\times3$mm 钢管作立柱，间距 450mm，两侧各设一根钢管，纵向间距 600mm，即每 1200mm 延米环梁下共设置 8 根 $\phi48\times3$mm 钢管作立柱（环梁两侧各一根立柱按一根计算）。则每根钢管所承受的计算荷载为 $61.51\times1.2/8=9.23$kN/m，小于容许荷载 24kN（当横杆间距为 1.8m 时）和 26.8kN（当横杆间距为 1.5m 时），也小于容许荷载 10.2kN（当扣件位移 $\Delta_2\leqslant0.5$mm 时），但大于容许荷载 7.2kN（当扣件位移 $\Delta_1\leqslant0.7$mm 时）。

为防止由于扣件紧固不严，产生较大滑移，出现局部支撑系统失稳，施工过程要加强支撑系统每个直角扣件的紧固工作，并且在梁下立杆上的直角扣件均采用双扣件，确保支撑系统的施工安全与可靠。

环梁模板支撑系统设计如图 4.2.7-3 所示。

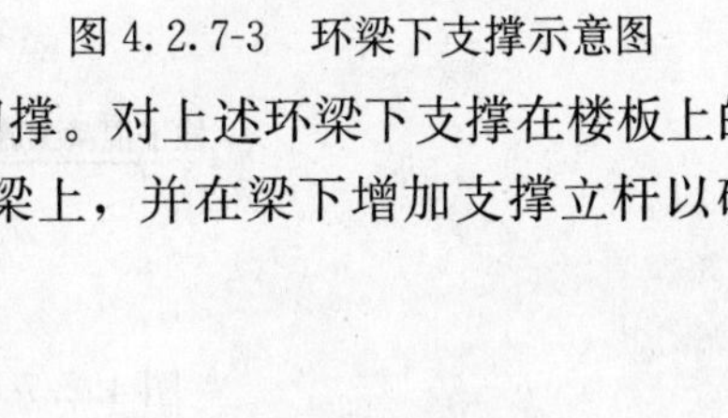

为了解决支撑系统跨度大、空间高的稳定性问

图 4.2.7-3 环梁下支撑示意图

题，施工时必须在环梁支撑系统中设置纵向和横向剪刀撑。对上述环梁下支撑在楼板上的钢管，应铺设 50mm 厚木板，使环梁支承荷载传递到梁上，并在梁下增加支撑立杆以确保施工安全。

(2) 预埋件安装和钢筋绑扎

① 柱顶预埋件安装。

在环梁与柱顶接触部位设计采用 1500mm×1500mm×100mm 厚铸钢件作为钢拱架在檐口的支撑点，并在柱头的铸钢板下有整体铸造的 4 块尺寸为 1000mm×1000mm×36mm 的钢锚板，锚板的方向与环向钢筋相垂直，即一部分钢筋（包括 2 束预应力钢筋）必须穿过锚板，在环梁与柱头连接处还有径向梁的钢筋也要锚入柱头。

施工前，采用木模做出柱头与环梁交接处的足尺大样，对标高变化部位采用对柱顶支

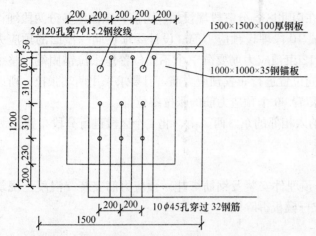

图 4.2.7-4　环梁柱顶铸钢件锚板预留孔位置示意图

撑钢板逐个放样，确定其所在位置的角度变化，然后将环梁预应力筋和非预应力筋需要穿过钢锚板的位置，预先在锚板上精确钻孔，钻孔孔径大小如下：2 束预应力筋为 $2\phi120mm$ 孔眼，10 根非预应力钢筋为 $10\phi45mm$ 孔眼，确保安装预应力和非预应力钢筋时能顺利通过。

环梁柱顶铸钢件锚板预留孔位置见图 4.2.7-4 所示。

对径向梁的钢筋安装，根据每个柱头所在位置的标高、斜度的不同特点，在柱头与环梁交接位置逐个调整梁底标高和斜度，使径向梁钢筋能顺利安装。

对于径向梁锚入柱头的钢筋，遇有钢锚板影响时，可将钢筋端头预先弯折，满足锚固长度。

为了精确安装和固定柱顶预埋件的位置，在柱子施工到环梁下约 500mm 时留好施工缝，通过角钢支架，托住柱顶预埋件，当位置和标高检查无误后，浇筑环梁下 500mm 高柱头混凝土，使角钢支架准确牢固地托住柱顶 4.5t 重的预埋件，4.5t 铸钢预埋件采用拔杆起吊就位。

柱头预埋件和角钢支架安装见图 4.2.7-5 所示。

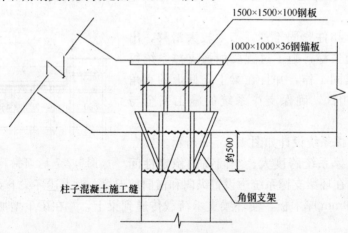

图 4.2.7-5　柱头预埋件和角钢支架示意图

② 钢筋安装。

当柱头大型预埋件安装固定后，方可进行环梁上部的钢筋绑扎安装。

环梁配筋密集，整个截面配有 $32\phi28$ 和 $18\phi32$ 共计 50 根非预应力筋和 12 束、每束 $7\phi^s15.2$ 预应力钢绞线。其中 2 束预应力钢筋和 10 根非预应力筋均须穿过 4 块 36mm 厚的钢锚板上的孔洞。非预应力筋采用连续绑扎，先绑扎梁底和梁侧钢筋，然后安装底层和两侧预应力筋，再绑扎梁中心区钢筋，最后安装环梁上表面钢筋和预应力筋。

靠近梁柱核心区由于钢筋密集，采用开口箍筋焊接固定钢筋位置，梁中心区钢筋单独采用箍筋固定。中心区和上部钢筋分别采用"["形钢筋与上、下层钢筋焊接固定。

12束预应力筋的安装按设计要求分段安装，共分10段进行布置，每段预应力筋平均跨越环梁5～6跨，每段12束预应力筋分三个截面分别布置在三个不同的跨间内，即同一截面的一个跨间内只能有4束，并分别采用两端张拉，必须按设计要求，准确安排好每束预应力筋的具体位置和张拉端。其具体位置和要求见"预应力张拉施工"。

③ 张拉端预埋件预埋。

环梁混凝土的分段施工和预应力筋的分段埋设关系非常密切。混凝土分段施工时必须根据分段张拉的要求，做好环梁预应力筋张拉端节点预埋件的预埋和位置的预留。由于混凝土分段和预应力张拉分段不仅位置不同，而且预应力筋的张拉端数量是预应力筋分段数量（10段）的6倍，施工时务必要做到精心施工，确保张拉端的位置和方向的准确。

（3）混凝土浇筑

根据环梁分段施工要求，在模板、钢筋安装验收合格后进行混凝土浇筑。施工顺序是从低到高，即先施工南、北区，再施工东、西区。采用分段连续浇筑混凝土，最长分段在东、西区，每段长约90m，采用商品混凝土泵送施工。从分段的一端往另一端分层浇筑施工，为了提高环梁在预应力钢筋张拉前的抗裂性能，在混凝土中掺加水泥用量7％的JM-3（A）高增强型抗裂外加剂。浇筑完毕后及时做好覆盖养护，保持混凝土表面处于湿润状态，防止混凝土在张拉前产生温度和收缩裂缝。

（4）预应力张拉施工

① 张拉方案。

环梁总长达810m，根据分段施工和分段张拉的原则，对12束、每束7ϕ^s15.2钢绞线，采用分段、分束、逐根进行两端张拉施工。

② 张拉端位置设置。

环梁两侧和上下预应力筋张拉端位置必须错开，12束预应力筋在环梁整个810m长度范围内共分10段埋设，分段长度南北区短、东西区长，南北区共分成6段，东西区共分成4段。预应力筋分段长度从50～130m不等。设计要求预应力筋张拉端的位置在同一截面不得超过4束，也就是12束预应力筋张拉端必须在三个不同位置设置。所以，全长810m的环梁，根据上述方案要求，要在混凝土施工时留出60个不同的张拉端位置，才能满足分束逐根张拉的要求。

③ 对称张拉。

在每个截面内张拉端为4束28根钢绞线，每根预应力筋张拉时必须采用对称张拉的方法进行，以减少和消除后张拉的预应力所产生的混凝土结构构件的弹性压缩对先批张拉可能造成的预应力损失。

12束预应力对称张拉次序可按图4.2.7-6的要求进行。

环梁侧面4束预应力筋张拉端的留置要

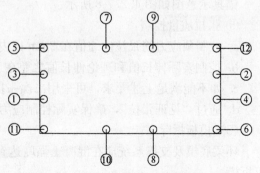

图 4.2.7-6　12束预应力筋张拉顺序图

求是：内侧的 4 束留在外侧，外侧的 4 束留在内侧。环梁上表面的 2 束留在上面，下表面的 2 束也留在上面。同时，要按同一截面为 4 束的要求进行布置。所以，12 束预应力筋分三个不同截面，分别布置在三个不同的跨间内。

环梁预应力筋张拉端位置如图 4.2.7-7 所示。

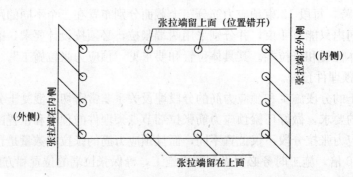

图 4.2.7-7　环梁预应力筋张拉端位置示意图

④ 逐根张拉。

单根预应力筋张拉控制应力为 $\delta_{con}=0.7f_{ptk}=0.7\times1860=1302\text{kN/mm}^2$，其张拉力为 $1302\times140\text{mm}^2=182280\text{kN}\approx18.228\text{t}$。采用 YCW-23 穿心式千斤顶张拉，其额定张拉值为 23t，能满足要求。

在环梁两侧同一截面各有 2 束预应力筋，每束为 $7\phi^s15.2$ 钢绞线，每束 7 根钢绞线分别布置在梁侧面高度方向，每根钢绞线的张拉端位置上下相距 50mm 以上，另一束 7 根钢绞线布置在距该束钢绞线水平距离约 800mm 处同一侧面梁的高度方向。

在梁的一侧采用每束 7 根预应力筋上下错开 50mm 以上，二束之间前后错开 800mm，使每束 7 根预应力筋的张拉操作得以顺利进行。

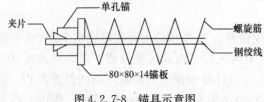

图 4.2.7-8　锚具示意图

由于同一张拉截面共有 4 束 28 根预应力筋要进行张拉，因此，张拉端节点的混凝土强度和预埋件质量必须十分可靠，位置应十分准确，从而确保每束预应力筋的张拉顺利进行。

张拉锚具选用一般无粘结预应力筋单孔锚，锚板尺寸为 80mm×80mm×14mm。

锚具示意图如图 4.2.7-8 所示：

⑤ 张拉质量控制：

a. 控制预应力筋张拉内缩值在 2mm 以内；

b. 控制实际伸长值和理论伸长值之差在 ±6% 之内；

c. 如不能满足上述要求，可采用二次张拉或超张拉回松技术，解决应力松弛损失。

d. 通过"见证张拉"，确保实际控制应力值的建立。

（5）模板拆除

环梁底模及支撑系统应在混凝土强度达到设计要求，且该段预应力已经张拉完毕，方可拆模。

4.2.7.5　材料与机具设备

（1）材料

水泥、砂、石、外加剂、预应力钢绞线（1860 级）、穴模、预埋钢板及小螺旋筋、$\phi60$ 波纹管、$\phi70$ 波纹管、固定支架。

（2）机具设备

高压电动油泵、张拉千斤顶、锚具 OVM15-1、锚具 OVM15-6、锚具 OVM15-7、挤压锚、单孔连接器、砂轮切割机。

4.2.7.6　质量控制

（1）制作无粘结筋的钢绞线应符合国家标准《预应力混凝土用钢绞线》（GB/T 5224）的规定。

（2）预应力筋用锚具、夹具、连接器性能必须符合国家现行标准《预应力筋锚具、夹具和连接器》（GB/T 14370）等的规定。

（3）预应力筋张拉时，混凝土强度应符合设计要求，当设计无具本要求时，不应低于 75% 的设计强度。

（4）张拉过程中，应避免预应力筋断裂或滑脱。如发生断裂或滑脱时，其断裂或滑脱丝的数量严禁超过同一截面预应力筋总根数 3%，且每束钢丝不得超过一根。对多跨双向连续板同一截面应按每跨计算。

（5）锚具的封闭保护应符合设计要求，当设计无要求时，应符合下列规定：

① 应采取防止锚具腐蚀和遭受机械损伤的有效措施；

② 凸出式锚固端锚具的保护层厚度不小于 50mm；

③ 外露预应力筋的保护层厚度：处于正常环境时，不小于 20mm；处于易受腐蚀的环境时，不小于 50mm。

（6）无粘结预应力筋应采用机械方法切割，不得采用电弧切割。

4.2.7.7　安全措施

（1）混凝土浇筑应检查模板及其支撑的稳固等情况，施工中严密监视，发现问题应及时加固，施工中不得踩踏模板支撑。

（2）高处作业时，应符合现行国家规范《建筑施工高处作业安全技术规范》(JGJ 80—91)的规定。

（3）在预应力筋张拉轴线的前方和高处作业时，结构边缘与设备之间不得站人。

（4）预应力张拉时使用油泵不得超过额定油压，千斤顶不得超过规定张拉最大行程。油泵和千斤顶的连接必须到位。

（5）切筋时，应防止断筋飞出伤人。

4.2.7.8　环保措施

（1）施工过程中，自觉形成环保意识，最大限度地减少施工产生的噪声和环境污染。

（2）张拉设备定期保养、维护，避免油管漏油污染作业面。

（3）混凝土施工时的废弃物应及时清运，保持工完场清。

4.2.7.9　效益分析

南京奥体中心主体育场采用此工法通过合理分段、精确放样、准确定位，使施工难度较大的预应力环梁顺利完成，且质量获得了业主及同行的高度评价，产生了巨大的经济效益及社会效益。由于采用该项技术，所取得综合经济效益为72万元。

4.2.7.10 应用实例

南京奥体中心主体育场屋面环梁沿钢结构屋盖支座处周围布置，混凝土环梁造形复杂，总长达810m。环梁截面尺寸大，施工荷载重、跨度大、支撑空间高。施工前进行了精确地模板支撑设计，施工时严格检查把关，确保了环梁施工的安全可靠。针对环梁与柱头连接处钢筋密集，2束预应力筋和10根φ32钢筋要连续穿过4块35mm厚的钢锚板，精度要求高的特点，施工中采用木制足尺大样模形，精确放出斜面支承铸钢件所在位置的角度，并精心组织加工、安装重达4.5t的铸钢件，使预应力筋和粗钢筋的穿孔顺利完成。通过合理分段（混凝土浇筑20段，预应力筋10段）布置，使施工难度较大的预应力环梁施工任务顺利完成。

4.3 篷盖工程施工工法

4.3.1 大型钢结构构件预埋件施工工法

在大型钢结构工程安装中，会有很多钢构件需要预埋，钢构件的预埋直接关系到上部结构的安装精度，如果施工方法选择不当，会大大增加成本，延长工期，影响上部工程的施工。采用本施工工法，不仅可以使构件精确预埋，还能节约大量资金，确保工期和安全。

4.3.1.1 特点

钢构件吊装高度大、高空分布广、每一构件与水平面及控制轴线均有一定的空间夹角，测量放线精度高、难度大。本工法具有操作过程简单、作业方法灵活、施工工效高、成本低等特点。

4.3.1.2 适用范围

本工法适用于大型体育场（馆）、大型钢结构工业厂房的钢结构预埋件安装。

4.3.1.3 工艺原理

利用精密测量仪器(全站仪、精密水准仪等)在施工层精确测量各工作点的位置,搭设支撑架,钢构件进场验收合格后,用汽车吊将构件分批吊装至相应的支撑架上,利用支撑架上的螺旋杆调整其高度,用手动葫芦调整平面位置,通过复测和校正,直至将钢支座精确就位。

4.3.1.4 工艺流程及操作要点

1）工艺流程

测量放线→支撑架搭设→钢构件吊装就位→复测、校正→钢筋绑扎→复测、校正→模板支设→复测、校正→混凝土浇筑。

2）操作要点

（1）测量放线

①由测量人员在就位层墙面上弹出标高控制线，在相应的楼面上弹好钢构件就位辅助线。

②吊装前，先用水准仪在主体结构底部离地面1m处测一水平线，用标准钢尺向上量测、离构件安装位置一定高度处作上标记，并在就位层用全站仪测量构件就位辅助线，供

构件初步就位用。

（2）支撑架搭设

在就位层搭设安装操作平台，采用$\phi43\times3.5\text{mm}$钢管搭设支撑架和操作平台脚手架。在搭设支撑架和操作平台前，先进行钢构件初步定位测量，把构件位置基本找准，割除对安装构件有影响的钢筋，按基本位置搭设支撑架和操作平台脚手架。为便于调整高度，支撑架底部支撑采用螺旋式钢管。

（3）构件吊装

根据构件重量以及分布特点，采用QY50A汽车式起重机作为主要吊装机械。对于重量较大的构件，吊车作业半径控制在16m以内，吊车正后方区域的起重量达到4.8t（含吊钩重量），能够满足吊装要求。对于重量较轻而安装高度大的构件，吊车主臂全部伸出，并且加上8.5m副臂，作业半径控制在15.4m以内，吊车正后方区域的起重量达到1.8t（含吊钩重量），吊装高度为42m，能够满足吊装要求。以上两种状态吊车尚有20%～50%的安全储备，是比较理想的工作状态。

（4）构件的就位与固定

构件就位时需要调整超斜角度，绑扎时采用两只3t捯链连接，以便于就位调整。就位前先在构件下方预埋钢板，在内墙和外墙对称布置，钢板厚度为14～16mm，长度及宽度为300～400mm，底部焊铆筋嵌入结构混凝土中，构件就位后用∠80×8角钢与预埋钢板焊接固定，并将构件与结构预埋钢筋固定。

（5）复测与校正

构件固定后用全站仪极坐标法进行复测，并用捯链调整，误差控制在2mm以内。

（6）钢筋绑扎

构件调整就位固定后进行钢筋绑扎，箍筋与钢埋件冲突处，采用埋件开孔的方法，钢筋穿过埋件，见图4.3.1-1，待此部分钢筋绑扎完成后，再进行其他部位钢筋绑扎，在绑扎过程中不能移动固定装置，以防构件发生偏移。

（7）混凝土浇筑

体育场钢构件预埋件一般均较大，埋件埋置后，混凝土浇筑十分困难，采取在埋件上适当位置开浇筑孔的方法，使用小口径振捣棒振捣混凝土；对斜向搁置的预埋件（图4.3.1-2），混凝土浇筑至振捣孔处时，及时封堵此处的振捣孔，并移至上一层的

图4.3.1-1 环梁预埋件开孔

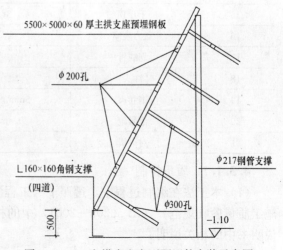

图4.3.1-2 主拱支座大型预埋件安装示意图

振捣孔继续浇筑混凝土。

预埋件部位混凝土浇筑必须仔细认真，必要时操作人员应对埋件下面进行特别振捣，以确保埋件底部周围混凝土浇筑密实。

4.3.1.5 主要材料

(1) δ10mm 不锈钢钢板，或者 d25mm、l150mm 铜棒。

(2) 氧气、乙炔。

(3) L80×8 和 L50×6 的角钢、δ14mm 钢板、ϕ11.5 钢丝绳、ϕ11.5×3.5 钢管。

(4) ϕ22 钢筋头、ϕ16 钢筋。

4.3.1.6 主要器具设备

主要施工器具设备见表 4.3.1-1。

主要施工器具设备一览表　　　　　　　　　　　表 4.3.1-1

序 号	名 称	规 格	数 量	备 注
1	全站仪	SET2110	1	2mm+2ppm
2	电子经纬仪	ET-02	1	2″
3	精密水准仪	Ni005A	1	0.5mm
4	光学对点器		1	配套设备
5	汽车吊	QY50A	1	吊装
6	汽车吊	QY8A	1	吊装
7	卡车	8t	2	运输
8	框式水平仪	200×200	2	
9	钢板尺	1000mm	2	
10	直角尺	500mm	2	
11	电焊机	KX-40	2	
12	钢丝绳扣	ϕ11.5	8	
13	捯链	3～5t	6	
14	枕木	标准枕木	20	
15	千斤顶	8t	8	
16	磁力表座		2	
17	划线针		2	
18	冲头		2	
19	钢卷尺	5mm/50m	6/2	
20	记号笔	0.5mm	4	红、黑
21	对讲机		4	通讯联络

4.3.1.7 质量控制

(1) 本工法在编制过程中，遵照了《工程测量规范》(GB 50026—93)、《钢结构工程施工质量验收规范》(GB 50205—2001) 中的相关规定，参考了施工中所用的仪器及设备说明书中的相关说明。

(2) 成立安装质量保证体系。

（3）技术交底要落实到每个参与施工的人员，加强成品保护意识。

（4）所用材料必须检验合格后方可使用。

4.3.1.8 安全措施

1）劳动力组织

见表4.3.1-2。

劳动力组织情况表   表 4.3.1-2

序号	名　称	数　量	备　注	序号	名　称	数　量	备　注
1	工程师	2		6	气焊工	2	
2	测量工程师	4		7	电工	1	
3	起重工	6		8	吊车司机	3	
4	铆工	2		9	辅助工	4	
5	架子工	6		合计		30	

2）安全措施

（1）成立安装安全组织体系。

（2）遵守起重机械的操作规程。

（3）高空作业必须正确使用安全带。

（4）各种仪器必须经过检验合格方可使用。

4.3.1.9 环保措施

（1）焊接作业现场周围10m范围内不得堆放易燃易爆物品。

（2）焊工操作时应穿电焊工作服、绝缘鞋和戴电焊手套、防护面罩等安全防护用品。

（3）严禁在易燃易爆气体或液体扩散区域内进行焊接作业。

4.3.1.10 效益分析

采用此工法操作简单、施工速度快、定位准确，保证了上部钢结构的安装质量，获得了业主及同行的高度评价，产生了巨大的经济效益及社会效益。

4.3.1.11 工程实例

本工法1993年应用于武汉神龙汽车有限公司总装车间的钢结构安装工程，其后，本工法又先后应用于武汉神龙汽车有限公司油漆车间、武汉香格里拉大饭店、武汉体育中心体育场、南京奥体中心主体育场等多个工程，均取得了良好的效果。

4.3.2 体育场大跨度巨型钢斜拱制作与安装施工工法

近年来，大跨度结构发展非常迅猛，各国在研究大跨度结构形式的同时，也在不断地研究和提高大跨度结构的施工技术。目前，国内外已有很多先进的大跨度结构施工技术，但是，各种施工技术都有其优缺点和一定的针对性；不同的结构形式、场地条件及工程实际情况，所采用的施工技术也会有所不同。南京奥体中心主体育场两榀372m跨的钢斜拱，横跨体育场南北方向，跨度大、重量重、单榀重达1606t，施工过程中，不但要考虑吊装方案、吊装顺序、支撑系统布置方案、铸钢件焊接方案、温度和焊接变形控制方案、钢斜拱组装和翻身方案、钢斜拱合拢方案，而且还要考虑吊装完成后的整体卸载方法和顺序，施工难度相当大，为世界建筑史上少有的难题。通过对该项技术进行了总结，形成此工法。

4.3.2.1 特点

采用本工法对节点构造复杂、断面与跨度大，制作、拼装难度大，焊接量及焊接难度大，构件重量大、就位高度高，吊装难度大、结构体系复杂的大跨度钢结构的施工，提供了可靠的质量安全保证。

4.3.2.2 适用范围

本工法适用于大跨度钢结构的制作与安装。

4.3.2.3 工艺原理

大跨度巨型钢斜拱结构制作与安装是通过采用工厂散件制作，现场地面拼装、分段吊装、中间合拢的方法来完成的施工工艺。

4.3.2.4 工艺流程及操作要点

1) 工艺流程

(1) 钢斜拱制作工艺流程

钢斜拱制作工艺流程见图4.3.2-1。

(2) 钢斜拱安装工艺流程

钢斜拱安装工艺流程见图4.3.2-2。

2) 操作要点

(1) 钢斜拱制作

①排版与编程。

对于主弦管，因管径大、壁厚，故定尺进行采购，无需进行排版。对于腹杆，因规格较多，需进行排版，以减少损耗和拼接口的数量。对于带有相贯口的腹杆，还应按详图进行编程，确保相贯口的质量。

②下料与数控切割。

对于端头为直口的杆件，采用半自动切割机进行切割，对于相贯口杆件则采用马鞍形相贯线切割机进行切割，切割后及时标注好首末端，即S端和E端，以便现场组装和安装。同时，采用数控切割的杆件，切割前应进行除锈，对于需拼

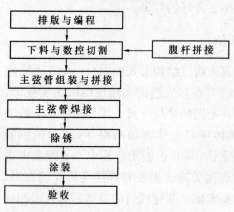

图 4.3.2-1 钢斜拱制作工艺流程

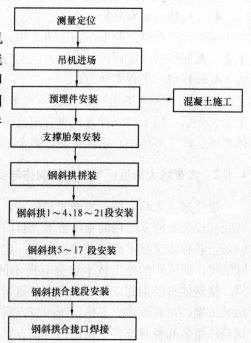

图 4.3.2-2 钢斜拱安装工艺流程

接的杆件还需事先进行拼接。

③主弦管组装与焊接

因钢斜拱为折线形大拱，折点位置均为铸钢节点处和相贯节点处，为此，根据分段情况，钢斜拱主弦管厂内需根据分段长度进行拼接或与铸钢节点、球节点进行组装。组装时需控制角度、方位和杆件长度，确保焊接质量。对于带斜口的主弦管，则应控制好最高点和最低点，并打好四分线。为确保组装与焊接质量，组装时应搭设组装胎架。

（2）钢斜拱拼装

①钢斜拱拼装准备及拼装施工：

A. 钢斜拱场内外分段拼装方案。

钢斜拱共分成 21 段，由屋面外钢斜拱和屋面内钢斜拱两大部分组成，所以，只能分别在场外和场内进行组装，其中第 1~4、18~21 段在场外进行拼装，第 5~17 段在场内进行拼装。为避免场外、场内分段钢斜拱高空拼接时出现错口现象，屋面外和屋面内交界处的钢斜拱分段在进行拼装时，采用坐标定位法，根据交界处屋面外钢斜拱分段点最终的坐标来确定交界处屋面内钢斜拱分段点的坐标。同时，根据已拼装完的交界处屋面外钢斜拱分段点的外形尺寸来控制交界处屋面内钢斜拱分段拼装胎架的放线与定位。

B. 拼装前的施工准备：

a. 根据场地条件及拼装后的构件长度、重量，使拼装后的构件尽量靠近构件安装位置。由于钢斜拱与箱梁之间吊装的先后关系，场内仅布置一个拼装场地；

b. 根据现场组装区域场地的具体条件和钢斜拱的自重，先对场地进行找平、压实处理，然后铺设 140mm 厚沥青面层；

c. 拼装平台的安放。为了便于现场施工和拼装精度的控制，采用路基箱作为拼装平台，路基箱规格为 2m×6m 和 2.5m×6m，高 300mm，拼装胎架直接用焊接或膨胀螺栓固定在路基箱操作平台上（图 4.3.2-3）；

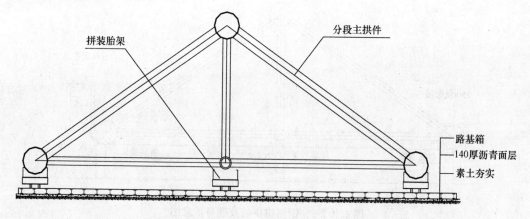

图 4.3.2-3　路基箱操作平台和拼装胎架示意图

d. 拼装胎架的测设定位。首先计算拼装胎架定位点的相对坐标，然后在拼装场地选一基准点（图 4.3.2-4），并计算基准点到胎架定位点的距离和夹角，将全站仪架在基准点处，逐一测设各胎架定位点的平面坐标，胎架定位点的垂直坐标通过胎架高度确定；

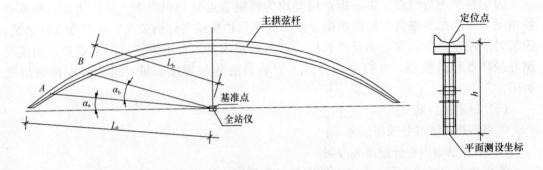

图 4.3.2-4 拼装胎架的测设定位示意图

e. 对进场杆件必须配套，并认真组织验收，使就位的杆件尺寸、型号要与堆放的地点相符合，并且要将杆件堆放在吊机的作业半径范围内；

f. 支撑胎架搭设。胎架搭设由两端向中间逐步进行，施工中严格按设计要求使用材料和进行焊接，确保胎架的安全，并应注意原始测设点位置的准确和保护；

g. 拼装钢斜拱翻身采用 150t 履带吊配 10t 手拉葫芦辅助翻身。

C. 钢斜拱拼装方法：

钢斜拱在地面分段拼装时，应至少二段一起拼装，拼装完成后留下一段作为下一段钢斜拱的参照物，依次类推，直到全部钢斜拱分段拼装完毕。拼装过程中，要严格控制相邻钢斜拱分段的断面尺寸和管口对接间隙，避免吊装时，钢斜拱分段的主弦杆对接不上或出现错边现象。

钢斜拱拼装采用卧式拼装法，拼装完成后吊装前再进行翻身（图 4.3.2-5），以方便拼装施工，确保拼装精度的控制。

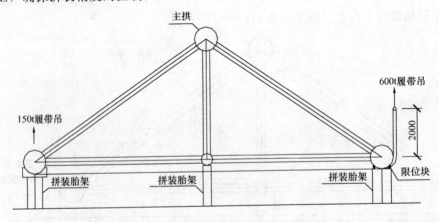

图 4.3.2-5 钢斜拱拼装及翻身示意图

拼装时，钢斜拱先在小胎架上拼成三角形，后在胎架上组装成分段钢斜拱。组焊后的构件要加工艺支撑，以防构件变形。

在胎架上标出构件的基准线和中心线，装配必要的定位支撑。然后将需组装的构件吊装在胎架上，借助楔形钢板调节构件高度，满足设计要求后点焊固定。构件两侧可用缆风绳临时固定。

由于分段钢斜拱的杆件与前一段钢斜拱的铸钢件相连，因此，拼装前应事先要做几副三角形临时支架，腹杆加工时应短一些，在高空中根据实际尺寸加一段过渡管与铸钢件焊接，达到设计要求。

②钢斜拱焊接：

A. 分段组装、分段焊接。

钢斜拱弧长约 429.26m，分成 21 段制作，现场分段组装，分段焊接，在屋面系统吊装完成后再进行钢斜拱分段吊装，吊装时在高空进行分段焊接，其中：中间段（第 11 段）为合拢段，为散拼方式。

B. 钢斜拱桁架的焊接。

钢斜拱桁架分别由主弦杆和斜腹杆两种杆件组成，均采用压制钢管焊接而成，钢管的规格主要有：主弦杆为 $\phi 1000 \times 16mm$（20mm、34mm、44mm、54mm、60mm）、$\phi 550 \times 12mm$ 七种；斜腹杆为 $\phi 299 \times 10mm$（12mm、20mm），$\phi 351 \times 12mm$，$\phi 400 \times 12mm$，$\phi 450 \times 12mm$（14mm、16mm）八种。

a. 钢斜拱桁架在地面组装时的焊接顺序如图 4.3.2-6 所示。

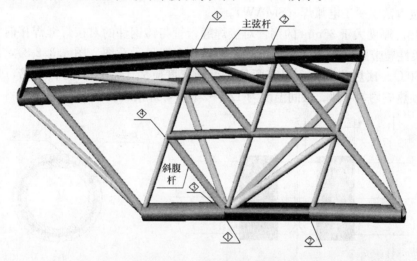

图 4.3.2-6　钢斜拱焊接顺序图

a）先焊主弦杆管与管、管与铸钢件对接焊缝、主弦杆与压制球的相贯焊缝；

b）再焊斜腹杆与铸钢件的对接焊缝、斜腹杆与主弦杆、压制球的相贯焊缝、斜腹杆和斜腹杆的相贯焊缝；

c）焊完一条后再焊另一条，同一管子的两条焊缝不得同时焊接；

d）焊接时应由中间往两边对称跳焊，防止扭曲变形。

b. 钢斜拱桁架高空拼装时，焊接顺序如下：

a）先焊主弦杆焊缝，四根弦杆应同时对称焊接；

b）再焊斜腹杆与铸钢件的对接焊缝、斜腹杆与主弦杆、压制球的相贯焊缝、斜腹杆和斜腹杆的对接焊缝；

c）最后焊"M"杆与铸钢件的对接焊缝。

C. 钢斜拱桁架的主弦杆与铸钢件、主弦杆与主弦杆对接焊缝焊接：

a. 坡口形式如图 4.3.2-7 所示。

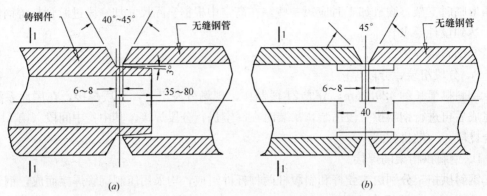

图 4.3.2-7　钢管与铸钢件以及管与管对接焊缝坡口形式

（a）钢管与铸钢件对接焊缝坡口形式；（b）管与管对接焊缝坡口形式

b. 焊接位置：水平固定。

c. 焊接方法：手工电弧焊（SMAW）。

d. 预热。厚度大于 36mm 的钢管对接焊缝、管与铸钢件的对接焊缝焊接时要进行预热。采用柔性履带式电加热片伴随预热，加热片布置见示意图（图 4.3.2-8），预热温度为 120～150℃。预热范围为：焊缝两侧，每侧宽度应大于焊件厚度的 2 倍，且不小于 100mm。预热应均匀一致。层间温度为 120～200℃，焊接后缓冷。

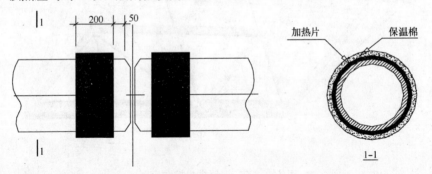

图 4.3.2-8　管对接焊缝加热片布置示意图

e. 焊接顺序：

a）每条环焊缝由两名焊工对称施焊；

b）采用多层多道焊；

c）根部用 $\phi2.5$mm 或 $\phi3.2$mm 焊条打底焊 1～2 层，其他用 $\phi4$mm 或 $\phi5$mm 焊条填充、盖面。

主弦杆与其他杆件的焊接工艺基本与上述焊接方法相同。

③钢斜拱涂装和脱模：

a. 钢斜拱采用丙烯酸聚氨酯面漆进行涂装，涂装在拼装过程中进行，在节点焊接后要及时进行节点的补漆工作。面漆施工前构件表面应处理干净，焊缝处应进行打磨。

b. 涂装完成后，经检查验收合格后方可脱模。脱模时采用600t履带吊，吊离胎架前应在每一分段的两端部用角钢进行加固，避免由于应力及碰撞使杆件变形。由于钢斜拱每段的重量大，最重达115t，因此，脱模时吊点布置要合理，以防构件变形。

（3）钢斜拱安装

①确定钢斜拱安装方案。

钢斜拱安装采用分段组装、分段吊装的方案。根据现场场地条件，配备300t和600t履带吊各一台，采用地面分段拼装、分段吊装的方法进行钢斜拱的安装。吊装前，将钢斜拱杆件加工好并将散件运输至施工现场，在拼装场地靠近吊装位置进行拼装焊接，分段进行吊装。钢斜拱吊装立面示意如图4.3.2-9、图4.3.2-10所示。

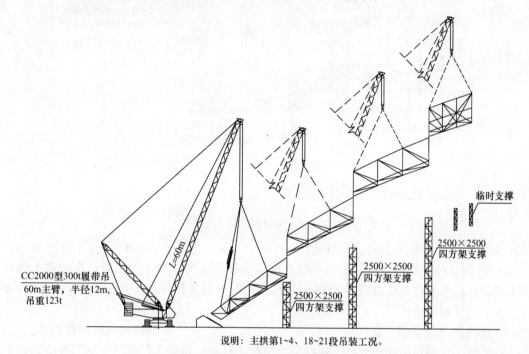

说明：主拱第1~4、18~21段吊装工况。

图4.3.2-9 钢斜拱吊装工况图一

②钢斜拱分段吊装：

a. 采用分段吊装就位，共分为21段。

b. 吊装顺序为：从两端向中间，即从拱脚处开始施工，以充分利用拱脚固定端（拱脚预埋在混凝土大承台内）的刚度来控制钢斜拱安装时的侧向稳定。

c. 吊装前进行翻身。翻身时采用双门滑轮，以减少翻身过程中的冲击。

d. 对空间马鞍形组合结构，构件的空间方位、角度及重心均不相同，因此所有钢斜拱分段吊装前均要根据三维模型通过平衡滑轮和手拉滑轮来进行角度调节，并根据计算机准确计算得出的重心确定吊点的位置，确保高空对口就位准确无误。

e. 将支撑胎架和"M"杆安装就位，并搭设操作平台。

f. 吊装时，将其与已安装分段进行对口定位，然后将其与"M"杆进行对接，最后调整端部管口坐标，以确保该段钢斜拱的安装精度及下一段钢斜拱的定位基准点。

g. 根据分段重量，第1~4、18~21段分段采用300t履带吊场外进行吊装，第5~17

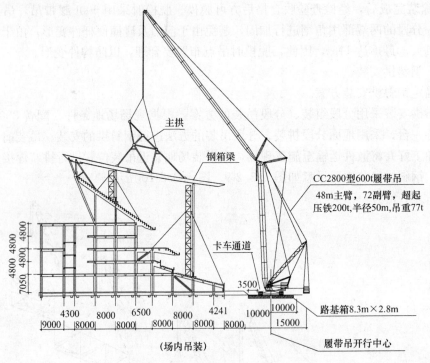

（场内吊装）

说明：主拱第5~17段吊装工况。

图 4.3.2-10 钢斜拱吊装工况图二

段分段采用600t履带吊场内进行吊装。

h. 屋面（场）外钢斜拱分段的安装直接以支撑胎架为基准，安装前，在胎架上标设标志点，并对标志点的坐标进行严格的复核。临时支撑采用 2.5m×2.5m 的四方架，支撑点在下弦杆和后弦杆。

i. 场内的分段钢斜拱是依靠"M"杆支撑的，"M"杆上部和钢斜拱铸钢件相连。

安装时，在钢斜拱的主弦杆上焊接临时装配式耳板。待将钢斜拱与"M"杆临时固定后，拆除索具，然后进行"M"杆与铸钢之间的焊接，以避免铸钢件在受力状态下的焊接。

j. 将其与"M"杆的对接口焊接好。为确保安全，待主弦管的对接管口焊接 1/3 后，方可松钩。

k. 管口对接采用工装件，以便于高空落位和调整。

③钢斜拱中间合拢：

钢斜拱合拢段的安装采取整、散结合的方法，即部分杆件根据现场测量的实际尺寸进行下料、切割相贯口及坡口，高空进行散装。

a. 设置合拢段，为避免温度应力对钢斜拱产生的不利影响，钢斜拱上预留两个合拢口，合拢段的长度根据合拢时的实际测量尺寸来进行下料。

b. 合拢前进行连续观测，确定温差对拱身长度的影响，并根据理论计算的钢斜拱温度应力情况，确定合适的时间及合拢温度，低温（20℃）安装就位，高温（28℃）定位焊接。

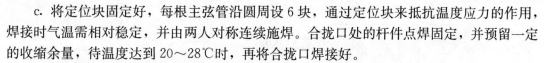

c. 将定位块固定好，每根主弦管沿圆周设 6 块，通过定位块来抵抗温度应力的作用，焊接时气温需相对稳定，并由两人对称连续施焊。合拢口处的杆件点焊固定，并预留一定的收缩余量，待温度达到 20～28℃时，再将合拢口焊接好。

④ "M" 形杆件安装：

a. 钢斜拱安装的精度以 "M" 形杆件为基准，每个钢斜拱分段通过两个控制点来控制其安装偏差。屋面系统安装完毕后，根据 "M" 形杆件重量及所处位置的不同，采用 600t 或 150t 履带吊进行吊装，并采用卷扬机和手拉葫芦进行配合。

b. 仔细检查钢斜拱和屋面钢箱梁上连接点处的位置（三维坐标）、"M" 杆尺寸。

c. 安装时，两根 "M" 杆一起安装，与钢斜拱铸钢件相连部位事先安装好一根测量定位的钢管，将连杆下端与屋面钢箱梁销接，然后转动连杆，调节连杆到设计要求的位置后，采用临时连杆、4φ21 拉索和 12t 花篮螺栓配合侧向稳定，边校边吊。具体见 "M" 杆侧向稳定措施示意（图 4.3.2-11）。

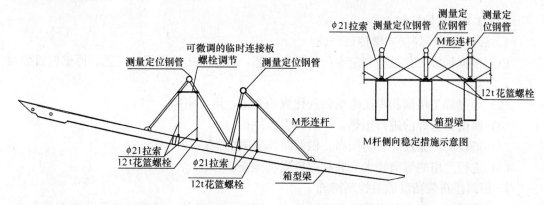

图 4.3.2-11 "M" 杆侧向稳定措施示意图

（4）钢斜拱支撑胎架拆除

① 钢斜拱卸载设施的架设：

钢斜拱卸载采用液压千斤顶同步卸载方案，即：两榀钢斜拱的 12 组支撑胎架同步卸载。卸载设置专用卸载设施—卸载用管托和液压千斤顶，每个点布置 2 台千斤顶，下弦管用 2 台 50t 液压千斤顶，后弦管用 2 台 100t 千斤顶，千斤顶的布置见图 4.3.2-12。卸载设施要与支撑胎架或钢斜拱连接可靠，防止倾倒和高空落物。

② 支撑胎架拆除。

支撑胎架在屋盖卸载完成后分段拆除，拆除时采用 150t 履带吊和卷扬机进行，并用手拉葫芦进行配合。拆除时要注意以下事项：

a. 在确认拆除段与下段或锚固件（预埋件）彻底脱离后，才能起吊和移动；

b. 拆除过程中，拆除段拉设溜绳，防止与已安构件或混凝土结构发生碰撞；

c. 未拆除段及时拉设缆风绳，防止倾翻。

4.3.2.5 机具设备

主要机具设备：一台 300t 履带吊、一台 600t 履带吊及一台 150t 履带吊、缆风绳、卷扬机、手拉葫芦、液压千斤顶。

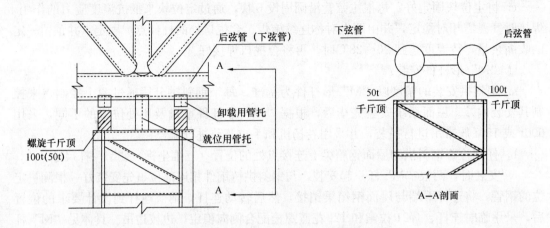

图 4.3.2-12　卸载千斤顶布置示意图

4.3.2.6　质量控制

1）钢斜拱现场焊接质量控制措施

（1）根据焊接工艺试验制定专门的焊接工艺，特别是铸钢件焊接工艺、厚壁钢管焊接工艺；

（2）通过焊工培训和焊工考试筛选优秀的焊工，定人定岗；

（3）厚壁钢管焊前进行预热，焊后保温缓冷；

（4）搭设防风棚及准备防雨布，做好防风防雨措施；

（5）进行严格的焊前技术交底和焊后质量检查。

2）钢斜拱拼装精度质量控制措施

（1）焊接前，必须对组装构件进行检验，按照不同材质，根据焊接工艺方案的要求，选用对应的焊材。组装焊接时，实施多人对称焊接，最大限度减少焊接变形；

（2）钢管对接和相贯线焊缝用 CO_2 气体保护焊和手工电弧焊；

（3）焊工必须持证上岗，焊接材料按规定进行烘焙。

3）钢斜拱安装质量控制措施

（1）设置质量控制点；

（2）严格控制主拱支撑胎架的安装精度；

（3）管口对接采用工装件，以便于高空落位和调整；

（4）有效控制焊接应力和焊接变形的累积影响。

4.3.2.7　安全环保措施

（1）吊装现场设置警戒区，无关人员严禁入内，并派专人在场内巡查；

（2）吊装中必须保证电源正常，钢丝绳严禁与电线、焊把线接触；

（3）对产生噪声的施工机械应采取有效的控制措施，减轻噪声扰民；

（4）雨雪天气时，不得在露天焊接，焊接区域表面潮湿时，必须用氧—乙炔焰烘干或用压缩空气吹干。风力超过 4 级时，采取防风措施。

4.3.2.8　效益分析

大跨度双钢斜拱施工技术的研究，一方面，通过采用一套支撑体系大大降低了支撑胎架的用量，从而降低了工程成本。另一方面，降低了施工难度，为整个工程的工期和顺利进行提供了保证，其经济效益可观。

4.3.2.9 工程实例

南京奥体中心主体育场南北方向设置有两榀跨度达 372m 斜双拱，号称"世界第一"，拱顶最高点的标高达 65.5m。钢斜拱为空间管桁架结构，弧线长度约 429.26m，单榀钢斜拱重量达 1664t，钢斜拱断面为斜三角形，由 4 根主弦管布置于三角形的三个顶点和底边的中点上，三角形断面的底边与地面的夹角为 45°，腰与底边夹角为 33°，最大三角形断面的底边上主弦管的中心距为 15m，高 4.085m。主弦管为 ϕ1000mm 和 ϕ500mm 的钢管，壁厚有 12mm、16mm、20mm、34mm、44mm、54mm 和 60mm 七种，腹杆的直径为 ϕ300mm 和 ϕ600mm。钢斜拱节点采用铸钢节点和相贯节点，两榀钢斜拱分别向东、西方向倾斜 45°，跨中支承在屋面钢箱梁上。吊装时，制定了各个阶段的施工技术措施，从构件的拼装、焊接、支撑胎架的设计、制作和安装，到吊装方案的实施和合拢段的成功，精心组织，严格要求，从而克服了吊装过程的误差积累和温度变形的影响，使吊装任务圆满完成。该施工技术对推动建筑安装工程技术进步有着重要的作用，该技术成功以后，可以填补国内此类空间结构的施工工艺的空白，对类似的场馆建设具有指导和借鉴作用。

4.3.3 体育场超长屋盖钢箱梁制作及安装施工工法

箱形构件是钢结构形式的一种，早在重型吊车梁中就得到应用，随着钢结构的广泛应用，箱形构件已大量应用于民用建筑钢结构上，如高层钢结构中箱柱、箱梁，但像南京奥体中心主体育场钢屋盖此类大跨度空间结构，巨型钢箱梁的应用却很少。本工法是根据南京奥体中心主体育场的钢箱梁的制作、安装工艺进行总结形成的。

4.3.3.1 特点

(1) 通过合理布置胎架位置，减少构件的变形，确保现场拼装的精度；

(2) 通过制定严格的加工制作工艺，确定组装、焊接顺序及节点定位方法，确保节点的空间位置精度；

(3) 选择合适的吊点，避免钢箱梁因吊装而产生过大的变形，采用手拉葫芦地面调节好钢箱梁的倾斜角度，确保高空准确就位。

4.3.3.2 适用范围

该工法适用于大型钢箱梁的制作、安装施工。

4.3.3.3 工艺原理

(1) 通过理论计算与试验研究相结合，用国际先进软件程序进行理论分析计算，并制作 1：20 的实体模型进行试验，通过试验取得的数据与理论计算结果分析比较，验证设计采用的计算模式的程序理论上的正确性与可靠度；

(2) 钢箱梁加工制作过程中，对短管节点及铸钢球节点等定位采取三维定位法，确保节点的空间位置和角度准确无误；

(3) 钢箱梁和主拱互相依托，形成空间结构体系。安装过程中，屋面系统和主拱皆非单独的稳定结构，必须共同设置一套支撑胎架，整个屋面系统及主拱荷载由支撑胎架体系直接传递，待整个箱梁全部安装完毕并形成稳定的结构体系后，方可拆除支撑胎架，临时支撑分批、分级、同步卸载，卸载过程中结构受力体系逐步转换；

(4) 针对构件的空间方位、角度及重心均不相同特点，吊装前根据三维模型通过平衡滑轮和捯链来进行角度调节，计算机准确计算出重心吊点的位置，确保吊装及就位准确。

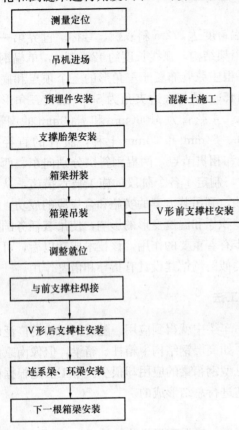

图 4.3.3-1　箱梁安装工艺流程图

4.3.3.4　工艺流程及操作要点

1）工艺流程

（1）箱梁制作及现场拼装工艺流程：

排版→拼板、焊接→翼缘板下料→翼缘板矫正、折弯、拼接→腹板数控下料→放地样→组口→内隔板、工艺隔板装配焊接→第二块腹板装配（组口）→主焊缝焊接→内隔板与第二块腹板焊接→穿过箱梁的圆管、铸钢件焊接→各分段对接→构件切头→构件检查验收→涂装→现场拼装及焊接。

（2）箱梁安装工艺流程：

箱梁安装工艺流程见图 4.3.3-1。

2）操作要点

（1）箱梁加工制作：

①排版与下料：

a. 排版时需标明箱梁分段对接处的坡口形式。

b. 为方便圆管和铸钢件安装，排版时需要标明设计图中注明的辅助线以及控制点的定位尺寸。短管安装的辅助线如图 4.3.3-2 所示。

c. 排版时应尽量减少拼接接头，并避免接头位于腹板有圆管穿过区域、箱梁变截面区域，拼接板与加劲板至少错开 100mm。

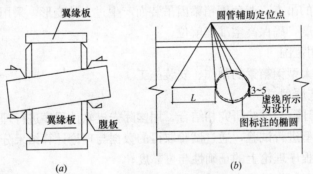

图 4.3.3-2　短管安装的辅助线
(a) 圆管穿过箱梁腹板；(b) 箱梁腹板开孔

d. 为方便运输，箱形梁分段出厂，各分段长度均不超过 20m。

e. 有圆管或铸钢球穿过的箱形梁腹板上需开椭圆孔，此类腹板采用数控下料，开孔尺寸比设计图要求的尺寸大 3～5mm。

f. 内隔板上开半径为 35mm 的应力孔。

g. 钢箱梁截面高度变化处腹板需数控下料，排版时需注意翼缘板板厚变化处的腹板尺寸，且此处腹板开半径为 40mm 的应力孔，具体位置如图 4.3.3-3 所示。

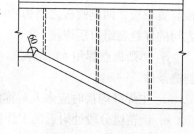

h. 钢箱梁翼缘板宽度方向下净料，腹板宽度方向放 2mm 收缩余量；翼板长度方向放 200mm 余量（若下翼缘板需弯折，余量放在弯折端），腹板长度方向放 50mm 余量。

图 4.3.3-3　箱梁腹板折弯处应力孔

②翼缘板压弯成型：

a. 翼缘板下料完毕，按要求进行折弯。

b. 翼缘板弯折处若截面高度保持不变，则采用火焰煨弯；翼缘板弯折处若截面高度变化，则采用 5MN 压力机折弯。32mm 厚翼缘板折弯至 1∶1 坡度，厚度 65mm 及 85mm 翼缘板折弯至 1∶34 坡度。折弯时控制折弯速度，对于需折弯至 1∶1 坡度的板应分多次折弯。翼缘板的折弯示意图如图 4.3.3-4 所示。

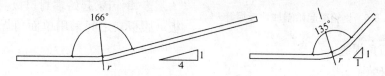

图 4.3.3-4　翼缘板的折弯

③耳板加工与装配：

a. 箱形梁上翼缘上的耳板采用数控下料，数控下料时孔径控制在 $\phi 146$mm（$\phi 96$mm），然后采用机加工扩孔至 $\phi 150$mm（$\phi 100$mm），允许偏差 $0\sim0.5$mm，即确保孔径比销轴直径大 $0\sim0.5$mm。

b. 耳板安装时用销轴固定，以确保同轴度及耳板与翼缘板的垂直度。

④焊接：

a. 钢箱梁翼缘板、腹板对接焊缝坡口形式如图 4.3.3-5 所示。

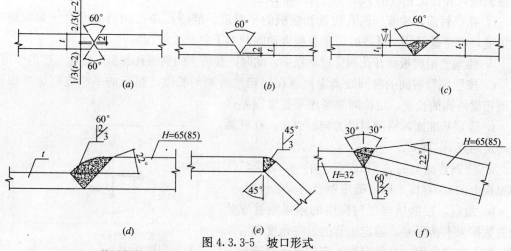

图 4.3.3-5　坡口形式

（a）等厚翼缘板对接焊缝；（b）等厚腹板对接焊缝；（c）不等厚腹板对接焊缝；
（d）不等厚翼缘板对接焊缝；（e）32mm 厚翼缘板弯折对接焊缝；（f）不等厚腹板对接焊缝。

b. 为防止钢箱梁焊后扭曲变形，组对后，主焊缝进行间断焊 100（400）mm；内隔板与翼缘板、两侧腹板之间为 6mm 双面满焊或坡口单面焊，其中内隔板与最后一块腹板之间的焊缝在组口后焊接。

c. 加劲板点焊用 $\phi3.2$ 焊条，在点焊牢固的前提下，焊脚尺寸应尽量小，为气焊成型创造条件。

d. 主焊缝焊接时应多人对称施焊，且采用相同的焊接规范、焊接速度、焊接层次。

e. 钢箱梁分段处附近的主焊缝留 300mm 到现场焊接。

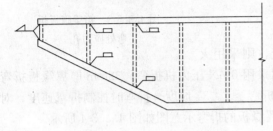

图 4.3.3-6　钢箱梁起始端加劲板焊缝

f. 钢箱梁起始端变截面高度部分的内加劲板与最后一块盖板（腹板）之间采用塞焊，与其他三面之间采用双面角焊缝。此处腹板应在组装前先钻孔，长圆孔应先钻孔再火焰切割，不得直接用火焰切割。钢箱梁起始端加劲板焊缝见图 4.3.3-6。

g. 钢箱梁起始端封口板与最后一块盖板（腹板）之间采用单面角焊缝，与其他三面采用双面角焊缝。

⑤短管安装：

短管切割后按切管清单要求在两端标注构件号和"E"和"S"端。对于有斜直口的短管，其管端截面为椭圆，需在椭圆的长、短轴端点用洋冲打上标记，并写上 P、Q、R、S 点。

短管定位数据包括四项：整体角度、沿圆周方向的旋转角、沿箱梁长度方向的定位数据和短管在钢箱梁两侧的长度数据。

短管安装可按以下步骤进行：

a. 按照图纸提供的尺寸在腹板上开好椭圆孔；

b. 在切好的短管上确定 A、B、C 和 D 点，在短管表面得到短管与钢箱梁腹板相交的椭圆线，并标记相应的 A_1、B_1、C_1 和 D_1；

c. 在穿管前，检查椭圆孔位置和腹板的平整度。椭圆孔位置的精确度直接影响到短管角度，应尽量保证，可适度切割腹板以消除数控下料产生的误差；

d. 将短管沿腹板所开孔洞穿过钢箱梁，此时，腹板上的椭圆孔起粗定短管角度的作用；

e. 按照短管表面的椭圆线确定短管在钢箱梁两侧的长度，腹板的平整度将影响短管在钢箱梁两侧的长度，定位时要考虑平整度误差；

f. 确定基准面，沿顺时针方向转 β 角，在椭圆上确定两点 A_2 和 C_2；

g. 将钢管面上的 A_1 和腹板上的 A_2 对应，C_1 和腹板上的 C_2 对应，即可确定钢管的安装位置；

h. 最后，根据质检部门提供的箱梁短管安装检查数据来平衡误差，确定短管的最终角度和沿箱梁长度方向的位置，点焊定位。定位点示意图如图 4.3.3-7 所示。

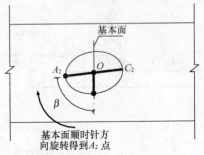

图 4.3.3-7　短管定位点

（2）钢箱梁现场拼装

①拼装场地位置和要求：

根据现场场地条件及拼装后的构件长度、重量确定，并使拼装场地尽量靠近安装位置，以减少倒运和方便吊装，要做好以下准备工作：

a. 拼装场地：利用主体育场内场事先做好的沥青混凝土场地；

b. 拼装平台安装：为便于现场拼装施工和拼装精度的控制，采用路基箱作拼装平台，路基箱规格为 2m×6m 和 2.5m×6m；

c. 在路基箱上每隔 11～13m 放置支撑胎架，搁置屋面钢箱梁。如拼装受场地宽度限制，屋面钢箱梁可采用斜向放置拼装。

②屋面钢箱梁拼装：

屋面钢箱梁的拼装采用 50t 履带吊在低胎架上卧拼，拼装完一根屋面钢箱梁后，用 600t 履带吊翻身，并在高的胎架上拼装。

a. 11～13m 布置一道拼装胎架，以保证拼装的箱梁有足够的刚度，避免构件因自重变形影响精度；

b. 拼装胎架位置需避开焊接节点位置，高度约 1200mm 左右，以便焊接、矫正与检查；

c. 工厂制作时，在屋面箱梁对接处预留 3mm 左右焊接收缩余量，同时焊接内衬板，以使对接光滑、焊缝平整，保证焊接质量，拼装示意见图 4.3.3-8。

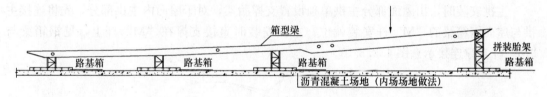

图 4.3.3-8 胎架拼装箱梁示意图

（3）钢箱梁现场焊接

现场焊接可分为两部分，先在现场拼装场地进行拼装焊接，然后各杆件吊装时在空中进行安装焊接。

①焊接方法选用和焊接准备。

根据材质、结构形式及现场施工条件，现场焊接均采用手工电弧焊（SMAW）和钨极氩弧焊（TIG）进行施焊。所用焊材必须具有材质证明，按规定进行焊条烘烤。焊工必须持有效焊工合格证并经考试后方可上岗。

焊接之前，应进行焊接工艺评定，符合要求后才能正式施焊。雨雪天气应采取有效防护措施。

②钢箱梁的焊接顺序：先焊钢箱梁的拼接焊缝，再焊钢箱梁与拱腹桁架连接板的丁字角接焊缝。

钢箱梁板拼接焊缝应设置引弧板、熄弧板，其材质、坡口形式、板厚同正式焊缝，有效引弧长度不小于 30mm。坡口角度根据板厚不同进行调整，从 26°～45°不等，采用手工电弧焊（SMAW）和立焊作业。

③预热。

翼板厚度达 85mm，必须进行预热。施焊时采用电加热片伴随预热，加热片布置见图 4.3.3-9 所示，预热温度为 120～150℃，预热范围为：焊缝两侧，每侧宽度应大于焊件厚度的 2 倍，且不小于 100mm，预热应均匀一致，层间温度为 120～200℃，焊后缓冷。

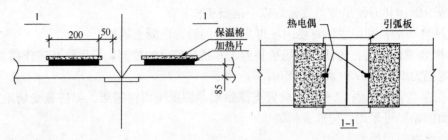

图 4.3.3-9　板对接焊缝的加热片布置图

④焊接方法。

先焊两侧翼板，等翻身后，再焊两侧腹板，并由两名焊工对称施焊；施焊时采用多层、多道焊接；每层采用分段退焊法施焊；根部用 $\phi2.5$mm 或 $\phi3.2$mm 焊条打底焊 1～2 层，其他用 $\Phi4$mm 或 $\Phi5$mm 焊条焊接填充、盖面。

（4）钢箱梁安装

①支撑胎架的安装：

A. 支撑胎架的设计。

主拱安装时，出屋面部分主拱单独设置支撑胎架，对于屋面内主拱部分，先将连接主拱与屋面钢箱梁的"M"杆安装就位，主拱安装时直接支撑在"M"杆上，见钢箱梁与"M"杆支撑连接示意图 4.3.3-10。

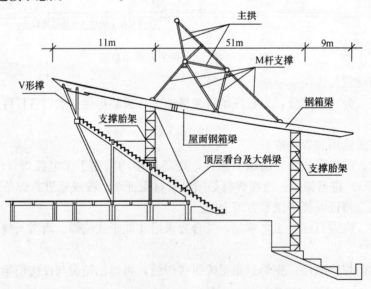

图 4.3.3-10　支撑胎架立面布置及钢箱梁与 M 杆支撑连接示意图

每榀箱梁设置 2 个支撑胎架如图 4.3.3-10 所示。支撑胎架底部通过转换梁，将上面的荷载传给看台框架柱上，上端采用缆风绳，确保在吊装阶段各种荷载下的侧向稳定。

B. 支撑胎架的加工制作。

支撑胎架主要为格构式立柱，其外形见支撑胎架位置及"M"杆支撑连接示意图（图4.3.3-10）。其断面尺寸为 1000mm×1500mm，标准节间距 1000mm，立柱采用 4 根 L100×8 角钢焊接，每 1000mm 设 L63×6 横杆和 L100×8 角钢焊接成 1200mm×1700mm 支承截面。

C. 支撑胎架的安装。

支撑胎架在工厂分节加工后现场拼装，采用路基箱作为拼装平台，150t 履带吊分别在场内、场外进行支撑胎架的安装，在看台上安装支撑胎架时，看台混凝土强度必须达到要求。安装时，先安装胎架横梁，后安装支撑胎架。

②钢箱梁安装：

A. 吊装机械的选用。

除四角交叉处的钢箱梁是按主次梁关系断开外，其余的钢箱梁均整根进行吊装。根据钢箱梁的重量及吊装半径，屋面钢箱梁由一台 300t 履带吊、一台 600t 履带吊及一台 150t 履带吊进行组合吊装。其中南区、北区的钢箱梁采用 300t 履带吊场外进行吊装，东区、西区的钢箱梁采用 600t 履带吊场内进行吊装，交叉处的钢箱梁则采用 300t 履带吊和 150t 履带吊场内场外共同进行吊装。

B. 安装顺序和定位。

本工程东西区高、南北区低。各个区的钢箱梁的安装均从低到高进行，以保证屋面体系和支撑胎架体系的整体稳定性。吊装顺序见图 4.3.3-11。

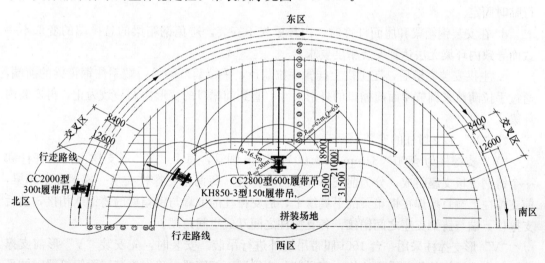

图 4.3.3-11 钢箱梁吊装顺序示意图

屋面钢箱梁的定位基准为 V 形支撑前支撑柱及支承胎架的顶端。对 V 形支撑和胎架的位置标高必须测量定位准确。

C. 安装方法：

a. 钢箱梁跨度大，采用四点吊装就位（图 4.3.3-12），由于腹板较薄，且断面较高，吊装时在上翼缘吊点位置焊接临时吊耳，以增加吊装时的稳定。

b. 交叉处分开安装的钢箱梁应在加工制作时就设置临时装配式耳板，吊装就位后，先点焊固定，吊车即可松钩。焊接完成后，再将耳板割除。

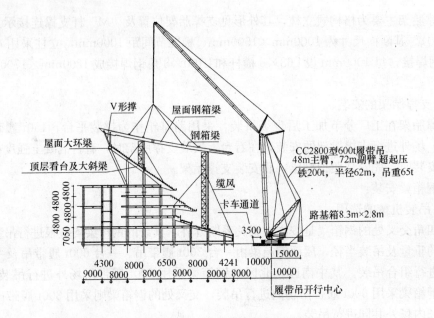

图 4.3.3-12　钢箱梁吊装示意图

c. 吊装就位后及时安装 V 形后支撑柱和钢箱梁之间的环梁、连系梁及屋面支撑，以增强屋面的整体稳定性，防止屋面钢箱梁发生倾覆，安装时，钢箱梁两边均拉设缆风绳进行临时固定。

d. 在安装钢箱梁和屋面杆件时，内环梁先不安装，避免钢箱梁的悬挑端的变形不一致而导致内环梁无法达到安装精度要求。

e. 主拱安装完毕后，在主拱上挂置手拉葫芦，手拉葫芦的另一端系住钢箱梁的前端，通过手拉葫芦来调节屋面前檐口的外形尺寸，直到前檐口的变形协调一致为止，再安装内环梁。

③ "V" 形支撑柱的安装：

"V" 支撑柱为 $\phi500\times34$mm 和 $\phi500\times24$mm 圆管，每个 "V" 形支撑由四根杆件和一个铸钢平板支座组成，分为前支撑柱和后支撑柱，每两根支撑柱支承一榀屋面钢箱梁，前支撑柱上端直接焊在钢箱梁的下翼缘上，后支撑柱的上端与钢箱梁的铸钢球相接，前后支撑柱下端与铸钢支座之间销接，各支撑柱之间互成空间角度。

"V" 形支撑柱采用一台 150t 履带吊场外进行吊装。安装时，先安装 "V" 形前支撑柱，与支撑胎架的临时支撑连杆一起吊装，支撑屋面钢箱梁，确保安装屋面钢箱梁时的平面内稳定。

"V" 形支撑的后支撑柱下端与 V 形支座销接起来，上端通过手动葫芦进行调节就位，待调节好 V 形支撑柱的方位及焊接间隙后，立即点焊固定，然后将其上端和钢箱梁中的铸钢球焊接起来。

由于 "V" 形支撑为不规则构件，在空间体系里，前支撑柱很难准确与屋面钢箱梁进行焊接，在加工时，前支撑可适当留出余量，在与屋面钢箱梁焊接前割除余量，然后进行焊接。

"V" 形支撑安装前必须复测铸钢平板下支座的预埋件安装精度，要求如下：

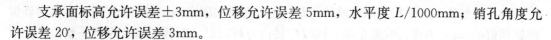

支承面标高允许误差±3mm，位移允许误差5mm，水平度$L/1000$mm；销孔角度允许误差20′，位移允许误差3mm。

④屋盖支撑胎架的拆除：

A. 分批、分级同步卸载：

根据计算分析，可采用分批、分级同步卸载，整个支撑胎架的卸载分4个批次进行：

第一批：（东西方向）第一榀到第七榀钢箱梁下的支撑胎架；

第二批：（东西方向）第八榀到第十五榀钢箱梁下的支撑胎架；

第三批：南北方向第一榀到第七榀钢箱梁下的支撑胎架；

第四批：主拱屋面外支撑胎架。

B. 卸载步骤如下：

第一批和第二批：分级卸载20%、40%、60%。

第三批卸载25%，再分别进行第一批、第二批卸载到80%，然后第三批卸载50%后，第一批、第二批完成100%卸载。第三批卸载至总行程的75%；然后第四批卸载至总行程的50%；第三批卸载至总行程的100%；同时第四批临时支撑的千斤顶卸载至总行程的100%，此时，胎架卸载全部完成；屋盖达到正常使用状态。

C. 支撑系统卸载：

a. 采用液压千斤顶，通过千斤顶的回程来实现屋面的变形，当屋面变形全部完成后，屋盖即自成体系，此时屋盖的重量就可以由屋面本身来承担了，支撑胎架不再承受屋面荷载，卸载即全部完成；

b. 卸载前先计算好支撑点的屋面变形量，通过变形量确定千斤顶的行程，如变形量超出千斤顶的最大行程，则要在卸载过程中更换千斤顶，或者卸载到一定位置时，将屋面临时固定，待更换千斤顶位置后继续卸载；

c. 卸载时要统一指挥，保证同步，且严格按分批和分级大小进行；

d. 卸载前要仔细检查各支撑点的连接情况，此时应让屋盖处于自由状态，不要有附加约束，特别要避免支撑胎架与屋盖之间的固接；

e. 卸载时要进行跟踪测量和监控；

f. 卸载前要清理屋面上的杂物，卸载过程中，屋面上下不得进行其他作业。卸载前要做好一切安全措施，并检查好千斤顶是否正常。

D. 支撑胎架拆除。

支撑胎架在屋盖卸载完成后分段拆除，拆除采用150t履带吊、卷扬机和手拉葫芦配合。拆除时要特别注意以下事项：

a. 在确认拆除与下降或锚固件（预埋件）彻底脱离后，才能起吊和移动；

b. 拆除过程中，拆除段拉设溜绳，防止与安装构件或混凝土结构发生碰撞；

c. 未拆除段及时拉设缆风绳，防止倾翻。

4.3.3.5 机具设备

主要施工机具：一台300t履带吊、一台600t履带吊及一台150t履带吊、缆风绳、卷扬机、手拉葫芦、液压千斤顶。

4.3.3.6 质量控制

1) 钢箱梁焊接质量控制

（1）调整施工环缝相邻两梁段的间距，用专用胎架固定好相邻梁段，工厂预制时确保焊接预留 3mm 左右焊接收缩余量，同时焊接内衬板，以使对接光滑、焊缝平整，保证焊接质量。

（2）正式施焊前，应按焊接工艺评定提供的工艺参数在试板上进行试焊，直至符合规范要求后，才能正式施焊，严禁在母材上随意打弧。

（3）保证环缝每道焊缝的焊接质量。焊接参数一定不要超出焊接评定参数范围。工地焊接的防风防雨设施要完整齐全。

（4）焊接焊缝必须按照设计和技术规范的要求内容和频率，进行外观检查和内部无损探伤检验。

2）钢箱梁安装质量控制

（1）由于屋面钢箱梁安装时直接落在 V 形前支撑柱和支撑胎架上，所以确保支撑胎架和 V 形支撑的安装质量十分关键。上述杆件位置安装定位时，采用全站仪进行测量定位。特别是 V 形支撑下大型钢筋混凝土环梁斜面支承位置，除采用全站仪定位外，还采用 GPS 全球定位系统加以确认，以保证 V 形支撑下环梁斜面支承位置和角度的准确。

（2）安装过程要严格控制钢箱梁的轴线偏差、两端空间坐标及钢箱梁上各节点的位置准确，严格控制钢箱梁的侧弯、扭曲、下挠。

（3）加强交叉处钢箱梁分段安装部位的高空焊接管理，防止焊接变形产生位置的误差而影响到整体安装质量。

4.3.3.7 安全环保措施

（1）吊装现场设置警戒区，无关人员严禁入内，并派专人在场内巡查。

（2）吊装中必须保证电源正常，钢丝绳严禁与电线、焊把线接触。

（3）风、雪、大雾天及风力大于五级以上的天气，不得进行吊装作业，工机具应有防雨、防雷接地等设施。

（4）对产生噪声的施工机械应采取有效的控制措施，减轻噪声扰民。

4.3.3.8 应用实例

南京奥体主体育场的钢屋盖是由 104 根钢箱梁形成的中空椭圆环状马鞍形屋面，和跨越其上的二条向外侧倾斜 45°、跨度 361.58m 的三角形钢管桁架大拱组成。倾斜的大拱和长度 27m 至 71.332m 不等的屋面悬挑箱梁组合，形成了互为支撑的可靠的结构体系。钢屋盖总用钢量为 12153t，单榀主拱重量为 1606t，材料规格 33 种，构件数量达 16565 根。

从大型箱梁的拼装施工、支撑胎架的设计、安装，各种不同厚度、不同形式钢管钢板接头的焊接以及构件吊装等一系列的施工，土建与安装密切配合，并进行了精心组织、精心施工，从而顺利完成了 104 根钢箱梁的安装任务。

焊缝的检测情况如下：①加工制作：主拱主弦杆对接焊缝检测 144 道，V 形支撑柱对接焊缝检测 208 道，M 杆对接焊缝检测 252 道，钢箱梁拼板焊缝检测 1385 道，钢管对接焊缝检测 361 道，压制球 30 道。所有制作加工焊缝的最终合格率为 100%。②现场拼装与安装：主拱主弦杆对接焊缝 88 道，主拱斜腹杆对接焊缝 285 道，主拱斜腹杆相贯焊缝 555 道，钢箱梁对接焊缝 576 道，屋面环梁对接焊缝 536 道，悬索钢管对接焊缝 46 道，V 形前支撑柱相贯焊缝 52 道，V 形后支撑柱对接焊缝 52 道，M 杆对接焊缝 81 道，M 杆相贯焊缝 68 道。最终现场所有拼装与安装焊缝的合格率为 100%。

4.3.4 体育场大悬挑预应力索桁结构制作工法

篷盖系统是体育场建设的一个重要组成部分,它的设计和施工直接影响到体育场建筑的美观和安全。篷盖系统结构通常为钢结构支承,上覆盖膜体系。本悬挑索桁"万向节点"钢结构,改进了普通钢结构体系,为索膜张拉力受力组合体系,由若干个伞状膜单元形成纵向独立受力单元,通过角筒、环梁、下拉杆屋盖水平支撑形成整体空间受力体系,既造型精巧、功能良好,又充分利用了材料受力性能,形成整体的全场受力体系,将建筑功能和结构作用融为一体,提高了安全性,也大大节省了用钢量,节省了投资。

本工法主要包括构件工厂制作、现场拼装和安装技术,关键技术是钢结构"万向节点"的施工技术,经查新,其技术水平在我国处于领先水平,"空间大型索架钢结构体系施工方法"已经获得专利。

4.3.4.1 技术特点

(1) 将常用的单杆铰接改进为尾部分叉的平面连续钢桁架撑杆,提高了抗震设防能力,减小了内环梁为钢撑杆弹性支点的挠度,同时减小了内外环梁的作用力,提高了内环梁空间拱的受力性能和空间整体性能。尾部分叉为适应下拉杆空间受力体系的定位和连接而设计。

(2) 部位支座采用柱形空间铰"万向节点"设计。既满足了撑杆连接带来的支座抗扭、抗剪要求,又消除了对下部框架支座的弯矩作用,使下部支座受力明确,解决了难以满足扭转的难题,保证了结构体系可靠、安全,并使施工容易达到设计要求。

(3) 通过内外钢环梁空间拱及屋盖水平支撑将整个篷盖系统形成环覆体育场的空间稳定平面,提高了屋面的整体抗风抗震性能,保证了整体安全。

(4) 角形剖面环形封闭空间桁架,提高了大悬挑的平衡作用和整体受力作用。

4.3.4.2 工法原理

本工法篷盖钢结构工程主要由三部分组成:第一部分为以立柱为中心的刚性主支撑;第二部分为以环索为中心的柔性副支撑;第三部分为马道。篷盖钢结构单元见图4.3.4-1。

各膜结构单元通过上下环梁、内环索相互连接并与四角筒撑杆平面上形成非线性的整体受力体系。上下环梁是一个空间拱,拱脚支座为四个角筒,内环索相当于拱拉杆。大部分水平分力由空间拱承受,垂直力主要由钢桁架通过挑台框架传给基础,同时空间拱也承受部分竖向力。

该结构设计的最大特点是所有的杆件间的连接均为铰接,而整个屋盖钢结构与主体结构的连接采用的是一种球形铰支座,称为"万向节点",因此整个屋顶结构时时处于摆动状态。这种结构的优点是各杆件受力性能好,只承受轴力,不受横向力、弯矩及扭矩,加强了结构体系的受力性能。

4.3.4.3 适用范围

本工法适用于大型体育场结构形式为钢筋混凝土框架—筒—索膜整体结构的工程。

4.3.4.4 工艺流程和操作要点

1) 施工工艺流程

工程前期准备→钢结构构件工厂半成品制作→现场预埋件复测验收→设备进场调试→

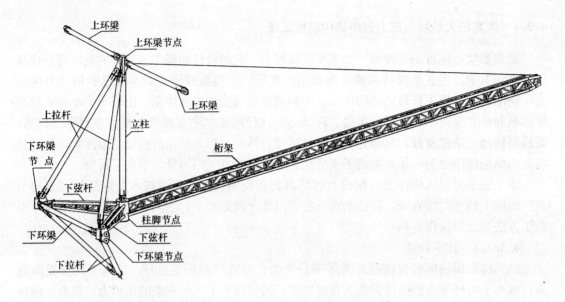

图 4.3.4-1 篷盖钢结构单元图

喷砂除锈、涂装→钢构件地面组、拼装→环梁单元吊装→斜撑桁架吊装→马道吊装定位及焊接→内环索地面摆放及连接→内环索整体提升及与主索夹连接→内环索张拉→清理现场、补涂油漆→整理资料、竣工验收。

钢结构构件工厂半成品制作工艺流程如下：

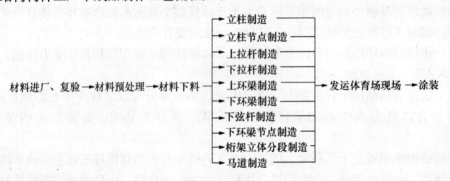

2）施工操作要点

（1）钢结构工厂制作

①立柱制作。

a. 立柱制作程序见图 4.3.4-2。钢管管件对接焊接，环焊缝均采用手工电弧焊和埋弧自动焊、带钢衬垫单面焊接工艺。

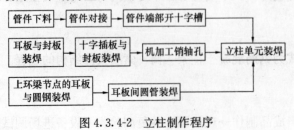

图 4.3.4-2 立柱制作程序

b. 管件端头开十字槽端头孔，再用半自动切割机开管件端头十字槽缝。

c. 立柱下端双耳板与管端封板装焊完后，再装焊十字插板，最后整体机加工耳板的销轴孔。

d. 立柱上端的上环梁节点按其装焊规程制作完后，再与立柱管件对接装焊。最后装焊立柱下端耳板座部件，保证立柱长度及上下端耳板角度。

e. 立柱总装完后在其两端做好标记。

f. 主要尺寸精度控制：耳板的角度，上端与下端销轴孔的距离。

②立柱节点制作：

a. 立柱节点制作工艺是本钢结构加工的一项关键技术之一。如直径 1300mm 的外管可分为三段，三段滚圆，其中两段各焊成圆筒（并将其中一段圆筒的一端开过钢扁担槽），另一段割成两个半圆。

b. 凸形球铰、耳板机加工到位，钢扁担焊后机加工。

c. 立柱节点制作程序如下：

上面板与耳板焊接→凸形球铰与环板拼接→钢扁担与凸形球铰装焊→十字肋板与凸形球铰及钢扁担装焊→将有槽的圆筒从上向下套进十字肋板，与凸形球铰及十字肋板、底板施双面坡口焊→内圆筒板四块下段部分分别装入十字肋与底凸形球铰接，并与十字肋及底板施双面坡口焊→装焊米字肋四块下段部分，与内圆筒、外圆筒及底凸铰施双面坡口焊→将下端二道水平肋自下而上一道一道装焊到位（单面坡口焊接）→将另一段圆筒套进十字肋，装焊上面板，翻面施焊→翻转，焊接上面板与圆筒→再装焊内圆筒的另一半，内圆筒板对接单面坡口焊→依次米字肋与面板，内圆筒板及外圆筒板内壁施双面坡口焊→装焊两半圆外圆筒，与米字肋塞焊，与上下圆筒对接焊。

d. 主要尺寸精度控制：耳板的轴线与凸铰轴线的同心度、耳板销轴孔到底板的高度。

③上拉杆、下拉杆、上环梁、下环梁制作：

a. 钢管在钢管厂对接好，在厂内用管子数控切割机下料，并开出焊接坡口。

b. 在管件端头划好十字插板线，将十字插板线端头钻孔，再开制十字插板槽。

c. 管件两端的耳板与管端封板装焊，再翻面装焊十字插板，形成耳板座整体。

d. 耳板座整体焊接检验合格后，对其销轴孔进行同心镗孔。

e. 将两耳板座整体分别与管件在专用胎架上装焊。焊接完后在管件两端做好标记。

f. 主要尺寸精度控制：杆件两端耳板销轴孔之间的距离及耳板的平面度。

④下环梁节点制作：

a. 下环梁节点由圆钢与多片耳板组成，需装配一片耳板，焊接一片耳板交替完成。

b. 施工前须做好耳板与耳板之间夹角样板。

c. 下环梁节点制作施工在施工平台上进行。首先定好下底板，装焊好圆钢，并划各个耳板定位线作为标记。安装一片耳板，检验合格后施焊，再安装一片耳板，检验合格后施焊，遵循施工程序逐步装焊耳板，耳板装焊完后，再装上盖板，无损检验合格后，装焊肋板及外圆板。最后做好标记进行完工检验。

d. 主要尺寸精度控制：耳板的角度、耳板上销轴孔到圆钢的距离。

⑤桁架结构制作：

a. 桁架部分分为四管桁架和三管桁架两种类型。对较长的桁架，可分为多段制作，一般控制长度不超过 24m，厂内制作分段，体育场现场工地总装成桁架整体。

b. 桁架主管前段折弯用中频弯管机弯制，管子相贯线用管子数控切割机切割。钢管钢衬垫采用单面对称焊接。

c. 四管桁架分段采用片装制造,再装两片装单元合拼成桁架分段。施工程序为:两主管在胎架上定位→安装腹杆,正面施焊→翻面再施焊。这样即完成一个单元。将两片单元竖起在胎架上定位,安装其两片单元之间的桁架腹管,正面施焊,四管桁架整体翻身再施焊,做好标记。

d. 三管桁架组装采用倒装工艺进行。将三角形桁架的两上弦管在水平胎架上定位,在其两上弦管中间升起托架,定位三角形桁架的下弦管。安装其三管之间的腹管,腹管全部定位电焊后,再对称施焊。整体翻身再施焊,焊完后做好标记,完工报验。

e. 主要尺寸精度控制:桁架主管形体尺寸,特别是桁架两端的桁架总长度尺寸。

(2) 钢结构构件的现场拼装

① 刚性主支撑部分构件的地面组、拼装:

a. 立柱单元地面组拼装。

每组立柱单元中的立柱节点及下环梁节点按坐标定好胎架位。装配立柱节点和下弦杆。调准坐标位后,再装下环梁节点及下环梁,最后装焊另一段下弦杆。立柱单元拼装见图4.3.4-3。

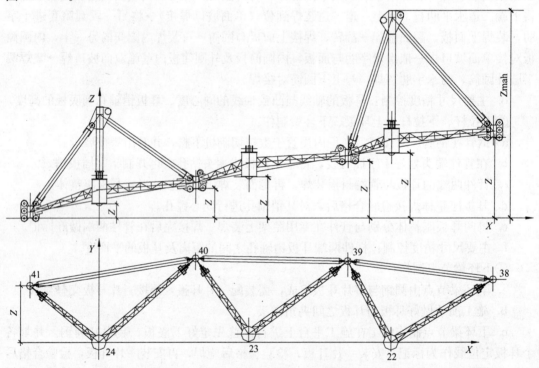

图 4.3.4-3　立柱单元拼装

b. 整体吊装单元组拼装。

整体吊装单元的组拼装见图4.3.4-4。

整体单元由一个立柱下节点,一根立柱,两下弦桁架,两下弦节点,一根下环梁,两上拉杆及1个浮动环、拉杆及各相关销轴拼组而成。拼装应在吊车配合下,在专用胎架上进行。拼装时,可先进行各个节点的标高及轴线间距定位,再逐步实施下环梁的连接,进行两下弦桁架与立柱下节点的焊接。连接及焊接经检验合格后,将浮动环及拉杆组件套放在立柱下节点上。另一吊车同时另进行一立柱与两上拉杆在立柱上节点处的耳板叉头的销轴连接，待下部三节点及桁架连接完后，可用吊索吊住立柱及上拉杆组件上端，先分别进行上拉杆与两下弦节点的连接，再进行立柱同柱下节点的连接。即构成整体吊装单元。为防止吊装时下弦接点歪斜，在单元未吊起前，用厚 20mm 的钢板将上拉杆与下弦杆插头耳板搭焊在一起。待下拉杆吊装完成后，再割去并打磨平。

c. 插补单元的拼装。

插补单元的拼装分为四种形式：

a）一根立柱下节点与两根下弦桁架的焊装组件；

b）一根立柱同两上拉杆在立柱上节点处连接的组件；

c）浮动环及拉杆组件；

d）散件：下环梁、下拉杆、上环梁。立柱下节点与两下弦桁架的拼焊，必须在地面组装胎架上进行，见图 4.3.4-5，以确保其装焊精度，焊装时要采取严密措施，防止构件及相关角度、尺寸变形超差。

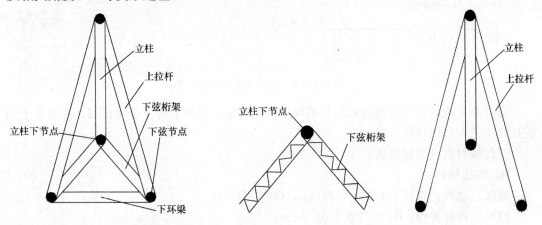

图 4.3.4-4　整体单元拼装　　　　　　图 4.3.4-5　插补单元的拼装图

②柔性副支撑部分构件的组拼装：

主斜撑桁架的拼装应在胎架上进行，以保证桁架的外形尺寸及拼接、焊接符合规范要求。图 4.3.4-6 为武汉体育场工程的主斜撑桁架拼装图。主桁架主体拼装完后，将径向马道与之进行拼装组装。斜撑焊拼完成经检验合格后，再进行主索夹同斜撑桁架的焊装，并在斜撑吊装前将上拉索及内环索提升工装安装在主索夹上。

③马道拼装。

索夹工作点测量调准后，用加强固定索夹工作点位，桁架吊装 5 榀以后即可吊马道。马道上与桁架间连接的板一端暂不予施焊，先用吊索吊挂在桁架上，待马道全部吊装到位后再施以焊接。

（3）施工焊接工艺

①施工焊接依据。

本工艺规程根据《钢结构工程施工质量验收规范》（GB 50205—2001）、《建筑钢结构焊接技术规程》（JGJ 81—2002）及设计院的有关规定进行编制。

②焊工资格。

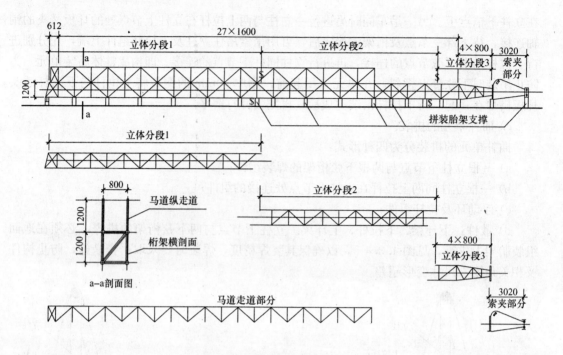

图 4.3.4-6 桁架立体拼装图

参与本工程的焊工必须持有与其施焊项目相对应、有效的焊工合格证书，并且在上岗前接受工艺人员的技术交底。

③焊接材料及焊接方法：

A. 焊接材料：

埋弧自动焊：焊丝 H10Mn$_2$，ϕ4mm，焊剂 HJ431；

CO_2 气体保护焊：KFX-712C，ϕ1.2mm；

钢衬垫：Q345C，厚度 6mm，宽度 40~60mm；

焊条：E5015，ϕ3.2mm（用于胎架制造）。

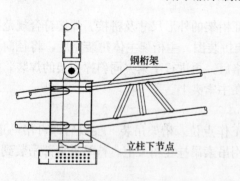

图 4.3.4-7 立柱节点示意图

B. 钢桁架与立柱下节点的焊接采用坡口间隙为 5mm 的手工电焊打底药芯焊丝 CO_2 气体保护焊进行焊接，要求熔透深度 $S = \delta - 2mm$。该节点示意见图 4.3.4-7。

C. 其他不便施焊的地方均采用手工电弧焊；所有胎架制造均采用手工电弧焊。

D. 焊材使用与保管：

a. 焊条及焊剂必须按其产品说明书的要求进行烘焙；

b. 焊丝及钢衬垫应存放在干燥、通风的地方，锈蚀焊丝及钢衬垫须把铁锈清除干净后才能使用；

c. 焊条、焊剂的一次领用量应以 4h 的工作所需用量为准，焊条使用时应存放在保温筒内，随用随取。不得使用受潮的焊条、焊剂；

d. 钢衬垫要求与母材贴靠紧密，间隙不得大于 1.0mm。

E. 焊接要求：

a. 焊前处理：

a）焊接前应认真清理焊缝区域，使其不得有水、锈、氧化皮、油污、油漆（车间底漆除外）或其他杂物；

b）切割不整齐的坡口要求打磨光顺，不得有大的凸起和凹陷；

c）环境温度低于 5℃ 或板厚大于 36mm 时，焊前要求预热，预热范围一般为每侧 100mm 以上。预热温度为 100～150℃，距焊缝 30～50mm 范围内测量温度；

d）工地施工时，若环境湿度高于 80%，焊前要求使用烘枪除湿；

e）工地施工应考虑搭设良好的防风、雨、雪的设施。

b. 定位焊：

a）定位焊焊缝长度为 60～80mm，间距 400～500mm，焊脚尺寸为 3～4mm；

b）定位焊采用手工电弧焊或药芯焊丝 CO_2 气体保护焊。焊条：E5015，Φ3.2mm，定位焊应距焊缝端部 30mm 以上；

c）定位焊不得存在裂纹、夹渣、气孔、焊瘤等缺陷。定位焊如出现开裂现象，须先查明原因，然后用碳弧气刨清除原定位焊缝，再由装配人员重新定位；

d）定位工装严禁采用锤击法或疲劳破坏的方式拆除，须采用气割。切割时不得损伤母材，要留 1～3mm 的余量，然后铲掉余量，最后磨平。

c. 焊接：

a）焊工应根据焊缝的具体形式以及相对应的焊接工艺评定来选择焊接参数；

b）多层多道焊时，各层各道间的熔渣必须彻底清除干净；

c）角焊缝的转角处包角应连续焊，焊缝的起落弧处应回焊 10mm 以上；

d）CO_2 气体保护焊在风速超过 2m/s 时应采取加挡风板防风；

e）埋弧自动焊必须在焊缝端部的引、熄板上引、熄弧，如在焊接过程中出现断弧现象，必须将断弧处刨成 1：5 的坡度，搭接 50mm 施焊；

f）埋弧自动焊焊剂覆盖厚度不应小于 20mm，且不大于 60mm，焊接后应等焊缝稍冷却再敲去熔渣；

g）不允许在焊缝以外的母材上随意打火引弧；

h）施工人员如发现焊缝出现裂纹，应及时通知工艺员，查明原因后才能按工艺人员制定的方案施工。

d. 焊后处理：

a）焊缝焊接完毕后，随手敲净熔渣并把飞溅物清除干净；

b）焊缝咬边超过 1mm 或焊脚尺寸不足时，可采用手工电弧焊进行补焊。

e. 主要焊缝的焊接顺序：

a）钢杆件端部的耳板与端部锚板要求先焊接，后焊接十字插板与端部锚板间的焊缝。形成部件后再与钢管焊接；

b）上下环梁节点的焊接要求先焊最重要的耳板，其次焊接其他的耳板，焊完耳板后装焊上下端板，最后装焊外圆板；

c）立柱下节点的焊接要求先把上下端部形成单元件后装焊十字肋板，装焊下圆筒，焊接下圆筒内部肋板，预置上圆筒，装焊上部单元件，焊接上圆筒，焊接上圆筒内部肋板，焊接内部肋板对接缝，最后装焊中间圆筒及塞焊缝；

d）井筒埋件先焊接中间耳板与锚板间的焊缝，然后装焊两边耳板与锚板间的焊缝，焊接前预放反变形，焊接完后再镗孔；

e）篷盖钢桁架相贯线的焊接要求先焊直管后焊斜管，斜管趾部要求先焊接且不宜有接头；

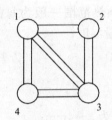

图 4.3.4-8 焊接顺序

f）篷盖钢桁架的对接接头（工地对接）要求两个焊工同时对称施焊，一个焊工焊单号，一个焊工焊双号。焊接顺序见图 4.3.4-8；

f. 焊接检验：

a）焊接完后，应按自检、互检、专检程序进行检验；

b）所有焊缝必须在全长范围内进行外观检查，不得有裂纹、未熔合、夹渣、焊瘤和未填满弧坑等缺陷，并应符合规范规定；

c）焊缝经外观检查合格后，并且在焊后 24h 才能进行无损探伤。

（4）钢结构构件的吊装

①刚性主支撑部分构件的吊装：

a. 立柱单元吊装。立柱单元的吊装采用两工位同时施工，从工程两相对角开始，分别以顺时针方向进行。吊装采取整体单元间隔安装二个后，中间插补安装拼补单元的方式循环进行，立柱单元吊装顺序图见图 4.3.4-9。整体单元吊装前，在立柱上节点与上拉索连接的耳板销轴孔内系好三根 $\phi28$ 的钢缆绳，并在两上拉杆及立柱下节点之间，离下弦桁架上平面约 1.2m 高度处，系好 $\phi12mm$ 的白棕绳作为安装作业的行走安全扶绳。在两下弦节点上系上两根 $\phi17.5mm$ 的钢缆，并在看台靠内场边沿看台对应柱基础的纵梁两侧，分别钻 $\phi56$ 的通孔，穿入 $\phi28$ 的钢丝绳，用卸扣使之连接成环状，作为环梁单元缆风锚固点。立柱单元吊装前，在所有混凝土柱四周搭好与柱顶平齐的脚手架，并在脚手架顶端铺上木板，作为安装的操作平台。

b. 整体单元的吊装。整体单元的吊装用三吊点法，见图 4.3.4-10。一点设在立柱上端，另两点分别在两下弦节点处。吊索的长度应保证单元吊离地面时，吊钩离立柱顶端约 3.5m 距离，且立柱应处于基本垂直状态，或顶端略向内倾斜。

整体单元吊装过程中，通过系在下弦节点处的白棕绳，调整单元的相对位置，防止与已安装构件发生碰撞。对位时应缓缓落下，使立柱下节点球头与预埋板球座对应落位，再将三根钢缆风绳串入 5t 手拉葫芦，分别拉向内场看台的锚固点，立柱单元缆风绳平面布置图见图 4.3.4-11，并在经纬仪的监测下进行立柱垂直度和两下弦节点空间位置的调整。调整合格后，可暂时在两下弦桁架与预埋钢板间垫入楔木以增加其稳定性。然后进行两下拉杆的吊装。先分别将下拉杆的下端穿入看台围板孔中，在下拉杆的另一端叉头根部，系上钢丝绳并通过捯链挂在下弦桁架上。通过调整捯链来进行下拉杆的上端与下环梁节点的连接。然后调整立柱的垂直度。当该单元安装牢固后，再进行下一个整体单元的吊装，吊装过程同前。当两个整体单元吊装定位完毕后，再进行两整体单元间的插补单元的嵌补吊装。

c. 插补单元的吊装。先进行插补单元立柱下节点与一下弦桁架的吊装。吊装采用两

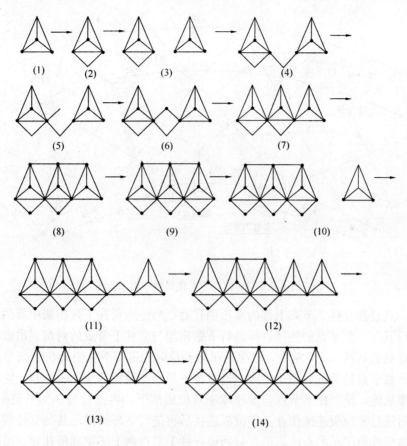

图 4.3.4-9　立柱单元吊装顺序图

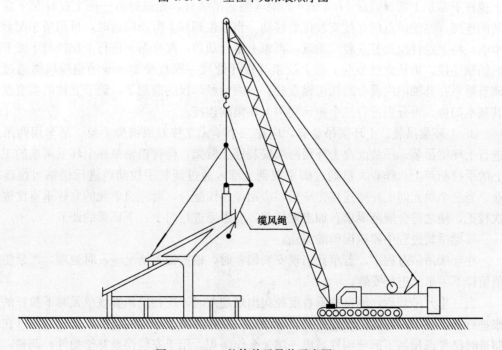

图 4.3.4-10　整体单元吊装示意图

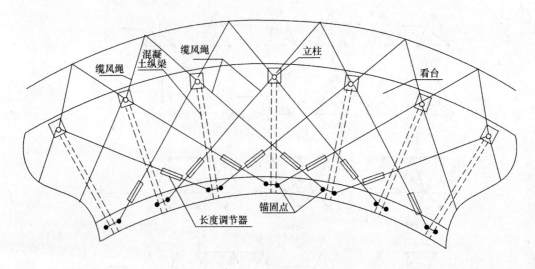

图 4.3.4-11　立柱单元揽风绳平面示意图

吊点法：一点设在立柱下节点上部的耳板销孔处，另一点设在下弦桁架中部两侧的上桁管处。先进行其与下弦节点的连接，再进行下弦桁架与立柱下节点的对位。吊索时，应使靠立柱下节点处偏高约 0.5m 左右，以保证吊运到位时先进行下弦桁架与下弦节点的销轴连接。连好下弦节点处销轴后缓缓落钩，当立柱下节点与预埋球座不吻合时，应调整相邻单元的水平缆风绳，使立柱下节点与预埋球座对位后落下。再进行另一侧下弦桁架的吊装。调整对位后进行定位板连接作业。定位板连接后再进行下环梁的吊装与立柱两上拉杆组件的吊装。该组件使用单吊点法，吊点分别设在柱上节点两上环梁耳板孔处。吊装前在一侧上拉杆下部系上两根直径 17.5 mm 的钢丝绳。吊装时，先进行另一侧上拉杆与下弦节点间的连接，再使吊点向立柱安装位处移动。当移位到柱下节点附近时，再用吊车配合进行牵引，将上拉杆拉到其安装位附近，再系上手拉葫芦，配合吊车进行上拉杆与下弦节点间的销轴连接。再从立柱节点上的上拉索耳板孔处拉一根直径 28mm 的钢缆风绳通过长度调节器系在其轴向内看台的相应锚点处。在两台经纬仪的监测下，调节立柱的垂直度，使其基本归位。再分别进行三个单元间两上环梁的连接。

d. 上环梁吊装。上环梁吊装前，应在三个单元立柱四周搭脚手架。吊车用两吊点法进行上环梁吊装，吊装前在上环梁两端安装好工装架，再将销轴系在上环梁两端的工装架上的手拉葫芦上。作业人员通过脚手架到上部，通过调整手拉葫芦进行销轴对位连接作业。当三个单元间上环梁连接完毕后，应用经纬仪配合，对三组单元的立柱垂直度进行再次校正，使之符合规范要求。如出现超差，应考虑进行对上、下环梁的调节。

环梁吊装过程中累积误差的消除：

在环梁吊装过程中，若单元出现安装偏差时，根据偏差情况应及时处理，严禁将超差值留待下一单元进行安装。

当一单元吊装后，测量柱垂直度径向出现超差时，应相应调整该单元两下拉杆的长度来进行补偿校正。纬向出现超差时，应调整该立柱两测上环梁的长度来进行补偿（在构件制造时已考虑预制了部分构件做成一端叉头作缓焊，用于安装误差补偿构件）调整。不允许将该处立柱垂直度的误差留在下一组单元吊装再进行处理。

e. 下拉杆吊装。吊装的下拉杆使用单吊点法，先将其下端对准孔洞插入后，提升吊钩，使下拉杆上端靠近下弦节点。作业人员通过吊篮，进行下拉杆与下弦节点的销接。然后在下拉杆下端连接一钢索通过 2t 葫芦与柱脚下系上的钢索相连，调整葫芦使下拉杆吊离挂墙。在离下环梁外端约 2m 处，再挂上 2t 葫芦，通过收紧葫芦，使吊车吊索承载逐步转向葫芦承载，从而下拉杆上端移动到其安装连接处。再调整葫芦使下拉杆上端与下弦节点耳板对位后，插入销轴。上端连接后，拆除上端葫芦。再通过调整下端葫芦，进行下拉杆下端定位耳板与埋件间的基本对位，当三个单元垂直度校正完毕后，分别进行三个单元的下拉杆下端与预埋件之间的定位调节，对位准确后，然后进行焊接。

当全部立柱单元吊装完毕，且井筒预埋件符合安装条件时，可进行立柱单元与井筒间构件的吊装连接。此处构件均采用单件吊装法，考虑到井筒埋件的埋设误差及立柱单元定位误差。根据设在内场中心点的全站仪和设在看台处的经纬仪在安装前测量计算出构件实际长度。在吊装前对连接构件进行长度调整后，最后再进行吊装。

全部立柱单元与井筒间构件吊装完毕后方可进行斜撑桁架的吊装。

②柔性副支撑部分构件的吊装。

A. 斜撑桁架的吊装：

a. 桁架的吊装使用两吊点法，其吊点分别设在距桁架两端 12m 处。索的长度应使桁架吊起后的角度与安装后的角度大至相近，见图 4.3.4-12。吊装时，在桁架两端系上防晃绳，并在柱脚前端预埋板上焊装桁架可调定位工装，见图 4.3.4-13。

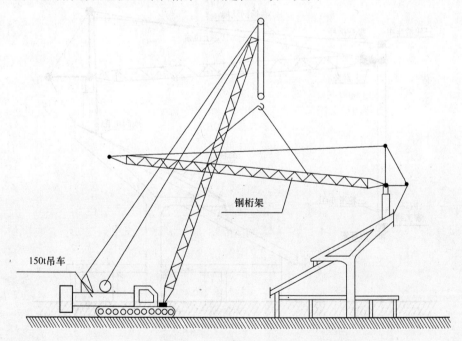

钢桁架

150t吊车

图 4.3.4-12　主斜撑桁架吊装示意图

在桁架前内端分别系上两根钢缆风索。吊装时先将桁架外端吊运到立柱上节点侧边，先进行上拉索与立柱顶耳板的销接。再落下吊钩使之放置在可调工装上，然后进行桁架与立柱下节点间的对位调节，同时用经纬仪监测进行调整桁架径向角度。均符合要求后，再

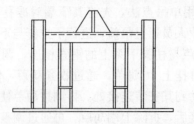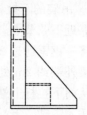

图 4.3.4-13 斜撑可调定位工装图

进行焊接。焊接时采取相应防变形措施，防止斜撑出现径向偏差，造成内环索安装定位超差。

b. 井筒处斜撑的吊装。先用吊车进行井筒斜撑压杆的分别吊装。销轴连接完毕后，松下吊钩，让压杆前端自然下垂到索夹拼装架上进行压杆与索夹的对位焊接。检验合格后，在索夹前端系上两根缆风钢索。待内环索与该处索夹连接后再进行提升作业。

B. 斜撑间系杆的吊装。当两井筒间桁架吊装定位后，全部斜撑吊装定位焊接完毕且合格后，可进行两井筒间斜撑间系杆的吊装，吊装应分段进行且应控制系杆的长度，应保证斜撑的径向角度不变。

C. 内环索的地面组装与提升。组装与提升见图 4.3.4-14。

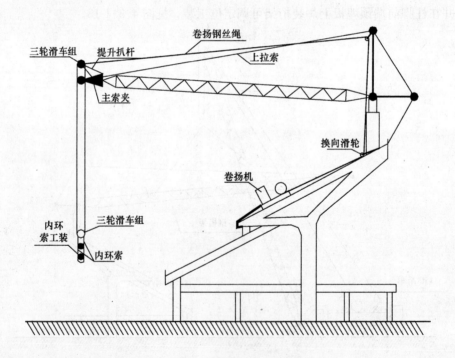

图 4.3.4-14 内环索组装、提升图

在内场环索夹的下方沿内场地面铺设宽约 2m 的彩条布用于内环索清洁保护用。

将内环索滚筒及放缆架一起吊放在平板车上，将放缆架固定在平板车上后，在放缆起始端用叉车作起始锚点，再使平板车沿内场缓缓行驶放缆，直至全部内环索按设计位置放置完毕。内环索放置后应认真检查各段索上与索夹的连接标记的完整性和准确性，无误后方可进行下一工序的工作。

a. 用叉车将各谷索夹及连接件运放到各安装位，先进行谷索夹、内环索定位夹与内环索的连接，标记对位准确后，进行高强螺栓的连接。然后进行连接夹板的安装和内环索提升工装的安装。

b. 内环索提升从四处井筒处开始，分别将各段索在各井筒前端进行连接，使之形成环状，井筒处的内环索提升使用吊车配合进行。吊车使用单吊点法，将其提升到高于安装工作点时，从前端索夹拉两根钢丝绳到井筒顶部，锚固在钢筋混凝土柱上。

c. 内环索的提升共需配置若干台卷扬机。将卷扬机吊放在看台的放置架上。利用环梁单元缆风锚固点作为卷扬机的锚固点，卷扬钢缆通过系在上环梁上的导向轮和主索夹前端的提升工装及滑轮组后连接在内环索夹具上。整个内环索的提升应间隔均匀提升，每一步骤提升到位进行内索与主索夹的连接时，索夹的高强螺栓均进行初拧，待井筒桁架的下拉杆安装完，且所有索夹均同内环索连接到位后，再使用扭力扳手多点同时进行高强螺栓的复拧和终拧工作。

立柱下节点与一下弦桁架的拼焊，必须在地面组装胎架上进行，另一下弦杆应在预拼时焊上定位耳板，为确保其装焊精度，焊装时要采取严密措施，防止构件及相关角度、尺寸变形超差。

③环向马道的吊装。用4台5t卷扬机分别固定在2台20t平板车上，通过设置在平板车尾部的换向滑轮和斜撑桁架上的滑车组分段进行马道的提升，当马道提升将到位时，可换用4个手拉葫芦，分别系住马道两端进行定位调整，定位后再进行该节马道的安装，所有马道均采用此法进行吊运安装，全部马道吊装到位后再进行逐段间的连接工作。

（5）内环索张拉

内环索提升过程同时也在进行了初张拉，张拉是通过依次将钢索连接到斜桁架撑上，得到最初的张力，再通过利用斜桁架撑连接点的穿透螺栓（即锚具）将内环索连到主索夹上，达到张拉的目的。

4.3.4.5 施工机具准备

（1）制作用主要设备

见表 4.3.4-1。

（2）现场安装用主要设备

见表 4.3.4-2。

工厂制作用主要设备 表 4.3.4-1

序号	设备名称	型　号	主要技术性能	用途
1	直流焊弧机		$300\sim800A$	
2	自动埋弧焊机		$1000\sim1500A$	
3	悬臂式自动焊机	林肯 DC	$1000A$　$B=8000mm$　$L=6500mm$	
4	交直两用多头焊机	ZXE1~6×500/400	$400\sim500A$	焊接、切割设备
5	硅整流多头焊机	ZX1-500/6	$400\sim500A$	
6	焊丝除锈机	ZU93-Ⅰ	$\phi5mm$	
7	CO_2 气体保护焊机		$60\sim500A$	
8	等离子数控钻割中心	澳大利亚"装备者"		

序号	设 备 名 称	型 号	主要技术性能	用 途
9	数控相贯线切割机	SCG-30	$\delta=40mm$	切割设备
10	数控切割机	KT-790	$\delta=300mm \quad B=8000mm \quad L=28000mm$	
11	等离子切割机	LG-60K	$\delta=150mm$	
12	全位置切割机	IK-72T	$\delta=80mm$	
13	型钢切割机	日本 AMADA	可切割边长小于 750mm 型钢	
14	卧式金属带锯机	G4025-1B	可切割边长小于 250mm 型钢	
15	单柱压力机		63t～400t	锻压设备
16	三辊卷板机	W11NC-100×4000	$\delta=20～100mm \quad B=4000mm$	
17	数控立式车床	C534J 改装	$\phi3400mm \quad h=2000mm$	金属加工
18	卧式镗床	意大利 MEC-5	$\phi127mm$	
19	落地镗床	T615K，T612	$\phi120～150mm$	
20	专用镗孔机	自制	镗孔直径 50～700mm	
21	摇臂钻床	匈牙利 RF31/A	$\phi90mm \quad L=1500mm$	
22	中频弯管机	ZPWG-2	$\phi89～340mm$	
23	远红外退火炉		750kW 4×4×9 (m)	热处理
24	履带式炉外退火装置			
25	门座式起重机	S1038K8	100t 起吊能力	起重运输
26	汽车吊			
27	平板车			
28	大型平板车			
29	超声波探伤仪	CTS-23	纵波 2～3m，横波能探标准厚度	探伤试验化验
30	超声波测厚仪	CTS-300	200mm	
31	X 射线发生器	EX300EG-S2	穿透 40mm	
32	磁粉探伤仪	CXE-1	磁头吸力大于 5kgf	
33	γ 射线直线加速器	4 兆特	穿透钢板厚度 290mm	
34	磁性涂层测厚仪	D-50000，KOLN6	0～1000mm	
35	冲击试验机	JB-500	250J	
36	激光经纬仪	J2-JC		
37	材料化学成分化验仪		原子吸收分光计等	
38	金相检查仪			

续表

序号	设备名称	型号	主要技术性能	用途
39	七辊钢板校平机	日本 MR3000	$\delta=80mm$ $B=3150mm$	金属防腐电镀
40	电弧喷涂设备	STP-1		
41	压力式喷砂系统	SP-4 CCB		
42	喷砂机	SCBM-4720		
43	高压无气喷涂机	PC 型		
44	龙门刨床	B215K		端面加工
45	龙门剪床	SCPO 型	$\delta=22.4mm$ $B=2660mm$ $L=8000mm$	
46	刨边机	B81120A 型	$L=12000mm$	
47	三维放样工作站	SGI 工作站		

现场安装用主要设备

表 4.3.4-2

序 号	设 备 名 称	序 号	设 备 名 称
1	履带起重机	14	全站仪
2	汽车起重机	15	水平仪
3	拖车	16	地锚木
4	铲车	17	设备垫木
5	运输车	18	架子管
6	液压张紧器	19	脚手架
7	长度调节器	20	配电柜
8	卷扬机	21	移动式软电缆
9	滑车组	22	电焊机
10	单轮滑车	23	气割工具
11	手拉葫芦	24	钢丝绳
12	千斤顶	25	白棕绳
13	软梯		

4.3.4.6 质量控制

1) 钢结构焊接质量

(1) 钢结构焊接质量符合现行国家标准《钢结构工程施工质量验收规范》(GB 50205—2001)及相关标准的要求。

(2) 焊接 X 光一次拍片合格率达到 92%，焊接超声波一次检查合格率达到 96% 以上。

(3) 焊缝外观质量标准见表 4.3.4-3。

焊缝外观质量标准（mm）

表 4.3.4-3

	一级	二级	三级
未满焊		$<0.2+0.02t$ 且≤1.0	$<0.2+0.04t$ 且≤2.0
		每 100 焊缝内缺陷总长度≤25	

续表

	一级	二级	三级
根部收缩	不允许	<0.2+0.02*t* 且≤1.0 长度不限	<0.2+0.04*t* 且≤2.0
咬边	不允许	<0.05*t* 且≤0.5；连续长度≤100，且焊缝两侧咬边总长度≤10%焊缝全长	<0.1*t* 且≤1.0，长度不限
裂　纹	不　允　许		
弧坑裂纹	不允许		允许存在个别长度≤5.0的弧坑裂纹
电弧烧伤	不允许		允许存在个别电弧烧伤
飞溅	清　除　干　净		
接头不良	不允许	缺口深度≤0.05*t* 且≤0.5 每米焊缝不得超过1处	缺口深度≤0.1*t* 且≤1.0
焊瘤	不　允　许		
表面夹渣	不　允　许		深<0.2*t* 长<0.5*t* 且≤20
表面气孔	不　允　许		每50长度焊缝内允许直径≤0.4*t* 且≤3，气孔2个；孔距≥6倍孔径
角焊缝厚度不足			<0.3+0.05*t* 且≤2.0，每100焊缝内缺陷总长度≤25
角焊缝不对称			差值<2+2.0*h*

2）钢结构制造质量

（1）钢结构建造外表线型美观，表面平整光滑。

（2）下料尺寸满足总装精度要求，一次抽验合格率达到98％。

（3）杆件、节点制作、安装质量满足国家钢结构验收规范标准。

（4）控制桁架主管形体尺寸，确保桁架两端的桁架总长度尺寸满足精度要求。

（5）装饰美观，涂装质量满足《铁路钢桥保护涂装》（TB/T 1527—2004）要求，保证防腐能力达到15年以上。

3）钢结构安装质量

（1）立柱下节点球头与预埋半球座吻合良好，装配符合设计要求。

（2）立柱垂直度应符合《钢结构工程施工质量验收规范》（GB 50205—2001）的要求。

（3）各斜撑钢桁架径向角度应一致，并符合设计要求。

（4）其他安装要求符合《钢结构工程施工质量验收规范》（GB 50205—2001）的规定。

4.3.4.7　安全措施

1）劳动组织

（1）厂区制作人员见表4.3.4-4。

厂区制作人员

表4.3.4-4

工　种	人　数	工　种	人　数
计算机放样	3人	批磨工	2人
下料	3人	起重工	4人
机加工	5人	行车工	5人
装配工	10人	油漆工	5人
电焊工	8人	喷沙除锈工	10人

（2）现场安装人员见表 4.3.4-5。

现场安装人员　　　　　　　　　　　　表 4.3.4-5

工　种	人　数	工　种	人　数
起重工	40 人	油漆工	2 人
装配工	10 人	批磨工	2 人
钳工	4 人	吊车司机	6 人
电焊工	10 人	汽车司机	3 人
电工	2 人	测绘工	4 人
辅助工	10 人	构件运输人员	15 人

2）安全措施

（1）参加施工的人员进厂施工前必须经过安全培训和专业安全教育。

（2）施工现场应悬挂安全标志牌，危险安装地带应设路障或挂牌名示，并划出安全区界。

（3）现场各种机电设备，未经专职人员验收合格不得使用，各工种人员必须持证上岗，进入现场必须戴好安全帽。

（4）严格执行施工现场临时用电安全技术规范，安装、维修或拆除临时用电设施，必须由电工完成。

（5）现场安全设施必须由专职人员搭设，其他任何人不得随意拆除和松动。每天施工前应对安全设施进行检查和维修。

（6）高空作业人员应系好安全带，严禁向下抛掷物体。使用的工具应用安全带系牢或装入工具袋，防止坠落。

（7）高空作业人员应符合高空作业体质要求，严禁酒后登高施工。

（8）配制好安全网、系好安全带等安全设施、设备。

（9）乘人吊篮、吊具、吊索、安全带等设施要进行认真计算并留有足够的保险系数。经测试合格后方可使用。

（10）吊装作业时，吊装机械周围 50m 范围内应避免安排其他作业。

（11）厂内涂装作业应在通风、防火、防爆等方面采取有效措施，确保涂装作业安全。

4.3.4.8　环保措施

（1）构配件进场验收后，应分类放置且应在构件下铺好垫木，构件不得堆放，以防止挤压变形及标识牌脱落。

（2）所有成品应有标识；易污染易损坏成品要有保护膜、保护套、保护罩等，并有警示标志。

4.3.4.9　施工实例

武汉体育中心 6 万人体育场篷盖钢结构覆盖面积为 27600m²，东西方向最大轴线长 248.01m，南北方向最大轴线长 280.414m，篷盖系统采用了空间大悬挑预应力索桁钢结构，篷盖钢结构工程主要由三部分组成：第一部分为以立柱为中心的刚性主支撑；第二部分为以环索为中心的柔性副支撑；第三部分为马道。第一部分的主支撑部分包含 56 个立柱单元（立柱、柱脚、桁架、两根上拉杆、两根下弦杆、两个下弦节点和下环梁的组合体，相邻两单元共用下弦节点,)、4 个钢筋混凝土井筒、上环梁、下环梁各 60 根、下拉杆 120 根和下拉索 48 根,这些组件沿体育场周圈呈花瓣形对称分布;东西方向最大轴线距离 248.010m,南北方向最大轴线距离 280.414m。第二部分的副支撑由一根内环索、56 根上吊索、68 榀悬挑斜桁架支撑组成。内环索在平面的投影为椭圆形,长轴半径 101.9165m,短轴半径 68.924m。沿看台方向,斜撑桁架在东西方向最大悬挑长度 52.0105m,南北方向最大悬挑长度 39.934m。整个结构最大标高 56.81m,内环索最大安装标高 46.638m。立柱单元体最大重量约 35t,桁架最大榀为 1499m×1099m×52011mm,重约 26t,内环索重量约 44t,篷盖钢结构总重约 4000t。第三部分的马道在斜撑下方沿体育场周圈吊挂,吊挂位置距离斜撑前端最大值为 6m。马道对整个结构的承载能力影响不大,可看作是结构的附属组件。

本屋盖工程于 2001 年 9 月至 2002 年 2 月施工,工程质量达到现行国家标准和设计要求。施工过程中,对钢结构杆件全部作了超声波检测,检测结果全部符合焊接规范要求;另外,在施工过程中,分两个阶段分别对索桁结构进行了动态应力监测,第一阶段为膜面刚开始施工阶段,第二阶段为膜面全部完成,并处于冬期有雪荷载时。检测结果表明,在恒荷载和雪荷载作用下,索桁结构是安全可靠的。

4.3.5 体育场张拉式索膜屋盖施工工法

张拉膜结构是膜结构中最常见的一种形式,即通过对膜材内部施加一定的预张力,使其具备了抵抗外荷载能力,从而充当结构材料的一种结构体系。这种形式能够充分利用膜材的受力性能,形成轻巧、美观、具有现代感的空间大跨曲面结构,并且施工简单、快捷、成本低,在国外已被广泛应用于商业建筑、体育建筑、工业建筑、户外设施、文化娱乐建筑等各种领域。目前,在我国,相应的应用开发工作已逐渐展开,但对其研究施工仍处于初级阶段。通过对体育场张拉式索膜屋盖施工技术总结,形成本工法。

4.3.5.1 特点

1) 建筑膜面的特点

(1) 建筑膜主要特性是:自重轻、透光性能好、能有效阻止紫外线透入、自洁性能好、耐用性强并能更好衬托建筑物。用膜布作屋面,既能适应不同形体建筑造型的需求,其支承系统也可大为简化。现阶段,膜结构较多应用于体育场馆和大型公共场所。

(2) 膜结构由于自重轻,受风面大,属于风敏感体系,无论是施工阶段还是使用阶段,风均是作用于膜面的主要荷载。因此,要注意施工阶段膜面和结构的安全。

(3) 膜面常与索结构配套,通过施加应力,形成结构刚度。合理的施加预应力是涉及索膜结构安全的关键因素。

(4) 膜结构工程施工时工效较高,只需投入较简便的施工机械,且较少影响屋顶以下分部工程的施工。但由于多为凌空作业,安全操作设施要因工程不同特点而作特殊考虑。

(5) 膜材虽有较强的抗拉强度,但遇尖锐物件或焊割飞溅极易破损,而遇未干油漆等涂装材料又极易污损,因此在施工全过程中,要重视产品(膜材)的保护。

2) 全索膜结构的主要形式

膜结构的受力主要由张拉结构索完成的,从受力角度看,膜结构与钢结构、索结构是一个共同受力体系,三者缺一不可。

3）全索膜结构固定与张拉的主要方法

（1）通过 U 形夹具将膜面固定在钢索上；

（2）索膜结构张拉的主要方法：浮动环提升法和谷索张拉法。

4.3.5.2 适用范围

适用于体育场馆膜结构工程的施工。

4.3.5.3 工艺原理

膜面施工是将运用在建筑物中的膜面作为一个单元或分成若干个单元进行施工，施工完毕后相互连成一个整体。

膜面施工基本步骤是：先在需安装膜面的结构下方搭设搁置平台并拉设绳网，再利用起重设备将膜面就位至搁置平台上，在确认铺设方向后，用专用工具将膜布牵引到位并与膜结构支架进行连接，最后根据设计要求张拉膜面。

膜面的提升过程同时也是张拉过程，涉及膜面的张拉有两个问题：一是每个独立膜块的张拉，二是装配的作用和临近膜块的张拉。这两个问题必须放在一起看待，即第一块膜面张拉成功必须是在临近膜块也被提升和张拉后。因此，提升过程必须是重复性的，一步一步地提升和张拉，当邻近的膜块被提升到位点上时，第一块膜块才有可能被放置到最终位点。

4.3.5.4 工艺流程及操作要点

1）工艺流程

见图 4.3.5-1。

2）操作要点

（1）检查

①供应商提供的膜面、膜面五金件、钢索及辅助材料的规格、型号及数量应符合施工图设计的标注。

②钢结构表面油漆应完好无脱落。

③钢结构与钢索连接耳板的销孔直径及椭圆度应符合施工图设计的要求。

④膜结构支架的外形尺寸及平整度应符合施工图设计的要求。

（2）搭设施工和膜面搁置平台

①搭设膜面搁置平台。

每跨膜面施工前应搭设搁置平台，搭设平台的主要材料是脚手管件和"十一夹板"。搁置平台搭设位置一般在悬挑桁架根部看台处，见图 4.3.5-2。

搁置平台平面尺寸：长度应满足一块膜横向展开时的尺寸（即三榀悬挑桁架间位置），宽度 3.4m，高度根据悬挑桁架根部高度确定。平台顶面用"十一夹板"满铺。搭设完毕后，外露的脚手管、扣件及尖锐部位应用棉布包裹。（注：膜面折叠后尺寸为：2m×4.2m，膜布外侧 1.4m 部分为施工时操作通道。）

搭设搁置平台用的"十一夹板"板面应保证清洁、无污物，并保证无尖锐毛刺，以免造成膜面的损坏或污染。

膜面施工时每跨都需要搭设搁置平台。

②登高脚手架。

每跨膜面安装前均应设置登高脚手架，脚手架可直接与膜面搁置平台连接。

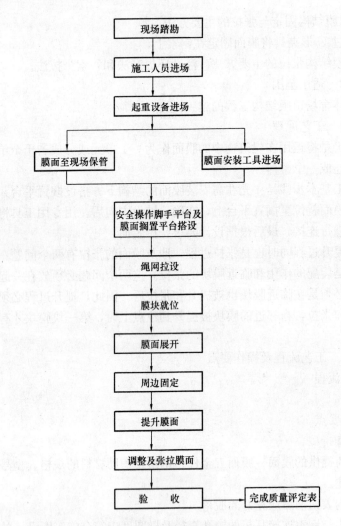

图 4.3.5-1 工艺流程

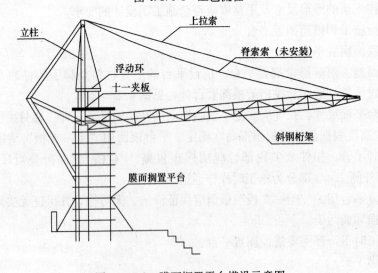

图 4.3.5-2 膜面搁置平台搭设示意图

③施工操作平台。

为方便运输膜及其操作，每个双间都应该搭设施工操作平台，施工操作平台系统横跨整个装配区域并且能够在打开膜的过程中支持膜。

操作平台用脚手架搭设，安装至内环索的高度，宽度不小于80cm，并在外侧设置安全防护栏杆。搭设完成后，平台表面用"十一夹板"满铺。

膜面的牵引工作以及边索的连接工作是在环向马道和内环索处完成的，马道处施工时，工人可直接在此处操作，因此不需要施工平台。内环索处施工时，由于处于凌空状态，因此，需要设置工作点。内环索处的工作平台采用吊篮形式。具体施工平台搭设方法见图4.3.5-3。施工时，吊篮两端通过紧绳器与悬挑桁架梢部进行可靠连接，使吊篮不至于摇摆。

与膜面搁置平台一样，所有外露的脚手管、扣件及尖锐部位应用棉布包裹。操作平台用的"十一夹板"板面应保证清洁、无污物，并保证无尖锐毛刺，以免造成膜面的损坏或污染。

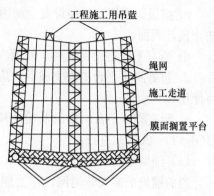

图4.3.5-3 膜面施工平台

（3）就位谷索、脊索

①吊装设备的选用：

a. 体育场屋面施工时，一般已经不能进场大型机械吊装设备，现场采用卷扬机设备进行谷索、脊索的就位；

b. 根据工程膜结构设计情况选择卷扬机滑轮组。

②谷索就位步骤：

a. 在谷索连接节点处安装施工吊篮；

b. 明确卷扬机设置位置，并正确安装卷扬设备；

c. 检验索标识牌中所列数据是否与设计值相符；

d. 将钢索就位至安装点下端并将其打开；

e. 根据施工图纸要求以正确的方向起吊钢索；

f. 起吊钢索至安装位置上空，操作人员将索锚具与谷索连接板耳板连接，即可松钩；

g. 将钢索张拉端牵引至看台最顶端，并用钢丝绳将索抬高，临时固定在钢立柱上。

③脊索就位步骤。

脊索就位时，施工操作步骤与谷索基本相同，只是在将脊索一端锚具与悬挑桁架端部耳板连接完成后，将索体直接安放在悬挑桁架上，并给予临时固定。

④就位过程要求：

a. 所有膜面索必须"对号入座"，不能出现安装错误现象；

b. 加强对索的保护工作，使索在安装过程中PE层不至于损坏；

c. 安全绳网。两块单元膜面对接施工时，有一侧总处于凌空状态，为保证施工人员的人身安全，施工前应设置安全设施。也可在该节点处不设置安全栏杆，而改用拉设安全绳网作为此处的安全设施。安全绳网拉设方法：

a）主要材料：绳索采用 $\phi14$ 腈纶绳，单根长度 30～55m，根数 20 根；绳圈 20 只；紧固工具选用绳索紧绳机；

b）拉设方法：将绳的一端直接连接在悬挑桁架梢部弦杆上，另一端通过绳索紧绳机与钢立柱连接，每隔 5m 设置一根立杆，并利用紧绳机使绳索达到一定的张度，依此方法排布绳索。

c）搭设脚手平台及拉设安全绳网时，外露的脚手管、扣件及尖锐部位应用棉布包裹，防止损坏膜面；

d）所有平台搭设完成后，外围应设置安全防护栏杆。

d. 每处脚手平台搭设完成后，应由专职安全员进行安全检查，验收合格挂牌后，方可使用。

e. 所有脚手平台的搭设及验收应依照《建筑施工扣件式钢管脚手架安全技术规范》（JGJ 130—2001）进行。

（4）绳网安装

膜面铺设前需安装绳网，作为膜面展开时的依托。绳索采用 $\phi14$ 腈纶绳。绳网安装时，平行于膜面展开方向每隔 2.5m 弦拉一道绳索；垂直于膜面展开方向每隔 5m 弦拉一道绳索。

绳网安装结束后，通过绳索紧绳机对绳索施加足够的力，以避免膜面在牵引过程中与钢结构接触，造成膜面的损坏或污染。

绳索及紧绳机与钢结构相连接部位，用棉布衬垫。

（5）膜面安装

①膜面安装的条件：

a. 钢结构必须安装完毕，膜结构支架必须安装完成，并应满足设计要求；

b. 结构整体是安全、稳定的；

c. 相关区域内构件的涂装必须施工完毕并经过监理工程师的验收；

d. 相关区域内施工准备工作结束；

e. 气候条件须适应膜面的铺展，工作风速小于 8.2m/s（5 级风）；

f. 接收到现场监理工程师下发的开工单。

②根据膜面安装要求，分散放置膜面固定材料以及临时张拉工具。膜面安装固定材料包括铝合金压板、止水橡胶带、不锈钢螺栓、螺帽及垫圈；临时张拉工具包括绳索紧绳机、钢丝绳紧绳机、灰色夹具、白色夹具和 $\phi14$ 腈纶绳。

③将安装膜面的手工工具分发到各个班组。手工工具包括大力钳、套筒扳手、羊角锤、美工刀及带安全挂钩的工具袋。

④将不锈钢螺栓依次安装在膜面连接板上，并将止水橡胶带按顺序排放在膜结构支架上。

⑤膜面就位。在施工现场平地上拆除膜面包装箱的顶板及侧面板。确认膜面铺设方向后用吊车将膜面连同包装箱底板吊至搁置平台的中心。

a. 膜块采用包装袋包装或置于木包装箱内时，可用钢丝绳进行吊装。

b. 膜块无包装进行吊装时，必须用编织绳圈进行捆扎。

⑥展开膜面。膜布在脚手架上展开。膜面就位后，先在搁置平台上将膜面横向展开，

并将灰色夹具按一定间隔与膜布上的眼孔相连接（一般每隔2m安装一个灰色夹具），再用φ14腈纶绳与灰色夹具相连接，最后利用手动绞盘通过绳索紧绳机向铺展方向牵引膜面。

膜面展开后应对以下项目进行检查：

a. 膜布展开时，检查膜布的外观质量，确定制成品上无破损、无明显折痕、无无法擦去的污垢、无严重色差；

b. 检查膜布上所有的拼缝及结合处无裂缝或分离；

c. 检查所有螺栓、垫圈及铝合金压条无损伤和锈蚀；

d. 检查所有的钢索索体及锚具无涂层破坏及锈蚀。

⑦周边固定。膜有5个需要固定的区域：脊索分段部的固定、在钢桁架立柱上的浮动环的固定、内环索处的边索固定、外圈处的边索固定、使膜能绕过钢桁架立柱的分段节点处的固定。

a. 将膜面拉至离安装位置800mm左右时，用钢丝绳紧绳机替换下绳索紧绳机并安装白色夹具（夹具数量可根据膜面松紧程度决定）。再用钢丝绳紧绳机将膜面向膜结构支架处牵引。膜结构支架上的螺栓间距与膜布上的眼孔是相匹配的，当膜布拉到其安装位置后即可将膜面固定在螺栓上。膜面固定时局部地方的眼孔会与支架上的螺栓位置不一致，因此要求现场开孔。开孔时用美工刀或冲头，禁止使用榔头直接敲击膜布进行开孔。

b. 脊索分段部的固定。利用铝合金U形扣和铝合金压条将膜布的两边与脊索连接，连接节点见图4.3.5-4。所有连接螺栓应拧紧，拧紧的标准是其弹簧垫圈平口，并保证U形扣与脊索无间隙。连接过程中逐步提升浮动环，这样可保证膜面能顺滑连接。由于膜最后的张拉通过谷索的张拉和浮动环的提升来实现，因此脊索的夹具在连接时其应力是较低的。

c. 浮动环的固定。在主体钢结构安装时，膜面浮动环已经安放在钢立柱上，见图4.3.5-2。膜面安装前需将浮动环升高以便于膜节点的处理，具体方法为：在膜面搁置平台上再搭设一个小平台，平台高度为1.4m，外包尺寸不大于浮动环方管内径尺寸。搭设完成后，提升浮动环并摆放在平台上。

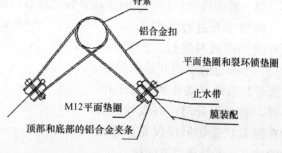

膜布与浮动环相连接时，应同时将脊索锚具安装在浮动环相对应的耳板上。连接方法见图4.3.5-5。

当膜面周边固定好后，拆除所有夹具并松开绳网。

⑧提升膜面。一个单元的膜面安装完毕后应即刻提升膜面。提升膜面

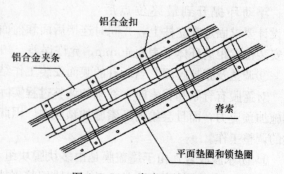

图4.3.5-4 脊索连接示意图

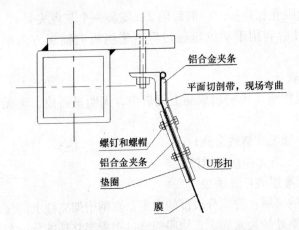

铝合金夹条

平面切剖带，现场弯曲

螺钉和螺帽

铝合金夹条

U形扣

垫圈

膜

图 4.3.5-5 浮动环与膜面连接详图

的目的是防止天气突然改变（刮风或下雨）造成膜面的损坏。提升膜面时应做到：a. 膜面周边受力基本均匀；b. 膜面上无集水点。

膜面的提升是通过提升索桁钢结构立柱上的浮动环达到提升膜面的目的。

所有的单跨膜面安装完成后，可进行膜面的提升工作，提升时，在钢立柱顶端设置吊点，并用三只 5t 神仙葫芦提升浮动环。

以两跨相邻的单元膜面进行说明。（两跨膜面安装时，共需要与 5 个浮动环进行连接）

膜面提升时，将提升工作分为三个步骤进行施工：

a. 当第一跨膜面安装完成后首先提升中间一个浮动环（第 2 个），但不能将浮动环提升至最终安装位置。这是因为，相邻跨的膜面还没有安装，若浮动环最终提升，势必将带动两边的膜面与脊索同时升高，这样，相邻跨膜面将无法进行施工。

b. 同时提升两边的浮动环（第 1 个与第 3 个），并用绳索张拉脊索。保证脊索处于受力状态。

c. 相邻跨膜面安装时，下放一侧的浮动环（第 3 个），当脊索连接节点处理完成后，完全提升该处的浮动环，并进行最终的连接固定，同时对谷索施加一定的力。依次类推，当在相邻跨膜面安装完成后最终提成第 4、第 5、第 6 个浮动环。这样，首先安装的浮动环（第一跨膜面上）是在膜面全部安装完成后，最后进行提升的。

膜块提升过程见图 4.3.5-6，所有的操作同时进行。需要说明的是，当邻近的膜面开始张拉时，才能进行膜面浮动环的提升工作。另外，膜面提升时，谷索始终保持在张紧状态，但仅仅是刚刚拉紧的状态，不是最后的张拉。

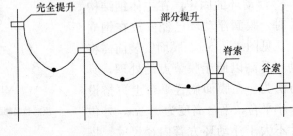

完全提升　　部分提升

脊索

谷索

图 4.3.5-6 膜块提升示意图

浮动环提升到最终位点后，按设计要求固定在立柱上，并同时连接后面和前面的边索夹具。浮动环连接，其角钢环最终安装位置距离环体下表面 40mm，允许误差 -40~+20mm。

⑨调整及张拉膜面。当所有的膜面安装工作结束后，即可进行膜面的张拉。

对篷膜有脊索和谷索时，谷索的调整过程实际上是一个张拉过程，因为谷索不但会给膜施加预应力，而且会给内环索施加预应力，因此所有的膜块必须安装完毕后才能进行谷索的调整工作。

⑩ 防水膜胶合。由于篷盖膜是由多块膜块组合而成的，因此需对连接处进行防水处理。分片连接的膜块在脊索处，其封口膜用胶水粘合，见图 4.3.5-7。

⑪ 现场修补：

a. 因现场需要或安装时造成膜面破损，膜面必须进行现场改动或修补；

b. 修补前必须制定修补方案，各项指标按设计指标制定；

c. Sheer fill 膜面修补时应使用专用热补电熨斗，温度控制在 550～800℃ 之间，并使用专用热隔离纸进行隔热，保证膜面表面不出现焦痕；

d. PVC 膜面修补时施工专用的热补焊枪，温度控制在 500～700℃ 之间并使用专用热隔离纸进行隔热，滚轴碾压时，每处不得少于 5 次。

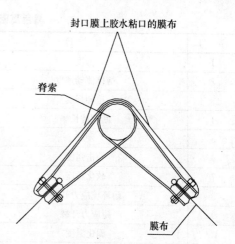

图 4.3.5-7　封口膜处理示意图

4.3.5.5　材料准备及技术要求

1）篷盖覆膜

采用国际流行的膜材，膜材选用法拉利 PVC1202T 膜，要求不得有裂缝、褪色和张裂等现象。

2）钢索

采用成品高强度镀锌钢丝拉索：

（1）钢丝性能满足《桥梁缆索用热镀锌钢丝》（GB/T 17101—1997）的要求；钢丝绳应满足《重要用途钢丝绳》（GB/T 8918—2006）的要求；

（2）高密度聚乙烯护套料技术要求见表 4.3.5-1 和表 4.3.5-2；

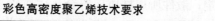

彩色高密度聚乙烯技术要求　　　　　　　　　　　表 4.3.5-1

序　号	项　目	单　位	技术指标
1	密度	g/cm³	0.942～0.978
2	熔体流动速度	g/10mm	≤0.45
3	拉伸强度	MPa	≥20
4	断裂伸长率	%	≥600
5	硬度	ShoreD	≥60
6	冲击强度	kJ/m²	≥25
7	软化温度	℃	≥110
8	耐环境应力开裂	F0/h	≥1500
9	耐应力开裂	F0/h	≥96
10	脆化温度	℃	≤−70
11	耐热老化 100℃168h 拉伸强度保留率 断裂伸长率保留率	 % %	 ≥85 ≥85
12	耐光色牢度	级	≥7

黑色高密度聚乙烯技术要求　　　　　表 4.3.5-2

序　号	项　目	单　位	技术指标
1	密度	g/cm³	0.942～0.978
2	熔体流动速度	g/10mm	≤0.45
3	拉伸强度	MPa	≥20
4	断裂伸长率	%	≥600
5	硬度	ShoreD	≥60
6	冲击强度	KJ/m²	≥25
7	软化温度	℃	≥110
8	耐环境应力开裂	F0/h	≥1500
9	耐应力开裂	F0/h	≥96
10	脆化温度	℃	≤−60
11	炭黑含量	%	2.3±0.3
12	碳黑粒度	μm	≤20
13	炭黑分散性 分散度 吸收系数	分	≥6 ≥400
14	耐热老化 100℃168h 拉伸强度保留率 断裂伸长率保留率	% %	≥85 ≥85

（3）锚具中，铸钢件所用材质应符合《一般工程用铸造碳钢件》（GB 11352—89）中 ZG 310—570 牌号的有关规定，检验质量应符合《铸钢件超声探伤及质量评级方法》（GB 7233—87）中二级规定；锻件所用材质应符合《优质碳素结构钢》（GB 699—88）中 45 牌号及《合金结构钢》（GB 3077—88）中 20Cr 的有关规定，评定质量应符合《锻轧钢棒超声波检验方法》（GB/T 4162—91）中 A 级要求。

3）膜制品及相关五金件

膜制品及相关五金件由美国 BIRDAIR 公司提供。

4.3.5.6　机械设备

1）膜面安装时必备的施工工具和设备

以 30m×30m 的 Sheer fill 膜面为例，主要机具见表 4.3.5-3。

主要机具设备一览表　　　　　表 4.3.5-3

序号	设备名称	用　途	最小用量
1	起重机	安装膜面索、就位膜面	1 辆
2	绳索紧绳机	固定绳网；牵引膜面	30 只
3	钢丝绳紧绳机	安装膜面	80 只
4	灰色夹具	膜面牵引时夹紧膜面并能与紧绳机相连接	30 只
5	白色夹具	膜面安装时夹紧膜面并能与紧绳机相连接	80 只
6	油泵	顶升、张拉膜面	
7	神仙葫芦	提升膜面	

序号	设备名称	用　　途	最小用量
8	绳圈	大绳圈作为膜块起吊时的索具；小绳圈可将紧绳机与钢结构相连接	大 4 只；小 110 只
9	4 磅榔头		4 把
10	羊角榔头		12 把
11	活络扳手	安装、固定螺栓	5 把
12	套筒扳手	安装压板螺栓	20 把
13	腈纶绳	拉设绳网；牵引膜面	1000m
14	热补电熨斗	当膜面上有拼缝或者当膜面出现破损时使用	2 把
15	大力钳	固定压板专用工具	5 把
16	鲤鱼钳	固定压板螺栓专用工具	5 把
17	方口钳	安装膜面与钢索连接节点专用工具	5 把
18	工具包	放置螺栓、螺帽以及小工具	20 只
19	安全带	保证高空操作人员的人身安全	20 副
20	冲头	根据现场情况在膜面上开孔	2 只
21	美工刀		4 把

2）质量检测设备

应力测试仪一套（仅用于 Sheer fill 建筑膜）。

4.3.5.7　质量控制

1）膜面应力值（仅用于 Sheer fill 建筑膜）

（1）应力的单位为 PLI（磅/英寸）。（1PLI＝0.175kN/m）

（2）膜面最终应力值由膜面设计单位提供。

（3）膜面应力用内卡式应力测试仪进行测试，测试过程应按设计点进行。

（4）膜面的最终应力应满足设计值。

2）膜布质量

（1）膜面外形：无松弛、无下垂；

（2）膜面外观：无破损、无污染，无积水；

（3）膜布接缝：拼接处不应有划口和剥离；

（4）损伤的修补：符合要求；

（5）膜面安装完成后无不寻常的松弛或张力损失；

（6）膜面上无无法擦去污损等；

（7）无积水部位。

3）周边压件安装质量

（1）所有固定件、氯丁橡胶带及铝合金压条不应有损坏、锈蚀现象；所有压板螺栓无缺损、无漏拧；

（2）浮动环连接，其角钢环最终安装位置距离环体下表面 40mm，允许误差 －4～＋2mm。

4) 钢索及锚具质量

(1) 钢索无锈蚀；

(2) 钢索无松弛或明显的张力损失；

(3) 钢索锚具无锈蚀；

(4) 确保销钉安装到位。

5) 支架体系

(1) 检查钢结构有无涂装损坏；

(2) 确保与膜面接触的钢结构焊缝打磨光滑并涂装；

(3) 检查所有固定螺栓有无遗失、松动等。

6) 谷索质量

(1) 谷索安装位置正确，调节完好；

(2) 谷索张拉符合膜面应力要求。

7) 质量记录表

根据上述的监测指标制定膜面安装质量记录表，制定的表式应由工程监理共同签字认可。

4.3.5.8 劳动力组织与安全措施

1) 劳动组织

(1) 膜面的施工应由经过专业培训的施工队伍承担施工任务。

(2) 由于每个膜结构工程工作量都不相同，因此所配备的劳动力也不一样。以 30m×30m 为一个单元的膜结构工程为例说明，见表 4.3.5-4。

膜面施工劳动力组织表   表 4.3.5-4

序号	名 称	数 量
1	管理人员	5
2	吊车司机	1
3	拉膜工（兼胶封、热补操作）	26
4	电工	1
5	架子工	10
合 计		43

注：本表为 30m×30m 的一个单元膜结构工程的劳动力组织。

2) 施工安全

(1) 所有参加工程施工人员，进场施工前都必须经过专业操作培训和专业安全教育。

(2) 膜面安装前需检查所有与膜面相关连接点是否有飞溅、毛刺等现象，并应确保无锋利刺口，否则将损坏膜面。

(3) 膜面安装前，应将周边可伤及膜面的构件包盖。

(4) 膜面安装时应严格按照现场安装技术人员指导进行。

(5) 膜面安装前应听取天气日报，确保天气因素不会给膜面安装带来不利影响。

(6) 现场安全设施，必须由专职人员搭设，其他任何人员不得随意拆除和松动。每天施工前应对安全设施进行检查和维修。

（7）每天上班前进行交底，做到分工、分岗明确。

（8）安装膜面时，安装工具不可随意抛掷，以防止膜面损坏。

（9）高空作业，严禁向下抛掷物体，使用的工具应用绳索和安全带或工具袋系牢，防止失落。

（10）拧固膜面上螺栓，不得使用活络扳手。

（11）小工具必须放在工具袋内，所有散件必须收集在容器内并不超过器口，严禁散落。不准双手拿物体上下和使用有毛病的工具。

（12）周边螺栓固定结束后，应逐一进行检查。保证做到螺栓无缺少、无漏拧。

（13）膜面铺展后，严禁穿皮鞋上膜面。

（14）膜面张拉时，应随时用应力测试仪进行膜面应力的测试，以防止应力过大造成膜面的损坏。

4.3.5.9 工程实例

武汉体育中心6万观众体育场，其东西长277m，南北长245m，观众席上部为膜结构篷盖，覆盖率达100%，采用的结构体系基本上属全索膜张拉整体结构体系，是目前国际上流行的一种典型结构形式。它的结构由三部分组成：第一部分为形成曲面结构的张拉膜材，东西长看台篷盖各由18个伞状膜单元组成，南北短看台部分各由14个伞状膜单元组成，共计64个膜单元，南北看台膜篷盖最高点为54.53m，东西看台膜篷盖最高点为38.11m；第二部分为用于加强膜面的脊索和谷索，提升膜面的浮动环以及将膜内力传向支承结构的边索（外边索、内边索）；第三部分为支承索膜体系的支架结构，由56个立柱单元、4个钢筋混凝土井筒、2道内环索、68榀悬挑钢桁架以及相配套的拉杆、拉锁共同组成，这些组件沿体育场周围成花瓣状对称分布。

武汉体育中心体育场工程为国内首座采用全索膜结构屋盖体系的大型体育场，工程在设计中，将常见的钢结构支承上覆盖膜体系改进为索膜张拉受力组合体系，由64个伞状膜单元形成纵向独立受力单元，通过角筒、环梁、下拉杆屋盖水平支撑形成整体空间受力体系，既造型轻巧、功能良好，又充分利用了材料受力性能，形成整体的全场受力体系，将建筑功能和结构作用融为一体，提高了安全性，也大大节省了用钢量，节省了投资。工程施工仅用70d的时间顺利安装完成，膜面安装完成后，经建设单位组织当地质检部门、美国BIRDAIR公司、设计院和监理单位共同验收，现场实测部位达256处，均符合要求，合格率100%；膜面索安装共712根，安装位置正确，索具调节完好；膜单元造型与设计一致，并与钢结构匹配；膜面无明显松弛、污损等现象，经试用，未发现篷膜面有积水现象，一致同意评为优良。

4.3.6 体育场金属屋面施工工法

随着科学技术的发展，许多建筑物采用金属板作屋顶面，即用金属薄板代替传统的屋面材料。这种屋面具有保温性能好、自重轻、防水性能好、屋面形式丰富多彩的特点，金属屋面系统技术的应用越来越广泛，它赋予建筑物以全新的外观。本工法是根据南京奥体中心主体育场的金属屋面施工工艺总结形成的。

4.3.6.1 特点

采用本工法施工金属屋面具有方便、快捷，施工效率高的特点，且对三维异型屋面的施工具有很好的指导意义。

4.3.6.2 适用范围

本工法适用于工业与民用建筑金属板材屋面工程的施工。

4.3.6.3 工艺原理

金属板材屋面系指采用金属板材作为屋盖材料,将结构层和防水层合二为一的屋盖形式。金属板材种类很多,板的制作形状多种多样,施工时,有的板在工厂加工现场组装,有时根据屋面工程的需要现场加工。本工法主要是介绍屋面铝板采用通长槽形无接头整板,面板固定支架采用特制螺钉固定,面板与固定支架间采用可滑动连接,有效地消除了金属板因温差产生的变形及应力,增加了屋面板的使用寿命。在横向接头处采用大小边锁边,具有良好的防雨性能,其接头形式如图4.3.6-1所示。

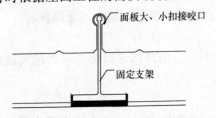

图 4.3.6-1 面板横向接头形式

檐口铝单板包括四部分内容:东西环梁铝板、外挑檐铝板、内挑檐铝板、1/4 内挑檐铝板。

聚氨酯天幕板(阳光板)结构采用主次檩结构,主檩通过连板与结构用螺栓连接,次檩通过钢角码与主檩采用螺栓连接。阳光板用钢扣固定后用铝扣连成整体。

悬挑梁罩棚部分底板为倒贴板,施工难度大。且底板下看台同时间也要施工,因此施工时无法搭设脚手架。另外,底板面层为双向曲面,而底层又为平面板,如何才能满足要求,达到该效果,檩条安装是一个难题。

4.3.6.4 工艺流程及操作要点

1)施工工艺流程

(1)屋面直立锁边铝板安装工艺流程

施工准备→面板 T 码安装→面板垂直运输→面板安装→安装检查。

(2)屋面底板安装工艺流程

吊篮制作→吊篮安装→底板檩条安装→底板安装→安装检查。

(3)环梁、内、外挑檐、1/4 内挑檐铝板安装工艺流程

铝板安装设计→测量放线、立标杆→龙骨安装→龙骨上弹放铝板安装墨线→铝板安装、调整→密封胶施工→收口板施工→检查验收。

(4)大拱檩条及铝板的安装工艺流程

主檩条地面组装→垂直运输至结构面点焊→调整、满焊→次檩条安装→次檩条调整、固定→主檩方向上中间的标准铝板→转角处圆弧铝板→标准板与圆弧板之间的调节板。

(5)聚氨酯天幕板(阳光板)安装工艺流程

排板→定安装控制线→安装下口泛水→安装第一块板→钢扣安装→安装第二块板→安装扣槽→上泛水施工→重复以上工序至安装完毕。

2)施工操作要点

(1)屋面直立锁边铝板安装

①面板 T 码安装。铝板 T 码是屋面与结构结合的连接件,是屋面系统的主要传力构件,施工时必须严格控制面板 T 码安装质量,使其在轴线方向最大偏差不超过±1mm,水平转角不超过±1°。为确保 T 码轴线及转角精度,施工时使用 6m 靠尺检查,不符合要

求必须整改，安板前还应对 T 码进行复检，符合要求后才能进行下道工序施工。

②面板垂直运输。由于面板长度较大，最长板 70 多米，垂直运输采用钢丝滑绳法。施工时，必须由经验丰富的施工人员统一指挥，以确保施工过程中不损坏面板。

③面板安装。面板安装前必须检查 T 码安装质量，符合要求后进行安装，面板为依次咬接安装，为防止锁边处因板断面倾斜积水而发生渗漏，安装顺序必须由低处向高处依次安装，在最高点处两条小边或两条大边交汇处采用换肋的方法解决铝板的咬合。

屋面板安装时必须确保每一 T 码全部扣入板肋槽中方可安装下一块板，面板固定点采用两颗钢铆钉沿 T 码 45°方向固定。

④安装检查。当天安装的面板必须锁边，锁边直径为 21±1mm，施工时必须严格控制该数值，每次施工前先检查锁边机的锁边直径，如发现偏差，对锁边机进行调整，如果一次锁边数量超过 5000m，在锁边过程中也要检查锁边直径。

（2）屋面底板安装

①吊篮制作。底板安装采用吊篮法施工，吊篮用 100mm×60mm×20mm×2.5mm 的 C 形檩条焊制而成。底板用压型板制做，护栏用 φ12 钢筋制作，高为 1200mm，吊篮底部周圈设 200mm 高挡脚板。滑绳及吊篮应进行设计计算，确保施工安全。

②吊篮的安装。施工时，将吊篮用 φ12mm 的钢丝绳通过吊环吊至施工面下方作为工作面，同时在吊篮上方设两道 φ8mm 钢丝绳作为安全绳，作业人员将安全带挂在安全绳上，严禁将安全带挂在吊篮滑绳上，滑绳两端用卡扣将滑绳与结构钢梁卡紧，施工时每个吊篮允许承载 3 个施工人员，严禁超载作业。吊篮安装形式如图 4.3.6-2 所示。

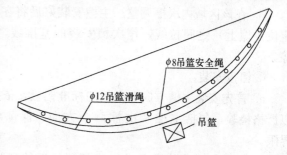

③底板檩条安装。底板面为双向曲面，而底板又为平面板，根据底板的特

图 4.3.6-2 吊篮安装示意图

性及安装方向，底板沿径向可以光滑过渡成曲线，但由于压制成形后，底板在环向方向刚度很大，无法弯曲，因此采取在檩条径向进行预弯处理，使檩条在径向呈一条光滑弧线，底板檩条安装时确保檩条环向在每一个等分段内为一条直线。

④底板安装。在每一块板环向方向，确保每一块板 4 根檩条在一个平面上，以若干短直线拼成曲线，通过现场实际放样，沿环向方向由 180 个小直线段组成的近似曲线可满足设计要求。

（3）环梁，内、外挑檐，1/4 内挑檐铝板安装

①铝板安装设计。东西立面环梁铝板外檐口总弧长 364.8m，每立面弧长 182.4m，每立面分格 152 格，每格宽度为 1.2m。根据环梁结构的特点，确定上面板与下面板的夹角为 60.8°，下面板与环梁底部板夹角为 90°，形成强烈的立体效果。

②测量放线、焊龙骨标杆。在结构面上放好龙骨安装线，然后以每六格为一单元焊接标杆，并对每一焊接标杆进行校准。

③龙骨安装。根据标杆单元内每格进出、前后及上下分格尺寸及水平控制尺寸进行龙骨初步点焊，对点焊的龙骨检查、调整，对调整好的龙骨进行满焊。

④铝板安装。在每根龙骨上弹放出铝板安装墨线，量出每块铝板所需的尺寸，根据铝板尺寸进行铝板安装，铝板初步安装完毕，进行整体调整，检查验收。

⑤密封胶施工。采用美国道康宁硅硐耐候密封胶，板缝填充物采用 P. E 泡沫棒。胶缝宽窄均匀，胶带光滑平整，不起泡、不开裂等。

⑥收口板施工。按设计要求处理好收口，力求做到符合各项质量要求的前提下，收口板完整、美观。

（4）大拱檩条及铝板的安装

①檩条的安装：

a. 主檩条在地面组装好（将双片主檩条用螺栓与连接板连接），用卷扬机垂直运输到目标位置，点焊于主结构上，对主檩条进行调整，将误差调整到控制范围内后满焊，并于焊口涂防腐底漆、中间漆和面漆等。

b. 次檩条先用螺栓和角码连接在主檩条上，调整好位置后将螺栓拧紧、固定。

c. 主檩及次檩安装时调整区域划分。将主檩和次檩划分为若干区域进行整体调整，通常以八个主檩分格为一调整区域。先将该区域内两条放线时确定位置的主檩安装好，包括檩条的位置、标高等控制尺寸都一一对应，以两主檩作基准线分别将其他檩条安装就位。

d. 在该区域内次檩调整。主檩安装好后将在次檩位置确定的两点（在该区域次檩条定位主檩上）之间拉线，作次檩安装的基准线，以电脑放样尺寸为依据调整各位置次檩条。

②铝板安装：

a. 首先安装主檩方向上中间的标准铝板，依据放样图纸对标准板的位置控制尺寸予以严格检验，包括主檩及次檩两个方向，保证各尺寸与理论尺寸不超过影响外观的界限。

b. 标准铝板安装后再进行边部圆弧板的安装，边部圆弧板安装应达到线条流畅的效果。

c. 最后进行边部调整铝板安装，该部分铝板大小是由转角圆弧板与标准板之间尺寸决定的，因此需对该处铝板位置进行精确测量，从而确保边部调整铝板安装达到预期效果。

（5）聚氨酯天幕板（阳光板）安装

阳光板安装前先排版，找出第一块板的安装控制线，安装下口泛水，然后安装第一块板，再安装钢扣，施工时钢扣要紧贴已安装的阳光板，且不能倾斜，再安装第二块板，安装扣槽，扣槽用橡皮锤砸入板肋中，再施工上泛水，依次类推，直到安装完毕。

4.3.6.5　材料及机具设备

（1）材料

金属板材、龙骨、密封胶、填充物、铆钉、螺钉、T码等。

（2）机具设备

吊篮、卷扬机、钢丝绳、冲击钻、砂轮切割机、电焊机、铆钉枪、改锥、钳子、扳手、线坠、水平尺、钢卷尺。

4.3.6.6 质量控制

（1）采用"三检"制度严格控制施工质量，施工前对工人进行技术交底，进行操作规程考核，合格后上岗施工。

（2）施工过程中，施工班组对每道工序进行自检，合格后交下道工序班组进行交接检，确保达到下道工序安装要求后报项目专职质检员检查合格后报监理、业主检验，监理对工序检查资料签字认可后进入下道工序施工。

（3）金属板材和骨架及其附件质量必须符合设计要求及有关标准的规定。

（4）金属板材屋面安装平整、固定方法正确，密封完整。

4.3.6.7 安全环保措施

（1）在吊篮中施工时施工人员必须把安全带挂在安全绳子上，严禁挂在滑绳上。

（2）施工人员上吊篮前必须检查滑绳两端是否固定牢固，卡扣、卡环是否锁紧，安全绳固定是否牢固。

（3）移动吊篮时，施工人员不得站在吊篮上，施工时吊篮严禁超载使用。

（4）电动机具必须按照说明书及有关规程操作，并有漏电保护装置。

（5）遇五级以上大风及雨雪天气禁止作业。

（6）使用密封胶时，残余胶液应擦除干净，以免污染屋面。

4.3.6.8 效益分析

采用此施工工艺进行复杂金属屋面板的安装，方便、快捷，大大缩短施工周期，从而节约施工成本。

4.3.6.9 应用实例

南京奥体中心主体育场各种形状金属屋面面积 7 万多 m²，屋面系统由大拱和悬挑梁罩篷两部分组成，其中大拱由铝单板、直立锁边铝板面板、檐口铝单板、聚氨酯天幕板（阳光板）四部分组成；悬挑梁罩篷屋面为 0.9mm 厚铝镁锰直立锁边面板，底板为 0.6mm 厚穿孔钢板，背衬吸声膜、50mm 厚吸声棉一层，屋面系统的构造形式呈坡状。大拱结构面层采用 2.5mm 厚铝镁合金平板，结构檩条为镀锌 C 形檩，板缝采用开放式设计，由 U 形铝扣条填嵌。

该体育场屋面采用了本施工工法，使得各种部位、各种型号金属面板安装平整度、接缝直线度、接缝高低差及铝板外檐口线条的流畅性等各项技术质量完全达到质量要求。

4.4 疏散平台、地面工程施工工法

4.4.1 体育场看台钢纤维混凝土施工工法

目前，钢纤维混凝土主要用于工业建筑中的薄壁、悬壁结构；厂房地面、路面、桥面、飞机跑道的面层、巷道与隧道的衬砌；结构加固以及抗震、抗爆等工程。在体育场看台面层上使用钢纤维的做法并不多。中建八局在武汉体育场看台面层施工首次使用钢纤维混凝土，施工后效果好，并形成本工法。

4.4.1.1 特点

钢纤维混凝土具有以下特点：

（1）能代替结构中铺设的结构钢筋，起传力作用；

（2）能提高结构的抗磨损性能；

（3）能提高结构的抗冲击强度和使用年限；

（4）能有效地克服混凝土早期收缩产生的裂缝。

武汉体育场看台面层设计为钢纤维混凝土面层，就是充分利用了钢纤维的优良特性，为了解决超长超薄钢筋混凝土结构容易出现裂缝的一个措施，同时起到耐磨作用。

4.4.1.2 适用范围

本工法适用于体育场看台面层钢纤维混凝土的施工。

4.4.1.3 工艺原理

钢纤维混凝土，是以混凝体作基料，以一种由短的不连续的钢纤维作为增强材料所组成的水泥基复合材料。它不仅保持混凝土自身优点，更重要的是因纤维的掺入，对混凝土基体产生了增强、增韧和阻裂效应，从而显著提高了混凝土的抗拉、抗弯强度，阻裂、限缩能力，抗冲击、耐疲劳性能，大幅度提高了混凝土的韧性，改变了混凝土易脆的破坏形态，在荷载、冻融等疲劳因素作用下，因其阻裂能力的提高，明显延长了使用寿命。由于钢纤维混凝土的这种优异特性，应用于体育场看台尤为合适。

4.4.1.4 施工工艺

1）工艺流程

（1）看台钢纤维混凝土施工工艺流程

施工准备→原材料选用→配合比设计→钢纤维混凝土拌制→结构基层清理→放径向轴线分区栏杆线、上人踏步线和看台台阶弧度控制线→立面凿毛→甩浆→第二遍刮糙（如折线部位立面抹灰厚度大于 40mm 先用 C20 细石混凝土找平，小于 30mm 后刮第一遍糙）→钉钢板网→第二遍刮糙引测台阶水平标高控制线→做立面、平面灰饼→嵌阳角条和分区分格条→看台平面清理→绑扎钢筋网片→浇 C30 钢纤维混凝土→混凝土养护→立面第三遍抹灰、阴角找方正。

（2）钢纤维混凝土配制工艺流程

见图 4.4.1。

2）施工方法

（1）施工准备

结合相关规范，针对体育场看台面层钢纤维混凝土施工中可能出现的问题和须遵循的一些原则，对操作人员进行集中培训和技术交底，提高项目部全体人员操作能力和质量意识。

（2）配合比设计

由试验室在开工前进行试配，在混凝土试配过程中，如果钢纤维成束结团附在粗骨料表面、且分布不均，则应按粗骨料粒径为钢纤维长度一半对粗骨料进行严格的进料控制和筛选（控制在 15～20mm 左右）。如果纤维拌合中易互相架立，会在混凝土中形成微小孔洞，影响混凝土质量、微孔还使钢纤维与水泥砂浆无法形成有效握裹，发挥不了钢纤维的

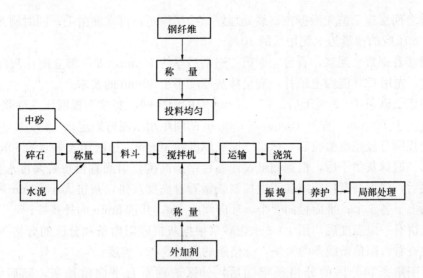

图 4.4.1　工艺流程

增强作用，可采取比同强度等级普通混凝土提高砂率和水泥用量的方法，解决上述问题。

试配配合比确定后，进行拌合物性能试验，检查其稠度、黏聚性、保水性是否满足施工要求，若不满足，则在保持水灰比和钢纤维体积率不变的条件下，调整单位体积用水量或砂率直到满足为止，并据此确定混凝土强度试验的基准配合比。

武汉体育场看台面层钢纤维混凝土配合比见表 4.4.1-1。

C30 钢纤维配合比

表 4.4.1-1

材料名称	水泥	水	砂	石	SF-25 钢纤维
出厂地点	三峡 P.O 32.5		巴河	乌龙泉	汉深公司
配合比	1.0	0.42	1.57	2.0	0.13

（3）钢纤维混凝土拌制

① 钢纤维混凝土现场机械拌制，其搅拌程序和方法以搅拌过程中钢纤维不结团并可保证一定的生产效率为原则，采用将钢纤维、粗细骨料先干拌而后加水、水泥、外加剂湿拌的方法；钢纤维用人工播撒，整个干拌时间大于 2min，干拌完成后湿拌的时间大于 3min，视搅拌情况，可适当延时以保证搅拌均匀；

② 搅拌钢纤维混凝土应专人负责，确保混凝土坍落度和计量准确；

③ 混凝土搅拌过程中，注意控制出料时实测混凝土坍落度，做好相应记录，并根据现场混凝土浇筑情况作出相应调整。严禁雨天施工；

④ 混凝土运输。由于钢纤维混凝土坍落度是随掺用纤维量的增加而下降，比普通混凝土的坍落度明显减小，因此，一般运输时间不宜超过 3min。现场将搅拌好的混凝土放入小车内，先由龙门吊运至 6m 平台，再由 6m 平台处的龙门吊运至看台上集中倾倒，通过人工转运至看台各部位进行浇筑。如在浇筑前发现混凝土有分层离析或过干现象，应人工进行二次搅拌。

（4）看台钢纤维混凝土基层施工

①看台面层施工前先根据控制线处理好结构层规矩，再立面凿毛，同时刷801胶水泥浆一遍，801胶的掺量为水泥用量的10%～15%；

②紧接着刷素水泥浆，看台立面第一遍刮糙厚约15mm，如局部立面抹灰总厚度大于40mm时，先用C20混凝土填补，满足抹灰厚度小于30mm的要求；

③待底层砂浆7～8成干后，钉1.2mm厚的钢板网，要求钢板网压入砂浆面20mm，搭接长度大于100mm，按照150mm×150mm的间距用水泥钉固定；

④钢板网分段隐蔽验收后，抹第二遍灰厚度约10mm，抹灰压入平面约50mm宽；

⑤第二遍抹灰稍干后，根据图纸设计看台踏步高度，引测看台每阶高度水平控制线，检查无误后，根据高度控制线和弧度控制线做看台面层灰饼，灰饼大小30mm×30mm见方，立面上下各1个；平面径向2个，环向间距2m，并按8mm向外找坡；

⑥灰饼有一定强度后，用1∶2水泥砂浆根据灰饼嵌阳角条和分区的分格条，并派专人负责检查看台阳角条线条的流畅，分格条的垂直度和平整度；

⑦待阳角条和分区的分格条牢固后，分区清理看台平面落地灰，随后绑扎φ6@150mm钢筋网片，钢筋接头采用绑扎搭接，搭接长度大于等于35mm，同一断面接头错开50%，钢筋保护层厚15mm，分格缝处钢筋断开，钢筋隐蔽验收后，按先远后近，先高后低的原则施工。

（5）钢纤维混凝土浇筑

分段浇筑C30钢纤维混凝土，混凝土的浇筑方法以保证钢纤维分布均匀、结构连续为原则。

① 浇筑混凝土保持连续施工，不得随意中断，不得随意留施工缝；

② 混凝土用手提平板式振动器振捣，每一位置上连续振动一定时间，正常情况下为25～40s，以混凝土面出现浮浆、无气泡为准，向前推进，前后位置相互搭接30～50mm，防止漏振；

③ 混凝土初凝前抹压四次、原浆压光，及时清理阳角条和分格条上混凝土浆。混凝土分区完成后再抹立面第三遍灰，原浆压光，抹灰走向同混凝土浇筑方向。

（6）钢纤维混凝土养护

钢纤维混凝土浇筑成型后，应浇水养护，养护期不少于14d。

4.4.1.5　原材料及要求

（1）水泥

选用细度筛余物少、抗折抗压强度高、性能稳定、强度等级为32.5级以上的普通水泥。本工程选用的为原三峡32.5级普通硅酸盐水泥。

（2）细骨料

应选用中砂或中粗砂，含泥量小于3%，砂率不低于50%。本工程采用了洁净的天然中砂，含泥量小于1%，空隙率小，细度模数2.7～3.1之间。

（3）粗骨料

应选用5～15mm碎石，最大粒径不超过20mm。本工程采用了坚硬、密实的优质碎石、粒径分布范围10～15mm。

（4）外加剂

可选用UEA-HZ（缓凝型）复合型高效膨胀剂。

（5）钢纤维

钢纤维的品种较多，本工程采用弓形（剪切型）钢纤维（SF25），材料规格为 0.5mm×0.5mm×（25～32）mm，抗拉强度为 390～510MPa（设计要求大于等于 380MPa），R＝1mm，90°弯折次数为 2～4 次（弯折试验要求大于等于 1 次）。

4.4.1.6 施工机具

混凝土搅拌机、混凝土振捣器、吊车等吊装机具、运输小车、水准仪、经纬仪、长刮板、2m 靠尺、木抹子、铁抹子、平锹、钢丝刷、凿子、喷壶、小水桶、低压照明灯等。

4.4.1.7 质量控制

（1）面层质量应符合国标《建筑地面工程施工质量验收规范》（GB 50209）中的有关规定。表面允许偏差不超过 4mm，用 2m 靠尺检查。

（2）面层的强度必须符合设计要求和现行规范的规定。

（3）钢纤维混凝土面层与结构层之间应连接牢固，不得有脱层、空鼓。

（4）表面光洁，无裂缝、脱皮、麻面和起砂等现象。

4.4.1.8 劳动组织及安全措施

1）劳动组织

看台各区、层以分区栏杆划分施工区，每施工区由一施工组负责，配备人数 15～20人；钢纤维混凝土后台搅拌为一组，配备人数 8～10 人。

2）安全措施

（1）混凝土振捣器、搅拌机等用电设备应设漏电保护器。漏电保护器必须经安全检验合格，具有认证标志的产品，并进行定期检查。

（2）行灯照明电压不超过 36V，灯体与手柄应坚固且绝缘良好，行灯变压器应有防潮、防水设施。

（3）看台四周必须设护身栏杆，加挂安全网。

4.4.1.9 环保措施

（1）易于引起粉尘的细料或松散料运输时用帆布等遮盖物覆盖；

（2）排出的地下水应经沉淀处理后方可排放到市政地下管道或河道；

（3）钢纤维混凝土搅拌时，不能有细料飞扬，对洒落的搅拌物及时进行清理；

（4）对驶出施工现场的车辆进行清理，设置车辆冲洗台及污水沉淀池；

（5）安排工人每天进行现场卫生清洁。

4.4.1.10 效益分析

看台采用钢纤维混凝土面层，既解决了看台面层耐磨、裂缝问题，同时也解决了面层防水问题。以武汉体育场项目施工为例进行分析，经对比测算，如采用面层外防水方案，则做防水的费用为 35 元/㎡，总计需要 113.75 万元；现采用的钢纤维混凝土，实际发生费用为 41.98 万元。较外防水方案比，共计节约费用 71.77 万元。

4.4.1.11 应用实例

武汉体育场设席位 6 万座，东西主体结构四层、看台两层，南北区主体结构两层、看台一层，看台分普通观众席、贵宾席、首长席三种席位，排距分别为 800、1200、2800mm。看台环向最长为 280m，板厚为 60mm，为露天超薄超长结构。看台面层设计要求：立面为 35mm 厚 1：2 水泥砂浆，平面 50mm 厚 CF30 钢纤维混凝土，钢纤维掺量为

0.8%（体积比），立面、平面均为原浆压光，不作其他装饰。

武汉体育场工程看台面积约 32500m²，完成钢纤维混凝土 2210m³，试验结果其试块强度 100%达到设计要求；外观质量也做到了表面平整、光滑、无裂缝、线条顺直，无任何渗漏现象。主体结构经当地建设主管部门验收，评为优良。

4.4.2 大型体育场疏散平台防水施工工法

体育场疏散平台处于露天，受热胀冷缩影响较大，同时处于一种受振动状态，这是较一般屋面防水结构的特别之处。中建八局施工的武汉体育场疏散平台设计采用三道防水设防，且采用了新型防水材料。在施工过程中，对每道防水设防精心施工，形成本工法。

4.4.2.1 工艺原理

体育场疏散平台设计在第一层涂膜防水层上面设置一层保温层，可有效避免该层防水层受温度的影响；在第二层卷材防水层上面再做一层刚性防水层，可保护卷材防水层受到过多的振动影响。这三道防水层相互保护，各自发挥其防水作用。其三重防水屏幕，确保疏散平台屋面不渗漏。

4.4.2.2 适用范围

本工法适用于受振动状态的屋面工程。

4.4.2.3 材料性能和特点

1) YN-聚氨酯沥青防水涂料

（1）技术性能

YN-聚氨酯沥青防水涂料属非焦油聚氨酯双组分化学固化型高弹性、高延伸率的新型高分子涂膜防水涂料。主剂（A 液）为带有导异氨酸基（—NOC）的化合物，高速异氨酸基（—NOC）的含量，可减少固化时间，提高粘结力的抗拉强度。固化剂（B 液）为以炭黑、钛白粉无机材料及经特殊加工的硫化剂组成的亲水性固化剂，调整固化剂配合比，可达到既有流动性，又能保证涂料与基层粘结牢固，使用时将主剂和固化剂按一定比例搅拌均匀后，涂布在需要作防水处理的基层上，经化学反应生成一层整齐、连续、无缝、高弹性、高延伸率的橡胶状涂膜防水层，牢固地粘附在混凝土基层上，达到防水抗渗目的。

（2）技术特点

①亲水性强，可在潮湿的基层上使用；

②冷作业，技术简单，操作方便；

③防水涂料固化前为黏稠状无定型液态物。

2) YN-自粘型卷材

（1）技术性能

自粘型防水卷材是近年来逐步兴起的一种新型防水卷材，YN-自粘型卷材以聚酯毡为胎体，自粘弹性体沥青为浸渍材料，上表面（非粘贴面）为聚酯膜面。该材料抗拉强度高，弹性伸长极限也大，适应变形的能力强，从而延长了使用寿命；粘结性能好，经检测其指标超过了《自粘橡胶沥青防水卷材》（JC 840—1999）标准，由于该自粘卷材整个基材具有自粘性能，故不会发生失粘现象。

（2）技术特点

①低温柔性好，延伸性能强，具有自愈能力，粘结性能好；

②冷施工操作方便，施工速度快且安全；

③含固率高，耐寒耐热，耐老化性好，无异味，是环保型产品；

④涂层之间不易分层，能与防水卷材相溶。

4.4.2.4 施工工艺流程及操作要点

1）工艺流程

基层清理→水泥砂浆找平层→涂刷底胶→细部附加层施工→涂刷防水层（聚氨酯，分三层成活）→防水层蓄水试验→水泥砂浆保护层→保温层→水泥砂浆找平层→铺贴卷材附加层→铺贴第二层卷材防水层→卷材收头粘结→卷材接头密封→防水层蓄水试验→钢筋混凝土刚性防水层→养护。

2）施工操作要点

（1）清理基层

用铲刀将粘在结构层的灰皮除掉，清扫干净，尤其是管根、地漏和排水管等部位要仔细清理。如有油污时，应用钢丝刷或砂纸刷掉。表面必须平整，凹陷处要用1:3水泥砂浆找平。基层含水率不大于9%。

（2）水泥砂浆找平层

结构表面的松散杂物清扫干净，进行管根清理。抹20mm厚1:2.5水泥砂浆，用铁抹子压实、收光。设6m×6m分格缝，内嵌灌缝胶。在阴阳角处应做成圆弧或钝角，且要求整齐、平整，浇水养护。

（3）涂刷底胶

将聚氨酯甲、乙两组分和二甲苯按1:2:2的重量比配合搅拌均匀，即可使用。涂刷量以0.2kg/m²左右为宜。待4h以后进行下道工序。

（4）细部附加层

将防水涂料按甲组分：乙组分＝1:2的比例混合搅拌均匀，用滚动刷或油漆刷蘸涂料在地漏、管道根、阴阳角和出水口等容易漏水的薄弱部位均匀涂刷，高度不小于100mm。

（5）第一道~第三道涂膜施工

当涂膜固化到不粘手时，开始进行下道涂膜的施工。每道涂膜的厚度保持一致，且相互之间的两道涂膜的刮涂方向必须垂直。

（6）保温层

紧贴基层铺设，铺平垫稳，找坡正确。同时，在保温层中设置用6m×6m网状ϕ50PVC管做成的透气管，在管壁打孔。管周用炉渣填满，透气管接至栏板隐蔽处翻至屋面。

（7）卷材的铺贴

待卷材及基层已涂胶基干燥后（手触不粘，一般20min左右），即可进行铺贴卷材施工。在大面积施工前，应先做好节点附加层，如水落口、沿口、排水沟、屋面转角处、后浇带等的处理，可先用YN-聚氨酯沥青防水涂料做防水加强层，宽300mm。

①卷材由最低处向上施工，长边和短边的搭接宽度不小于80mm（满粘法），且端头

接槎要错开 250mm。

②铺贴平面与里面相连接的卷材，应从下往上进行，使卷材紧贴阴阳角，铺展时对卷材不可拉得太紧，且不得有皱折、空鼓等现象。

③排气、压实：

排气：每铺完一卷卷材后，应立即用干净松软的长把滚刷从卷材的一端开始，朝卷材的横向顺序用力滚压一遍，以排除卷材粘结层间的空气，使之密实。

压实：排除空气后，平面部分可用外包橡胶皮的长 300mm、重 30kg 的铁辊滚压，使卷材与基层粘结牢固。垂直部位用手持压辊滚压。

（8）卷材末端收头及封边嵌固

为了防止卷材末端剥落造成渗水，卷材末端收头必须用聚氨酯嵌缝膏或其他密封材料封闭。

（9）卷材接头粘贴

合成高分子卷材搭接宽度：满粘法，80mm；空铺、点粘、条粘法，100mm。

（10）防水层蓄水试验

防水层施工完后，经隐蔽工程验收，确认做法符合设计要求后，进行蓄水试验（24h）。确认不渗漏水，方可施工防水保护层。

（11）水泥砂浆保护层

做法同本节"水泥砂浆找平层"。

（12）钢筋混凝土刚性防水层施工

在卷材铺贴完毕后，绑扎钢筋网片，经隐检、蓄水试验，确认无渗漏水的情况下，才能施工。采用 50mm 厚 C20 细石混凝土，压实、搓毛，浇水养护。同时，做 6m×6m 分格块，分格缝宽 10mm 内嵌灌缝胶。

（13）养护

浇水养护 2 周，并用草袋覆盖，保持湿度。防止混凝土的干缩裂缝。

4.4.2.5　主要机具、设备

电动搅拌机，砂浆搅拌机，油漆刷，铁、木抹子，橡皮刮板，消防器材，铁辊，钢卷尺，剪刀、注胶枪等。

4.4.2.6　质量控制及成品保护

（1）所用防水材料和其他材料的品种、牌号及配合比，应符合设计要求和国家现行有关标准的规定。且必须经复检合格后，方可使用。

（2）细部做法符合设计和施工规范的有关规定。不得有渗漏现象（蓄水 24h 观察无渗漏）。

（3）找平层含水率不大于 9%。并经检查合格后，方可进行防水层施工。

（4）施工必须严格执行工艺流程及相关的施工规范要求。涂膜层涂刷均匀，厚度满足设计要求，不露底，不起泡，不流淌，平整无凹凸，颜色亮度一致。

（5）水泥砂浆找平层无脱皮、起砂等缺陷。

（6）保温材料应紧贴基层铺设，铺平垫稳，找坡正确。

（7）涂膜防水层做完后，要严格加以保护，在找平层未做之前，任何人员不得进入，严禁在涂膜层上堆积杂物，以免损坏防水层。

（8）面层进行施工操作时，对突出地面的管根、地漏、排水口等与地面交接处的防水层不得破坏。

（9）已铺好的卷材防水层，应及时采取保护措施，防止机具和施工作业损坏。

4.4.2.7 安全措施

（1）防水工程施工前，应编制安全技术措施，书面向全体工作人员进行安全技术交底工作，并办理签字手续备案。

（2）进入施工现场必须戴安全帽，高空作业应系安全带。

（3）施工过程中，应有专人负责监督，严格按照安全规程进行各项操作，合理使用劳保用品，施工时禁止穿高跟鞋、带钉鞋、光滑底面的塑料鞋和拖鞋，严禁在施工现场吸烟。

（4）特种作业人员必须持证上岗。

（5）现场临电设置必须符合现场管理要求。

（6）坚持安全技术交底和班前安全例会制度。

4.4.2.8 环境保护

（1）防水卷材是易燃品，在运输、储存和施工过程中应注意防火，施工现场必须准备可靠的灭火工具。

（2）防水卷材及胶粘剂均有毒，操作人员必须戴口罩、手套、穿工作服等劳保用品；铺贴卷材时，人应站在上风方向。

4.4.2.9 效益分析

体育场疏散平台防水采用综合防治措施，多道设防，实践证明是可行的，特别是采用的自粘型卷材防水材料，解决其他新型防水卷材施工时接缝不易处理好的问题。传统的防水卷材在施工时，其搭接部位需要用喷灯或胶粘剂接缝，喷灯热熔时产生的烟气对人体产生一定的危害并污染环境，同时热熔时其温度控制不易掌握，易出现烤过等现象，影响接缝效果；而胶粘剂粘结的接缝，则容易脱胶开裂，影响防水效果。自粘型卷材则解决了上述问题。

另外，自粘型防水卷材只比同成分的防水卷材高出胶粘剂和隔离纸的费用，因此，自粘型卷材还具有性能价格比高的优势。

4.4.2.10 工程实例

武汉体育场工程为四层现浇钢筋混凝土框架结构，建筑面积 80000 余 m^2。疏散平台面积 $27180m^2$，设计防水等级为 I 级，三道设防，由内往外分别为涂膜防水层、卷材防水层及刚性防水层，见图 4.4.2 示。

武汉体育场疏散平台施工至今，防水效果很好，没有出现任何渗漏现象。

4.4.3 体育场看台面层施工工法

体育场作为提高竞技运动水平和群众进行身体锻炼、增强体魄、丰富文化生活必不可少的物质条件，发挥着越来越重要的作用。体育场的结构形式多种多样，然而体育场看台面层形式却大同小异，经对南京奥体中心主体育场看台面层的施工经验进行了总结，形成此工法。

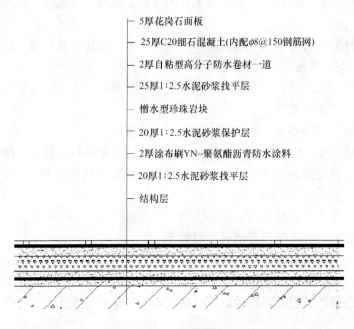

5厚花岗石面板

25厚C20细石混凝土(内配φ8@150钢筋网)

2厚自粘型高分子防水卷材一道

25厚1:2.5水泥砂浆找平层

憎水型珍珠岩块

20厚1:2.5水泥砂浆保护层

2厚涂布刷YN-聚氨酯沥青防水涂料

20厚1:2.5水泥砂浆找平层

结构层

图 4.4.2 防水做法详图

4.4.3.1 特点

采用此工法施工看台面层,可以达到不起壳、不裂、不渗、耐磨、不起砂、尺寸准确、表面平整美观的效果。

4.4.3.2 适用范围

体育场看台结构面层的施工。

4.4.3.3 工艺原理

通过对基层界面、节点部位进行适当处理,确定抗裂、耐磨的面层构造,见图4.4.3-1,同时严格控制各施工工序,达到大面积看台面层无开裂、起砂、平整美观的效果。

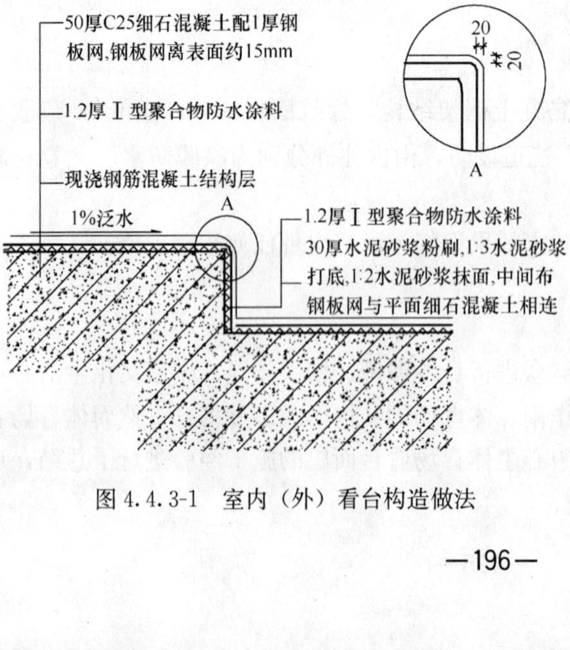

50厚C25细石混凝土配1厚钢板网,钢板网离表面约15mm

1.2厚Ⅰ型聚合物防水涂料

现浇钢筋混凝土结构层

1%泛水

1.2厚Ⅰ型聚合物防水涂料
30厚水泥砂浆粉刷,1:3水泥砂浆打底,1:2水泥砂浆抹面,中间布钢板网与平面细石混凝土相连

图 4.4.3-1 室内(外)看台构造做法

4.4.3.4 工艺流程及操作要点

1) 工艺流程

(1) 室外看台施工工艺流程

基面清理,对拉螺栓孔处理→聚合物水泥防水涂料防水层→侧壁水泥砂浆粉刷基层→侧壁水泥砂浆养护→浇捣水平面层细石混凝土→细石混凝土养护→钢板网固定→表面砂浆粉刷→分割缝清理、打胶填缝。

(2) 室内看台施工工艺流程

基面清理、对拉螺栓孔处理→

粉刷混凝土界面剂→水泥砂浆粉刷看台侧壁→侧壁水泥砂浆养护→浇捣水平面层细石混凝土→细石混凝土养护→钢板网固定→表面砂浆粉刷→分割缝清理、填缝、打胶。

2）操作要点

（1）基层表面准备

① 基层表面应坚实、清洁、平整，但不需要光滑。基面不能有积水，也不应渗水。

② 施工前应对基层的平整度、光洁度、不起砂、不开裂等质量指标进行验收，做好记录，符合要求后方可施工。

③ 钢筋混凝土结构有缺损部位，需用聚合物砂浆或增强水泥浆修补平整。对于看台上结构施工时留下的对拉螺栓孔，应凿除表面20mm深的PVC套管，再用1∶2水泥砂浆分2～3次封堵补平。

④ 基层表面的气孔、凹凸不平、蜂窝、缝隙等，也应修补处理。对于宽度大于1mm的裂缝，应先进行结构注浆补缝处理，再用聚合物砂浆保护；宽度为 0.5～1mm 的裂缝用填缝料（防水涂料掺加滑石粉）刮填，干后用涂料粘贴宽 10cm 的化纤无纺布。

⑤ 若混凝土结构层偏差过大，应按以下原则处理：

a. 立面：当结构层与完成面厚度小于 10mm 时，应将混凝土表面凿深凿毛，保证表面粗糙，使粉刷厚度达到 10mm 左右，再进行水泥砂浆粉刷；当结构面与完成面厚度在 40～50mm 时，应采用设置 2 层钢板网进行粉刷；当结构面与完成面厚度大于 50mm 时，应采用C30 细石混凝土进行修补，内配以 $\phi4@100mm$ 双向钢筋网片并与结构可靠连接，连接点间距小于等于 500mm。

b. 平面：结构面与建筑完成面厚度应大于 35mm，如不足时，应凿除结构层的面层混凝土，再进行施工。

⑥ 根据看台的建筑尺寸进行测量放线和定位，并测出各层看台的标高控制线和水平位置线。划分分割缝留设的位置。

（2）混凝土界面剂施工

混凝土界面剂使用时应充分搅拌均匀，使用时将界面剂均匀地粉刷在混凝土结构面上，厚度应大于等于 2mm，界面剂终凝后湿润养护，以保证其良好的粘结性能。

（3）聚合物防水层施工

① 刮涂：

a. 刮涂时，要求厚度均匀一致，总厚度为 1.2mm，分 2～3 次刮涂。首次应将涂料调稀，做冷底子油涂刷，每度刮涂厚度控制在 0.5mm 左右。后次刮涂应在前次涂刷实干后进行（夏季约 8h；秋季约 12h；冬期约 24h）。

b. 操作时将拌匀的涂料倒在基面上，用橡皮刮板或漆刷将涂料涂匀刮平。一次配料数量应根据单次涂刮面积及劳动力而定。配好的材料应在 15mim 内用完。

c. 在刮涂时，先刮涂阴阳角、分割缝等特殊部位，然后再作大面积涂刮，并自上而下进行。

d. 第 1 度涂刷后，应对所刷涂膜的空鼓、气孔以及卷进土层的砂、灰尘和可能造成的伤痕、不良固化处进行修补，才可涂刷第 2 度。

e. 进行每度刮涂时应交替改变涂层的刮涂方向。

f. 同层涂膜的先后搭槎应大于 100mm。

g. 对于立面施工，一般可采用塑料簸箕、刮刀或刮板等工具，与施工面成 60°，由下往上进行刮涂。

②节点处理：

在进行大面积施工前，应先对节点进行加强处理。即在应加强的部位除规定的厚度要求外，另增加 1 层加强布和两度涂膜。加强布可用涤纶布或无纺布，其宽度为 200mm。

a. 阳角处理。阳角处容易磨损，因涂膜涂刮施工时不易保证厚度，在施工时应加贴加强布来增加和保证施工厚度及强度，一般宽度为阳角两侧 50mm。

b. 阴角处理。阴角部位应注意不得流淌堆积过多，做到厚度均匀。后道工序必须等涂膜实干后，再进行面层水泥砂浆和细石混凝土施工。

（4）水泥砂浆粉刷

① 材料配比计量准确，搅拌充分均匀。

② 采用 1：3 水泥砂浆打底，可分 1～2 次完成，最后为 1：2 水泥砂浆抹面。

③ 钢板网采用射钉枪或水泥钢钉固定，间距以 1000mm 左右能挂住网片为宜。

④ 表面收光分 2～3 次进行，达到均匀、平整、光滑、排水顺畅的要求。

（5）细石混凝土施工

① 必须提前做试配，并对试配混凝土收缩量进行检测，然后根据混凝土配合比和试配结果进行配制，注意按重量配合比正确称量。在搅拌现场应根据实测的砂、石含水率，在加水量中相应扣除。单位用水量和外加剂成分根据实际情况适当调整，以保证合适的坍落度及和易性，但用水量不应超过 160kg（以减小干燥收缩）。根据实际测定的混合料密度，适当增加或减少骨料用量。根据石子堆积空隙率和砂细度模数适当调整砂率。

② 混合料拌合均匀性：机械拌料时间大于等于 1.5min。各组成材料必须拌合均匀，特别是外加剂在混合料中要分散均匀，颜色一致，不得有露砂、露石和离析泌水现象。

③ 保水性：目测无明显泌水，并辅助一定频率的仪器检测，测定常压泌水率和压力泌水率。

④ 混凝土入模温度：应大于等于 10℃。

⑤ 混凝土的振捣：50mm 厚细石混凝土用木抹拍实或磨光机磨面，以上方式都必须做到不欠振、不过振。

⑥ 细石混凝土中的钢板网布置位置应为离表面 10～15mm，在施工中注意保持其位置准确不移动。

⑦ 看台阳角处设置 20mm×20mm 倒角，在施工细石混凝土层时一并浇筑，收光成型。3m 直尺检查直线度小于等于 3mm。

⑧ 在满足混凝土生产、连续浇筑的前提下，施工单位应掌握混凝土初、终凝时间，待初凝后便可进行系列养护工作；二次抹面一定要在初凝后、终凝前实施到位，杜绝人为疏忽，保证同一次浇筑的混凝土在同样塑性状态下实施二次抹面。二次抹面后加盖塑料布保水养护，气温低于 5℃时，在塑料布外压草帘或麻袋，浇水养护 14d 以上，注意不得将

湿草帘或麻袋直接覆盖于混凝土看台上，以免草帘或麻袋的颜色污染看台。干燥、湿度低、风口部位特别要加强洒水保温工作。

（6）表面封闭剂

对表面孔洞等进行处理，达到平整、致密的要求，清理垃圾、油污，然后按照材料要求的用量均匀地涂刷在混凝土表面，看台侧面的封闭剂应用喷雾器或喷筒多次重复喷洒，达到用量标准，并不得出现流淌。封闭剂喷刷完毕，应由专人看护保养，以防灰砂等产生污染，影响表面质量。另外还应注意：①施工温度应介于 5～50℃；②封闭剂干燥 7d 后才能施工下道工序。

（7）分割缝的留设

① 分割缝应根据台阶位置、看台弯折点进行设置。分割缝构造做法，见图 4.4.3-2。

② 人行通道台阶踏步的两侧需留设分割缝（如果踏步侧边有看台则设在看台上，如果踏步侧边为栏板，则设在踏步上），其余部位根据看台的长度等间距布设，分割缝间距小于等于 6m，根据看台实际长度控制在 4～6m 为宜，并且同一楼层上下层看台需对缝，同时分割缝的设置需考虑座椅的位置，应均匀设在座椅之间。

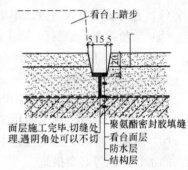

图 4.4.3-2 泄水分割缝大样

③ 分割缝处有防水层的，防水层应连续，细石混凝土和水泥砂浆粉刷层（包括钢丝网和钢板网）必须断开，分割缝宽度为 20mm，分割缝必须上下对齐，两侧边线顺直。

④ 分割缝处下部为素混凝土，表面 5mm 采用灰色聚氨酯胶密封处理。硅胶必须在水泥砂浆和细石混凝土层达到养护期，表面封闭剂施工完成后进行施工，施工时基层含水率小于等于 8%；表面的浮灰、油污等必须清理干净。硅胶施工应饱满密实，表面光滑，并不得污染周边混凝土。

4.4.3.5 材料

（1）水泥：采用原 32.5 级普通硅酸盐水泥，不得使用 R 型水泥；普通水泥中熟料含量大于等于 80%，矿渣含量大于等于 10%；碱含量小于等于 0.60%，若使用非活性砂石，碱含量小于等于 0.75%；控制水泥使用温度低于 80℃；同一单项工程中应采用同一厂家、同一品种和型号的水泥。

（2）砂：河砂，含泥量小于等于 2%，泥块含量小于等于 0.5%；细石混凝土用砂细度模数控制在 2.5～2.7，粉刷用砂必须过筛，细度模数控制在 2.3～2.5。

（3）碎石：非碱活性；3～10mm 连续级配；碎石粒形好，针片状含量小于 12%；含泥量小于等于 0.5%，泥块含量小于等于 0.3%。

（4）化学外加剂：采用多功能复合型抗裂防渗剂。

（5）聚合物水泥防水涂料（Ⅰ型）。

（6）混凝土表面封闭剂：采用硅酸类密封固化剂。

4.4.3.6 机具设备

混凝土搅拌机、混凝土振捣器、混凝土切割机、水准仪、运输小车、小水桶、长刮板、2m 靠尺、木抹子、铁抹子、平锹、钢丝刷、凿子、锤子。

4.4.3.7 质量控制

（1）土的原材料必须符合设计要求，混凝土的强度也应符合设计要求。

（2）硬度（1000r）小于等于 0.28g/cm² （未使用表面封闭剂的不作要求）。

（3）室外看台不得出现渗漏现象。

（4）地面无起壳、起砂及明显裂纹。

（5）平整度。3m 靠尺间隙小于等于 3mm。

（6）看台表面有向低一级看台的泛水，不得出现积水现象。

（7）看台表面色泽一致，不得出现肉眼可见明显的色差。

（8）质量检查。涂料防水层工程的施工质量检验批，应按涂膜面积每 100m² 抽查 1 处，每处 10m²，但不少于 3 处。

4.4.3.8 安全环保措施

（1）电器装置应符合施工用电安全管理规定。

（2）运输、堆放、施工所用车辆、机械的废气、噪声等应符合环保要求。

（3）运输、堆放、施工过程中应注意避免扬尘、遗洒、沾带等现象，应采取遮盖、封闭、洒水、冲洗等必要措施。

4.4.3.9 效益分析

采用此工艺方法施工的体育场看台面层无开裂、起砂现象，从而减少由于面层开裂带来的维修费用，降低工程成本。

4.4.3.10 应用实例

武汉体育场工程看台面积 27180m²，南京奥体中心主体育场看台面积（平面投影面积）35267.6m²，由于采用了本施工工法，保证了看台的施工质量，均达到"不起壳、不裂、不渗、耐磨、不起砂、尺寸准确、表面平整美观"的质量目标。

4.4.4 体育场大面积石材、地面砖铺贴施工工法

体育场楼地面均为大面积，且设计没有变形缝，极易发生地面裂缝、地面平整度差等的质量通病。对于铺装地面，由于铺装面积大，若干个区域同时施工，易出现错缝、高低差、地面颜色不一致等现象。针对此现象，采取一系列的预防措施，有效地防止了此类问题的发生，并形成此工法。

4.4.4.1 特点

采用本工法施工大面积楼地面，楼地面平整、无开裂。

4.4.4.2 适用范围

适用于大面积石材、地面砖的铺贴施工。

4.4.4.3 工艺原理

大面积楼地面铺贴施工时，采用分段、分部位施工，避免大面积施工易产生的错缝、高低差、地面颜色不一致等现象。

4.4.4.4 工艺流程及操作要点

1）工艺流程

清扫整理基层地面→水泥砂浆找平→定标高、弹线→选料→板材浸水湿润→安装标准块→摊铺水泥砂浆→铺贴石材→灌缝→清洁→养护、交工。

2）操作要点

（1）施工准备

大面积铺装地面施工要一次备料齐全，按长、宽、对角线尺寸、平整度及颜色等指标选材，并按不同尺寸及颜色分别码放。

（2）基层处理

基层高低不平处要先凿平和修补，并应进行清洁，不能有砂浆，尤其是白灰、砂浆灰、油渍等，并用水湿润地面。

（3）测量、找标高

平面测量实施 5m×5m 方格网定位控制测量放线，施工中根据矩形控制网外廓线加密桩位，将控制桩投测至施工区后钉测钎。每测定一闭合图形完毕后进行闭合校核，精度按Ⅱ级平面控制网要求。高程测量实际操作时先算出 5m×5m 边线交点高程，作为施测数据资料，采用基准块和高程控制桩相结合的方法进行控制，标高水准点放线要求闭合校测。

（4）排石材、地面砖

依据石材、地砖的尺寸、留缝大小将房间排出放置位置，并在地面弹出十字控制线和分格线。

（5）铺设结合层砂浆

铺设前应将基底湿润，并在基底上刷一道素水泥浆或界面结合剂，随刷随铺设搅拌均匀的干硬性水泥砂浆。

（6）铺石材、地面砖

①铺贴前将板材进行试拼，对花、对色、编号，以便铺设出的地面花色一致。

②石材必须浸水阴干，以免影响其凝结硬化，发生空鼓、起壳等问题。

③将石材、地面砖放置在干拌料上，用橡皮锤找平，之后将石材、地面砖拿起，在干拌料上铺适量素水泥浆，同时在石材、地面砖背面涂厚度约 2~3mm 的素水泥浆，再将石材、地面砖放置在已找平的干拌料上，用橡皮锤按标高控制线和方正控制线平正。

④铺装石材、地面砖时，应先在房间中间按照十字线铺设十字控制板块，之后按照十字控制板块向四周铺设，并随时用 2m 靠尺和水平尺检查平整度。大面积铺贴时应分段、分部位铺贴。

⑤如设计有图案要求时，应按照设计图案弹出准确分格线，并做好标记，防止差错。

（7）养护

石材、地砖地面铺装后的养护十分重要，安装 24h 后必须洒水养护，铺贴完后覆盖锯末养护，2~3d 内不得上人。

（8）勾缝

当石材、地砖地面铺装面层的强度达到可上人的时候（结合层抗压强度达到1.2MPa），进行勾缝，用同种、同强度等级、同色的水泥膏或专用勾缝膏进行勾缝。颜料应使用矿物颜料，严禁使用酸性颜料。缝要求清晰、顺直、平整、光滑、深浅一致，颜色一致。

4.4.4.5 材料及机具设备

1）材料

（1）水泥：宜采用硅酸盐水泥或普通硅酸盐水泥，其强度等级应在 42.5 级以上，不同品种、不同强度等级的水泥严禁混用。

（2）砂：应选用中砂，含泥量不得大于 3%。

（3）石材、地面砖：规格品种均符合设计要求，外观颜色一致、表面平整，形状尺寸、图案花纹正确，厚度一致并符合设计要求，边角齐整，无翘曲、裂纹等缺陷。

2）主要机具设备

云石机、手推车、计量器、筛子、木耙、铁锹、大水桶、小水桶、钢尺、水平尺、小线、胶皮锤、木抹子、铁抹子等。

4.4.4.6 质量控制

（1）施工时应注意对定位定高的标准杆、尺、线的保护，不得触动、移位。

（2）对所覆盖的隐蔽工程要有可靠保护措施，不得因浇筑砂浆造成漏水、堵塞、破坏或降低等级。

（3）石材、地面砖面层完工后在养护过程中应进行遮盖、拦挡和湿润，不应少于 7d。当水泥砂浆结合层的抗压强度达到设计要求后，方可正常使用。

（4）后续工程在石材、地面砖面层上施工时，必须进行遮盖、支垫，严禁直接在面层上动火、焊接、拌灰、调漆、支铁梯、搭脚手架等，若进行上述工作时，必须采取可靠保护措施。

（5）石材、地面砖面层的允许偏差应符合表 4.4.4-1 的规定。

板、块面层的允许偏差和检验方法（mm）　　　　　表 4.4.4-1

项次	项目	允许偏差						检验方法
		大理石和花岗石面层	碎拼大理石、碎拼花岗石面层	块石面层	条石面层	缸砖面层	陶瓷锦砖面层、高级水磨石板、陶瓷地砖面层	
1	表面平整度	1.0	3.0	10.0	10.0	4.0	2.0	用 2m 靠尺和楔形塞尺检查
2	缝格平直	2.0	—	8.0	8.0	3.0	3.0	拉 5m 线和用钢尺检查
3	接缝高低差	0.5	—	—	2.0	1.5	0.5	用钢尺和楔形塞尺检查
4	板块间隙宽度	1.0	—	—	5.0	2.0	2.0	用钢尺检查

（6）砖面层质量验收主控项目

① 面层所用的板块的品种、质量必须符合设计要求。

检验方法：观察检查和检查材质合格证明文件及检测报告。

② 面层与下一层的结合（粘结）应牢固，无空鼓。

检验方法：用小锤轻击检查。

注：凡单块砖边角有局部空鼓，且每自然间（标准间）不超过总数的 5% 可不计。

（7）砖面层质量验收一般项目

① 砖面层的表面应洁净、图案清晰，色泽一致，接缝平整，深浅一致，周边顺直。板块无裂纹、掉角和缺楞等缺陷。

检验方法：观察检查。

② 面层邻接处的镶边用料及尺寸应符合设计要求，边角整齐、光滑。

检验方法：观察和用钢尺检查。

③ 楼梯踏步和台阶板块的缝隙宽度应一致、齿角整齐；楼层梯段相邻踏步高度差不应大于 10mm；防滑条顺直。

检验方法：观察和用钢尺检查。

④ 面层表面的坡度应符合设计要求，不倒泛水、无积水；与地漏、管道结合处应严密牢固，无渗漏。

检验方法：观察、泼水或坡度尺及蓄水检查。

（8）大理石面层和花岗石面层质量验收主控项目

① 大理石、花岗石面层所用板块的品种、质量应符合设计要求。

检验方法：观察检查和检查材质合格记录。

② 面层与下一层应结合牢固，无空鼓。

检验方法：用小锤轻击检查。

注：凡单块板块边角有局部空鼓，且每自然间（标准间）不超过总数的 5% 可不计。

（9）大理石面层和花岗石面层质量验收一般项目

① 大理石、花岗石面层的表面应洁净、平整、无磨痕，且应图案清晰、色泽一致、接缝均匀、周边顺直、镶嵌正确、板块无裂纹、掉角、缺楞等缺陷。

检验方法：观察检查。

② 楼梯踏步和台阶板块的缝隙宽度应一致、齿角整齐，楼层梯段相邻踏步高度差不应大于 10mm，防滑条应顺直、牢固。

检验方法：观察和用钢尺检查。

③ 面层表面的坡度应符合设计要求，不倒泛水、无积水；与地漏、管道结合处应严密牢固，无渗漏。

检验方法：观察、泼水或坡度尺及蓄水检查。

4.4.4.7 安全环保措施

（1）在运输、堆放、施工过程中应注意避免扬尘、遗洒、沾带等现象，应采取遮盖、封闭、洒水、冲洗等必要措施。

（2）运输、施工所用车辆、机械的废气、噪声等应符合环保要求。

（3）电气装置应符合施工用电安全管理规定。

4.4.4.8 应用实例

南京奥体中心主体育场建筑面积约 14 万 m²，其中首层面积达 44000m²，直径

286.6m，圆弧形总长达900m，附属用房楼地面多为地砖及石材楼地面，采用此工法施工，楼地面平整、无开裂，质量均达到国家规范规定的质量标准。

武汉体育中心体育场总建筑面积63629m²，多种铺装材料，采用此工法施工，效果很好，其质量均达到国家规范规定的质量标准。

4.4.5 阳角条用于体育场看台阳角抹灰施工工法

建筑装饰能够使建筑物美观，改善和美化环境，保护和防止建筑物免遭侵蚀和污损，保证其正常使用功能，改善建筑物的保温隔热、防潮吸声和清洁卫生，提高建筑物的耐久性等。体育场建筑有着工程量大、用工多、工期长、技术质量要求高等特点。武汉体育场看台有近6万个座位，阳角抹灰工程量大。本工法根据其特点，采用了一系列技术措施，优质、高效地解决了其施工困难。为同类结构施工提供了成功经验。

4.4.5.1 工法特点

由于采用阳角条施工阳角，具有操作简单，施工速度快，施工质量易于保证。较常规施工方法更为合理。

4.4.5.2 适用范围

适用于所有工业与民用建筑的室内外的阳角抹灰工程。

4.4.5.3 工艺流程

(1) 工艺流程

基层处理→浇水湿润施工面→吊垂直、套方，抹灰饼→抹立面底层砂浆→钉钢板网片→嵌阳角条和分区分格条→抹立面面层砂浆→绑扎钢筋网片→浇筑平面CF30钢纤维混凝土→养护。

(2) 基层处理

表面清扫干净，用铲刀铲除结构层浮灰及灰渣。在缺棱掉角处，用1：2.5水泥砂浆掺8%～10% 801胶拌合均匀，分层抹平。

(3) 吊垂直、套方，找规矩

根据500mm水平线，用水准仪在看台平面找水平，找套方，抹灰饼。保证同一平面看台水平。在立面吊垂直，做灰饼。灰饼宜用1：3水泥砂浆做成50mm见方，水平距离约为1.2～1.5m。

(4) 抹底层立面砂浆

立面凿毛，同时刷掺水重10%的801胶水泥浆一道（水灰比0.4～0.5），随刷随抹水泥砂浆（厚15mm）刮糙，分遍抹灰，分层厚度为6mm左右。操作时需用力压，以便各层粘结牢固。用木抹子抹平搓毛。

(5) 钉钢板网片

待底层砂浆七八成干后，钉1.2mm厚的钢板网片，要求钢板网片压入平面20mm，搭接长度大于100mm，用水泥钢钉150mm×150mm间距将钢板网片固定，要平整，无隆起。

(6) 嵌阳角条和分区分格条

嵌阳角条要严格保证其水平及线条平直。分区分格条要求隔10m为一道，宽度为10mm的分格缝，其要求不同层间的分格缝在同一直线上。

（7）抹立面面层砂浆

待底灰约六七成干时，钢板网片安装完毕，并经隐蔽验收后，进行抹面层灰。抹灰厚度为 10mm。抹时先将底灰湿润，然后薄薄的刮一道，使其与底灰粘牢，紧跟抹第二道。横竖均顺平，用铁抹子压光、压实。且抹灰压入平面约 50mm。

（8）绑扎钢筋网片

按设计和施工规范要求绑扎钢筋网片，钢筋的大小、位置、尺寸准确。

（9）浇筑平面 CF30 钢纤维混凝土

浇筑 CF30 混凝土前，应凿毛结合面，并清理干净面层，对钢筋进行隐蔽验收，浇水湿润。然后进行混凝土的浇筑（厚度为 50mm），用抹子压实、收光。

（10）养护

采用喷水养护两周，并铺上草袋，保持湿度，防止干缩裂缝。

4.4.5.4　材料

（1）水泥：P·O42.5，中砂，饮用水，碎石，弓形（剪切型）钢纤维（CF25）。

（2）钢筋，火烧丝，阳角条等。

4.4.5.5　主要机具、设备

搅拌机，磅秤，流量计，射钉枪，手推车，铁木抹子，水桶等。

4.4.5.6　质量控制

（1）满足施工规范允许偏差要求。

（2）各抹灰层之间及抹灰层与基层必须粘结牢固，无脱皮、空鼓，面层无暴灰和裂缝等缺陷。

（3）所用材料的品种、质量必须符合设计要求及相关施工规范要求和现行材料标准规定。

（4）接槎平整，阴阳角线平直、方正，清晰美观。

（5）钢筋的质量、规格、尺寸和钢筋的绑扎必须符合设计要求和施工规范的规定。

4.4.5.7　安全措施

（1）认真贯彻"预防为主，安全第一"的方针，严格管理，强化劳动纪律。

（2）进入施工现场必须戴安全帽。

（3）严禁在施工现场吸烟。

（4）现场临电设置必须符合现场管理要求。

（5）坚持安全技术交底和班前安全例会制度。

4.4.5.8　环境保护

（1）推小车或搬运东西时，要注意不要破坏棱角。

（2）抹灰层凝结硬化前，应防止快干、水冲、撞击、振动和挤压，以保证各灰层有足够的强度。

（3）要保护好看台、地漏。禁止在看台上拌灰和直接在看台上堆放砂浆等。

4.4.5.9　效益分析

采用本工法与常规施工方法相比，效益如下：

（1）施工速度快，节省施工工期。

（2）阴、阳角的垂直、方正易于保证，它以平、立面为参照面，利于保证建筑物的美观。

（3）整个工程在工期紧的条件下，优质、快速的完成，为工程的完工创造了有利的条件，受到建设单位及个别兄弟单位的一致好评。为企业赢得了信誉，创造了良好的社会效益。

4.4.5.10 应用实例

2002 年，中建八局承建的武汉体育中心的看台抹灰工程中，采用本工法进行施工，在近 3 万 m² 多的看台施工中，工期提前 20％，工程质量优良率达 100％。实践证明，此工法施工简便，质量好，费用低，具有推广价值。

4.5 装饰装修工程施工工法

4.5.1 体育场轻质隔墙施工工法

体育场内功能性用房等内隔墙通常采用轻质砌块隔墙、板材隔墙和骨架隔墙等轻质隔墙，其隔墙与一般房屋建筑的内隔墙相比，具有隔墙长度长、高度高的特点；另外，由于体育场属于公用建筑，人流动量大，对轻质隔墙的刚度、牢固性等要求较一般建筑要高，而超长轻质隔墙的施工较一般隔墙，更易发生墙体开裂、空鼓等质量通病。本工法采用了相应措施，较好地解决了施工难题，取得了较好的质量效果。

4.5.1.1 特点

轻质隔墙除符合内隔墙的一般功能外，尚具有以下特点：

（1）墙体薄、自重轻；

（2）墙体整体性、平整度和垂直度均较好；

（3）轻质隔墙可锯、可刨、可凿、易加工，施工方便。

4.5.1.2 适用范围

适用于一般建筑非承重的内隔墙。对于长期处于潮湿和有水环境的建筑内不适用。

4.5.1.3 工艺流程及操作要点

1）轻质砌块隔墙施工工艺流程及操作要点

（1）轻质砌块隔墙施工工艺流程

弹线→圈梁→砌块砌筑→嵌缝→顶部填塞→墙面批嵌。

（2）施工要点

①为增强砌块建筑的整体刚度，沿隔墙的水平、竖直方向增加圈梁和构造柱：在基础部位设置一道现浇圈梁；当檐口高度为 4～5m 时，应设置一道圈梁；当檐口高度大于 5m 时，宜增设一道。构造柱间距不大于 5m，构造柱与墙体的连接处宜砌成马牙槎，并应沿墙高每隔 500mm 配置 2Φ6 拉结钢筋与墙拉结，每边伸入墙内不应小于 1000mm。

②为解决砌体裂缝通病，砌块墙体宜采用混合砂浆砌筑，砂浆的最低强度等级不宜低于 M2.5，另外从砌筑砂浆方面考虑，由于其硬结过程中本身发生收缩，在砂浆与砌块之

间产生缝隙，因此在砂浆中加入 UEA 混凝土膨胀剂约 10%，砂浆可具有极微弱的膨胀性，以减少收缩。

③改进操作工艺，后填竖向灰缝，不能保证砂浆与砌块的紧密结合。砌筑时，宜将砌块垂直面倾斜 45°左右，先在一侧挂上砂浆再上墙、推挤，从而使竖向砂浆饱满率达到 80%以上，并保证紧密结合。另外，为减少砂浆在砌筑后收缩变形和由于顶部振动引起下部砌体松动，应严格控制砌筑周期，每天砌筑高度不宜超过 1.8m。

④砌墙时挂水平、垂直线，立皮数杆，尽量不设脚手眼，不留直槎。纵横墙应同时砌筑，做到随砌随铺灰随挤压，原浆勾缝。

⑤砌块的切割、开槽、表面修正等采用一般的木作工具。施工停歇时，必须一皮收头并嵌缝完毕。

2）轻质板材隔墙施工工艺流程及操作要点

（1）轻质板材隔墙施工工艺流程

墙位放线→立墙板（钢板卡随安板安装）→墙底缝隙填塞混凝土→腻缝→踢脚线→做饰面→检验合格。

（2）轻质板材隔墙施工要点

①为增强体育场内隔墙抗震、抗裂性能，隔墙板的安装其上部宜采用柔性结合连接，下部采用刚性连接。即上部在两块条板顶端拼缝处设 U 形或 L 形钢板卡，U 形或 L 形钢板卡用射钉固定在梁和板上，随安板随固定 U 形或 L 形钢板卡，与主体结构连接，见图 4.5.1-1。墙板下部用木楔顶紧后空隙间填入细石混凝土，见图 4.5.1-2。

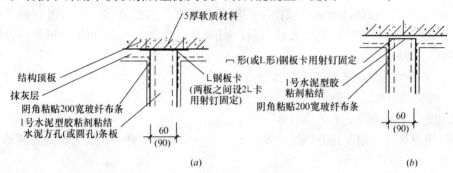

图 4.5.1-1　隔墙板上部柔性结合连接
（a）单层水泥条板顶与顶板钢板卡连接方式一；（b）单层水泥条板顶与顶板钢板卡连接方式一

②在板材安装时，应注意板材之间的连接处理。板与板缝间的拼接，要满抹粘结砂浆或胶粘剂，拼接时要以挤出砂浆或胶粘剂为宜，缝宽不得大于 5mm（陶粒混凝土隔板缝宽 10mm）。

板与板之间在距板缝上、下各 1/3 处以 30°角斜向钉入钢销或钢钉，在转角墙、T 形墙条板连接处，沿高度每隔 700～800mm 钉入销钉或 ϕ8mm 铁件，钉入长度不小于 150mm，钢销和销钉应随条板安装随时钉入。

③做好板缝和条板、阴阳角和门窗框边缝处理。

a. 加气混凝土隔板之间板缝在填缝前应用毛刷蘸水湿润，填缝时应由两人在板的两侧同时把缝填实。填缝材料采用石膏或膨胀水泥。

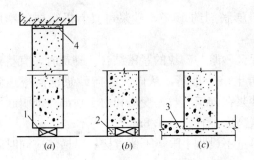

图 4.5.1-2　隔墙板上下部连接构造

(a) 侧向对打木楔；(b) 木楔间空隙填塞细石混凝土；

(c) 细石混凝土硬固后取出木楔，做地面

1—木楔；2—细石混凝土；3—地面；4—粘结砂浆

刮腻子之前，先用宽度 100mm 的网状防裂胶带粘贴在板缝处，再用掺 108 胶（聚合物）水泥砂浆在胶带上涂刷一遍并晾干，然后再用 108 胶将纤维布贴在板缝处，最后进行各种装修施工。

b. 预制钢筋混凝土隔墙板高度以按房间高度净空尺寸预留 25mm 空隙为宜，与墙体间每边预留 10mm 空隙为宜。勾缝砂浆用 1：2 水泥砂浆，按用水量 20％ 掺入 108 胶。勾缝砂浆应分层填实，勾严抹平。

c. GRC 空心混凝土墙板之间贴玻璃纤维网格条，第一层采用 60mm 宽的玻璃纤维网格条贴缝，贴缝胶粘剂应与板之间拼装的胶粘剂相同，待胶粘剂稍干后，再贴第二层玻璃纤维网格条，第二层玻璃纤维网格条宽度为 150mm，贴完后将胶粘剂刮平、刮干净。

d. 轻质陶粒混凝土隔墙板缝、阴阳转角和门窗框边缝用 1 号水泥胶粘剂粘贴玻纤布条（板缝、门窗框边缝粘贴 50～60mm 宽玻纤布条，阴阳转角处粘贴 200mm 宽玻纤布条）。光面板隔墙基面全部用 3mm 厚石膏腻子分两遍刮平，麻面墙隔墙基面用 10mm 厚 1：3 水泥砂浆找平压光。

e. 增强水泥条板隔墙板缝、墙面阴阳转角和门窗框边缝处用 1 号水泥胶粘剂粘贴玻纤布条，板缝用 50～60mm 宽的玻纤布条，阴阳转角用 200mm 宽布条，再用石膏腻子分两遍刮平，总厚控制在 3mm。

3）骨架隔墙施工工艺流程及操作要点

(1) 骨架隔墙施工工艺流程

①木龙骨架隔墙施工工艺流程。

弹隔墙定位线→划龙骨分档线→安装大龙骨→安装小龙骨→防腐处理→安装罩面板→安装压条。

②轻钢龙骨施工工艺流程。

弹线→安装天地龙骨→竖向龙骨分档→安装竖向龙骨→安装系统管线→安装横向卡档龙骨→安装系统管、线→安装横向卡档龙骨→安装门洞口框→安装罩面板（一侧）→安装隔声棉→安装罩面板（另一侧）。

(2) 骨架隔墙施工操作要点

①弹线。

在基体上弹出水平线和竖向垂直线，以控制隔断龙骨安装的位置、格栅的平直度和固定点。

②墙龙骨的安装：

a. 沿弹线位置固定沿顶和沿地龙骨，各自交接后的龙骨，应保持平直。固定点间距应不大于 1m，龙骨的端部必须固定，固定应牢固。边框龙骨与基体之间，应按设计要求安装密封条。

b. 门窗或特殊节点处，应使用附加龙骨，其安装应符合设计要求。

c. 骨架安装的允许偏差，应符合表 4.5.1-1 规定。

项　次	项　目	允许偏差（mm）	检验方法
1	立面垂直	2	用 2m 托线板检查
2	表面平整	2	用 2m 直尺和楔形塞尺检查

③罩面板安装：

A. 石膏板安装：

a. 安装石膏板前，应对预埋隔断中的管道和附于墙内的设备采取局部加强措施。

b. 石膏板宜竖向铺设，长边接缝宜落在竖向龙骨上。双面石膏罩面板安装，应与龙骨一侧的内外两层石膏板错缝排列接缝不应落在同一根龙骨上；需要隔声、保温、防火的应根据设计要求在龙骨一侧安装好石膏罩面板后，进行隔声、保温、防火等材料的填充，一般采用玻璃丝棉或 30～100mm 岩棉板进行隔声、防火处理；采用 50～100mm 苯板进行保温处理，再封闭另一侧的板。

c. 石膏板应采用自攻螺钉固定，周边螺钉的间距不应大于 200mm，中间部分螺钉的间距不应大于 300mm，螺钉与板边缘的距离应为 10～16mm。

d. 安装石膏板时，应从板的中部开始向板的四边固定。钉头略埋入板内，但不得损坏纸面；钉眼应用石膏腻子抹平；钉头应做防锈处理。

e. 石膏板应按框格尺寸裁割准确，就位时应与框格靠紧，但不得强压。

f. 隔墙端部的石膏板与周围的墙或柱应留有 3mm 的槽口。施铺罩面板时，应先在槽口处加注嵌缝膏，然后铺板并挤压嵌缝膏使面板与邻近表层接触紧密。

g. 在丁字形或十字形相接处，如为阴角应用腻子嵌满，贴上接缝带，如为阳角应做护角。

B. 胶合板和纤维（埃特板）板、人造木板安装：

a. 安装胶合板、人造木板的基体表面，需用油毡、油纸防腐时，应铺设平整，搭接严密，不得有皱折、裂缝和透孔等。

b. 胶合板、人造木板采用直钉固定，如用钉子固定，钉距为 80～150mm，钉帽应打扁并钉入板面 0.5～1mm；钉眼用油性腻子抹平。胶合板、人造木板如涂刷清油等涂料时，相邻板面的木纹和颜色应近似。需要隔声、保温、防火的应根据设计要求在龙骨安装好后，进行隔声、保温、防火等材料的填充；一般采用玻璃丝棉或 30～100mm 岩棉板进行隔声、防火处理；采用 50～100mm 苯板进行保温处理。再封闭罩面板。

c. 墙面用胶合板、纤维板装饰时，阳角处宜做护角；硬质纤维板应用水浸透，自然阴干后安装。

d. 胶合板、纤维板用木压条固定时，钉距不应大于 200mm，钉帽应打扁，并钉入木压条 0.5～1mm，钉眼用油性腻子抹平。

e. 用胶合板、人造木板、纤维板作罩面时，应符合防火的有关规定；在湿度较大的房间，不得使用未经防水处理的胶合板和纤维板。

f. 墙面安装胶合板时，阳角处应作护角，以防板边角损坏，并可增加装饰。

C. 塑料板安装：

塑料板安装方法，一般有粘结和钉接两种。

粘结：聚氯乙烯塑料装饰板用胶粘剂粘结。

胶粘剂：聚氯乙烯胶粘剂（601 胶）或聚醋酸乙烯胶。

a. 粘结。用刮板或毛刷同时在墙面和塑料板背面涂刷，不得有漏刷。涂胶后见胶液流动性显著消失，用手接触胶层感到粘性较大时，即可粘结。粘结后应采用临时固定措施，同时将挤压在板缝中多余的胶液刮除，将板面擦净。

b. 钉接。安装塑料贴面板复合板应预先钻孔，再用木螺钉加垫圈紧固。也可用金属压条固定。木螺钉的钉距一般为 400～500mm，排列应一致整齐。

加金属压条时，应拉横竖通线拉直，并应先用钉子将塑料贴面复合板临时固定，然后加盖金属压条，用垫圈找平固定。

D. 铝合金装饰条板安装。

用铝合金条板装饰墙面时，可用螺钉直接固定在结构层上，也可用锚固件悬挂或嵌卡的方法，将板固定在墙筋上。

4.5.1.4 材料及机具设备

1) 材料要求

（1）罩面板应表面平整、边缘整齐、不应有污垢、裂纹、缺角、翘曲、起皮、色差、图案不完整的缺陷。胶合板、木质纤维板不应脱胶、变色和腐朽。

（2）龙骨和罩面板材料的材质均应符合现行国家标准和行业标准的规定。

（3）罩面板的安装宜使用镀锌螺钉、钉子，接触砖石、混凝土的木龙骨和预埋的木砖应作防腐处理。所有木作都应做好防火处理。

2) 主要机具设备

（1）电动机械：小电锯、小台刨、手电钻、电动气泵、冲击钻。

（2）手动工具：木刨、扫槽刨、线刨、锯、斧、锤、改锥、摇钻、射钉枪等。

4.5.1.5 质量控制

（1）各类龙骨、配件和罩面板材料以及胶粘剂的材质应符合现行国家标准和行业标准的规定。

（2）人造板、胶粘剂必须有环保要求检测报告。

（3）弹线必须准确，经复验后方可进行下道工序。固定沿顶和沿地龙骨，各自交接后的龙骨，应保持平整垂直，安装牢固。靠墙立筋与墙体连接牢固紧密，边框应与隔墙立筋连接牢固，确保整体刚度。按设计做好木作防火、防腐。

（4）罩面板应经严格选材，表面应平整光洁。安装罩面板前应严格检查龙骨的垂直度和平整度。

4.5.1.6 安全环保措施

（1）隔墙工程的脚手架搭设应符合建筑施工安全标准。

（2）工人操作应戴安全帽，注意防火。

（3）施工现场必须工完场清。设专人洒水、打扫，不能扬尘污染环境。

（4）有噪声的电动工具应在规定的作业时间内施工，防止噪声污染、扰民。

（5）机电器具必须安装触电保安器，发现问题立即修理。

（6）现场保护良好通风，但不宜有过堂风。

4.5.1.7 应用实例

南京奥体主体育场内隔墙大部分为弧形，最大墙长 15m，墙高 3.5～8m，墙厚为 200mm、300mm，室内填充墙大部分为 MU5 加气混凝土砌块墙体；部分内隔墙为蒸压轻质加气混凝土板，厚度 100mm、125mm、150mm、175mm、200mm 不等，总量达 8 万 m^2。

武汉体育场内隔墙在标高±0.000 以下为 240mm 厚 Mu10 灰砂砖墙，±0.000 以上一般墙体为 Mu5 粉煤灰加气混凝土砌块墙。

在两个工程的施工过程中充分考虑了体育场建筑的特性，采取一系列防范措施后，竣工至今，未发现隔墙墙体开裂现象。

4.5.2 体育场外墙面高弹滚涂涂料施工工法

STA-2000 高弹防水复合型涂料与一般外墙涂料比，具有高弹性、防水的性能，可有效解决目前较为普遍且较为突出的外墙渗漏问题，因此适用于当今住宅建筑等，具有较好的社会效益。本涂料产品为国家经贸委定为《1999 年国家重点技术创新项目》，是建设部科技成果重点推广的项目。经成功运用，形成本工法。

4.5.2.1 特点

STA-2000 高弹防水复合型涂料为参考国外高新技术研制而成的新一代墙体装饰材料。该涂料具有独特的高弹性，延伸率可达 400％，从根本上解决了建筑物常见的龟裂、渗漏等问题，具有优异的柔韧性和抗风化性。

4.5.2.2 适用范围

STA-2000 高弹防水复合型涂料适用于所有建筑物和构筑物的外墙。

4.5.2.3 工艺原理

滚涂饰面施工工艺主要是在水泥砂浆中掺入聚乙烯醇缩甲醛形成一种新的聚合砂浆，用它抹于墙面上，再用辊子滚出花纹。这种砂浆具有良好的保水性和粘结力，施工方法比较简便，容易掌握，不需要特殊设备，工效较高，可以节省材料、降低造价。另外，施工时不易污染墙面和门窗，对于局部装饰尤为适用。

4.5.2.4 工艺流程及操作要点

1）工艺流程

外墙表面特殊部位处理→墙面混凝土基层处理→粘贴分隔条→第一遍底涂→第二遍中涂→第三遍中涂→第四遍面漆。

2）操作要点

（1）外墙表面特殊部位处理：

①混凝土结构表面对拉螺杆处理：

a. 用凿子凿开螺杆周围深 20mm，直径 40mm 的混凝土表层，露出钢筋；

b. 用对已凿开外露的螺杆进行切割；

c. 用钢丝刷清除浮灰；

d. 用环氧修补水泥进行修补。

②混凝土结构表面对拉螺杆套管处理：

a. 用凿子或用与套管同等直径的冲击钻头直接向混凝土洞眼里打入 20～30mm；

b. 向洞眼塞水泥砂浆封堵；

c. 用环氧修补水泥进行修补，见图 4.5.2 所示。

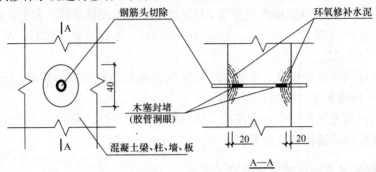

图 4.5.2　孔洞封堵平面

③混凝土结构表面外露钢筋和梁柱板阳角处理：

a. 用钢丝刷清除外露钢筋表面混凝土浮尘、浮浆；

b. 对破碎棱掉角处先打磨毛刺，再用钢丝刷清除浮灰；

c. 用环氧修补水泥进行修补或夹角。

④上述工序完工后，再进行大面积基层施工处理。

（2）混凝土基层处理

体育场外墙基面表层是混凝土浇灌脱模后未粉刷的基层，基层表面普遍存在浮浆、粉化等现状，还有凹凸不平、模板错缝及极少数钢筋外露等现象。这些问题不处理好，不利于 STA—2000 高弹涂料施工，特别是钢筋外露会产生氧化锈蚀并会产生咬色，对涂料观感十分不利。为了确保工程质量达优，需要对全部基面进行严格处理具体施工方法如下：

①清扫：清理混凝土脱模基层表面凹凸不平部位，铲除不坚固、酥松、风化等浮尘和杂物。

②打磨：用手提式打磨机对凸出部位及模板错缝部位进行打磨砂平，并用砂纸打磨外露水平钢筋。

③环氧修补水泥修补：用环氧修补水泥对混凝土基层凹进部位及模板错缝凹陷部位进行填补修平。

④砂平：对混凝土基层凹进部位及模板错缝下陷部位环氧修补水泥修补处，用打磨机和砂板机磨平。

⑤酸洗：用草酸或者 12％～15％的盐酸对混凝土基面进行酸洗两遍，有利于基层酸碱中和，起到清污作用，还有利于涂料渗透与混凝土基层结合牢固。

⑥清水刷洗：用自来水对混凝土基层自上而下进行刷洗 2～3 遍，然后自然晾干。

⑦夹角护角：用环氧修补水泥进行夹角护角处理。

⑧打磨砂平：对夹角和凸出部位打磨砂平。

⑨外露钢筋：用砂纸打磨外露钢筋除去铁锈后，马上用环氧修补水泥批刮二遍，封闭外露钢筋。

（3）粘贴分隔条

采用贴胶布的方法，施工前一天在分格缝处先刮一层聚合水泥浆，滚涂前将蘸有 801 胶水溶液的电工胶布贴上，等饰面砂浆收水后揭下胶布。

（4）高弹涂料施工

①本涂料施工表面温度最高 35℃，最低 5℃，如气温超过 30℃，应用清水将墙面淋湿或用滚筒滚湿后涂刷。环境温度低于 5℃时不能施工。

②外墙涂料工程根据质量和安全要求，以及施工条件要求，按自上而下组织流水施工。滚压时应按垂直滚、水平滚、垂直来回滚匀、纵向水平拉毛。滚涂工具宜采用优质羊毛滚筒或弹性涂料专用滚筒。涂料使用前应充分搅拌均匀，切忌使用蘸有有机溶剂或油污的工具。

③本高弹涂料施工需三遍成活，每遍涂刷间隔时间 3～4h。

第一遍底涂：为高弹抗裂防水底漆，涂布率为 $10m^2/kg$，干燥期为 2～3h；

第二遍中涂：为高弹抗裂防水涂料，涂布率为 4～6m^2/kg，干燥期为 2～3h；

第三遍面漆：为高弹抗裂防水面漆，涂布率为 $12m^2$/kg，干燥期为 12h。

涂料施涂后 3h 内防止雨淋。

4.5.2.5 涂料规格、特点

（1）膜厚：（湿）180～220μm，（干）80～100μm；

（2）固体体积比：45±2%；

（3）比重：1.36g/mL；

（4）耐人工老化时间：大于 2700h；

（5）耐洗刷性：大于 10000 次；

（6）耐温变性：−38℃16h，60℃8h，25 次循环无异常。

4.5.2.6 施工机具

羊毛滚筒、羊毛刷、棕毛刷、搅拌器。

4.5.2.7 质量控制

1）要求

（1）涂料所用材料的品种、型号和性能应符合设计要求。

（2）混凝土基层滚涂时，含水率不得大于 8%，且基层应平整、坚实、牢固，无风化和裂缝。

（3）外观质量：颜色一致，花纹大小均匀并应符合设计要求，不显接槎。

2）允许偏差

表面平整度：4mm；

阴阳角垂直：4mm；

立面垂直：5mm；

阴阳角方正：4mm；

分格缝平直：3mm。

4.5.2.8 劳动力组织及安全措施

1）劳动力组织

根据现场抹灰工程量，组成若干承包小组，每组由 5 人组成：1 人联络指挥，2 人上料搅拌，2 人现场滚涂操作。

2) 安全措施

（1）搭设操作架子必须有设计和施工方案，参加搭设架子的人员，必须经岗位培训合格，持证上岗。架子搭设后经相关部门检验合格后方可使用。

（2）遇有恶劣气候，影响安全施工时，禁止高空作业。

（3）在两层脚手架上施工时，应尽量避免在同一垂直线上工作，操作人员必须戴安全帽。

（4）滚涂时，应防止涂料、砂浆掉入眼内。

4.5.2.9 环保措施

（1）每天收工后应尽量不剩涂料，剩料不准乱倒，应收集后集中处理。

（2）现场清扫设专人洒水，不得有扬尘污染。打磨粉尘用湿布擦净。

（3）涂刷作业时，操作工人应配戴相应的劳动保护用品，以免危害工人的眼、皮肤等。

（4）涂料使用后，剩料应及时封闭存放。

4.5.2.10 效益分析

工程施工后，外观色泽鲜艳，内墙干燥无渗漏现象。可有效解决目前较为普遍的外墙渗漏现象。

4.5.2.11 应用实例

武汉体育中心体育场工程平面呈椭圆形，外墙面 6.00m 大平台以上外露柱子及外圈梁、看台栏板、观众席面向球场墙面均作外墙涂料，其外墙涂料施工总面积达 13 万余 m^2，设计为 STA-2000 高弹防水复合型涂料，直接施涂于外墙混凝土表面。施工至今效果好，光亮如新，内墙面干燥无渗漏现象。

4.6　安装和智能工程施工工法

4.6.1　体育场空调系统安装工法

制冷系统是公用建筑使用功能中的一个重要组成部分，对体育场这样大型建筑而言，这一系统显得尤为重要。武汉体育中心体育场工程制冷系统从设计到安装调试均体现其先进性和科学性。通过举行多场大型活动，证明它的使用效果很好，本工法以武汉体育场项目为基础而形成。

4.6.1.1　特点

（1）空调机组不同于一般设备，它整机安装，机组设备体积大、重量大，吊运过程中要求高。

（2）不同类型的空调机组其安装水平度要求高，本工法对机组的安装作了严格规定，以保证质量。

（3）各空调机组均有高速运转部件，对避震有严格要求。本工法对此规定了施工工艺，以确保设备充分避震。

4.6.1.2 适用范围

适用于大中型体育场的空调设备机组安装。

4.6.1.3 工艺原理

根据各设备的特点进行安装，使设备正常发挥其作用。

4.6.1.4 工艺流程及操作要点

1) 工艺流程

地下综合管沟空调供回水管安装→空调供回水支管安装、空调设备安装→冷冻机房设备→冷冻机房管道安装→冷却塔安装及冷却塔进出水管安装→管道水压试验→管道冲洗→管道除锈防腐→空调系统试转及试验调整。

2) 操作要点

设备到达现场后，根据安装位置及设备重量，选择 8t 汽车吊或 25t 汽车吊卸至安装地点附近。所有设备安装前均应做好开箱检查。开箱后，按装箱单清点设备的零件、附件，查看说明书和合格证是否齐全，零、附件是否有损坏和锈蚀的地方，备品、备件及专用工具等应妥善保管，竣工时向业主办理移交手续，并做好开箱检查记录。

(1) 空调器安装

本工法针对装配式送风空调器、吊装式送风空调器、卧式送风空调器和恒温恒湿机组，分别叙述它们的安装方法。

① 装配式送风空调器安装

A. 装配式送风空调器安装工艺流程：

装配式空调器开箱检查→现场运输→检查设备基础→分段组对就位→找平找正→质量检查。

B. 作业条件：

安装前检查现场，应具备足够的空间，清理干净安装地点，做到无管道和其他设备的妨碍。

C. 施工要点：

a. 机组应放置在平整的基座上（混凝土垫层或槽钢底座），机组底部垫 5mm 厚橡胶垫，机组底部高于室内地坪 100mm。

b. 设备开箱检查应与业主和设备供货商共同进行，检查设备名称、规格、型号是否符合设计图纸的要求，产品说明书、合格证是否齐全。按装箱单及设备技术文件，检查附件、专用工具是否齐全；设备表面有无缺陷、损坏、锈蚀等现象。手盘风机检查有无叶轮与机壳的摩擦声，风机减振垫是否合格。完成上述工作后，做好开箱检验记录。

c. 现场运输：水平搬运时采用小拖车运输，起吊时，应在设备的起吊点着力，吊装无吊点时，起吊点应设在空调器的基座主梁上。

d. 分段组装：装配式空调器安装时应按生产厂家的说明书进行，并做好以下几点：

a) 表面式冷却器和加热器应有合格证明，在技术文件规定的期限内，外表面无损伤，安装前可不做水压试验，否则应做水压试验，试验压力等于系统最高工作压力的 1.5 倍，压力不得下降。

b) 从空调机组的一端开始，逐一将段体抬上底座校正位置后，加上衬垫，将相邻的两个段体用螺栓连接严密牢固。每连接一个段体前，将内部清除干净。

c）与加热段相连接的段体应采用耐热垫片作衬垫。

d）必须将外管路的水管冲洗干净后方可与空调机组的进出水管相接，以免将换热器水路堵死。与机组管路相接时，不可用力过猛，以免损坏换热器。

e）装配式空调器各段的组装，应平整牢固、连接严密、位置正确，不应有漏风、渗水、凝结水外溢或排不出去现象。

②吊装式送风空调器安装

A. 安装工艺流程：

设备开箱检查→现场运输→吊装就位→找平找正→质量检查。

B. 作业条件：

a. 设备开箱检查和现场运输与装配式空调器相同。

b. 安装前，应首先阅读生产厂家所提供的产品样本和安装使用说明书，详细了解其结构特点和安装要点。

c. 因机组吊装于楼板上，应确认楼板的混凝土强度是否合格，承受能力是否满足需求。

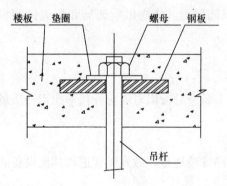

图 4.6.1-1 吊杆安装示意图

C. 施工要点：

a. 确定吊装方案。如机组风量和重量均不过大，而机组的振动又较小的情况下，吊杆顶部采用膨胀螺栓与楼板连接，吊杆底部采用螺栓加装橡胶减振垫与吊装孔连接的办法。对于大风量吊装式机组，则应采取如图 4.6.1-1 所示的方式安装吊杆。

b. 合理选择吊杆直径，保证吊挂安全。

c. 合理考虑机组的振动，采取适当的减振措施。在一般情况下，空调器内部的风机与箱体底架之间已加装了减振装置。如果是较小规格的机组，且机组本身减振效果又较好的情况下，可直接将吊杆与机组吊装孔采用螺栓加垫圈连接。如果机组本身振动较大，则应安装减振装置。其措施：一是在吊装孔下部粘贴橡胶垫使吊杆与机组之间减振，二是在吊杆中部加装减振弹簧。

d. 安装时应特别注意机组的进出风方向、进出水方向、过滤器的抽出方向是否正确等。

e. 安装时应保护好进出水管、冷凝水管的连接丝扣，缠好密封材料，同时应保护好机组凝结水盘的保温材料。

f. 机组安装后进行调节，以保持机组水平。

g. 安装机组的冷凝水管时应有一定的坡度，以使冷凝水顺利排出。

③卧式送风空调器安装

卧式送风空调器为整体式空调器，除没有组装工作外，其安装方法与"①装配式送风空调器安装"相同。

④恒温恒湿机组安装

分体式恒温恒湿专用机组安装由室外机和室内机组成。安装时，按照设备说明书的要求分别装好室内机和室外机，室外机安装在支架上，室内机和室外机应按照要求找平找正，然后连接管子。再按照设备说明书的要求抽真空并充注制冷剂，检查合格后通电试机。

（2）风机盘管安装

①作业条件：

a. 风机盘管运抵现场，且有安装前检测用的场地、水源、电源。

b. 建筑结构工程施工完毕，屋顶做完防水层，室内墙面、地面抹完。

c. 安装位置尺寸符合设计要求，空调系统干管安装完毕，接往风机盘管的支管预留管口位置标高符合要求。

②风机盘管安装工艺流程：

施工准备→电机检查试运转→表冷器水压检验→吊架制安→风机盘管安装→连接配管。

③施工要点：

a. 风机盘管在安装前应检查每台电机壳体及表面交换器有无损伤、锈蚀等缺陷。

b. 风机盘管应每台进行通电试验检查，机械部分不得摩擦，电气部分不得漏电。

c. 风机盘管应逐台进行水压试验，试验强度应为工作压力的 1.5 倍，定压后观察 2～3min 不渗不漏为合格。

d. 风机盘管的吊架安装应平整牢固，位置正确，吊杆不应自由摆动，吊杆与托盘相联用双螺母紧固找正。

e. 供回水管与风机盘管连接应平直，凝结水管坡度应正确，风机盘管与供回水管的连接应在管道系统冲洗排污后再连接，以防堵塞热交换器。

f. 风机盘管在安装时要随运随装，与其他工种交叉作业时要注意成品保护，防止碰坏。

（3）排风箱、送风机、新风机、排烟风机安装

①作业条件：

排风箱、送风机、新风机、排烟风机等设备运抵现场，建筑结构工程施工完毕。

②安装工艺流程：

开箱检查→现场运输→吊装就位→找平找正→试运转、检查验收。

③施工要点：

a. 开箱检查：进行开箱检查时，核对设备的名称、型号、叶轮与壳体不得有碰撞摩擦声（盘动叶轮检查）。

b. 现场运输：水平搬运时采用小拖车运输，起吊时应在设备的起吊点着力。

c. 确定吊装方案：如机组风量和重量均不大，而机组的振动又较小的情况下，吊杆顶部采用膨胀螺栓与楼板连接，吊杆底部采用螺扣加装橡胶减振垫与吊装孔连接的办法。对于大风量吊装式机组，则应采取如图 4.6.1-1 所示的方式安装吊杆。

d. 合理选择吊杆直径，保证吊挂安全。

e. 合理考虑机组的振动，采取适当的减振措施。在一般情况下，空调器内部的风机与箱体底架之间已加装了减振装置。如果是较小规格的机组，且机组本身减振效果又较好

的情况下，可直接将吊杆与机组吊装孔采用螺扣加垫圈连接。如果机组本身振动较大，则应安装减振装置。其措施：一是在吊装孔下部粘贴橡胶垫，使吊杆与机组之间减振；二是在吊杆中部加装减振弹簧。

f. 试运转检查时，轴承温升及设备振动必须符合规范需求。

（4）螺杆式冷水机组安装

①作业条件：

设备运抵现场，土建结构施工完毕，安装设备的基础或地坪施工完毕并达到75%以上强度。

②安装工艺流程：

施工准备→放线定位→开箱检查→现场运输→吊装就位→按说明书加润滑油、抽真空充制冷剂并调试。

③施工要点：

a. 施工准备：由于螺杆压缩机运行平稳，机组安装时可以不装地脚螺栓，可直接放在具有足够强度的水平地面上。安装前应对设备基础进行找平，其纵、横向不水平度不应超过1‰。按说明书和装箱单搞好开箱检查。

b. 采用25t汽车吊将设备卸至厂房门口附近，在设备底座下垫以 $\phi108mm$ 钢管，用卷扬机或手拉葫芦和撬杠水平移动设备，并使之准确就位。就位后找平找正。

c. 配管时，管道应作必要的支撑，连接时应注意不要使机组变形。

d. 机组在出厂前已进行各种试验，安装完后如无意外，只需按设备说明书的要求加足润滑油、抽真空并充加制冷剂，其他条件具备时就可进行调试。

（5）水泵安装

①作业条件：

建筑主体结构施工完毕，水泵基础施工完毕并达到75%以上强度，水泵到达现场并开箱检查合格。

②水泵安装工艺流程：

基础检查及放线→地脚螺栓和垫铁放置→设备开箱就位和找正→设备找平、地脚螺栓灌浆→设备精平和灌浆抹面→试运转。

③施工要点：

a. 基础检查和放线：检查基础的外形尺寸、基础面的水平度、中心线、标高、地脚螺栓孔的距离，对二次灌浆的基础表面要打毛。一般设备基础各部尺寸偏差见表4.6.1-1。

设备基础各部位尺寸偏差表　　　　　　　　　　表 4.6.1-1

序　号	偏　差　名　称	允许偏差值（mm）
1	基础座标位置（纵、横轴线）	±20
2	基础各不同平面的标高	−0 −20
3	基础上平面外形尺寸	±20

序 号	偏 差 名 称	允许偏差值（mm）
4	基础上平面的水平度（包括地坪上需安装设备的部分）： 每米 全长	5 10
5	竖向偏差： 每米 全高	5 20
6	预留地脚螺栓孔的： 中心位置 深度 孔壁的垂直度	±10 +20 −0 10

基础验收合格并将表面清理干净后，即可放线，根据施工图，按建筑物的定位轴线来测定机械设备中心线和其他基准线，使用经纬仪和钢卷尺来测定中心线，用水准仪测量标高。

b. 地脚螺栓和垫铁放置。地脚螺栓使用随设备带来的地脚螺栓、垫铁放在地脚螺栓两侧，每组垫铁的块数不超过 3 块，斜垫铁须成对使用。设备找平后，将几块垫铁相互焊牢。

c. 水泵开箱就位和找正，水泵开箱检查盘车时应灵活无异常声音，水泵无锈蚀和损坏。

水泵就位时用 8t 汽车吊卸车至泵房门口附近，在水泵底座下垫以 ϕ48mm 钢管作滚杠，用撬杠推动然后用三脚扒杆吊装使水泵就位。

找正就是安装水泵时不偏不倚地正好放在规定的位置上，使水泵的纵横中心线与基础上的中心线对正。

d. 水泵初平和地脚螺栓灌浆。初平是在水泵的精加工水平面用水平仪测量水平的不平情况，水平度不能相差悬殊，地脚螺栓灌浆应使用比基础混凝土高一个强度等级的细石混凝土。

e. 水泵的精平和灌浆抹面。把 0.1～0.3mm/m 精度的水平尺放在水泵轴上测量轴向水平，调整水泵的轴线位置，使水平尺气泡居中，误差不超过 0.1mm/m，然后把水平尺平行靠在水泵进出口法兰的垂直面上，测其径向水平；再用水准仪或钢板尺检查水泵轴中心线的标高，当水泵精平达到要求后，接着用比设备基础高一个强度等级的细石混凝土灌浆抹面。待凝固后再拧紧地脚螺栓，并对水泵的位置和水平进行复查。

f. 水泵配管的安装：

a) 水泵配管应在水泵二次浇筑的混凝土强度达到 75% 以后，水泵经过仔细调整后开始进行。

b) 水泵吸入管应尽量减少弯头，靠近水泵处应有一段直管段，其长度至少为 2 倍管径。水泵吸入管宜有向水泵上升的坡度，坡度值为 0.005。

c) 水泵配管安装应从水泵开始向外安装，不可将固定好的管道与水泵强行组合。水泵配管及其附件的重量不得加压在水泵上，吸水管和供水管都应有各自的支吊架。当水泵配管上配有减振软接头时，安装后的软接头不得受压。

（6）冷却塔安装

①冷却塔安装工艺流程：

基础检查及放线→地脚螺栓和垫铁放置→设备开箱就位和找正→设备找平地脚螺栓灌浆→设备精平和灌浆抹面→试运转。

②施工要点：

a. 开箱检查：装箱单和设备说明书做好开箱检查。

b. 冷却塔到货后用 8t 吊车靠近安装地点附近，然后水平移至安装地点组装。

c. 按图纸和规范检查设备基础，合格后按设备说明书的要求安装冷却塔。

d. 安装风机叶片时，应调整风筒的圆度，使叶尖与塔壁间隙相等，并不小于 10mm，叶片角度要调整一致，电流不得超过电机的额定电流，最好为 0.9～0.93 倍额定电流。

（7）落地式膨胀水箱安装

①落地式膨胀水箱安装工艺流程：

水箱支座制作、安装→膨胀水箱制作、防腐处理→灌水试验→水箱定位→水箱吊装→位置找正→膨胀水箱的配管安装→调试运行。

②膨胀水箱的安装条件：

a. 水箱的支座应按设计图纸的要求制作。当采用方垫木时，方垫木应作防腐处理。

b. 检查支座位置、标高是否符合要求。

c. 膨胀水箱按图纸制作完成后，水箱内外应防腐处理，并进行灌水试验检查，在加工制作时宜开好各管道接口。

③膨胀水箱的安装：

a. 在水箱支座上按水箱实际尺寸画上定位线。

用门架将水箱吊至支座上方，当水箱的中心线、边线与支座上的定位线重合时，落下吊钩。

b. 用水平尺和垂线检查水箱的平正度，用撬棍或千斤顶调整各角的标高，垫实垫铁；水箱的安装位置应符合下列要求：

a）水箱坐标允许偏差为±15mm；

b）水箱标高允许偏差为±5mm；

c）水箱垂直度每米允许偏差 1mm。

④膨胀水箱的配管安装：

a. 膨胀水箱安装就位并经灌水试验检查合格后方可进行配管连接。水箱与配管连接时应有可拆卸件、活接头或法兰。

b. 膨胀管尽量减少弯道，更不得有倒坡存气处。信号管接入水箱的高度应高于膨胀管，并接至便于观看和排水通畅的地方，信号管末端应设截止阀。当设有液位自动控制器时，可不设信号管。

c. 膨胀水箱的排水管阀门应设在便于操作的位置。

d. 膨胀水箱的配水管道安装完毕后，应进行灌水试验和通水试验，以防投入运行时管道泄漏。

⑤膨胀水箱的调试运行：

在空调水系统安装完成后系统的灌水一般通过膨胀水箱进行灌水，此时应进行水箱水位的调试。水箱水位应定在信号管的高度之上 100mm 或由设计给定，系统补水应补到此水位高度，其余容积为水系统热膨胀留出。

（8）等离子体换热器安装

①等离子体换热器安装工艺流程：

基座检查→设备开箱检查→换热器安装→定位复核。

②换热器安装要点：

a. 用滚杠法将换热器运到安装部位。

b. 随设备进场的钢支座按定位要求固定在混凝土底座或地面上。

c. 根据现场情况，采用扒杆（人字架）等设备工具，将换热器吊到预先准备好的支架或底座上，进行设备定位复核，直到合格。

③换热器的安装质量标准和要求：

a. 换热器就位前的混凝土支座强度、坐标、标高尺寸和预埋地脚螺栓的规格尺寸必须符合设计要求和施工规范的规定；

b. 换热器支架与支座连接应牢固，支架与支座和换热器接触应紧密；

c. 换热器安装允许的偏差为：坐标 15mm，标高±5mm，垂直度（每 m）1mm。

（9）分水器、集水器、分汽缸安装

①分水器、集水器、分汽缸安装工艺流程：

预埋件预制→预埋件放线定位→预埋件固定→混凝土浇筑→预制钢支架→钢支架焊接固定→分水器、集水器、分汽缸安装固定→设备及其支架刷漆保温。

②施工要点：

a. 预制预埋件。

b. 为分、集水器支架预埋件放线定位，作架铁支固预埋件，并复查坐标和标高。

c. 浇筑 C15 混凝土。

d. 预制钢支架，并刷防锈漆。

e. 将预制的钢支架支立在预埋件上，检查支架的垂直度和水平度（应保持 0.01 的坡度，坡向排污短管），合格后进行焊接固定。

f. 在挂墙支架的支端浇筑 C15 细石混凝土。

g. 对进场的分、集水器逐个进行外观检查和水压试验。

h. 将经过验核合格的分水器、集水器、分汽缸抬上或吊上支架，并用 U 形卡固定。

i. 按设计要求对分水器、集水器、分汽缸及其支架进行刷漆和保温。

③安装标准：

a. 分、集水器和分汽缸安装前的水压试验结果必须符合设计要求和施工规范的规定。分、集水器和分汽缸的支架结构符合设计要求，安装平正牢固，支架与分、集水器和分汽缸接触紧密。

b. 分、集水器和分汽缸及其支架的油漆种类、涂刷遍数符合设计要求，附着良好，无脱皮、起泡和漏涂，漆膜厚度均匀，色泽一致，无流淌和污染现象。

c. 分水器、集水器安装位置的允许偏差值如下：坐标 15mm，标高±5mm。

（10）地下管沟空调供回水管道安装

①工艺流程：

支架制作安装→管道运输→管道安装→补偿器安装→水压试验→管道除锈→管道防腐→管道冲洗。

②操作要点：

a. 按图纸要求，管径 DN 大于 100mm 采用减振支架，供回水管与支架间垫沥青煎煮的垫木（垫木厚 4cm），支架间距按设计布设，支架制作采用现场预制的办法集中制作。支架安装时应按管道的坡度定出标高再安装。

b. 管道的水平运输，管道到达现场后，用 8t 吊车从管沟未铺盖板的南北二区集中下管，在管道下面垫以 $\phi48$ 钢管或 $\phi108$ 钢管作滚杠，用撬棍水平移动管道到达安装部位。

c. 管沟呈椭圆形，设计图中未明确提出管沟中弯头的做法，因此在每根柱子处设一弯头与管道圆滑连接。弯头的形状须根据在钢板上放大样的方法放出大样，根据大样在工厂集中弯制。弯制弯头因管径较大拟采用煨弯的办法制作，形式见图 4.6.1-2。

d. 管道临时就位时先在地面摆放，然后焊接，达到一定长度后用两个三脚扒杆起吊放在支架上就位，尽量减少固定焊口的数量，以提高施工效率和质量。

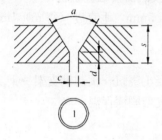 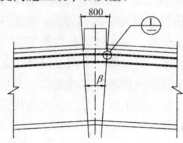

图 4.6.1-2　弯头制作示意图

e. 管道安装。管道安装时须按图纸中的水平位置、标高和坡度施工。

a）焊接连接。管道焊接采用手工电弧焊的方法，采用 T422 焊条，焊条在施焊前应烘干。

坡口加工用氧—乙炔割炬按要求打出坡口，然后用角磨光机打磨平整，去掉氧化皮和熔渣。坡口根据管道壁厚采用 V 形坡口，具体尺寸见表 4.6.1-2。

V 形坡口尺寸表　　　　　　　　　　　　　　　表 4.6.1-2

坡口名称	坡口形式	坡口尺寸（mm）	
V 形坡口		$S \geqslant 3-9$	$S > 9-26$
		$a = 70° \pm 5°$	$a = 60° \pm 5°$
		$C = 1 \pm 1$	$C = 2 \pm \frac{1}{2}$
		$P = 1 \pm 1$	$P = 2 \pm \frac{1}{2}$

管道在组对前用角磨机把管端内外壁 10～15mm 长的一段打磨干净。管道组对时的错边量应控制在规范允许的范围内。管道组对时的对口间隙按表 4.6.1-2 执行。

焊接施焊应由持证焊工操作，管道焊接完毕后必须按表 4.6.1-3 规定，对焊缝进行外观检查，检查前应将妨碍检查的渣皮、飞溅物清理干净。

焊接表面质量标准表（mm） 表 4.6.1-3

编号	项目	焊缝等级			
		I	II	III	IV
1	表面裂缝 表面气孔 表面夹渣 熔合性飞溅	不允许		不允许	
2	咬边	深度：$e_1 < 0.5$ 长度小于等于焊缝全长的 10%，且小于 100			
3	表面加强高	$e \leqslant 1 + 0.10b_1$ 但最大为 3		$e \leqslant 1 + 0.20b_1$ 但最大为 5	
4	表面凹陷	不允许		深度 $e_1 \leqslant 0.5$ 长度小于或等于焊缝全长的 10%，且小于 100	
5	接头坡口错位	$e_2 < 0.15S$ 但最大为 3		$e_2 < 0.25S$ 但最大为 5	

b）法兰连接。管道与阀门之间的连接及需要拆卸的部位均用法兰连接。法兰按阀门的公称压力选用标准平焊钢法兰，法兰垫片使用橡胶石棉板，橡胶石棉板垫片的厚度按表

4.6.1-4 选用。

橡胶石棉板垫片厚度的选用
表 4.6.1-4

公称直径 D_g（mm）	$D_g \leqslant 80$	$100 \leqslant D_g \leqslant 350$	$D_g \leqslant 400$
垫片厚度（mm）	1.5	2	3

法兰与管子的连接，要求法兰密封面垂直于管子轴线。法兰不垂直度允许偏差见表 4.6.1-5。

法兰不垂直度偏差
表 4.6.1-5

公称通径 D_g（mm）	$D_g \leqslant 300$	$D_g > 300$
允许偏差 e（mm）	1	2

c）金属波纹膨胀节安装。金属波纹膨胀节安装前应进行冷紧，首先计算出补偿零点温度，然后按实际的安装温度与补偿零点温度差，定出预拉量或预压量，金属波纹膨胀节在预拉或预压前，先在其两端接好法兰短管，然后用拉管器拉伸或压缩至预定值，再整体放至管道上焊接，最后拆下拉管器。金属波纹膨胀节安装应在其两侧管道与固定支架连接牢固后进行，并留出与冷紧后的补偿器相适应的间距。

金属波纹膨胀节在安装前应进行单体的压力试验，试验压力与所在管道系统相同。压力试验前应注意两端的固定，不使其在试验时过分变形。

（11）其他管道安装（ABS 塑料管除外）

①工艺流程：

支吊架制作安装→管道临时就位→管道安装→水压试验→管道除锈→管道防腐→管道冲洗。

②施工要点：

a. 支吊架安装。支吊架安装时应注意看台下部管道吊架不能放在看台梁下，以免膨胀螺栓打眼时损伤预应力钢绞线，支吊架间距按图纸和规范执行，管道与支架间垫用沥青煎煮的垫木（垫木厚 40mm）。

b. 管道安装时弯头按管径分别使用冲压弯头和玛钢丝扣弯头。

c. 管道就位。管道用 8t 吊车就近卸至安装地点，然后用滚杠法做水平运输，较大直径的管道用三角扒杆和龙门架吊装就位，较小直径的管道人工就位。

d. 管道的焊接和法兰连接与本节（10）项相同，此处不再叙述。

e. 热镀锌钢管的施工：

a）镀锌钢管在安装前，检查其规格及质量、符合要求方可使用。

b）镀锌钢管丝扣加工。管道丝扣可采用人工套丝或电动套丝机套丝两种方法。因本工程丝接镀锌管量比较大，故管道丝扣的加工以机械为主，辅以人工的方法。

c）为了保护钢管的镀锌层，采用砂轮切割机或割刀断管，严禁使用氧—乙炔气割管。

d）套丝前要先检查管端是否平直，管壁是否厚薄均匀。调整好套丝板的活动刻度盘，使扳牙符合需要的距离，再调整套丝板的三个支持脚，使其贴紧管子，防止出现斜丝。

e）套丝时要注意用力均匀，用电动套丝机时要选择好合适的档位。第一次套完后松动扳牙，再调整其距离比第一次小一点，用同样的方法再套一次，要防止乱丝。当第二次丝扣快套完成时，稍松开扳牙，边转边松，使其成为锥形丝扣。

f）套完丝扣后，随即清理管口端面毛刺，使管口保持光滑。

f. 镀锌钢管的安装：

a）套好丝的管子在运输堆放过程中，要防止撞击，避免重物堆放其上，不得损坏丝扣；

b）丝扣连接。首先将要连接的两管接头用麻丝按顺丝扣的方向缠上少许，再涂抹白铅油，涂抹要均匀；或缠以聚四氟乙烯胶带。然后用管钳夹紧一支管子，在丝头处安上管箍等连接件拧上 1/2 丝长，再用管钳将另一支管拧进管箍等连接件的 1/2 丝长，接头处露出的填料要即时清理干净；

c）在镀锌钢管上安装阀门时，在阀门前须安装一个活接头。对于空调管道每一独立系统最高点处须设置自动排气阀；

d）安装好的管道严禁作临时架子或上人攀登；

e）管网的安装应按先设备后管道，先主管后支管的顺序。

（12）ABS 塑料管安装

根据实际情况，ABS 塑料管道连接可分别采用焊接连接、法兰连接、螺纹连接和承插连接等。其他施工与常见管道相同，但一定要把坡度搞准。

（13）仪表安装

所有仪表均应有合格证，并须到指定的计量检测部门校验合格后才能安装。

（14）阀门安装

①阀门安装前，应先检查是否有合格证，然后进行清洗和压力试验。

②阀门的清洗应解体进行，一般是浸泡在煤油里，用刷子和棉布擦拭，除去阀腔及各零件上的防锈油和污物。清洗后保持零件干燥，重新更换已损坏的垫片和填料函。如发现密封面受损，视损伤情况进行修理或更换。

③阀门的压力试验包括强度试验和严密性试验两部分，压力在阀门的压力试验台上进行。压力表应为校验合格的压力表：

a. 强度试验压力为公称压力的 1.5 倍，以水为试验介质，时间为 5min，不渗漏为合格。

b. 严密性试验压力等于阀门的公称压力，以水作试验介质，时间为 10min，不渗漏为合格。

（15）水压试验

①管道系统安装完毕后，投入使用以前，要进行水压试验，试验压力为工作压力的 1.25 倍。水压试验分成三部分试压：a. 地下综合管沟内的管道；b. 空调供回水支管；c. 冷冻机房管道。

②水压试验用清洁的水作介质，在管道的最高处安装排气阀，先灌水排气，然后用试压泵加压，当压力达到试验压力时停止加压，保持 10min，如管道无渗漏，压力下降不超过 0.02MPa，且目测管道不变形则为合格。

③试验用压力表应经校验为合格的压力表。

④管沟内管道试压完后泄水时，应同时用潜水泵往管沟外抽水，以免管沟积水，给安

装的其他设备带来不利影响。

（16）管道除锈

管道在试压合格后应组织除锈，除锈用钢丝刷手工除锈，除锈应达到设计和规范的要求。管道除锈合格后，则应刷油漆防腐，不保温管道刷两底两面，保温管道则只刷两道底漆。

（17）管道冲洗

因为风机盘管等设备的管道细小，特别容易堵塞，所以空调系统供回水管道的冲洗显得格外重要。所有管道压力试验合格后，应进行反复的冲洗，直到干净为止。冲洗介质为清洁水。

冲洗过程中应拆下仪表、阀门，风机盘管、空调器等设备应与管道断开，不能参加冲洗。

冲洗效果的关键是介质在管道内的流速，水流的速度不低于 $1\sim1.5m/s$。

冲洗用水的泄水方案同水压试验一样处理。

管道冲洗质量的检验方法是观察排出水的透明度，当排出水与进入水的透明度一致时，认为冲洗合格。

4.6.1.5　机具设备

吊装机具、活动扳手、铁锤、钢丝钳、螺丝刀、水平尺、钢板尺、线坠、平板车、高凳、电锤、各机组随机工具以及各类压力表、温度计等。

4.6.1.6　质量控制

1）管道工程

本工程所使用的无缝钢管、热镀锌钢管等进场时检查其出厂合格证，核对批量、规格是否对应，管材使用武钢、宝钢等大厂管材，管材进场后，检查其外观、壁厚是否符合设计及规范要求。

管材下料前，先进行现场检查，计算好各截断尺寸，然后选择最佳配合下料，钢管焊接前，焊接部位必须打出坡口，然后方能焊接。

2）设备安装工程

设备安装前会同业主、总包方、监理工程师对各种预埋件、预留洞进行检查，设备进场后会同业主、总包方、监理工程师进行开箱检查，做到设备型号与设计一致，在业主、总包方、监理工程师同意后，再继续设备安装。

3）安装工程质量的检测

（1）管道压力。用试压泵试压为系统工作压力的 1.5 倍，5min 压力降不大于0.02MPa 为合格。

（2）环境温、湿度。用液体温度计测量温度，干湿球温度计测量温度，主要是检测空调综合效果是否符合设计要求。

（3）噪声。用声级计测量噪声分贝，以免超过指标，污染环境。

（4）电机转速。用转速表测量电机转速，防止电机超负荷运转，缩短电机使用寿命。

4.6.1.7　施工安全

（1）搬动和安装大型通风、空调设备应配合起重工进行，并设专人指挥，统一行动，所用工具、绳索必须符合安全要求。

（2）整体设备就位时，要缓慢、谨慎移动，并注意不破坏周围建筑，不破坏设备，不出现手脚损伤。

（3）在设备吊运孔处，应设置安全围护栏。

4.6.1.8 环保措施

（1）施工时需要照明亮度大和噪声大的工作尽量安排在白天进行，减少夜间施工照明电能的消耗和对周围居民的影响。

（2）当天施工结束后的剩余材料及工具应及时入库，不许随意放置。

（3）根据制作场地的废弃物的管理要求，做好制作场地的日常清洁工作。

（4）有毒有害废弃物应收集存放在指定的容器内，按规定进行处理。

（5）涂漆时不得对周围的墙面、地面、工艺设备造成二次污染，必要时采取保护措施。

（6）用声级计测量空调的噪声分贝，以免超过指标，破坏环境。

4.6.1.9 工程实例

武汉体育场空调系统设计冷负荷为4187kW，选用四台制冷量为1044kW的螺杆式冷水机组，设计冷冻水供水温度为7℃，回水温度为12℃；空调系统设计热负荷为3780kW，选用四台换热量为945kW的等离子体改性强化换热器，蒸汽由总体热网供应，空调水系统采用接近无分区方式，供回水总管在综合管沟内环形同程布置，各支管径向辐射布置。冷冻站、热交换站设在一层东区（部分设备、管道布置在综合管沟内），锅炉房设在室外。冷却塔布置在疏散平台下，采用卧式横流玻璃钢冷却塔，冷却水量1200t/h，并设地下水池，冷却水泵置于冷冻机房内地沟里，水系统定压采用膨胀定压罐定压。通过实际应用，证明使用效果很好。

4.6.2 体育场空调系统调试工法

制冷系统是公用建筑使用功能中的一个重要组成部分，对体育场等大型建筑而言，这一系统显得尤为重要，武汉体育中心体育场工程制冷系统从设计到安装调试均体现其先进性和科学性。通过举行多场大型活动，证明它的使用效果很好，本工法以武汉体育场项目为基础而形成。

4.6.2.1 特点

（1）制冷系统安装交工之前，全制冷系统都要进行系统调试工作。

（2）系统调试工作在冷却机组、锅炉房安装合格以及设备单机试车合格后进行。

（3）可以保证施工质量，调试记录真实有效。

4.6.2.2 适用范围

公共建筑中空调系统的调试及运行。

4.6.2.3 工艺原理

安装后的空调系统，通过无负荷试运转及试验调整，使通风环境和空调房间的温度、相对湿度、气流的速度、洁净度等，达到设计规定的参数。

4.6.2.4 工艺流程及操作要点

1）工艺流程

空调系统调试工艺流程见图4.6.2。

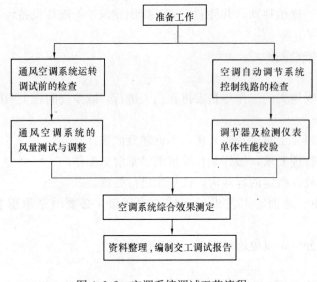

图 4.6.2　空调系统调试工艺流程

2）操作要点

（1）准备工作

①整个系统安装完毕后，运转调试前应会同监理、业主等单位进行全面检查，全部符合设计、施工验收规范和工程质量检验评定标准的要求，才能进行试运转。

②通风空调系统运转所需用的水、电、汽等应具备使用条件，现场清理干净。

③熟悉设计资料、计算的状态参数，领会设计意图，熟悉设备的说明书，掌握风管系统、冷源和热源系统、电气系统的工作原理。

④风道系统的调节阀、防火阀、排烟阀、送风口和回风口内的阀板、叶片应在开启的工作位置状态。

⑤应与业主、监理及总承包单位、BAS 系统施工单位、玻璃钢风管安装单位、管道保温单位等保持密切的联系，共同完成试运转及系统调试任务。

⑥运转的轴承部位及需要润滑的部位，添加适量的润滑剂。

⑦电气控制系统及自动调节系统应施工完毕并符合要求。

（2）通风空调系统风量测试与调整

①按工程实际情况，绘制系统单线透视图，应标明风管尺寸、测点截面位置、送（回）风口的位置，同时标明设计风量、风速、截面面积及风口外框面积。

②开风机之前，将风道和风口本身的调节阀门，放在全开位置，空气处理室中的各种调节阀门也就放在实际运行位置。

③开启风机进行风量测定与调整，先粗测总风量是否满足设计风量的要求，做到心中有数，有利于下步调试工作。

④系统风量测定与调整，干管和支管的风量可用皮托管、微压计仪器进行测试。对送（回）风系统调整采用"流量等比分配法"或"基准风口调整法"等，从系统的最远最不利的环路开始，逐步调向通风机。

⑤风口风量测试可用热电风速仪、叶轮风速仪或转杯风速仪，用定点法或匀速法测出平均风速，计算出风量。测试次数不少于 3～5 次。

⑥系统风量调整平衡后，应达到：

a. 风口的风量、新风量、排风量、回风量的实测值与设计风量的偏差值不大于 ±10%；

b. 风量与回风量之和应近似等于总的送风量或各送风量之和；

c. 风口的送风量应略大于回风量与排风量之和。

（3）空调设备性能测试与调整

①过滤器阻力的测定、表冷器阻力的测定、冷却能力和加热能力的测定等应计算出阻力值及空气失去的热量值和吸收的热量值是否符合设计要求。

②在测定过程中，保证供水、供冷、供热源，做好详细记录，与设计数据进行核对是否有出入，如有出入时应进行调整。

（4）调节器及检测仪表单体性能校验

①敏感元件的性能试验，根据控制系统所选用的调节器或检测仪表所要求的分度号必须配套，应进行该度主差校验和动特性校验，均应达到设计精度要求。

②调节仪表和检测仪表，应作刻度特性校验，调节特性的校验及动作试验与调整，均应达到设计精度要求。

③调节阀和其他执行机构的调节性能，全行程距离，全行程时间的测定，限位开关位置的调整，标出满行程的分度值等均应达到的设计精度要求。

④空调自动调节系统控制线路检查和自动调节系统及检测仪表联动校验应由 BAS 安装单位按时完成。

（5）空调系统综合效果测定

空调系统综合效果测定是在各分项调试完成后，测定系统联动运行的综合指标是否满足设计与生产工艺要求，如果达不到规定要求时，应在测定中作进一步调整。

①确定经过空调器处理后的空气参数和空调房间工作区的空气参数。

②检验自动调节系统的效果，各调节元件设备经长时间的考核，应达到系统安全可靠地运行。

③在自动调节系统投入运行的条件下，确定空调房间工作区内可能维持的给定空气参数的允许波动范围和稳定性。

④空调系统连续运转时间，一般舒适性空调系统不得少于 8h；恒温精度在 ±1℃时，应在 8~12h；恒温精度在 ±0.5℃时，应在 12~24h。

（6）空调系统带负荷综合效果测定

空调系统带生产负荷的综合效能试验、测定与调整应由业主负责，施工和设计单位配合。

4.6.2.5 机具设备

（1）测量仪器：皮托管 2 套、微压计 2 台、热球风速仪或叶轮风速仪 2 只、杯形风速仪 1 只、ϕ8mm 的橡皮管两套、普通干湿球温度计 1 只、转速表、声级仪。

（2）计算工具：电子计算器 2 只。

（3）通信工具：对讲机 1 对。

（4）修理工具：活扳子、螺丝刀、榔头、手电钻、钢丝钳、凿子等。

4.6.2.6 质量控制

（1）测定系统总风量、风压及风机转数，将实测总风量与设计值进行对比，偏差值不应大于 10%。

（2）风管系统的漏风率应符合设计要求或不应大于 10%。

（3）系统与风口的风量必须经过调整达到平衡，各风口风量实测值与设计值偏差不应大于 15%。

（4）无负荷联合运转试验调整后，应使空气的各项参数维持在设计范围内。

4.6.2.7 安全措施

（1）通风空调机房的门窗必须严密，应有专人值班，非工作人员严禁入内。

（2）风机空调设备动力间的开放、关闭，应配合电工操作，坚守工作岗位。

（3）系统风量测试调整时，不应损坏风管保温层，调试完成后，应将测点截面处的保温层修复好，测孔应堵好，调节阀门固定好，画好标记以防变动。

（4）空调系统全部测定调整完毕后，及时办理交接手续，由使用单位运行启用，负责空调系统的成品保护。

4.6.2.8 工程实例

武汉体育场空调系统设计冷负荷为 4187kW，选用四台制冷量为 1044kW 的螺杆式冷水机组，设计冷冻水供水温度为 7℃，回水温度为 12℃，空调系统设计热负荷为 3780kW，选用四台换热量为 945kW 的等离子体改性强化换热器，蒸汽由总体热网供应，热源压力为 8kgf/cm²，经分汽缸后分别减压至 4kgf/cm²，空调热水供水温度为 65℃，回水温度为 55℃，空调系统的水系统为两管制一次泵变流量系统，空调末端前设温控电动二通阀，机房内供回水管路之间采用压差旁通控制阀，各分支管路采用电动阀控制。空调水系统采用接近无分区方式，供回水总管在综合管沟内环形同程布置，各支管径向辐射布置。

本工程冷冻站、热交换站设在一层东区（部分设备、管道布置在综合管沟内），锅炉房为二期工程，设在室外。冷却塔布置在疏散平台下，采用卧式横流玻璃钢冷却塔，冷却水量 1200t/h，并设地下水池，冷却水泵置于冷冻机房内地沟里，水系统定压采用膨胀定压罐定压。

本工程制冷系统其技术含量高、施工难度大、工艺复杂，对其施工的研究和介绍对大型建筑制冷系统的发展有着非常深远的意义。

4.6.3 BTTZ 电缆施工工法

矿物绝缘电缆（BTTZ）是一种无机材料电缆，电缆外层为无缝铜护套，护套与金属线芯之间是一层经紧密压实的氧化镁绝缘层。BTTZ 电缆由于其独特的性能，在敷设、安装等方面均不同于其他绝缘电缆。按用途不同，BTTZ 电缆可分为：配线电缆（Wiring Cables）；加热电缆和加热元件（Heating Cablesand Heating Elements）；热电偶电缆及补偿电缆（Thermocouple Cablesand Compensating）；特种电缆（Special Cables）。在实际应用中最常用的是配线电缆。本工法着重介绍配线电缆的施工工艺。

4.6.3.1 特点

1）BTTZ 电缆与普通电缆相比，具有如下特点：

（1）载流量大（约为普通电缆的 1.3 倍）；

（2）不燃烧，不支持燃烧，不释放有毒气体，零燃烧能量；

（3）连续工作温度 250℃下可达 25 年，在 950～1000℃时可持续供电 3h（国家标准规定 1.5h），短时间或非常时期可接近铜的熔点 1083℃下工作；

（4）防水、防潮、防油、耐腐蚀（加 LSF 外护套）；

（5）无老化，性能极其稳定；

（6）护套可兼作接地回路；

（7）机械强度优异，可绕性好，可用于结构复杂、空间狭小的布线环境；

（8）外径较其他相同截流量的电缆细，安装方便，成本低，无需电缆导管的保护；

（9）防爆性能佳，抗核辐射性能优异；

（10）电磁屏蔽性能和电磁兼容性能优异。

2）采用本工法施工具有安装方便、成本低，无需电缆导管保护的特点。

4.6.3.2 适用范围

标准供应的矿物绝缘电缆可以用于几乎所有低压供电电路。额定电压 500V 或 750V。导体截面积 1.00～400mm² 不等，额定电流不大于 1000A。应用范围：

（1）普通照明/应急照明/应急电梯和升降设备/应急电源/应急广播系统/应急计算机数据备份保护系统；

（2）火灾报警系统/火警电话；

（3）控制中心电源/安全监控系统/CCTV 系统；

（4）烟气调节系统/烟气抽排系统/喷淋控制系统/防火闸门；

（5）主干/支干配电系统；

（6）外景轮廓和特写照明；

（7）油泵线路；

（8）潜在爆炸危险区域；

（9）高温环境动力和控制线路；

（10）机器设备内部布线；

（11）核电站应用。

4.6.3.3 工艺原理

矿物绝缘电缆的特殊性能决定了其可以在线槽内敷设，也可直接沿墙、沿顶、电缆沟明敷。

4.6.3.4 工艺流程及操作要点

1）施工工艺流程

施工准备→支、吊架制作及安装→电缆敷设→电缆终端制作、安装。

2）操作要点

（1）施工准备

①施工人员安装前需接受技术培训或技术指导，充分了解这类电缆的性能、敷设要求、技术标准，熟练掌握其技术要领，保证一次安装敷设成功。

②矿物绝缘电缆如需做耐压试验，则试验技术标准为：

a. 电缆额定电压 500V，试验电压为 1500V、时间为 5min；

b. 电缆额定电压 750V，试验电压为 2500V、时间为 5min；

③准备电缆敷设用的工具、材料。

④由于矿物绝缘电缆材质较硬且出厂时和普通电缆一样成盘装设，所以在敷设前需将电缆平直。

⑤测试绝缘，剥去电缆两端的封套，并用兆欧表（1000V）对电缆进行绝缘测试，测试的绝缘电阻值应达到 5MΩ 以上，如达不到要求，应对电缆两端 1.5m 左右段进行驱潮处理，方法是用汽油喷灯点火后，用喷灯火焰直接对电缆进行加热驱潮，注意移动方向，

必须由 1.5m 处向端尾移动。以上工序可重复数次,直到满足绝缘电阻值要求为止。

⑥为保证电缆一次敷设成功,应认真核对电缆的型号、规格和长度与设计是否一致。

(2) 电缆支、吊架制作安装

矿物绝缘电缆的特殊性能决定了其可以在线槽内敷设,也可直接沿墙、沿顶、电缆沟明敷。

①明敷电缆的支、吊架形式,如图 4.6.3-1 所示。

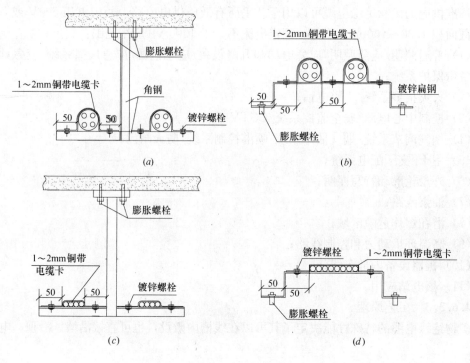

图 4.6.3-1　电缆支、吊架铺设形式
(a) 多芯电缆沿顶水平敷设吊架制作、安装形式;
(b) 多芯电缆沿墙垂直敷设吊架制作、安装形式;
(c) 单芯电缆沿顶水平敷设吊架制作、安装形式;
(d) 单芯电缆沿墙垂直敷设吊架制作、安装形式

②支架的防腐、固定。

支架制作完后,应做防腐工作。除锈、刷红丹防锈底漆,面漆的选用如设计无要求,应选与建筑物美观相适应的颜色,最后再用膨胀螺栓固定。

③支、吊架间距要求见表 4.6.3-1。

支吊架间距表 表 4.6.3-1

电缆外径 (mm)	固定点之间最大间距	
	水平敷设 (mm)	垂直敷设 (mm)
$D \leqslant 9$	600	800
$D > 9$	900	1200
$D > 15$	1500	2000
$D > 20$	2000	2500

当电缆倾斜敷设时，其固定间距按下述方法考虑：当电缆与垂直方向呈 30°及以下角度时，按照垂直间距固定；当大于 30°时，按照水平方式固定。

（3）电缆敷设、安装

矿物绝缘电缆的生产由于受材料的限制，每盘或每根的电缆长度都有限，重量约为 150kg 左右，一般采用人工敷设的方法。

①电缆敷设、整理、固定。

电缆在敷设过程中，绝对不能出现扭绞、打结的现象，否则，将会损坏电缆。每一路电缆均应在敷设到位后进行整理，先将电缆按回路分开，在转弯处应将电缆按弯曲半径弯好（弯曲半径需符合表 4.6.3-2 的要求），然后再逐段将电缆按要求距离固定。

矿物绝缘电缆弯曲半径要求   表 4.6.3-2

电缆外径 D（mm）	电缆内侧最小弯曲半径 R（mm）	电缆外径 D（mm）	电缆内侧最小弯曲半径 R（mm）
4～7	2D	>12～15	4D
>7～12	3D	>15	5D

电缆固定用铜卡固定，或用其他方式绑扎固定，以求整齐、美观。如果电缆是敷设在电缆槽架内，同样也是将电缆全部整理平直，弯曲处也按槽架的弯曲度弯曲，每路电缆单独捆绑，如有需固定处也应进行固定，如无固定处，则应平放在槽架内，但不应交叉重叠地无序堆放。

②多根电缆敷设的排列方式。

多根单芯电缆敷设时，应考虑到单芯电缆的保护层在交流电作用下会产生微弱的涡流。多根使用时，为防止涡流的叠加，单芯电缆应按相序 ABCO、OCBA 为一组的排列方式进行敷设，如图 4.6.3-2 所示。

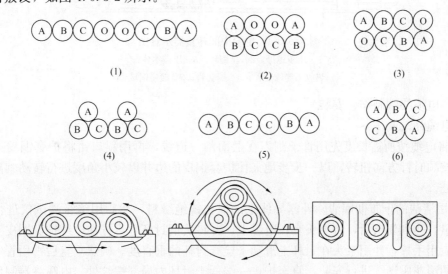

图 4.6.3-2 多根单芯电缆敷设方式

③电缆敷设的膨胀弯。

考虑到电缆通电运行后的膨胀或振动，当电缆全长都是直线敷设或使用电器后可能产生振动时，在允许的场合将电缆敷设成膨胀弯的方式，有"S"形和"Ω"形两种，如图

4.6.3-3 所示。

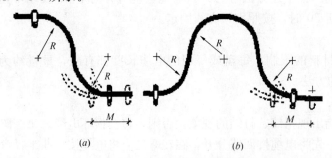

图 4.6.3-3　膨胀弯示意图

(a) S形膨胀环状；(b) Ω形膨胀环状

④电缆连接。

矿物绝缘电缆的电缆连接常采用中间连接器将二根相同规格电缆联在一起，并用直径增加极小的铜套管来进行保护。连接器的二端均由内螺纹无缝铜管、黄铜管或热缩性套管、铜压接管和绝缘热收缩套管所组成，如图 4.6.3-4 所示。

⑤埋地敷设。

矿物绝缘电缆还可以埋地敷设，但最好不要有中间接头，如无法避免，则接头处须做好防水处理。

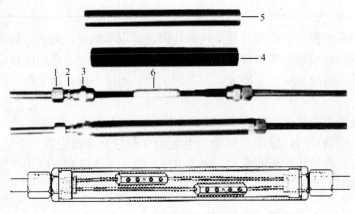

图 4.6.3-4　电缆中间连接器示意图

1—压盖螺母；2—压缩环；3—压盖本体；
4—热收缩绝缘套管；5—铜套管；6—镀锡铜接管

（4）电缆终端制作、安装

①电缆终端制作：

a. 将电缆按所需长度先用管子割刀在上面割一道线，再用斜口钳将护套铜皮夹在钳口之间按顺时针方向扭转，以一步步地夹住护套铜皮的边并以较小角度进行转动剥离，直至割痕处。

b. 用清洁的干布彻底清除外露导线上的氧化镁绝缘料，然后用绝缘测试仪进行绝缘电阻预量，达到要求后，将束头套在电缆上，并将黄铜封杯垂直拧在电缆护套铜皮上。开始时，应用手拧，并用束头在封杯上滑动来检查封杯的垂直度。确认垂直后再用管丝钳夹住封杯的滚花座继续进行安装，直至护皮一端低于封杯内局部螺纹处。电缆终端制作示意图见图 4.6.3-5。

c. 从约距电缆敞开端 600mm 处用喷灯火焰加热电缆，并将火焰不断地移向电缆敞开端，以便将水分排除干净，切记只可向电缆终端方向移动火焰，否则将会把水分驱回电缆内部。

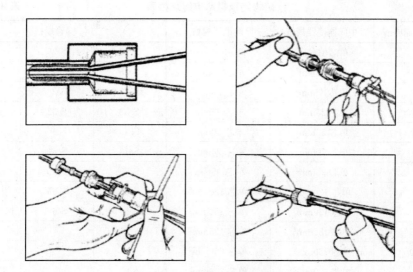

图 4.6.3-5　电缆终端制作示意图

d. 用欧姆表分别测量一下芯与芯、芯与护套之间绝缘电阻，若测量结果在 5MΩ 以上，则可以在封口杯内注入封口膏。注意封口膏应从一侧逐渐加入，不能太快，以便将空气排空。等封口膏加满，再压上杯盖，接着用热缩套管把线芯套上，并热缩，最后用欧姆表再测量一下绝缘电阻，如果绝缘偏低，则重新再做一次。

②电缆终端安装：

a. 单芯电缆进柜、箱安装时，为防止电缆对柜、箱的面板产生涡流，要求柜、箱的面板按照图 4.6.3-6 所示的方法打孔。对于进线端面板的柜、箱，建议采用铝母线或铜母线作为支架固定电缆。

b. 矿物绝缘电缆材质较硬，进箱、柜前需弯好角度，再伸进箱、柜内，既美观又可以减少施工的难度。

c. 矿物绝缘电缆的铜护套保证了良好的接地连接，所以无需单独敷设接地线，只需在做电缆终端时加上接地线连接铜环，如图 4.6.3-7 所示。另外，箱体内的接地线长度不允许超过 500mm。

图 4.6.3-6　柜箱面板打孔示意图　　　图 4.6.3-7　矿物绝缘电缆铜护套示意图

d. 终端安装结束后，应再测试一次电缆的绝缘电阻及接地电阻，然后在每路电缆的两端及中间拐弯处分别挂上电缆铭牌，铭牌上应标有回路、电缆型号、规格长度以及起始端、终止端箱。

4.6.3.5　材料

矿物绝缘电缆规格见表 4.6.5-3。

矿物绝缘材料电缆规格表 表 4.6.3-3

电缆规格（截面 mm²）	中间连接器规格	终端器规格	穿管规格		
1×10	单芯 10mm²	单芯 10mm²	Sc25	Sc25	Sc40
1×16	单芯 16mm²	单芯 16mm²	Sc25	Sc25	Sc50
1×25	单芯 25mm²	单芯 25mm²	Sc32	Sc32	Sc50
1×35	单芯 35mm²	单芯 35mm²	Sc32	Sc32	Sc65
1×50	单芯 50mm²	单芯 50mm²	Sc40	Sc40	Sc65
1×70	单芯 70mm²	单芯 70mm²	Sc40	Sc50	Sc80
1×95	单芯 95mm²	单芯 95mm²	Sc50	Sc50	Sc80
1×120	单芯 120mm²	单芯 120mm²	Sc50	Sc65	Sc100
1×150	单芯 150mm²	单芯 150mm²	Sc65	Sc65	Sc100
1×185	单芯 185mm²	单芯 185mm²			
1×250	单芯 250mm²	单芯 250mm²			
1×300	单芯 300mm²	单芯 300mm²			
1×400	单芯 400mm²	单芯 400mm²			
2H1.5	二芯 1.5mm²	二芯 1.5mm²		Sc15	
2H2.5	二芯 2.5mm²	二芯 2.5mm²		Sc15	
2H4	二芯 4mm²	二芯 4mm²		Sc20	
2H6	二芯 6mm²	二芯 6mm²		Sc20	
2H10	二芯 10mm²	二芯 10mm²		Sc20	
2H16	二芯 16mm²	二芯 16mm²		Sc25	
2H25	二芯 25mm²	二芯 25mm²		Sc32	
3H1.5	三芯 1.5mm²	三芯 1.5mm²		Sc15	
3H2.5	三芯 2.5mm²	三芯 2.5mm²		Sc15	
3H4	三芯 4mm²	三芯 4mm²		Sc20	
3H6	三芯 6mm²	三芯 6mm²		Sc20	
3H10	三芯 10mm²	三芯 10mm²		Sc25	
3H16	三芯 16mm²	三芯 16mm²		Sc25	
3H25	三芯 25mm²	三芯 25mm²		Sc32	
4H1.5	四芯 1.5mm²	四芯 1.5mm²		Sc15	
4H2.5	四芯 2.5mm²	四芯 2.5mm²		Sc20	
4H4	四芯 4mm²	四芯 4mm²		Sc20	
4H6	四芯 6mm²	四芯 6mm²		Sc20	
4H10	四芯 10mm²	四芯 10mm²		Sc25	
4H16	四芯 16mm²	四芯 16mm²		Sc32	
4H25	四芯 25mm²	四芯 25mm²		Sc40	
7H1.5	七芯 1.5mm²	七芯 1.5mm²		Sc20	
7H2.5	七芯 2.5mm²	七芯 2.5mm²		Sc20	
10H1.5	七芯 1.5mm²	七芯 1.5mm²		Sc25	
10H2.5	七芯 2.5mm²	七芯 2.5mm²		Sc25	

注：除特殊情况外，矿物绝缘电缆无需穿管敷设。

4.6.3.6 机具设备

(1) 电工工具：电锤、电钻、交流电焊机、切割机。

(2) 电缆施工的专用工具：斜口钳。

(3) 辅助工具：汽油喷灯、兆欧表、液压开孔器、割刀。

4.6.3.7 质量控制

(1) 矿物绝缘电缆多采用人工直接敷设，施工人员须经过培训，由于电缆终端制作安装的是永久性的终端器，所以电缆终端制作人员需经过模拟演练。

(2) 由于矿物绝缘电缆大多明敷，所以要求敷设时保证横平竖直。

(3) 保证电缆终端密封，防止氧化镁吸潮降低电缆绝缘电阻。

(4) 电缆终端须与设备及配电箱连接牢靠，保证接地的连续性。

4.6.3.8 安全环保措施

(1) 注意施工机具、临时用电的安全管理，应由专人操作和维护，加强安全防护工作。

(2) 矿物绝缘电缆多为沿墙、沿顶敷设，施工人员需注意高空坠落，系好安全带。

(3) 施工中随时清理现场，防止拌倒伤人。

(4) 对产生噪声、振动的施工机具，应采取控制措施，防止噪声扰民。

4.6.3.9 效益分析

(1) 相同截面下，矿物绝缘电缆的外径、体积、重量比传统电缆小得多。另外，矿物绝缘电缆允许的弯曲半径比其他电缆小得多，其弯曲半径根据规格不同，在电缆外径的 2～6 倍之间，远比传统电缆的 10～30 倍要小，所以矿物绝缘电缆在施工便捷方面远优于传统电缆。

(2) 矿物绝缘电缆的绝缘材料导热远大于塑料绝缘材料，对于相同截面积的电缆比其他电缆能传送较高的电流，而且电缆还可耐受相当大的过载。在无须穿管或密封桥架保护的敷设条件，可以比塑料绝缘电缆考虑更少的降容，截面大的矿物绝缘电缆双拼还可以代替母线槽，在大电流的电源主干线路上使用不仅可靠而且花的费用最少。

(3) 矿物绝缘电缆可以直接明敷，不需其他的防火附件（如防火桥架或耐火线槽等），桥架或线槽部分可以节省很多的资金，因为矿物绝缘电缆的外层为铜护套可以作为接地线，节省了一根接地电缆，而且接地效果和可靠性更好，也节省了相应的施工费用。

(4) 交联聚乙烯绝缘电缆在完全正常的使用条件下，最长的使用寿命是 40 年左右，而聚氯乙烯绝缘电缆的使用寿命仅为 20 年左右。按建筑物正常的使用寿命计算，电缆也至少得更换 2 次以上。而矿物绝缘电缆寿命可达数百年，远远超过建筑物的使用寿命，从投资的长远角度出发矿物绝缘电缆更实惠。

4.6.3.10 应用实例

南京奥体中心主体育场建筑面积 14 万 ㎡，拥有一个 10kV 配电中心和四个区间变电所，在主体育场的排烟风机、正压送风机、消防电梯、应急照明、不间断电源等重要、特别重要的一级负荷均采用 BTTZ 电缆。采用此工法进行施工，施工便捷，质量可靠，实施效果很好。

4.6.4 不燃型无机玻璃钢风管制作与安装工法

不燃型无机玻璃钢风管道（即玻璃纤维氯氧镁水泥通风管道）是以菱镁无机复合材料

（无机材料、胶凝材料、憎水材料）为胶结料，以玻璃丝布为增强材料，配以增韧剂、增强剂和抗水剂，通过严格的调制程序、加工工艺和养护过程，形成结晶网络骨架和孔隙结构的水化产物/硬化体。其在国民经济各个领域的应用具有相当的开发潜力和市场竞争力，是目前乃至今后大型建筑室内通风的最理想产品。在解决了不燃型无机玻璃钢风管制作与安装的技术问题后，形成此工法。

4.6.4.1 工法特点

（1）不燃型无机玻璃钢风管制作工艺简单，组合、安装方便，且外表美观。

（2）节约了大量的钢材，经济效益好，有广阔的发展前景。

（3）介绍了不燃型无机玻璃钢风管的制作方法及质量保证措施。

（4）介绍了不燃型无机玻璃钢风管的连接技术。

（5）介绍了不燃型无机玻璃钢风管的保温处理技术。

4.6.4.2 适应范围

适用于宾馆、冶金、矿山、纺织、烟草、军工、商场、影院、人防工程等建筑的通风及空调工程上，以及在化工行业、其他工业的烟气、毒气的排放烟囱等。

4.6.4.3 材料性能特点

不燃型无机玻璃钢风管，是用玻璃纤维布作增强材料，以氯化镁、氧化镁为基体材料，配以增韧剂、增强剂，加入非金属材料进行水反应制备的聚胶复合制成的无机玻璃钢产品，该风管遇火不燃，无烟、无味、无毒，耐腐蚀，抗老化，强度高，减振消声，保温隔热，不吸潮且成本价格便宜，使用寿命长，从根本上解决了有机玻璃钢风管易燃、薄钢板风管易腐蚀的难题，为空调通风管道安全防火提供了理想的新型材料。其主要性能参数见表4.6.4-1。

不燃型无机玻璃钢风管材料性能参数   表 4.6.4-1

项 目 名 称	技 术 指 标	项 目 名 称	技 术 指 标
密度（g/cm³）	2.2±0.1	耐油10号柴油浸泡	无变化
吸水率	<10%	耐酸性5%	无变化
初始裂纹挠度值	15%	耐碱性10%NaOH	无变化
导热系数［W/（m·K）］	<0.5	耐盐性5%HCL	无变化
膨胀系数（1℃）	<3×10⁻⁵	耐热性（℃）	350（强度不衰减）
软化系数（%）	>0.7	抗拉强度（MPa）	>48.5
氧指数（%）	>90	抗弯强度（MPa）	>49.6
燃烧性能	属不燃材料	抗压强度（MPa）	>42.5
材料酸碱性（pH）	7~8	冲压强度（kg/m²）	>49.8
毒性分析（LD50）	>1500mg/kg属基本无毒性	检测方式	>GB 2406—80

4.6.4.4 工艺流程及操作要点

1）工艺流程

风管制作→风管安装→检测验收。

（1）风管制作流程：

按图纸确定风管尺寸→预制加工图→筒节编号→制模→原材料配制→模具贴聚酯薄膜→上模糊剂→薄膜压光→高温固化→脱模→复核编号及规格→质量检验与修整。

（2）风管安装流程：

确定标高→制作吊架→设置吊点→安装吊架→风管排列→法兰连接（垫料穿螺栓）→安装就位、找平找正→检测验收。

2）风管制作方法

（1）风管及其配件制作

根据施工图确定风管尺寸参数（见表 4.6.4-2、表 4.6.4-3），编制加工图，对风管进行统一编号。

表 4.6.4-2

不燃型无机玻璃钢风管尺寸（不保温）（mm）

尺 寸	风管壁厚	风管长度允许偏差	边长允许偏差	法兰尺寸	
				宽 度	厚 度
1600×400	7±0.5	±10	±5	≥60	≥15
1250×320	6±0.5	±10	±4	≥55	≥10
1000×320	5±0.5	±10	±4	≥50	≥8
800×400	5±0.5	±10	±4	≥50	≥8
800×250	5±0.5	±10	±4	≥50	≥8
500×200	4±0.5	±10	±3	≥40	≥6
400×320	4±0.5	±10	±3	≥40	≥6
400×200	4±0.5	±10	±3	≥40	≥6
320×250	4±0.5	±10	±3	≥40	≥6
320×200	4±0.5	±10	±3	≥40	≥6
320×120	4±0.5	±10	±3	≥40	≥6

表 4.6.4-3

不燃型无机玻璃钢风管尺寸（保温）（mm）

尺 寸	风管壁厚（不包括保温板厚度）	里层厚度	外层厚度
300×800	10±0.5	4.5	5.5
2500×1000	9±0.5	4	5
2000×500	8±0.5	3.5	4.5
2000×400	8±0.5	3.5	4.5
1600×630	7±0.5	3	4
1600×500	7±0.5	3	4
1250×500	6±0.5	2.5	3.5
1000×400	6±0.5	2.5	3.5
800×500	6±0.5	2.5	3.5
800×400	6±0.5	2.5	3.5
800×320	6±0.5	2.5	3.5
630×320	6±0.5	2.5	3.5
55×400	6±0.5	2.5	3.5
400×320	5±0.5	2	3
400×200	5±0.5	2	3

风管及其配件均采用模具手工涂敷法成型，模具用木板或薄钢板制作，圆形或矩形风管使用内模成型，配件视其形状采用不同模具。内模采用空心可拆卸形式，便于脱模，圆形内模的外径等于风管内径；矩形内模外边长等于风管的内边长。按照设定比例配制原材料，原料调好后，在木模的外表面包一层透明的玻璃纸，将调配好的复合材料均匀涂敷于其上，再敷上一层玻璃布，然后再涂一层复合材料，再敷一层玻璃布，每涂一层复合材料便敷一层玻璃布，直至达到设计参数和强度要求，在最外面一层玻璃布的表面涂以薄层合成树脂，将提前做好的法兰在涂树脂的过程中放好，和风管一同粘贴，整节风管经过一段时间的高温固化，达到足够的强度时即可脱模。脱模以后再对照加工图进行编号和规格组合，确认风管编号、尺寸正确无误，再进行质量检验和修整。

（2）保温处理

本工法采用自熄式保温板进行保温，保温层置于风管内部，在风管制作过程中将保温材料（如聚氯乙烯）粘贴在两层玻璃钢薄板之间即可，采用粘贴方法组合，并在风管的四个角上各放一根角形玻璃钢，以增加风管的组合强度，在风管外表面采用密封措施，增强保温效果。

（3）技术要点

①模具尺寸准确，风管形状规格符合要求。

②合成树脂根据设计要求的耐酸、耐碱、自熄性能选用，且符合防火要求。

③复合材料的配制应严格按照设计配合比进行，以满足设计要求。

④玻璃布的质量和规格应符合设计要求，且玻璃布应保持清洁、干燥，不得含蜡，各层玻璃布的接缝应错开，不可重叠。

⑤复合材料及树脂涂敷均匀，玻璃布放置均匀、紧密、平整，不得出现气泡、分层现象，风管内表面应平整光滑，边缘无毛刺。

⑥法兰与风管应成一个整体，且与风管轴缘垂直，法兰表面平整，其平面的水平度允许偏差不大于2mm。

⑦风管脱模不可太早，且应放置于平整处，以免造成变形。

⑧玻璃钢风管应存放于遮阳处，不许露天曝晒。

3）风管安装

（1）风管安装方法

按照施工图确定风管安装的标高和位置，根据现场实际情况制作吊架、设置吊点、安装吊架，将风管按施工图排列于吊架下，然后在接口法兰上粘上密封垫，上紧法兰螺栓，再将风管找平找正，使其符合设计要求即可。

（2）技术要点

①安装前，应检查风管及配件的质量、规格是否符合设计和规范要求。

②安装及运输风管过程中不得碰撞和扭曲，严禁敲打、撞击，如发现轻微损坏应及时修复。

③风管支、吊架的间距与风管吊装节数应严格按照施工图设计要求，遵循相应规范，尽量加大风管的受力面。

（3）检测验收

按照国家质量验收标准和设计要求，采用漏光检测法对风管进行质量检测，发现有漏风处，进行密封处理并做好记录。

4.6.4.5 材料与机具设备

1) 材料

玻璃纸、玻璃布、复合材料（主要成分：氧化镁、氯化镁、凝胶材料、憎水材料）、树脂、保温材料、胶粘剂、密封垫、模板（木板或薄钢板）、螺栓、角形玻璃钢。

2) 机具设备

刷子、料勺、锯、卷尺、扳手、工作服、手套、钳子、电锤、手电钻、手拉葫芦、绳子、电焊机、架梯、手电筒、移动电源。

4.6.4.6 质量控制

(1) 所有材料必须是符合国家或部颁标准的合格产品。

(2) 认真按照业主的要求及国家规范进行施工，严把质量关，确保工程质量。

(3) 严格按照产品要求进行配料、制作、组合及安装，配备专业技术人员。

(4) 加强现场施工检验，配备专业检验人员。

4.6.4.7 劳动组织及安全措施

1) 劳动力组织

制模 2~3 人/班，风管及其配件制作 3~5 人/班，风管组合 3 人/班，风管安装 5~7 人/班，安全员 1 人，专业技术员 1 人，质检员 1 人，材料员 2 人，各工序班组数以工程量来定，另需检测人员两班（4 人/班）。

2) 安全措施

(1) 严格执行国家、行业和企业的安全生产法规和规章制度。认真落实各级各类人员的安全生产责任制。

(2) 特种作业人员应持证上岗。

(3) 各类机械人员应认真执行机械安全操作技术规程，应经常对机械、吊装索具等进行检查、维修，确保机械安全。

(4) 所有用电设备及配电箱应安装漏电保护装置，并张贴安全用电标识，严禁非电工人员进行电工操作。

(5) 配置专业电工，施工现场定期进行安全用电检查，电工每天对现场的线路、电气设备进行检查，不符合要求的立即整改。

4.6.4.8 效益分析

不燃型无机玻璃钢风管制作简单，安装方便快捷，加快了施工进度，缩短了工期，保温效果好，节能、清洁环保，使用寿命长，价格比使用其他材料便宜，安装完工后不需要维护，减少维护经费，节约了大量钢材，具有很强的技术、经济综合优势和广阔的发展前景。

4.6.4.9 工程应用实例

武汉体育中心体育场建筑面积 8 万多 m²，地上四层（局部二层），整体呈马鞍形，平面呈椭圆形，南北长 296m，东西长 263m，外圈弧线周长 914m，平面分为东西南北四个看台区，能容纳 6 万名观众，可举办足球、田径等多项大型体育比赛，是一个大型现代化综合性体育场。

该体育场科技含量和装饰要求高，功能用房多，设备先进且数量多，特别是管道多，空调、通风系统容量大、要求高，操作空间小，其风机管道的主管呈环形布置，支管径向辐射布置，采用不燃型无机玻璃钢风管，不但加快了施工进度，缩短了工期，并且美观耐用、节能环保，很好地满足了各场所的功能和装饰要求，受到广泛好评，取得了显著的经济效益和社会效益。

4.6.5 体育场变电所安装调试施工工法

随着科学技术突飞猛进的发展，供电系统也在不断地发展。南京奥体中心主体育场的供电系统采用的是目前最先进的"双闭环供电，开环运行"，在南京奥体中心主体育场设有一个 10kV 中心变电所和四个区间变电所。本工法是依据南京奥体中心主体育场变电所的安装调试工艺进行总结的。

4.6.5.1 特点

采用本施工工法进行变电所的安装调试，可以提高劳动生产率，节省人工、机械费用等。

4.6.5.2 适用范围

本施工工法适用于新建变电所的安装与调试。

4.6.5.3 工艺原理

奥体中心的供电系统由一个 10kV 中心变电所和四个区间变电所组成。从永隆奥体变电所引出 4 路从不同地区引来的 10kV 高压电，这四路高压电分别向中心变电所的四段高压母排供电，中心变电所的高压母排分 1、2、3、4 段，其中 1、2 段母排通过母联，3、4 段通过母联，在 1、2 或 3、4 段中有一路失电，通过母联自动切换，保证整个电源的稳定可靠，所有区间变电所都是两台变压器、两段低压母排组成的变配电系统，两台变压器供电是互为备用，两段低压母排通过母联互相切换，这样保证任意一个变电所的电源都是由四个不同的回路供电，从而保证奥体供电的可靠。由此可以知道奥体供电系统是"双闭环供电，开环运行"；如图 4.6.5-1 所示。

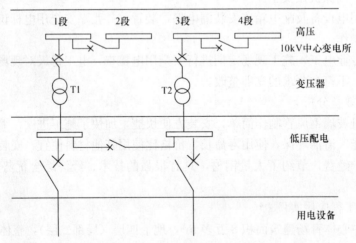

图 4.6.5-1 供电系统示意图

4.6.5.4 工艺流程及操作要点

1) 变电所安装调试工艺流程

变电所电缆沟内的支架制安及盖板制安→变电所基础槽钢制安→变电所接地→变电所内设备安装→变电所调试及送电→交接验收。

2）变电所安装操作要点

（1）施工准备

变压器及相应的配电盘柜的运输：采用 5t（3t 两台）的手动液压叉车或用滚杠运输，在零标高至变电所内的运输用搭脚手架至变电所标高，上面铺设木板，并固定好。

运输时不拆包装，到位后再开箱，开箱时要求甲方、监理、供货方、施工方一起开箱检查，发现问题及时提出，以便尽快解决，并做好记录。

（2）变电所电缆沟内的支架制安及盖板制安

①电缆沟内支架制安。

根据施工图纸要求，在电缆沟内支架采用 L50×5 的镀锌角钢，如图 4.6.5-2、图 4.6.5-3 所示。

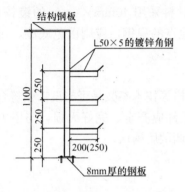

图 4.6.5-2　电缆沟内支架示意图

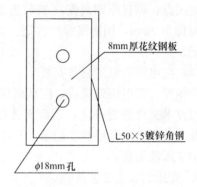

图 4.6.5-3　电缆沟盖板示意图

变电所结构在±0.000 以下采用钢筋混凝土，在±0.000 以上采用钢结构，钢结构作至 1.1m。在电缆沟的上部有结构槽钢电缆支架与其焊接，支架下部用钢板焊接，膨胀螺栓固定。所有焊缝厚度均为 6mm，要求在焊缝处作防锈处理，具体刷红丹防锈漆一次，银粉漆一次。

②盖板制作安装。

电缆沟盖板根据设计说明，采用 8mm 厚的花纹钢板制作成 500mm×900（1000）mm 的盖板，制作要根据现场情况确定具体尺寸，如图 4.6.5-3 所示。要求所有焊接处及盖电缆沟面刷红丹防锈漆防锈。

（3）变电所基础槽钢制作安装

①基础槽钢制作安装。

基础槽钢采用 10 号槽钢制作成框状基础。基础槽钢安装的技术要求为：垂直度允许偏差 1/1000；全长超过 5m，允许偏差应小于 5mm；水平度允许偏差 1/1000，全长超过 5m，允许偏差应 5mm。设备就位前应对基础槽钢进行复核，检查其水平度、垂直度是否符合规定要求，并应做好复核记录。

②基础槽钢框状。

基础槽钢框状原则上是每一台柜的周边下均要有基础槽钢，变压器每相绕组下要设置槽。

③基础槽钢制作、安装的方法。

选好槽钢调直调平，采用机械机切割卸料，磨好焊接口，点焊组对、焊接，焊接好后焊接处用磨光机磨平。并用红丹漆做好防腐，用垫铁根据技术要求垫好，并焊接固定好，且将基础接地焊接可靠，以保证保护接地的良好，最后再涂沥青面漆。

（4）变电所接地

变电所的主接地应接至原水电预埋的两处不同的接地干线上，要求接地扁钢搭接长度为扁钢宽度的 2 倍，如果圆钢搭接焊接应为圆钢直径的 6 倍，要求双面焊接，焊接处应刷防腐漆，所有保护接地与其中一处连接，变压器的中性点接地与另一处连接，所有支架要求用扁钢连成一起与保护地可靠连接。同时，扁钢的另一处用 16mm² 的黄绿接地线与桥架相连，作为桥架地接地点。

变电所检修接地的设置：检修接地与保护接地相连，在变电所四个角各设置一个临时检修测试点，设置原则离变压器较近的地方设置。材料采用 40mm×4mm 的镀锌扁钢，离地面高 300mm，用膨胀螺栓固定。检修用临时接地点的扁钢，应刷白色底漆，用黑色作标记。

（5）变电所内电气设备安装

变压器、配电柜到货后，应认真核对其型号、规格等技术参数是否与设计相符合。查看随机技术文件是否齐全，表面有无损伤，柜内各元件应齐全、完好无损，与甲方、监理、业主共同做好开箱验收记录，并注明性能待设备调试后确认。

①变压器安装：

A. 变压器安装工艺流程。

基础槽钢位置检查→安装干式变压器→安装外罩→安装温控器。

B. 变压器安装操作要点。

变压器安装采用四个千斤顶及液压叉车或滚杠配合进行安装。

a. 变压器移位开箱检查。

千斤顶下垫道木，上放 10 号槽钢，槽钢两头与变压器基础焊上，临时槽钢上表面与基础上表面平，检查所有的临时工件的可靠性，然后用液压叉车或滚杠将变压器移至变压

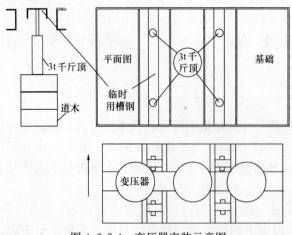

图 4.6.5-4　变压器安装示意图

器基础旁边，降下液压叉车，让设备停留在液压叉车上。在施工技术人员、厂家、业主、监理共同见证下，开箱检查。

b. 变压器包装拆卸。

变压器底包装的拆卸，先拆卸紧固螺栓，使变压器与包装物脱离。然后升起液压叉车，将方向滚轮上好，调整好方向，将变压器的位置微调好，如图 4.6.5-4 所示。

c. 变压器就位、调整。

变压器包装拆卸后，降下液压叉

车,并移出液压叉车,使滚轮受力。然后用3～4人用力缓慢移动至基础,检查滚轮是否与临时槽钢的中心一致,如不一致,再用液压叉车升起移动微调。直至滚轮与临时槽钢的中心一致,用液压叉车将变压器的滚轮升至与基础面平,然后用人力缓慢移动,直至就位。

d. 变压器固定。

用圆钢测试变压器安装孔与基础上的孔是否在同一垂直线上。如不在,则调整直至两孔中心在同一垂直线上,用气焊卸下临时加固槽钢,打磨光滑,在滚轮处用角钢固定,然后四个千斤顶同时缓慢放下,拆下临时加固材料,清理干净,用螺栓固定。

设备安装好后应将滚轮拆除。

②控制柜、配电柜安装。

控制柜、配电柜安装时,在距柜顶和柜底200mm处设定两根基准线,精确调整一个面柜,再逐个调整其余柜,调整至柜面一致,排列整齐。其水平偏差相邻两盘顶小于2mm,行列盘顶小于5mm;盘面偏差相邻两盘边小于1mm,行列盘面小于5mm;柜与柜之间缝隙,最大不得超过2mm,垂直度每米小于1.5mm。

采取镀锌螺栓把柜和基础可靠连接,所有柜、箱等电气设备的金属外壳、保护管和金属支架与接地装置构成良好的电气通路。

③母线安装。

母线进场安装前,首先应检查其包装及密封。对有防潮要求的包装应及时检查,发现问题,采取措施,以防受潮。

A. 封闭式母线安装:

a. 按照封闭式母线排列图,将各节封闭式母线、插接开关箱、进线箱运至各安装地点。

b. 安装前应逐节摇测绝缘电阻,电阻值不得小于10MΩ。

c. 按封闭式母线排列图,从起始端开始向前安装,其插接开关箱高度应符合设计或封闭式母线生产厂规定。

B. 封闭式母线的连接:

本工程照明母线采用插接式连接。将封闭式母线的小头插入另一节封闭式母线的大头中去,在母线间及母线外侧装上配套的绝缘板。再穿入绝缘螺栓加平垫片、弹簧垫圈,然后拧上螺母,用力矩扳手紧固,达到规定的力矩即可,最后固定好上、下盖板。

封闭式母线连接用绝缘螺栓的紧固力矩:M10为55N·m;M12为75N·m;M16为115N·m。

④电缆敷设:

a. 电缆敷设主要是高压电缆的敷设,电缆敷设前应认真做好各项准备工作,认真核对电缆型号、规格长度等,并应配盘,以减少中间接头。同时,检查桥架的标高、走向及设备的位置,确保电缆敷设无误。

b. 干线电缆集中敷设,敷设前最好应做电缆敷设表,并制定好放电缆敷设的先后顺序,敷设时应防止电缆划伤和损伤,电缆端部应留有适当的裕度。

c. 桥架垂直段的电缆应以尼龙绑扎带固定,电缆、线两端挂有标记牌,标记清晰醒目。

d. 放完电缆后，在接线前应做耐压试验，合格后接线。

⑤电缆头制作安装。

电缆线径大于等于 16mm² 的一般要作电缆头，电缆线径小于 16mm² 一般不要求作电缆头。本工程电缆头要求作干包电缆头。在变电所内所有的电缆头要求作热缩电缆头。

⑥挂标志牌。

a. 标志牌规格应一致，并有防腐功能，挂装应牢固。

b. 标志牌上应注明回路编号、电缆编号、规格、型号及电压等级。

（6）安装质量的检查

①检查变电所的接地、桥架接地是否可靠（用接地摇表）。

②检查变压器的中性点接地、配电柜的接地（用接地摇表）。

③检查连接母排是否按要求连接可靠（用力矩扳手检查）。

④检查柜内二次接线（根据设计图或厂家二次图用万用表校线）。

⑤检查电缆挂牌及变电所的封堵（质量安全员的检查）。

⑥检查各种安全防护是否到位。

3）变电所的调试操作要点

（1）电力变压器调试

①用数字微欧计或直流（单）双臂电桥在分接头的所有位置上测量绕组连同套管的直流电阻，各相测得值的相互差值应小于平均值的 2%，线间测得值的相互差值应小于平均值的 1%；也可将测得的直流电阻与同温度下产品出厂实测数值比较，其相应变化不应大于 2%。

对于 10Ω 以下的直流电阻一般采用双臂电桥，10Ω 以上的直流电阻采用单臂电桥测量，在使用单（双）臂电桥测量时应考虑到接线及测量引起的误差，使用单臂电桥测量时应考虑测量线的电阻值，使用双臂电桥时，应选用等值测量线以消除测量引起的误差。

当需要在与同温度下出厂实测值比较时，应按下列公式换算到出厂试验温度下的直流电阻。

$$R_X = R_0(235 + T_X)/(235 + T_0)$$

式中　R_X——换算到出厂试验温度 T_X 下的电阻值；

　　　　R_0——温度下 T_0 测得的电阻值；

　　　　T_0——测量时的温度；

　　　　T_X——出厂试验时的温度。

②采用自动变比测试仪或双电压表法测量变压器各分接头的变压比并计算比差，其值与制造厂铭牌数据相比，应无明显差别。

用双电压表测量时，测量仪表精度应不低于 0.5 级，并使读数尽量在刻度盘后半部。双电压表法一般采用从高压侧通入低压电源的方法和从低压侧通入低于该侧额定电压的试验电源的方法，从低压值通入电压时在高压侧需通过电压互感器来测量电压，试验电源应采用三相电源，试验时为了避免电源电压波动对测量数据的影响，应在变压器高低压侧同时读表。

③采用结线组别测试仪或直流电压感应法检查变压器三相结线组别应与变压器的铭牌及顶盖上的标记相符，采用直流电压感应法检查时，应特别注意应在高压侧输入直流电

压，在低压侧观察电流偏转方向，根据输入电压的正负极性及低压侧观测的电流方向来认真判断。

④用 2500V 兆欧表分别测量变压器高压对低压及地、高压对地、低压对地的绕组的绝缘电阻值及吸收比。绝缘电阻与出厂值进行比较，在同温度下不应低于出厂值的 70%；常温下吸收比不应小于 1.3，或与出厂值比较无明显差别。

测量绕组绝缘电阻时，被测绕组应连在一起，其余绕组接地，分别接到兆欧表的测量端子上，兆欧表按规定转速旋转，待 60s 时读取兆欧表的读数即为被测绕组的绝缘电阻。如果测量温度与产品出厂试验时的温度不符时，应换算到同一温度数值进行比较，温度换算关系如下：

实测温度为 20℃ 以下时，$\qquad$ $R_{20} = AR_t$

实测温度为 20℃ 以上时，$\qquad$ $R_{20} = R_t / A$

式中 A——换算系数 $A = 1.5k/10$；

　　R_t——测量温度下的绝缘电阻值；

　　R_{20}——校正到 20℃ 时的绝缘电阻值。

⑤用兆欧表测量各绝缘紧固件及铁芯接地线引出套管对地的绝缘电阻值，并检查变压器铁芯是否存在多点接地现象，变压器铁芯只允许通过其铁芯接地线一点接地。

⑥上述几项试验合格后，应用交流试验变压器对变压器绕组进行交流耐压试验，试验变压器的容量和电压等级应满足试验要求，试验电压 10kV 绕组为 24kV，交流耐压应在试验电压下持续 1min，无放电现象即为合格。

进行交流耐压试验时，被试绕组用导线连在一起，并接到试验变压器的高压端子上，其余绕组用导线连在一起，并接地。

试验时，试验电压从零均匀地增加到额定值，并维持 1min，如果正常则继续升压直至试压高点，并维持 1min，无放电现象即为合格。在试验过程中，应不断观察电流表、电压表指示，仪表不应有大的摆动，变压器被测试在耐压过程中应无放电或短路现象，试验结束后应将试验电压缓慢降至零，并切断试验电源。在进行耐压试验时，应做好安全防护工作，禁止非试验人员进入试验区域。应注意在试压合格后应及时放电，以免发生触电事故。

⑦变压器冲击合闸试验

在变压器耐压试验合格后，送电前，在不具备从高压侧送电的条件下，若试验电源能满足变压器容量的要求，可从变压器的低压侧反送电对变压器进行冲击试验；一般情况下冲击合闸试验应在变压器第一次送电时进行，由高压侧投入全电压，观察变压器冲击电流，听变压器声响。

变压器冲击应进行 3～5 次，每次冲击间隔时间为 3～5min，冲击时电流应不引起保护装置动作。

⑧变压器试运行。

冲击试验后，变压器正式受电，应用相位测量仪测量变压器三相电压相位与电网相位是否一致，同时注意其空载电流、一二次电压、绕组温度等有无变化，变化情况如何，并做好详细记录，空载运行 24h，若无异常情况，方可投入负荷运行。

(2) 真空断路器试验

在投运前应依据国标 GB 50150—91 及厂家有关技术文件进行交接试验。

①用 2500V 兆欧表测量断路器相间及各相对地的绝缘电阻值，以检查绝缘拉杆的绝缘强度，在常温下，测量数值应满足国家标准中的有关要求，即 10kV 的绝缘电阻值应不低于 1200MΩ。

②断路器合闸后，用直流电阻快速测量仪或直流双臂电桥测量断路器各相导电回路电阻，其值应符合产品的技术规定。

③用高压开关测试仪测量断路器的分、合闸时间，断路器主触头分、合闸的同期性及合闸时触头的弹跳时间，测得的分合闸时间及三相同期性应符合产品技术条件的规定，测得触头合闸的弹跳时间应不大于 2ms。

④分、合闸最低动作电压采用直流电源和标准电压表进行测试，试验数据应符合产品要求。

⑤采用 500V 兆欧表及高精度万用表测量分、合闸线圈及合闸接触器线圈的绝缘电阻值和直流电阻值，测量值应满足产品技术要求。

⑥在额定电压下对断路器操作机构进行操作试验，观察断路器是否可靠动作，各辅助触点是否动作良好，操作次数应不少于三次。

⑦用交流试验变压器对断路器三相对地及断路器断口间进行耐压试验，10kV 断路器交流耐压值为 27kV/min，断路器断口耐压值根据产品技术要求进行，在做交流耐压试验时，不应发生放电现象。

（3）电压互感器测试

①用 2500V 兆欧表或数字兆欧计对电压互感器绕组进行绝缘电阻测试，测得值应满足标准要求。

②采用直流感应法或组别测试仪检查电压互感器的组别是否符合设计要求。

③用双臂电桥或数字微欧计测量电压互感器的绕组直流电阻值，应符合产品规定。

④电压互感器的比差采用自动变比测试仪或从电压互感器低压侧加额定电压，高压侧用标准互感器进行测量的方法进行测试，其变比误差应符合产品要求。

⑤空载电流及感应耐压试验，采用调压器、电流表及电压表进行试验。在电压互感器二次线圈通入额定电压进行空载电流测试，其值不作规定，感应耐压试验是将二次绕组通入额定电压的 1.3 倍电压，持续 3min，观察励磁电流有无变化。

⑥电压互感器的交流耐压试验，采用交流试验变压器进行。10kV 耐压值为 27kV/min，试验时应无异常放电现象。

（4）电流互感器试验

①用 2500V 兆欧表测量互感器一次对二次，一次对地，二次对地的绝缘电阻值，应满足标准要求。

②用感应法对电流互感器进行极性检查，极性应符合有关要求，采用数字微欧计或直流双臂电桥测量互感器二次线圈的直流电阻。

③用电流互感器校验对电流互感器进行比差、角差测定，测量的比差及角差精度等级应满足其相应继电器及仪表、仪器的运行要求。

④电流互感器的励磁特性曲线应在互感器的二次侧端子上分别输入 1～10 倍的额定电流，并记录相应的电压值，然后以纵坐标为电压值，横坐标为电流值，绘出伏—安特性曲

线，与出厂有关文件对应无大的差异。

⑤电流互感器交流耐压试验考虑到其安装位置及不好拆开等特点，与高压母线一同进行耐压试验，10kV 电流互感器耐压值为 27kV/min。电流互感器进行交流耐压试验时，互感器的二次侧绕组应可靠短接并接地，以保护二次回路的有关仪表、仪器免受损坏，防止互感器开路产生高压，发生危险。

（5）高压电缆试验

①直流耐压前采用 2500V 兆欧表测试电缆芯线对地、金属屏蔽层间和芯线间的绝缘电阻，测量的绝缘电阻值应满足规范要求，绝缘电阻测试完后应立即放电。

②用兆欧表或校线器检查电缆的相位，以保证电缆两端的相位一致且与供电网的相位相符。相位检查方法如图 4.6.5-5 所示。

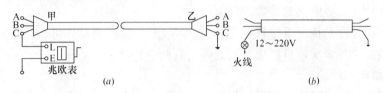

图 4.6.5-5　电缆相位检查方法
(a) 用摇表；(b) 用灯泡

③用直流泄漏试验变压器对高压电缆进行直流耐压试验和泄漏电流测量，试验时应分 4~6 个阶段梯式调整试验电压值，调整到每个阶段电压后，停留 1min，并记录泄漏电流值，当调整到 10kV 试验电压时，停留 1min，记录泄漏电流值后，应继续停留 15min 并记录泄漏电流值，然后缓慢阶梯式降低试验电压，在每个电压段停留 1min，并记录泄漏电流值。试验结束后，应切断试验电源，并对电缆芯线进行放电。在直流耐压试验后应对电缆各芯线间及芯线对地或屏蔽层间进行绝缘电阻测试，其绝缘电阻值在耐压前后，不应有大的差别。在试验过程中应注意观察电流表指针是否稳定，听电缆两端是否有异常声响，以判断电缆及电缆头是否存在缺陷。

（6）表的校验

对于盘柜上的电流表、电压表、功率表、功率因数表、有功（无功）电度表等，应根据相关表的校验规程进行精度等级校验，每刻度误差应满足其精度要求。试验用仪表精度应满足量值传递要求，且在检定合格期内。

（7）继电器试验

①采用继电保护测试仪及数字电秒表对电流、电压、继电器进行刻度校验和继电保护整定，并计算相应的返回系数，返回系数应满足要求，保护定值应准确可靠。

②对于中间信号继电器，加入相应的电流或电压信号，继电器应可靠动作，各触点应正常分、合。

③采用继电保护测试仪及数字电秒表对时间继电器进行刻度校验及保护整定，整定值应准确可靠。

④采用继电保护测试仪及数字电秒表对综合保护装置进行校验和整定。

（8）高低压母线检查试验

①绝缘电阻检查。

高压母线采用2500V兆欧表，低压母线采用1000V兆欧表，测得绝缘电阻值应满足规范要求。在对母线进行检查前，应尽可能断开与其相连的部件及接线。绝缘子及母线表面应清除干净，无灰尘及杂物。母线应分段进行检查，若测得数据不符合要求，则应进一步分段检查，直到查到故障点为止。绝缘检查合格后，应及时恢复拆下的部件及接线。

②高压母线系统应进行交流耐压试验，若母线上连接的高压端元器件无法拆除，应根据耐压标准最低的元器件对母线进行交流耐压试验，试验采用交流试验变压器进行。试验现场应采取必要的安全防护措施，防止发生危险。试验结束后，拆除的元件及接线应及时恢复。

（9）各种低压开关或断路器应进行绝缘检查

电动操作的开关或断路器，应进行电动、手动分、合闸试验。有相关整定值的开关或断路器应在条件允许的情况下进行整定试验，开关或断路器应动作可靠。开关或断路器的操作试验应最少进行3次，且要用万用表等工具检查是否可靠动作。

（10）热继电器试验

热继电器有设计整定值的应根据整定值进行整定，加入整定值的1.5倍值，热继电器的动作时间在热态下应少于2min。若无设计整定值时，可根据负荷功率或电流值计算出整定值后再进行整定。

（11）接地电阻测量

电气高低压配电间接地网及盘柜，各类电气设备等均应可靠接地，采用接地电阻测试仪，对接地电阻进行测量，其测得的电阻值应满足设计及规范要求。接地网接地电阻测量点不得少于3处，且每点测量最少为3次，计算出数据的平均值即可认为是该点的接地电阻值。

（12）高低压开关柜及现场控制柜内二次回路检验

①应将柜内所有的接线端子螺栓紧固。

②用500V兆欧表检查各小母线绝缘电阻，其值应不小于$0.5M\Omega$。

③用万用表检查各回路接线是否正确。

④用临时电源对各回路及系统进行通电试验，按照设计要求，分别模拟控制回路、连锁系统、操作回路、信号回路及保护回路动作试验，各种动作及信号指示应正确无误，灵敏可靠。

（13）高压系统调试

在高压柜各单体试验及现场电气设备试验合格，二次线路检查无误，在主回路不带电的情况下，送上各种操作、控制、信号电源，对电流保护系统和电压保护系统、变压器温度保护系统加入相应的模拟信号，进行整组模拟动作试验，各系统动作、显示信号、音响报警等应与设计相符。

（14）低压系统调试

低压系统中的母线及各类电缆的绝缘电阻值测量采用1000V兆欧表进行。对于低压系统中的电机系统及各种联锁，应在主回路不带电的情况下，进行控制动作试验；其与消防、自控有关的电气部分，应在消防、自控具备条件联调的条件下，统一进行联调动作试验，调试结果应合格且满足设计及有关要求。

（15）试运行

电气系统送电试运行应在高、低压供配电调试正常后进行，在正式送电前应编制详细的送电方案，成立相应的送电运行小组，编写送电操作规程，做好送电安全防护等工作。变压器等设备受电空载运行，应记录温度、电流、电压等运行数据，运行24h后，若无异常现象，则可进行供配电系统的验收交接。

4.6.5.5 材料及机具设备

本工艺安装、调试设备见表4.6.5-1、表4.6.5-2。

施工机械设备　　　　　　　　　　　　　　表4.6.5-1

序　号	机具名称	规格型号	单　位	数　量
1	电焊机	ZX-250	台	2
2	砂轮切割机		台	1
3	台钻		台	1
4	对讲机		对	1
5	压线钳		把	2

调试和测量装置　　　　　　　　　　　　　表4.6.5-2

序　号	名　称	规格、型号	数　量	单　位
1	兆欧表	500V/1000V/2500V	各1	台
2	接地电阻测试仪	ZC-8	1	台
3	万用表	DF-40	2	块
4	框式水平仪	0～0.02mm	2	台
5	调压器		1	台
6	经纬仪	J6	1	台
7	钢板尺	200mm×500mm×1000mm	各1	把
8	电表校验仪	SDB	1	台
9	钢卷尺	3.5m	20	把
10	数字式标准电能表	SE8016	1	台
11	标准电压互感器	HJS_2	1	台
12	标准电流互感器	HJ_{22}-1 2000/5	1	台
13	三相功率源	GCGY-1	1	台
14	继电保护测试仪	JBC-2	1	台
15	直流双臂电桥	QJ44	1	台
16	交直流电压表	24V	1	台
17	交直流电流表	D26A	1	台
18	电桥		1	台

4.6.5.6 质量控制

本施工工艺应满足下列规范要求：

（1）《建筑电气工程施工质量验收规范》（GB 50303—2002）；

（2）《电气装置安装工程低压电器施工及验收规范》（GB 50253—96）；

（3）《电气装置安装工程接地装置施工及验收规范》（GB 50169—92）；

（4）《电气装置安装工程旋转电机施工及验收规范》（GB 50170—92）；

（5）《电气装置安装工程盘、柜有二次回路接线施工及验收规范》（GB 50171—92）；

（6）《电气装置安装工程电气设备交接试验标准》（GB 50150—91）；

（7）《电气装置安装工程电缆线路施工及验收规范》（GB 50168—92）；

（8）《电气装置安装工程母线装置施工及验收规范》（GBJ 149—90）。

4.6.5.7 安全环保措施

（1）施工机械使用必须执行专人专机，严格遵守机械操作规程。

（2）特殊工种必须持证上岗，杜绝无证作业现象。施工人员进入作业现场后必须配戴安全帽，高空作业必须系安全带，严禁酒后作业。

（3）作业现场临时用电必须按标准设置，并定期检查。

（4）夜间施工必须有充足的照明，加班作业要增加防疲劳监督措施。

（5）加强施工现场安全用火管理，凡用火地方必须制定防火措施，确保施工中无火灾事故。

（6）试验时不允许带电接线。

（7）进入调试现场应戴好安全帽，穿好工作服。

（8）所有调试人员应持证上岗，严禁无证操作。

（9）送电的设备应挂送电标记牌，防止危害人身安全和设备安全。

（10）送电或试车前，必须经过详细检查，符合要求可送电或试车。

4.6.5.8 效益分析

采用本工艺，可以提高劳动生产率，节约人工、机械费用等，7人安装四个变电所用时一个月，2人调试，用时1周，变电所安装调试费用260万元，与其他施工方法相比节约10万元。

4.6.5.9 应用实例

南京奥体中心的供电系统由一个10kV中心变电所和四个区间变电所组成，采用此工法施工，保证了奥体供电的可靠性，同时也获得良好的社会效益，为公司树立了良好的社会形象。

4.6.6 体育场综合布线安装与调试施工工法

综合布线系统为体育场建立高速、大容量的信息传送平台，为体育场提供语音、数据、图像、多媒体信息等各种信息，支持千兆比以太网标准。

综合布线系统是整个体育场实现数字化和信息化的物理基础，其他各个弱电子系统以及一些体育专业系统的使用都是和综合布线设计的成功与否直接相关的，所以其重要性不言而喻。根据对奥体中心综合布线施工，总结本工法。

4.6.6.1 特点

体育场综合布线系统采用目前国际比较先进的六类布线结合光纤主干的结构，在水平区域采用六类线缆，数据骨干采用光纤，语音骨干采用三类大对数电缆。系统配置能够全面满足体育场在信息化时代的各项需求，并考虑到将来的扩充。

4.6.6.2 适用范围

适用于体育场及高级智能化建筑安装和调试。

4.6.6.3 工艺原理

奥体中心的综合布线系统采用扩展星形拓扑结构，主干采用12芯单模光缆和3类25对大对数电缆通过大平台连接总机房和各场馆弱电总机房，总控制中心设在体育科技中心一层的通信机房及网络机房内，科技中心所有IDF也归总MDF管理，体育场各IDF由体育场一层A区Ⓔ～Ⓖ/⑥～⑦轴网络中心的MDF来管理，热身场IDF则通过大平台连接至体育场MDF进行统一管理。体育场采用典型的SYSTIMAX SCS结构化布线系统，SYSTIMAX SCS结构化布线系统由六个独立子系统组合而成，采用星形结构布放线。如图4.6.6-1所示。

4.6.6.4 工艺流程及操作要点

1）工艺流程

器材检验→ 管路敷设→ 盒箱稳固→ 设备安装→ 线缆敷设→ 线缆终端安装→ 系统调试→ 竣工核验。

2）操作要点

（1）作业条件

①结构工程中预留地槽、过管、孔洞的位置尺寸、数量均应符合设计规定。

②交接间、设备间、工作区土建工程已全部竣工。房屋内装饰工程完工，地面、墙面平整、光洁，门的高度和宽度应不妨碍设备和器材的搬运，门锁和钥匙齐全。

③设备间铺设活动地板时，板块铺设严密坚固，每平方米水平允许偏

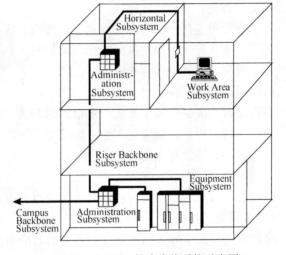

图4.6.6-1 综合布线系统示意图

注：Work area subsystem—工作区子系统；
horizontal subsystem—水平支干线子系统；
riser backbone subsystem—垂直主干子系统；
equipment subsystem—设备子系统；
administration subsystem—管理子系统；
campus backbone subsystem—建筑群主干子系统

差不应大于2mm，地板支柱牢固，活动地板防静电措施的接地应符合设计和产品说明要求。

④交接间、设备间提供可靠的施工电源和接地装置。

⑤交接间、设备间的面积、环境温度、湿度均应符合设计要求和相关规定。

⑥交接间、设备间应符合安全防火要求，预留孔洞采取防火措施，室内无危险物的堆放，消防器材齐全。

（2）器材检验

①施工前应对所用器材进行外观检验，检查其型号、规格、数量、标志、标签、产品合格证、产品技术文件资料，有关器材的电气性能、机械性能、使用功能及有关特殊要求，应符合设计规定。

②电缆电气性能抽样测试，应符合产品出厂检验要求及相关规范规定。

光纤特性测试应符合产品出厂检验要求及相关规范规定。注：有关器材检验具体要

求，请参见《建筑与建筑群综合布线系统工程施工及验收规范》（CECS89：97）相关部分。

（3）管路敷设

①金属管的敷设：

A. 金属管的要求。

金属管应符合设计文件的规定，表面不应有穿孔、裂缝和明显的凹凸不平，内壁应光滑，不允许有锈蚀。在易受机械损伤的地方和在受力较大处直埋时，应采用足够强度的管材。

B. 金属管的切割套丝。

在配管时，根据实际需要长度，对管子进行切割。管子的切割可使用钢锯、管子切割刀或电动切管机，严禁用气割。

管子和管子连接，管子和接线盒、配线箱的连接，都需要在管子端部进行套丝。套丝时，先将管子在管钳上固定压紧，然后再套丝，套完后应立即清理管口，将管口端面和内壁的毛刺锉光，使管口保持光滑。

C. 金属管的弯曲。

在敷设时，应尽量减少弯头，每根管的弯头不应超过 3 个，直角弯头不应超过 2 个，并不应有 S 弯出现。金属管的弯曲一般都用弯管器进行。先将管子需要弯曲部位的前段放在弯管器内，焊缝放在弯曲方向背面或侧面，以防管子弯扁，然后用脚踩住管子，手扳弯管器，便可得到所需要的弯度。

暗管管口应光滑，并加有绝缘套管，管口伸出部位应为 25～30mm。

D. 金属管的连接。

金属管连接应牢靠，密封应良好，两管口应对准。套接的短套管或带螺纹的管接头的长度，不应小于金属管外径的 2.2 倍。金属管的连接采用短套接时，施工简单方便；采用管接头螺纹连接则较美观，可保证金属管连接后的强度。

金属管进入信息插座的接线盒后，暗埋管可用焊接固定，管口进入盒内的露出长度应小于 5mm。明设管应用锁紧螺母或带丝扣管帽固定，露出锁紧螺母的丝扣为 2～4 扣。

E. 金属管的敷设。

金属管的敷设应符合下列要求：

a. 预埋在墙体中间的金属管内径不宜超过 50mm，楼板中的管径宜为 15～25mm，直线布管 30mm 处设置暗线盒；

b. 敷设在混凝土、水泥里的金属管，其地基应坚实、平整、不应有沉陷，以保证敷设后的线缆安全运行；

c. 金属管连接时，管孔应对准，接缝应严密，不得有水泥、砂浆渗入。管孔对准、无错位，以免影响管、线、槽的有效管理，保证敷设线缆时穿设顺利；

d. 金属管道应有不小于 0.1% 的排水坡度；

e. 建筑群之间金属管的埋设深度不应小于 0.7m；在人行道下面敷设时，不应小于 0.5m；

f. 金属管内应安置牵引线或拉线；

g. 金属管的两端应有标记，表示建筑物、楼层、房间和长度；

h. 光缆与电缆同管敷设时，应在金属管内预置塑料子管。将光缆敷设在子管内，使光缆和电缆分开布放，子管的内径应为光缆外径的 2.5 倍。

②金属线槽的敷设：

A. 线槽安装要求

a. 线槽安装位置应符合施工图规定，左右偏差视环境而定，最大不应超过 50mm；

b. 线槽水平每米偏差不应超过 2mm；

c. 垂直线槽应与地面保持垂直，并无倾斜现象，垂直度偏差不应超过 3mm；

d. 线槽节与节间用接头连接板拼接，螺钉应拧紧。两线槽拼接处水平度偏差不应超过 2mm；

e. 当直线段桥架超过 30m 或跨越建筑物时，应有伸缩缝。其连接宜采用伸缩连接板；

f. 线槽转弯半径不应小于其槽内的线缆最小允许弯曲半径的最大者；

g. 盖板应紧固；

h. 支吊架应保持垂直，整齐牢靠，无歪斜现象。

B. 水平子系统线缆敷设支撑保护

a. 预埋金属线槽支撑保护要求：

（a）在建筑物中预埋线槽可为不同的尺寸，按一层或两层设置，应至少预埋两根以上，线槽截面高度不宜超过 25mm；

（b）线槽直埋长度超过 15m 或在线槽路有交叉、转弯时宜设置拉线盒，以便布放线缆盒时维护；

（c）拉线盒盖应能开启，并与地面齐平，盒盖处应能开启，并采取防水措施；

（d）线槽宜采用金属管引入分线盒内。

b. 设置线槽支撑保护：

（a）水平敷设时，支撑间距一般为 1.5～3m；垂直敷设时，固定在建筑物构体上的间距宜小于 2m；

（b）金属线槽敷设时，下列情况设置支架或吊架：线缆接头处、间距 3m、离开线槽两端口 0.5m 处、线槽走向改变或转弯处。

c. 在活动地板下敷设线缆时，活动地板内净空不应小于 150mm。如果活动地板内作为通风系统的风道使用时，地板内净高不应小于 300mm。

d. 在工作区的信息点位置和线缆敷设方式未定的情况下，或在工作区采用地毯下布放线缆时，在工作区宜设置交接箱。

C. 干线子系统线缆敷设支撑保护。

线缆不得布放在电梯或管道竖井内，干线通道间应沟通，弱电间中线缆穿过每层楼板孔洞宜为方形或圆形，建筑群子系统线缆敷设支撑保护应符合设计要求。

（4）布线技术

①路由选择：

在选择最容易布线的路由时，要考虑便于施工，便于操作，布线设计人员要考虑以下几点：

A. 了解建筑物的结构。

布线施工人员应了解建筑物的结构和布线位置图，并向用户方说明。

B. 检查拉（牵引）线。

绝大多数的管道安装者要给后继的安装者留下一条拉线，使布线缆容易进行，如果没有，则考虑穿接线问题。

C. 提供线缆支撑。

根据安装情况和线缆的长度，要考虑使用托架或吊杆槽，并根据实际情况决定托架吊杆，使其加在结构上的质量不至于超重。

D. 拉线速度的考虑。

拉线缆的速度，从理论上讲，线的直径越小，则拉线的速度愈快。有经验的安装者采取慢速而又平稳的拉线，而不是快速的拉线，快速拉线会造成线的缠绕或被绊住。

E. 最大拉力。

线缆最大允许的拉力如下：

一根 4 对线电缆，拉力为 100N；两根 4 对线电缆，拉力为 150N；三根 4 对线电缆，拉力为 200N；N 根 4 对线电缆，拉力为 $N \times 50 + 50$N；不管多少根线对电缆，最大拉力不能超过 400N。

②线缆牵引技术

A. 牵引"4 对"线缆：

a. 将多条线缆聚集成一束，并使它们的末端对齐；

b. 用电工带或胶布紧绕在电缆束末端，长约 50～100mm；

c. 将拉绳穿过电工带缠好的线缆，并打好结。

如果在拉线缆过程中，连接点散开了，则要收回线缆和拉绳，重新制作更牢固的连接，可以采取下列一些措施：除去一些绝缘层以暴露出 50～100mm 的裸线，将裸线分成两条，将两条导线互相缠绕起来形成环，将拉绳穿过此环，并打结，然后将电工带缠到连接点周围，要缠得结实和不滑。

B. 牵引单条"25 对"缆或单条的"25 对"线：

a. 将缆向后弯曲以便建立一个环，直径约 150～300mm，并使缆末端与缆本身绞紧；

b. 用电工带紧紧地缠在绞好的缆上，以加固此环；把拉绳拉接到缆环上；用电工带紧紧地将连接点包扎起来。

C. 牵引多条"25 对"或"更多对"线缆：

采用一种称为芯（A CORE KITEH）的连接，这种连接是非常牢固的，它能用于"几百对"的缆上，为此执行下列过程：

a. 剥除约 300mm 的缆护套，包括导线上的绝缘层；

b. 使用针口钳将线切去，留下约 12 根（一打）；

c. 将导线分成两个绞线组；

d. 将两组绞线交叉的穿过拉绳的环，在缆的那边建立一个闭环；

e. 将缆一端的线缠绕在一起以使环封闭；

f. 用电工带紧紧地缠绕在缆周围，覆盖长度约是环直径的 3～4 倍，然后继续再绕上一段；

g. 在某些重缆上装有一个牵引眼，在缆上制作一个环，以使拉绳固定在它上面。对于没有牵引眼的主缆，可以使用一个芯/钩或一个分离的缆夹，将夹子分开将它缠到缆上，在分离部分的每一半上有一个牵引眼。当吊缆已经缠在缆上时，可同时牵引两个眼，使夹子紧紧地保持在缆上。

③建筑物主干线电缆连接技术。

建筑物的主要线缆为从设备间到每层楼上的管理间之间传输信号提供通路。新的建筑物中，通常有竖井通道。在竖井中敷设主干缆一般有2种方式：向下垂放电缆；向上牵引电缆。相比较而言，向下垂放比向上牵引容易。

A. 向下垂放线缆：

a. 向下垂放线缆的一般步骤如下：

（a）首先把线缆卷轴放到最顶层；

（b）在离房子的开口处（孔洞处）3～4m处安装线缆卷轴，并从卷轴顶部馈线；

（c）在线缆卷轴处安排所需的布线施工人员（数目视卷轴尺寸及线缆质量而定），每层上要有一个工人以便引导下垂的线缆；

（d）开始旋转卷轴，将线缆从卷轴上拉出；

（e）将拉出的线缆引导进竖井中的孔洞。在此之前先在孔洞中安放一个塑料的套状保护物，以防止孔洞不光滑的边缘擦破线缆的外皮；

（f）慢慢地从卷轴上放缆并进入孔洞向下垂放，不要快速地放缆；

（g）继续放线，直到下一层布线工人员能将线缆引到下一个孔洞；

（h）按前面的步骤，继续慢慢地放线，并将线缆引入各层的孔洞。

b. 如果要经由一个大孔敷设垂直主干线缆，就无法使用一个塑料保护套了，这时最好使用一个滑车轮，通过它来下垂布线，为此需求做如下操作：

（a）在孔的中心处装上一个滑车轮；

（b）将缆拉出绕在滑车轮上；

（c）按前面所介绍的方法牵引缆穿过每层的孔，当线缆到达目的地时，把每层上的线缆绕成卷放在架子上固定起来，等待以后的端接。在布线时，若线缆要越过弯曲半径小于允许的值（双绞线弯曲半径为8～10倍于线缆的直径，光缆为20～30倍于线缆的直径），可以将线缆放在滑车轮上，解决线缆的弯曲问题。

B. 向上牵引线缆：

a. 按照线缆的质量，选定绞车型号，并按绞车制造厂家的说明书进行操作，先往绞车中穿一条绳子；

b. 启动绞车，并往下垂放一条拉绳（确认此拉绳的强度能保护牵引线缆），拉绳向下垂放直到安放线缆的底层；

c. 如果缆上有一个拉眼，则将绳子连接到此拉眼上；

d. 启动绞车，慢慢地将线缆通过各层的孔向上牵引；

e. 缆的末端到达顶层时，停止绞车；

f. 在地板孔边沿上用夹具将线缆固定；

g. 当所有连接制作好之后，从绞车上释放线缆的末端。

④建筑物内水平布线技术：

建筑物内水平布线，可选用天花板、暗道、墙壁线槽等形式，在决定采用哪种方法之前，到施工现场，进行比较，从中选择一种最佳的施工方案。

⑤光缆布线技术：

一般沿着竖井方向通过各楼层敷设光缆，在竖井中敷设光缆有 2 种方法：a. 向下垂放光缆；b. 向上牵引光缆。如果将光缆卷轴机搬到高层上去困难，则只能由下向上牵引。

⑥各线缆敷设时应做好标识。

（5）配线设备安装

①机架安装要求：

a. 机架安装完毕后，水平、垂直度应符合生产厂家规定。若无厂家规定时，垂直度偏差不应大于 3mm；

b. 机架上的各种零件不得脱落或碰坏。各种标志应完整清晰；

c. 机架的安装应牢固，应按施工的防震要求进行加固；

d. 安装机架面板前应留有 1.5m 空间，机架背面离墙距离应大于 0.8m，以便于安装和施工。壁挂式机框底距地面宜为 300～800mm。

②配线架安装要求：

a. 采用下走线方式时，架底位置应与电缆上线孔相对应；

b. 各直列垂直倾斜误差应不大于 3mm，底座水平误差每平方米应不大于 2mm；

c. 接线端子各种标记应齐全；

d. 交接箱或暗线箱宜设在墙体内，安装机架、配线设备接地体应符合设计要求，并保持良好的电气连接。

③各类接线模块安装要求：

安装前要检查模块设备应完整无损，安装就位、标志齐全。安装螺栓应拧牢固，面板应保持在一个水平面上。

（6）光缆连接的制作技术

①光纤连接器的主要部件

在光纤连接的过程中，主要有 STII 连接器和 SC 连接器。

②光纤连接器制作工艺

连接器有陶瓷和塑料两种质材，它的制作工艺分为磨光、金属圈制作。

A. PF 磨光方法。

PF（Protruding Fiber）是 STII 连接器使用的磨光方法。STII 使用铅陶质平面的金属圆，必须将光纤连接器磨光直至陶质部分。不同材料的金属圈，需要使用不同的磨光程序和磨光纸，经过正确的磨光操作后，将露出 1～3μm 的光纤，当连接器进行耦合时，唯一的接触部分就是光纤，如图 4.6.6-2、图 4.6.6-3 所示。

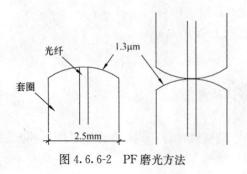

图 4.6.6-2　PF 磨光方法

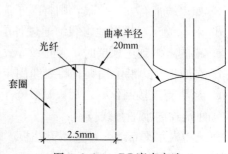

图 4.6.6-3　PC 磨光方法

B. PC 磨光方法。

PC（Pcgsica Contact）是 STII 连接器使用的圆顶金属连接器的交接。在 PC 磨光方法中，圆顶的正顶部位恰好配合金属圈上光纤的位置，当连接器交接时，唯一产生接触的地方在圆顶的部位，并构成紧密的接触，如图 4.6.6-3 所示。

③标准连接器光纤连接的操作要点。

A. ST 型护套光纤现场安装方法：

a. 打开材料袋，驱除连接体和后罩壳；

b. 转动安装平台，使安装平台打开，用所提供的安装平台底座，把安装工具固定在一张工作台上；

c. 把连接体插入安装平台插孔内，释放拉簧朝上。把连接体的后壳罩向安装平台插孔内推。当前防护罩全部被推入安装平台插孔后，顺时针旋转连接体 1/4 圈，并缩紧在此位置上。防护罩留在上面；

d. 在连接体的后罩壳上拧紧松紧套（捏住松紧套有助于插入光纤），将后壳罩带松紧套的细端先套在光纤上，挤压套管也沿着芯线方向向前滑；

e. 用剥线器从光纤末端剥去约 40～50mm 外护套，护套必须剥得干净，端面成直角；

f. 让纱线头离开缓冲层集中向后面，在护套末端的缓冲层上做标记；

g. 在裸露的缓冲层处拿住光纤，把离光纤末端 6mm 或 11mm 标记处的 $900\mu m$ 缓冲层剥去，为了不损坏光纤，从光纤上一小段一小段剥去缓冲层；握紧护套可以防止光纤移动；

h. 用一块沾有酒精的纸或布小心地擦洗裸露的光纤；

i. 将纱线拉向一边，把缓冲层压在光纤切割器上。用镊子取出废弃的光纤，并妥善地置于废物瓶中；

j. 把切割后的光纤插入显微镜的边孔里，检查切割是否合格；把显微镜置于白色面板上，可以获得更清晰明亮的图像；还可用显微镜的底孔来检查连接体的末端套圈；

k. 从连接体上取下后端防尘罩并扔掉；

l. 检查缓冲层上的参考标记位置是否正确。把裸露的光纤小心地插入连接体内，知道感觉光纤碰到了连接体的底部为止。用固定夹子固定光纤；

m. 按压安装平台的活塞，慢慢地松开活塞；

n. 把连接体向前推动，并逆时针旋转连接体 1/4 圈，以便从安装平台上取下连接体。把连接体放入打褶工具，并使之平直。用打褶工具的第一个刻槽，在缓冲层上的"缓冲褶皱区域"打上褶皱；

o. 重新把连接体插入安装平台插孔内并锁紧，把连接体逆时针旋转 1/8 圈，小心地剪去多余的纱线；

p. 在纱线上滑动挤压套管，保证挤压套管紧贴在连接到连接体后端的扣环上，用打折工具的中间的那个槽给挤压套管打折；

q. 松开芯线。将光纤弄直，推后罩壳使之与前套结合。正确插入时能听到一声轻微的响声，此时可从安装平台上卸下连接体。

B. SC 型护套光纤器现场安装方法（图 4.6.6-4）。

a. 打开材料袋，取出连接体和后壳罩；

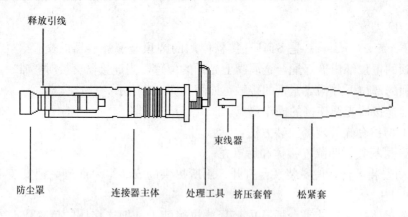

图 4.6.6-4　SC 型光纤连接器部件

b. 转动安装平台，使安装平台打开，用所提供的安装平台底座，把这些工具固定在一张工作台上；

c. 把连接体插入安装平台内，释放拉簧朝上。把连接体的后壳罩向安装平台插孔推，当前防尘罩全部推入安装平台插孔后，顺时针旋转连接体 1/4 圈，并锁紧在此位置上；防尘罩留在上面；

d. 将松紧套套在光纤上，挤压套管也沿着芯线方向向前滑；

e. 用剥线器从光纤末端剥去约 40～50mm 外护套，护套必须剥得干净，端面成直角；

f. 将纱线头集中拢向 900μm 缓冲光纤后面，在缓冲层上做第一个标记（如果光纤细于 2.4mm，在保护套末端做标记；否则在束线器上做标记）；在缓冲层上做第二个标记（如果光纤细于 2.4mm，就在 6mm 和 17mm 处做标记；否则就在 4mm 和 15mm 处做标记）；

g. 在裸露的缓冲层处拿住光纤，把光纤末端到第一个标记处的 900μm 缓冲层剥去。为了不损坏光纤，从光纤上一小段一小段剥去缓冲层；握紧护套可以防止光纤移动；

h. 用一块沾有酒精的纸或布小心地擦洗裸露的光纤；

i. 将纱线拉向一边，把缓冲层压在光纤切割器上。从缓冲层末端切割出 7mm 光纤。用镊子取出废弃的光纤，并妥善地置于废物瓶中；

j. 把切割后的光纤插入显微镜的边孔里，检查切割是否合格。把显微镜置于白色面板上，可以获得更清晰明亮的图象，还可用显微镜的底孔来检查连接体的末端套圈；

k. 从连接体上取下后端防尘罩并扔掉；

l. 检查缓冲层上的参考标记位置是否正确。把裸露的光纤小心地插入连接体内，直到感觉光纤碰到了连接体的底部为止；

m. 按压安装平台的活塞，慢慢地松开活塞；

n. 小心地从安装平台上取出连接体，以松开光纤，把打折工具松开放置于多用工具突起处并使之平直，使打折工具保持水平，并适当地拧紧（听到三声轻响）。把连接体装入打折工具的第一个槽，多用工具突起指到打折工具的柄，在缓冲层的缓冲折皱区用力打上折皱；

o. 抓住处理工具（轻轻）拉动，使部分露出约 8mm。取出处理工具并扔掉；

p. 轻轻朝连接体方向拉动纱线，并使纱线排整齐，在纱线上滑动挤压套管，将纱线均匀地绕在连接体上，从安装平台上小心地取下连接体；

q. 抓住主体的环，使主体滑入连接体的后步直到它到达连接体的档位。

④线缆类型、点位标识

点位标识原则方案如图 4.6.6-5 所示。

(7) 信息模块的压接

①采用打线工具进行模块压接。

对信息模块压接时应注意的要点：

a. 双绞线是成对相互拧在一处的，按一定距离拧起的导线可提高抗干扰的能力，减小信号的衰减，压接时一对一对拧开放入与信息模块相对的端口上。

b. 在双绞线压接处不能拧、撕开，并防止有断线的伤痕。

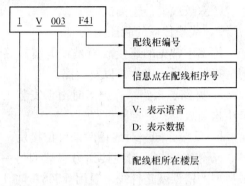

图 4.6.6-5 点位标识示意图

c. 使用压线工具压接时，要压实，不能有松动的地方。

d. 双绞线开绞不能超过要求。在现场施工过程中，有时遇到 5 类线或 3 类线，与信息模块压接时出现 8 针或 6 针模块。

②双绞线与 RJ-45 头的连接技术：

RJ-45 的连接分为 568A 与 568B 2 种方式，不论采用哪种方式必须与信息模块采用的方式相同。对于 RJ-45 插头与双绞线的连接，需要了解以下事宜（以 568A 为例简述）：

a. 首先将双绞线电缆套管自端头剥去大于 20mm，露出 4 对线。

b. 定位电缆线平整部分为防止插头弯曲时对套管内的线对造成导线 1 与 2（白绿，绿）、导线 3 与 6（白橙，橙）损伤，导线应并排排列至套管内至导线 4 与 5（蓝，白蓝）少 8mm 形成一个平整部分，平整部分导线 7 与 8（白棕，棕）之后的交叉部分呈椭圆形状态。

c. 为绝缘导线解扭，使其按确当的顺序平行排列，导线 6 是跨过导线 4 和 5，在套管里不应有未扭绞的导线。

d. 将导线插入 RJ-45 头。导线在 RJ-45 头部能够见到铜芯，套管内的双绞线排列方式和必要的长度平坦部分应从插塞后端延伸直至初张力消除，套管伸出插塞后端至少 6mm。

e. 用压线工具压实 RJ-45。

③双绞线与 RJ-45 连接应注意的要点：

a. 按双绞线色标顺序排列，不要有差错；

b. 与 RJ-45 接头点压实；

c. 用压力钳压实。

(8) 综合布线调试技术

①布线工程的验证与认证测试。

从工程的角度可将综合布线工程的测试分为两类：验证测试和认证测试。验证测试一般是在施工的过程中由施工人员边施工边测试，以保证所完成的每一个连接的正确性；认证测试是指对布线系统依照标准进行逐项检测，以确定布线是否能达到设计要求，包括连接性能测试和电气性能测试。

②双绞线缆传输测试：

A. 线缆传输的验证测试。

施工中常见的连接故障是：电缆标签错、连接开路、双绞电缆接线图错（包括：错对、极性接反、串绕）以及短路。

a. 开路、短路：在施工时由于安装工具或接线技巧问题以及墙内穿线技术问题，会产生这类故障；

b. 反接：同一对线在两端针位接反，如一端为1-2，另一端为2-1；

c. 错对：将一对线接到另一端的另一对线上，比如一端是1-2，另一端接在4-5上。最典型的错误就是打线时混用T568A与T568B的色标。

d. 串绕：就是将原来的两对线分别拆开而又重新组成新的线对。因为出现这种故障时，端对端连通性是好的，所以用万用表这类工具检查不出来，只有用专用的电缆测试仪才能检查出来。由于串绕使相关的线对没有扭结，在线对间信号通过时会产生很高的近端串绕（NEXT）。

B. 线缆传输的认证测试：

a. 认证测试标准。

(a)《商业建筑电信布线标准》(EIA/TIA 568A)；

(b)《现场测试非屏蔽双绞电缆布线测试传输性能技术规范》(TSB-67)；

(c) 国际布线标准(ISO/IEC 11801：1995(E))。

b. 认证测试模型。

为了测试 UTP 布线系统，水平连接应包含信息插座/连接器、转换点、90mUTP（第三至五类）、一个包括两个接线块或插口的交接器件和总长 10m 的接插线。两种连接配置用于测试目的。基本连接包括分布电缆、信息插座/连接器或转换点及一个水平交接部件，这是连接的固定部分。信道连接包括基本连接和安装的设备、用户和交接跨接电缆。TSB-67 规定了一种连接的可允许的最差衰减和串扰。

c. 认证测试参数：

(a) 接线图（Wire Map）：这一测试是确认链路的连接，即确认链路导线的线对正确而且不能产生任何串绕。正确的接线图要求端到端相应的针连接是：1 对 1，2 对 2，3 对 3，4 对 4，5 对 5，6 对 6，7 对 7，8 对 8；

(b) 链路长度（Lenght）：如果线缆长度超过指标（如 100m），则信号衰减较大；

(c) 衰减（Attenuation）：衰减是沿链路的信号损失度量。现场测试设备应测量出安装的每一对线的衰减最严重情况，并且通过将衰减最大值与衰减允许值比较后，给出合格或不合格的结论；

(d) 近端串扰（NEXT）损耗：NEXT 损耗是测量一条 UTP 链路中从一对线到另一对线的信号耦合，是 UTP 链路的一个关键的性能指标。在一条典型的四对 UTP 链路上测试 NEXT 值，需要在每一对线之间测试，即：12/36，12/45，12/78，36/45，36/78，45/78；

(e) 特性阻抗（Impedance）：包括电阻及频率自 1～100MHz 间的电感抗及电容抗，

它与一对电线之间的距离及绝缘体的电气特性有关。

③光纤传输通道测试：

A. 光纤的连续性：

a. 进行连续性测量时，通常是把红色激光、发光二极管或者其他可见光注入光纤，并在光纤的末端监视光的输出。如果在光纤中有断裂或其他的不连续点，在光纤输出端的光功率就会减少或者根本没有光输出。

b. 光通过光纤传输后，功率的衰减大小也能表示出光纤的传导性能。如果光纤的衰减太大，则系统也不能正常工作。光功率计和光源是进行光纤传输特性测量的一般设备。

B. 光纤的衰减。

光纤的衰减主要是由光纤本身的固有吸收和散射造成的。衰减系数应在许多波长上进行测量，因此，选择单色仪作为光源，也可以用发光二极管作为多模光纤的测试源。

C. 光纤的带宽。

带宽是光纤传输系统中重要参数之一，带宽越宽，信息传输速率就越高。

在大多数的多模系统中，都采用发光二极管作为光源，光源本身也会影响带宽。这是因为这些发光二极管光源的频谱分布很宽，其中长波长的光比短波长的光传播速度要快。这种光传播速度的差别就是色散，它会导致光脉冲在传输后被展宽。

4.6.6.5 材料和机具设备

1) 材料要求

(1) 对绞电缆和光缆型号、规格、程式、形式应符合设计的规定和购销合同的规定。电缆所附标志、标签内容应齐全、清晰。电缆外护套须完整无损，电缆应附有出厂质量检验合格证，并应附有本批量电缆的性能检验报告(注：电缆标志内容：在电缆的护套上约以 1m 的间隔标明生产厂厂名或代号及电缆型号规格，必要时还标明生产年份。标签内容：电缆型号规格、生产厂厂名或专用标志、制造年份、电缆长度)。

(2) 钢管(或电线管)型号规格，应符合设计要求，壁厚均匀，焊缝均匀，无劈裂，砂眼，棱刺和凹扁现象。除镀锌管外，其他管材需预先除锈刷防腐漆(现浇混凝土内敷钢管，可不刷防腐漆，但应除锈)。镀锌管或刷过防腐漆的钢管外表完整无剥落现象，并有产品合格证。

(3) 管道采用水泥管时，应符合邮电部标准《通信管道工程施工及验收技术规范》(YDJ 39—90)中相关规定。

(4) 金属线槽及其附件：应采用经过镀锌处理的定型产品。其型号、规格应符合设计要求。线槽内外应光滑平整，无棱刺，不应有扭曲、翘边等变形现象，并应有产品合格证。

(5) 各种镀锌铁件表面处理和镀层应均匀完整，表面光洁，无脱落、气泡等缺陷。

(6) 接插件：各类跳线、接线排、信息插座、光纤插座等型号、规格、数量应符合设计要求，其发射、接收标志明显，并应有产品合格证。

(7) 配线设备，电缆交接设备的型号、规格应符合设计要求，光电缆交接设备的编排及标志名称应与设计相符。各类标志名称统一，标志位置正确、清晰，并应有产品合格证及相关技术文件资料。

(8) 电缆桥架、金属桥架的型号、规格、数量应符合设计要求，金属桥架镀锌层不应有脱落损坏现象，桥架应平整、光滑，无棱刺、无扭曲、翘边、损坏变形现象，并应有产品合格证。

（9）各种模块设备型号、规格、数量应符合设计要求，并应有产品合格证。

（10）交接箱、暗线箱型号规格、数量应符合设计要求，并应有产品合格证。

（11）塑料线槽及其附件型号、规格应符合设计要求，并选用相应的定型产品。其敷设场所的环境温度不得低于－15℃，其阻燃性能氧指数不应低于27%。线槽内外应光滑无棱刺，不应有扭曲、翘边等变形现象，并有产品合格证。

2）主要机具设备见表4.6.6。

主要机具设备表　　　　　　　　　　表4.6.6

序　号	机具设备名称	序　号	机具设备名称
1	煨管器	9	光时域反射仪
2	液压煨管器	10	噪声测试仪
3	液压开孔器	11	场强测试仪
4	压力案子	12	电桥
5	套丝机	13	网络分析仪
6	手电钻	14	Fluke DSP4000
7	万用表	15	测试仪表和设备
8	摇表	16	

4.6.6.6　质量控制

（1）综合布线所使用的设备器件、盒、箱、缆线、连接硬件等安装应符合相应产品厂家和国家有关规范的规定。

（2）防雷、接地电阻值应符合设计要求，设备金属外壳及器件、缆线屏蔽接地线截面、色标应符合规范规定；接地端连接导体应牢固可靠。

（3）综合布线系统的发射干扰波的电场强度限值要求应符合 EN55022 和 CSPR22 标准中的相关规定。综合布线系统应能满足设计对数据系统和语音系统传输速率、传输标准等系统设计要求和规范规定。

4.6.6.7　安全环保措施

（1）施工前对施工班组进行安全交底和教育，施工人员进入作业现场后必须戴安全帽，高空作业必须系安全带，严禁酒后作业。

（2）施工机械使用必须执行专人专机，严格遵守机械操作规程。

（3）特殊工种必须持证上岗，杜绝无证作业现象。

（4）作业现场临时用电必须按标准设置，并定期检查。

（5）夜间施工必须有充足的照明，加班作业要增加防疲劳监督措施。

（6）加强施工现场安全用火管理，凡用火地方必须制定防火措施，确保施工中无火灾事故。

（7）试验时不允许带电接线。

（8）进入调试现场应戴好安全帽，穿好工作服。

（9）所有调试人员应持证上岗，严禁无证操作。

（10）送电的设备应挂送电标记牌，防止危害人身安全和设备安全。

（11）送电或试车前，必须经过详细检查，符合要求可送电或试车。

4.6.6.8 效益分析

南京奥体中心通过采用本施工工艺，成功地完成了综合布线任务，并产生经济效益20万元。

4.6.6.9 应用实例

南京奥体中心主体育场的综合布线系统采用扩展星形拓扑结构，使用本施工工法，综合布线安装测试顺利完成，各项指标经测试都满足要求。全国十运会在南京奥体中心的成功举办，充分证明了各项技术的成功应用，效果显著。

4.6.7 体育场智能化系统集成施工工法

体育场内部智能化系统设置齐全复杂，内容包括：移动IC卡智能检录系统、共享式中央机房集控系统、集约化综合布线系统、新闻服务系统、电子检票系统、多功能综合通信系统、数字网络监控系统、标志引导系统、交通智能管理系统、物业管理系统、无线数据网络系统、消防报警联动系统、多功能田径赛信息系统、防雷及雷电预警系统及楼宇自动化系统（BAS）等。智能化设计是在结构布线的基础上，建立通信网络、计算机网络、控制网络，并将在这三个网络上运行的各弱电系统，通过计算机系统集成在一起，构成较为完善的智能化集成系统。根据在武汉、南京体育场施工经验总结，形成本工法。

4.6.7.1 特点

本工法是根据武汉体育中心体育场、南京奥体中心主体育场的智能化系统施工进行总结形成的，旨在为我国体育场馆智能化建设提供一个标准模式，系统起点高、涵盖内容全、功能强、投资省、利用率高。

4.6.7.2 适用范围

适用于大中型体育场馆及高级智能化建筑智能化工程安装和调试。

4.6.7.3 工艺原理

本工法采用系统的方式处理系统工作，注重工序的前后衔接，并延伸了安装前的技术材料准备和工程交付等工作。

4.6.7.4 工艺流程及操作要点

1) 施工工艺流程

深化设计→施工准备→材料、设备清点检查→结构配合配管→支架安装→桥架安装→箱柜安装→导线电缆敷设→线路绝缘检查→弱电设备安装→控制室盘柜安装→机房设备安装→单项调试→系统调试→交付验收。

2) 体育场智能化系统的深化设计

（1）智能化系统的深化设计原则

① 对弱电设计方案及初步设计方案因各家弱电系统设备功能及系统结构不同，因此在设备品牌确定之后，必须进行施工图深化设计工作。

② 仔细研究工程的土建结构及装饰特点，确定各个系统构成方案及各种设备的安装方式。

③ 根据建筑物的结构特点及吊顶内空间位置，确定综合布线的走线方式。

④ 根据信息点及系统监控点的分布情况，确定综合布线系统的配线架位置及各系统控制位置，以满足各系统要求。

⑤ 根据体育场的作用要求，确定各监视设备、保安、防盗设备及其他设备的安装位置，根据空调系统的控制要求，确定各检测元件的安装位置，以满足系统的控制要求。

（2）移动 IC 卡智能检录系统

采用感应式 IC 卡，实现对运动场地有关人员注册、检录自动化识别、统计，确保运动场地安全、高效地实施人员管理。IC 卡注册检录系统是集 IC 卡注册登记、数码成像、制证发卡、通道门禁管理、人员检录、移动式网络系统为一体的综合控制管理系统。

采用无线数据通信方式，实现在体育场场内任意区域方便快捷的通道管理。

（3）共享式中央机房集控系统

采用集中共享式机房结构，将体育场多个弱电系统设备控制机房整合为一个机房。采用计算机多媒体集控系统实现对各子系统的智能监控及遥控，实现对安保监控、图文、声音同步、异步切换；实现对整个弱电系统从视源、声源、网络信息及电气控制的综合集控；实现了对环境、泛光、交通引导、检票监控等。

机房布局合理，设有设备安置区、集中显示区、操作控制区、指挥调度区和观摩学习区，统一建设了电视墙；统一规划了供电集控系统；统一进行了综合布线；统一实现集中监控；达到提高管理效率、共享各种信息资源、减少了值班维护人员，降低运行成本、满足活动需求的功能，避免多个系统机房分散维护、管理不便的弊端。

（4）集约化综合布线系统

集约化综合布线实施方案根据整个体育场弱电系统的功能需求，对整个弱电系统布线中涉及的各种线路进行统一规划、统一设计、统一施工，使整个弱电系统的各子系统布线一次到位，实现了真正意义上的现代化综合布线，开创了国内体育场馆综合布线集约化建设的先河，达到了节约空间，节约设备且布局充分考虑和满足后期扩容变更之需求，节省投资，优化施工的目的，避免了重复投资、重复施工和各自为阵的不良局面。充分体现了整体布局的合理性、使用性及科学性。

（5）电子检票系统

由制票、检票和监控管理部分等三个系统组成。

采用现代科学管理方式，以先进、最优化的方案和合理投资，实现体育场从制票、售票到检票等科学智能化管理，是我国第一套具有独立知识产权并且成功应用的体育场制票、检票智能化管理系统。

系统针对不同观众对象，分别研制出普通观众检票系统、内场经济型检票系统、残疾人检票系统等。

（6）新闻服务系统

可满足电视摄像、实况转播以及新闻记者在武汉体育中心体育场的新闻采访、新闻发布、快捷的对外信息交流、确保新闻采访的安全和信息畅通的需要。

新闻服务系统由新闻中心会议系统、记者信息服务系统、多媒体广播电视转播传输系统等组成。

新闻中心会议系统可提供多功能扩音、专业会议扩音、四路同声传译、大屏幕显示、数字化音视频存储等功能。

记者信息服务系统可提供具有语音、数据通信的记者席、看台电信记者席，系统具有无线扩音、无线数据网络及多媒体电话的混合采访区的功能。

多媒体广播电视转播传输系统采用双向电视传输网络、充分满足图像与数据及数字电视传播的要求，为宽带通信提供了良好的基础，可接收有线闭路电视和卫星电视节目。

（7）多功能综合通信系统

① 无线调度通信系统。

采用调频无线调度通信设备，采用异频双工中继方式，可实现半径15km的有效通信，有车载通信设备、手持台通信设备，可满足体育场日常办公和举办各种大型活动的通信要求。

② 热线对讲通信系统。

在竞赛管理办公室和主控机房与场内各相关机房设置有热线对讲通信系统，可实现：缩位拨号、自动免提功能，达到快捷迅速、经济实用。

③ 商用电话通信系统。

场内采用由中国电信提供的数字商用交换机系统，以及宽带（100兆）数据接口。

（8）数字化网络监控系统

数字化网络监控系统是一个独立的集安防监控于一体的完整系统，又是体育场指挥调度系统功能体现的一个重要组成部分，同时还是整个体育场智能化信息系统的对外展示的窗口。

系统利用数字化网络实现最大范围的资源共享，同时采用自行开发的智能监控图像处理系统实现对监控目标的智能录像、快速查询、远程遥控、网络信息数字化存储等。系统由监控摄像机、数字录像、报警、组合显示电视墙组成，实现了对不同场合的监控。

系统采用MPEG-4图像压缩和数字图像网络传输技术，实现了有线、无线网络、数字监控、智能周界防护、无线移动交通指挥调度等功能。

（9）新型标志引导系统

体育场的标志引导系统，采用新型的电子显示屏和结合现代工艺造型的各种类型标志引导牌，对体育场由外场至内场和观众席进行了全面规范设计，形成了一整套现代场馆醒目直观的交通引导系统。

（10）交通智能管理系统

系统采用了数字化网络监控、视频图像光纤传输、三角形双面多媒体LED信息显示屏、智能车牌识别、无线数据网络传输控制等综合技术，形成多媒体图像移动监控、车辆违章抓拍告警、违章车辆智能识别的一整套新颖的交通管理系统。并在监控中心和无线数据的覆盖区域（10km²）内，可方便地对各主要路口摄像机和安装在体育中心周边的8块LED信息显示屏，进行实时和远程控制、指挥调度、交通智能引导等。本系统的应用对大型活动时的人流、车流疏散和引导起到了有效的作用，同时还奠定了良好的投资回报条件。

（11）物业管理系统

物业管理系统主要是满足体育场举行大型活动和日常物业管理对机电设备的集中控制和管理。主要由楼宇自控系统、体育场灯光集控系统、广播音响系统、内场卷闸门、检票口卷闸门集控系统、广场出入口集控系统等系统组成，所有系统均采用计算机数字化集中控制和管理,提高了管理人员的工作效率,为系统整体设备节能、高效、安全运行和维护提供了有效的保障。

(12) 无线数据网络

无线数据传输网络在体育场智能化系统中的综合应用是国内首创,在本项目实施方案中,成为计算机网络、综合保安系统、智能化交通管理系统、入场检票系统、田径比赛系统等多个子系统的备份和传输平台。在体育中心内场、室内和体育中心周边区域,提供2~11MB的通信带宽,充分满足无线移动数据通信的要求,为体育场数据网络能快捷方便适应各种大型活动的举办奠定了十分有利的基础。系统采用无线 CDMA 扩频数据通信技术,实现在场内任意范围内的无线宽带联网通信。

(13) 消防报警联动系统

体育场对消防要求较高,因此消防报警系统采用美国 EDWADS 公司智能型报警主机EST3 和 SIGA 系列前端设备,消防中心设有火灾自动报警器、联动控制柜、消防图形工作站、打印机、显示器、直接报警外线电话等。

(14) 多功能田径赛信息系统

计算机网络系统采用了核心层、分布层、接入层三级结构,可满足互联网、视频点播VOD 服务器、办公自动化、田径比赛和智能化系统传输的需要。

为了确保田径比赛系统的稳定性和可靠性要求,运用引进的比利时计时记分系统网络,采用有线和无线双回路备份通信方案,使计时记分系统更加准确可靠。结合国家体育总局最新有关规定和规则,编制的运动场田径比赛专用软件,可满足体育场田径、足球等专项大型体育赛事。

(15) 防雷及雷电预警系统

接地防雷系统是整个弱电系统中不可缺少的一个重要环节,本系统针对各系统供电、视频、控制等回路,采用德国 OBO BETTEMANN 等公司精工设计制造的通过式防雷保护器。为了满足对雷电情况的有效监控,采用了一套数字化雷电预警系统,为现场举办各种活动提供了安全保证。

(16) 楼宇自动化控制系统 (BAS)

本控制系统对体育中心的空调系统、冷冻站、给排水系统、照明系统进行自动监控,对变电站进行监视。

本套自动化监控系统以中央管理工作站为核心、采用分布式控制结构,由中央管理工作站、C-BUS 中央通信总线、现场控制器以及传感器、变送器及电动执行机构等构成。

3) 施工准备

(1) 针对工程的性质及特殊要求,会同有关部门对电气施工人员进行系统的学习、培训,熟悉和掌握图纸、规范及施工技能,编制各种计划(如材料、机具、加工件、劳动力、施工计划等)。

(2) 对施工人员进行技术、质量、安全交底,掌握资料表格的填写。

(3) 组织施工人员学习和掌握各种工具、设备的使用方法。

(4) 施工安装前,对电气设备、器具进行检查,其规格、质量、型号必须符合设计要求,并有合格证明书、技术文件等。

(5) 按施工进度计划落实设备、器具、材料的到货情况。

（6）电气设备进场前应使道路畅通，设专库、专人保管，并有相应的防潮措施。对重要设备在运输过程中应采取相应的防震措施。

4）主要施工方法

（1）电气配管

① 配管总则：

施工人员应密切配合土建，根据施工草图，做好配管的打点定位工作。对于敷设在多尘、潮湿场所的电线管，管子连接处、管口应作密封处理。可采用麻丝和沥青混合堵塞。

② 暗配管应按最近路线敷设（严禁跨穿工艺预留孔），尽量减少弯曲，埋入混凝土内的管子离表面的净距离不应小于 15mm。埋入地下的电线管不宜穿过设备基础，在穿过建筑物基础时应加保护管。进入落地式箱（柜）的电线管应排列整齐，管口高于基础，并不小于 50mm。

③ 明配管弯曲半径不应小于管外径的 6 倍。埋设于地下混凝土内、楼板内应不小于管外径的 10 倍。

④ 在电线管超过下列长度时，中间应加装接线盒和分线盒，其加装位置应便于以后施工和维修，加装分线盒应符合下列要求：

a. 管子长度超过 45m，无弯曲时；

b. 管子长度超过 30m，有一个弯曲时；

c. 管子长度超过 20m，有二个弯曲时；

d. 管子长度超过 12m，有三个弯曲时。

⑤ 水平和垂直敷设的明配管允许偏差 3mm/2m，全长偏差应大于管子外径的 1/2。多根应排列整齐，其管子固定应符合规范。

⑥ 管子在进入设备接线盒、配电箱应加管夹子固定，其丝扣露出部分为 2～4 扣。

⑦ 暗配管进入接线盒、分线盒以及控制箱、盘时，可采用焊接固定，管子露出盒（箱）应小于 5mm。

⑧ 管子的连接在 $\phi 25$ 以下（包括 $\phi 25$）均采用丝接，并有良好的电气接地。其 $\phi 25$ 以下可采用 $\phi 6$ 钢筋跨接；$\phi 25$ 采用 $\phi 8$ 钢筋跨接，其熔焊长度为钢筋直径的 6 倍，并双面焊。管口应光滑、整齐、无毛刺。采用套筒连接应满焊，所有焊接处应作防腐处理。

⑨ 由于工程按分块浇筑混凝土，对所有电气配管一次不能到位的管口，应用油漆按系统将符号注明于管口，以便接管正确。电气配管应在土建模板施工完成后，根据电气施工图按系统放线定位，并用油漆按系统将符号注明于模板上，待土建底筋排列后，进行电气配管。在焊接跨接处应用薄钢板遮挡，以免损坏模板。配管结束后，经"三检"确认无误后交监理公司验收，并及时做好工作量的统计以及资料的填写，同时做好下道工序的准备工作。

（2）电缆及光缆的敷设

① 电缆导线的敷设必须在所有经由的管路、桥架、套管等施工完毕后，并经验收合格方可敷设。敷设前，应对电缆导线的型号、规格等进行校对，并应进行绝缘、通断试验，光纤在敷设前应测量其光衰减是否符合要求。

② 电缆及光缆在敷设前应首先确定电缆盘放置的位置，向末端敷设，电缆的敷设应由专人统一指挥，避免电缆在地上、桥架上、支架上的磨擦。电缆的终端、中间接头处应

考虑适度的余量，并将电缆的回路、编号用不干胶注明于电缆头上（至少二处，二处之间距离为 500mm）。

③ 因弱电系统所有电缆机械强度底，因此在敷设时不应使电缆过分受力，以免破坏电缆的性能，使指标下降。

④ 各种电缆的中间接头应使用标准专用接头，不得直接焊接或绞接（如同轴电缆应使用 F 型专用接头）。对于弱电系统所用的电缆（如同轴电缆）在订货时，应考虑每条回路电缆的长度，按每条电缆的长度定货，尽量减少中间接头，以提高信号传输质量，增加系统抗干扰能力。

⑤ 综合布线铜缆敷设：

a. 单根敷设时，可直接将电缆用电工粘胶带与拉绳捆扎在一起。牵引多条时应将多条线缆聚集成 1m，并使它们末端对齐，用电工胶带紧绕在缆束外面，在末端处绕 50～80mm 距离就可以；将拉绳穿过电工胶带缠好的线缆，并打好结；如果在拉线缆过程中，连接点散开了，可采取更牢固的连接，即除去一些绝缘层以暴露出 50mm 的裸线；将裸线分成两条；再将 2m 导线互相缠绕起来形成环；将拉绳穿过此环，并打结，然后将电工胶带缠到连接点周围，要缠得结实和平滑。

b. 大对数电缆的敷设牵引。

大对数电缆与拉绳的连接可以用芯套钩连接，剥去约 30cm 的缆外护套，包括导线体的绝缘层；使用针口钳将线切去，留下约十二根；将导线分成两个绞线组，将两组绞线交叉地穿过拉绳的环，在缆的那边建立一个闭环；将缆一端的线缠绕在一起以使环封闭；用电工带紧紧的缠绕在缆周围覆盖长度约 50mm，然后继续再绕上一段。

⑥ 综合布线时水平线缆在敷设时不应拉力过大，以免线缆变形，使传输性能下降。

⑦ 综合布线光缆的敷设：

A. 通过弱电井垂直敷设。

在弱电井中敷设光缆有两种选择：向上牵引和向下垂放。

通常向下垂放比向上牵引容易些，因此当准备好向下垂放敷设光缆时，应按以下步骤进行工作：

a. 在离建筑顶层设备间的槽孔 1～1.5m 处安放光缆卷轴，使卷筒在转动时能控制光缆。将光缆卷轴安置于平台上，以便保持在所有时间内光缆与卷筒轴心都是垂直的，放置卷轴时要使光缆的末端在其顶部，然后从卷轴顶部牵引光缆。

b. 转动光缆卷轴，并将光缆从其顶部牵出。牵引光缆时，要保持不超过最小弯曲半径和最大张力的规定。

c. 引导光缆进入敷设好的电缆桥架中。

d. 慢慢地从光缆卷轴上牵引光缆，直到下一层的施工人员可以接到光缆并引入下一层。在每一层楼均重复以上步骤，当光缆达到最底层时，要使光缆松驰地盘在地上。在弱电间敷设光缆时，为了减少光缆上的负荷，应在一定的间隔上（如 5.5m）用缆带将光缆扣牢在墙壁上。用这种方法，光缆不需要中间支持，但要小心地捆扎光缆，不要弄断光缆。为了避免弄断光缆及产生附加的传输损耗，在捆扎光缆时不要碰破光缆外护套，固定光缆的步骤如下：

（a）使用塑料扎带，由光缆的顶部开始，将干线光缆扣牢在电缆桥架上；

（b）由上往下，在指定的间隔（5.5m）安装扎带，直到干线光缆被牢固地扣好；

（c）检查光缆外套有无破损，盖上桥架的外盖。

B．通过吊顶敷设光缆：

本系统中，敷设光纤从弱电井到配线间的这段路径，一般采用走吊顶（电缆桥架）敷设的方式：

a．沿着所建议的光纤敷设路径打开吊顶；

b．利用工具切去一段光纤的外护套，并由一端开始的 0.3m 处环切光缆的外护套，然后除去外护套；

c．将光纤及加固芯切去并掩没在外护套中，只留下纱线。对需敷设的每条光缆重复此过程；

d．将纱线与带子扭绞在一起；

e．用胶布紧紧地将长 20cm 范围的光缆护套缠住；

f．将纱线馈送到合适的夹子中去，直到被带子缠绕的护套全塞入夹子中为止；

g．将带子绕在夹子和光缆上，将光缆牵引到所需的地方，并留下足够长的光缆供后续处理用。

所有电缆铺设好后必须要做好标志，便于以后的电缆测试。线缆类型、点位标识根据项目的特点，制定的点位标识原则方案如图 4.6.7-1 所示。

具体在实施中，将按照不同信息点的类型按上述原则进行线缆标识。

（3）电缆及光缆连接技术

① 各种控制电缆的连接。

线缆在端接前，必须检查标签颜色和数字的含义，并按顺序端接；线缆中间不得产生接头现象；线缆端接处必须卡紧，

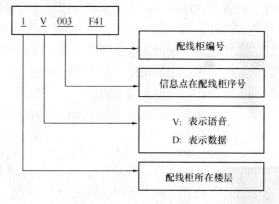

图 4.6.7-1 点位标识示意图

接触良好。线缆端接处应符合设计及厂家安装手册要求，电缆与连接硬件连接时，应认准线号、线位色标，不得颠倒和错接。

② 光缆连接的制作技术：

a．光纤连接器的主要部件：

在光纤连接的过程中，主要有 STII 连接器和 SC 连接器。

b．光纤连接器制作工艺：

（a）PF 磨光方法。

PF（Protruding Fiber）是 STII 连接器使用的磨光方法。STII 使用铅陶质平面的金属圆，必须将光纤连接器磨光直至陶质部分。不同材料的金属圈，需要使用不同的磨光程序和磨光纸经过正确的磨光操作后，将露出 $1\sim3\mu m$ 的光纤，当连接器进行耦合时，唯一的接触部分就是光纤，如图 4.6.7-2 所示。

（b）PC 磨光方法。

PC 是 STII 连接器使用的圆顶金属连接器的交接。在 PC 磨光方法中，圆顶的正顶部

位恰好配合金属圈上光纤的位置，当连接器交接时，唯一产生接触的地方在圆顶的部位，并构成紧密的接触。如图 4.6.7-3。

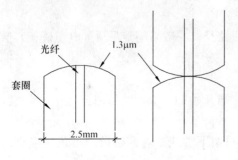

图 4.6.7-2　PF 磨光方法

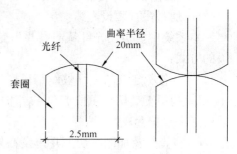

图 4.6.7-3　PC 磨光方法

（4）弱电设备安装

① 中央控制设备的安装

中央控制室设备包括计算机、打印机、UPS、主控台、通信网关、网络交换机等设备。中央控制及网络通信设备应在中央控制室的土建和装饰工程完工后安装。

设备及各构件间应连接紧密、牢固，安装用的紧固件应有防锈层。设备在安装前应作检查：内外表面漆层完好；设备外形尺寸、设备内主板及接线口的型号、规格符合设计规定。中控室地面敷设架空防静电地板，各种线缆经吊顶内沿墙引下进入地板内，地板内敷设金属槽，供电缆敷设使用，为防止机柜、控制台压迫地板，将机柜安装在由 6 号槽钢制作的支架上面，槽钢支架与防静电地板在同一水平高度上，并用膨胀螺栓固定在地板上，支架可靠近地面，各种线缆经地面线槽由机柜下面引入柜内进行端接。

② 各单元设备安装

A. 监控设备安装。

主要输入设备包括温湿度传感器、压力压差传感器、流量传感器、电量送变器和其他输入设备。

a. 温湿度传感器安装：

主要用于测量室内、室外，风管、水管的平均温度。安装时应注意：

（a）不应安装在阳光直射的位置，远离有较强振动、电磁干扰的区域。室外温湿度传感器应有防风雨防护罩；

（b）尽可能远离窗、门和出风口的位置，如无法避免则与之距离应大于 2m；

（c）并列安装的传感器，高度应一致，落差小于 1mm；

（d）风管型温湿度传感器的安装应注意：传感器应安装在风速平稳、能反映风速的位置。传感器的安装应在风管保温层完成后，安装在风管段，应避开风管死角的位置和蒸汽放空口位置，且应安装在便于调试、维修的地方；

（e）水管温度传感器的安装：水管温度传感器的开孔与焊接工作，必须在工艺管道的防腐、衬里、吹扫和压力试验前进行。水管温度传感器的安装位置应在水流温度变化灵敏且具有代表性的地方，不宜选择在阀门等阻力件附近和水流流束死角、振动较大的位置。在水管温度传感器的感温段大于管道口径的二分之一时，可安装在管道的顶部，如小于二分之一时，应安装在管道侧面或底部。水管温度传感器安装不宜在焊缝及其边缘上开孔和焊接。

b. 压力、压差传感器、压差开关及其安装：

（a）压力、压差传感器是将空气压力或液体压力信号变换成 4～20mA 或 0～10V 的电气变换装置，压差开关是随着空气或液体的流量、压力或压差引起开关动作的装置。安装时应注意：传感器应安装在便于调试、维修的位置，传感器应安装在温湿度传感器的上游。风管型压力、压差传感器的安装应在风管保温层完成之后。水管型、蒸汽型压力与压差传感器的安装应在工艺管道预制和安装的同时进行，其开孔与焊接工作必须在在工艺管道的防腐、衬里、吹扫和压力试验前进行；

（b）风管型压力、压差传感器应在风管的直管段，如不能，则应避开封管内通风死角、蒸汽放空口的位置；

（c）水管型、蒸汽型压力、压差传感器不宜安装在管道焊缝及其边缘上开孔焊接处。水管型、蒸气型压力、压差传感器的直压段大于管道口径的三分之二时可安装在管道顶部，小于管道口径三分之二可安装在侧面或底部和水流流速稳定的位置，不宜选在阀门等阻力部件的附近和水流流动死角、振动较大的位置；

（d）风压压差开关安装时离地高度不应小于 0.5m，应在风管保温层完成之后安装在便于调试和维修的地方，不应影响空调器本身的密封性。风压压差开关的线路应通过软管与压差开关连接，安装时应避开蒸汽放空口；

（e）水流开关的安装应在工艺管道预制、安装的同时进行，其开孔与焊接工作必须在工艺管道的防腐、衬里、吹扫和压力试验前进行，不宜安装在管道焊缝及其边缘上开孔及焊接处，应安装在水平管道上。

c. 流量传感器：

蜗轮式流量传感器是一种速度式流量计。安装时应注意：蜗轮式流量传感器应安装在便于维修并避免管道振动、强磁场及热辐射的场所。蜗轮式流量传感器安装时要水平，流体的流动方向必须与传感器壳体上所示的流向一致。

B. 主要输出设备。

在 BAS 中，其执行机构是调节系统的重要组成部分，可分为：电动调节阀和风阀执行器等。

a. 电动阀安装：

（a）检查电动阀门的驱动器，其行程、压力和最大关紧力必须满足设计和产品说明书的要求。

检查电动调节阀的型号、材质必须符合设计要求，其阀体强度、阀芯渣漏经试验必须满足产品说明书有关规定。检查电动阀的输入电压、输出信号和接线方式，应符合产品说明书的要求；

（b）电磁动体上箭头的指向应与水流方向一致。空调器的电动阀旁一般应装有旁通管路；

（c）电动阀的口径与管道口径不一致时，应采用渐缩管件，同时电动阀口径一般不应低于管道口径二个等级；

（d）电动阀应垂直安装于水平管道上，尤其对大口径电动阀不能有倾斜。安装于室外的电动阀，应有防雨防晒装置。有阀位指示装置的电动阀，阀位指示装置应面向便于观察的位置。电动阀在安装前应进行模拟动作或试压试验；

(e) 电动阀一般安装在回水管口，电动阀在管道冲洗前应完全打开；

(f) 当调节阀安装在管道较长的位置时，应安装支架和采取避振措施。

b. 风阀执行器：

风阀控制器上的开闭箭头的指向应与风门开闭方向一致。风阀执行器与风阀轴的连接应固定牢固，风阀的机械机构开闭应灵活。风阀执行器安装后，风阀执行器的开闭指示位应与风阀实际状况一致，风阀执行器应面向便于观察的位置。风阀执行器应与风阀门轴垂直安装，垂直角度不小于 85°。

C. 火灾报警及连动设备控制设备。

a. 联动设备安装

(a) 技术人员可以制作通用化的具有交直流电源和开闭检测回路的仿真联动驱动器的试验装置（见原理框图 4.6.7-4），对于存在联动的设备在安装前进行单体的输入输出和运转试验，这样可以模拟实际情况，比用万用表的措施简单、效果好；

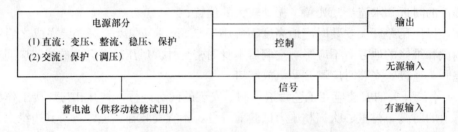

图 4.6.7-4　仿真联动驱动器原理框图

(b) 项目技术人员编制设备分布表，做到编号与设备安装点一一对应，做到不乱不错。对于驱动器与设备的复杂连接，画出详细接线图以指导施工；

(c) 探测器回路在各短路隔离器出线处暂不接线，分层分区可以缩小故障检查范围。探测器的保护罩不要取下，以免灰尘影响（已经安装设备的线路严格禁止再用兆欧表测量）；

(d) 联动驱动器的输出不接线，反馈接入。层显等正常接线，但需要取下保险丝；

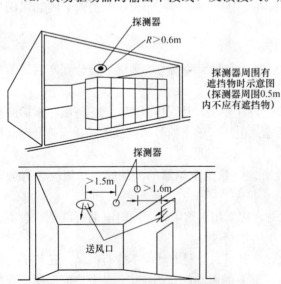

图 4.6.7-5　探测器至送风口最小距离示意图

(e) 从主机安装的各回路在调试时分别连接。

b. 探测器的安装。

a) 探测器的定位

(a) 应综合考虑质量、效能、美观等因素，并符合规范要求，注意纵、横成排对称，内部接线紧密、牢固美观；

(b) 与照明灯具的水平净距不小于 0.3m，四周 0.5m 内不应有遮挡物，至空调送风口水平距离不小于 1.5m，至多孔送风顶棚孔的水平距离不小于 0.5m。如图 4.6.7-5 所示。

b) 探测器的固定：

(a) 探测器属于精密电子仪器部

件，一定要保护好，为了不使探测器在施工中受到损伤，先装探测器底座，待整个安装工程全部安装完毕之后再安装探头；

（b）底座安装在预埋接线盒上，线盒上的两个固定孔距离应为 70mm；

（c）底座应固定牢靠，其导线连接必须可靠压接；

（d）严格按色标区分"＋"、"－"两极和其他 I/O、控制回路、通信回路的连线；

（e）外接导线应留有不小于 15cm 余量。安装完毕后应采取诸如穿线孔封堵，防尘、防水、防碰等防护措施；

（f）探测器的确认灯面应朝向便于人员观察的主要入口方向。如图 4.6.7-6 所示。

c）感烟探测器的安装与接线：

（a）安装。先将通用底座用 2 只 M4 螺钉紧固在预埋件接线盒上（安装孔距 70mm），然后将本探测器直接拧合在通用底座上（顺时针方向）；

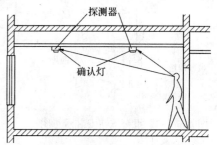

图 4.6.7-6 探测器的报警确认灯安装方向示意图

（b）接线。探测器与通用底座拧合后，通过拧合卡簧片相连接，经由底座进入报警控制器二总线输入回路，如图 4.6.7-7 所示。

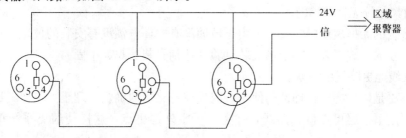

图 4.6.7-7 探测器并联示意图

c. 手动报警器等的安装：

消防电话、消火栓报警按钮距地安装高度 1.5m，警铃距地安装高度为 2m，区域显示模块距地安装高度为 1.6m。

a）手动报警按钮：

（a）手动报警按钮应设置在明显和便于操作的部位，距地面高为 1.5m，安装牢固，不得倾斜。外接导线留有不小于 10cm 余量，并在端部有明显标志；

（b）安装时，将外壳固定于墙上。三个端子 A、B、C，每个端子插入接线 0.2～1.5mm²，A、B 端子间接临时接线，用于布线检查，布线正常后应去掉。如图 4.6.7-8 所示。

b）警铃，如图 4.6.7-9 所示。

（a）安装。先将警铃安装板用 M4 螺钉紧固在预埋件接线盒上（安装板上的箭头应向上），然后插上警铃；

（b）接线。将联动控制器的配套执行件中的被控继电器的常开触点与 DC24V 外控电源线串联后，与警铃两根输入线连接；

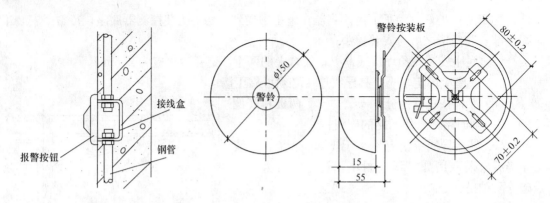

图 4.6.7-8　报警按钮安装示意图　　　　图 4.6.7-9　警铃安装示意图

（c）控制模块安装。利用模块底座上的安装孔，紧固在外控设备附近或设备的控制柜内。利用手报按钮后盖上的安装孔，用 2 只 M4 螺钉先将后盖紧固在预埋件接线盒上，然后再用 4 只自攻螺钉将安装有手报输入模块板的手报按钮固定在后盖上，最后再合上手报按钮前盖（面板上文字应向上）。

D. 安防系统设备

a. 门禁系统：

（a）门禁系统无框玻璃门的安装。

门禁系统的无框玻璃门的安装，由于玻璃没有框，电锁没有安装的位置，选用专用的玻璃门夹加胶的安装工艺，并现场安装试验，达到安装美观、牢固。

（b）无线巡更路线的确认。

无线巡更是以后物业管理部门使用，因此巡更路线的确定合理至关重要，通过现场的最终确认，定下了巡更点位和路线，并考虑了室外巡更点，这样使巡更系统更合理、更适用。

b. 地感器安装。

地感线圈需用单股铜芯线绕十一圈；出线圈用双绞式；出地面需用绝缘导管；PVC 线不得破损保护层，用数字表测地电阻大于或等于 $10M\Omega$，直流电阻为 $4\sim6\Omega$；环氧树脂与乙二胺配比 1kg : 90ml 必须混合均匀；环氧树脂浇筑需全部覆盖线圈，且离地面有 10mm 的高度，上用水泥封平；浇筑完毕后，用数字万用表再检测一次，对地电阻大于或等于 $10M\Omega$，直流电阻为 $4\sim6\Omega$。

设备安装施工：道闸、读卡机垂直于水平地面倾斜度不大于 $10°$；道闸杆垂直于车行方向，垂直度误差不得超过 10mm；箱底与地面接触紧密，间隙处用水泥抹平；读卡机、道闸不得超出车道线。

c. 巡更管理系统：

（a）现场设备安装定位：依据施工图和巡更管理要求现场确定。

（b）现场设备安装工艺及技术要求：感应器采用嵌入方式安装在墙壁上，安装高度 1.5m。

（c）经过 24h 连续运行后，编写调试报告。

d. 闭路电视监控系统。

全数字电视监控系统采用计算机软件操作整个系统的运作。前端摄像机为全数字摄像机，图像数据传输依靠体育场计算机以太网。对于室外有些长距带变焦、带云台的户外摄像机用普通摄像机编码器来完成数字化。摄像机的安装：

（a）摄像机在安装前，应逐个通电检查和粗调。调整后焦面、电源同步等性能，在处于正常工作状态后方可安装；

（b）应满足监视目标视场范围要求，并具有防损伤、防破坏能力。安装的高度：室内距离地面尽可能不低于 2.5m，室外距离地面不低于 3.5m；

（c）电梯轿厢内的摄像机应安装在电梯轿厢门左侧（或右侧）上角。并应能设监视电梯、厢内乘员；

（d）各类摄像机应保持牢固、绝缘隔离，注意防破坏；

（e）摄像机经功能检查、监视区域的观察和图像质量达标后方可固定；

（f）在高压带电的设备附近安装摄像机时，应遵守带电设备的安全规定；

（g）摄像机信号导线和电源导线应分别引入，并用金属管保护，不影响摄像机的转动；

（h）摄像机配套装置（防护罩、支架、雨刷等设备），安装应灵活牢固；

（i）摄像机宜安装在监视目标附近不易受到外界误伤的地方。安装位置不应影响附近现场人员的正常活动。安装高度室内以 2～2.5m 为宜，室外以 3.5～10m 为宜，电梯轿厢用的摄像机应安装在厢的顶部。摄像机的光轴与电梯轿厢的两个面壁成 45°角，并且与电梯天花板成 45°俯角为宜。

E. 信息模块安装：

信息模块采用打线工具进行压接，对信息模块压接时应注意：

a. 双绞线是成对相互拧在一处的，按一定距离拧起的导线可提高抗干扰的能力，减小信号的衰减，压接时一对一对拧开放入与信息模块相对的端口上。

b. 在双绞线压接处不能拧、撕开，并防止有断线的伤痕。

c. 使用压线工具压接时，要压实，不能有松动的地方。

d. 双绞线开绞不能超过要求。

F. 双绞线与 RJ-45 头的连接技术：

a. RJ-45 的连接也分为 568A 与 568B 等 2 种方式，不论采用哪种方式必须与信息模块采用的方式相同。对于 RJ-45 插头与双绞线的连接，需要了解以下事宜（以 568A 为例简述）。

（a）首先将双绞线电缆套管，自端头剥去大于 20mm，露出 4 对线；

（b）为防止插头弯曲时对套管内的线对造成损伤，导线应并排排列至套管内形成一个平整部分，平整部分导线之后的交叉部分呈椭圆形状态；

（c）为绝缘导线解扭，使其按恰当的顺序平行排列，在套管里不应有未扭绞的导线。

b. 将导线插入 RJ-45 头，导线在 RJ-45 头部能够见到铜芯，套管内的双绞线排列方式和必要的长度平坦部分应从插塞后端延伸直至初张力消除，套管伸出插塞后端至少 6mm。

c. 用压线工具压实 RJ-45。

（5）广播系统安装接线

① 广播系统主机采用 100V 定压式输出，每个扬声器配带一个功率变换器，接入抽头

的不同，可以改变扬声器的使用功率，因此接线时应按图纸注明的功率要求接线。另外，为了方便调试和维护，每个分区的每条支路采用串联并接方式，即每个扬声器上并出的支路只能为一个，支路并接点不能在两扬声器之间的线路上。

② 扬声器音箱（防尘罩）的安装。

扬声器安装前应先进行音箱的安装。因工程装修用的吊顶多为轻型龙骨结构，装修工艺要求不得将其他器具固定在龙骨上，因此音箱的安装选择吊挂在顶板上，用铁链悬挂，音箱的底边与吊顶板在同一平面上，音箱安装后，将扬声器固定在音箱内，按要求接线。

5) 系统的调试试运行

(1) 各类设备的单体调试

①对 BA 监控设备的单体调试：

温湿度传感器、压力压差传感器、流量传感器、电量送变器根据规范必须对其进行单体测试，保证其可靠性，保证控制的准确性。

②火灾报警探头的单体调试：

a. 消防广播及通信的线路及设备。开通消防对讲电话主机，逐层试通对讲电话。首先开通此类的目的主要是便于在调试过程中合理有效地利用现有通信设备，提高调试速度。

b. 报警与联动线路检查、接入。

c. 探测器、手动报警按钮等外设测试。系统自检后没有故障和报警，就可以对所有报警点进行内码编写，再次自检带入各地址。调试人员据此显示信号检查有关回路和设备（在安装过程的检查与复查阶段已经对所有设备复位），分析原因及时排除，属于设备自身硬故障的可以暂时"屏蔽"，待厂方修理。确认所有地址测试正确，就可以对探测器进行试验检查；对按钮进行测试（"海湾"产品可以直接按下玻璃片、待确认报警后用吸盘吸出；"盛华"等的则不必要按照面板提示击碎玻璃，只需要根据其动作原理，松开面板螺钉、少许提起面板使微动开关动作即可）。

d. 逐一开启喷淋末端，检验阀门，确认水流指示器编码模块工作正常。

e. 楼层显示器、声光报警器测试。根据楼层显示器的模式，检查显示器的工作，一般都有自检的功能，以判断设备状态。

f. 火灾报警控制器的功能检查。对火灾报警系统控制器的以下功能进行检查和测试：系统自检、探测器屏蔽和故障报警；报警和二次报警功能；火警优先功能；显示、记忆功能；开关功能；电源自动切换、备用电源自动充电功能、以及电源的欠压和过压报警功能。

③读卡器感应范围调试

读卡器调节在制造厂规定的最大感应距离，手持感应卡在读卡器感应范围内的最大距离、最小距离及其间任意点的三个位置上分别以任意速度作横向或纵向运动，读卡器应感应到磁卡信号。若读卡器安装在金属物体上，其感应范围将缩小。

④其他设备单体调试：

依据厂家提供的产品性能指标及国家相关标准进行测试。

(2) 系统调试

①火灾报警与联动调试：

A. 线路测试及外部检查。

按图纸检查各种配线情况，首先是强电、弱电线缆是否到位，是否存在不同性质线缆共管的现象；其次是各种火警设备接线是否正确，接线排列是否合理，接线端子处标牌编号是否齐全，工作接地和保护接地是否接线正确。

B. 线路校验。

先将被校验回路中的各个部件装置与设备接线端子打开进行查对。可采用数字式多路查线仪检查。检查探测回路线、通信线是否短路或开路，采用兆欧表测试回路绝缘电阻，应对导线与导线、导线对地、导线对屏蔽层的电阻进行分别测试并记录。

C. 火灾探测器的现场检测。

火灾报警系统联调结束后，应采用专用检测仪对探测器逐个检测，要求探测器动作准确无误。

对于感烟探测器可采用点型感烟探测器试验器对其感烟功能进行测试。一般探测器在加烟后 30s 内火灾确认灯亮，表示探测器工作，否则，不正常。

对于感温探测器可使用点型感温探测器试验器进行测试。当温源对准待测探测器，打开电源开关，温源升温，10s 内探测器确认灯亮，表示探测器工作正常，否则，不正常。

D. 联动控制系统的调试开通。

开通前，首先对线路作仔细检查，查看导线上的标注是否与施工图上的标注吻合，检查接线端子的压线是否与接线端子表的规定一致，排除线路故障。

对所需联动设备要在现场模拟试验均无问题后，再从消防控制中心对各设备进行手动或自动操作系统联调。

调试完毕后，将调试记录、接线端子表整理齐全完善。最后，将消防中心总电源打开进行远地手动或自动联动试验。

E. 整体调试开通。

单体调试开通运行正常后，按系统调试程序进行系统功能检查，对各项分系统分别进行调试开通。

a. 消防对讲系统：

（a）检查消防中心至各对讲插件的电源线、音频线、信号线是否正确，排除线路故障。

（b）检查各楼层的对讲插件编码值是否与原设计的接线端子表上的编码值一致，防止在安装过程中相互颠倒。

（c）从消防对讲主机处逐个呼叫各对讲插件，检查话音质量，如果背景噪声较大，则可能是音频线在某段区域同强电线共管，或是对讲插件的音频线接线问题，需要分段测试确定具体部位。

b. 消防应急广播系统：

（a）检查消防中心至各楼层的火灾应急广播音频线是否到位。

（b）检查消防中心的双卡座录音机、功放的电源线及音频线是否正确连接。

（c）打开双卡座及功放电源开关，对各楼层背景音乐做强切试验。

c. 防火卷帘门控制系统：

（a）检查各楼层的卷帘门控制器主板编码值是否与原设计的接线端子表上的编码值一致，防止在安装过程中相互颠倒。

（b）检查各台防火卷帘门的限位开关是否调试到位。

（c）对各台卷帘门控制器进行现场手动操作试验，确定单台控制器工作是否正常。

（d）检查消防中心至各卷帘门控制器的动作、回授线（多线控制时）或通信总线（总线制控制时）是否短路或开路，排除线路故障。

（e）从消防中心对各卷帘门控制器进行远地联动试验。

d. 自动防火门、防排烟阀、正压送风等系统：

在消防控制室应有以下控制、显示功能：

（a）关闭上述有关部位的防火门，并接收其反馈信号。

（b）发出控制信号，强制电梯全部迫降于首层，并接收其反馈信号。

（c）火灾报警后，消防控制设备应启动有关部位（即报警部位的防烟、排烟风机、正压送风、排烟阀等）并接受其反馈信号。

e. 自动喷洒控制系统：

控制喷淋泵的启停显示报警阀、电动闸阀及水流指示器、压力开关的工作状态。显示消防水泵的工作、故障状态。

f. 室内消火栓系统：

（a）显示控制消防水泵的启停。

（b）显示消防水泵的工作或故障状态。

（c）显示启泵按钮的位置。

F. 系统验收。

火灾报警系统调试以及与联动设备联动调试合格后，可在公安消防监督机构监督下，由建设单位主持，设计、施工调试单位共同参加下按相关规范和要求进行系统验收，且应通过当地消防部门的验收。

② 综合布线系统的测试：

A. 综合布线系统的测试。

检查施工走线，通过测试标准，检查施工质量，检查安全规范。

a. 铜缆测试。

系统采用专用电子仪器 FLUKE DSP-4000 进行测试，包括以下几项内容：接线图测试、信号衰减测试、信号串扰测试、长度测试。铜缆测试项目标准见表 4.6.7-1。

铜缆测试项目标准表　　　　　　　表 4.6.7-1

测 试 项 目	标 准 要 求	测 试 项 目	标 准 要 求
接线图 Wire Map	12\36\45\78	衰减 ATTENUATION	<23.2dB
长度 LENGTH	<100m	近端串扰 NEXT	>24dB

b. 光纤测试。

系统测试包括：连通性测试、信号衰减测试。光纤测试项目标准见表 4.6.7-2。

光纤测试项目标准表　　　　　　　表 4.6.7-2

测 试 项 目	标准要求 Wavelenth（nm）850	标准要求 Wavelenth（nm）1300
Maximum Attenuation (dB/km)	3.75	1.5

c. 系统运行验收。

系统测试包括电缆测试、光缆测试。

B. 计算机网络系统测试:

体育场的网络配置内容大致包括以下几个部分,而主机名、端口模式、IP 地址、设备访问方式等配置则作为以下配置内容的基础。

a. VLAN 配置。

Cisco 交换机上的 vlan 配置任务包括定义 vtp 域、创建 vlan、划分 vlan 成员端口、配置 vlan trank 等。

b. 路由协议配置。

体育场的网络采用多种技术保证网络的高可用性,如实现分布层设备冗余的 HSRP 协议、等路径的多链路负载均衡、防火墙模块的 FAILOVER 等。

HSRP 配置示例:等路径的多链路负载均衡,在 Cisco 的路由协议实现中,如果存在到同一目的地的多条等价路径,自动在多条路径之间实现负载均衡,最大可支持 6 条等价路径。

c. 安全配置。

安全配置包括访问控制列表、防火墙服务模块配置和 IDS 服务模块配置。

(a) 访问控制列表:访问控制列表由多种类型,其应用也相当灵活,具体配置方法可参考 Cisco 配置文档;

(b) 防火墙服务模块配置:在防火墙模块中,可根据不同的应用环境制定相应的安全策略;

(c) IDS 服务模块配置:IDS 服务模块的配置任务包括配置报警通道、配置报警时间、过滤器、信号引擎参数、产生日志等等,具体配置可参考 Cisco 配置文档。

d. 管理配置。

通过网络协议对每一系统作调试,保证网络的正常运行。

C. 楼宇设备监控系统。

a. 调试应具备的条件:

(a) 楼控系统的全部设备包括现场的各种阀门、执行器、传感器等全部安装完毕,线路敷设和接线全部符合设计图纸的要求;

(b) 楼控系统的受控设备及其自身的系统不仅安装完毕,而且单体或自身系统的调试结束;同时其设备或系统的测试数据必须满足自身系统的安装要求;

(c) 检查楼控系统与各系统的联动、信息传输和线路敷设等必须满足设计要求。

b. 调试程序:

楼控系统的调试程序见图 4.6.7-10。

D. 安保监控系统。

安保监控系统调试顺序:分设备调试(或自检)、分系统调试、系统联调。

a. 单项设备的调试:

一般应在设备安装之前进行。能够进行单项调试的设备及其调试内容有:摄像机某些电气性能的调试(如电子快门、逆光处理、增益控制等)、配合镜头的调整(包括后截距的调整)、终端解码器的自检、云台转角限位的测定和调试、放大器的调试(视频放大器

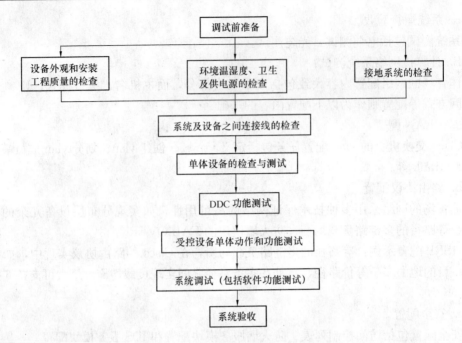

图 4.6.7-10　楼宇设备控制系统调试程序

或射频放大器）以及其他一些能独立进行调试的设备、部件的调试或测试。

b. 分系统的调试：

包括两个方面的内容：一个是按其功能或作用划分，另一个是按所在部位或区域划分。如传输系统的调试就是前者；而对某一路或某一个区域信号（图像信号、控制信号等）的调试，就是既按功能划分，又按部位或区域划分的一种分系统的调试。分系统的调试难点在于传输系统，特别是摄像机路数多、传输距离远的系统。每条线路都要进行通、断、短路测试并作出标记。

c. 系统联调：

当单项设备的调试及分系统的调试进行完毕后，就可进行系统联调。在系统联调中，最重要的环节就是供电电源的正确性（不能短路、断路、供电电压要符合设备的要求）。其次是信号线路的连接正确性、极性的正确性、对应关系的正确性（例如输入、输出的对应关系）。在系统联调的过程中，也可以同时完成某些性能指标的测试，这样既利于系统的调试，又利于在调试中出现问题时作为分析判断问题的依据。

E. 有线电视系统。

a. 前端调试：

前端调试的任务是将前端输出信号的电平值调整到工程设计的要求值，实际上是对各频道信号电平的调整；在调试过程中可以采用彩色电视机监视前端输出信号的图像质量，达到四级即认为合格。

b. 干线调试：

干线调试可在前端调试完毕后进行，也可在安装施工结束之后立即进行粗调。干线的调试主要看放大器输出的电平值的调整是否适当，由于实际干线长度与设计值必定有出入，所以必须根据实际情况重新选择放大器的增益，使放大器输出电平达到工程设计要

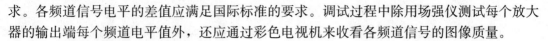

求。各频道信号电平的差值应满足国际标准的要求。调试过程中除用场强仪测试每个放大器的输出端每个频道电平值外，还应通过彩色电视机来收看各频道信号的图像质量。

c. 分配系统调试：

分配系统通常可以在安装完成后立即进行粗调，但必须在线路放大器输入端接上一个信号源，通常可以用电视信号发生器发送彩条，调节电视信号发生器的射频信号输出电平，使线路放大器的输出电平达到工程设计值，然后用场强仪测试每根分支电缆的最末一端的用户终端盒输出的电平，观察其是否符合设计要求。同时，用彩色电视机直接与终端盒相连接，观察彩条是否有失真现象。在测试电平时，电视信号发生器输出的射频信号最好是 UHF 频段内对应系统中最高频段的信号。分配网络的调试中，应注意电缆接头接触不良的问题，以及由于输入、输出端错接而引起的输出电平过低问题，随时检查分支器的分支损耗的标称值是否与设计值一致。

4.6.7.5 机具设备

主要施工机具设备见表 4.6.7-3。

施工机具设备配备表 表 4.6.7-3

序 号	设备材料名称	规格型号	单 位	数 量	备 注
1	套丝机	15～50mm	台	2	
2	套丝机	15～108mm	台	2	
3	交流电焊机	180～400A	台	4	
4	摇臂钻	25	台	2	
5	电动煨弯机	15～65mm	台	2	
6	冲击电钻	6～32mm	把	5	
7	万用表	DT-7	快	4	
8	对讲机		套	10	
9	专业调试设备		套	1	

4.6.7.6 质量控制

（1）认真按照业主要求及国家规范进行施工，把好质量关。

（2）加强现场施工质量检验，配备专业检查人员。

（3）严格按图纸施工，特别是进口设备要详细阅读说明书和有关资料，要掌握设备的有关规范和有关技术要求。

（4）加强原材料和设备质量的检查工作，做好记录，坚持不合格品不施工的原则。

（5）实行先"样板"后"施工"的原则，对样品经业主、监理验证后，再统一进行施工。

（6）凡是隐蔽工程都要经有关部门验收，并做好原始记录。

4.6.7.7 安全环保措施

（1）因机房有多个专业及系统施工，应特别注意尽量减少施工活动对现场环境的影响，如随时在地上铺上硬纸垫层，避免踩踏吊顶龙骨，避免刷油时污染吊顶，安装、打洞、调试时尽量与总包及业主协商，试压时避免试压用水溅湿周围环境。

（2）所有施工活动严格按国家有关操作规程进行，做好安全防范，电焊时控制火焰、焊渣的扩散，强电接线操作时做好绝缘保护。

（3）在工程验收并交付业主之前，不应将电磁阀启动器及就地手动启动器安装及接线，不宜进行实际喷气试验，可进行系统模拟喷气试验，测量电磁阀启动器的回路电压差应为约 24V，对手动启动器进行扳动试验，开启灵活即可。

4.6.7.8　效益分析

武汉体育中心新建体育场"智能体育场综合控制管理系统"经专家鉴定一致认为智能体育场综合控制管理系统处于国内领先水平，系统整体水平达到国际先进水平。系统中有 5 个项目属创新成果，9 个项目在大型体育场应用方面填补了国内空白。

南京奥林匹克体育中心主体育场工程，采用以上工艺成功的完成了智能化系统施工，并产生经济效益 20 万元。

4.6.7.9　应用实例

武汉体育中心体育场"智能体育场综合控制管理系统"自 2002 年 8 月安装完毕至今，共经历了远东四国女足锦标赛、张惠妹演唱会、张学友演唱会、F4 演唱会等大型体育、文娱活动和业内人士的检验，效果令人非常满意，并获得各方面的一致好评。

南京奥林匹克体育中心体育场是 2005 年第十届全国运动会（以下简称"十运会"）的主赛场，2005 年 10 月，"十运会"在南京奥体中心的成功举办，是"智能体育场综合控制管理系统"成功应用的又一有力证明。

本技术成果通过在武汉体育中心、南京奥体中心的应用实践，得到了国内外权威部门的一致高度认可和赞赏，亦为今后我国新建、扩建智能体育场馆综合控制管理创建了一个新模式。

5

体育场工程施工
组织设计实例

5.1 武汉体育中心体育场工程施工组织设计

5.1.1 编制依据

（略）

5.1.2 工程概况

5.1.2.1 工程建设概述

见表 5.1.2-1。

工程建设概况一览表 　　　　　　表 5.1.2-1

工程名称	武汉体育中心体育场	工程地址	武汉经济技术开发区
工程类别	公共建筑	占地总面积	45000m²
建设单位	武汉体育中心建设协调领导小组办公室	勘察单位	湖北省神龙地质工程勘察院
设计单位	武汉市建筑设计院	监理单位	武汉大元工程监理有限责任公司
质量监督部门	武汉市建筑工程质量监督站	质量目标	国优
总包单位	中国建筑第八工程局	合同工期	1999.3～2002.8
建设工期	42 个月	总投资额	5 亿元
工程主要功能或用途		现代化国际体育竞技场	

5.1.2.2 建筑设计概况

见表 5.1.2-2。

建筑设计概况一览表 　　　　　　表 5.1.2-2

建设规模		57300 座	总建筑面积	63629m²	总高	54.681m
层数	地上	2～4 层	首层层高	6m	看台屋盖高度	南北区 38.11m 东西区 54.68m
装饰装修	看台地面	CF30 钢纤维混凝土				
	外墙	6m 以上 STA-2000 高弹防水复合型涂料，一层实墙面作花岗石贴面				
	附属用房楼地面	花岗石地面、架空实木地板、进口塑胶地板、塑胶地板、复合地板、防滑地砖贴面、细石混凝土防潮地面、防静电高级复合地板、防滑地砖贴面、复合地板、细石混凝土楼面、水泥楼面、耐酸碱瓷砖贴面等				
	附属用房内墙面	水泥砂浆粉面、釉面瓷砖贴面、高级乳胶漆墙面、乳胶漆墙面、吸声墙面、花岗石贴面、防尘墙面等				
	附属用房顶棚	轻钢龙骨防水矿棉板吊顶，铝合金 T 形龙骨金属板吊顶、石膏板吊顶、高级木板吊顶（防火处理）、轻钢龙骨铝板网吸声吊顶、防尘合金吊顶、大白浆				
	楼梯	踏步为实心花岗石踏步				
	电梯厅	地面：花岗石地面	墙面：花岗石贴面		顶棚：轻钢龙骨防水矿棉板吊顶	
防水	屋面	防水材料：威特力防水涂料				

武汉体育中心体育场工程平面图、立面图见图 5.1.2-1、图 5.1.2-2。

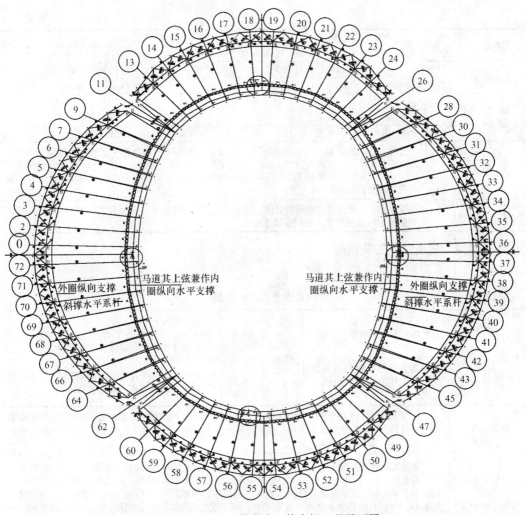

图 5.1.2-1 武汉体育中心体育场工程平面图

图 5.1.2-2 武汉体育中心体育场工程立面图

5.1.2.3 工程结构设计概况

见表 5.1.2-3。

表 5.1.2-3

结构概况一览表

地基基础	埋深	−1.7~ −2.5m	整个基础由梁与承台组成，承台顶标高−1.7~−2.5m，其中基础梁尺寸为 400mm×800~900mm、1000mm×1100mm、1000mm×1200mm 等，承台有单桩、多桩承台，矩形承台由 3.75m×1.5m、5.8m×10.6m，方形承台 1.5m×1.5m~7.5m×7.5m，电梯间墙厚 250mm，混凝土 C30P6，基础柱混凝土为 C40，其他混凝土为 C30。设计±0.000 标高为 25.5m，场坪标高为 23.0m

续表

地基基础	桩基	类型：挖孔桩		桩数：792 根	
	承台	矩形承台：3.75m×1.5m，5.8m×10.6m，方形承台：7.5m×7.5m～1.5m×1.5m			
主体	结构形式	框架结构，看台主要支承在 56 根 Y 形大柱上，大柱上支承大型异形梁			
	主要结构尺寸	梁：1200mm×2800mm		柱：1200mm×5618mm	
混凝土强度等级及抗渗要求	基础	C40	墙体	C40	其他	水池 C35、P8
	梁	C40	板	C40	
	柱、井筒	C40	楼梯	C40	
钢筋		承台主要钢筋为 $\phi14$、$\phi16$、$\phi20$、$\phi22$，$\phi22$ 以上采用锥螺纹连接，其他采用焊接。梁的配筋主要为 $\phi14$、$\phi16$、$\phi20$、$\phi22$、$\phi25$，板的配筋主要为 $\phi8$、$\phi10$、$\phi12$、$\phi14$，Y 形柱的配筋为 $\phi25$、$\phi36$，大斜梁主筋上各下 6 排，每排 $10\phi36$，连接方式为滚轧直螺纹钢筋连接，看台板钢筋主要为 $\phi8$、$\phi10$、$\phi12$、$\phi14$				
看台屋盖结构		篷盖为大悬挑预应力索桁钢结构，膜面为进口聚丙氯乙烯预应力索膜，钢结构篷盖系统支撑在 Y 形柱及井筒上，采用铰接连接				

5.1.2.4 建筑设备安装概况

见表 5.1.2-4。

设备安装概况一览表 表 5.1.2-4

给水	冷水	生活用水由市政管网直供	排水	污水	当管径大于等于 DN100 时采用 UPVC 排水塑料管；当管径小于等于 DN100 时，采用 ABS 排水塑料管。管件采取粘接的方式
	热水	除部分分散设置电加热器供应外，其余采用集中供应方式		雨水	雨水管道主要为无压力雨水管道，管道材质为 HDPE 高密度聚乙烯塑料管
建筑电气		工程按区域划分成四个区，每个区设一个供电竖井，每个区的照明用电取自对应的低压配电系统。照明分为一般照明、正常照明、应急照明、停车场照明、体育场立体照明、屋盖照明、体育场比赛照明等几个系统			
通风空调系统		空调系统设计冷负荷为 4187kW，选用四台制冷量为 1044kW 的螺杆式冷水机组，设计冷冻水供水温度为 7℃，回水温度为 12℃；空调系统设计热负荷为 3780kW，选用四台换热量为 945kW 的等离子体改性强化换热器，蒸汽由总体热网供应，热源压力为 $8kgf/cm^2$，经分汽缸后分别减压至 $4kgf/cm^2$，空调热水供水温度为 65℃，回水温度为 55℃。空调系统的水系统为两管制一次泵变流量系统，空调末端前设温控电动二通阀，机房内供回水管路之间采用压差旁通控制阀，各分支管路采用电动阀控制。空调水系统采用接近无分区方式，供回水总管在综合管沟内环形同程布置，各支管径向辐射布置			
采暖供热系统		冷冻站、热交换站设在一层东区（部分设备、管道布置在综合管沟内），锅炉房设在室外。冷却塔布置在疏散平台下，采用卧式横流玻璃钢冷却塔，冷却水量 1200t/h，并设地下水池。冷却水泵置于冷冻机房内地沟里，水系统定压采用膨胀定压罐定压			

5.1.2.5 智能工程设计安装概况

见表 5.1.2-5。

智能工程概况一览表 表 5.1.2-5

序号	智能系统名称	概述
1	多媒体 IC 卡注册检录系统	采用感应式 IC 卡设计，实现对运动场地的运动员、教练员、新闻记者以及其他有关人员进行注册登记、数码成像、制证、发卡检录、自动识别、统计以及门禁通道等数据库管理
2	多功能田径赛信息系统	计算机网络系统采用核心层、分布层、接入层三级结构，满足互联网、视频点播 VOD 服务器、办公自动化、田径比赛和智能化系统传输的需要
3	集约化综合布线系统	采用集约化综合布线系统，整个弱电系统统一规划、统一安装，利用特制桥架将各种弱电线缆一次布线到位

序号	智能系统名称	概　述
4	数字化网络监控系统	采用数字化网络监控系统，以视频移动报警技术实现对场内人员进出道口的全天候、智能化监控，并对周界及重要区域可以方便地建立无形的立体防范系统
5	多用途计算机网络系统	传输网络分别采用宽带射频千兆网和超五类百兆网。互联网系统功能在满足网上信息发布的同时，并具备有视频点播功能
6	入口智能检票管理系统	采用三杆自动闸机，同时对142条检票通道进行快速条码识别、确认的智能化管理
7	道路交通智能管理系统	系统采用光纤、无线数据网络，组成数字化多媒体网络系统，实现在武汉体育中心10km² 范围内，对各主要路口摄像机和高亮度 LED 信息显示屏进行实时和远程监视、控制，对赛事活动人员和车辆通行进行有效地引导、疏散和管理
8	广播电视场内传输系统	设电视摄像机专用机位的传输系统，为广播电视部门提供方便
9	新闻中心会议系统	设置会议扩音系统、同声传译接收系统、记者工作席通信系统、摄像跟踪、音视频实时记录、大屏幕显示系统等
10	集中式中央控制机房	采用集中共享式机房结构，将弱电设备控制机房整合为一

5.1.2.6　现场条件

（1）气候条件

武汉地区属亚热带季风气候，四季分明，春季温暖潮湿，夏季炎热，秋季晴朗，冬季干旱。冬夏温差大，历年 7 月份气温最高，平均 28.8～31.4℃，最高气温达 41.3℃，历年 1 月份气温最低，平均 2.6～6.4℃，极端最低气温达－18.1℃。武汉地区雨量充沛，多年平均降水量为 1284.5mm，历年最大降水量为 2107.1mm，最小降水量为 476.4mm，降水集中在 4～7 月份，约占年降水量的 60%，其中 6 月份最高，最大降水量达 669.7mm，12 月份降水量平均仅 32mm，年平均蒸发量为 1447.9mm。

（2）工程地质、水文地质条件

根据地质勘探资料，该工程沉井深度范围内的土层由上至下依次为：①耕植土、淤泥质黏土，软～可塑，由黏土组成，见植物根系，厚度约 0.9m；②－1 黏土，上部含铁锰质结核、裂面有铁质浸染，下部并含有灰白色高岭土结核、表层坚硬、硬塑，具有中等压缩性，具有弱膨胀性，厚约 4.5m；②－2 含砾黏土，含角砾，直径 2～10mm，具有中等压缩性、膨胀土，厚约 4.5m；③黏土，棕红色、质均匀、硬塑、中等压缩性、膨胀土，厚约 1.2m；④强风化泥岩，岩芯破碎、呈碎块状、长 50～100mm，局部风化形成残积，厚度约 3.1m；⑤弱风化泥岩，岩石为粉砂泥质结构，块状属极软质岩石，顶面标高为 10.40m。

场地土为非含水层，局部存在上层滞水，稳定水位为 1.17m，地下水对混凝土不具侵蚀性。

（3）周边道路及交通情况

施工现场内有一条沿体育场内环的简易碎石路并与南部的开发区北环路相连。

5.1.2.7　施工特点、重点及难点

（1）工程量大、工期紧，需要投入大量的人力、物力、机械设备等，总承包管理难度大。

（2）本工程立面造型多样，平面呈椭圆形，环向由若干条不同圆心、不同半径的圆弧

组成。立体造型上较一般框架结构复杂，由不同的异形构件在空间上形成变截面异形结构。施工测量复杂、难度大。

（3）看台钢筋混凝土大斜梁和Y形柱为异形构件，截面尺寸大、自重大。Y形柱每根的几何尺寸都不一样，需要专门配备模板。悬挑大斜梁悬挑长度最大达8.68m，倾斜角度33.13°，自重达340t，钢筋绑扎、模板支设及混凝土浇筑等施工难度都很大，特别是对斜梁下部的支撑会产生向外侧的水平推力，施工过程需要加以考虑和解决。

（4）基础梁露天看台为环向超长钢筋混凝土结构，基础梁环向长830m，主体露天看台最长为230m，均为超长混凝土结构，特别是露天看台，不能出现裂缝而渗漏。如何控制超长结构裂缝在允许范围内目前还是一个施工界尚未能很好解决的世界性难题。

（5）屋盖为空间大悬挑预应力索桁钢结构，68榀钢桁架通过56根立柱分别坐落在56个冠状球面支座上。这种屋盖形式在国内未见有过，其立柱和支座的制作、索桁钢结构的整体安装难度均较大。

（6）屋盖篷膜为张拉式索膜，为防雨、受力二位一体的索膜受力体系，国内尚无此膜面安装、验收规范、规程，同时，由于操作面不理想，施工工艺复杂，施工相当困难。

（7）体育场智能工程为首次采用大量国内外先进技术和设备，技术含量高，缺乏可参考的经验。

5.1.3 施工部署

根据本工程规模大、工期紧、技术要求高的特点，采取以下主要决策和施工部署。

5.1.3.1 项目管理组织

（1）项目管理组织机构

见图5.1.3-1。

（2）总承包项目管理各部门的工作职责

（略）

（3）项目管理人员工作职责和权限

（略）

（4）分包单位（专业施工队）的责任

（略）

5.1.3.2 项目管理目标

见表5.1.3-1。

项目管理目标一览表   表5.1.3-1

项目管理目标	目 标 值
工 期	体育场主体工程开工日期为1999年10月16日，竣工期为2001年6月20日，全部工程竣工日期为2002年8月22日
质 量 目 标	争创国优工程奖
安 全 目 标	轻伤事故频率控制在1‰以内，无重大伤亡事故，创武汉市安全优良工程
文明施工目标	市文明施工样板工地

5.1.3.3 施工机械（具）及劳动力部署

（1）考虑到工程主体工程量大、工期紧的特殊性，拟同时投入6台大型塔吊，每一施

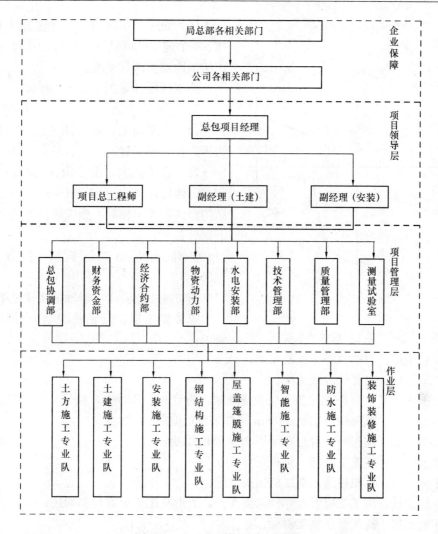

图 5.1.3-1 项目管理组织机构图

工段平均有一台塔吊，工作范围可以覆盖所有工作面，可满足材料垂直运输和吊装预制构件的需要。

其他垂直运输、钢筋加工、焊接等设备均作相应的配备。

（2）在劳动力配备上，按工程进度计划，在武汉地区范围内及时调配各工种劳动力，预计施工高峰期将投入劳动力 1700 人左右。

详见"施工机械（具）及劳动力配备"相关内容。

5.1.3.4 施工流程、流向、施工区段的划分

根据地下基础（桩基承台、筒体沉井）的工程进展和施工流向，考虑地上主体工程的工程量分布状况，进行施工流向、施工区段的划分。

1）施工流向

东、西区（E、W）→南、北区（S、N）。

2）施工区段划分

以后浇带为界，将主体工程在平面上划分为 8 个施工段，相邻的二个施工段组成一个

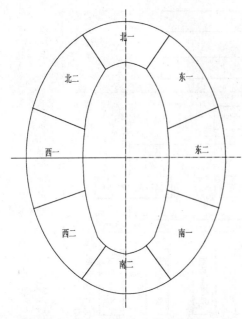

图 5.1.3-2　施工区段划分示意图

施工区。每一施工区由一个土建工程处负责完成。4 个施工区域独立地进行，在每一施工区内组织内部流水和平衡施工。

施工区段划见图 5.1.3-2 所示。

3）施工缝留设

（1）在平面上，每一施工段以"后浇带"为界，作为施工缝。

（2）在竖向上，由于南、北看台（二层）和东、西看台（四层）的框架层数不等，而且结构形式也不尽相同，施工缝位置沿高度作如下划分：

①对于 N、S 二区框架，拟分 4 个施工层；

第 1 施工层：Ⓐ～Ⓓ轴框架柱至梁底；

第 2 施工层：Ⓓ轴柱浇至＋5.88m 现浇板面；

第 3 施工层：Ⓓ轴柱浇至框架梁底；

第 4 施工层：南北区混凝土梁。

②对于 E、W 二区框架，为 4 层现浇框架，看台高度 37.0m，拟分 6 个施工层：

第 1 施工层：框架柱施工至 5.88m 标高平台板梁底；

第 2 施工层：施工一层看台框架梁和 5.88m 梁板；

第 3 施工层：施工二层柱、梁板至标高 9.6m；

第 4 施工层：框架柱施工至二层顶板梁底；

第 5 施工层：施工二层看台Ⓒ轴悬挑部分，Y 形柱施工至看台斜梁底；

第 6 施工层：施工看台框架斜梁。

竖向施工缝留设见图 5.1.3-3 所示。

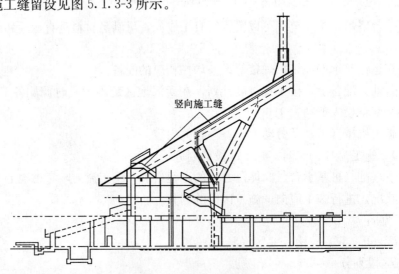

图 5.1.3-3　竖向施工缝留设示意图

4) 施工流程

工程总体施工流程见图 5.1.3-4。

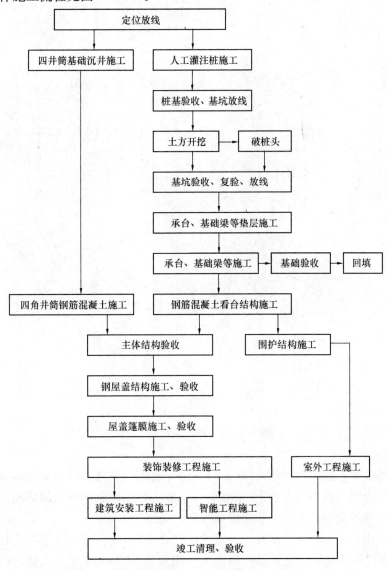

图 5.1.3-4 总体施工流程图

5.1.4 主要工程项目的施工方案

5.1.4.1 施工测量

1) 测量方案确定

武汉体育场径向分布 72 条辐射状轴线，环向分布 10 条弧形轴线，且环向轴线分布在 10 个不同圆心、不同半径的圆弧上，见图 5.1.4-1。该工程南北长 296m，东西长 263m，在四个井筒及 56 根混凝土柱顶安装钢结构预埋件，在其上安装悬挑式索桁钢结构和索膜篷盖，精度要求很高，且各埋件分布极不规则，测量难度非常大。根据上述特殊性，确定采用全站仪三维测量技术。

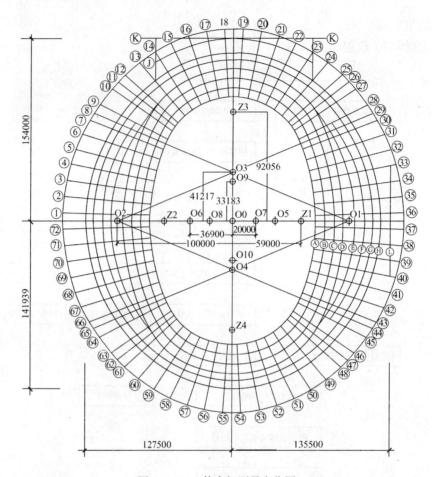

图 5.1.4-1　体育场测量定位图

2）控制网的建立

建立以椭圆中心点为坐标原点（0，0）、10 个圆心点连线为坐标轴的建筑坐标系；同时建立以各区段圆心点为原点的 10 个极坐标系统，分别控制不同区域的相应轴线，并将各圆心的高程同时测出，组成一个水准控制网，见图 5.1.4-2。

各控制点用 $\phi25$ 钢筋作控制标志，周围制作成 400mm×400mm 混凝土柱，外面砌成直径 2m 的圆柱形测量平台，全部控制点均采用索佳 SET2110 型全站仪，按附合导线进行测量，数据经过平差计算，并要求最大点位中误差为 2mm，边长最大相对误差不超过 1/22000。

3）主体结构测量方法

因所有轴线点呈弧状分布，故选用极坐标法，全站仪架设在圆心点 O_X 上，根据相应部分测量目标点的数据，测设出轴线点 P，见图 5.1.4-3；当轴线点与圆心点不能通视时，则用转点来完成，在区内适当位置测得一转点 $O_{X'}$，保证此点与圆心点 O_X 及轴线点 P 通视，然后将仪器置于 $O_{X'}$ 点，根据计算数据 β 和 γ 测设出轴线点 P，见图 5.1.4-4。

4）沉降观测

根据有关测量规范及柱定位平面图，按设计要求，在建筑物相应位置埋设沉降观测点，在建筑物周围布设四个水准点作为工作基点，并对沉降观测点采取保护措施，防止冲

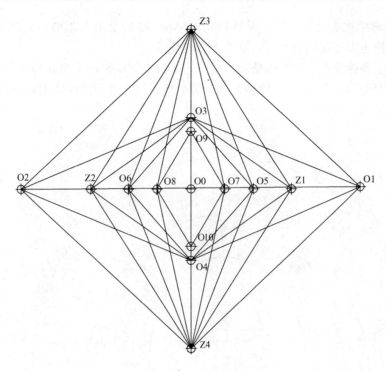

图 5.1.4-2　水准控制网

撞引起变形，影响数据统计。

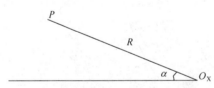

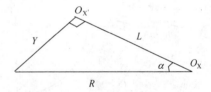

图 5.1.4-3　采用极坐标测设轴线示意图　　　图 5.1.4-4　轴线测设转点法示意图

5）测量施工注意事项

（1）建立合理的复核制度，每一工序均有专人复核；

（2）测量仪器应在规定周期内检定，并有专人负责；

（3）阴雨、曝晒天气在野外作业时，应打伞，以防损坏仪器；

（4）非专业人员不能操作仪器，以防损坏仪器和影响测量精度；

（5）对原始坐标基准点和轴线控制网应定期复查；

（6）由于工期紧，施工分项多，为保证各班组相互配合、紧密搭接，施工测量应与各专业工种密切配合，并制定切实可行的与施工同步的测量措施。

（7）所有施工测量记录和计算成果均应按工程项目分类装订，并附有必要的文字说明。

5.1.4.2　土方工程施工方案

1）土方开挖形式及开挖路线

土方采用机械大开挖，人工配合清坡、清底。经计算，土方总量约为 19000m³，土方最大挖深 2m，基坑四周放坡按 1：1 进行。

土方开挖共分八个施工段，每个施工段以后浇带划分，每个施工段土方量 2000～

3000m³。为避免扰动天然土层，基础底留 300mm 厚余土由人工清边、修底，至设计标高，人工清挖土方随挖掘机进行，以便土方的外运。

根据现场条件及本工程结构情况，拟采用 4 台小型反铲挖土机，15～20 台自卸汽车，土方开挖时配备 30～50 名普工清理余土，每个施工段土方开挖计划用 5d 时间完成。土方开挖示意图见图 5.1.4-5。

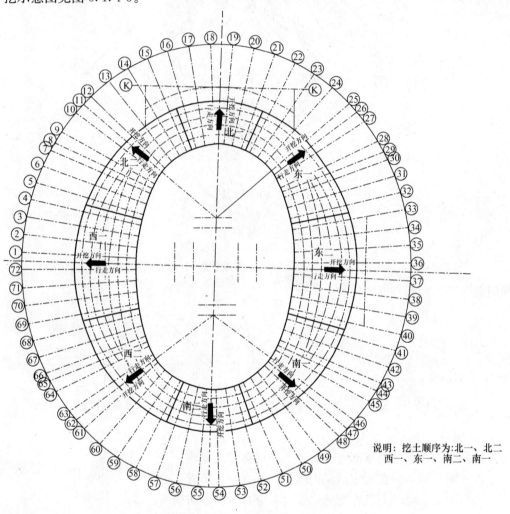

图 5.1.4-5 土方开挖示意图

2）工程桩头处理及垫层施工

（1）桩头处理

土方开挖过程中，及时插入人工破除工程桩桩头，并在垫层施工前完成。凿桩工作由人工进行，配备空压机、冲击钻，人员三班作业。凿除的桩头及时运出基坑，统一由运土车运走。

（2）垫层施工

垫层施工紧随土方工程进行，人工清理一块，验收一块，浇筑一块，尽量减少地基土的暴露时间，垫层标高用水准仪严格按设计标高控制，并做好表面压实抹平收光工作。

3）基础土方回填

回填土料选用黏土，采用自卸汽车运土。回填土采用人工摊平，蛙式打夯机夯实。

5.1.4.3 模板工程施工方案

1）基础模板工程

（1）基础承台模板

采用 MU7.5 机制红砖、M5 水泥砂浆砌 240mm 厚砖胎模，胎模内侧用 1∶3 水泥砂浆抹光，外侧黏土填实，见图 5.1.4-6。

（2）基础梁模板

基础梁采用组合钢模板，钢管支撑，共配备两套模板进行周转。梁底及梁中部设 40mm×4mm 扁钢与外侧模板对拉，水平间距不大于 600mm，梁上部采用钢管扣件对拉，水平间距不大于 600mm。

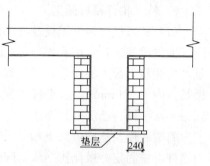

图 5.1.4-6 砖胎模示

2）主体模板及支撑工程

（1）主体模板及支撑体系选用

模板选用见表 5.1.4-1。

模板及支撑体系选用表　　　　　表 5.1.4-1

部位	模板选用方案
剪力墙	采用 12mm 厚竹夹板，背楞和托楞均采用 50mm×100mm 木方，φ48mm 钢管，间距 500mm，另用 φ12mm 的对拉螺栓间距 600mm×500mm 加固
柱	用 12mm 厚竹夹板，背楞和托楞均采用 50mm×100mm 木方，φ48mm 钢管，另用 φ12mm 的对拉螺栓加固
主次梁	采用 12mm 厚竹夹板，背楞和托楞均采用 50mm×100mm 木方，碗扣式脚手架和 φ48mm 钢管支撑，φ12mm 的对拉螺栓加固
楼板	采用 12mm 厚竹夹板，背楞和托楞均采用 50mm×100mm 木方，φ48mm 钢管，支撑为碗扣式脚手架及多功能早拆体系
楼梯	采用 12mm 厚竹夹板，背楞和托楞均采用 50mm×100mm 木方，φ48mm 钢管

（2）模板施工要点

①柱、墙钢筋绑扎完毕、隐蔽验收通过后，便进行竖向模板施工。首先在柱、墙底部进行标高测量和找平，然后进行模板定位卡的设置和保护层垫块的安放，设置预留洞，安装竖管，经检查验收后，支设柱、墙、电梯井筒等的模板。

②梁模板施工时，高度小于等于 450mm 的梁，可先支设侧模；高度大于 450mm 的梁，先绑扎梁钢筋，再支侧模；异形梁的模板采用木模拼装成形，梁高大于等于 700mm 时，设一排对拉螺杆加固，其水平间距 600mm。

③梁、柱、剪力墙接头部位，用木模精心制作，固定牢靠，避免穷拼乱凑。拆柱模时，上口一块柱模不拆，留作梁模延续部分使用；拼模时，保证上一层模板和下一层已浇混凝土体紧贴牢固，保证墙体接头处平整。

④楼梯模板应现场放样后配制，踏步模板用 12mm 厚竹夹板与 50mm×100mm 木方预制成形，楼梯侧模用木方及若干与踏步几何尺寸相同的三角形木板拼制，踏步顶板与底

板设对拉螺栓，以控制变形。

3）特殊构件模板施工

（1）Y形柱大斜梁模板及支撑设计

大斜梁施工，采用 $\phi48\times3.5mm$ 碗扣式多功能脚手架搭设满堂式脚手架，考虑斜梁段是产生倾覆力最大的地方，其支撑杆间距设为 300mm×600mm（沿梁宽方向为 300mm，梁长方向为 600mm），水平杆步距在 Y 形柱分叉以下为 1800mm，分叉以上为 900mm。同时，水平杆与已浇的柱连接。

斜梁底模及侧模由竹夹板和 50mm×100mm 木方配制而成，纵向背楞间距 600mm，由螺杆对拉固定；横托楞立放，间距为 500mm。为保证侧向刚度，用活动钢管顶撑支撑。

现场需对支撑体系进行堆载试验，一是检测脚手架系统是否能承受施工时产生的荷载；二是检测脚手架下部的支撑体系（包括结构平台）是否能够承受上部传来的施工荷载；三是消除其初始形变作用；四是检查架子系统是否有位移。堆载试验单独编制试验方案。

（2）后浇带部位模板

后浇带两边梁、板应保留所有支撑不拆，待主体结构完成 42d 后，方可对后浇带模板、架子进行拆除。

4）模板拆除

（1）对竖向结构，在其混凝土浇筑 48h 后，强度能保证构件不缺棱掉角时，方可拆模。

（2）梁板等水平结构早拆模板部位的拆模时间，应通过同条件养护的混凝土试件强度试验结果，结合结构尺寸和支撑间距进行验算来确定。模板拆除后应随即进行修整及清理。

（3）跨度小于 8m 的梁、板底模拆除时，混凝土强度要达到设计值 70% 以上；跨度大于等于 8m 的梁、板底模拆除时，混凝土强度应达到设计值的 100%；悬挑构件底模拆除，须待上部结构完成，且混凝土达到设计强度 100% 后方可拆除支撑，悬挑构件在施工中不得作承重构件使用；预应力梁应待预应力筋张拉、灌浆完毕，并达到设计要求强度后，方可拆除底模及支撑。

5.1.4.4 钢筋工程施工方案

1）基础钢筋工程

（1）钢筋的下料及加工成形，全部在施工现场进行。钢筋成形后，应在塔吊周转半径范围内选择堆放位置。

（2）钢筋水平运输以汽车吊为主，人工为辅，较长钢筋应进行试吊，找准吊点，必要时可用方木或长钢管加以附着。环向基础梁钢筋较长，且有弧度，绑扎安装时，应划出钢筋位置线，以方便安装。

（3）基础梁高度较大，钢筋绑扎时，用脚手架钢管搭设专用架，架立钢筋。

2）主体钢筋工程

（1）钢筋翻样及成形

翻样时应综合考虑墙、柱、梁、板相互关系，确定钢筋相互穿插避让关系，做到在准确理解设计意图的基础上，执行施工规范，进行施工作业。

（2）钢筋绑扎

①严格按照设计及规范要求进行钢筋绑扎。绑扎时，应画线定位，梁柱钢筋每点绑扎，板钢筋梅花间隔交叉绑扎，并坚持"先主梁后次梁，先梁后板"的绑扎顺序。

②由于梁、板部分模板工程量较大，为便于各工序在工作面上衔接进行，在满堂脚手架搭设及梁板底模支设这一时间内则应及时插入完成墙、柱、梁钢筋的绑扎施工。

③绑扎或焊接的钢筋骨架，钢筋网不得出现变形、松脱与开焊，结构洞口的预留位置及洞口加强处理必须按设计要求做好，柱、墙插筋按放线定位位置设置，并做好根部定位固定。柱、梁节点处钢筋密集、交错，在绑扎前现场放好样，以保证该部位钢筋绑扎质量。

（3）钢筋连接

①根据设计要求，框架柱、剪力墙暗柱的钢筋小于 $\phi25mm$，其连接均采用电渣压力焊，大于 $\phi25mm$，采用直螺纹连接。接头位置及间距按设计图纸要求，但同一截面上钢筋连接的数量不得超过全截面钢筋总数的 50％斜柱主筋采用直螺纹连接。

②框架梁主筋接头采用闪光接触对焊和熔槽帮条焊相结合（直径大于 25mm 的采用直螺纹连接），次梁主筋采用闪光接触对焊和搭接相结合。梁面钢筋跨中连接，梁底钢筋支座连接，连接时注意同截面内受拉钢筋搭接面积不超过 25％，悬挑部分及其伸进梁内 3m 范围内不得有接头。

3）Y 形柱及大斜梁钢筋工程

（1）Y 形柱及大斜梁钢筋工程施工流程

放线、校核底模→安放钢管支架→绑扎梁上钢筋→套箍筋→穿梁下面筋及腰筋→就位、整理、绑扎钢筋→拆除钢管支架。

（2）Y 形柱及大斜梁钢筋工程施工方案

①由于 Y 形柱及大斜梁主筋均为斜向分布，且钢筋密集、纵横交叉，就位绑扎比较困难，因此在钢筋配料单计算时，考虑钢筋长度和相互关系，在不影响锚固长度的前提下适当改变弯起位置，以保证施工时顺利就位。绑扎前考虑先后顺序，在确保异形柱及折扇形大梁施工的同时兼顾其他梁的施工。

②由于梁上部钢筋排数多、间距小、钢筋重量大，且梁断面高，箍筋易失稳，因此钢筋绑扎时，沿梁底模布置钢管支架，最上层钢筋绑扎在钢管支架上，第二排钢筋和第三排钢筋用钢丝固定在下面，就位后套箍筋并放在支架一侧，下部钢筋和腰筋采用穿插法，就位后整理绑扎钢筋，钢筋绑扎完毕拆除钢管支架。

4）预应力钢筋工程

（1）技术准备

①分段计算绘制预应力筋曲线矢高、相应马凳高度，绘制梁交接点大样图，调整矢高；

②绘制张拉端、锚固端节点详图，预留张拉口详图及加固措施；

③依据分区施工要求，绘制预应力梁板施工程序图，作为相对控制的目标；

④绘制各接点大样图；

⑤放样、计算预应力筋的下料长度；

⑥依据预应力筋的不同级别张拉力，列表计算统计，并依此配套校验千斤顶，得出相

应张拉力下压力表的读数。

（2）施工顺序

框架部分预应力的施工顺序、流水段的划分均根据混凝土的分段顺序进行。

预应力张拉顺序按混凝土施工的先后顺序进行。每一施工段内，先张拉径向预应力梁中预应力筋，再张拉环向预应力框架梁中预应力筋，最后张拉环向次梁中预应力筋。每一施工段内或梁内的预应力筋张拉顺序均为居中对称。

跨越后浇带的预应力筋采用后穿筋方法，即预先留设孔道待后浇带混凝土浇筑且其强度达要求后再穿入预应力筋，张拉、灌浆，最后拆除此处梁底模。

（3）施工工艺流程

框架梁、板脚手架→框架梁底模→排放非预应力钢筋→钢筋绑扎→安装钢筋支架→穿钢绞线→梁钢筋验收→立梁侧模及板底模→安装张拉口网片、预埋承压板→楼板钢筋绑扎→隐蔽工程验收→混凝土浇筑→混凝土养护、预应力筋张拉准备→张拉梁预应力筋→切除外露钢绞线→灌浆端部封闭→拆除已张拉段梁底模板→浇筑后浇带混凝土→混凝土养护、后浇带处预应力筋张拉准备→张拉后浇带处预应力筋→灌浆封锚→拆除后浇带处梁底模板。

（4）施工注意事项

①预应力张拉完毕，应先观察 12h，无异常情况后，48h 内完成灌浆工作。

②水泥浆采用 42.5MPa 级普通硅酸盐水泥，水灰比为 0.4 左右，灌浆压力为 0.5～0.6MPa。

③锚具封闭要求：预应力筋张拉完后，将外露的钢绞线切断，锚具外露钢绞线长度不小于 30mm，张拉口采用比结构混凝土强度高一级的微膨胀混凝土封闭。

④预应力筋张拉完后，方可全部拆除梁底模。

5.1.4.5　混凝土工程施工方案

1）基础混凝土工程

（1）本工程混凝土为现场集中搅拌和预拌商品混凝土相结合，全部采用泵送混凝土，并经业主、监理考察、检验，满足施工要求后使用。

（2）混凝土浇筑以两个后浇带之间作为施工段，混凝土浇筑沿环向从一端后浇带浇向另一后浇带，先浇筑径向梁，平行浇至环向梁。每一施工段内配 2 台输送泵，一次性浇筑完毕，不留垂直施工缝。基础混凝土浇筑顺序见图 5.1.4-7。

（3）混凝土振捣采用插入式振捣器振捣，振捣时快插慢拔，以混凝土表面不再明显下沉出现浮浆，不再冒气泡为止。

（4）后浇带混凝土采用比设计混凝土强度等级高一个等级的微膨胀混凝土浇灌，内掺 12%UEA，待已浇筑混凝土的时间超过 45d 后浇筑。

（5）基础混凝土施工缝的留设：每施工段均一次浇筑完毕，垂直施工缝以后浇带为施工缝，水平施工缝设在承台或梁面±0.00m 处。浇筑上部混凝土时，先将施工缝处湿润、清洗干净，并铺 50mm 厚与混凝土强度等级相同的水泥砂浆。

（6）混凝土初凝后，草帘覆盖，及时浇水养护 7d 以上（防水混凝土养护不少于 14d），遇雨水未凝固混凝土采用彩条布覆盖保护。

（7）混凝土二次浇筑前，应对施工缝进行凿毛处理，清理浮渣，并用水冲洗干净，保

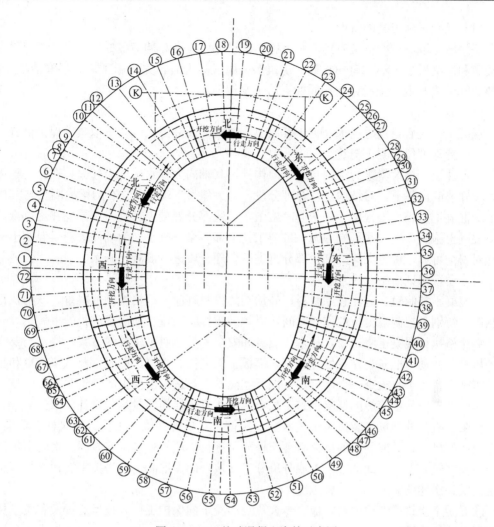

图 5.1.4-7　基础混凝土浇筑示意图

持湿润，铺一层 50mm 厚与混凝土强度等级相同的水泥砂浆，捣压密实后，浇筑上部混凝土。

2）主体混凝土工程

（1）混凝土试块制作和试验。

根据所选用的水泥品种、砂石级配、粒径、含泥量和外加剂等进行混凝土预配，并应考虑施工时间内可能遇到的气候、外部条件变化等不利影响，最后得出优化配合比。试配结果报送监理工程师审查合格后，再进行混凝土生产和浇筑。

（2）混凝土浇筑。

按施工区段，分段浇筑。每一施工段内的混凝土应一次性浇筑完毕，不留冷缝。梁、板混凝土浇筑时，泵管端部安装布料杆以提高工效。柱混凝土浇筑时外搭溜槽，从柱门子洞下料，沿柱高设 2～3 个振动点。

（3）混凝土振捣。

楼板混凝土采用平板振捣器振捣，柱、梁混凝土采用插入式振捣器振捣。振捣时应快插慢拔，以混凝土表面不再明显下沉，出现浮浆，不再冒气泡为止。

（4）混凝土施工缝的留设。

每一施工段应一次浇筑完毕，垂直施工缝设在后浇带和伸缩缝处，水平施工缝设在各层楼面和顶梁板下 100～150mm 处。浇筑上一层混凝土时，先将施工缝处湿润清洗干净，并铺 50mm 厚与混凝土配合比相同的去石子水泥砂浆。

（5）混凝土养护。

混凝土初凝后，及时浇水养护 14d 以上，遇雨天及高温天气，采取覆盖保护措施。

（6）特殊部位混凝土浇筑。

Y 形柱及悬挑大斜梁为空间超重斜向构件，其轴向力和水平剪力较大，在保证整体结构力学性能的前提下，对结构进行合理分段，即大斜梁下端 1m 左右的梁混凝土与其标高以下的混凝土楼板、楼板梁、柱子同时施工，当这部分混凝土达到一定强度并足以抵抗大斜梁混凝土施工产生的水平推力时，再施工其上部斜梁混凝土。为确保大斜梁混凝土施工的绝对安全可靠，可将大斜梁剩余部分再进行合理分段进行混凝土施工。

（7）质量保证措施及注意事项：

①混凝土拌制时，应注意原材料、外加剂的投料顺序，严格控制配料量，严格执行搅拌制度，特别是控制混凝土的搅拌时间，以防因搅拌时间过长而出现离析的事故。

②严格执行混凝土浇筑令，技术、质量和安全人员应对施工技术方案、技术与安全交底、机具和劳动力准备、柱底处理、钢筋模板工程交接、水电、照明以及气象信息和相应技术措施准备等进行检查，合格后签发混凝土浇筑令，进行混凝土的浇筑。

③注意不同强度等级的混凝土施工配合，使两者交接面质量达到设计要求。

④泵送机具的现场安装按施工技术方案执行，并重视其维护工作；浇筑柱、深梁时，用串筒或溜槽下料，混凝土的浇捣必须严格分层进行，严格控制沉实时间；钢筋密集处混凝土连续浇筑，不得在此部位停歇或分班分工交接，确保混凝土的浇捣密实；梁柱节点混凝土浇筑一次连续完成，不留施工缝。

⑤混凝土浇筑后遇雨天时，应有专人负责混凝土的保护工作，技术负责人和质量员负责监督其养护质量。

⑥按国家《混凝土结构工程施工质量验收规范》GB 50204 中有关规定进行混凝土试块制作和测试。

5.1.4.6　外脚手架工程

本工程外脚手架搭设最高为 46m，外脚手架采用 $\phi 48 \times 3.5$ 双排钢管脚手架搭设，上铺设竹脚手板，外侧悬挂绿色密目安全网。立杆纵距 1.8m，立杆排距 0.9m，小横杆间距 0.9m，大横杆步距 1.8m，内排立杆距墙 0.25m，小横杆里端距墙 0.2m。

5.1.4.7　砌体工程施工方案

1）砖墙砌筑技术措施

（1）砌体与混凝土柱或墙之间要用拉结筋连接，框架柱、墙等构件上预埋拉结筋，规格为 $2\phi 6$，长度不小于 1m，间距 500mm，使两者连成整体；

（2）砌体顶部与框架梁板接触处采用标准砖斜向砌筑，避免裂缝产生；

（3）砌体长度超过 5m 时，中间应加设构造柱；砌体高度超过 4m 时，墙中间应加设圈梁；

（4）砌块提前 1d 浇水湿润，砂浆灌缝要饱满；

（5）砌体工程应紧密配合安装各专业预留预埋进行，在总包单位统筹管理下，合理组织施工，减少不必要的损失和浪费；

（6）砌筑时，应先外墙后内墙；在每层开始时，应从转角处或定位砌块处开始；每段墙砌筑时，应吊一皮，校一皮，皮皮拉麻线控制砌块标高和墙面平整度；

（7）应经常检查脚手架是否足够坚固，支撑是否牢靠，连接是否安全，不应在脚手架上堆放重物。

2）加气混凝土砌块砌筑技术措施

（1）砌筑前，按墙段实量尺寸和砌块规格尺寸进行排列摆块，不足整块的可锯截成需要尺寸，但不得小于砌块长度的 1/3。最下一层如灰缝厚大于 20mm 时，用细石混凝土找平铺砌，用不低于 M2.5 混合砂浆，采取满铺满挤法砌筑，上下皮错缝，转角处相互咬砌搭接，每隔二皮砖块钉一扒钉，梅花形设置。砖块墙的丁字交接处，应使横墙砌块隔皮露头。

（2）灰缝横平竖直，砂浆饱满。水平灰缝厚度不大于 15mm。竖向灰缝用内外临时夹板夹住后灌缝，其宽度不大于 20mm。

（3）砌体砌至顶部梁、板位置时，用普通黏土砖斜砌挤紧，砖的倾斜度约为 60°左右，砂浆饱满密实。

（4）墙体洞口上部放置 $2\phi6mm$ 钢筋，伸过洞口每边长度不小于 500mm。

（5）砌块墙与承重墙或柱交接处，在承重墙或柱内预埋拉结筋，每 500～1000mm 高设一道 $2\phi6mm$ 钢筋，伸入砌块墙水平灰缝内不小于 700mm。

（6）砌体遇有门窗洞口时，应将木砖或埋有钢板埋件的混凝土块组砌至洞口边，洞口高度小于等于 2m 时，每边砌入三块，洞口高度大于 2m 时，每边砌入四块，安装门框时用手电钻在边框预先钻出钉孔，然后用钉子将木框与混凝土内预埋木砖钉牢。

（7）砌块与楼板或梁底的连接，采取在楼板或梁底每 1.5m 预留 $2\phi6mm$ 拉结筋插入墙内。

（8）加气混凝土砌块墙每天砌筑高度不超过 1.8m。

5.1.4.8 空间大型索架钢结构施工

本篷盖钢结构工程主要由三部分组成：第一部分为以立柱为中心的刚性主支撑；第二部分为以环索为中心的柔性副支撑；第三部分为马道。第一部分的主支撑部分包含 56 个立柱单元（立柱、柱脚、桁架、两根上拉杆、两根下弦杆、两个下弦节点和下环梁的组合体，相邻两单元共用下弦节点）、4 个钢筋混凝土井筒、上环梁、下环梁各 60 根、下拉杆 120 根和下拉索 48 根，这些组件沿体育场周圈呈花瓣形对称分布，东西方向最大轴线距离 248.010m，南北方向最大轴线距离 280.414m。第二部分的副支撑由一根内环索、56 根上吊索、68 榀悬挑斜桁架支撑组成。内环索在平面的投影为椭圆形，长轴半径 101.9165m，短轴半径 68.924m。沿看台方向，斜撑桁架在东西方向最大悬挑长度 52.0105m，南北方向最大悬挑长度 39.934m。整个结构最大标高 56.81m，内环索最大安装标高 46.638m。立柱单元体最大重量约 35t，桁架最大榀为 1499m×1099m×52011mm，重约 26t，内环索重量约 44t，篷盖钢结构总重约 4000t。第三部分的马道在斜撑下方沿体育场周圈吊挂，吊挂位置距离斜撑前端最大值为 6m。

1）索架钢结构施工流程

```
          ┌──钢结构工厂加工制作─────┐
          │                        ↓
```

工程前期准备→现场预埋件复测验收→设备进场调试→喷砂除锈、涂装→钢构件地面组、拼装→环梁单元吊装→斜撑桁架吊装→马道吊装定位及焊接→内环索地面摆放及连接→内环索整体提升及与主索夹连接→清理现场、补涂油漆、整理资料→竣工验收。

2）钢结构加工

（1）钢结构委托武汉武船重型工程有限公司加工成半成品。半成品钢结构分别有：立柱、立柱节点、上拉杆、下拉杆、上环梁、下环梁、下弦杆、下环梁节点、桁架立体分段、马道等。

（2）钢结构加工前，应编制专项方案，审批合格后方可正式加工。

（3）桁架部分分为四管桁架和三管桁架两种类型：

①对较长的桁架，可分为多段制作，一般控制长度不超过24m，厂内分段制作，体育场现场工地总装成桁架整体。

②四管桁架分段采用片装制造，再装两片装单元合拼成桁架分段。施工程序为：两主管在胎架上定位→安装腹杆，正面施焊→翻面再施焊。这样即完成一个单元。将两片单元竖起在胎架上定位，安装其两片单元之间的桁架腹管，正面施焊，四管桁架整体翻身再施焊，做好标记。

③三管桁架组装采用倒装工艺进行。将三角形桁架的两上弦管在水平胎架上定位，在其两上弦管中间升起托架，定位三角形桁架的下弦管。安装其三管之间的腹管，腹管全部定位电焊后，再对称施焊。整体翻身再施焊，焊完后做好标记完工报验。

④桁架主管前段折弯用中频弯管机弯制，管子相贯线用管子数控切割机切割。钢管钢衬垫采用单面对称焊接。

（4）现场技术负责人应汇同质量检查员等前往工厂，对半成品进行外观质量检查，并取样品送实验室进行检验，合格后方可运往施工现场。

（5）半成品运至现场时，应采用定位支架固定，防止变形、损坏。

3）钢结构构件的现场拼装

（1）现场拼装包括刚性主支撑部分构件的地面组拼装、柔性副支撑部分构件的组拼装以及马道拼装。其中，刚性主支撑包括立柱单元地面组拼装、整体吊装单元组拼装和插补单元的拼装。

（2）立柱单元组拼装顺序为：按坐标定好柱节点及下环梁节点胎架位置，装配立柱节点及下弦杆，调准坐标位，装下环梁节点及下环梁，装焊另一段下弦杆。

（3）整体单元由一个立柱下节点，一根立柱，两下弦桁架，两下弦节点，一根下环梁，两上拉杆及1个浮动环、拉杆及各相关销轴拼组而成。拼装在专用胎架上进行，由吊车配合。拼装时，可先进行各个节点的标高及轴线间距定位，再逐步实施下环梁的连接。进行两下弦桁架与立柱下节点的焊接。连接及焊接经检验合格后，将浮动环及拉杆组件套放在立柱下节点上。另一吊车同时另进行一立柱与两上拉杆在立柱上节点处的耳板叉头的销轴连接，待下部三节点及桁架连接完后，可用吊索吊住立柱及上拉杆组件上端，先分别进行上拉杆与两下弦节点的连接，再进行立柱同柱下节点的连接。

（4）插补单元的拼装。插补单元包括以下构件：

①一根立柱下节点与一根下弦桁架的焊装组件；

②一根下弦桁架；

③一根立柱同两上拉杆在立柱上节点处连接的组件；

④浮动环及拉杆组件；

⑤散件：下环梁、下拉杆、上环梁、销轴。

（5）柔性副支撑部分构件的组拼装，主要为主斜撑桁架的拼装。主斜撑桁架的拼装应在胎架上进行，主桁架主体拼装完后，将径向马道与之进行拼装组装。斜撑焊拼完成经检验合格后，再进行主索夹同斜撑桁架的焊装，并在斜撑吊装前将上拉索及内环索提升工装安装在主索夹上。

（6）马道拼装。索夹工作点测量调准后，用加强固定索夹工作点位，桁架吊装5榀以后即可吊马道。马道上与桁架间连接的板一端暂不予施焊，先用吊索吊挂在桁架上，待马道全部吊装到位后再施以焊接。

4）施工焊接

（1）焊工必须持有与其施焊项目相对应、有效的焊工合格证，并在上岗前接受技术交底。

（2）使用的焊条、焊剂必须有产品质量证明，并按要求进行烘焙。焊丝及钢衬垫应存放在干燥、通风的地方，锈蚀焊丝及钢衬垫须把铁锈清除干净后才能使用；焊条、焊剂的一次领用量应以4h的工作所需用量为准，焊条使用时应存放在保温筒内，随用随取。不得使用受潮的焊条、焊剂。

（3）钢桁架与立柱下节点的焊接采用坡口间隙为5mm的手工电焊打底药芯焊丝CO_2气体保护焊进行焊接，要求熔透深度$S=\delta-2mm$；其他不便施焊的地方均采用手工电弧焊；所有胎架制造均采用手工电弧焊。

（4）焊接前应认真清理焊缝区域，使其不得有水、锈、氧化皮、油污、油漆（车间底漆除外）或其他杂物；环境温度低于5℃或板厚大于36mm时，焊前要求预热，预热范围一般为每侧100mm以上。预热温度为100～150℃，距焊缝30～50mm范围内测量温度；环境湿度高于80％，焊前要求使用烘枪除湿。

（5）定位焊采用手工电弧焊或药芯焊丝CO_2气体保护焊，焊缝长度为60～80mm，间距400～500mm，焊脚尺寸为3～4mm，定位焊应距焊缝端部30mm以上。

（6）焊接检验：焊接完后，应按自检、互检、专检程序进行检验；所有焊缝必须在全长范围内进行外观检查，不得有裂纹、未熔合、夹渣、焊瘤和未填满弧坑等缺陷，并应符合规范规定；焊缝经外观检查合格后，并且在焊后24h才能进行无损探伤。

5）钢结构构件的吊装

（1）立杆单元吊装

①立柱单元的吊装采用两工位同时施工，从工程两相对角开始，分别以顺时针方向进行。吊装采取整体单元间隔安装二个后，中间插补安装拼补单元的方式循环进行。

②立柱单元吊装前，在所有混凝土柱四周搭好与柱顶平齐的脚手架，并在脚手架顶端铺上木板，作为安装的操作平台。

（2）整体单元吊装

①整体单元的吊装用三吊点法。一点设在立柱上端，另两点分别在两下弦节点处。吊

索的长度应保证单元吊离地面时，吊钩离立柱顶端约 3.5m 距离，且立柱应处于基本垂直状态。或顶端略向内倾斜。

②整体单元吊装过程中，通过系在下弦节点处的白棕绳，调整单元的相对位置。对位时应缓缓落下，使立柱下节点球头与预埋板球座对应落位，再将三根钢缆风绳串入 5t 手拉葫芦，分别拉向内场看台的锚固点，并在经纬仪的监测下进行立柱垂直度和两下弦节点空间位置的调整。

③调整合格后，可暂时在两下弦桁架与预埋钢板间垫入楔木以增加其稳定性。然后进行两下拉杆的吊装。先分别将下拉杆的下端穿入看台围板孔中，在下拉杆的另一端叉头根部，系上钢丝绳并通过捯链挂在下弦桁架上。通过调整捯链来进行下拉杆的上端与下环梁节点的连接。然后调整立柱的垂直度。当该单元安装牢固后，再进行下一个整体单元的吊装。当两个整体单元吊装定位完毕后，再进行两整体单元间的插补单元的嵌补吊装。

（3）插补单元的吊装

①先进行插补单元立柱下节点与一下弦桁架的吊装。

②吊装采用两吊点法：一点设在立柱下节点上部的耳板销孔处，另一点设在下弦桁架中部两侧的上桁管处。先进行其与下弦节点的连接，再进行下弦桁架与立柱下节点的对位。

③吊索时，应使靠立柱下节点处偏高约 0.5m 左右，以保证吊运到位时先进行下弦桁架与下弦节点的销轴连接。连好下弦节点处销轴后缓缓落钩，当立柱下节点与预埋球座不吻合时，应调整相邻单元的水平缆风绳，使立柱下节点与预埋球座对位后落下，再进行另一侧下弦桁架的吊装。

④调整对位后进行定位板连接作业。定位板连接后再进行下环梁的吊装与立柱两上拉杆组件的吊装。该组件使用单吊点法，吊点分别设在柱上节点两上环梁耳板孔处。吊装前在一侧上拉杆下部系上两根直径 17.5mm 的钢丝绳。吊装时先进行另一侧上拉杆与下弦节点间的连接，再使吊点向立柱安装位处移动。当移位到柱下节点附近时，再用吊车配合进行牵引，将上拉杆拉到其安装位附近，再系上手拉葫芦，配合吊车进行上拉杆与下弦节点间的销轴连接。再从立柱节点上的上拉索耳板孔处拉一根直径 28mm 的钢缆风绳，通过长度调节器系在其轴向内看台的相应锚点处。

⑤在两台经纬仪的监测下，调节立柱的垂直度，使其基本归位。再分别进行三个单元间两上环梁的连接。

（4）上环梁吊装

①上环梁吊装前，应在三个单元立柱四周搭脚手架。

②用两吊点法进行上环梁吊装，吊装前在上环梁两端安装好工装架，再将销轴系在上环梁两端的工装架上的手拉葫芦上。作业人员通过脚手架到上部，通过调整手拉葫芦进行销轴对位连接作业。当三个单元间上环梁连接完毕后，应用经纬仪配合，对三组单元的立柱垂直度进行再次校正，使之符合规范要求。如出现超差，应考虑进行对上、下环梁的调节。

③当一单元吊装后，测量柱垂直度径向出现超差时，应相应调整该单元两下拉杆的长度来进行补偿校正。纬向出现超差时，应调整该立柱两测上环梁的长度来进行补偿调整。不允许将该处立柱垂直度的误差留在下一组单元吊装再进行处理。

（5）下拉杆吊装

①使用单吊点法，先将其下端对准孔洞插入后，提升吊钩，使下拉杆上端靠近下弦节点。

②作业人员通过吊篮，进行下拉杆与下弦节点的销接。然后在下拉杆下端连接一钢索通过 2t 葫芦与柱脚下系上的钢索相连，调整葫芦使下拉杆吊离挂墙。在离下环梁外端约 2m 处，再挂上 2t 葫芦，通过收紧葫芦，使吊车吊索承载逐步转向葫芦承载，从而下拉杆上端移动到其安装连接处。

③通过调整下端葫芦，进行下拉杆下端定位耳板与埋件间的基本对位，当三个单元垂直度校正完毕后，分别进行三个单元的下拉杆下端与预埋件之间的定位调节，对位准确后，然后进行焊接。

④当全部立柱单元吊装完毕，且井筒预埋件符合安装条件时，可进行立柱单元与井筒间构件的吊装连接，此处构件均采用单件吊装法。

⑤全部立柱单元与井筒间构件吊装完毕后，方可进行斜撑桁架的吊装。

（6）斜撑桁架的吊装

①桁架的吊装使用两吊点法，其吊点分别设在距桁架两端 12m 处。索的长度应使桁架吊起后的角度与安装后的角度大至相近。

②在桁架前内端分别系上两根钢缆风索。吊装时先将桁架外端吊运到立柱上节点侧边，先进行上拉索与立柱顶耳板的销接。再落下吊钩使之放置在可调工装上，然后进行桁架与立柱下节点间的对位调节，同时用经纬仪监测进行调整桁架径向角度。均符合要求后，再进行焊接。

③焊接时采取相应防变形措施，防止斜撑出现径向偏差，造成内环索安装定位超差。

（7）斜撑间系杆吊装

当两井筒间桁架吊装定位后，全部斜撑吊装定位焊接完毕且合格后，可进行两井筒间斜撑间系杆的吊装，吊装应分段进行且应控制系杆的长度，应保证斜撑的径向角度不变。

（8）内环索地面组装与提升

①在内场环索夹的下方沿内场地面铺设宽约 2m 的彩条布用于内环索清洁保护用。

②将内环索滚筒及放缆架一起吊放在平板车上，平板车沿场内缓缓行驶放缆，直至全部内环索按设计位置放置完毕。

③用叉车将各谷索夹及连接件运放到各安装位，先进行谷索夹、内环索定位夹与内环索的连接，用高强螺栓连接。

④内环索提升从四处井筒处开始，分别将各段索在各井筒前端进行连接，使之形成环状，井筒处的内环索提升使用吊车配合进行。吊车使用单吊点法，将其提升到高于安装工作点时，从前端索夹拉两根钢丝绳到井筒顶部，锚固在钢筋混凝土柱上。

⑤内环索的提升共需配置若干台卷扬机。将卷扬机吊放在看台的放置架上。利用环梁单元缆风锚固点作为卷扬机的锚固点，卷扬钢缆通过系在上环梁上的导向轮和主索夹前端的提升工装及滑轮组后连接在内环索夹具上。整个内环索的提升应间隔均匀提升，每一步骤提升到位进行内索与主索夹的连接时，索夹的高强螺栓均进行初拧，待井筒桁架的下拉杆安装完，且所有索夹均同内环索连接到位后，再使用扭力扳手多点同时进行高强螺栓的

复拧和终拧工作。

(9) 环向马道的吊装。

用 4 台 5t 卷扬机分别固定在 2 台 20t 平板车上，通过设置在平板车尾部的换向滑轮和斜撑桁架上的滑车组分段进行马道的提升，当马道提升将到位时，可换用 4 个手拉葫芦，分别系住马道两端侧进行定位调整，定位后再进行该节马道的安装，所有马道均采用此法进行吊运安装，全部马道吊装到位后再进行逐段间的连接工作。

5.1.4.9　索膜屋盖结构施工

本工程篷盖面积约为 39000m²，结构由三部分组成：第一部分为形成曲面结构的张拉膜材，东西长看台篷盖各由 18 个伞状膜单元组成，南北短看台部分各由 14 个伞状膜单元组成，共计 64 个膜单元，南北看台膜篷盖最高点为 54.53m，东西看台膜篷盖最高点为 38.11m；第二部分为用于加强膜面的脊索和谷索，提升膜面的浮动环以及将膜内力传向支承结构的边索（外边索、内边索）；第三部分为支承索膜体系的支架结构，由 56 个立柱单元、4 个钢筋混凝土井筒、2 道内环索、68 榀悬挑钢桁架以及相配套的拉杆、拉索共同组成，这些组件沿体育场周围成花瓣状对称分布。膜面材料选用法拉利 Ferrari1002T 膜，钢索采用高强度钢绞索。

1) 索膜屋盖施工工艺流程（单跨膜面吊装）

施工前准备工作→搭设膜面搁置平台及操作平台等→安装绳网→提升浮油环→膜面就位→膜面展开→周边固定→安装边索→膜面与脊索、浮动环连接→提升浮动环→安装谷索→安装隔跨膜面。

2) 索膜屋盖施工要点

膜结构施工时，体育场正在进行场内地坪及草坪的施工，大型起重机械已无法进入场内进行钢索的安装，因此，采用卷扬机进行谷索、脊索的安装，钢索安装选用 1.5t 卷扬机作起重设备。

(1) 搭设膜面搁置平台

① 每跨膜面施工前应搭设搁置平台，采用钢管脚手架搭设，铺设"十一夹板"。搁置平台搭设位置一般在悬挑桁架根部看台处。

② 搁置平台长度应满足一块膜横向展开时的尺寸（即三榀悬挑桁架间位置），宽度 3.4m，高度根据悬挑桁架根部高度确定。搭设完毕后，外露的脚手管、扣件及尖锐部位应用棉布包裹。

③ 每跨膜面安装前均应设置登高脚手架，脚手架可直接与膜面搁置平台连接。

④ 为方便运输膜及其操作，每个双跨间都应该搭设施工操作平台，施工操作平台系统横跨整个装配区域并且能够在打开膜的过程中支持膜。

(2) 就位谷索、脊索

① 根据工程膜结构设计情况选择卷扬机滑轮组；

② 谷索就位采用在谷索连接节点处安装施工吊篮；

③ 起吊钢索至安装位置上空，操作人员将索锚具与谷索连接板耳板连接，即可松钩；将钢索张拉端牵引至看台最顶端，并用钢丝绳将索抬高，临时固定在钢立柱上。

④ 脊索就位时，施工操作步骤与谷索基本相同，只是在将脊索一端锚具与悬挑桁架端部耳板连接完成后，将索体直接安放在悬挑桁架上，并给予临时固定。

（3）绳网安装

①膜面铺设前需安装绳网，作为膜面展开时的依托。绳索采用 $\phi14$ 腈纶绳。绳网安装时，平行于膜面展开方向每隔 2.5m 弦拉一道绳索；垂直于膜面展开方向每隔 5m 弦拉一道绳索。

②绳网安装结束后，通过绳索紧绳机对绳索施加足够的力，以避免膜面在牵引过程中与钢结构接触，造成膜面的损坏或污染。

（4）膜面安装

①膜面安装应在钢结构安装完毕、膜结构支架安装完成并满足设计要求、相关区域内构件的涂装施工完毕并经过监理工程师的验收以及气候条件适应膜面的铺展，工作风速小于 8.2m/s（5 级风）的情况下进行。

②根据膜面安装要求，分散放置膜面固定材料以及临时张拉工具。膜面安装固定材料包括铝合金压板、止水橡胶带、不锈钢螺栓、螺帽及垫圈；临时张拉工具包括绳索紧绳机、钢丝绳紧绳机、灰色夹具、白色夹具和 $\phi14$ 腈纶绳。

③各项准备工作就绪后，进行膜面就位。在施工现场平地上拆除膜面包装箱的顶板及侧面板。确认膜面铺设方向后用吊车将膜面连同包装箱底板吊至搁置平台的中心。

④膜块采用包装袋包装或置于木包装箱内时，可用钢丝绳进行吊装。膜块无包装进行吊装时，必须用编织绳圈进行捆扎。

⑤膜布在脚手架上展开。膜面就位后，先在搁置平台上将膜面横向展开，并将灰色夹具按一定间隔与膜布上的眼孔相连接（一般每隔 2m 安装一个灰色夹具），再用 $\phi14$ 腈纶绳与灰色夹具相连接，最后利用手动绞盘通过绳索紧绳机向铺展方向牵引膜面。

⑥膜面有 5 个需要固定的区域：脊索分段部的固定、在钢桁架立柱上的浮动环的固定、内环索处的边索固定、外圈处的边索固定、使膜能绕过钢桁架立柱的分段节点处的固定。

a. 将膜面拉至离安装位置 800mm 左右时，用钢丝绳紧绳机替换下绳索紧绳机并安装白色夹具（夹具数量可根据膜面松紧程度决定）。再用钢丝绳紧绳机将膜面向膜结构支架处牵引。

b. 脊索分段部的固定。利用铝合金 U 形扣和铝合金压条将膜布的两边与脊索连接。

c. 浮动环的固定。在主体钢结构安装时，膜面浮动环已经安放在钢立柱上。膜面安装前需将浮动环升高以便于膜节点的处理。

d. 当膜面周边固定好后，拆除所有夹具并松开绳网。

⑦第一个单元的膜面安装完毕后应即刻提升膜面。膜面的提升通过提升索桁钢结构立柱上的浮动环达到提升膜面的目的。所有的单跨膜面安装完成后，可进行膜面的提升工作，提升时，在钢立柱顶端设置吊点，并用三只 5t 捯链提升浮动环。

⑧当所有的膜面安装工作结束后，即可进行膜面的张拉。对篷膜有脊索和谷索时，谷索的调整过程实际上是一个张拉过程，因为谷索不但会给膜施加预应力，而且会给内环索施加预应力，因此所有的膜块必须安装完毕后才能进行谷索的调整工作。

⑨防水膜胶合。分片连接的膜块在脊索处，其封口膜用胶水粘合。

5.1.4.10 装饰工程

本工程的装饰做法较多，施工时应编制详细的装饰装修工程专项施工方案。

本工程看台面层大量使用钢纤维混凝土，为装饰施工的重点。

1）看台面层设计方案。

立面为 35mm 厚 1：2 水泥砂浆，平面为 50mm 厚 CF30 钢纤维混凝土，钢纤维掺量为 0.8%，立面、平面均为原浆压光，不作其他装饰。

2）材料要求

（1）水泥：选用细度筛余物少、抗折强度高、性能稳定的三峡 32.5 级普通硅酸盐水泥；

（2）细骨料：该工程采用巴河洁净的天然中砂，含泥量小于 1%，空隙率小，细度模数 2.7～3.1 之间；

（3）粗骨料：采用江夏区乌龙泉产坚硬高强、密实的优质碎石，粒径分布范围 10～15mm；

（4）外加剂：UEA-HZ（缓凝型）河南驻马店生产复合型高效膨胀剂；

（5）钢纤维：武汉市汉森钢纤维有限责任公司生产弓形（剪切型）钢纤维（SF25），材料规格为 0.5mm×0.5mm×（25～32）mm，抗拉强度为 390～510MPa（设计要求大于等于 380MPa），$R=1$，90°弯折次数为 2～4 次（弯折试验要求大于等于 1 次）。

3）看台钢纤维混凝土施工流程

（1）看台面层施工工艺流程

钢纤维混凝土配合比配置→结构基层清理→放径向轴线分区栏杆线、上人踏步线和看台台阶弧度控制线→立面凿毛→甩浆→第二遍刮糙（如折线部位立面抹灰厚度大于 4cm，先用 C20 细石混凝土找平，小于 3cm 后刮第一遍糙）→钉钢板网→第二遍刮糙，引测台阶水平标高控制线→做立面、平面灰饼→嵌阳角条和分区分格条→看台平面清理→绑扎钢筋网片→钢纤维混凝土拌制→浇筑钢纤维混凝土→混凝土养护→立面第三遍抹灰、阴角找正。

（2）钢纤维混凝土拌制工艺流程

见图 5.1.4-8。

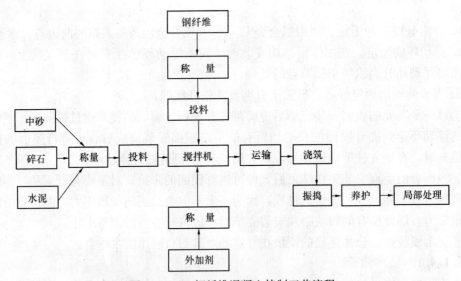

图 5.1.4-8　钢纤维混凝土拌制工艺流程

4）看台钢纤维混凝土施工要点

（1）钢纤维混凝土配合比配置

开工前由试验室进行试配，在混凝土试配过程中，控制粗骨料粒径为钢纤维长度的一半，并对粗骨料进行严格地进料控制和筛选（控制在 15～20mm 左右）。

为避免纤维拌合中易互相架立，在混凝土中形成微小空洞，使钢纤维与水泥砂浆无法形成有效据裹，发挥不了钢纤维的增强作用的问题，应较同强度等级普通混凝土提高砂率和水泥用量。试配配合比确定后，进行拌合物性能试验，检查其稠度、黏聚性、保水性是否满足施工要求。若不满足，则在保持水灰比和钢纤维体积率不变的条件下，调整单位体积用水量或砂率直到满足为止，并据此确定混凝土强度试验的基准配合比。

（2）钢纤维混凝土拌制

①钢纤维混凝土现场机械拌制，以搅拌过程中钢纤维不结团并可保证一定的生产效率为原则；

②采用将钢纤维、水泥、粗细骨料先干拌，再加水湿拌的方法，钢纤维用人工播撒。整个干拌时间大于 2min，干拌完成后加水湿拌时间大于 3min，视搅拌情况，可适当延时以保证搅拌均匀；

③搅拌钢纤维混凝土专人负责，确保混凝土坍落度和计量准确；

④混凝土搅拌过程中，注意控制出料时实测混凝土坍落度，做好相应记录，并根据现场混凝土浇筑情况作出相应调整。

（3）钢纤维混凝土运输

搅拌好的钢纤维混凝土放入架子车内，先由龙门吊运至 6m 平台，再由 6m 平台处的龙门吊运至看台上集中倾倒，通过人工转运至看台各部位进行浇筑。

（4）钢纤维混凝土浇筑

①混凝土的浇筑方法以保证钢纤维分布均匀、结构连续为原则；

②浇筑施工连续，不得随意中断，不得随意留施工缝；

③混凝土用手提式平板振动器振捣。每一位置上连续振动一定时间，正常情况下为 25～40s，但以混凝土面均出浆为准，移动时间依次振捣前进，前后位置和排与排间相互搭接 3～5cm，防止漏振；

④混凝土初凝前分四次抹平、原浆压光，并及时清理阳角条和分格条上的混凝土浆。混凝土分区完成后再抹立面第三遍灰，原浆压光，抹灰流向同混凝土浇筑流向。

（5）钢纤维混凝土养护

面层采用旧麻袋覆盖养护，避免草袋覆盖养护污染及水分蒸发过快等影响装饰效果和质量。

5）看台面层施工应注意的问题

（1）按图纸设计踏步阶数，踏步留 20mm 装修面层支模浇 C30 素混凝土，待看台面层施工完毕后带通线嵌阳角条抹上人踏步面。

（2）看台面层刷浆、刮糙、抹灰，待底层砂浆 7～8 成干后，钉 1.2mm 厚的钢板网，钢板网压入平面 20mm，搭接长度大于 100mm，用水泥钢钉 150mm×150mm 间距固定；

（3）钢板网分段施工完毕隐蔽验收后，抹第二遍灰厚度约 10mm，稍干后，根据高度控制线和弧度控制线做看台面层灰饼，灰饼大小 30mm 见方，立面上下 1 个；平面径向 2

个，环向间距 2m，并按 8mm 找坡；

（4）灰饼有一定强度后，用 1∶2 水泥砂浆根据灰饼嵌阳角条和分区的分格条，并派专人负责检查看台阳角条线条的流畅，分格条的垂直度和平整度。

（5）阳角条和分区的分格条不变形后，分区清理看台平面落地灰，随后绑扎 φ6@150 钢筋网片，钢筋接头采用冷搭接，同一断面接头错开 50%，钢筋保护层厚 15mm，分格缝处钢筋断开，钢筋隐蔽验收后，按先远后近，先高后低的原则分段浇 CF30 混凝土。

5.1.4.11　给水排水工程

本体育场给排水工程主要包括室内给水系统、排水系统、污水系统和雨水系统。

1）室内给水管道安装工程

（1）工艺流程

施工准备→材料检查验收→测量下料→管件组对→支架制安→管道焊接及法兰连接→试压冲洗→管道验收及保温→设备碰头→系统调试。

（2）主要施工要点

①本工程中室内生活水管全部采用紫铜管，紫铜管采用焊接；

②管道切割应用砂轮切割机切割，φ50mm 以下的铜管可用手锯和管子割刀切割，铜管不得用气割进行切割和坡口，铜管的弯制宜用冷弯；

③铜管接头与铜管的连接全部采用承插式钎焊连接。焊接后的正常焊缝应无气孔、无裂纹和未熔合等缺陷；

④与铜管管道连接的铜法兰，宜采用承口铜法兰，其焊接方法与管道焊接相同。铜法兰之间的密封垫片一般采用石棉橡胶板或铜垫片；

⑤冷热水管安装完毕应进行试压冲洗。

2）室内排水管道安装工程

本工程室内排水管线分两种，当管径大于等于 DN100 时采用 UPVC 排水塑料管，当管径小于等于 DN100 时，采用 ABS 排水塑料管。管件采取零件粘接的方式。

（1）工艺流程

施工准备→材料检验→测量下料→支架制安→管道连接→安装就位→试水→卫生洁具安装→通水试验。

（2）主要施工要点

①管道的连接，采用管道专用胶粘剂；

②管道支架，当 ABS、UPVC 承压管道在室内与其他金属管道并行安装时，ABS、UPVC 承压管道应安装在金属管道的内侧，并留一定的保护距离。穿墙穿楼板时应加金属套管，穿屋顶应作防水套管；

③当 ABS、UPVC 承压管道室外架空敷设时，宜采用连续性托架；

④当 ABS、UPVC 承压管道室外埋地敷设时，埋地深度必须在冰冻深度以下。ABS、UPVC 承压管道应使用同管道相同材质的成品管卡等管径的管道配套使用；

⑤卫生洁具安装完后，须保持清洁，并放水冲洗、试验。

3）雨水管道安装工程

（1）工艺流程

施工准备→材料检验→测量下料→管道组装→支架制安→管道安装→试压、试水→管道验收。

(2) 主要施工要点

雨水管道安装时，雨水斗应固定在屋面承重结构上。雨水斗穿屋面处用细石混凝土严密捣实，雨水斗边缘与屋面相接，保证严密不漏。排水管道立管支架每层设一个，层高超过 4m 时，须设两个，支架要均匀分布，横管支架间距不得大于 2m。

4) 管道试压、试水

(1) 试验前，应将不能参与试验的系统、设备、仪表及管道附件等加以隔离。加置盲板的部位应有明显的标记和记录。水压试验应用清洁的水作介质。本工程管道分段试压，其试验压力由所处位置决定，但最小试验压力不低于 1.0MPa；

(2) 管道系统注水时，应打开管道最高处的排气阀，将空气排尽。待水灌满后，关闭排气阀和进水阀，用电动试压泵加压。压力应逐渐升高，加压到试验压力的 30% 和 60% 时，应分别停下来对管道进行检查，无问题时再继续加压。当压力达到试验压力时停止加压。一般管道在试验压力下保持 10min，在试验压力保持的时间内，如管道未发现泄漏现象，压力降不大于 0.05MPa，且目测管道无变形，就认为强度试验合格；

(3) 当试验压力降至工作压力时，进行严密性试验。在工作压力下对管道进行全面检查，并用重 1.5kg 以下的圆头木锤在距焊缝 15～20mm 处沿焊缝方向轻轻敲击，检查完毕后，压力不下降，管道的焊缝及法兰连接处未发现渗漏现象，即可认为严密性试验合格；

(4) 避免在冬期进行试验。根据现场施工实际情况，创造试验条件，对能构成试验的系统部分及时试验。当气温低于 0℃时，应采取特殊的防冻措施，做好室内临时供暖，保持室内一定的温度，并在短时间内对管道进行充水试验。试验完毕，应立即将管内的存水排净；

(5) 排水和雨水管道安装完后，必须做灌水试验，其灌水高度应不低于底层地面高度。雨水管灌水高度必须至每根管最上部的雨水漏斗。灌水 15min 后，再灌满延续 5min，液面不下降即为合格，并做好灌水试验记录。

5) 管道保温

本工程保温材料采用不燃铝箔橡塑海绵（管壳）。

(1) 在管道系统试压完毕，支吊架、补偿器等已安装完毕，管道表面无污物并按规定涂刷完防腐油漆后进行保温工作；

(2) 保温层的拼接缝宽度，应不大于 5mm。水平管道的纵向接缝位置不能布置在管道垂直中心线 45°范围内；

(3) 保温结束后，经业主、监理验收合格后，应进行外保护层的施工。

6) 管道防腐油漆

(1) 需要保温的管道在施工准备时，集中预先进行油漆、防腐作业，并将管子两端留出接口端。然后进行管道安装；无需保温的管道应在管道试压合格后进行油漆、防腐作业；

(2) 一般管道在涂刷底漆前，应进行除锈。人工除锈用砂布或钢丝刷除去表面浮锈，再用布擦净。机械除锈用电动旋转的圆钢丝刷刷除管内浮锈或圆环钢丝刷刷除管外浮锈，再用布擦净；

（3）管道除锈后应及时刷涂底漆，以防止再次氧化。

5.1.4.12 体育场照明工程

体育场从区域上分成 A、B、C、D 四个区，据此照明工程也划分成四个区，且每个区设一个供电竖井。每个区的照明用电取自对应的低压配电系统。

1）施工工艺流程

施工准备→配合土建预留预埋→配电箱安装→电气配管→电缆电线敷设→灯具、插座、开关安装→灯具试灯、插座回路检测→交工验收。

2）主要施工要点

（1）套管的预埋

钢管应作防腐处理后埋入土中，埋入混凝土层的外壁无须防腐。管口应无毛刺和尖锐棱角。穿过屋顶的管线需做好防水处理，具体做法见图 5.1.4-9。

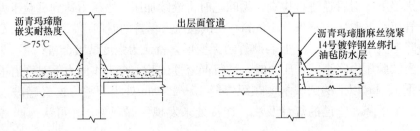

图 5.1.4-9 穿过屋顶管线的防水处理示意图

（2）阻燃 PVC 管的暗埋

PVC 管的连接采用 PVC 胶水，主要有随墙配管、现浇混凝土楼板配管。

（3）配电箱安装及通用电器设备安装

①明装配电箱的安装。采用钢板架固定和金属膨胀螺栓固定两种方式。装在砖或混凝土墙上的采用膨胀螺栓固定，特殊的结构，则现场制作钢支架；

②暗装配电箱的安装。将箱体放在预留洞内，找好标高及水平线后将箱体固定好，用水泥砂浆填实周边并抹平齐。如箱底与外墙不平齐时，应在外墙固定金属网后再做墙面抹灰，不得在箱底板上抹灰。安装盘面要求平整，周边间隙均匀对称，门平正，螺栓垂直受力均匀；

③绝缘摇测。配电箱全部电器安装完毕后，用 500V 兆欧表对线路进行绝缘摇测。摇测项目包括相线与相线之间、相线与地线之间、相线与零线之间。两人进行摇测，同时做好记录，作为技术资料存档。

（4）电气配管

①钢管用管箍丝扣连接。不允许熔焊连接，穿越变形缝的钢管连接见图 5.1.4-10。

②管的固定。在自制的支吊架上采用抱式管卡或弹簧钢片管卡，镀锌钢管或可挠金属电线保护管的接地线采用专用接地线卡跨接。吊顶顶棚内管线灯盒安装做法见图 5.1.4-11。

（5）管内穿线

①同一交流回路的导线必须穿在同一管内；不同回路、不同电压和交流与直流的导线，不得穿入同一管内；导线在变形缝处，补偿装置应活动自如，导线应留有一定的余量；

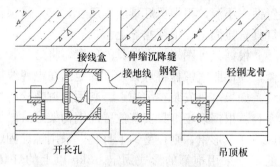

图 5.1.4-10　穿越变形缝的钢管连接示意图

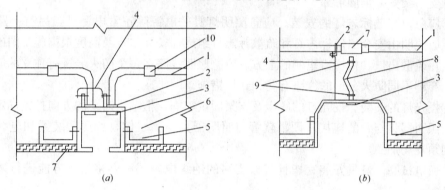

图 5.1.4-11　吊顶顶棚内管线灯盒安装做法

（a）管线直接进灯头盒；（b）经过软管过渡进嵌入式灯具

1—管线；2—接地；3—锁紧螺母；4—接地线；5—吊顶龙骨；6—自攻螺钉；

7—接线盒；8—软管；9—螺纹软管接头；10—管接头

②导线连接必须先削掉绝缘再进行连接，然后加焊、包缠绝缘。

（6）电缆敷设

①敷设方法可用人力或机械牵引，见图5.1.4-12；

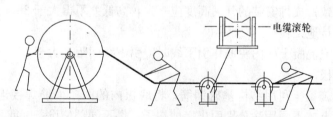

图 5.1.4-12　电缆敷设方法示意图

②电缆沿桥架或线槽敷设时，应单层敷设，排列整齐，不得有交叉。拐弯处应以最大截面电缆允许弯曲半径为准。电缆严禁绞拧、护层断裂和表面严重划伤；

③当照明电缆与动力电缆共用桥架时应与动力施工单位协调敷设位置，电缆跨越建筑物变形缝处，应留有伸缩余量；

④电缆转弯和分支不紊乱，走向整齐清楚。

（7）照明灯具的安装

①嵌入式灯具安装。应先拉好灯位中心线、十字线定位。在吊顶板上开灯位孔洞时，

应先在灯具中心点位置钻一小洞，再根据灯具边框尺寸，扩大吊顶板眼孔，使灯具边框能盖好吊顶孔洞。轻型灯具直接固定在吊顶龙骨上。

②吸顶式灯具安装。根据设计图确定出灯具的位置，将灯具紧贴建筑物顶板表面，使灯体完全遮盖住灯头盒，并用胀管螺栓将灯具予以固定。在电源线进入灯具进线孔处应套上塑料胶管以保护导线。如果灯具安装在吊顶上，则用自攻螺栓将灯体固定在龙骨上。

③钢构架上灯具安装。根据现场灯具安装位置的钢构架形式，加工制作灯具支架。如钢构架为"工"字形或"["形钢，则在型钢上打孔，采用螺栓固定灯具支架；如果钢构架为柱状，灯具支架的安装采用抱箍的形式固定。3kg 以上的灯具，必须有专门的支吊架，且支吊架安装牢固可靠。

④应急及疏散标志灯的安装。应急照明灯具的电源除正常电源外，另有一路电源供电。疏散照明由安全出口标志灯和疏散标志灯组成，安装位置及高度根据施工图确定，一般安装在疏散出口和楼梯口里侧的上方。应急照明线路在每个防火分区有独立的应急照明回路，穿越不同防火分区的线路有防火封堵措施。

⑤投光灯的安装。投光灯的底座及支架固定牢固，枢轴沿需要的方向拧紧固定。

⑥照明器具与管的连接。硬、软管与照明器具连为一体，如照明装置和电线管不匹配，则须现场加工。

⑦通电试亮。灯具安装完毕且各条支路的绝缘电阻摇测合格后，方能进行通电试亮工作。

（8）开关、插座安装

①墙面粉刷、壁纸及油漆等内装饰工作完成后，再进行开关、插座的安装。

②安装前，应用小刷子轻轻将接线盒内残存的灰块、杂物进行清理，再用湿布将盒内灰尘擦净。

③开关接线。灯具的相线必须经开关控制，同一场所的开关必须开关方向一致。

④插座接线。插座的左、右孔接线应正确，同一场所的三相插座，接线的相序一致。

⑤开关安装。开关面板应端正、严密并与墙面平；开关位置应与灯位相对应，同一室内开关方向应一致；成排安装的开关高度应一致，高低差不得大于 2mm。

（9）防雷、接地工程

①利用钢柱或混凝土柱内主筋作引下线时，引下线间距不大于 18m，利用相互连接的基础钢筋作接地极。

②接地装置施工。利用结构基础钢筋，将底板内的两条面筋焊接连通，作为接地装置，在接地装置上按不同用途分别引出接地端子，供不同部位设备（或系统）接地，接地装置的接地电阻满足设计要求。

③防雷引下线施工。利用竖向结构主筋及钢构架作防雷引下线，按图中指定的部位，将柱内靠外侧的二条通长焊接的主筋，钢柱、屋顶平面桁架焊接相连，并与屋面避雷带焊接相连。

④为增强导电的可靠性，凡用作接地装置，引下线的结构钢筋及外引测试点、接地点，在接驳处均应电焊，具体作法如图 5.1.4-13 所示（图中，d 为结构钢筋的直径，L 为焊接长度，并应大于等于 $6d$）。

⑤避雷带施工。关键是支架的安装，在土建屋面结构施工时，应配合预埋支架。支架

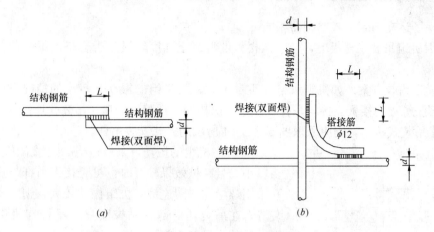

图 5.1.4-13　钢筋接地装置做法示意图

(a) 钢筋直线搭接的做法；(b) 钢筋十字交叉连接的做法

间距不大于 1.5m，间距应均匀。

⑥电气接地施工。配电箱、各种用电设备、因绝缘破损而可能带电的金属外壳、电气用的独立安装的金属支架及传动机构、插座的接地孔，均应与专用接地（PE 线）支线可靠相连，PE 线应与接地装置连通并作重复接地。

⑦接地电阻测试。用接地电阻测试仪测试接地电阻，在测试前，先将检流计的指针调零，再将倍率标准杆置于最大倍数，慢摇，同时调测量标度盘，使检流计为零。加速摇到 120r/min 左右，再调到平衡后，读标度盘的刻度，乘倍率就得所测的电阻值。注意电流探针的接线长度为 40m，电位探测的接线长度为 20m。

5.1.4.13　空调系统设备安装工程

1）施工工艺流程

地下综合管沟空调供回水管安装→空调供回水支管安装、空调设备安装→冷冻机房设备→冷冻机房管道安装→冷却塔安装及冷却塔进出水管安装→管道水压试验→管道冲洗→管道除锈防腐→空调系统试转及试验调整。

根据现场实际情况，在安装空调供回水支管及空调设备时，先施工东、西区，后施工南、北区。

2）空调系统设备安装

（1）空调器安装

本工程设计选用了装配式送风空调器、吊装式送风空调器、卧式送风空调器和恒温恒湿机组。

①装配式送风空调器安装。

a. 机组应放置在平整的基座上（混凝土垫层或槽钢底座），机组底部垫 5mm 厚橡胶垫，机组底部高于室内地坪 100mm。

b. 现场运输。水平搬运时采用小拖车运输，起吊时，应在设备的起吊点着力，设备无吊点时，起吊点应设在空调器的基座主梁上。

c. 分段组装。装配式空调器安装时应按生产厂家的说明书进行。

②吊装式送风空调器安装。

a. 现场运输与装配式空调器相同。

b. 因机组吊装于楼板上，应确认楼板的混凝土强度等级是否合格，承受荷载是否满足需求。

c. 确定吊装方案。如机组风量和重量不大，而机组的振动又较小的情况下，吊杆顶部采用膨胀螺栓与楼板连接，吊杆底部采用螺扣加装橡胶减振垫与吊装孔连接的办法；对于大风量吊装式机组，则应采取图5.1.4-14所示的方式安装吊杆。

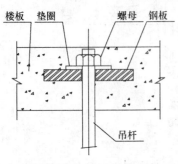

图 5.1.4-14　机组吊装中杆安装示意图

d. 考虑机组的振动，采取适当的减振措施。机组规格较小，且减振效果较好时，可直接将吊杆与机组吊装孔采用螺栓加垫圈连接；机组振动较大，则应安装减振装置，在吊装孔下部粘贴橡胶垫使吊杆与机组之间减振，另外，吊杆中部加装减振弹簧。

e. 安装机组冷凝水管时，应有一定的坡度，以使冷凝水顺利排出。

③卧式送风空调器安装。卧式送风空调器为整体式空调器，除没有组装工作外，其安装方法与装配式空调器相同。

④恒温恒湿机组安装。JIRONG牌分体式恒温恒湿专用机组安装在南区电话机房，由室外机和室内机组成。安装时，按照设备说明书的要求，分别装好室内机和室外机，室外机安装在支架上，室内机和室外机应按照要求找平找正，然后连接管子。再按照设备说明书的要求抽真空并充注制冷剂，检查合格后通电试机。

（2）风机盘管安装

①风机盘管的吊架安装应平整牢固，位置正确，吊杆不应自由摆动，吊杆与托盘相联用双螺母紧固找正。

②供回水管与风机盘管连接应平直，凝结水管坡度应正确，风机盘管与供回水管的连接应在管道系统冲洗排污后再连接，以防堵塞热交换器。

③风机盘管在安装时要随运随装，与其他工种交叉作业时要注意成品保护，防止碰坏。

（3）排风箱、送风机、新风机、排烟风机安装

①现场运输。水平搬运时采用小拖车运输，起吊时应在设备的起吊点着力。

②确定吊装方案。如机组风量和重量不大，且机组振动较小时，吊杆顶部采用膨胀螺栓与楼板连接，吊杆底部采用螺扣加装橡胶减振垫与吊装孔连接的办法。大风量吊装式机组，则应采取如图5.1.4-14所示的方式安装吊杆。

（4）螺杆式冷水机组安装

①采用25t汽车吊将设备卸至厂房门口附近，在设备底座下垫以$\phi108$钢管，用卷扬机或手拉葫芦和撬杠水平移动设备，并使之准确就位。就位后找平、找正；

②配管时，管道应作必要的支撑，连接时应注意不要使机组变形；

③机组在出厂前已进行各种试验，安装完后如无意外，只需按设备说明书的要求加足润滑油、抽真空并充加制冷剂，其他条件具备时就可进行调试。

（5）水泵安装

①放置地脚螺栓和钢板垫块。钢板垫块放在地脚螺栓两侧，每组垫块的块数不超过 3 块，斜垫块须成对使用。设备找平后，将几块钢板垫块相互焊牢；

②水泵就位时，用 8t 汽车吊将其卸至泵房门口附近，在水泵底座下垫 $\phi48mm$ 钢管作滚筒，用撬杠推动，再用三脚扒杆吊装，使水泵就位；

③水泵初平和地脚螺栓灌浆。初平是在水泵的精加工水平面用水平仪测量水平的不平情况，水平度不能相差悬殊，地脚螺栓灌浆应使用比基础混凝土强度等级高一级的细石混凝土；

④水泵的精平和灌浆抹面。将 $0.1\sim0.3mm/m$ 精度的水平尺放在水泵轴上测量轴向水平，调整水泵的轴线位置，使水平尺气泡居中，误差不超过 $0.1mm/m$，然后把水平尺平行靠在水泵进出口法兰的垂直面上，测其径向水平；再用水准仪或钢板尺检查水泵轴中心线的标高。当水泵精平达到要求后，接着用比设备基础高一强度等级的细石混凝土灌浆抹面。待凝固后再拧紧地脚螺栓，并对水泵的位置和水平进行复查；

⑤水泵配管的安装。水泵配管安装应从水泵开始向外安装，不可将固定好的管道与水泵强行组合。水泵配管及其附件的重量不得加压在水泵上，吸水管和供水管都应有各自的支吊架。当水泵配管上配有减振软接头时，安装后的软接头不得受压。

(6) 冷却塔安装

①冷却塔运至现场后，用 8t 吊车吊至安装点附近，再水平移至安装地点组装；

②安装风机叶片时，应调整风筒的圆度，使叶尖与塔壁间隙相等，并不小于 10mm，叶片角度要调整一致，电流不得超过电机的额定电流，最好为 $0.9\sim0.93$ 倍额定电流。

(7) 落地式膨胀水箱安装

①在水箱支座上按水箱实际尺寸画上定位线。用门架将水箱吊至支座上方，当水箱的中心线、边线与支座上的定位线重合时，落下吊钩；

②用水平尺和垂线检查水箱的平整度，用撬棍或千斤顶调整各角的标高，垫实垫块；

③膨胀水箱安装就位，并经灌水试验检查合格后，方可进行配管连接。膨胀水箱的配水管道安装完毕后，应进行灌水试验和通水试验，以防投入运行时管道泄漏；

④在空调水系统安装完成后系统的灌水一般通过膨胀水箱进行灌水，此时应进行水箱水位的调试。

3) 管道安装

本工程由于地下综合管沟为折线连接而成的椭圆形，故为了减少管道系统运行时的水头损失，对于综合管沟内空调供回水管拟采用圆滑连接。其他管道施工均为常规的施工方法。

(1) 地下管沟空调供回水管道安装

①管道的水平运输。管道到达现场后，用 8t 吊车从管沟未铺盖板的南北二区集中下管，在管道下面垫以 $\phi48mm$ 钢管或 $\phi108mm$ 钢管作滚筒，用撬棍水平移动管道到达安装部位；

②管沟呈椭圆形，设计图中未明确提出管沟中弯头的做法，为此，在每根柱子处设一弯头与管道圆滑连接。弯头的形状根据在钢板上放大样的方法放出，再根据大样在工厂集中弯制。弯头弯制拟采用煨弯的办法制作，形式见图 5.1.4-15；

③管道就位前应先在地面摆放，再焊接，达到一定长度后用两个三脚扒杆起吊放在支架上就位，尽量减少固定焊口的数量，以提高施工效率和质量；

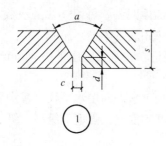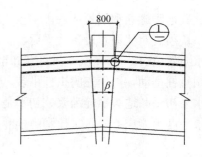

图 5.1.4-15　弯头制作形状示意图

④管道连接采用焊接连接及法兰连接。管道焊接采用手工电弧焊的方法，采用 T422 焊条，焊条在施焊前应烘干。

（2）其他管道安装（ABS 塑料管除外）

①支吊架安装时，应注意看台下部管道吊架不能放在看台梁下，以免膨胀螺栓打眼时损伤预应力钢铰线，支吊架间距按图纸和规范执行，管道与支架间垫沥青煎煮的垫木（垫木厚 4cm）；

②管道安装时，弯头按管径分别使用冲压弯头和玛钢丝扣弯头；

③管道用 8t 吊车就近卸至安装地点，然后用滚杠法作水平运输，较大直径的管道用三角扒杆和龙门架吊装就位，较小直径的管道人工就位。

（3）ABS 塑料管安装

根据实际情况，ABS 塑料管道连接可分别采用焊接连接、法兰连接、螺纹连接和承插连接等。其他施工与常见管道相同，但一定要把坡度搞准。

（4）仪表安装

所有仪表均应有合格证，并须到指定的计量检测部门校验合格后才能安装。

（5）阀门安装

①阀门安装前，应先检查是否有合格证，然后进行清洗和压力试验；

②阀门的清洗应解体进行，将其浸泡在煤油里，用刷子和棉布擦试，除去阀腔及各零件上的防锈油和污物。清洗后保持零件干燥，重新更换已损坏的垫片和填料函。如发现密封面受损，视损伤情况进行修理和更换；

③阀门的压力包括强度试验和严密性试验两部分，压力在阀门的压力试验台上进行。压力表应为校验合格的压力表。

（6）水压试验

①水压试验分成三部分试压：a. 地下综合管沟内的管道；b. 空调供回水支管；c. 冷冻机房管道。

②水压试验用清洁的水作介质，在管道的最高处安装排气阀，先灌水排气，然后用试压泵加压，当压力达到试验压力时停止加压，保持 10min，如管道无渗漏，压力下降不超过 0.02MPa，且目测管道未变形则为合格。

③管沟内管道试压完后泄水时，应同时用潜水泵往管沟外抽水，以免管沟积水，给安装的其他设备带来不利影响。

（7）管道除锈、防腐

①管道在试压合格后应组织除锈，除锈用钢丝刷手工进行，除锈应达到设计和规范的

要求；

②管道除锈合格后，应刷油漆防腐，不保温管道刷两底两面，保温管道则刷两道底漆。

（8）管道冲洗

因为风机盘管等设备的管道细小，特别容易堵塞，所以空调系统供回水管道的冲洗显得格外重要。所有管道压力试验合格后，应进行反复的冲洗，直到干净为止。冲洗介质为清洁水。

4）空调系统无负荷试运转及试验调整

（1）调试工艺程序

见图 5.1.4-16。

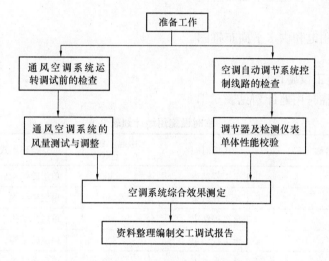

图 5.1.4-16 空调系统调试工艺程序

（2）工作要点

①通风空调系统的风量测量与调整。

a. 干管和支管的风量可用皮托管、微压计仪器进行测试。对送（回）风系统调整采用"流量等比分配法"或"基准风口调整法"等，从系统的最远最不利的环路开始，逐步调向通风机。

b. 风口风量测试可用热电风速仪、叶轮风速仪或转杯风速仪，用定点法或匀速法测出平均风速，计算出风量。测试次数不少于 3～5 次。

②空调器设备性能测定与调整。

a. 过滤器阻力的测定、表冷器阻力的测定、冷却能力和加热能力的测定等应计算出阻力值及空气失去的热量值和吸收的热量值是否符合设计要求。

b. 在测定过程中，保证供水、供冷、供热源，做好详细记录，与设计数据进行核对是否有出入，如有出入时应进行调整。

③调节器及检测仪表单体性能校验。应作刻度特性校验，且均应达到设计精度要求。

④空调系统综合效果测定。空调系统连续运转时间，舒适性空调系统不得少于 8h；恒温精度在±1℃时，应在 8～12h；恒温精度在±0.5℃时，应在 12～24h。

5.1.5 施工准备工作计划

（略）。

5.1.6 施工平面布置

5.1.6.1 施工平面布置图

（1）基础阶段施工平面布置图

（略）。

（2）主体阶段施工平面布置图

（略）

（3）装饰装修阶段施工平面布置图

（略）

（4）临建的用电和供水平面布置图

（略）

5.1.6.2 施工设施计划

具体设施及临时用地计划见表 5.1.6-1。

临时设施用地计划表

表 5.1.6-1

序号	设施名称	用地时间	用地计划面积（m²）	搭建形式	备　注
1	办公用房	开工至工程结束	800	单层砖结构	
2	食堂（1）	开工至工程结束	60	单层砖结构	
3	食堂（2）	开工至工程结束	400	单层砖结构	
4	住宿用房	开工至工程结束	3000	单层砖结构	
5	厕所（1）	开工至工程结束	30	单层砖结构	
6	厕所（2）	开工至工程结束	120	单层砖结构	
7	钢筋棚	开工至主体结束	300×4	钢管棚	
8	木工棚	开工至主体结束	200×4	钢管棚	
9	搅拌站	开工至主体结束	2000	钢管棚	砂石堆场露天
10	水泥库	开工至主体结束	200	单层砖结构	
11	给排水安装加工厂	开工至工程结束	250	钢管棚	
12	电气安装加工厂	开工至工程结束	300	钢管棚	
13	预制构件堆场	开工至工程结束	3000	露天	
14	屋盖结构分包用地	开工至工程结束	1500	预留	
15	安装分包用地	开工至工程结束	1500	预留	
16	试验室	开工至工程结束	60	单层砖结构	
17	水泵房	开工至工程结束	20	单层砖结构	
18	门卫保安房	开工至工程结束	60	单层砖结构	含保安员住宿

5.1.6.3 施工平面布置管理

（1）材料/构配件/设备进场后，24h 内必须向总包申请材料/构配件/设备的报验。材料/构配件/设备报验前不得分散到施工现场。

（2）总承包部对整个现场的材料堆放场地进行统一划分，指定各专业分包的材料堆放区域。

（3）施工现场入口处采用 C20 混凝土路面，同时设立过往车辆冲洗槽。生活区内食堂、办公室、水泥库、生活区四周设排水明沟，生活污水及厕所污水经沉淀池过滤后，通过明沟排入市政下水道，施工区内环线外侧，外环线外侧设排水沟，集中由北区排放。排水沟过车处埋设 $\phi400$ 水泥管，以保证水流及车辆畅通。

（4）场内修建一条碎石铺垫的内环线，穿过北区基础开挖一条排水沟直通市政排水管道，可作为排水主干道。

（5）导入 CI 标识，宣传企业形象，布置"六牌一图"，施工现场各项视觉识别按有关要求进行布置，同时开辟黑板报、报刊专栏。

（6）上部施工时，在体育场外围修建一条外环线，所有的塔吊布置在场外二层休息平台处，共布置 6 台塔吊。

（7）每一区域集中安排一个钢筋加工厂、一个木工加工场地，加工好的成品分别堆放在不同的施工段内，用塔吊和吊车直接吊运。

（8）各专业分包进入施工现场后，在施工之前将水电使用申请以书面形式报总包专业工程师，批准后，在指定地点按指定线路接水。

（9）水管连接由专业人员完成，否则，由总包负责接水，但此费用由分包单位负责。违章用水造成浪费或用水时跑冒滴漏损坏物品的，要负全部责任，并视情况轻重给予罚款。

（10）现场总配电室设电工 24 小时值班，随时处理各种突发事项；施工工程处每处设电工，对现场一级配电箱、二级配电箱进行维护管理。

5.1.7 施工资源计划

5.1.7.1 劳动力需用量计划
劳动力需用量见表 5.1.7-1。

劳动力需用计划表 表 5.1.7-1

人数 ＼ 工程处	305 工程处	307 工程处	电气工程处	给排水工程处	装饰工程处	其他
钢筋工	290	290				
混凝土工	120	120				
模板工	320	320				
架子工	65	65				
瓦工	140	140				
抹灰工	220	220				
电工（临时用电）	6	6				
贴面					240	
门窗制安					160	
细木加工（吊顶）					110	

续表

人数 \ 工程处	305 工程处	307 工程处	电气工程处	给排水工程处	装饰工程处	其他
油漆喷涂					85	
防水工					30	
电气工			360			
管道工				240		
钢结构加工						36
看台梁、板预制						40
起重工						24
辅助工	20	30	10	10	16	

备注：根据施工不同阶段，组织人员进场（不包括指定分包商）。

5.1.7.2 机具设备需用量计划

机具设备需用量计划见表 5.1.7-2。

主要施工机械设备一览表　　　　　表 5.1.7-2

序号	机械类别	机械设备名称	型号规格	单位	数量	额定功率（kW）
1	垂直运输机械	塔式起重机	QTZ125G	台	2	65
		塔吊起重机	150t·m	台	4	75
		施工电梯	SCD200D	部	4	2×10.5
		井字架		部	4	11
2	水平运输机械	机动自卸车	5t	辆	20	
		平板汽车	5t	台	4	
		机动翻斗车	FC-1	辆	20	7.8
		架子车		辆	50	
3	土方挖填机械	装载机	ZLM-30	辆	1	102
		推土机	上海 120A	辆	1	86.5
		辗压机		台	1	
		蛙式打夯机	HW60	台	8	2.8
4	混凝土、砂浆机械	混凝土搅拌机	JS-500	套	4	30
		砂浆搅拌机	WJ325	台	8	4
		混凝土输送泵	HBT60	台	2	60
		混凝土运输车	6m³	台	32	
		插入式振捣器	HZ50A	台	50	1.5
		平板振动器	PZ-50	台	16	0.5
5	钢筋加工及焊接机械	电焊机	BX-315	台	12	19
		切断机	GJ401	台	8	7
		弯曲机	QJT-400	台	8	2.8
		对焊机	UN1-100	台	2	85
		对焊机	UN1-150	台	2	120
		电渣压力焊机	BX3-630	台	12	80
		冷拉卷扬机	JJ-1.5	台	1	7.8
6	预应力工程机械	高压油泵	ZB-500	台	10	
		微型超高压油泵		台	4	
		千斤顶	YCW-250B	个	4	
		千斤顶	YCW-150A	个	4	
		千斤顶	YCN-25	个	4	
		挤压机	GYJA	个	2	

续表

序号	机械类别	机械设备名称	型号规格	单位	数量	额定功率（kW）
7	木工机械	电锯	MJ109	台	4	5.9
		双面压刨机	MB206	台	4	
		台钻		台	4	
8	构件吊装机械	履带式起重机	75t	辆	1	
		汽车式起重机	QY50A	辆	1	
		汽车式起重机	QY40	辆	4	
		汽车式起重机	QY8	辆	4	
9	水卫、排水安装机械	电焊机	BX-315	台	4	19
		套丝机		台	4	1.5
		弯管机		台	4	2
		试压泵		台	2	0.5
		潜水泵	200QJ80/3	台	20	1.1
		冲击钻		台	10	0.75
10	电气安装照明机具	探照灯		个	16	3.5
		冲击钻		台	10	0.75
		电焊机	BX-315	台	2	19
11	空调设备安装机械	试压泵		台	2	19
		电焊机	BX-500、BX-330	台	10	
		砂轮切割机	J3G2—400	台	2	
		气割工具		套	6	
		角向磨光机		台	5	
		压力工作台		套	1	
		捣链	5t（2）、2t（4）	套	4	
		套丝机		台	1	
		汽车吊	8t、50t、QY8、QY50A	台	2	
		弯管机		台	1	
		超声波操伤仪		套	1	
		卷扬机	2t	台	1	
12	装修小型机械	砂轮切割机	J3G2-400	个	20	2.2
		手电钻		台	20	
		喷涂机		台	20	
		气割设备		套	10	
13	发电机械	发电机	美国底特律	台	1	380

5.1.7.3 周转材料需用量计划

主要周转材料需用量计划见表5.1.7-3。

主要周转材料需用量计划 表 5.1.7-3

序　号	名　　称	规　格	单　位	数　量
1	竹胶板	10～12mm	m²	25000
2	九夹板	15mm	m²	1000
3	普通脚手钢管		t	900
4	碗扣式脚手钢管		t	1500
5	普通脚手扣件		万只	10
6	碗扣式扣件		万只	15
7	密目式安全网	0.3mm×3mm	m²	15000
8	木方		m³	1200

5.1.7.4 测量装置需用量计划

主要检测仪器设备见表5.1.7-4。

主要检测仪器设备一览表 表5.1.7-4

序号	仪器或设备名称	型 号 规 格	单位	数量	制造厂
1	全站仪	AGA510N	套	1	捷创力
2	经纬仪	J2-2	台	2	苏一光
3	经纬仪	J2	台	1	苏一光
4	经纬仪	3T2Kπ	台	1	俄罗斯
5	精密水准仪	NI005A	套	1	德国 Ziess
6	水准仪	DS2200	台	2	天津
7	水准仪	DSZ2	台	1	苏一光
8	激光垂准仪	DZJ6	台	1	
9	钢卷尺	50m	把	4	
10	混凝土试模	15cm×15cm×15cm	组	40	
11	砂浆试模	7.07cm×7.07cm×7.07cm	组	12	
12	坍落度筒		套	4	
13	砂子标准筛		个	16	
14	振动台		座	2	
15	磅秤	中	台	4	
16	混凝土试块压力机	YE-200	套	1	上海
17	抗渗仪		台	1	天津
18	钢筋试验万能机	WE-100	台	1	上海
19	温湿度两用计		支	2	
20	质量检测器		套	8	
21	兆欧表	ZC25-3 500MΩ	只	4	杭州
22	接地摇表	ZC-8 100Ω	只	2	北京
23	万用表	920Z	只	8	深圳
24	钳形电流表	266C	只	8	深圳
25	液体温度计	−30~700℃	支	4	上海
26	干湿球温度计		支	4	上海
27	数字风速仪	EY-11B	台	2	广州
28	微压计皮托管	0~200mmH_2O普通型	套	2	
29	气压计	DYJ-1 型	台	2	
30	多心式转速表	L2-45	台	4	
31	声级计	HY103A 型	支	2	
32	超声波探伤仪		台	1	
33	取土环刀		个	1	

5.1.8 工程施工进度计划

5.1.8.1 工程进度计划

(1) 根据现场分区情况设控制点,见表5.1.8。

工程进度控制点一览表 表5.1.8

序号	部 位	节点时间及插入时间	备 注
1	东西区一层结构	2000.1 完	1999.11.16 开工
2	给排水空调工程插入	2000.1 插入	一层结构完插入
3	主体土建结构完	2000.4 完	

序号	部 位	节点时间及插入时间	备 注
4	电气工程、屋面结构工程插入	2000.4 插入	主体土建结构完插入
5	安装工程全部插入	2000.5 插入	
6	工程完工	2001.1.18	

（2）施工总进度网络计划

（略）。

5.1.8.2 工期计划保证措施

（1）计划动员。总包部动员相关职能部门参与计划的编制并集中深入讨论，以明确施工目标安排生产计划。

（2）建立例会制度。总包定期召开计划会议，检查计划的执行情况，提出存在的问题，分析原因并采取相应的措施。

（3）下达施工任务指令。对有些在穿插施工时，必须在规定的时间内完成，否则影响下道工序的施工计划。对不能按照总包指令完成施工任务的分包单位所造成的一切损失由分包单位承担。

（4）工程进度分析。定期进行进度分析，掌握指标的完成情况是否影响总目标，劳动力和机械设备的投放是否满足施工进度的要求，通过分析，总结经验，暴露问题，找出原因，制定措施，确保进度计划的顺利进行。

（5）对各分包商未按计划完成的情况，总包单位根据分析原因，若由分包单位自身原因引起进度滞后，将承担由此造成的相关损失，若由业主或总包单位原因引起进度滞后，业主、总包单位承担相应责任。

（6）对出现进度滞后的情况，总包应采取积极果断措施，如组织会战等形式，确保进度按预期目标完成。

（7）制定工序工期奖惩措施，对一些直接影响到下道工序开工和总工期关键工序，总包部根据总体计划向各施工队伍下达作业计划的同时，进一步明确责任人和完成时间，对提前或推迟完成的原因要进行分析，提出奖惩措施。本工程所有工序的奖惩均以日历天计算，特殊工序以小时计算，奖惩额度可根据总承包合同套用。

（8）为控制各区域或某一阶段工期，项目总包部将计划层层分解，组织各施工队伍之间开展各种形式的劳动竞赛，对提前完成的施工任务给予奖励，对滞后严重的要提出处罚，形成施工热潮。

（9）在与各施工队伍签定总分包合同时，把工期要求纳入主要条款，制定奖惩措施，对业主指定分包商的进度计划完成情况经常向业主汇报沟通。

5.1.9 施工质量保证措施

5.1.9.1 质量目标

确保国优；分部工程优良率 90% 以上。

5.1.9.2 质量保证措施

（1）各专业工程师在分项工程施工前，认真熟悉施工图纸，掌握设计意图，并汇同业主、监理工程师、设计院做好图纸会审工作，编制合理的分部分项工程施工方案，在编制施工方案时，明确提出质量目标和标准要求，并组织实施。

（2）上部工程开工前，对场区定位控制点和标高点重新进行复核，确认无误后，方可进行上部工程轴线、标高的测量，并对±0.00m以下的柱子轴线再次进行复核，做好复核记录。

（3）在施工过程中，保持过程控制，坚持"三检"制度，确保质保体系的有效运行，每项工程施工过程中，各专业工程师和质监工程师跟踪检查，发现问题及时整改。工程施工完后，由作业工长（兼职质监员）、工程处负责人进行自检，符合要求后交各专业工程师复检，再通知业主、监理工程师、设计部门等进行验收。隐蔽工程应做好隐蔽记录，各方签字认可后，方可进行下道工序的施工。

（4）加强计量、试验管理和各种计量、试验设备的检测工作，并按程序文件要求在权威的计量检测机构进行周检。

（5）积极推广建设部推广的新技术、新工艺，加快工期，提高生产效率。

（6）认真编写好季节性施工方案，并组织实施。

5.1.9.3 成品保护

1）成品保护的组织管理

（1）准备工作阶段，由项目总工程师领导，合理安排工序，正确划分施工段，避免因工序不当或工种配合不当造成损坏。确定成品保护的组织管理方式及具体的保护方案，重要设备的保护应下发作业指导书。

（2）建立成品保护责任制，责任到人，派专人负责各专业所属业务成品保护，责任人进行定期的巡回检查。

（3）专业工程师会同各分区的成品保护责任人，进行定期的巡回检查，将成品的保护作为项目重要工作进行。

（4）加强职工的质量和成品保护教育及成品保护人员岗前教育，树立工人的配合及保护意识，建立各种成品保护临时交接制，做到层层工序有人负责。

（5）除在施工现场设标语外，在成品或设备上贴挂醒目的成品保护警示标志。

（6）对成品保护不力的单位和个人，以及因粗心、漠视或故意破坏工地成品的单位和个人，视不同情况和损失，予以处罚。

2）成品保护的技术措施

（1）成品保护

①场地堆放要求。地基平整，排水良好，并进行硬化处理。

②成品堆放。各成品分类、分规格堆放整齐、平直，下枕垫木，对于可叠层堆放的堆放高度及搁置部位必须符合图纸及规范要求，保证构件水平且各搁置点受力均匀，以防变形损坏，侧向堆放除垫木外，还需加设斜向支撑以防倾覆。成品堆放做好防霉、防污染、防锈蚀措施。

③成品运输。成品运输时，计算好装车宽度、高度及长度，运输时捆扎牢固、开车平稳，装卸车做到轻装、轻卸，吊运时合理布置吊点，保证吊件不致于变形过大。

（2）风机盘管成品保护

①风机盘管运至现场后，应采取措施妥善保管，码放整齐，应有防雨、防雪措施。

②冬期施工时，风机盘管水压试验后必须随即将水排放干净，以防冻坏设备。

③风机盘管安装施工要随运随装，与其他工种交叉作业时，要注意成品保护，防止碰坏。

④立式暗装风机盘管安装完后，应配合土建安装保护罩，屋面喷浆前应采取防护措施，清洁已安装好的设备。

(3) 管道工序成品保护

①管道预制加工、安装、试压等工序应紧密衔接，如施工有间断，应及时对分开的管口封闭，以免进入杂物堵塞管子。

②吊装重物不得采用已安装好的管道作为吊点，也不得在管道上铺设脚手板踩蹬。

③安装用的管洞修补工作，必须在面层粉饰之前全部完成，粉饰工作结束后，墙、地面建筑成品不得碰坏。

④粉饰工程期间，应设专人监护已安装完的管道、阀部件、仪表等，防止其他施工工序插入时碰坏成品。

(4) 空调系统调试成品保护

①空调设备动力的开动、关闭，应由电工操作，并有人员监护。

②自动调节系统的自控仪表元件、控制箱等，应作特殊保护措施，以防电气自控元件丢失及损坏。

③空调系统全部测定调整完毕后，及时办理交接手续，由使用单位运行启用，负责空调系统成品保护。

(5) 屋盖膜面施工成品保护

①膜面施工时的产品保护。膜面安装时，屋盖上还有其他施工单位进行作业，如：建筑装饰的施工、灯光音响的安装工作等。因此，除了做好自我膜面的保护工作外，还应该督促有关施工单位进行膜面的保护工作。

②膜面安装完成后，请业主协调，规定除屋面上施工单位人员及必要的管理人员外，其他人员一律不准上屋面。

③与其他施工单位联系，对其在屋面上（下）进行施工作业的操作人员进行交底，明确保护对象，以及施工时应该注意的事项。

④派专职监督员进行巡察，当其他施工单位在屋面上作业时，在不同的操作地点安排专职监督员进行巡视检查。

⑤发现膜面损坏应及时取证，并向上级有关部门报告。

⑥膜面安装完成后的保护。膜面安装完成后，配合监理、业主及时进行膜面的阶段验收工作。验收工作结束后，非特许人员不得再上膜面，以免造成膜布表面形成污垢或破损。

⑦体育场只在东、西各留一道登高脚手架，并拆除所有的操作平台。

⑧在登高脚手架上悬挂标志牌，标志牌上用红色油漆标明"严禁"或"禁止"等字样。

⑨安排两名专职监督员进行必要的巡查。

⑩督促有关方面继续做好膜面的保护工作，必须做到屋面上有工人施工就有专职监督员监护。

5.1.9.4 质量奖惩措施

(1) 在签定劳务合同和总分包合同时,对质量标准提出明确要求,达不到质量要求的工程处,除令其限期整改直至符合要求外,还根据合同有关条款进行处罚。

(2) 由项目总工程师组织,带领技术质量部各专业工程师和质监工程师,每周对现场进行大检查,并进行质量评比,对在大检查中质量好的工程处和较差的单位分别给予奖励和惩罚。

5.1.10 职业安全健康管理方案

(略)

5.1.11 环境管理及文明施工方案

(略)

5.1.12 特殊季节施工技术措施

(略)

5.1.13 新技术应用计划

本工程设计中采用了多项新技术、新结构,科技含量较高,也是工程中的重点和难点,拟采用的新技术项目如下:

(1) 滚轧直螺纹钢筋连接技术;
(2) 现场搅拌混凝土散装水泥及粉煤灰应用技术;
(3) 建筑防水施工技术;
(4) 建筑节能施工技术;
(5) 现代管理技术与计算机的应用;
(6) 总承包管理技术;
(7) 高精度三维测量控制技术;
(8) Y形柱与悬挑大斜梁施工技术;
(9) 超薄超长钢筋混凝土结构无缝施工技术;
(10) 空间大型索架钢结构施工技术;
(11) 索膜屋盖结构施工技术;
(12) 钢纤维混凝土施工技术;
(13) 外墙面高弹滚涂技术;
(14) 智能控制技术;
(15) 制冷系统安装与调试技术。

5.1.14 施工方案编制计划

专项施工方案编制计划见表5.1.14。

专项施工方案编制计划   表 5.1.14

序号	分部分项及特殊过程名称	编制单位	负责人	完成时间
1	灌注桩施工方案	桩基施工队	桩基队技术负责人	1999.3.1
2	基础分部施工方案	项目经理部	项目总工程师	1999.6.10
3	井筒施工方案	项目经理部	项目总工程师	1999.3.1
4	Y 形柱及斜梁施工方案	项目经理部	项目总工程师	1999.8.1
5	主体看台施工方案	项目经理部	项目总工程师	1999.11.1
6	屋盖索桁钢结构施工方案	钢结构分包单位	分包单位技术负责人	2000.4.1
7	张拉式索膜屋盖施工方案	索膜屋盖分包单位	分包单位技术负责人	2000.4.1
8	主体施工脚手架搭设方案	项目经理部	项目总工程师	1999.7.1
9	看台地面钢纤维混凝土施工方案	项目经理部	项目总工程师	2000.2.1
10	二层平台屋面防水施工方案	防水分包单位	分包单位技术负责人	2000.2.1
11	运动员地下通道防水施工方案	防水分包单位	分包单位技术负责人	1999.8.1
12	附属用房装饰装修施工方案	装饰装修分包单位	分包单位技术负责人	2000.4.1
13	建筑给水排水工程施工方案	安装工程分包单位	分包单位技术负责人	1999.8.1
14	体育场普通照明工程施工方案	安装工程分包单位	分包单位技术负责人	1999.8.1
15	空调系统与设备安装施工方案	安装工程分包单位	分包单位技术负责人	1999.8.1
16	体育场智能工程施工方案	安装工程分包单位	分包单位技术负责人	2000.4.1
17	冬期施工方案	项目经理部	项目总工程师	1999.9.30
18	雨期施工方案	项目经理部	项目总工程师	1999.5.1
19	高温期节施工方案	项目经理部	项目总工程师	1999.5.1

5.2 南京奥林匹克体育中心体育场工程施工组织设计

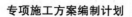

5.2.1 工程概况

5.2.1.1 工程建设概况

见表 5.2.1-1。

工程建设概况一览表   表 5.2.1-1

工程名称	南京奥林匹克体育中心	工程地址	南京河西地区江东南路以西、纬八路以南、青石埂路以北、上新河路以东
工程类别	公共建筑	占地总面积	1300 亩
建设单位	南京龙江体育中心建设经营管理有限公司	勘察单位	江苏省建筑设计研究院勘察分院
设计单位	澳大利亚 HOK 公司和江苏省建筑设计研究院联合设计	监理单位	浙江江南工程建设监理有限公司
质量监督部门	南京市建筑工程质量监督站	质量要求	确保省优质工程，争创"鲁班奖"
总包单位	中国建筑第八工程局	合同工期	731d
建设工期	700d	总投资额	8.7 亿元
工程主要功能或用途	现代化国际体育竞技场		

5.2.1.2 工程建筑设计概况

（1）设计概况见表 5.2.1-2。

建筑设计概况一览表

表 5.2.1-2

建设规模（座）	61443	总建筑面积（m²）		146700m²	总高（m）	65
层数	地上	7 层 （局部 8 层）	层高	首层	7m	看台屋盖高度 （m）	53.314
				标准层	4.8m		
装饰装修	看台地面	细石混凝土一次抹光面层				
	外墙	外墙使用仿石涂料和玻璃幕墙				
	附属用房楼地面	楼面主要采用地砖楼面及聚氨酯楼面				
	附属用房内墙面	内墙面采用乳胶漆面及瓷砖面				
	附属用房顶棚	采用乳胶漆				
	楼梯	细石混凝土、PVC 橡胶面层				
	电梯厅	地面：地砖、塑胶面	墙面：墙砖、乳胶漆		顶棚：乳胶漆、石膏板等	
防水	地下	防水等级：Ⅱ级	防水材料：自粘卷材			
	疏散平台	防水等级：Ⅱ级	防水材料：防水涂料			
	厕浴间	Ⅱ级、聚合物防水涂料				
保温节能		ALC 板、挤塑板				
绿化		树木、草坪、观木等				

（2）工程平、立面图见图 5.2.1-1、图 5.2.1-2。

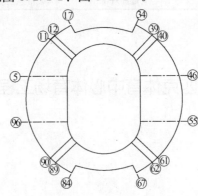

图 5.2.1-1 南京奥林匹克体育中心体育场工程平面图

图 5.2.1-2 南京奥林匹克体育中心体育场工程立面图

5.2.1.3 工程结构设计概况

见表 5.2.1-3。

结构概况一览表　　　　　　　　　　　　　　表 5.2.1-3

地基基础	埋深	2.8m	持力层	卵砾石层	承载力标准值	桩的极限承载力 8000kN、10000kN
	桩基	类型：钻孔灌注桩		桩长：52m		桩径：800、1000mm
	承台	单桩承台 1.6m×1.6m，三桩承台边长 3.679m，四桩承台 4m×4m，五桩承台 5m×5m				
主体	结构形式	无支撑面刚性框架结构		主要柱网间距		7.32m×14.80m
	主要结构尺寸	梁：梁宽 400～600mm，梁高 850～1200mm		板：140mm	柱：$\phi800$、$\phi1200$	墙：200mm、300mm

抗震等级设防	抗震等级二级、抗震设防烈度为 7 度				
混凝土强度等级及抗渗要求	基础	C30	墙体	C40	其他	看台板为 C40 聚丙烯纤维混凝土
	梁	C40 清水混凝土	板	C40		
	柱	C40 清水混凝土	楼梯	C40		

钢筋	类别：框架柱、梁主筋用 HRB400 级钢，其余钢筋用 HRB400 级或 HPB235 级钢，现浇板等构件中还采用冷扎带肋钢筋
预应力筋	楼面为环向无粘结预应力，径向为有粘结预应力，屋面环梁为无粘结预应力，系梁为无粘结预应力
看台屋盖结构	采用钢结构屋顶，由 V 形支撑、屋面梁、斜拱及悬索状钢管支撑组成。屋盖体系由 2 榀拱身跨度 361.582m（与水平呈 45°斜角）的三角形变断面钢桁架和 104 根 71m 长钢箱梁形成的中空马鞍形空间结构组成，整个屋盖结构体系分别由主拱和钢箱梁外端的"V"形支撑，将荷载传至下部 4 个拱脚基础，由 2 根长 396m 横跨体育场南北的预应力地下系梁承担
其他需说明的事项	沿钢结构屋盖支座处周围布置有预应力钢筋混凝土马鞍形环梁，梁断面尺寸 1500mm×1200mm，周长 812m，结构在 26.2m 标高以上有 16 组 32 根钢管混凝土柱

5.2.1.4　建设设备安装工程概况

见表 5.2.1-4。

设备安装概况一览表　　　　　　　　　　　　表 5.2.1-4

给水	冷水	四层及其以下生活用水由市政管网直供；五层以上生活用水由生活变频调速泵自生活水池抽水供给	排水	污水	污水采用伸顶透气的单立管排水方式排出室外，厨房洗涤污水经隔油处理，粪便污水经化粪池处理后与其他生活废水一并排入奥体中心污水管网
	热水	除贵宾室卫生间及五、六层用水点较分散的餐厅采取分散设置电加热器供应外，其余采用集中供应方式		雨水	顶棚屋面排水采用压力流排水系统，其余三层及六层屋面采用重力流排水系统

建筑电气	供电系统由一个 10kW 中心变电站和四个区间变电所组成，所有区间变电所为两台变压器，两段低压母排组成的变配电系统。照明分为一般照明、正常照明、应急照明、停车场照明、体育场立体照明、屋盖照明、体育场比赛照明等几个系统

电梯	人梯：10 台	货梯：4 台	消防梯：2 台	自动扶梯：12 台

5.2.1.5　自然条件

1）气象情况

施工区气象条件如下：南京地区属亚热带季风性湿润气候，春、夏、秋、冬四季分明，年降水 1000mm 左右，最大年降水 1500mm，最冷月（1月），平均气温 2～3℃（极端最低−13℃），最热月（7月），平均气温 28℃（极端最高 42℃）。冬期长约 4 个月，（平均温度低于 12℃，从 11 月下旬至次年 3 月中旬）其中平均气温低于 5℃的时间均有 2 个月。主要灾害性天气有：冬季寒流、夏季梅雨及伏旱，夏秋季台风等。

2）工程地质水文条件

场地位于长江漫滩之上，地势平坦，原为村庄及农田，并有大面积的水塘，施工期水塘已经填平成为暗塘，暗塘主要位于西看台区及中间比赛场地部位。本工程所处的土层如下：

①−1 层：新填土，杂色，松散，层厚 0.9～3.5m，分布于有暗塘的范围，为房渣垃圾，不宜利用。

①−2 层：淤填土，灰褐色～灰黑色，流塑，层厚 0.5～2.5m。分布于有暗塘的范围，含有大量有机质、腐木、烂草、土质差，不宜利用。

①−3 素填土，灰褐色，可塑～软塑，层厚 0.6～3.0m，该层夹碎砖，不均匀，土质差，不宜利用。

②层淤泥质土，灰色，流塑，层厚 2～25.5m，该层为高压缩性土，土质差。

③层粉土，粉砂互层，灰色，很湿，饱和，稍密～松散，层厚 1.5～6.5m。该层夹有薄层淤泥质土，土质差。本工程所在场地地势低平，容易产生积水，施工过程中必须采取有效的排水措施，尤其在雨期更是如此。

本工程所接触到的地下水主要为潜水，含水层厚度 6～7m，水量丰富，水位埋深 0.36～0.75m，并受季节变化影响，地下水对混凝土及钢筋无侵蚀性。地面水主要是雨水汇水，由于地势低注，地面积水不易排除，会给施工造成一定影响。

3）地形条件

本工程±0.000 相当于绝对标高（黄海高程）+7.80m，业主所提供的水准点满足施工要求。

4）周边道路及交通条件

本工程位于南京河西地区江东南路、纬八路、青石埝路、上新河路之间，上述干道除纬八路正在兴建外（路基已做好，预计将于 2002 年底正式通车），其余三条路具备正常通行能力，体育场与这四条路干道通过 2 号路、3 号路、支 2 号路、支 3 号路、支 4 号路、支 1 号路等 6 条场内道路连接，这六条路路基已做好，具备车辆正常通行能力，距体育场中心约 160m 建有一条 9m 宽环形马路，路基正在进行施工，预计年底也可将路基建成，机动车辆可以通行。环形路将上述场内六条道路连通。预计在年底结束，体育场东西两侧各有一片 10000m² 的生产用地。在生产用地东面还有一片 8000m² 生活设施用地，以上三片场地已平整完毕，通过 3 号路、2 号路、支 1 号路、支 4 号路，内环线与主体育场连成一片，交通通畅，整个场地离居民区较远，不存在严重扰民问题，市政排污管网已接至奥体中心四周。

5）施工及生活用水

施工及生活用水已由业主接到现场，体育场、体育场东西两侧生产用地及东侧生活用地四片区域已敷设了给水管，供水量满足施工及生活用水要求。

5.2.1.6 工程特点、难点、重点分析

1）工程特点

（1）屋面结构造型新颖，构造独特。本工程屋面系统为钢结构，由两座斜拱及众多钢V形支撑、钢大梁及悬索状钢管支撑组成，形成一个钢构空间整体受力体系，整个屋面造型颇为独特，彩虹状的巨大钢拱与马鞍形的屋面构成了一幅轻盈、宏伟的画卷。其中又以两座斜拱最为独特，单个斜拱跨度达 340m，重千吨以上，高 70 多 m，而且还处于倾斜状态，这样的钢拱在国内还是第一次使用。

（2）工程体量大。本工程建筑面积达 14 万 ㎡，外围周长达 900m，混凝土量达 98500m³，钢筋量达 12000t，钢结构量达数千吨。

（3）构造复杂，形状不规则，看台区平面外围呈圆形，里侧为近椭圆形，整个立体形状呈碗形，各层高度不一。梁大部分为弧形，部分为斜梁，断面尺寸不一。柱为圆形，高度各不相同，且有 V 形柱。看台有三层，倾斜度大，呈弧形，上、中层看台下部为悬挑结构，看台长度高度尺寸均很大，长度达 700m，最大高度达 20m，看台肋梁均为预应力梁。

（4）工期紧。本工程钢筋混凝土结构工程要求在 2003 年 9 月 30 日结束，工期为 273d，要求竣工时间为 2004 年 12 月 31 日，总工期为 731d，在如此短的时间内完成如此浩大的工程难度较大。

（5）施工专业众多，本工程主要专业有土建、钢结构、电气、给排水、暖通空调、电梯、消防、弱电、幕墙、通信、竞赛训练场地面、草坪、篷盖等。

2）工程难点

（1）屋面钢拱体系施工难度大，如工程特点中所分析，如此构造的钢屋面在国内还是首次采用，尤其是其中的两座斜拱，无论是其造型还是其体量都是前所未有的。钢结构的施工关系着整个工程的成败，它是本工程的最关键部位。

（2）由于本工程施工专业众多，导致交叉作业多，人员、材料、机械设备投入量大，工序衔接交叉量大，因此总承包管理难度较大。

（3）工程技术难点有：

① 井点降水；

② 大体积混凝土的施工；

③ 异形柱及看台斜挑分叉斜柱的施工；

④ 超长结构的施工；

⑤ 钢柱及预埋件的施工；

⑥ 后张拉法预应力施工；

⑦ 定位测量施工；

⑧ 模板及支架施工；

⑨ 清水混凝土施工；

⑩ 钢斜拱施工；

⑪ 钢屋盖体系施工等。

5.2.2 施工总体部署

5.2.2.1 项目管理组织

根据机构设置"精干、高效、扁平化"的原则，本工程的组织管理机构按两个层次设置，即总承包管理层、主承建和专业施工管理层。其中，主承建工程包括土方工程、桩承台、上部土建工程及粗装修、主建筑强电安装、给排水安装。主承建工程由主承建项目部统一管理，专业分包项目部根据施工单位的不同分别设置相应的项目部。

（1）施工总承包组织机构图

（略）

（2）总承包管理层人员配置

（略）

5.2.2.2　项目管理目标

本工程的各项管理项目目标见表 5.2.2-1。

本工程项目管理目标一览表 表 5.2.2-1

目标名称	管　理　目　标
工程质量	确保省优质工程，争创"鲁班奖"
施工工期	确保本工程主体结构工程工期为 261 个日历天，确保竣工总工期为 700 个日历天，提前工期 31d
安全生产	杜绝重大人身伤亡事故和机械事故，一般工伤事故频率控制在 1.5‰ 以内，建立健全安全保证管理体系及安全生产岗位责任制，重教育抓违章，除隐患做预防
文明施工	确保"江苏省文明工地"

5.2.2.3　总承包管理

1）施工区段任务划分与安排

见表 5.2.2-2。

总包范围内施工区段任务划分与安排一览表 表 5.2.2-2

施工项目名称	专业施工队	人数	开始施工时间	任务工期	备注
基础、主体及粗装饰	土建（4 个作业队）	426×4	2003.1	23 个月	
预应力	预应力专业队	176	2003.2	8 个月	
精装修	装修作业队	250×4	2004.4	4 个月	
钢结构	钢结构专业队	197	2003.3	376d	
水电、暖通	安装专业队	180	2003.1	17 个月	
智能工程	弱电专业队	50	2004.4	4 个月	

2）总承包与甲方、监理、设计的配合措施及管理协调

（1）总包配合措施

①与设计单位的配合及工作协调

进场后，应首先熟悉和审阅施工图纸，与设计单位联系，进一步了解设计意图及各部位是否有特殊要求等。根据设计要求，结合现场情况，在各分项工程施工前制定出切实可行、科学合理的各分部施工方案。对设计中存在的问题或不符合现场实际的情况，在图纸会审时，尽早提出，将问题解决在施工之前。

②与监理单位的配合及工作协调

进场后，首先要及时与监理取得联系，建立正常的工作业务关系，依靠监理、遵重监

理、服从监理，做到：

a. 组织项目部全体人员及施工队，认真学习《建设工程监理规范》，在整个施工过程中严格按照《建设工程监理规范》要求的程序，与项目监理部积极主动搞好配合。

b. 积极参加现场监理会议，认真贯彻监理会议精神，对重要问题的贯彻落实情况应及时向监理作出书面报告。

c. 在施工过程中，按规定及时报送各种资料，力求做到报送及时、正确。

d. 按程序对所有进场使用的成品、半成品、设备、材料、器具等，向监理工程师提交合格证明或质保资料。

③协调方式

a. 按总进度计划制定的控制节点，组织协调工作会议，检查节点实施情况，制定、修正、调整下一节点的实施要点。

b. 总承包方每周召集施工各方（必要时邀请业主及监理参加）召开一次工程进度、施工质量、现场标化、安全生产等各项管理工作的协调会，总结成功的做法和经验，解决存在的问题，按制度奖优罚劣。

c. 总包方按约定及时向业主、监理和有关各方通报工程进展情况，反映需要解决的问题。使有关各方及时了解工程进行情况，解决施工中的问题，以确保工程各项管理目标的实现。

（2）总包管理协调

①根据合同约定内容和施工总进度的要求，提前与业主指定的分包队伍签订分包管理合同并纳入总包管理之中，对分包工程的工程款、进度、质量、安全和文明施工提出明确要求，并监督实施。

②每周至少召开一次分包管理协调会，协商解决各专业之间施工交叉的有关问题。

具体内容见总承包管理专项方案。

5.2.2.4　各项资源供应

1）施工力量安排

本工程工期紧，目标要求高，因此，除必须配备施工经验丰富，组织能力强的项目班子，施工力量的投入是根本保证，单位拟投入的施工力量是以前曾施工过大型工程、力量整齐、技术精湛、作风过硬的施工队伍。

本工程的作业层拟组建四个土建工程处、一个预应力施工队、一个水电安装工程处、一个装饰工程处等。

根据施工进度计划的安排、施工作业段的划分、工程量的大小、工程质量的要求，本工程劳动力安排如下：

（1）基础、主体普通钢筋混凝土及粗装饰工程施工

①安排四个土建工程处，各自相对独立负责 E、N、S、W 四个区域工程的施工，劳动力在整个工程中可根据需要相互调配。

②每个土建工程处分别设钢筋工、模板工、混凝土工、电焊工、机械工、架子工、泥工等。

③操作人员平均技术等级：机械工 5 级、钢筋工 4.5 级、模板工 5 级、泥瓦工 5 级、混凝土工 4.5 级、电焊工 5.5 级、架子工 4 级。

④主要施工任务为：基础、主体普通钢筋混凝土工程及粗装饰工程的施工。

(2) 预应力工程施工

设一个专业施工队，同时负责 E、N、S、W 四个区的施工。

(3) 水电安装施工

本水电安装内容仅配合预留、预埋，安排 30 人的两个小班组即可，平均技术等级 4.5 级。

2) 机械及材料组织

根据工程需要，首先落实的大型机具为塔吊、运输车、汽车吊、混凝土输送泵等大中型机具，将在中建八局范围内调配落实。商品混凝土的搅拌、运输及土方机具、大宗材料的运输，将联系社会力量解决，自备运输车辆和各种小型机械将随施工队伍一起进场。

(1) 垂直运输机械选择

①由于 E、N、S、W 四个施工区域单层建筑面积达 1.08 万 m^2，为满足工程主体结构施工期间钢筋、模板、钢管垂直运输的需要，E、W 区域每个区域各采用两台臂长 55m 的 QTZ-125 固定式自升塔吊，N、S 区域每个区域各采用两台臂长 50m 的 QTZ-80 固定式自升塔吊，以上塔吊能够覆盖 90% 左右（二层以上）工作面，下层看台区塔吊够不到的服务范围采用 2 台 30t 汽车吊配合。

②主体结构施工完成后，在砌筑、抹灰等初装修阶段共投入四座提升井架用于砌块、砂浆等物料的垂直运输。另外共设四座施工电梯。

(2) 混凝土、砂浆的搅拌和运输机械安排

本标段工程绝大部分混凝土采用商品混凝土，砂浆采用自拌。为此，作如下安排：

①设一个现场混凝土集中搅拌站，安装两台 JS-500 型混凝土搅拌机，以供建临时设施及搅拌零星混凝土用，另外再设四个砂浆搅拌站，每个搅拌站设两台 WJ325 砂浆搅拌机。可以满足现场砌体、抹灰、地面高峰施工供求的需要。

②本标段工程用于结构的混凝土全部采用商品混凝土，其运输为商品混凝土厂家自行配备的混凝土运输车。混凝土的浇筑共设置四台泵，另外，用两台汽车式混凝土泵进行柱等混凝土的浇筑。

(3) 钢筋加工及运输机械配备

本标段工程的钢筋下料、成形在东、西两个施工区域集中进行。每个区域设四套钢筋加工机械，主要有调直机、切断机、弯曲机、闪光焊机、墩粗直螺纹机等。

成形钢筋的运输配备两台 8t 汽车吊，平板汽车四辆，用于钢筋原材料的卸料和二次倒运工作。

(4) 土方施工机械配置

根据施工段的划分，每区拟配备一套土方施工机械分层流水作业。每个工作面的机械（一套）配置数量为：装卸机 1 台、压路机 1 台、挖土机 2 台、自卸汽车 6 辆。人工回填土方配备 4 台 HW-60 蛙式打夯机。

(5) 材料供应

① 配置原则：梁板模根据流水段的划分，在满足预应力张拉和总工期的前提下，综合考虑大梁卸荷确保支撑安全要求，以上部最大面积加梁底模总数来配置，可满足要求，梁板满堂架支撑配置亦一样。竖向柱模按一个大流水段配置，圆柱定形钢模由专业公司加工。

②配置数量：其中一个区所需要的钢管为1200t，梁板覆塑竹胶板模板12500m²、木方600m³，Φ800、Φ1200柱模若干套。每区按二层满堂脚手架考虑，另外，后浇带跨脚手架按四层考虑。配备足够数量模板、木方满足支模周转使用。

5.2.2.5 施工区段划分及施工顺序

1) 施工区段的划分

根据总工期安排，以温度伸缩缝为分界线，组织四个专业工程处分别从四个区按顺时针方向同时进行施工。

每个土建工程处各负责一个区域的施工，每个区域又以后浇带为界划分四个施工段，共分16个施工段，每段外侧宽度56m，里侧宽度约为34m，长度为45.3～75m，每个施工段面积平均为2700m²（底层）。E、W二区中间部位施工段体量最大，是控制整个工程进度的关键，每个土建工程处又分为两个模板工班组和两个钢筋工班组，每组负责两个施工段的模板工程及钢筋工程施工，混凝土工及泥工各设一个班组，负责四个施工段的相应工程施工。

施工区域及施工段划分示意图见图5.2.2-1～图5.2.2-6。

2) 总体施工工艺流程

总体施工工艺流程见图5.2.2-7。

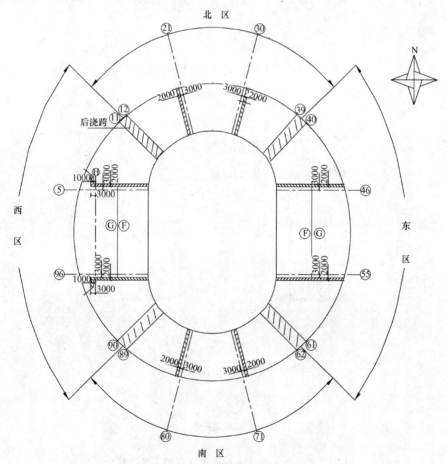

图 5.2.2-1 ＋7.0m层施工区和施工区段划分

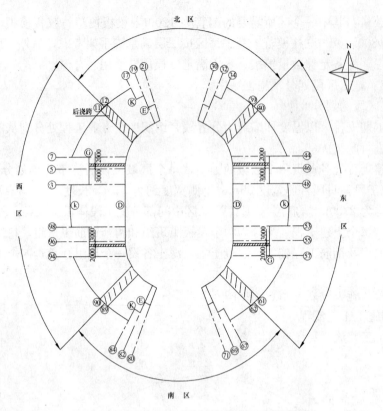

图 5.2.2-2 11.80m 层施工区和施工区段划分

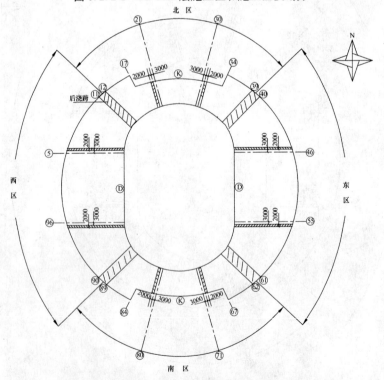

图 5.2.2-3 16.60m 层施工区和施工区段划分

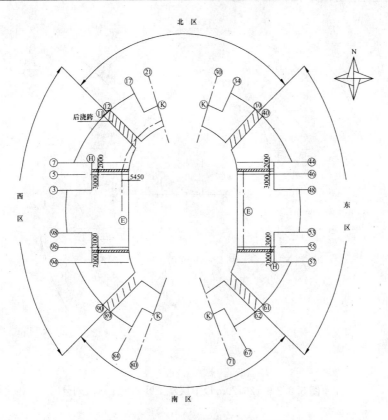

图 5.2.2-4 21.40m 层施工区和施工区段划分

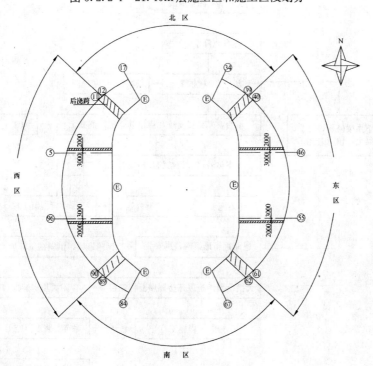

图 5.2.2-5 26.20m 层施工区和施工区段划分

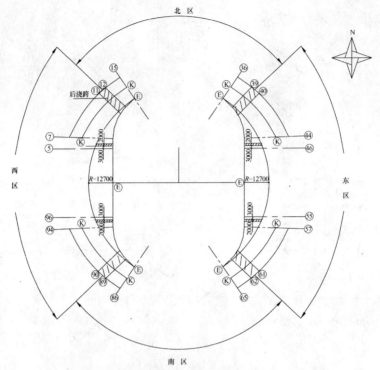

图 5.2.2-6　26.20m 以上层施工区和施工区段划分

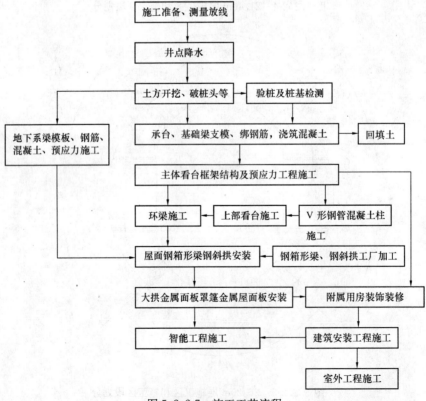

图 5.2.2-7　施工工艺流程

3）分部分项工程施工顺序

（1）基础工程施工顺序

井点降水→土方挖除→破桩头→承台、地梁垫层→承台、地梁砖胎模→回填土、地面垫层→承台、地梁、地面钢筋→承台、地梁、地面混凝土→地梁预应力施工。

（2）主体工程施工顺序

施工顺序见图5.2.2-8。

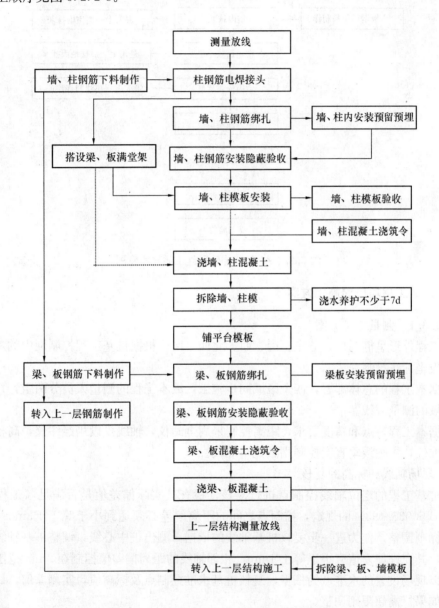

图5.2.2-8 主体工程阶段施工顺序示意图

（3）粗装饰工程施工顺序

见图5.2.2-9。

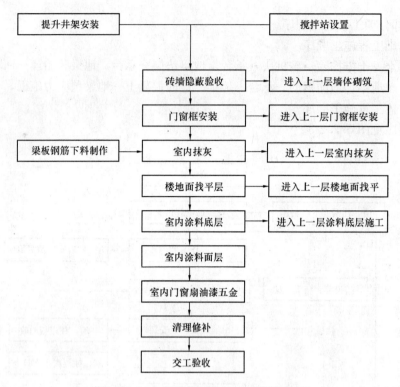

图 5.2.2-9　粗装饰阶段施工顺序示意图

5.2.3　主要工程项目的施工方案

5.2.3.1　测量施工方案

本工程外形呈椭圆形，分东、南、西、北四个区，根据桩基工程控制网中的六个圆心点，用极坐标法投测完成。

根据本工程的总体部署，四个区域同步施工，故本工程的测量人员分两组，每组负责二个区域的测量放线。

根据本工程特点和精度要求，距离控制采用全站仪，轴线投设用经纬仪，高程测量用精密水准仪，主轴线垂直度控制用激光垂准仪。

1）现场轴线和标高的复核

对桩基工程的定位轴线控制点进行复核，检查其实际偏差值是否满足《工程测量规范》（GB 50026—93）的规定，控制点之间的距离偏差必须达到小于等于±3mm 的要求，如果超标则调整，作为进一步复核桩基轴线的依据，测出桩中心线，调整桩基轴线之红三角标志，其允许偏差值应小于等于1mm，相邻轴线的距离偏差值控制在2mm 范围内。标高控制以现场设置的水准点为依据，复核桩基水准控制点及标高值，实测差值，做好复测记录，如果标高超限则调整。

2）建筑物的定位测量

土方工程施工完毕后，进行轴线、标高控制点的复核，确认控制点无误后，施工基础承台垫层，然后利用精密水准仪、全站仪将标高控制点、轴线施放到临时控制桩的表面，并设立建筑物高程控制点和内控轴线控制网络系统，此时建筑物内形成独立系统，而外部标高、轴线控制点转换成为建筑物的变形比较系统，将作为建筑物沉降、外墙装饰墙面控制的检验基点，外部控制点须经常检验复核，保持系统的精确度。

当桩基轴线、高程系统完成后，在相应的位置设立测量室，室内设钢板为控制轴线交汇点（激光垂准仪控制点），并在以上各楼层楼板上与该点相对应的位置留出 200mm×200mm 的预留孔，用作控制点的垂直传递，且与主轴线作相互校核。在控制点上架设 DZJ6 激光垂准仪向上垂直投射至上层孔洞处的透明靶上，确定上一层楼四个控制轴线交汇点，再利用全站仪将四个交汇点复核，即可得到上层楼的控制轴线平面，利用该平面控制体系进行上层楼的施工测量。具体定位如图 5.2.3-1。

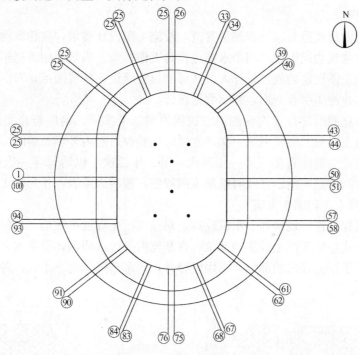

图 5.2.3-1 工程定位测量示意图

3）建筑物高程测量

依据就近原则从场区水准控制点，将标高引测至各施工区的结构柱上，各层间高程传递主要用钢尺沿结构柱或电梯井处引测，先用精密水准仪，根据二个水准控制点，在各向上引测处准确地测出相应的起始标高线，用钢尺沿铅直方向向上量至施工层，各层的标高线，均应由各处的起始标高线向上直接量取，高差超过一整钢尺长时，应在该层精确测定第二条起始标高线，作为再向上引测的依据。再将水准仪安置到施工层，校测由下面传递上来的各水准标高线。高程控制点如图 5.2.3-2。

4）测量施工注意事项

（1）为了做到防患于未然，建立合理的复核制

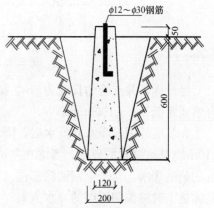

图 5.2.3-2 高程控制点示意图

度，每一工序均有专人复核。

（2）测量仪器均在计量局规定周期内检定，并有专人负责。

（3）阴雨、曝晒天气在野外作业时应打伞，以防损坏仪器。

（4）非专业人员不能操作仪器，以防损坏而影响精度。

（5）对原始坐标基准点和轴线控制网定期复查。

（6）施工测量应与各专业工种密切配合，并制定切实可行的与施工同步的测量措施。

（7）所有施工测量记录和计算成果均应按工程项目分类装订，并附有必要的文字说明。

5）沉降观测

根据《城市测量规范》、《工程测量规范》及施工图设计要求，在建筑物相应位置埋设沉降观测点，在建筑物周围布设四个水准点作为工作基点。当基础施工完毕，首层结构施工时在本结构施工图规定的或经设计人员认可的位置埋设沉降观测点，对沉降观测点要采取保护措施，防止冲撞引起变形，影响数据统计。

沉降观测点稳固后进行首次观测。首次观测测二个测回，精度符合要求后填写记录表，主体结构施工时每二层楼观测一次，主体结构验收后砌内外填充墙时，每三层观测一次，竣工后，由业主继续观测。第一年四次，第二年二次，以后每年一次至下沉稳定为止，如沉降量大时缩短周期。并及时整理施测数据，编制成果表，作为竣工资料存档。

5.2.3.2 降水工程施工方案

根据地质勘探报告，现场地下水位较高，而基坑挖土深度将在地下水位以下。施工将采用两种降水方式。对于挖土较浅的部位，在基坑内挖排水明沟，设集水井，采用水泵将水排出现场。对于挖土较深的部位，采用轻型井点降水来降低地下水位。井点降水管示意见图 5.2.3-3。

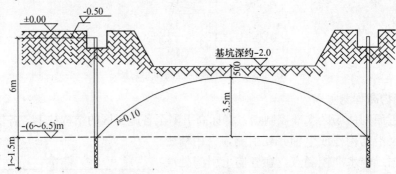

图 5.2.3-3　轻型井点降水示意图

经计算，井点管的长度为 6m，滤管长 1.0~1.5m，间距 1.0~1.5m。井点降水管比自然地面低 500~1000mm。

在基坑外围设降水井降水后，降水宽度可以达到约 70m 左右，尚不能满足 160m 长和 110m 宽基坑降水的要求，考虑在基坑后浇带部位或其他合适部位设坑内降水井，作为基坑的辅助降水。对于个别加深部位（如电梯井和设备基础等）可采用二级轻型井点降水。具体施工时将编制详细的降水方案。

井点降水在土方开挖前 3d 开始，不间断进行。

5.2.3.3 土方开挖及回填施工方案

1）土方开挖

本工程土方主要为承台、地梁土方开挖，土方量较大，选用反铲挖土机挖土，自卸汽车配合运输。开挖地梁时由于梁宽较小，需选用小型挖土机（斗容 $0.5m^3$）挖土，人工配合修整。

承台从原始地面下挖 2.2～2.9m 不等，地梁挖土深度约为 1.9～2.7m 不等，电梯井挖深 3m 左右，地下通道挖深 6m 左右，钢拱基础挖深约 3.5m，另有少量挖深在 0.6～1.5m 的基础梁，总土方量约 10 万 m^3。基坑放坡按 1∶0.5，钢拱支座承台工作面 2.5m，其他工作面 1m。弃土和运土将按南京市的有关规定办理相关手续将弃土运至合理地点，运输车辆选用 8t 以上汽车，严禁抛撒、滴、漏现象，用于回填的土方须经监理工程师同意后方可使用。

2）桩头处理

（1）土方开挖过程中，及时插入人工破除桩头，并于垫层施工前完成。

（2）桩头处理程序为：在桩身上用红油漆标出要破除的标高线→破除上部桩体→破碎中部桩体→剥离出桩头锚固钢筋。

（3）凿桩工作由人工进行，配合足够的空压机，人员三班作业。

3）垫层胎膜

（1）垫层砖胎膜施工紧随土方工程进行，人工清理一块，验收一块，浇筑一块，砌筑一块，回填一块，尽量减少地基土的暴露时间。垫层标高用水准仪控制，并做好表面压实抹平收光工作。

（2）混凝土垫层完成且上人不变形时，即可将轴线、承台、基础梁边线投设到垫层上去，以确保承台、基础梁的正常施工。

5.2.3.4 基础承台地梁施工方案

1）施工工艺流程

见图 5.2.3-4。

2）基础模板工程

（1）模板的选择

承台下部（梁底以下）、地梁与承台相接处、电梯井底、地下通道底板、钢拱基础下部 1.5m 及有梁端整个高

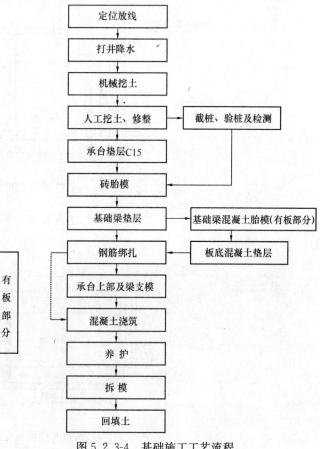

图 5.2.3-4 基础施工工艺流程

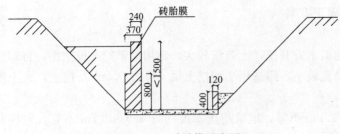

图 5.2.3-5 砖胎模示意图

度、⑮~⑧轴和⑥~⑧轴，Ⓓ~Ⓜ轴有现浇板部位地基梁侧模板均采用砖砌胎模，所有梁底按设计要求为 C15 混凝土垫层，其余均采用多层板。

（2）砖胎模砌筑

砖胎模墙厚依高度而定，墙高 400mm 以下时，墙厚 120mm；800mm 高以下时，墙厚 240mm；1500mm 以下时，墙基厚度为 370mm，上部为 240mm，成外台阶状。具体见图 5.2.3-5。

砖胎模采用 M7.5 水泥砂浆和 MU10 砖砌筑，砌筑方法采用"三一"砌法，其砖皮的排列为一丁一顺。

（3）模板的配制及安装

本工程模板采用厚度为 18mm 厚的多层板，模板加固用 50mm×100mm 木方和 φ48×3.5mm 钢脚手管为主。对高度大于 1000mm 的梁及墙采用 φ12 防渗对拉螺栓，其螺栓间距水平向为 600mm，梁设上中下三排，墙体对拉螺栓上下每隔 600mm 设置一排，呈梅花状布置。承台地梁墙模板加固方法及抗渗止水螺栓做法见图 5.2.3-6～图 5.2.3-8。

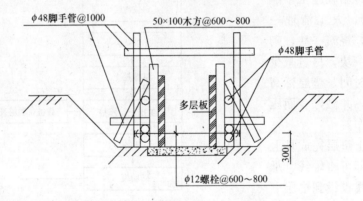

图 5.2.3-6 地梁模板支撑图

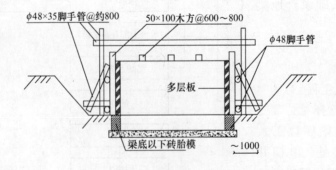

图 5.2.3-7 承台基础模板支撑图

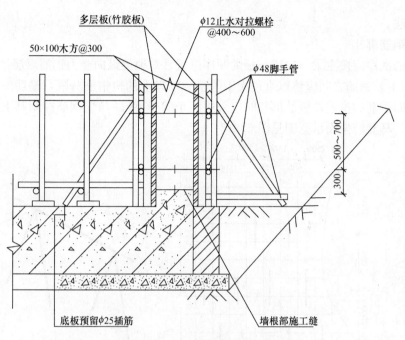

图 5.2.3-8 墙体模板及支撑图

地梁后浇带及施工缝侧模支撑见图 5.2.3-9。

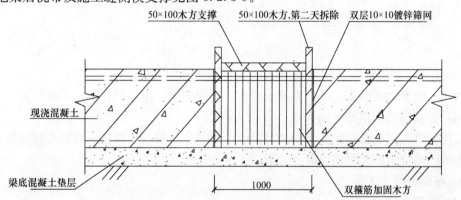

图 5.2.3-9 地梁混凝土后浇带、施工缝侧模及支撑示意图

板后浇带及施工缝侧模支撑见图 5.2.3-10。

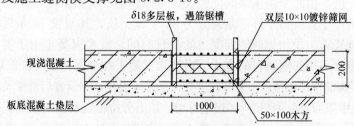

图 5.2.3-10 板后浇带、施工缝侧模及支撑示意图

3）基础钢筋工程

（1）钢筋连接

直径 $\phi 14$ 以上的钢筋，采取闪光对焊和直螺纹连接，根据工期情况辅以搭接焊和搭接

绑扎的方法。

（2）钢筋绑扎

绑扎的次序应按主梁→次梁→板的顺序进行，对地梁纵向受力钢筋双层排列时，两排（或两排以上）钢筋之间应垫以直径大于等于 $\phi25$ 以上的短钢筋分隔，箍筋应交错在梁上部两侧纵向钢筋的位置，板筋绑扎时应采用大于等于 $\phi8$ 的马凳钢筋控制其上层负弯矩钢筋的位置，马凳筋架设示意图见图 5.2.3-11。

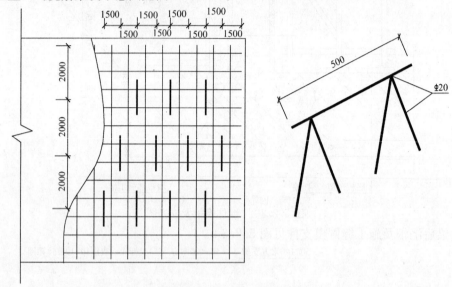

图 5.2.3-11　马凳筋架设示意图

对主、次梁和板筋交叉处，板筋应在上，次梁居中，主梁筋在下，不可倒置。

（3）后浇带部位钢筋处理

后浇带部位钢筋将对后浇带两侧混凝土变形产生约束，为防止该约束力对混凝土变形产生影响，后浇带部位钢筋作断开处理。

4）基础混凝土工程

（1）混凝土施工部署

本工程混凝土全部采用商品混凝土输送泵送料。整个环形基础的施工，分东、西、南、北四个施工区，由四个施工队共同完成，考虑到整个基础工程无沉降缝设置，为控制超长结构裂缝的产生，将整个环形基础分为 32 个施工段，其间设 16 条后浇带和 14 条施工缝。为尽量延长施工段相邻两侧混凝土的浇筑时间，减少混凝土由于温度产生的变形，各施工段浇筑顺序采用间隔跳打的方式。后浇带混凝土补浇保持在 40d 以后进行。

对于南北拱脚部位现浇板，由于其长度大，易产生裂纹，除设置后浇带及施工缝外，在该部位梁板混凝土中掺加 JM-Ⅲ 和聚丙烯玻璃纤维，以有效降低混凝土的收缩。另外，后浇带混凝土在两侧混凝土浇完后 40d 以后浇筑，施工缝两边相邻混凝土的浇筑时间错开 15d 以上。

（2）施工缝的留置位置和方法

见图 5.2.3-12 所示。

（3）施工缝的处理

每段混凝土量一般在 600～1000m³ 之间，每段计划一次性连续浇筑，中间不再留施工缝，相邻两段混凝土的浇筑根据跳浇方法，相差时间均在 1 周以上，故从混凝土抗压强度影响方面不存在问题。

后浇带及施工缝混凝土浇筑前，必须对已浇混凝土接槎处清除垃圾、水泥薄膜、表面松动砂石和软弱混凝土层，同时还应凿毛、洒水充分湿润，混凝土下料前对混凝土表面积水应予以清除。

二次浇筑混凝土前，对施工缝（后浇带）处的钢筋要进行修复、清理，做到钢筋周围的混凝土不受损坏和松动，钢筋表面无油渍、无污染，施工面无浮锈和杂物。

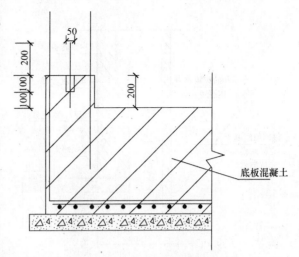

图 5.2.3-12　墙根部施工缝

在浇筑前，水平施工缝宜先铺上 10～15mm 厚的水泥砂浆，水泥砂浆配合比与混凝土内的砂浆成分相同。

为防止表面出现微裂缝，表层铺一层成品钢丝网，待养护结束后用切割机切割 5mm×20mm 分格缝，分仓尺寸为 2000mm×2000mm，为防止表面出现微裂缝，采用细毛面，而不宜采用光面。

浇筑混凝土时应避免直接靠近缝边下料，机械振捣时应向施工缝处逐步推进，并距缝边 80～100mm 处停止振捣，但必须加强对施工缝的捣实工作，使其紧密结合。在收面时，用钢板将施工缝接槎表面的水泥浆清理干净，压实抹平。

5.2.3.5　拱脚基础和主拱支座施工方案

本工程有钢拱支座大承台四个，每个长 30m、宽 18m、高 3m，属大体积混凝土。在拱脚基础顶面为 6m 厚、22.5m 长、7.95m 高钢筋混凝土主拱支座。

1）拱脚基础施工

（1）钢筋及钢套管支架安装

拱脚基础四层钢筋网直径分别为 ϕ20mm 和 ϕ25mm，均采用直螺纹机械连接。将中间钢筋网片位置设置在距垫层面以上 1.45m 的位置，使混凝土接触面能留置凹槽位。

两层钢筋网片之间用 ϕ25 钢筋做成"["形支撑筋，间距 1.5m，呈梅花形布置，与上、下层钢筋焊接连接。

在浇筑上层 1.45m 厚拱脚基础时，采用 L50×5mm 角钢支架固定预应力筋钢套管的位置，钢套管支架如图 5.2.3-13 所示。

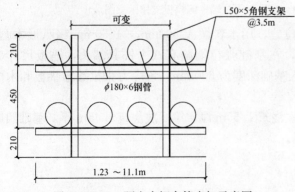

图 5.2.3-13　预应力钢套管支架示意图

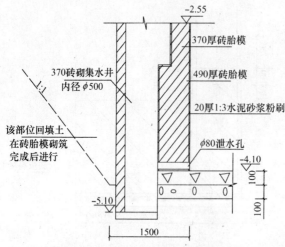

图 5.2.3-14 砖胎模及集水井示意图

（2）模板工程

拱脚基础分二次施工，第一次 1.55m 高全部采用砖胎模，其中 1050mm 高为 490mm 砖模，500mm 高为 370mm 砖模。在一2.55m 标高以上，在靠近 Ⓜ 轴一侧和东、西两侧，采用 370mm 厚砖模，仅张拉端采用九夹板作基础侧模。

砖胎模用 M7.5 水泥砂浆和 MU10 标准砖砌筑。基坑开挖深度为 3.5m，在施工砖胎模的同时，砌 φ500mm 圆形集水井 4 个，利用砖胎模作集水井一侧井壁，并在砖胎模底—4.1m 标高留设 φ80mm 泄水孔，确保施工过程基坑干燥无水作业。砖胎模及集水井位置如图 5.2.3-14 所示。

拱脚张拉端，—2.55m 到—1.1m 标高采用九夹板模板和钢管作支撑系统。在九夹板外侧用 100mm×100mm 木方作竖向木楞，外加二道 20 号槽钢围檩，并在该部位竖向加 φ16 螺栓两道，水平方向螺栓间距 700mm，螺栓内与第一次浇筑混凝土时埋设的 φ20 钢筋焊接连接。模板外侧采用双排钢管脚手作支撑。—2.55m 到—1.1m 张拉端一侧模板支撑见图 5.2.3-15 所示。

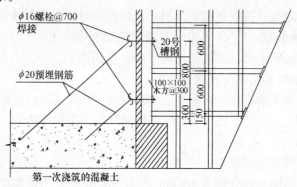

图 5.2.3-15 —2.55～—1.10m 张拉端一侧模板支撑示意图

在拱脚基础外侧预应力筋张拉端位置，用木料做成 800mm×1450mm 喇叭形木盒，嵌入拱脚基础端头部位，按设计要求，在基础张拉端配有八个锚具端头，锚板尺寸为 380mm×380mm×100mm，锚垫板埋入基础深度为 600mm。预应力张拉端锚垫板和木盒位置示意图见图 5.2.3-16 所示。

3m 厚拱脚基础分二次浇筑，第 1 次浇筑 1.55m 厚，第 2 次浇筑 1.45m 厚，基础四周采取了砖胎模，并在胎模外侧填土保温。

（3）混凝土工程

① 混凝土浇筑方法

钢拱支座承台平面尺寸为 30m×18m，基础厚 3m，浇筑顺序为"分段定点、一个坡

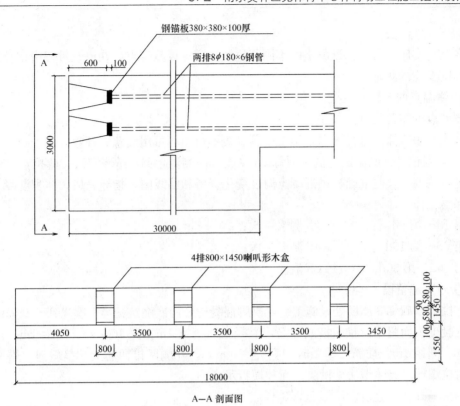

图 5.2.3-16 预应力张拉端锚垫板和木盒位置示意

度、薄层浇筑、循序推进、一次到顶"的方法。混凝土采用商品混凝土泵送的办法浇筑。每个承台混凝土总量为 1620m³，由于预应力基础梁 YJL-a、b 的钢索要进入钢拱基础，拟定钢拱基础上下分两次浇筑，第一次浇筑 1550mm 高。即位于中层构造筋上面，二次高 1450mm，施工缝平面留环形槽（深 100mm，宽 1000mm）。

② 混凝土的泌水处理

混凝土在浇筑、振捣过程中，上涌的泌水和浮浆顺混凝土坡面下流到坑底。使大部分泌水顺垫层坡度通过两侧模板底部预留孔排出坑外，少量来不及排除的泌水随着混凝土浇筑向前推进被赶至基坑顶端排出，上部混凝土泌水排除采用真空水泵抽出排水坑外。

③ 循环冷却水管

预埋冷却水管降低最高温度。钢拱支座承台基础采用直径 29mm 钢管作为冷却水管，按照中心距 1.0m 左右交错排列，水管上下间距约为 1.1m，并通过立管相连接。

④ 混凝土的表面处理

大体积泵送混凝土，其表层水泥浆较厚，可在表面均匀撒一层洁净石子，撒石子多少视现场情况而定。

为防止表面出现微裂缝，表层铺一层成品钢丝网，待养护结束后用切割机切割 5mm×20mm 分格缝，分仓尺寸为 2000mm×2000mm。

⑤ 混凝土养护

在表面覆盖一层薄膜、两层草袋，根据测温记录随时进行增减；混凝土浇筑后设专人 3 班养护，每 2h 洒水一次，注意洒水只须淋湿草袋即可；拆模时，随拆模随保湿、保温养护。

⑥ 水化热测定

在钢拱支座承台基础混凝土的不同部位及深度埋设测温点，在浇筑过程中以及浇筑后进行温度变化的测定。

a. 测温点的布置及设置。

测温点的布置见测温技术方案，测温设备采用 JDC-2 便携式电子测温仪，通过预埋式测温线与手机插接进行测温，施工中测温线不慎损坏可用应急夹补救。

b. 测温记录：测温试验员必须每 2h 完成一次测温，24h 循环测试、监控，对各测点定时定点测温，及时准确提供混凝土温度变化资料和曲线图，指导完成大体积混凝土的测温和保温工作：

第 1d～第 5d　　　　每 2h 测温一次；

第 6d～第 15d　　　　每 4h 测温一次；

第 16d～第 30d　　　每 8h 测温一次。

⑦ 施工缝留设

在拱脚基础 1/2 高度处设施工缝，拱脚混凝土分两次浇筑，第 1 次浇到−2.55m 标高处，混凝土表面留锯齿状凹槽及插筋，混凝土凹槽宽 1m、深 100mm、间距 1m。插筋为 $\phi20mm$、间距 1m，插筋长 1.4m，上下各 700mm，外侧两排插筋上端呈斜向，端头用作焊接对拉螺栓，具体做法见拱脚剖面和模板示意图。

钢拱基础施工缝留设见图 5.2.3-17。

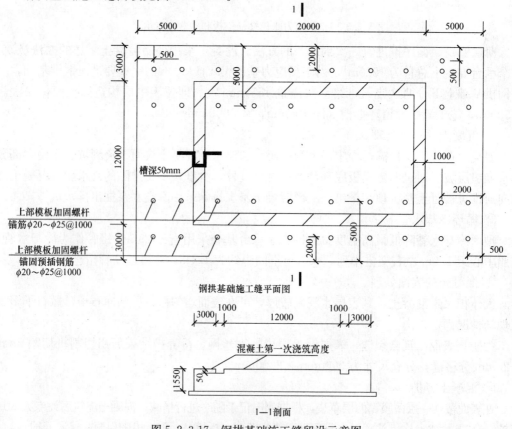

图 5.2.3-17　钢拱基础施工缝留设示意图

2）主拱支座施工

主拱支座大体积混凝土分 a、b、c 区 3 次施工，分区施工示意如图 5.2.3-18 所示。

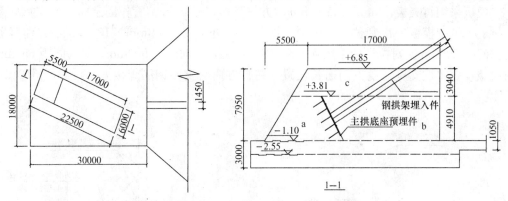

图 5.2.3-18 拱脚基础及主拱支座位置和剖面示意

（1）主拱支座大型预埋件安装

主拱支座预埋件平面尺寸为 5.5m×5m×60mm，单体重量达 38t，在−1.1m 拱脚基础混凝土强度达到要求时，采用 150t 汽车吊一次安装就位，大型预埋件采用 4 道 160mm×160mm×10mm 角钢焊接固定，角钢的下端与拱脚基础预埋铁件焊接固定。在距大型预埋件的顶部 600mm 处采用 DN217 钢管作支撑，控制预埋件的角度和稳定。

在 60mm 厚、角度为 45°的钢板面上留八个直径为 200mm 的孔，作为混凝土的浇筑孔。在斜面板的后背焊长 1500mm、厚 20mm 的锚板，在每块锚板上均留有 $\phi300$ 孔，使混凝土在浇筑过程能进入主拱支座底部。主拱支座大型预埋件安装如图 5.2.3-19 所示。

（2）钢筋绑扎安装

主拱支座钢筋直径从 $\phi14\sim\phi28$mm，直径少于 22mm 的水平钢筋采用闪光对焊，竖向钢筋采用电渣压力焊，直径大于 22mm 的水平钢筋和竖向钢筋均采用直螺纹连接。

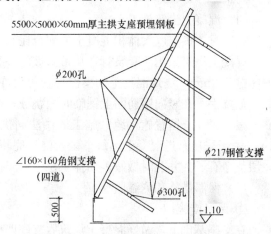

图 5.2.3-19 主拱支座大型预埋件安装示意图

在拱脚基础施工时，按设计图纸和分区施工要求预先留好插筋。主拱支座外侧钢筋一次制作成型，中部的钢筋打弯后避开或绕过主拱钢管，在预埋铁件处从预埋件孔洞中穿过或与预埋铁件钢板焊接。

在 6m 厚的墙体中，设计共配有五排竖向钢筋网，间距 1.5m，靠外墙两侧各 1 排，中间 3 排，5 道竖向钢筋之间用拉结筋固定其位置。对大斜面的钢筋绑扎，一端采用 $\phi6$mm 螺栓拉结固定在斜面外模板支撑体系的钢管上，另一端将拉结螺栓焊接固定在斜面钢筋上，同时在斜面钢筋的下部，采用 $\phi22$mm 钢筋作垂直支撑，支撑根部与拱脚基础预埋 $\phi22$mm 钢筋焊接，支撑顶部与斜面钢筋焊接。垂直支撑纵、横向间距 800mm，通过

ϕ22mm 钢筋作斜面钢筋的垂直支撑，ϕ22mm 钢筋垂直支撑如图 5.2.3-20 所示。

（3）模板安装

模板采用竹夹板，50mm×100mm 木方作竖楞，ϕ48mm 钢管作固定模板的支撑体系。主拱支座侧壁模板一次到位。支模时，在竹夹板外侧采用 50mm×100mm 木方作竖肋，横向间距 250mm。对拉螺栓采用 ϕ16mm 钢筋加工，横向间距 500mm，竖向间距 650mm。对拉螺栓在主拱支座宽度方向通长设置，在长方向与支座钢筋焊接固定，如图 5.2.3-21 所示。

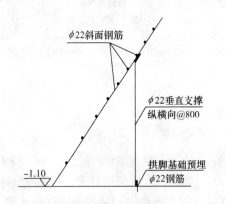

图 5.2.3-20　主拱支座斜面钢筋支撑示意图　　　　图 5.2.3-21　主拱支座模板安装示意图

（4）混凝土浇筑施工

施工时主拱支座大体积混凝土的配合比和每立方米混凝土材料用量与拱脚基础相同。

混凝土浇筑采用 4 套泵管，从带斜坡的一端往另一端分层浇筑，分层振捣，分层厚度不超过 500mm。浇筑混凝土的操作平台可设在－3.91m 标高处，振捣手下到底部分层振捣，振捣手可在竖向钢筋网上铺临时短跳板，分层铺设，分层往上操作。

按分区要求留置施工缝，施工缝做法同拱脚基础，在分层表面做成凹槽形式、间距 1m。由于采用泵送混凝土，每个区段浇筑完毕后，表层水泥浆较厚，可在表面均匀撒上一层洁净石子，并及时做好表面抹压拉毛。

（5）保温措施和测温监控

① 保温措施。

在支座基础上，做好混凝土浇筑后支座四周及上表面的保温。在支座混凝土模板外侧和上表面采用一层麻袋片和一层 10mm 厚岩棉作保温层。

② 测温监控。

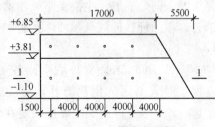

图 5.2.3-22　主拱支座混凝土
测温点布置示意图

浇筑混凝土前在有代表性的位置布置测温点。测温点在每段混凝土浇筑高度的 1/2 位置。现以 b 段为例，在距外边缘 3000mm 处的中心位置设置一排测温点 5 处，间距 4m。在靠近支座边缘处 1500mm 设置第二排测温点 5 处，在靠近支座边缘处 100mm 位置，设置第三排测温点 5 处，共布置 3 排共 15 处。测温点位置如图 5.2.3-22 所示。

5.2.3.6 地下系梁施工方案

1）地下系梁分区施工方案

两拱脚基础间预应力地梁总长达396m，南北两端对称。预应力地梁的施工包括钢管预埋、预应力筋穿管、非预应力筋绑扎、支模和混凝土浇筑。根据整个施工进度的安排，将396m长预应力地梁根据不同部位，组织分区段进行施工。即，首先组织体育场看台基础位置预应力地梁施工，其次进行体育场中部球场区的地梁施工，然后进行Ⓜ轴到拱脚之间地梁及板施工，最后进行拱脚内的地梁施工。分区段施工的平面位置如图5.2.3-23所示。

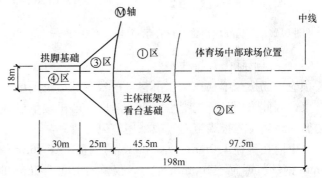

图5.2.3-23　预应力地梁分区施工示意图

2）地下系梁施工工艺流程

土方开挖→垫层混凝土→胎模、木模施工→型钢支架安装→绑扎非预应力筋→预埋钢管铺设（先下层，后上层）→观察孔预埋钢套管安装→分段地梁混凝土浇筑（观察孔位置暂不浇筑混凝土）→其他段地梁混凝土施工→φ6.5mm钢筋穿入孔道→牵引用钢绞线穿入孔道→每束预应力钢绞线墩粗→预应力筋穿束→观察孔钢套管安装→观察孔位置地梁混凝土浇筑→养护→预应力筋分批张拉→锚固→端部注油、封闭→切割端部钢绞线、端部封裹。

3）地下系梁的操作要点

（1）预应力地梁铺束施工

① 孔道留设。

预应力孔道采用φ180×6mm无缝钢管留孔，为保证预应力孔道平直，采用角钢焊成型钢支架支撑钢管，施工中用水准仪抄平，在支架安装完毕，并经复核标高、位置无误后，即可进行地梁非预应力筋的绑扎安装。钢管标高上下误差控制在±20mm之内，平面位置和两钢管中心距误差也不得大于±30mm。钢管整体目测直线顺畅，无明显折点。φ180×6mm钢管的连接，采用长度约500mm、φ190×6mm钢套管连接，连接后与φ180×6mm钢管焊接固定（图5.2.3-24）。

② 观察孔钢套管安装。

位于看台之间球场区段的预应力地梁长度达195m，为了确保预应力筋穿束顺利进行，在195m长度的第②区段范围内分5段施工，在各段之间设8.5m长后浇段4处，并在后浇段的钢管上各留出4m长观察孔，在穿过预应力钢绞线时，可观察24根钢绞线在穿束过程中有无故障，待顺利穿完后，将4个后浇段中约4m长的φ190mm×6mm钢套管就位封闭，然后进行预应力地梁后浇段混凝土浇筑。钢套管安装就位如图5.2.3-25所示。

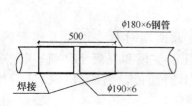

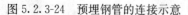

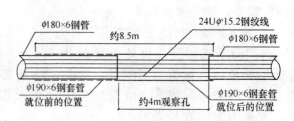

图 5.2.3-24　预埋钢管的连接示意　　　图 5.2.3-25　观察孔 ϕ190×6mm 钢套管安装示意

③ 下料与穿束。

预应力筋按照单根在厂家下料，单根成捆运至现场。由于预应力筋较长，难以实现人工穿束，因此采用卷扬机牵引穿束，考虑到若机械单根穿束，则后穿预应力筋由于已穿预应力筋的封堵，将很难施工，故采用整束穿管。

穿束前在直径 110mm、厚 35mm 的钢板上穿 ϕ6mm 孔洞，将 ϕ15.2mm 钢绞线外围 6ϕ5mm 钢丝剪短 50～100mm 左右，仅留出中间 1ϕ5mm 钢丝穿过钢板（直径 110mm、厚 35mm）上 ϕ6mm 小孔内，如图 5.2.3-26 所示。

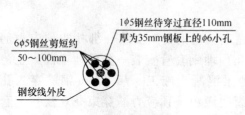

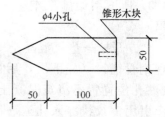

图 5.2.3-26　钢绞线截面示意图　　　　图 5.2.3-27　锥形木块示意图

穿束前先将自制锥体形木块的根部钻一个 ϕ4mm 小孔，将 ϕ6.5mm 钢筋套丝后与木块根部固定，如图 5.2.3-27 所示，再将 ϕ6.5mm 钢筋的另一端与 ϕ^s15.2mm 钢绞线通过挤压锚连接，由人工将带有锥形木块和 ϕ6.5mm 钢筋及钢绞线穿入 ϕ180×6mm 预埋好的钢管内，在钢绞线端部安装特制牵引头，用牵引头固定钢绞线，利用卷扬机，整束一次性穿管。钢绞线墩头及牵引头的连接示意如图 5.2.3-28 所示。

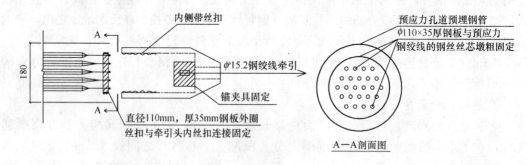

图 5.2.3-28　预应力芯筋墩头安装后牵引示意图

④ 牵引。

地梁施工过程中，在各分区段安装钢管时，由人工先将总长约 410m 单根钢绞线穿过 ϕ180×6 预埋钢管内，作为牵引线，最终通过牵引头和 24 根钢绞线连接固定，用作牵引的钢绞线另一端与卷扬机钢丝绳连接固定，然后进行钢绞线的牵引工作。

每束 24 根预应力钢绞线编组后采用 5t 卷扬机进行牵引。卷扬机钢丝绳的另一端与牵引单根钢绞线连接线固定后，通过牵引头拉结 24 根预应力钢绞线进行牵引，由于预应力筋总长达 410m，用卷扬机钢丝绳不能一次牵引到位，每次牵引约 25m 左右，牵引一次后，重新转换钢丝绳与连接的牵引点进行牵引，直到全部牵引到位。分次牵引方法如图 5.2.3-29 所示。

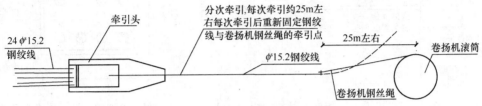

图 5.2.3-29　分次牵引钢绞线示意图

每束 24ϕ^s15.2 钢绞线牵引到位后，将钢绞线的芯线剪断，待张拉时通过防松夹片锚具固定。

在钢绞线牵引过程中，24 根钢绞线的相对位置要保持不变，不能出现扭转，首先对牵引头连接的每根钢绞线编号，并针对 24 根钢绞线分成上下五排，两排 4 根，两排 5 根，一排 6 根，在编束时用 ϕ48mm 钢管调整好每排钢绞线位置，然后每隔 4m 用 12 号钢丝捆成整体。在 5 个观察孔中对每排钢绞线再次进行检查。每束穿筋完成后在两端对每根钢绞线进行编号固定。

⑤ 张拉端端部处理。

预应力锚具采用 OVM15-24FS 防松夹片锚具，端部采用专用配套铸铁锚垫板和螺旋筋，将其可靠地固定在钢筋支架上，并凹进基础侧面 600mm。

（2）模板安装

模板采用九夹板分段支模，分段施工时两端用钢板网封堵混凝土。在 8.5m 长后浇段施工时，考虑施工过程较长，施工工序较多，为便于施工，采用 240mm 砖胎模作为地梁的侧模。砖胎模施工完毕，其他位置地梁侧面木模拆除后，就可以进行地梁两侧土方回填。而预应力地梁位于后浇段的混凝土必须在钢套管内的穿束完成，观察孔钢管焊接封闭后才能进行浇筑。

（3）混凝土分段浇筑施工

非预应力筋和预应力孔道预埋钢管及支架位置、标高经检查验收符合要求后，分段浇筑混凝土，由于预埋钢管多，要做好钢管下部及其两侧混凝土的认真振捣。由于预应力地梁超长，为防止混凝土地梁在张拉前产生温度和收缩裂缝，在混凝土中掺 JM-Ⅲ（A）型防裂增强剂，施工时采用商品混凝土泵送到位，每段混凝土一次浇筑振捣完毕。

（4）预应力张拉

预应力筋分两批进行张拉，每批进行对称张拉，第一批张拉完后停止 20h，观察拱脚位移和预应力松弛情况后，继续张拉另一批预应力筋。

张拉施工前，在每个拱脚承台上设置 2 个位移观测点，采用全站仪和 4 个千分表双控措施监控水平位移（图 5.2.3-30）；根据预应力地梁中无粘结预应力钢绞线束的配置情况，在每道地梁的两端埋设 JMZX-3XOO 型智能弦式数码传感器，分别埋设在两根梁的对角张拉端（图 5.2.3-31），进行钢绞线预应力值的监控测试。

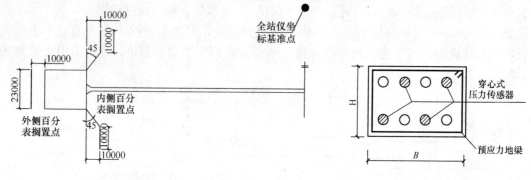

图 5.2.3-30　位移监控点平面布置图　　　　图 5.2.3-31　压力传感器布置图

由于每束钢绞线的张拉应力特别大，施工时按以下顺序进行对称张拉，如图 5.2.3-32 所示。

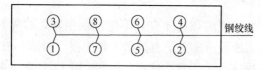

图 5.2.3-32　预应力对称张拉示意图

8 束预应力筋拉完 4 束（即 1、2、3、4）后停止 20h，观察拱脚位移和预应力的松弛情况，在无异常情况后，继续张拉另 4 束预应力筋。

（5）端部注油及封堵

预应力筋张拉完毕经检查无误后，即可采用砂轮锯和无齿锯或其他机械方法切断多余的钢绞线，切割后的钢绞线外露长度距锚环夹片的长度为 30mm，然后在锚具及承压板表面涂以防水涂料，然后清理穴口，用 C30 细石混凝土封堵。

5.2.3.7　主体框架工程施工方案

本工程分为东（E）、南（S）、西（W）、北（N）4 个区，十六个施工段，中间用后浇带或温度伸缩缝隔开。东、西区为七层（局部八层）框架结构，设看台三层；南、北为四层框架结构，设看台二层。

1）钢筋工程

（1）普通钢筋工程

① 钢筋加工场地及运输方法：

a. 本工程在场外设两个钢筋加工场，成型后用车运至施工现场，具体位置见施工总平面布置图。所有半成品直接由塔吊运至施工作业地点。

b. 每个集中加工区配备二套钢筋加工机具。

② 钢筋翻样及成型。

根据图纸及规范要求进行现场钢筋翻样，经技术负责人对钢筋翻样料单审核批准后进行钢筋加工制作。本工程结构配筋多而复杂，在翻样时综合考虑墙、柱、梁、板相互关系，按照设计和规范的要求，确定钢筋相互穿插避让，做到在准确理解设计意图的基础上，执行施工规范，进行施工作业。

③ 钢筋绑扎。

钢筋绑扎时，严格按照设计及规范要求进行绑扎，其搭接长度和锚固长度满足设计及规范要求。绑扎时做到画线定位，梁柱钢筋每点绑扎，板钢筋梅花间隔交叉绑扎，坚持"先主梁后次梁，先梁后板"的绑扎程序。施工顺序为：柱、剪力墙钢筋绑扎→框架梁钢筋绑扎→楼板钢筋绑扎。

④ 钢筋连接。

根据设计要求，本工程框架柱、剪力墙暗柱的纵向钢筋直径小于 25mm 的均采用电渣压力焊焊接接头，直径大于 25mm 的采用直螺纹连接，接头位置及间距按设计图纸要求，但同一截面上钢筋连接的数量不得超过全截面钢筋总数的 50%，斜柱主筋采用直螺纹连接。

⑤ 钢筋检查。

钢筋绑完后，重点检查以下几个方面：

a. 根据设计图纸检查钢筋的型号、直径、根数、间距是否正确，特别检查支座负弯矩筋的数量。

b. 检查钢筋接头的位置及接头长度是否符合规定。

c. 检查钢筋保护层厚度是否符合要求。

d. 检查钢筋绑扎是否牢固，有无松动现象。

e. 检查钢筋是否清洁。

⑥ 施工配合。

钢筋施工的配合主要是与木工及架子工的配合，一方面，钢筋绑扎时应为木工支模提供空间，并提供标准成型的钢筋骨架，以使木工支设模板时，能确保几何尺寸及位置达到设计要求；另一方面，模板的支设也应考虑钢筋绑扎的方便，梁板钢筋绑扎时凡梁高大于700mm 时应留出一面侧模暂不支设，以供钢筋工绑扎梁底钢筋。待绑扎以及垫块放置均已完成后梁侧模方可封模。另外，必须重视安装预留预埋的适时穿插，及时按设计要求绑扎附加钢筋，确保预埋准确，固定牢靠，更应做好看护工作，以免被后续工序破坏。混凝土施工时，应派钢筋工看护钢筋，保证楼板钢筋保护层厚度符合规范要求，墙、柱插筋位置准确。

（2）预应力钢筋

工程在一至八层框架及看台部位设计了预应力钢筋混凝土结构。预应力结构既考虑作为结构受力，又作为抵抗尚存的小部分收缩和温度裂缝的主要措施。

预应力锚具采用符合国家 I 类锚具的夹片式群锚，钢绞线采用国标 $\phi^s 15.2$、$1860N/mm^2$ 低松弛钢绞线，钢绞线束拉索也采用国标 $\phi^s 15.2$、$1860N/mm^2$ 光面低松弛钢绞线制作。

① 张拉端、锚固端的设置：

框架结构部分根据伸缩缝和后浇带的设置，每层平面被划分为 12 个区段。预应力筋张拉端、锚固端的设置也根据各区段的不同情况分别设置，设置原则为：

a. 单梁采用一端张拉，固定端采用挤压锚（即 P 锚）；

b. 径向框架梁长度在 24m 以下时采用一端张拉，固定端采用挤压锚或张拉锚；超过 24m 时采用两端张拉；当超过 40m 时采用分段交叉搭接，每段长度控制在 24m 以内，每段可采用一端或两端张拉，张拉端或固定端设置在柱支座处；

c. 环向框架梁、连续梁在后浇带处单独设置一跨预应力筋，此跨预应力筋待后浇带混凝土浇筑并达到强度后采用一端张拉，张拉锚固端交叉布置，使其受力均匀；其他环向梁根据预应力筋长度等因素按以上原则设置，环向次梁的张拉锚固端设置在径向框架梁的外侧；

d. 异形梁、肋梁、弧形肋梁也根据以上原则灵活设置。

为了减小对梁截面的削弱，框架梁张拉端在柱支座处将梁加宽后引出，在楼板上预留张拉操作口，在梁侧张拉；次梁在主梁侧面引出，将此处板加厚，在板面预留张拉洞口张拉。

② 预应力钢筋混凝土施工工艺流程：

框架梁、板脚手架→框架梁底模→排放非预应力钢筋→钢筋绑扎→安装支架穿金属波纹管→穿钢绞线、安灌浆孔排气孔→梁隐蔽工程验收→立梁侧模及板底模→安装张拉口网片、预埋承压板→楼板筋绑扎→隐蔽工程验收→混凝土浇筑→养护、张拉准备→张拉梁预应力筋→切除外露钢绞线→灌浆、端部封闭→拆除已张拉段梁底模板→浇筑后浇带混凝土→养护、张拉准备→张拉后浇带处预应力筋灌浆封锚→拆除后浇带处梁底模板。

③ 预应力工程的施工顺序：

框架部分预应力的施工顺序、流水段的划分均根据混凝土的分段顺序进行。为了提高模板、脚手架的周转速度，降低成本，本工程拟采用模板早拆体系，即混凝土浇筑并达一定强度后先拆除板底模板和梁侧模（后浇带处除外），当混凝土强度达张拉要求时张拉梁的预应力筋并灌浆，待灌浆强度达要求后拆除全部梁底模板。

跨越后浇带的预应力筋采用后穿筋方法，即预先留设孔道，待后浇带混凝土浇筑且其强度达要求后再穿入预应力筋、张拉、灌浆，最后拆除此处梁底模。

a. 预应力张拉顺序按混凝土施工的先后顺序进行。每一施工段内先张拉径向预应力梁中预应力筋，再张拉环向预应力框架梁中预应力筋，最后张拉环向次梁中预应力筋。每一施工段内或梁内的预应力筋张拉顺序均为居中对称。

b. 预应力张拉完毕，应先观察 12h，无异常情况后 48h 内完成灌浆工作。

c. 水泥浆采用 42.5 MPa 普通硅酸盐水泥，水灰比为 0.4 左右，灌浆压力为 0.5~0.6MPa。

d. 锚具封闭要求：预应力筋张拉完后，将外露的钢绞线切断，锚具外露钢绞线长度不小于 30mm，张拉口用比结构混凝土高一级的微膨胀混凝土封闭。

e. 按照混凝土施工段的划分，预应力筋敷设施工亦配合进行。

f. 张拉完后，方可全部拆除梁底模板。

施工时，预应力钢筋工程编制详细的专项施工方案。

2）模板及支撑体系工程

（1）模板选用

本工程模板体系选用见表 5.2.3-1。

模板体系选用一览表　　　　　　　　　　　　　　表 5.2.3-1

部　　位	模　板　方　案
剪力墙	采用 12mm 厚竹夹板，背楞和托楞均采用 50mm×100mm 木方，φ48mm 钢管，另用 φ12mm 的对拉螺栓加固

部　位	模　板　方　案
圆　柱	采用 4mm 厚钢板制作定型钢模，L40×4 角钢加固，4mm 厚扁钢加劲肋
主次梁	采用 15mm 厚竹夹板，背楞和托楞均采用 50mm×100mm 木方，碗扣式脚手架和 ϕ48 钢管支撑，ϕ12 的对拉螺栓加固
混凝土楼板	采用 15mm 厚竹夹板，背楞和托楞均采用 50mm×100mm 木方，ϕ48mm 钢管，支撑为碗扣式脚手架及多功能早拆体系
楼　梯	采用 12mm 厚竹夹板，背楞和托楞均采用 50mm×100mm 木方，ϕ48mm 钢管

经计算验证符合要求。

（2）柱、墙模板施工

当柱、墙钢筋绑扎完毕，隐蔽验收通过后，便进行竖向模板施工。首先在底部进行标高测量和找平，然后进行模板定位卡的设置和保护层垫块的安放，设置预留洞，安装竖管，经查验后，安支柱、墙、电梯井筒等模板（圆柱模板见异形柱及看台斜折形大梁施工方案）。

（3）梁、板模板施工。

梁、板模施工时先测定标高，铺设梁底板，根据楼层图弹出梁位置线，进行平面位置校正、固定。较浅的梁（一般为 450mm 以内）支好侧模，而较深的梁先绑扎梁钢筋，再支侧模，然后支平台模板和柱、梁、板交接处的节点模，梁底模板、侧模及板模采用 15mm 竹夹板，梁底及板底用 ϕ48 钢管支托，50mm×100mm 木方加固。梁板支撑体系采用重点推广的早强快拆支撑体系。梁按要求起拱，支模时，控制复核梁底、板底标高，检查支撑加固，保持模板拼装整齐，异形梁的模板采用木模拼装成形，梁高大于 750mm 的，设一排对拉螺杆加固，其水平间距 600mm，具体见图 5.2.3-33。

（4）梁柱接头、剪力墙接头

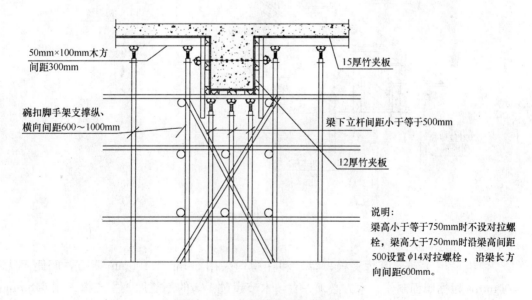

图 5.2.3-33　梁模支设示意图

梁柱接头的模板是施工的重点，处理不好将严重影响混凝土的外观质量，不合模数的部位用木模精心制作。具体做法是：拆柱模时留下上口一块柱模不动，留作梁模延续部分使用，并且固定牢靠，避免乱拼凑。提模时，保证上一层模板和下一层已浇混凝土紧贴牢固，保证接头处平整。

（5）楼梯模板施工

模板采用 12mm 厚的竹夹板及 50mm×100mm 的木方现场放样后配制，踏步模板采用木夹板及 100mm×50mm 木方预制成型木模，而楼梯侧模用木方及三角形木板拼制。由于浇混凝土时将产生顶部模板升力，因此，在施工时须附加对拉螺栓，将踏步顶板与底板拉结使其变形得到控制。楼梯模板支设示意如图 5.2.3-34 所示。

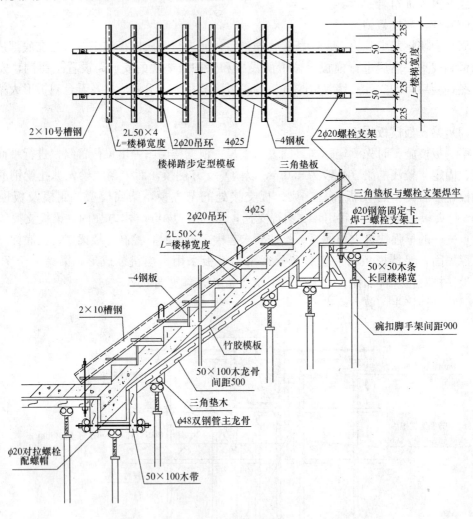

图 5.2.3-34　楼梯模板支设示意图

（6）剪力墙模板

模板采用 12mm 厚竹夹板，背楞和托楞均采用 50mm×100mm 木方，间距不大于400mm，根据墙面制作，木方必须平直，木节超过 1/3 的不能用，主支撑采用 ϕ48mm 间距 500mm 的双钢管，并用 ϕ12 间距 600mm 对拉螺栓固定，剪力墙模板支设见图

5.2.3-35。

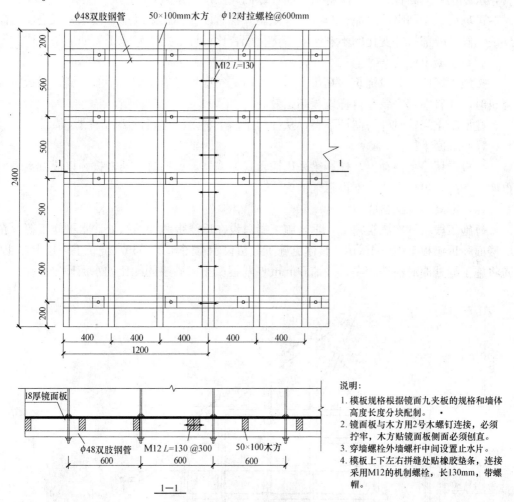

图 5.2.3-35　剪力墙支模示意图

（7）特殊部位模板

后浇带两边梁、板需保留所有支撑，待主体结构完成 42d 后，对后浇带进行清理，支模板。

（8）模板拆除

对竖向结构，在其混凝土浇筑 48h 后，待其自身强度能保证构件自身不缺棱掉角时，方可拆模。梁板等水平结构早拆模板部位的拆模时间，应通过同条件养护的混凝土试件强度实验结果结合结构尺寸和支撑间距进行验算，并符合《混凝土结构工程施工质量验收规范》GB 50204 的规定来确定。

预应力梁，待预应力张拉、灌浆完毕，并达到设计要求的强度后拆除底模及支撑。

3）普通混凝土工程

（1）混凝土的试配与选料

本工程混凝土强度等级主要为 C40、C45，采用商品混凝土泵送施工。

为确保工程质量，应严格控制材料质量，选用级配良好、各项指标符合要求的砂石材料，水泥选用同品种、同强度等级产品，以同一生产厂家为好。

进场后，立即组织对原材料的选择试验并参考以往的施工级配，按照施工进度可能遇到的气候、外部条件变化的不利影响，优化配合比设计，并做好施工前期准备工作。

（2）混凝土浇筑

按施工区段，分段浇筑，在每一施工段内，一次性浇筑完毕，不留冷缝，梁板混凝土浇筑时，泵管端部安装布料杆以提高工效。

柱混凝土浇筑时外搭溜槽下料，从柱门子洞下料，沿柱高设 2~3 个振动点。

（3）混凝土振捣

楼板采用平板振动器，柱、梁采用插入式振捣器，振捣时快插慢拔，以混凝土表面不再明显下沉，出现浮浆，不再冒气泡为止。

（4）混凝土施工缝的留设

每施工段均一次浇筑完毕，垂直施工缝只设在后浇带和伸缩缝处，水平施工缝设在各层楼面和顶梁板下 10~15cm，具体见施工缝留设示意图 5.2.3-36。浇筑上一层混凝土时，先将施工缝处湿润清洗干净，并铺 50mm 厚与混凝土内砂浆同配比的水泥砂浆。

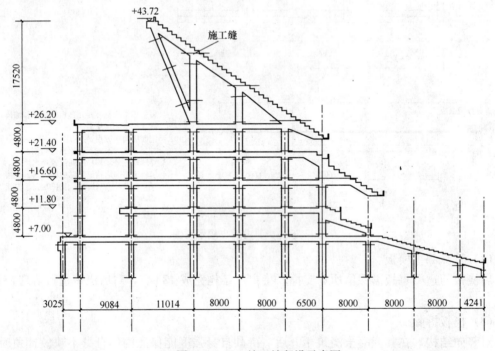

图 5.2.3-36 施工缝留设示意图

（5）混凝土养护

混凝土初凝后，及时浇水养护 7d 以上，遇雨天及高温天气，采取覆盖保护措施。

5.2.3.8 分叉异形柱及看台斜折扇形大梁施工方案

本工程框架柱为圆形柱（规格 $\phi 1200mm$，$\phi 800mm$），看台斜梁为折扇形大梁，由于圆形柱和看台斜折扇形大梁是本工程的结构核心，且该梁、柱钢筋多，截面大，钢筋相互交错，施工难度大。

1）分叉异形柱及折扇形大梁钢筋工程

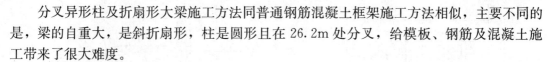

分叉异形柱及折扇形大梁施工方法同普通钢筋混凝土框架施工方法相似，主要不同的是，梁的自重大，是斜折扇形，柱是圆形且在 26.2m 处分叉，给模板、钢筋及混凝土施工带来了很大难度。

（1）钢筋工程施工流程

放线、校核底模→安放钢管支架→绑扎梁上钢筋→套箍筋→穿梁下面筋及腰筋→就位整理绑扎钢筋→拆除钢管支架。

（2）钢筋绑扎要点

由于异形分叉柱及折扇形大梁，主筋均呈斜向分布，且钢筋密集，纵横交叉，就位绑扎比较困难，为此，在钢筋配料单计算时考虑钢筋长度和相互关系，在不影响锚固长度的前提下适当改变弯起位置，以保证施工时顺利就位，绑扎前考虑先后顺序，在确保异形柱及折扇形大梁施工的同时兼顾其他梁的施工。由于梁上部筋排数多，间距小，钢筋重量大，且梁断面高，箍筋易失稳，因此绑扎钢筋沿梁底模布置钢管支架，最上层钢筋绑扎在钢管支架上，二排筋和三排筋用钢丝固定在下面，就位后套箍筋并放在支架一侧，下部钢筋和腰筋采用穿插法，就位后整理绑扎钢筋，钢筋绑扎完毕拆除钢管支架。

（3）绑扎钢筋时注意事项

① 绑扎钢筋前认真复核支撑的稳定性及标高、钢筋配筋图；

② 梁上面筋应严格控制标高，以确保主筋位置准确，梁下面筋标高亦应严格控制；

③ 钢筋绑扎完毕，经验收后方可安装梁侧模板和柱模板；

④ 确保梁、柱钢筋骨架稳定，在合适的位置加支撑，以防骨架变形。

2）分叉异形柱及折扇形大梁模板工程

（1）异形柱模板体系的设计

本工程圆柱截面有二种，分别为 $\phi800$、$\phi1200$，模板由专业公司制作，采用 4mm 厚钢板制作定型钢模，L40×4 的角钢加固，4mm 厚扁钢加劲肋。钢模的形式为压制的两个半圆形（内径按照柱直径），标准节长度为 1.5m，钢材厚 4mm，每片端头两侧及半圆边满焊带螺栓孔的角钢，螺栓孔必须上下一致且均匀，以便安装时螺栓能顺利穿过，为防混凝土浇筑过程中灰浆流失，柱钢模水平接缝做成企口形式，竖向接缝加垫条封堵，为增强整体刚度，定型钢模横向每 500mm 设一道 L40×40 等边角钢，纵向每 30°设一道 4mm 厚扁钢加劲肋，柱距梁底节点不足部分用单独加工高度 200mm、300mm 的钢模补齐，做法如图 5.2.3-37 所示。

（2）大梁支撑体系设计

除采用 $\phi48×3.5$ 脚手管搭设满堂式脚手架外，大斜梁范围内立杆间距和横杆排距支撑采用腕扣式多功能脚手架，此施工段是产生倾覆力最大的地方，框架梁及环梁的支撑杆间距皆为 600mm×600mm（梁宽方向为 600mm，梁长方向为 600mm），立杆步距在 V 形柱分叉以下为 1800mm，分叉以上为 1200mm。其水平杆与已浇的柱连接采用双钢管、双扣件固定。为保证架体的整体稳定，在纵横轴线至梁板底设置环向与径向垂直支撑，环向支撑每跨设置四道，钢管间距为 400mm×2400mm，同时从分叉处往上设置三道水平支撑，钢管间距为 2400mm×2400mm，垂直支撑上部与斜梁支撑横杆箍紧，下部与脚手架水平杆箍紧。

梁底模及侧模由竹夹板和 50mm×100mm 木方配制而成，纵向背楞 5 根，横托楞立

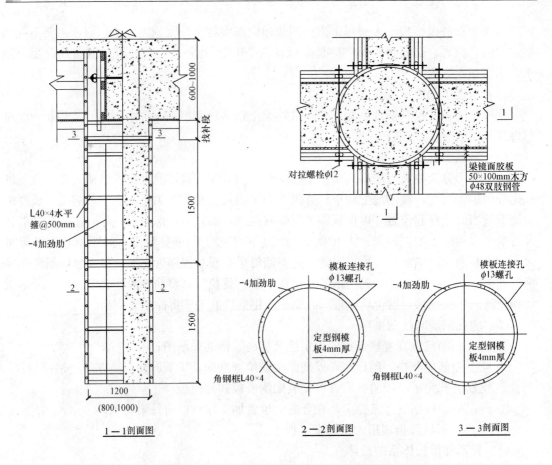

图 5.2.3-37　混凝土圆柱模板支设示意图

说明：1. 混凝土圆柱直径有 800mm，1200mm；标准节长度为 1500mm，上部用 200mm，300mm 的钢模找补。

　　　2. 标准节模板由两片组成；找补段有四片组成，尺寸根据梁高、宽确定。

　　　3. 圆柱柱箍为 L40×4 角钢，定型钢模板加劲肋为 4mm 厚扁钢与钢板点焊，模板制作及螺孔尺寸应精确。

　　　4. 圆柱模板间连接用 φ12 螺栓。

放，间距为 500mm，背楞间距 600mm，并由螺杆对拉固定，为保证侧向刚度，用活动钢管顶撑支撑，经计算完全符合要求。大样图见图 5.2.3-38。

（3）支撑系统施工注意事项

①先按图纸放出梁、柱位置线，根据立杆间距弹支撑位置线并作适当调整，使上下立杆能大体在同一垂直线上，现场放出模板拼装大样图。

②采用 φ48×3.5mm 钢管，严禁使用弯曲变形或有裂缝的钢管和破损扣件，垂直钢管优先选用整根钢管，因高度过高或条件所限必须搭接时，接头在同一截面内数量不大于 25%，立杆上端与横杆采用双扣件连接。

3）标高 26.2m 处分叉异形柱混凝土浇筑流程

以①轴为例，混凝土柱分十二次施工，第一次浇筑混凝土至一层框架梁底 100～150mm 处，第二次浇筑混凝土至一层框架板面，第三次浇筑混凝土至二层框架梁底 100～150mm 处，第四次浇混凝土至二层框架板面，第五次浇筑混凝土至三层框架梁底 100

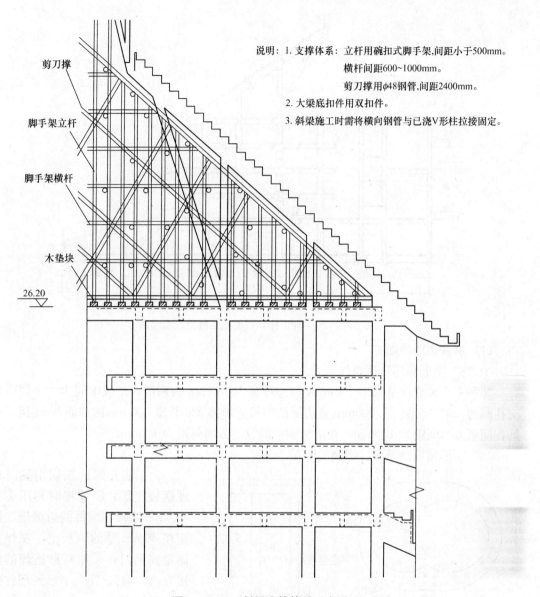

图 5.2.3-38 斜梁支撑体系示意图

~150mm 处，第六次浇混凝土至三层框架板面，第七次浇筑混凝土至四层框架梁底 100
~150mm 处，第八次浇混凝土至四层框架板面，第九次浇筑混凝土至五层框架梁底 100
~150mm 处，第十次浇混凝土至五层框架板面，第十一次浇混凝土至分叉异形柱开叉处，
第十二次浇筑混凝土至斜折扇形框架梁底 100~150mm 处。具体详见图 5.2.3-39。

其他同普通混凝土施工工艺相同，详见"主体看台结构施工方案"。

5.2.3.9 V 形钢管柱及预埋件施工方案

1）施工工艺流程

钢管柱和预埋件加工→"V"形柱根部相贯口制作→钢管柱吊装→斜钢管柱支撑制作
与安装→钢管安装焊接→斜管测量定位→管内混凝土施工。

2）施工操作要点

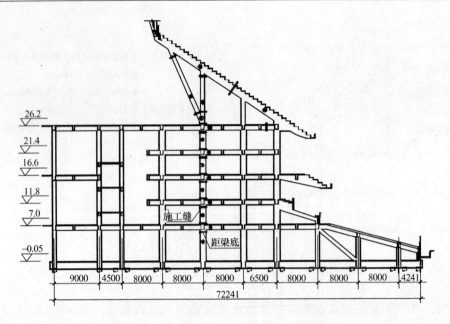

图 5.2.3-39 异形柱、斜梁施工缝留设示意图

（1）钢管和埋件加工

①"8"字形和环形预埋件加工。

"8"字形预埋件是采用 20mm 厚、边缘宽为 200mm 的钢板加工成中间为 2 个圆形相交孔洞的"8"字形。在 200mm 宽边缘的钢板下焊接 $\phi20$ 长度 500mm 的锚筋共 54 组。锚筋在圆弧方向间距为 150mm，在边缘钢板的宽度方向间距为 100mm。

"8"字形预埋件平面、剖面见图 5.2.3-40。

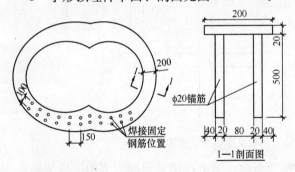

图 5.2.3-40 "8"字形预埋件平面、剖面示意图

为了防止焊接锚固钢筋时预埋钢板变形，在焊接时利用夹具将"8"字形预埋件的边缘钢板固定在 40mm 厚的钢板上，在焊接固定锚筋时，采用对称施焊的焊接方法，确保"8"字形预埋件的加工质量。

环形预埋件加工时，同样在边缘板上焊接锚筋，边缘板的加工要根据钢管柱周边的不同位置和不同标高来确定，下料加工采用电脑放样，确定相贯线后再制作加工，制作方法与"8"字形埋件基本相同。

②钢管加工。

钢管外径 $\phi1000\times18mm$，委托南京长江制管公司加工。委托加工前提出加工质量要求，钢管进场时组织严格的检查验收。

钢管运到现场后，用扇形靠尺检查钢管椭圆度，用游标卡尺检查钢管壁厚，用拉线的方法检查钢管的弯曲度，并认真检查拼接焊缝的超声波探伤报告。

③ V 形柱根部相贯口制作。

为了确保钢管在吊装时的对准连接，要严格按相贯线要求，准确加工制作"V"形柱根部的相贯口。相贯口制作要求几何尺寸偏差不超过 5mm，相贯口组合后焊口宽度偏差不超过 5mm。"V"形柱根部相贯口加工制作见图 5.2.3-41。

各相贯口采用电脑放样，沿管周将管外圈弹出纵向四等分线，此等分线作为绘制相贯线和钢管就位的基准线，以基准线为参照线描绘各相贯线。制作立管

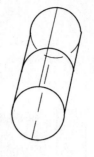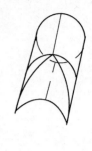

图 5.2.3-41 相贯口制作示意图

三通相贯口时，应按负误差控制，才能确保对口焊接质量。

（2）组合式钢管混凝土柱钢管安装

①吊装方案

V 形钢管混凝土柱安装在标高为 26.2m 的混凝土楼面结构的平台上，钢管高度 17m。吊装高度在 40m 以上，且 V 形钢管混凝土柱的位置距平台边缘达 13m，采用 350t·m 以上的吊车才能满足吊装要求。

施工时采用 50t·m 汽车吊将管件及扒杆垂直运输到 26.2m 高平台。通过滚杠将钢管滑移到要求的安装位置，用三脚架将管件、预埋件装卸就位，采用扒杆进行钢管起吊安装。

②钢管吊装

A. 预埋件及锚接钢筋安装。

在浇筑 26.2m 标高楼面混凝土之前，必须将 V 形柱相应的"8"字形预埋件和锚接钢筋准确安装完毕。

首先安装就位"8"字形预埋件，再施工斜柱锚接钢筋，封 V 形柱根部梁的侧模，最后绑扎柱根部的楼板钢筋。"8"字形预埋件就位前在预埋钢板上标注出相互垂直的就位轴线，在楼板的模板上也制作出相一致的轴线，安装"8"字形预埋件经检查核对无误后，通过相近的梁柱钢筋焊接固定。

B. 钢管吊装：

a. 立管和斜管安装就位。

立管和斜管一次安装就位。采用 25m 高扒杆先吊装垂直钢管，待垂直立管焊接完成后再吊装斜管。斜管就位的难点是吊起后斜穿 2.5m 长锚接钢筋笼。施工时采用一个吊钩固定两个吊耳，在下端的吊耳上安装一只可调长度装置（手拉葫芦）。立管根部也安装一只手拉葫芦，通过手拉葫芦调整斜管的角度，使斜管顺利插入已安装好的斜向锚筋内。

斜管安装如图 5.2.3-42 所示。

b. 钢管安装焊接。

焊接前在预埋钢板上预先坡口，对口时将钢管放在"8"字形预埋钢板的圆孔相应位置，使钢管对接准确方便，保证坡口焊的顺利进行。为了防止焊接方法不当造成焊接变形使钢管产生倾斜和偏移。根据环形焊口的特点，采用等宽焊口、相同焊接遍数、相同焊接速度、分段、对称施焊的方法进行焊接。

c. 斜管测量定位。

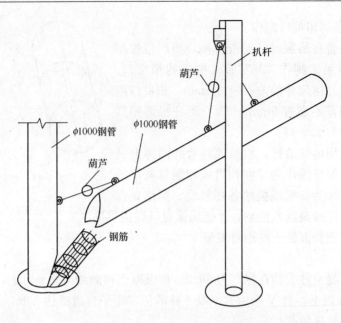

图 5.2.3-42　拔杆安装斜管示意图

　　利用电脑模拟试验，将斜管上端中心坐标点引到管外边缘，作为理论定位观测点，施工时将斜管投影中心线在斜管及楼面上弹出，在楼面斜管投影中心线上标出理论观测点在此线上的投影点，并计算出理论观测点到其投影点的距离。在楼面上投影点处画出投影线的垂直线，在垂线上安装全站仪并测出其到垂足的距离，确定理论观测点的视角。在斜管中心投影线上安装径纬仪。利用全站仪控制斜管上下位置，利用经纬仪控制斜管左右位置。

　　斜管测量定位如图 5.2.3-43 所示。

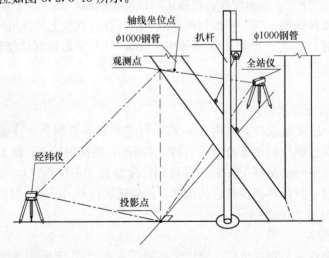

图 5.2.3-43　斜钢管测量定位示意图

　　d. 斜钢管支撑制作与安装。

　　由于斜管较长，在拆除扒杆之前须对斜管进行临时支撑和拉杆固定。在斜管 1/2 高度位置焊接水平拉杆，变"V"形成三角形。斜管下支撑用 2 个 DN200 钢管组成八字形撑脚，支撑位置距管顶不超过 6m，确保浇筑混凝土时斜管的安全与稳定。用钢管作支撑时，钢管与斜管交接处，按相贯线切割后进行施焊。在垂直支撑的底部用 14mm 厚钢板铺设在楼板框架梁位置。在承受支撑力的梁的下层相应位置增加加固支撑，确保楼面结构安全。

e. 上端环行预埋件安装。

在垂直立管和斜管安装后，在 44.28m 标高的斜梁下部安装环行预埋件，使钢管的端部通过环形埋件焊接与混凝土斜梁固定。

③管内混凝土施工

a. 混凝土浇筑采用泵送混凝土输送到位，先浇筑垂直立管混凝土，后浇筑斜管混凝土，直管内混凝土分两次浇筑完成，第一次先浇筑到管顶锚接钢筋以下，然后安装钢管顶端锚接钢筋，进行第二次浇筑到斜梁底部。斜管内混凝土分三次浇筑，第一次浇筑到斜管支撑部位，3d 后再浇筑斜管支撑部位到锚接钢筋下的混凝土，然后安装斜管顶端锚接钢筋，再进行第三次混凝土浇筑到斜梁底部。

b. 混凝土振捣采用高位抛落振捣法，混凝土用输送泵自钢管上口灌入，用特制的插入式振捣器振实。在钢管横截面内分布三个振捣点，使振捣棒的影响范围全部覆盖管内混凝土面。每次振捣时间不少于 60s。由于钢管高度约 18m，特制振动棒长度为 18m，使管内混凝土能顺利进行振捣。混凝土一次浇筑高度不得大于 2m。钢管内的混凝土浇筑工作要连续进行。为保证浇筑质量，操作人员及时在管外用木槌敲击，根据声音判断是否密实。

在浇筑垂直立管混凝土时，混凝土会从斜管叉口进入斜管内，随着立管混凝土的浇筑高度升高，斜管内的混凝土也随着上升，施工时用木槌敲击斜管，斜管内混凝土上升到 2m 左右就基本稳定。待垂直立管混凝土浇筑到梁底后，再进行斜管内混凝土浇筑。

由于混凝土内掺加了外加剂和外掺料，从而改变了混凝土的性能，减少后期产生混凝土收缩的可能，从而确保钢管混凝土三向受力性能达到设计要求。

5.2.3.10 环梁施工方案

屋面环梁沿钢结构屋盖支座处周围布置，截面尺寸为 1500mm×1200mm（宽×高），周长约 810m，环梁下共有 52 根钢筋混凝土柱，构成跨度大小不同的 52 个跨间，其中跨度最大的柱距达 22m。环梁顶面标高由 16.6～44.28m 不等。环梁与体育场主体楼面及看台的结构既相连接，又相分开。环梁的施工必须与主体结构各楼层的施工同步进行。

环梁所在位置、标高和走向见图 5.2.3-44 所示。

1）预应力环梁混凝土施工方案

（1）环梁混凝土分段施工方案

环梁总长达 810m，环梁在南、北区的标高低，且标高变化幅度大，将南、北区各分成 5 段施工；东、西区环梁标高高，且标高变化幅度小，将东、西区各分成 3 段施工。以上四个区共划分成 16 个施工段，加上后浇跨 4 段环梁共分成 20 段分别施工。环梁混凝土分段施工见图 5.2.3-45。

（2）环梁预应力筋分段张拉方案

根据环梁所在平面位置和空间条件不同的特点，对环梁（宽 1.5m、高 1.2m）中 12 束预应力筋进行合理的分段布置，在南北区各分三段埋设预应力筋，东、西区各分两段埋

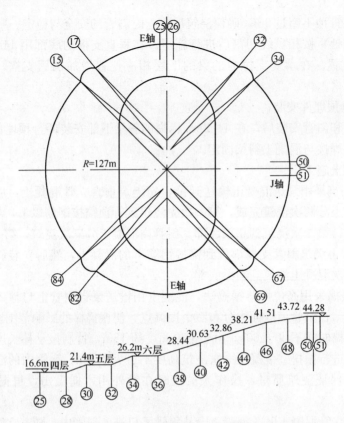

图 5.2.3-44 环梁所在位置、标高及走向示意图

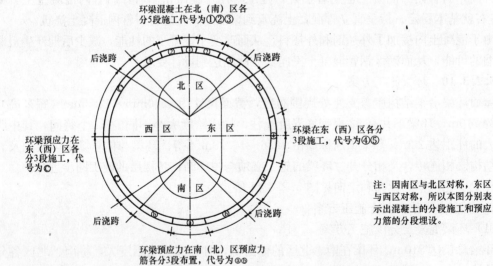

图 5.2.3-45 环梁混凝土分段施工、预应力筋分段布置示意图

设预应力筋，全长 810m 的环梁共分成 10 段埋设预应力筋。设计要求在同一截面的预应力张拉锚固端不能超过 4 束，即每段 12 束预应力筋要分三个不同位置作张拉锚固端。整个环梁 10 段预应力要分别在 30 个不同位置进行布置预应力筋，且要求均采用两端张拉，所以在环梁混凝土施工时，必须要准确留置 60 个预应力筋的张拉端位置。

4个后浇跨的预应力筋,分别纳入相邻的东、西、南、北4个区段进行分段布置。环梁预应力筋分10段布置,如图5.2.3-45所示。

2) 环梁模板支撑

环梁下采用3ϕ48×3.5mm钢管作立柱,间距450mm,两侧各设一根钢管,纵向间距600mm,即每1200mm长环梁下共设置8根钢管作立柱。为防止由于扣件紧固不严,施工过程要加强支撑系统每个直角扣件的紧固工作,防止由于扣件紧固不严产生的滑移现象,在梁下立杆上的直角扣件均采用双扣件,确保支撑系统的施工安全与可靠。

环梁模板支撑系统设计见图5.2.3-46所示。

施工时,必须在环梁支撑系统中设置纵向和横向剪刀撑,确保支撑系统的稳定性。环梁下支承在楼板上的钢管,应铺设50mm厚木板,并在梁下增加支撑立杆,以确保施工安全。

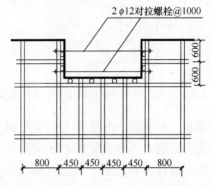

图5.2.3-46 环梁模板支撑设计示意图

3) 预埋件安装和钢筋绑扎

(1) 柱顶预埋件安装

在环梁与柱顶接触部位设计采用1500mm×1500mm×100mm厚铸钢件作为钢拱架在檐口的支承点,并在柱头的铸钢板下有整体铸造的4块尺寸为1000mm×1000mm×36mm的钢锚板,锚板的方向与环向钢筋相垂直,即一部分钢筋(包括2束预应力钢筋)必须穿过锚板,在环梁与柱头连接处还有径向梁的钢筋也要锚入柱头。

施工前,采用木模作出柱头与环梁交接处的足尺大样,对标高变化部位采用对柱顶支承钢板逐个放样,确定其所在位置的角度变化,然后将环梁预应力筋和非预应力筋需要穿过钢锚板的位置,预先在锚板上精确钻孔,钻孔孔径大小如下:2束预应力筋为2ϕ120mm孔眼,10根非预应力钢筋为10ϕ45mm孔眼,确保安装预应力和非预应力钢筋时能顺利通过。

环梁柱顶铸钢件锚板预留孔位置见图5.2.3-47所示。

径向梁钢筋安装时根据每个柱头所在位置的标高、斜度的不同,在柱头与环梁交接位置逐个调整梁底标高和斜度,使径向梁钢筋能顺利安装。

对于径向梁锚入柱头的钢筋,遇有钢锚板影响时,可将钢筋端头预先弯折,满足锚固长度。

为了精确安装和固定柱顶预埋件的位置,在柱子施工到环梁下约500mm时留好施工缝,通过角钢支架,托住柱顶预埋件,当位置和标高检查无误后,浇筑环梁下500mm高柱头混凝土,使角钢支架准确牢固地托住柱顶4.5t重的预埋件,4.5t铸钢预埋件采用扒杆起吊就位。

柱头预埋件和角钢支架安装见图5.2.3-48所示:

(2) 钢筋安装

当柱头大型预埋件安装固定后,方可进行环梁上部的钢筋绑扎安装。

环梁配筋密集,整个截面配有32ϕ28和18ϕ32共计50根非预应力筋和12束、每束7ϕˢ15.2预应力钢绞线,其中2束预应力钢筋和10根非预应力筋均须穿过4块36mm厚

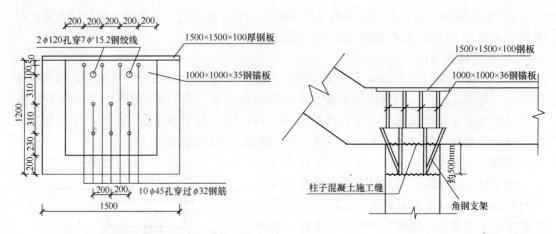

图 5.2.3-47 环梁柱顶铸钢件锚板预留孔位置示意图　　图 5.2.3-48 柱头预埋件和角钢支架示意图

的钢锚板上的孔洞。非预应力筋采用绑扎连接，先绑扎梁底和梁侧钢筋，然后安装底层和两侧预应力筋，再绑扎梁中心区钢筋，最后安装环梁上表面钢筋和预应力筋。

靠近梁柱核心区由于钢筋密集，采用开口箍筋焊接固定钢筋位置，梁中心区钢筋单独采用箍筋固定。中心区和上部钢筋分别采用"〔"形钢筋与上、下层钢筋焊接固定。

12 束预应力筋的安装按设计要求分段安装，共分 10 段进行布置，每段预应力筋平均跨越环梁 5～6 跨，每段 12 束预应力筋分三个截面分别布置在三个不同的跨间内，即同一截面的一个跨间内只能有 4 束，并分别采用两端张拉，按设计要求准确安排好每束预应力筋的具体位置和张拉端，其具体位置和要求见"预应力张拉施工"。

（3）张拉端预埋件预埋

环梁混凝土的分段施工和预应力筋的分段埋设关系非常密切，混凝土分段施工时必须根据分段张拉的要求，做好环梁预应力筋张拉端节点预埋件的预埋和位置的预留。由于混凝土分段和预应力张拉分段不仅位置不同，而且预应力筋的张拉端数量是预应力筋分段数量（10 段）的 6 倍，施工时必须做到精心施工，确保张拉端的位置和方向的准确。

4）环梁混凝土浇筑

根据环梁分段施工要求，在模板、钢筋安装验收合格后进行混凝土浇筑。施工顺序是从低到高，即先施工南、北区，再施工东、西区。采用分段连续浇筑混凝土，最长分段在东、西区，每段长约 90m，采用商品混凝土，泵送施工，从分段的一端往另一端分层浇筑施工。为了提高环梁在预应力钢筋张拉前的抗裂性能，在混凝土中掺加水泥用量 7% 的 JM-3（A）高增强型抗裂外加剂。浇筑完毕后及时做好覆盖养护，保持混凝土表面处于湿润状态，防止混凝土在张拉前产生温度和收缩裂缝。

5）环梁预应力张拉施工

（1）张拉方案

环梁总长达 810m，根据分段施工和分段张拉的原则，对 12 束钢绞线，采用分段、分束、逐根进行两端张拉施工。

（2）张拉端位置设置

环梁两侧和上下预应力筋张拉端位置必须错开，12 束预应力筋在环梁整个 810m 长度范围内共分 10 段埋设（南北区 6 段，东西区 4 段）。预应力筋分段长度从 50～130m 不等。设计要求预应力筋张拉端的位置在同一截面不得超过 4 束，也就是 12 束预应力筋张拉端必须在三个不同位置设置。所以全长 810m 的环梁，要在混凝土施工时留出 60 个不同的张拉端位置，才能满足分束逐根张拉的要求。

（3）对称张拉

在每个截面内张拉端为 4 束 28 根钢绞线，每根预应力筋张拉时必须采用对称张拉的方法进行，以减少和消除后张拉的预应力所产生的混凝土结构构件的弹性压缩对先批张拉可能造成的预应力损失。12 束预应力对称张拉次序可按图 5.2.3-49 的要求进行。

环梁侧面 4 束预应力筋张拉端的留置要求是：内侧的 4 束留在外侧，外侧的 4 束留在内侧。环梁上表面的 2 束留在上面，下表面的 2 束也留在上面。同时，要按同一截面为 4 束的要求进行布置。所以，12 束预应力筋分三个不同截面，分别布置在三个不同的跨间内。

环梁预应力筋张拉端位置如图 5.2.3-50 所示。

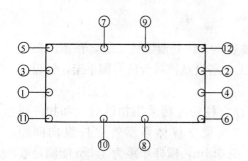

图 5.2.3-49 12 束预应力筋张拉顺序图

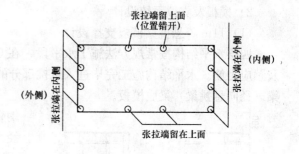

图 5.2.3-50 环梁预应力筋张拉端位置示意图

（4）逐根张拉

在环梁两侧同一截面各有 2 束预应力筋，每束为 $7\phi^s15.2$ 钢绞线，每束 7 根钢绞线分别布置在梁侧面高度方向，每根钢绞线的张拉端位置上下相距 50mm 以上，另一束 7 根钢绞线布置在距该束钢绞线水平距离约 800mm 处同一侧面梁的高度方向。

由于同一张拉截面共有 4 束 28 根预应力筋要进行张拉，因此张拉端节点的混凝土强度和预埋件质量必须十分可靠，位置应十分准确，从而确保每束预应力筋的张拉顺利进行。

张拉锚具选用一般无粘结预应力筋单孔锚，锚板尺寸为 80mm×80mm×14mm。

锚具示意图见图 5.2.3-51 所示：

环梁底模及支撑系统应在混凝土强度达到设计要求，且该段预应力筋已经张拉完毕方可拆模。具体施工时应编制详细的专项施工方案。

5.2.3.11 11m 跨大型悬挑看台施工方案

体育场径向悬挑看台跨度 11m，悬挑梁

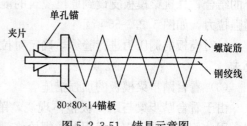

图 5.2.3-51 锚具示意图

高度 2.7m，宽度为 600mm，整个看台面积为 35267.6 m²。控制悬挑结构施工时支撑系统整体稳定性和大梁的侧向变形是施工时的关键问题。

1) 施工顺序

四层看台以 16.6m 标高为界分为两部分施工，首先施工四层结构的水平部分（即室内部分），再施工悬挑看台 16.6m 以下部分，五层结构的水平部分及 16.6m 以上部分看台最后一次施工，按照这样的顺序完成整个中层悬挑结构的施工，施工顺序见图 5.2.3-52。

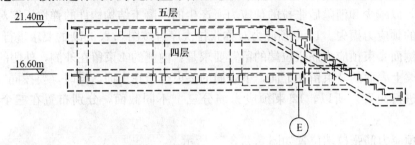

图 5.2.3-52 中层看台施工顺序

2) 模板及支撑系统设计

(1) 11m 跨悬挑梁模板支撑设计

四层水平结构按常规方法施工水平段，在 Ⓔ 轴边 1/3 跨处留设施工缝，预留出钢筋及预应力筋。水平结构施工完毕进入悬挑部分的施工，搭设悬挑看台满堂脚手架，铺设主梁（径向悬挑梁）梁底模板。

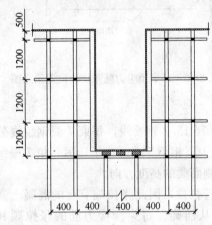

图 5.2.3-53 中层看台支撑（剖面）

钢管支撑立柱的连接采用扣件对接和扣件搭接。经计算，大梁支撑体系钢管立杆纵向间距 1m，横向间距 0.4m，横杆步距为 1.2m 能满足要求，如图 5.2.3-53、图 5.2.3-54 所示。

因悬挑梁为斜梁，由于混凝土、钢筋及模板的重力产生下滑力，在混凝土浇筑时此部分水平力的影响将逐步加大，为抵消这部分水平力，在四层水平结构施工完毕后 Ⓔ～Ⓕ 轴间的满堂架暂不拆除，悬挑看台部分的满堂架与此部分的脚手架用水平杆连接，并将立杆上顶托顶紧以增强脚手架与结构之间的拉接能力。

(2) 悬挑梁的侧模支设及加强措施

为保证悬挑梁在混凝土浇筑时与水平结构部分的结合，悬挑梁模板支设到原已浇筑的混凝土面并用对拉螺杆从原预留螺栓孔中穿过以增强拉力，如图 5.2.3-55 所示：

经对模板的侧压力进行验算，确定对拉螺杆的直径为 $\phi 12$ 间距 600mm×400mm 满足要求。

(3) 看台踏步梁模板的加强措施

由于看台踏步梁与踏步板整体现浇，踏步梁一边侧模必须为吊模留出 80mm 板厚位置，因此侧模不易固定，采用对拉螺杆将梁侧模固定在满堂架的立杆上，满堂架立杆径向

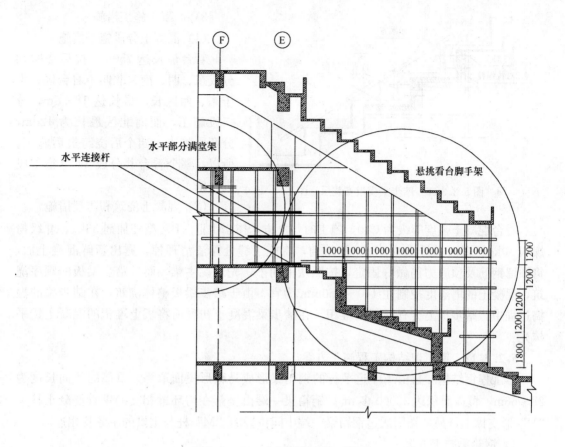

图 5.2.3-54　中层看台支撑（侧面）

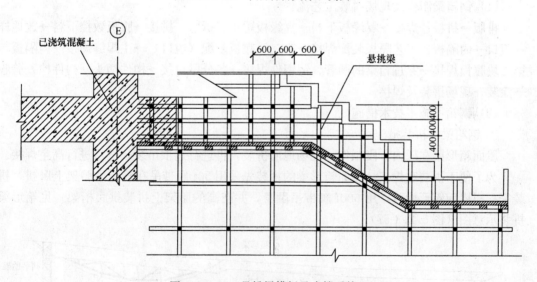

图 5.2.3-55　悬挑梁模板及支撑系统

间距同踏步宽度一致，设为 800～850mm，具体见图 5.2.3-56。

外侧吊模下每隔 1m 设置马凳，焊接在梁板分布筋上，踏步梁上每隔 2m 设置径向通长钢管，将外吊模上口通过扣件固定在钢管上，以增加吊模的稳定性。

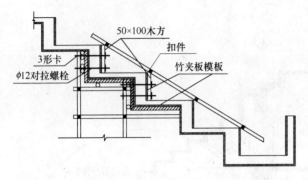

图 5.2.3-56　踏步梁模板安装示意图

3）混凝土施工措施

（1）混凝土分段施工措施

看台最长达 750m，按后浇跨划分成东、西、南、北四个看台区。由于东、西区长，最长达 185.5m，分三段施工，而南北区最长为 120m，分两段施工，四个后浇跨最后施工。所以，整个看台共分成 14 个施工段进行施工。

（2）混凝土浇筑和防裂措施

看台混凝土强度等级为 C40，施工时每立方米掺 JM-Ⅲ（B）型外加剂 33kg、Ⅱ级粉煤灰 50kg、聚丙烯纤维 0.8kg。浇筑前，将施工缝处浮渣清理掉，露出新鲜混凝土面，将预留钢筋及预应力筋做好固定，按照从下而上，先悬挑主梁，而后踏步梁板的顺序浇筑，混凝土的坍落度控制在 140～150mm 为宜。由于踏步梁板整体浇筑，在踏步梁的振捣过程中，踏步板上会有混凝土堆积，在踏步梁混凝土初凝前将板上堆积的混凝土铲平抹光。

5.2.3.12　钢屋盖结构工程施工方案

本工程钢结构屋盖由 104 道平行的钢箱梁形成马鞍形屋面罩篷，罩篷的径向长度为 28～66m，覆盖面积达 32000 多 m²。钢箱梁一端由坐落在与环梁相交的钢管混凝土柱顶 "V" 形支撑上，另一端则通过钢箱梁一端中间位置的 "M" 杆与主拱的主弦管相连。

1）钢箱梁施工方案

（1）钢箱梁制作及现场拼装工艺流程

排版→拼板、焊接→翼缘板下料→翼缘板矫正、折弯、拼接→腹板数控下料→放地样→组口→内隔板、工艺隔板装配焊接→第二块腹板装配（组口）→主焊缝焊接→内隔板与第二块腹板焊接→穿过箱梁的圆管、铸钢件焊接→各分段对接→构件切头→构件检查验收→涂装→现场拼装及焊接。

（2）钢箱梁施工技术措施

① 钢箱梁的拼装措施：

屋面箱形梁在厂内分段制作，现场地面拼装，再进行逐根吊装，然后进行高空焊接。

为了便于拼装和焊接，屋面箱形梁的拼装先采用 50t 履带吊在较低的胎架上卧拼，拼装完一根屋面箱形梁后，用 600t 履带吊翻身，并在高的胎架上拼装拱腹桁架。见箱形梁拼装示意图（图 5.2.3-57）。

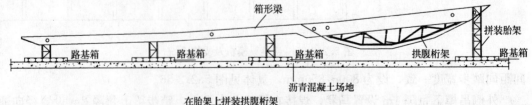

图 5.2.3-57　钢箱梁拼装焊接顺序示意图

② 屋面钢箱梁的焊接措施：

先焊两侧翼板，等翻身后，再焊两侧腹板，并由两名焊工对称施焊；施焊时采用多层、多道焊接，每层采用分段退焊法施焊；根部用 $\phi2.5mm$ 或 $\phi3.2mm$ 焊条打底焊 $1\sim2$ 层，其他用 $\phi4mm$ 或 $\phi5mm$ 焊条焊接填充、盖面。

③ 屋面钢箱梁的安装措施：

本工程东西区高，南北区低，各个区的箱形梁的安装均从低到高进行，以保证屋面体系和支撑胎架体系的整体稳定性。吊装顺序见图 5.2.3-58。

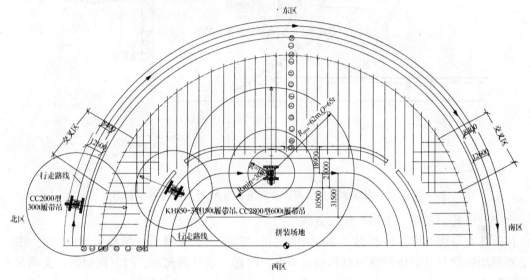

图 5.2.3-58　钢箱梁吊装顺序示意图

屋面箱形梁的定位基准为 V 形支撑前支撑柱及支承胎架的顶端，对 V 形支撑和胎架的位置标高必须测量定位准确。

箱形梁和主拱互相依托，形成空间结构体系。安装过程中，屋面系统和主拱皆非单独的稳定结构，必须共同设置一套支撑胎架，待整个箱梁全部安装完毕并形成稳定的结构体系后，方可拆除支撑胎架。整个屋面系统及主拱荷载由支撑胎架体系直接传递，待屋面系统安装完毕后，再安装主拱。主拱安装时，出屋面部分主拱单独设置支撑胎架，对于屋面内主拱部分，先将连接主拱与屋面箱形梁的 M 杆安装就位，主拱安装时直接支撑在 M 杆上（见箱形梁与 M 杆支撑连接示意图 5.2.3-59）。

屋面箱形梁采用四点吊装就位，为了保证箱梁的侧向稳定性，减少支撑胎架的受力及屋面变形，箱梁吊装就位后要及时安装"V"形支撑柱和箱梁之间的环梁、连系梁及屋面支撑，以增强屋面的整体稳定性，防止屋面箱梁发生倾覆现象。安装时，箱梁两边拉设缆风绳进行临时固定。

为防止安装时箱形梁在自重作用下产生下挠，需采取如下措施：

a. 在安装箱梁和屋面杆件时，内环梁先不安装，以避免箱梁的悬挑端的变形不一致而导致内环梁无法达到安装精度要求；

b. 主拱安装完毕后，在主拱上挂置手拉葫芦，手拉葫芦的另一端系住箱梁，当箱梁前檐口的标高一致后，再安装内环梁。

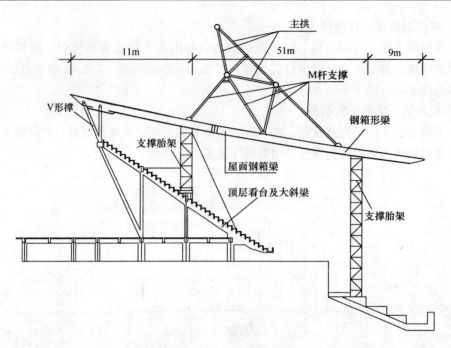

图 5.2.3-59　支撑胎架立面布置及钢箱梁与 M 杆支撑连接示意图

2）372m 跨斜双拱（主拱）施工方案

横跨体育场南北方向的两榀 372m 跨的主拱，跨度大、重量重、单榀重达 1606t，主拱节点采用铸钢节点、压制球节点和相贯节点，两榀主拱分别向东、西方向倾斜，支承在屋面箱梁上。

（1）主拱分段拼装方法

将主拱分成 21 段在地面分段组装后高空拼装，中间段（第 11 段）为合拢段。拼装时，采用箱梁拼装采用的统一拼装平台，拼装完成后吊装前再进行翻身，以方便拼装施工，确保拼装精度的控制。拼装时，主拱先在小胎架上拼成三角形后，再在胎架上组装分段主拱。组焊后的构件要加工艺支撑，以防构件变形。

（2）主拱桁架的焊接措施

①主拱分段地面组装时的焊接顺序：

先焊主弦杆管与管、管与铸钢件对接焊缝、主弦杆与压制球的相贯焊缝，再焊斜腹杆与铸钢件的对接焊缝、斜腹杆与主弦杆、压制球的相贯焊缝、斜腹杆和斜腹杆的相贯焊缝。

同一管子的两条焊缝不得同时焊接，焊接时，应由中间往两边对称跳焊，防止扭曲变形。

②主拱分段高空拼装时的焊接顺序：

先焊主弦杆焊缝，四根弦杆应同时对称焊接；再焊斜腹杆与铸钢件的对接焊缝、斜腹杆与主弦杆、压制球的相贯焊缝、斜腹杆和斜腹杆的对接焊缝。最后焊"M"杆与铸钢件的对接焊缝。

③主拱分段吊装措施：

为了满足主拱分段吊装的要求，主拱分两大部分，分别在场外和场内进行组装，其中

1～4、18～21 分段在场外进行拼装，5～17 分段在场内进行拼装。

　　主拱吊装采用 CC2000 型 300t 履带吊和 CC2800 型 600t 履带吊进行分段吊装，主拱分段吊装见图 5.2.3-60、图 5.2.3-61 所示。

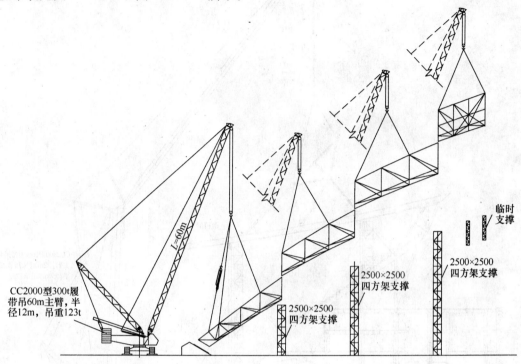

图 5.2.3-60　主拱吊装立面示意图一

　　主拱吊装从两端向中间进行，由于主拱采用卧式连续拼装法，所以吊装前要进行翻身，翻身时采用双门滑轮，以减少翻身过程中的冲击。吊装前，通过葫芦调节主拱的空间角度，确保高空对口就位准确无误。

5.2.3.13　金属屋面工程施工方案

　　本工程金属屋面系统由大拱和悬挑梁罩棚两部分组成，其中大拱由铝单板、直立锁边铝板面板、檐口铝单板、聚氨酯天幕板（阳光板）四部分组成；悬挑梁罩棚屋面为 0.9mm 厚铝镁锰直立锁边面板，底板为 0.6mm 厚穿孔钢板，背衬吸声膜、50mm 厚吸声棉一层，屋面系统的构造形式呈坡状。

　　大拱结构面层采用 2.5mm 厚铝镁合金平板，结构檩条为镀锌 C 形檩，板缝采用开放式设计，由 U 形铝扣条填嵌。

　　屋面铝板采用通长槽形无接头整板，面板固定支架采用特制螺钉固定，面板与固定支架间采用可滑动连接，有效地消除了金属板因温差产生的变形及应力，增加了屋面板的使用寿命。在横向接头处采用大小边锁边，具有良好的防雨性能，其接头形式如图 5.2.3-62 所示。

　　檐口铝单板包括四部分内容：东西环梁铝板、外挑檐铝板、内挑檐铝板、1/4 内挑檐铝板。

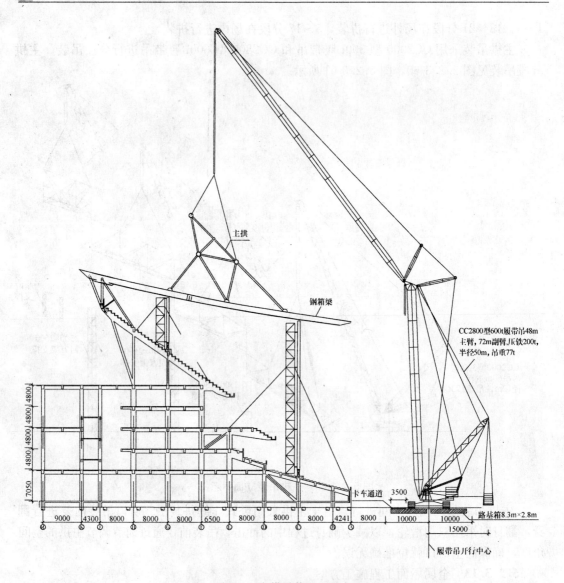

图 5.2.3-61　主拱吊装立面示意图二

聚氨酯天幕板（阳光板）结构采用主次檩结构，主檩通过连板与结构用螺栓连接，次檩通过钢角码与主檩采用螺栓连接。阳光板用钢扣固定后用铝扣槽连成整体。

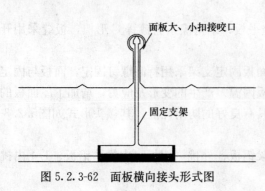

图 5.2.3-62　面板横向接头形式图

悬挑梁罩棚部分底板为倒贴板，施工难度大，且底板下看台同时也要施工，因此施工时无法搭设脚手架。另外，底板面为双向曲面，而底板又为平面板，如何才能满足要求，达到理想效果都是施工关键。

1）屋面直立锁边铝板安装

（1）屋面直立锁边铝板安装工艺流程

施工准备→面板 T 码安装→面板垂

直运输→面板安装→安装检查。

（2）屋面直立锁边铝板安装施工要点

①面板 T 码安装。

铝板 T 码是屋面与结构结合的连接件，是屋面系统的主要传力构件，T 码安装质量直接关系到屋面系统的承载力及使用寿命，因此施工时必须严格控制面板 T 码安装质量，使其在轴线方向最大偏差不超过±2mm，水平转角不超过±1°。为确保 T 码轴线及转角精度，施工时使用 6m 靠尺检查，不符要求必须整改。安板前还应对 T 码进行复检，符合要求后才能进行下道工序施工。

②面板垂直运输。

由于面板长度较大，最长板 70 多 m，且受现场场地限制，小型起重设备无法满足要求，如果使用大型起重设备，不仅经济上造成浪费且施工效率低下，无法满足工期要求。为确保工期，降低成本，面板垂直运输采用钢丝滑绳法。施工时，必须由经验丰富的施工人员统一指挥，以确保施工过程中不损坏面板。

③面板安装。

面板安装前，必须检查 T 码安装质量，符合要求后进行安装，面板为依次咬接安装，为防止锁边处因板断面倾斜积水而发生渗漏，安装顺序必须由低处向高处依次安装，在最高点处两条小边或两条大边交汇处采用换肋的方法解决铝板的咬合。

屋面板安装时必须确保每一 T 码全部扣入板肋槽中方可安装下一块板，面板固定点采用两颗钢铆钉沿 T 码 45°方向固定。

④ 安装检查。

当天安装的面板必须锁边，锁边直径为 21±1mm，施工时必须严格控制该数值，每次施工前先检查锁边机的锁边直径，如发现偏差，对锁边机进行调整，如果一次锁边数量较大，超过 5000m，在锁边过程中也要检查锁边直径，一般为 5000m 检查一次。

2）屋面底板安装

（1）屋面底板安装工艺流程

吊篮制作→吊篮安装→底板檩条安装→底板安装→安装检查。

（2）屋面底板安装施工要点

① 吊篮制作。

底板安装采用吊篮法施工，吊篮用 100mm×60mm×20mm×2.5mm 的 C 形檩条焊制而成。底板用压型板制作，护栏用 φ12 钢筋制作，高为 1200mm，吊篮底部周圈设 200mm 高挡脚板。对滑绳及吊篮必须进行周密设计计算，施工时严格管理，确保施工安全。

② 吊篮的安装。

施工时将吊篮用 φ12 的钢丝绳通过吊环吊至施工面下方做为工作面，同时在吊篮上方设两道 φ8mm 钢丝绳安全绳，施工时作业人员将安全带挂在安全绳上，严禁将安全带挂在吊篮滑绳上，滑绳两端用卡扣将滑绳与结构钢梁卡紧，施工时每个吊篮允许承载 3 个施工人员，严禁超载作业。吊篮具体安装形式如图 5.2.3-63 所示。

③ 底板檩条安装。

底板面为双向曲面，而底板又为平面板，根据底板的特性及安装方向，底板在沿径向可以光滑过渡成曲线，但由于压制成形后，底板在环向方向刚度很大，无法弯曲，因此采

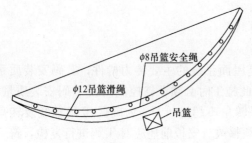

φ8吊篮安全绳

φ12吊篮滑绳

吊篮

图 5.2.3-63　吊篮安装示意图

取在檩条径向进行预弯处理，使檩条在径向呈一条光滑弧线，底板檩条安装时确保檩条环向在每一个等分段内为一条直线。

④ 底板安装。

在每一块板环向方向，确保每一块板 4 根檩条在一个平面上，以若干短直线拼成曲线，通过现场实际放样，沿环向方向由 180 个小直线段组成的近似曲线可满足设计要求。因此，将底板分格沿环向进行 180 等分，满足了底板安装的设计要求。

3）环梁、内、外挑檐、1/4 内挑檐铝板安装

（1）安装工艺流程

铝板安装设计→测量放线、立标杆→龙骨安装→龙骨上弹放铝板安装墨线→铝板安装、调整→密封胶施工→收口板施工→检查验收。

（2）环梁、内、外挑檐、1/4 内挑檐铝板安装施工要点

① 铝板安装设计。

东西立面环梁铝板外沿口总弧长 364.8m，每立面弧长 182.4m，每立面分格 152 格，每格宽度为 1.2m。根据环梁结构的特点，把上面板与下面板的夹角设计为 60.8°，而把下面板与环梁底部板设计成 90°，从而形成强烈的立体效果。

② 测量放线、焊龙骨标杆。

在结构面上放好龙骨安装线，然后以每六格为一单元焊接标杆，并对每一焊接标杆进行校准。

③ 龙骨安装。

根据标杆单元内每格进出、前后及上下分格尺寸及水平控制尺寸进行龙骨初步点焊，对点焊的龙骨检查、调整，对调整好的龙骨进行满焊。

④ 铝板安装。

在每根龙骨上弹放出铝板安装墨线，量出每块铝板所需的尺寸，根据铝板尺寸进行铝板安装，铝板初步安装完毕，进行整体调整，检查验收。

⑤ 密封胶施工。

密封胶采用美国著名的道康宁硅硐耐候密封胶，而板缝填充物是采用 P．E 泡沫棒。在施工中要求胶缝宽窄均匀，胶带光滑平整，不起泡、不开裂等。

⑥ 收口板施工。

对收口位置进行严格把关，按设计要求处理好收口，力求做到符合各项质量要求的前提下，收口板完整、美观。

4）大拱檩条及铝板的安装

（1）大拱檩条及铝板的安装工艺流程

主檩条地面组装→垂直运输至结构面点焊→调整、满焊→次檩条安装→次檩条调整、固定→主檩方向上中间的标准铝板→转角处圆弧铝板→标准板与圆弧板之间的调节板安装调整。

（2）操作要点

① 檩条的安装：

a. 主檩条在地面组装好（将双片主檩条用螺栓与连接板连接），用卷扬机垂直运输到目标位置，点焊于主结构上，对主檩条进行调整，将误差调整到控制范围后满焊，并于焊口涂防腐底漆、中间漆和面漆等；

b. 次檩条先用螺栓和角码连接在主檩条上，调整好位置后将螺栓拧紧、固定；

c. 主檩及次檩安装时调整区域划分：将主檩和次檩划分为若干区域进行整体调整，通常以八个主檩分格为一个调整区域。先将该区域内两条放线时确定位置的主檩安装好，包括檩条的位置、标高等控制尺寸都一一对应，以两主檩作基准线分别将其他檩条安装就位；

d. 在该区域内次檩调整：主檩安装好后将在次檩位置确定的两点（在该区域檩条定位主檩上）之间拉线，作次檩安装的基准线，以电脑放样尺寸为依据调整各位置次檩。

② 铝板安装：

a. 首先安装主檩方向上中间的标准铝板，依据放样图纸对标准板的位置控制尺寸予以严格检验，包括主檩及次檩两个方向，保证各尺寸与理论尺寸不超过影响外观的界限；

b. 标准铝板安装后再进行边部圆弧板的安装，边部圆弧板安装应达到线条流畅的效果；

c. 最后进行边部调整铝板安装，该部分铝板大小是由转角圆弧板与标准板之间尺寸决定的，因此需对该处铝板位置进行精确测量，从而确保边部调整铝板安装达到预期效果；

5）聚氨酯天幕板（阳光板）安装

（1）工艺流程

排板→定安装控制线→安装下口泛水→安装第一块板→钢扣安装→安装第二块板→安装扣槽→上泛水施工→重复以上工序至安装完毕。

（2）安装施工要点

阳光板安装前先排版，找出第一块板的安装控制线，安装下口泛水，然后安装第一块板，再安装钢扣，施工时钢扣要紧贴已安装的阳光板，且不能倾斜，再安装第二块板，安装扣槽，扣槽用橡皮锤砸入板肋中，再施工上泛水，依次类推，直到安装完毕。

6）质量控制

采用三检制度严格控制施工质量，施工前对工人进行技术交底，进行操作规程考核，合格后上岗施工。施工过程中，施工班组对每道工序进行自检，合格后交下道工序班组进行交接检，确保达到下道工序安装要求后，报项目专职质检员检查，合格后，报监理、业主检验，监理对工序检查资料签字认可后，进入下道工序施工。

5.2.3.14 砌体工程施工方案

（略）

5.2.3.15 装饰装修工程施工方案

本装饰装修工程另行编制专项施工方案，此处仅介绍不同于一般建筑工程的看台楼地面做法。

本工程看台构造做法见图5.2.3-64。

1）看台面层施工工艺流程

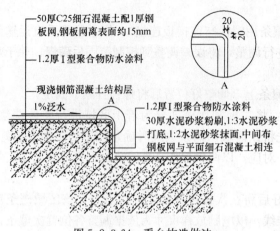

50厚C25细石混凝土配1厚钢板网,钢板网离表面约15mm

1.2厚I型聚合物防水涂料

现浇钢筋混凝土结构层

1%泛水

1.2厚I型聚合物防水涂料
30厚水泥砂浆粉刷,1:3水泥砂浆打底,1:2水泥砂浆抹面,中间布钢板网与平面细石混凝土相连

图 5.2.3-64　看台构造做法

基面清理、对拉螺栓孔处理→聚合物水泥防水涂料防水层→侧壁水泥砂浆粉刷基层→侧壁水泥砂浆养护→浇捣水平面层细石混凝土→细石混凝土养护→钢板网固定→表面砂浆粉刷→分割缝清理、打胶填缝。

2）看台面层施工要点

（1）基层表面准备

① 层表面应坚实、清洁、平整，但不需要光滑。基面不能有积水，也不应渗水。

② 施工前应对基层的平整度、光洁度、不起砂、不开裂等质量指标进行验收，做好记录，认可后方可施工。

③ 钢筋混凝土结构有缺损部位，需用聚合物砂浆或增强水泥浆修补平整。对于看台结构施工时留下的对拉螺栓孔，应凿除表面 20mm 深的 PVC 套管，再用 1：2 水泥砂浆分 2～3 次封堵补平。

④ 基层表面的气孔、凹凸不平、蜂窝、缝隙等，也应修补处理。对于宽度大于 1mm 的裂缝，应先进行结构注浆补缝处理，再用聚合物砂浆保护；宽度为 0.5～1mm 的裂缝用填缝料（防水涂料掺加滑石粉）刮填，干后用涂料粘贴宽 10cm 的化纤无纺布。

⑤ 若混凝土结构层偏差过大，应按以下原则处理：

a. 立面：当结构层与完成面厚度偏差小于 10mm 时，应将混凝土表面凿深凿毛，保证表面粗糙，使粉刷厚度达到 10mm 左右，再进行水泥砂浆粉刷；当结构面与完成面厚度在 40～50mm 时，应采用设置 2 层钢板网进行粉刷；当结构面与完成面厚度偏差大于 50mm 时，应采用 C30 细石混凝土进行修补，内配以 $\phi 4$、间距 100mm 双向钢筋网片并与结构可靠连接，连接点间距小于等于 500mm。

b. 平面：结构面与建筑完成面厚度应大于 35mm，如不足时，应凿除结构层的面层混凝土，再进行施工。

⑥ 根据看台的建筑尺寸进行测量放线和定位，并测出各层看台的标高控制线和水平位置线。划分分割缝留设的位置。

（2）混凝土界面剂施工

混凝土界面剂使用时应充分搅拌均匀，使用时将界面剂均匀地粉刷在混凝土结构面上，厚度应大于等于 2mm，界面剂终凝后湿润养护，以保证其良好的粘结性能。

（3）聚合物防水层施工

① 刮涂：

a. 刮涂时要求厚度均匀一致，总厚度为 1.2mm，分 2～3 次刮涂。首次应将涂料调稀，做冷底子油涂刷，每度刮涂厚度控制在 0.5mm 左右。后次刮涂应在前次涂刷实干后进行（夏期约 8h，秋期约 12h，冬期约 24h）。

b. 操作时将拌匀的涂料倒在基面上，用橡皮刮板或漆刷将涂料涂匀刮平。一次配料数量应根据单次涂刮面积及劳动力而定。配好的材料应在 15mim 内用完。

c. 在刮涂时，先刮涂阴阳角、分割缝等特殊部位，然后再作大面积涂刮，并自上而下进行。

d. 第 1 度涂刷后，应对所刷涂膜的空鼓、气孔以及卷进涂层的砂、灰尘和可能造成的伤痕、不良固化处进行修补，才可涂刷第 2 度。

e. 进行每度刮涂时应交替改变涂层的刮涂方向。

f. 同层涂膜的先后搭接应大于 100mm。

g. 对于立面施工，一般可采用塑料簸箕、刮刀或刮板等工具，与施工面成 60°，由下往上进行刮涂。

② 节点处理：

在进行大面积施工前，应先对节点进行加强处理。即在应加强的部位除规定的厚度要求外，另增加一层加强布和两度涂膜。加强布可用涤纶布或无纺布，其宽度为 200mm。

a. 阳角处理。阳角处容易磨损，因涂膜涂刮施工时不易保证厚度，在施工时应加贴加强布来增加和保证施工厚度及强度，一般宽度为阳角两侧 50mm。

b. 阴角处理。阴角部位应注意不得流淌堆积过多，做到厚度均匀。后道工序必须等涂膜实干后，再进行面层水泥砂浆和细石混凝土施工。

③ 质量检查：

涂料防水层工程的施工质量检验批，应按涂膜面积每 100m² 抽查 1 处，每处 10m²，但不少于 3 处。

（4）水泥砂浆粉刷

① 材料配比计量准确，搅拌充分均匀。

② 采用 1∶3 水泥砂浆打底，可分 1～2 次完成，最后为 1∶2 水泥砂浆抹面。

③ 钢板网采用射钉枪或水泥钢钉固定，间距以 1000mm 左右能挂住网片为宜。

④ 表面收光分 2～3 次进行，达到均匀、平整、光滑、排水顺畅的要求。

（5）细石混凝土施工

① 必须提前作试配，并对试配混凝土收缩量进行检测，然后根据混凝土配合比和试配结果进行配制，注意按重量配合比正确称量。在搅拌现场应根据实测的砂、石含水率，在加水量中相应扣除。单位用水量和外加剂成分根据实际情况适当调整，以保证合适的坍落度及和易性，但用水量不应超过 160kg（以减小干燥收缩）。根据实际测定的混合料容重，适当增加或减少集料用量。根据石子堆积空隙率和砂细度模数适当调整砂率。

② 混合料拌合均匀性：机械拌料时间超过 1.5min。各组成材料必须拌合均匀，特别是外加剂在混合料中要分散均匀，颜色一致，不得有露砂、露石和离析泌水现象。

③ 保水性：目测无明显泌水，并辅助一定频率的仪器检测，测定常压泌水率和压力泌水率。

④ 混凝土入模温度大于等于 10℃。

⑤ 混凝土的振捣：50mm 厚细石混凝土用木抹拍实或磨光机磨面，必须做到不欠振，不过振。

⑥ 细石混凝土中的钢板网布置位置应为离表面 10～15mm，在施工中注意保持其位置准确不移动。

⑦ 看台阳角处设置 20mm×20mm 倒角，在施工细石混凝土面层时一并浇筑，收光成

型。3m 直尺检查直线度小于等于 3mm。

⑧ 在满足混凝土生产、连续浇筑的前提下，应掌握混凝土初、终凝时间，待初凝后便可进行系列养护工作；二次抹面一定要在初凝后、终凝前实施到位，杜绝人为疏忽，保证同一次浇筑的混凝土在同样塑性状态下实施二次抹面。二次抹面后加盖塑料布保水养护，气温低于 5℃时，在塑料布外压草帘或麻袋，保水养护 14d 以上，注意，不得将湿草帘或麻袋直接覆盖于混凝土看台上，以免草帘或麻袋的颜色污染看台。天气干燥、湿度低、风口部位特别要加强洒水保温工作。

（6）表面封闭剂

对表面孔洞等进行处理，达到平整、致密的要求，清理垃圾、油污，然后按照材料要求的用量均匀地涂刷在混凝土表面，看台侧面的封闭剂应用喷雾器或喷筒多次重复喷洒，达到用量标准，并不得出现流淌。封闭剂喷刷完毕，应由专人看护保养，以防灰、砂等产生污染，影响表面质量。另外还应注意：①施工温度应介于 5～50℃；②封闭剂干燥 7d后才能施工下道工序。

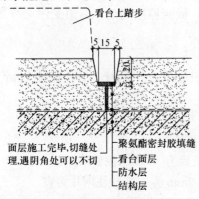

图 5.2.3-65　泄水分割缝大样

（7）分割缝的留设

分割缝构造做法见图 5.2.3-65。

① 分割缝应根据台阶位置、看台弯折点进行设置。

② 人行通道台阶踏步的两侧需留设分割缝（如果踏步侧边有看台则设在看台上，如果踏步侧边为栏板，则设在踏步上），其余部位根据看台的长度等间距布设，分割缝间距小于等于 6m，根据看台实际长度控制在 4～6m 为宜，并且同一楼层上下层看台需对缝，同时分格缝的设置需考虑座椅的位置，应均匀设在座椅之间。

③ 分割缝处有防水层的，防水层应连续，细石混凝土和水泥砂浆粉刷层（包括钢丝网和钢板网）必须断开，分割缝宽度为 20mm，分割缝必须上下对齐，两侧边线顺直。

④ 分割缝处下部为素混凝土，表面 5mm 采用灰色聚氨酯胶密封处理。硅胶必须在水泥砂浆和细石混凝土层达到养护期，表面封闭剂施工完成后进行施工，施工时基层含水率小于等于 8％；表面的浮灰、油污等必须清理干净。硅胶施工应饱满密实，表面光滑，并不得污染周边混凝土。

5.2.3.16　外脚手架工程

（略）

5.2.3.17　给水排水工程施工方案

（略）

5.2.3.18　电气照明工程施工方案

（略）

5.2.4　施工准备工作计划

（略）

5.2.5 现场总平面布置

5.2.5.1 施工总平面图

施工总平面图详见图 5.2.5-1。

5.2.5.2 平面布置说明

本工程体量大、工期紧、专业分包交叉多。一次性投入的人力、物力、机械量大，种类多，各工种需穿插作业。为了确保工程总体施工顺利进行，对现有平面空间进行科学、合理地布置，以确保交通顺畅、安全生产、文明施工，减少二次搬运以及环境保护等管理目标的实现。

1) 场地现状

奥体中心全部区域用地已用砖围墙圈定，地势平坦，目前正在进行桩基作业，根据地质报告数据，场地自然标高为 5.61～7.44m。

区域道路有内环路、外环路，由六条径向路连接成网，四个道路出入口均在南侧与江东南路接通。区域道路预计开工前可以全部完成。

主体育场指定场地共有四块：

(1) 主体育场外围和内环场地：体育场中心地带约 1.5 万 m^2，体育场外围环形带状用地约 8000m^2；

(2) 西侧生产用地 1 万 m^2；

(3) 东侧生产用地 1 万 m^2；

(4) 生活用地约 8000m^2。

2) 交通网络

本工程主要使用 3 号路和环形路为主，支 4 号路为辅。在业主提供的主干道基础上，另外在两个生产用地以及生活用地内部，自行修建临时施工用路，与 3 号路、内环路以及支 4 号路接通，形成本标段工程道路网络体系。

自行修建场内临时道路做法见相关图，6m 宽道路约 600m 长。

3) 场地硬化

(1) 二块生产用地地面计划按以下三类布设：一是钢筋、木工、电气焊等作业场地及砂、石料堆场，采用混凝土硬化面层；二是钢筋、木材、夹板、钢管等堆场，采用碎石面层，上作砖地垅；三是空地采用绿化；

(2) 生活区和办公区采用红砖地面和绿化地面；

(3) 环形路与主体育场外围之间环形带状场地详见"施工总平面图"；

(4) 主体育场内环场地详见有关章节。

4) 现场围墙

主体育场外围、东侧生产用地、西侧生产用地、生活区、办公区等五块场地均采用彩钢板围墙（砖基础）围挡，同时作为施工红线，每块场地均设若干彩板大门，开启方式原则上是推拉，也可平开。门柱砖砌并粉刷成某种特定造型，每个大门一侧设门卫室（彩钢板），大门外侧挂单位名称牌。

5) 生产设施场地

(1) 洗车台。洗车台设在大门内侧，由宽度 300mm、深 400mm 的沟槽围成的宽 3m、

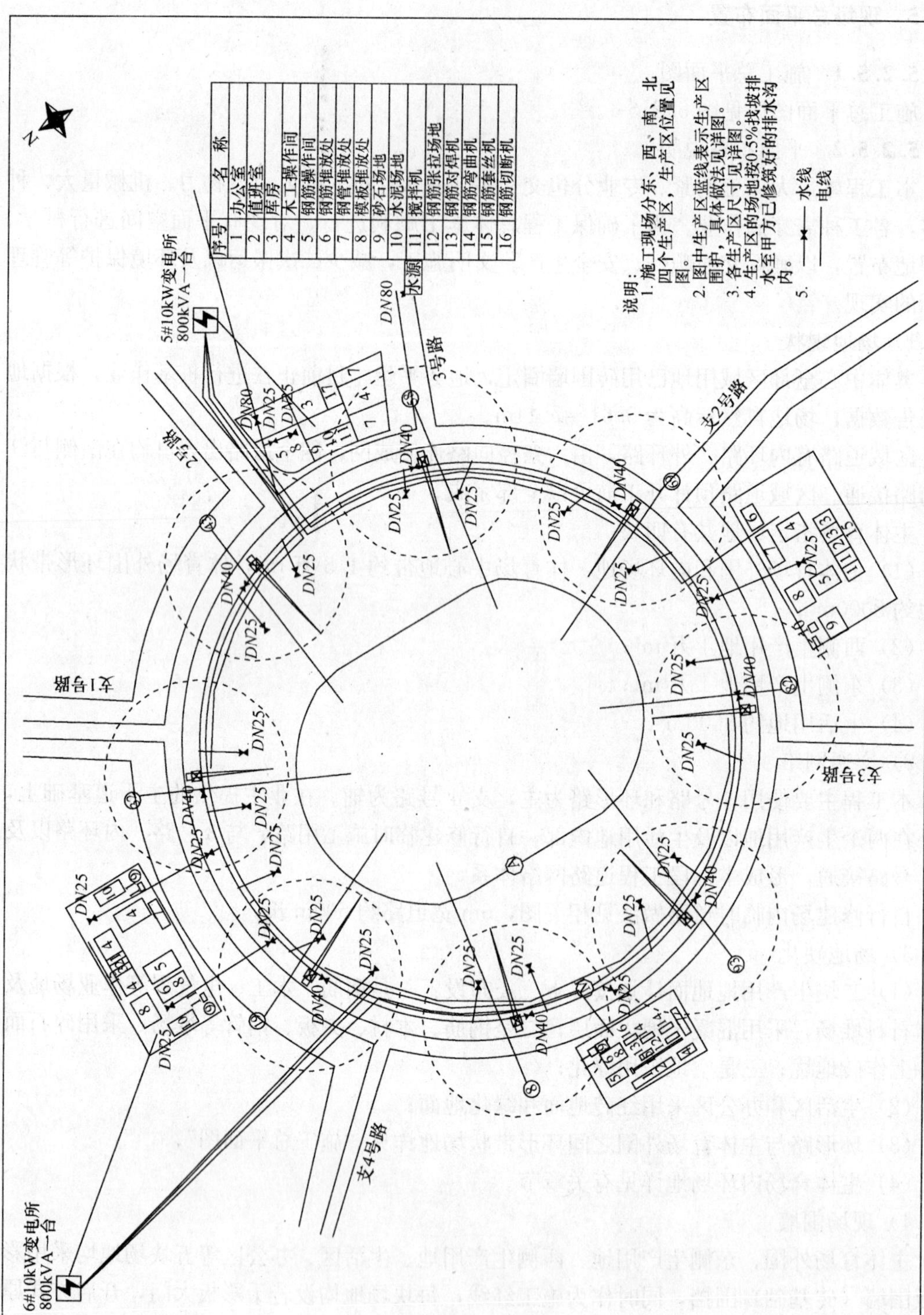

序号	名 称
1	办公室
2	值班室
3	库房
4	木工操作间
5	钢筋堆放处
6	钢管堆放处
7	模板堆放处
8	砂石场地
9	水泥场地
10	搅拌机
11	钢筋张拉机
12	钢筋对焊机
13	钢筋弯曲机
14	钢筋套丝机
15	钢筋切断机
16	

说明:
1. 施工现场分东、西、南、北四个生产区,生产区位置见图。
2. 图中生产区虚线表示生产区围护,具体做法见详图。
3. 各生产区尺寸见详图。
4. 生产区的场地找坡0.5%找坡排水至甲方已修筑好的排水沟内。
5. ←—→ 水线 ——— 电线

图 5.2.5-1 南京奥体中心主体育场施工总平面图

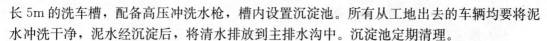

长 5m 的洗车槽，配备高压冲洗水枪，槽内设置沉淀池。所有从工地出去的车辆均要将泥水冲洗干净，泥水经沉淀后，将清水排放到主排水沟中。沉淀池定期清理。

（2）砂浆、混凝土搅拌站。

本工程主要采用商品混凝土，仅基础垫层混凝土和所有砌筑、装修砂浆现场制作。因此，混凝土、砂浆搅拌站分二阶段设置：

① 第一阶段为基础施工阶段，主要考虑基础垫层和基础砖胎模砌筑砂浆的制作，制作场地安排在主体育场内环中心地带。因该混凝土砂浆制作场地为一次性临时场地。砂、石、水泥进场不考虑留设专门运输通道，可利用土方开挖的平面流水顺序中的末层开挖区作临时进料通道。场内设二部 JS-350 搅拌机和砂浆机。

此阶段主体育场屋盖钢拱底座之间的二道预应力束要穿过此场地，但由于此场地宽达 120m，可以隔离施工，不会产生相互干扰现象。

② 第二阶段为主体、装修阶段，考虑有少了的砂浆和少量混凝土制作，搅拌站安排在东侧生产用地，占地约为 1200m²，主要设有搅拌棚、砂石料堆场、水泥库和标养室、搅拌棚内设 2 台 JS-350 型搅拌机和若干砂浆机及相应计量器具。专用运输车运到现场砂浆池或料斗，再供到各层使用地点。

水泥库设在搅拌棚附近。标养室 60m²，内配空调、增湿器、温度计、湿度计及水池，满足养护条件。

（3）钢筋加工场。

钢筋场地分别设在东、西两侧生产用地区域内，各占地 2000m²，称为东钢筋区和西钢筋区，每区分为 6 个部分：钢筋原材料堆放、钢筋加工棚、工具房、冷拉调直场地、半成品堆场、废料临时堆场等。钢筋成形后用专用平板拖车运至塔吊附近。

（4）模板加工及钢管堆放场地。

模板加工及钢管堆放场地分别布设在东、西二个生产用地内，各占地约 1500m²，每区分为 6 个部分，即木方堆放、夹板堆放、模板加工、模板半成品堆放、钢管和圆柱钢模堆放和回收维修场地。

模板半成品、钢管及圆柱钢模成形后由专用平板拖车运到塔吊附近。

（5）砌体材料堆场。

所有砌体按计划分期分批直接供应到主体育场外围环形带状场地内指定地点。

本工程砌体工程量较大，主体育场外围环形带状场地狭小，所以必须精确安排各种型号砌体进场计划，每天用量随用随进，减少外周场地占用率。

（6）水电安装用地。

给排水和普通照明安装工程的加工制作存放地点安排在东侧生产用地，半成品由专用平板拖车运到体育场外围指定地点。

（7）屋盖钢结构施工用地。

在东侧生产用地布置 2000m² 的屋盖钢结构组装用地，另在主体育场外围环形带状场地留有 8 块 20m×6m 的吊装阶段周转临时用地。

（8）专业分包用地。

暖通、消防、设施、灯光、智能化等专业分包用地分成三部分布置，一是在西侧生产用安排约 1500m² 用地；二是在主体育场外围留出 8 块 15m×6m 周转用地；三是办公用房，共安排 3.6m×5m 办公室 7 间。

（9）预应力用地。

安排在西侧生产用地内。

6）机修车间

本工程各种机械投入量大，为做好机械的维修与保养，在东西两个生产用地内各设一个机修场。场内设配件库和机修车间 6m×10m，采用砖墙（砖柱），工具式钢屋架，石棉瓦屋盖。

7）材料库

在东、西侧生产用地各设置一个材料仓库用地，房建修建规格 6m×20m，采用砖墙（砖柱），工具式钢屋架，石棉瓦屋盖。

8）卫生设施

（1）在二个生产用地区域内各设二个垃圾箱和垃圾桶。各设一个男女厕所（水冲式厕所），各设一个洗手台。

（2）主体育场外围环形带场地内设 8 处垃圾箱。在每层设四个移动式小便间，各设四个垃圾桶。派专人随时清理和置换。

（3）在环形路与 3 号、1 号、支 4 号、支 3 号路四个，交叉路口处设四处"五牌一图"。

9）办公设施

本工程采用集中办公形式，以便于施工统筹协调，其主要设施有：业主、监理办公室，专业分包办公室，项目经理部办公室、二个会议室等。

现场办公室采用二层彩钢板房，食堂及餐厅采用砖墙钢屋架瓦屋盖。停车场砖柱、钢屋架瓦屋盖，办公区内设花坛一座。

办公桌椅统一配备，会议室内配备拼装式会议桌、微形机房配备电脑，复印件、传真机等设施，办公室、会议室安装空调、插座、电话等，大部分办公室配备电脑。上述配备包括业主和监理用房。

10）基础阶段施工平面布置

（1）此阶段基础挖土原则上不在现场堆放，土方经平衡计算后，余土运出场区，预留回填土可临时堆放在西侧生产用地中心地带。以利现场生产设施的统一搭建。

（2）此阶段外围环形带状场地，先布置 8 部塔吊，同时按剖面图修建围墙、硬化场地等。体育馆赛场中心地带场地，布设基础垫层混凝土和胎模砂浆制作场，并注意与屋面巨形钢拱基础预应力钢丝束的施工埋设相协调。

（3）此阶段外环带主要摆放半成品钢筋、模板、架子、红砖等。

11）主体结构阶段施工平面布置

（1）基础回填土完成后，在外围环形带状场地上进行全部硬化，增设 4 部提升机和 8 部混凝土输送泵及管道，场地主要功能是临时堆放钢筋半成品、模板架子、混凝土泵车、安装材料、预应力材料、建筑垃圾临时堆放，停放混凝土运输车等。中期增加砌体和砂浆、后期增加钢结构和各专业分包物料临时堆场。

（2）此阶段体育赛场中心地带，主要做工人休息、小件材料工具临时堆放。

12）屋盖安装阶段施工平面布置

屋盖钢结构安装阶段场地规划主要考虑到现场临时堆场（设在东侧生产用地），现场组装以及安装时大型吊车开行等方面因素。并确保场地平整后，平整度小于50mm，地基耐压力达到10t/m²。如果分包商提出特殊要求，土建总承包单位将积极配合。

13）装修安装阶段施工平面布置

（1）此阶段增设4部人货二用电梯并拆除混凝土输送泵及管。此阶段是外环带场地使用高峰期，各专业分包占用量较大。必须加强场地使用的调度管理。土建总包主要是堆放装修材料、砂浆、管材、设备等。

（2）体育赛场中心地带主要安排专业分包设备存放。

（3）此阶段，东、西生产用地的模板加工及堆场和钢筋加工场地大部分可腾出供专业承包商使用。

14）生活区布置

（1）生活设施：

本工程生活设施在业主指定区域搭设，包括专业分包和项目管理人员及工人的生活区。其主要设施有：管理人员宿舍、职工宿舍、食堂、餐厅、淋浴间、厕所等。

临时用房的做法为：宿舍采用双层活动板房，食堂等设施外墙为240mm砖墙，内墙为120mm厚砖墙，镀锌板瓦屋面，木夹板门和塑钢窗，墙面为混合砂浆粉刷，白色乳胶漆饰面，水泥砂浆地面（砂浆层）。

职工宿舍内，上下铺，床架、被褥统一，实行公寓化管理。

生活区食堂内配冰柜、蒸箱、炉灶等设施，要求通风、卫生，经常保持清洁，生熟间要分隔，内墙要铺贴2m高的白瓷砖，其余部分抹平、刷白，厨房内灶台、工作台等设施和售饭窗口内外窗台也铺贴白瓷砖，门窗及洞口要设置纱窗，地面铺贴马赛克，排水良好。

现场浴室、厕所远离食堂，内设自动冲淋装置，内墙面贴1.5m高白瓷砖墙裙，便池便槽侧壁贴白瓷砖，地面贴防滑地砖。

整个生产区，派人定时进行卫生打扫，做到干净、整洁、无异味、排水通畅、道路整齐，并进行适当绿化、美化，为工人营造一个整洁、卫生的环境，展现企业形象。

（2）娱乐设施。

生活区内设篮球场、排球场和乒乓球场，以及阅览室，餐厅兼电视房。

（3）其他配套设施：

① 在进入生活区、办公区的大门入口处设灯箱式施工标牌及宣传牌。

② 办公区设置6个车位的临时停车场。

③ 每个施工区域在厕所处设置标准1号化粪池。生活区的所有污水经化粪池后排入业主规划总排水沟。

④ 在施工用地的大门口处各设置一个保卫室，修建规格3m×4m。

⑤ 在生活区设置一个医务室，提供工人常规的医疗保健。

⑥ 为作好原材料以及各种混凝土、砂浆、砌块等试件的质量检测，在东侧生产用地设置工地试验室，内配各种试验设备用地。

15）施工临时供水线路布置

本工程临时用水量较大的为结构施工时的清洁、养护用水，为满足施工需要，业主提供现场施工临时用水源后，施工单位自行沿线布置。

临时用水水管的布置如下：

（1）用水主管采用 $\phi80$ 镀锌钢管，与甲方提供的供水主管接水表碰口后沿施工道路一侧布置，引入建筑物周围、生活区、加工区后，以 $\phi50$ 镀锌钢管作支管沿场内环形布置。根据施工需要，在主管设置支点水阀，水阀至施工用水点采用橡胶软管连接。

（2）生活区临时生活、消防及洗车用水采用 $\phi50$ 主管，支管采用 $\phi32\sim\phi25$ 的镀锌钢管为供水主管，土建施工现场高峰期人数约为 1960 人，接入 $\phi50$ 支管能满足用水的需要。

16）施工临时用电线路布置

（1）施工现场从建设单位指定地点引入的动力电采用五芯电缆，沿临时道路边缘设多级配电箱，接通生产、生活场地，生产、生活区场地内的电源采用直埋电缆三相五线接至设备。

（2）主供电线路均采用 $VV_{22}3\times120+1\times95+1\times70$ 电缆，三相五线制埋地线路，其中部分穿越道路部分增设 PVC 保护管。从电箱至所有用电设备均采用相应容量的橡胶电缆线，以保证用电安全。线路沿临时围护内侧架设。

（3）现场备用电源采用发电机备用，除提供因短期停电造成的施工用电中断后的设备机具正常用电外，还在个别施工用电高峰期超过变压器最大负荷时对个别施工机具、设备供电，以保证施工顺利进行。具体在各施工加工区的总配电间安装 $Se＝300/200kVA$ 柴油发电机一台，并同时安装具有互锁装置的电源切换装置，防止两类电源工作时不一致出现互冲现象。

17）现场排污

场地排污管道设在 3 号路北侧。考虑到西侧生产用地厕所排污出口，另设一个与上新河路排水道接通的排污管道。两条排污管道在终点位置均设水处理设施，污水经处理合格后排入城市管网。

所有自建临时用路两侧均做砖砌排水沟，统一排入二条主排水沟。二条主排水沟末端设水处理设施，污水达到排放标准后排入市政排水系统。

几个厕所化粪池与排污管道之间采用排污支管接通。

5.2.5.3 施工设施计划

见表 5.2.5-1～表 5.2.5-3。

生产设施搭设规模一览表 表 5.2.5-1

序　号	设施名称	占地（m）	数量（处）	房（棚）规格（m）	数量（个）	备　注
1	钢筋加工场	30×50	2	15×30	2	东西生产用地各一处
2	模板加工场及堆场	30×40	2	15×30	2	东西生产用地各一处
3	机修场	10×30	2	6×10	2	东西生产用地各一处
4	搅拌站	30×40	1	150m²	1	在东侧生产用地
5	材料库区	20×30	2	6×20	2	东西各一处
6	水电安装用地	20×50	1	6×30	1	在东侧生产用地
7	预应力用地	10×30	1	6×15	1	在西侧生产用地

序 号	设施名称	占地（m）	数量（处）	房（棚）规格（m）	数量（个）	备 注
8	电气焊场地	10×30	2	6×10	2	东西生产用地各一处
9	屋盖钢结构场地	2000m²	1			在东侧生产用地
10	专业分包场地	30×50	1			在西生产用地

办公设施用房搭设一览表　　　　　　　表 5.2.5-2

序 号	名 称	面 积	间 数	备 注
1	业主办公室	36m²	2	
2	监理办公室	36m²	2	
3	大会议室	54m²	1	
4	小会议室	36m²	1	
5	专业分包办公室	126m²	7	
6	项目部办公室	360m²	20	
	合 计	648m²		

注：确保提供业主及监理办公用办公桌椅 6 套、空调 4 部、橱柜 4 组。

东施工区域生活区设施用房搭设一览表　　　　　　　表 5.2.5-3

序 号	设施名称	搭设总面积	搭设规格	备 注
1	职工宿舍	4302m²	5m×3.6m	共 239 间，每间 8 人共 1912 人
2	管理人员宿舍	450m²	5m×3.6m	共 25 间，每间 4 人考虑 100 人
3	食堂	330m²	10m×15m	3 栋
4	餐厅	350m²	15m×10m	2 间，兼作职工活动室
5	男厕所	300m²	30m×5m	2 处，设 120 蹲位
6	男淋浴间	150m²	15m×5m	2 处
7	女厕所	60m²	6m×5m	2 处，设 16 个蹲位
8	女淋浴间	30m²	5m×3m	2 处

5.2.5.4　施工平面布置管理

（1）平面管理体系

由项目副经理统一协调指挥。建立健全调度制度，根据工程进度及施工需要对总平面的使用进行协调管理，并由总调度室对总平面的使用负责日常管理工作。

（2）管理计划

施工平面科学管理的关键是科学的规划和周密详细的具体计划，在工程进度网络计划的基础上，形成主材、机械、劳动力的进退场、垂直运输等计划，以确保工程进度，充分均衡利用平面空间为目标，制定出切合实际的平面管理实施计划，并将计划输入微机电脑，进行有效的动态管理。

（3）管理计划的实施

根据工程进度计划的实施调整情况，分阶段发布平面管理实施计划，包含时间计划表、责任人、执行标准、奖罚条例，在计划执行中不定期召开生产调度会，经充分协调确定后，发布计划调整书。总调度室负责组织阶段性的定期检查监督，确保平面管理计划的实施。其重点保证项目是：安全用电、场区内外环卫、场内道路、交通、给排水系统、垂直运输、料具堆放场地管理调整，机具、机械进退场情况，以及施工作业区域管理等。

（4）交通管理

开工前，向业主报送详细的交通用路计划，经审批后，认真组织实施，成立专门的交通管理小组，负责交通指挥、协调，与相关协作单位签订共同使用协管条例，建立卫生等各项管理制度，在分管道路路口处，布设限速、禁停、转弯等标志标牌，安排专人在主要路口疏解人流、物流，确保区域内交通畅通和施工生产顺利进行，确保施工用路符合南京市政和交通管理规定。

5.2.6 主要资源计划

5.2.6.1 劳动力需用量计划

各阶段劳动力的配备见表 5.2.6-1～表 5.2.6-5。

劳动力人数一览表   表 5.2.6-1

序 号	工 种	人 数（人）	备 注
1	模板工	600	
2	钢筋工	400	
3	混凝土工	200	
4	泥工	320	
5	木工	50	
6	普工	60	
7	电焊工	28	
8	架子工	40	
9	油漆工	28	
10	防水、防腐保温工	20	
11	值班电工	12	
12	值班水工	8	
13	机械操作工	36	
14	预应力工	176	
15	电气工	29	
16	管道工	44	
合 计		2105	

主体结构及粗装饰工程劳务人员调配备计划一览表　　表 5.2.6-2

工种 ＼ 人数（人）＼ 工程处	第一工程处（W区）	第二工程处（N区）	第三工程处（E区）	第四工程处（S）区	预应力专业施工队	装饰工程处
钢筋工	100	100	100	100		
混凝土工	50	50	50	50		
模板工	150	150	150	150		
架子工	10	10	10	10		
泥工	80	80	80	80		
机械操作工	9	9	9	9		
电工（临时用电）	3	3	3	3		
水工（临时用水）	2	2	2	2		
电焊工	7	7	7	7		
细木加工						50
油漆喷涂						28
防水、防腐保温						20
预应力工					176	
普工	15	15	15	15		

备注：根据施工不同阶段需要，组织人员进厂（不含业主指定分包商）。

预应力工程施工劳务人员调配计划表　　表 5.2.6-3

序　号	专　业　组	人数（人）	备　注
1	张　拉　组	32	
2	下　料　组	18	
3	预埋预留组	16	
4	敷设穿筋组	110	
5	合　计	176	

给排水工程劳动力计划表　　表 5.2.6-4

工程名称	管工	电工	焊工	油漆工	保温工	起重工	辅助工	合计
给排水工程人数（人）	16		8	2	4	2	12	44
照明工程人数（人）		20	4				5	29

土建工程劳动力动态需求计划表　　表 5.2.6-5

工种	2003.1	2003.2	2003.3	2003.4	2003.5	2003.6	2003.7	2003.8	2003.9
模板工	150×4	120×4	150×4	150×4	150×4	150×4	100×4	80×4	50×4
钢筋工	100×4	80×4	100×4	100×4	100×4	100×4	75×4	50×4	40×4
预应力工	—	136	176	176	176	136	136	76	76

工 种	劳动力人员数量（人）								
	2003.1	2003.2	2003.3	2003.4	2003.5	2003.6	2003.7	2003.8	2003.9
架子工					10×4	10×4	10×4	10×4	10×4
混凝土工	50×4	40×4	50×4	50×4	50×4	50×4	40×4	30×4	30×4
焊 工	7×4	7×4	7×4	7×4	7×4	7×4	7×4	7×4	7×4
机械工	9×4	9×4	9×4	9×4	9×4	9×4	9×4	9×4	9×4
水电工	5×4	5×4	5×4	5×4	5×4	5×4	5×4	5×4	5×4
泥 工	80×4	40×4	20×4	20×4	80×4	80×4	80×4	80×4	80×4
普 工	15×4	15×4	15×4	15×4	15×4	15×4	15×4	15×4	15×4
管理人员	40	40	54	54	54	54	45	40	40
合 计	1704	1440	1654	1654	1934	1894	1545	1260	1100

注：表中"×4"表示"W、N、S、E"四个施工区域配备同样人数。

本工程基础主体阶段劳动力动态曲线见图 5.2.6。

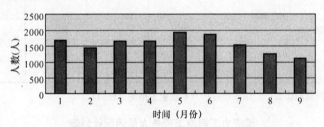

图 5.2.6 基础主体施工阶段劳动力动态示意图

5.2.6.2 主要机械计划

主要施工机械设备计划见表 5.2.6-6、表 5.2.6-7。

土建工程主要施工机械设备及进退场计划一览表　　　　　　　　表 5.2.6-6

序 号	机 械 设 备	型 号 规 格	单 位	数 量	额定功率（kW）	进场时间	退场时间
1	塔式起重机	QTZ-80	台	4	60	2003.1	2003.9
2	塔式起重机	QTZ-125	台	4	75	2003.1	2003.9
3	施工电梯	SCD200/200D	部	4	2×10.5	2003.1	2004.9
4	提升井字架	2t	部	4	7.5	2003.1	2004.5
5	机动自卸车	8t	辆	24		2003.1	2004.5
6	平板汽车	8t	台	4		2003.1	2004.5
7	机动翻斗车	FC-1	辆	20	7.8	2003.1	2004.5
8	架子车		辆	80		2003.1	2004.5
9	装载机	ZLM-30	辆	4	102	2003.1	2003.2
10	推土机	上海 120A	辆	14	86.5	2003.1	2003.2
11	振动式压路机	10t	台	4		2003.1	2003.2

续表

序 号	机 械 设 备	型 号 规 格	单 位	数 量	额定功率 （kW）	进场时间	退场时间
12	潜水泵	φ100	台	20		2003.1	2003.9
13	泥浆泵	φ100	台	8		2003.1	2003.9
14	电动单级离心泵	φ100	台	70	3		
15	单级射流泵	φ50	台	30	2		
16	反铲挖掘机	1.0m³	台	8		2003.1	2003.2
17	蛙式打夯机	HW60	台	16	2.8	2003.1	2003.2
18	混凝土搅拌机	JS-500	套	2	30	2003.1	2004.3
19	砂浆搅拌机	WJ325	台	8	4	2003.1	2004.3
20	混凝土输送泵	HBT60	台	6	60	2003.1	2003.9
21	汽车泵	DC115B	台	2		2003.1	2003.9
22	混凝土运输车	6m³	台	32		2003.1	2003.9
23	插入式振动器	HZ50A	台	50	1.5	2003.1	2004.3
24	平板振动器	PZ-50	台	16	0.5	2003.1	2004.3
25	切断机	GJ401	台	8	7	2003.1	2003.9
26	弯曲机	QJT-400	台	8	2.8	2003.1	2003.9
27	对焊机	UN1-150	台	4	120	2003.1	2003.9
28	电渣压力焊机	BX3-630	台	12	80	2003.1	2003.9
29	冷拉卷扬机	JJ-1.5	台	1	7.8	2003.1	2003.9
30	钢筋调直机	JK-2	台	4	5.5	2003.1	2003.9
31	墩粗直螺纹机		台	8	5	2003.1	2003.9
32	电锯	MJ109	台	4	5.9	2003.1	2003.9
33	双面压刨机	MB206	台	4	4	2003.1	2003.9
34	平刨机	MBS/4B	台	4	4	2003.1	2003.9
35	台钻		台	4	3	2003.1	2003.9
36	汽车吊	30t	辆	2		2003.1	2003.9
37	汽车吊	8t	台	2		2003.1	2003.9
38	电焊机	BX-315	台	6	19	2003.1	2003.9
39	套丝机		台	4	1.5	2003.1	2003.9
40	弯管机		台	4	2	2003.1	2003.9
41	试压泵		台	2	0.5	2003.1	2003.9
42	潜水泵	200QJ180/33	台	20	1.1	2003.1	2003.9
43	冲击钻		台	20	0.75	2003.1	2003.9
44	探照灯		个	16	3.5	2003.1	2003.9
45	砂轮切割机	JSG2-400	个	20	2.2	2003.1	2003.9
46	手电钻		台	20		2003.1	2003.9

续表

序号	机 械 设 备	型 号 规 格	单位	数 量	额定功率 (kW)	进场时间	退场时间
47	喷涂机		台	20		2003.1	2003.9
48	气割设备		套	10		2003.1	2003.9
49	发电机	美国底特律产	台	1	300	2003.1	2003.9
50	发电机	重庆汽车发动机厂产	台	3	200	2003.1	2003.9
51	交流电焊机	B2X-300	台	12	30kVA	2003.1	2003.9
52	直流电焊机	2X5-400	台	4	40kVA	2003.1	2003.9
53	烘干机		台	4		2003.1	2003.9

水电工程主要施工机械设备计划表　　　　表 5.2.6-7

序号	设备名称	型号规格	单位	数量	备注
1	汽车式起重机	8t	台	2	
2	客货汽车	BJ1046L	辆	2	
3	叉车	CPCD6	辆	2	
4	叉车	CPCD3	辆	2	
5	电焊机	BX3-250F-2	台	6	400A17 kVA
6	电焊机	BXI-200	台	4	
7	空气压缩机	6m³/s	台	1	
8	空气压缩机	1m³/s	台	1	
9	砂轮切割机	ϕ500	台	8	
10	管道切断器	466-CI	台	3	
11	铜管调直机		台	3	
12	角向磨光机	4″~6″	台	10	0.65kW
13	电动试压泵	SY-350	台	4	4kW
14	手动试压泵		台	2	
15	阀门试压机	DN15-100	台	4	2.2kW
16	铜管弯管器	300 系列	台	4	
17	液压弯管机	WY10-27-76-108	台	2	1.5kW
18	焊条烘干箱	YZH-X100	台	5	4kW
19	手电钻	ϕ2.5~ϕ6	台	10	
20	电锤		套	10	
21	多功能开孔机	ϕ25~ϕ200	套	3	
22	手拉葫芦	1t	付	8	
23	手拉葫芦	2t	付	10	
24	电动液压升降台	ZYY-10	台	2	
25	台钻	ϕ25mm	台	2	

序　号	设备名称	型　号　规　格	单　位	数量	备　注
26	液压压线钳	$\phi16\sim\phi180$	套	4	
27	PVC管剪刀		把	8	
28	PVC管弯管弹簧	LD（20～32）	只	10	

5.2.6.3 周转材料计划

具体周转材料调配计划见表 5.2.6-8。

周转材料调配计划一览表　　　　表 5.2.6-8

序　号	名　称	规　格	单　位	数　量
1	竹胶板	10～12mm	m²	50000
2	九夹板	15mm	m²	2000
3	普通脚手钢管		t	1800
4	碗扣式脚手钢管		t	3000
5	普通脚手扣件		万只	20
6	碗扣式扣件		万只	30
7	密目式安全网	0.3mm×3mm	m²	30000
8	木方		m³	2400

5.2.6.4 测量装置需用量计划

见表 5.2.6-9。

试验和检测设备仪器一览表　　　　表 5.2.6-9

序　号	仪器或设备名称	型号规格	单位	数量	制　造　厂
1	全站仪	AGA510N	套	1	捷创力
2	经纬仪	J2	台	4	苏一光
3	精密水准仪	NI005A	套	1	德国 Ziess
4	水准仪	DS2200	台	2	天津
5	水准仪	DSZ2	台	2	苏一光
6	钢卷尺	50m	把	4	
7	混凝土试模	150mm×150mm×150mm	组	40	
8	砂浆试模	70.7mm×70.7mm×70.7mm	组	12	
9	坍落度筒		套	6	
10	砂子标准筛		个	16	
11	振动台		座	2	
12	磅秤	中	台	4	
13	混凝土试块压力机	YE-200	套	1	上海

序 号	仪器或设备名称	型号规格	单位	数 量	制 造 厂
14	抗渗仪		台	1	天 津
15	钢筋试验万能机	WE-100	台	1	上 海
16	温湿度两用计		支	2	
17	质量检测器		套	8	
18	兆欧表	ZC25-3 500MΩ	只	4	杭 州
19	接地摇表	ZC-8 100Ω	只	2	北 京
20	万用表	920Z	只	8	深 圳
21	钳形电流表	266C	只	8	深 圳
22	液体温度计	−30～700℃	支	4	上 海
23	干湿球温度计		支	4	上 海
24	数字风速仪	EY-11B	台	2	广 州
25	微压计皮托管	0～200mmH$_2$O 普通型	套	2	
26	气压计	DYJ-1 型	台	2	
27	多心式转速表	L2-45	台	4	
28	声级计	HY103A 型	支	2	
29	超声波探伤仪		台	1	
30	取土环刀		个	1	

5.2.7 施工进度计划及工期保证措施

5.2.7.1 进度计划表

1）总工期

本工程基础及主体结构施工工期为 273d，工程总工期为 701d。

2）进度控制点

为确保工期目标的实现，特制定以下六个进度控制点（拟定于 2003 年 1 月 1 日开工）：

（1）基础：2003 年 3 月 11 日；

（2）主体封顶：2003 年 9 月 18 日；

（3）钢屋面：2004 年 5 月 31 日；

（4）粗装饰：2003 年 11 月 15 日；

（5）二次装饰：2004 年 7 月 5 日；

（6）竣工 2004 年 11 月 30 日。

3）进度计划

见表 5.2.7。

5.2.7.2 工期保证措施

（略）

南京奥体中心主体育场工程进度计划横道图

表 5.2.7

序号	分部分项工程名称	2003 年												2004 年											
		1月	2月	3月	4月	5月	6月	7月	8月	9月	10月	11月	12月	1月	2月	3月	4月	5月	6月	7月	8月	9月	10月	11月
1	施工准备																							
2	基础工程																							
3	一层主体工程																							
4	二层主体工程																							
5	三层主体工程																							
6	四层主体工程																							
7	五层主体工程																							
8	六层及以上主体工程																							
9	二层及以上砌体、粗装修																							
10	吊装准备																							
11	屋面钢结构吊装																							
12	底层现浇板砌体、粗装修																							
13	屋面工程																							
14	室内外精装修幕墙																							
15	座椅安装																							
16	竞赛训练场地面																							
17	道路及室外工程																							
18	水电、动力、暖通、消防、通信预埋预留																							
19	水电、动力、暖通、消防、通信安装																							
20	设备调试																							
21	收尾工程																							
22	竣工验收																							

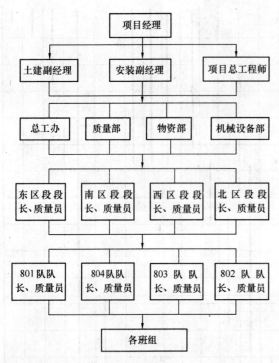

图 5.2.8-1　本工程项目质量管理组织机构

5.2.8　施工质量计划及保证措施

5.2.8.1　工程质量目标

本标段工程的施工质量按照国家现行技术标准和技术规范进行质量评定。本工程的质量目标：工程一次交验合格率为100％，确保江苏省优质工程（扬子杯），争创国家优质工程（鲁班奖）。

5.2.8.2　施工质量保证体系

1）施工质量管理组织机构

本工程质量管理组织机构见图5.2.8-1。

2）施工质量控制体系

详见图5.2.8-2。

3）施工质量控制管理措施

（略）

5.2.8.3　为确保质量所采取的检测试验手段及措施

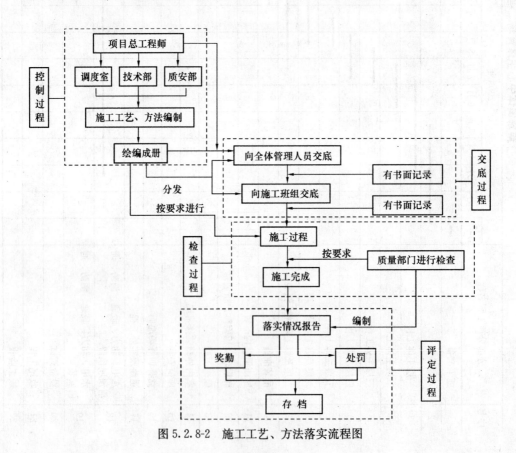

图 5.2.8-2　施工工艺、方法落实流程图

1）检测试验组织机构

检测试验组织机构见图5.2.8-3。

（1）中心试验室主要负责将现场送来的样品的保管、试验、出具试验资料及进行现场指导。

（2）现场试验室主要负责现场材料进货检验、标识、抽样送检及现场质量控制。

2）试验和检测设备

本标段工程所配备的试验和检测设备详见测量装置需用量计划表5.2.6-9。

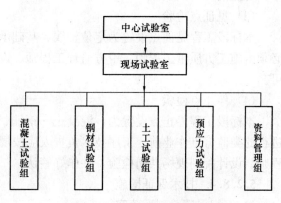

图5.2.8-3 检测试验组织机构图

3）进货检验和试验

（1）检验程序

如图5.2.8-4所示。

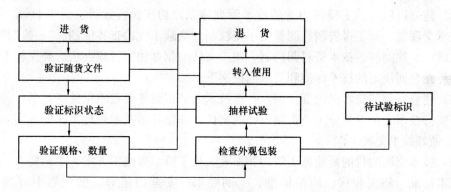

图5.2.8-4 材料、半成品检验程序图

（2）试验程序

如图5.2.8-5所示。

图5.2.8-5 材料试验程序流程图

4）过程检验和试验

（1）检验标准

按照国家和南京市相关标准进行检验。

（2）检验程序

项目工序完成后，操作人员进行"自检、互检"合格后，由项目技术负责人进行检验，关键工序和特殊工序检验应由项目技术负责人先进行检验，合格后，提前8h通知经理部质检工程师检验合格后，再报监理工程师、设计院共同进行检验。在特殊或紧急情况

下，可提前 4h 检验。

（3）见证点检验

本标段工程见证点设置为定位轴线、基础承台尺寸、标高、主体结构等，此类见证点必须由施工方质量工程师、甲方监理工程师、设计院三方到场共同检验认可，三方缺一不可。

（4）停止点检验

本标段工程停止点设置为：混凝土、钢筋、预应力、各种预埋件、模板安装检验等，进行此类监督点作业前，工序技术负责人应按规定时间提前通知质检工程师、甲方监理工程师、设计院到现场共同检验，并作好签认。

5.2.8.4 技术保证措施

1）组织保证、制度落实

（1）选派施工经验、组织管理能力强、技术过硬的工程管理、工程技术人员组成项目管理班子。同时组织公司内外专家成立专家组，派驻工地，协助项目经理部做好技术攻关及技术管理工作。选派技术过硬、作风好的施工队伍进场施工。

（2）建立以项目总工程师为首的技术管理体系，切实执行设计文件审核制、工前培训、技术交底制、开工报告制、测量换手复核制、隐蔽工程检查签证制、"三检制"、材料半成品试验、检测制、技术资料归档制、竣工文件编制办法等管理办法。确保施工生产全过程始终在合同规定的技术标准和要求的控制下。

（3）建立完善的技术岗位责任制，各级技术人员都要签订技术保证责任书，关键和特殊工序实行技术人员专业分工负责制，明确责任，确保各项技术管理工作的落实。

2）做好技术交底工作

（1）技术交底的目的是使施工管理和作业人员了解掌握施工方案、工艺要求、工程内容、技术标准、施工程序、质量标准、工期要求、安全措施等，做到心中有数，施工有据。

（2）工程开工前，项目经理部技术部门根据设计文件、图纸，编制"施工手册"，向施工管理人员进行工作内容交底，"施工手册"内容包括工程分布、工程名称、工程数量、施工范围、技术标准、工期要求等内容。施工阶段由项目经理部技术人员向作业层技术人员对分项、分部、单位工程进行工程结构施工工艺标准、技术标准交底，现场技术交底由作业层技术人员向领工员、工班长进行技术交底。

（3）施工技术交底，以书面交底为主，包括结构图、表和文字说明。交底资料必须详细、直观，符合施工规范和工艺细则要求，并经第二人复核确认无误后，方可交付使用。交底资料应妥善保存备查。

3）做好施工测量工作

（1）工程现场控制桩，由项目经理部技术部门负责接收使用、保管。交接桩双方要逐一现场查看，点交桩橛，双方应在交接记录上详细注明控制桩的当前情况及存在问题的处理意见，并进行签认。交接后，由项目总工程师组织技术力量对桩位进行复测，复测精度须符合有关规定，如误差超过允许值范围，及时与业主联系解决。

（2）施工过程中，经理部技术人员负责施工放样、定位，控制桩点护桩测量的工序间检查复核测量。工程竣工后，按设计图纸进行中线、高程贯通测量，确保中线、标高达到设计要求。

（3）测量原始记录、资料、计算、图表必须真实完整，不得涂改，并妥善保管。测量仪器按计量部门规定，定期进行计量检定，并做好日常保养工作，保证状态良好。

（4）认真贯彻执行测量复核制度，外业测量资料必须经过第二人复核，内业测量成果必须两人独立计算，相互校对，确保测量成果的准确性。

4）施工技术文件、资料管理

（1）所有上报、下发的图纸、文件、联系单等资料均由项目经理审查后批示。所有上报的施工管理资料由项目经理审定，施工技术资料由项目总工审定。

（2）由资料员统一收发，统一编号，统一记录。不允许各部门、各专业施工队伍与建设/监理/总包/设计等部门直接发生关系，防止产生混乱现象。

（3）文件资料发放流程，如图 5.2.8-6 所示。

（4）文件资料处理流程，见图 5.2.8-7。

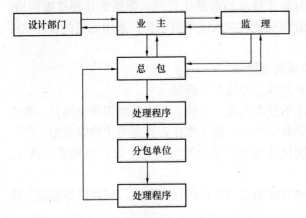

图 5.2.8-6　文件资料发布流程示意图

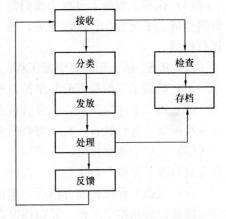

图 5.2.8-7　文件资料处理流程

（5）文件资料管理措施

① 在微机室设立专职资料管理员，负责文件资料收、发、存工作。

② 采用微机管理手段，对文件资料进行存档和整理，并对处理结果（是否已发放给有关单位和人员，是否已按文件资料要求实施，是否有反馈信息）跟踪检查并做记录。

③ 对文件资料的有效性进行控制，定期发放有效文件和资料的目录给相关文件资料的持有人，及进收回作废的文件资料，确保所有单位和人员使用的是有效的文件和资料。

④ 工地设置资料保管办公室，并采取防潮、防虫措施。配置资料柜、文件夹。

（6）技术档案整理要求

① 工程档案资料必须按国家档案局和国家计委《基本建设项目档案资料管理暂行规定》以及《市政基本建设项目档案资料管理办法》和《南京城市建设档案管理办法》等有关规定执行，并满足业主对档案资料管理的要求，在工程施工过程及时做好收集、汇总、整理工作。

② 在工程竣工验收后 30d 内，向监理单位提交一式三份完整的、符合要求的工程档

案资料原件及一份复印件，以监理单位签认后由承包商提交业主、档案管理部门。

③ 工程资料记录是施工过程中自然积累形成的，要求与工程进度同步进行，直至工程交工验收结束。

④ 工程资料要求内容真实，数据准确，不准后补，不得擅自修改，不准伪造，不得外借。

⑤ 资料的整理，要求字迹清晰、装订规范、内容齐全完整，人员调动要办理交接手续。

5）技术保证措施

（1）对各有关工序的作业人员，定期进行技术、质量培训，并进行考核，合格后方可上岗，特殊工种要专业培训，持证上岗。

（2）在施工过程中，要不断地进行施工方案优化工作，以求得施工方案的先进性和科学性，通过不段优化施工方案，从而提高我企业在地下工程领域中的施工水平。

（3）在本工程施工过程中我们将进行施工技术的信息化管理，即施工计划进度网络、资料管理、工况变化、设计变更、施工监测等全部进入计算机系统，采用先进的管理软件进行检测。

5.2.8.5　施工期间对隐蔽工程的质量保证措施

（1）隐蔽工程的检查验收坚持自检、互检、专检"三检制"。

（2）每道工序完工后，由分管该工序的技术人员、质检、领工员组织作业组长，按规范和验标要求进行验收，对不符合质量验收标准的，返工重作，直至再次验收合格。

（3）工序中间交接时，应填写工序交接清单和工序质量自检评定表，互相签字认可。各班组对各工序要严格执行"三控制"。

（4）隐蔽工程经自检合格后，邀请甲方驻地监理工程师检查验收，同时做好隐蔽工程验收质量记录和签字工作，并归档保存。

（5）所有隐蔽工程必须在监理工程师签字认可后，方能进行下一道工序施工，未经签字认可的，禁止进行下道工序施工。

（6）经监理工程师检查验收不合格的隐蔽工程项目，返工自检复验合格后，重新填写隐蔽工程验收记录，并向驻地监理工程师发出复检报告，经检查认可后，及时办理签认手续。

（7）按竣工文件编制要求，进行整理各项隐蔽工程验收记录，并按 ISO9001 质量标准《文件、资料控制程序》分类归档保存。工序施工中，应保证施工日志、隐蔽工程验收记录、分项、分部工程质量评定记录等资料齐全。按《建设工程文件归档整理规范》要求用碳素墨水填写，其内容及签字齐全，使其具有可追溯性。

5.2.8.6　质量创优计划

1）质量控制点

质量控制点的设置见表 5.2.8。

2）创优计划

（略）

5.2.8.7　质量通病防治措施

（略）

质量控制点设置一览表 表 5.2.8

控制过程	控制环节		控制要点	责任人	控制内容	控制依据	见证
施工准备过程	一	设计交底	1 图纸自审	各专业工程师	图纸资料是否齐全、是否满足施工	图纸、技术文件	自审记录
			2 设计交底	各专业工程师		图纸、技术文件	设计交底记录
			3 图纸会审	各专业工程师	对图纸的完整性、准确性、合法性、可行性进行会审	图纸、技术文件	图纸会审记录
	二	制定施工工艺文件	4 施工组织设计	项目总工程师	编制施工组织设计并报业主、监理审批	图纸规范	批准的施工组织设计
			5 施工方案	各专业工程师	编制施工组织设计并报业主、监理审批	图纸规范	施工方案
	三	项目班子建设	6 项目班子配备	项目经理	懂业务 懂技术 会管理	项目法管理文件	任命文件
	四	现场布置	7 施工平面	生产经理及生产调度室	水线、电线、临设、材料堆放、工程测量定位	施工总平面规划	按平面规划布置临设、材料、机具堆放场地
	五	材料机具准备	8 项目提出需用量计划	合约部物资部动力部	编制、审核、报批	图纸文件定额	批准材料机具计划
	六	材料选用及验收	9 设备开箱检查	各专业工程师动力部	核对规格型号、检查配件是否齐全、随机文件是否齐全	供货清单、产品说明书	材料验收单
			10 材料验收	各专业工程师物资部	审核质保书、清查数量、检验外观质量、检验和试验	材料预算	材料验收登记
			11 材料保管	物资部	分类存放、进账、立卡	设备材料计划	进料单
			12 材料发放	物资部	核对名称、规格、型号、材质、合格证书	材料预算	领料单
	七	开工报告	13 确认施工条件	项目经理	三通一平人员上岗设备材料机具进场	施工文件	批准的开工报告
	八	技术交底	14 各工种技术交底	各专业工程师	图纸规范操作规程	图纸、评定标准	交底记录
	九	工程处选择	15 适应本标段工程施工	项目经理	技术水平人员素质	施工业绩	劳务合同、总分包合同
	十	测量定位	16 轴线、标高控制	测量工程师	复核±0.00 以下柱轴线，对±0.00 以上工程测量定位	业主、设计院提供的有关图纸	测量定位记录
施工过程	十一	钢筋工程	17 钢筋制作	土建工程师	钢筋原材料复试，对焊接头检验下料长度、弯钩尺寸	设计图纸、有关规范、钢筋翻样图	质检评定表
			18 钢筋绑扎	土建工程师	接头位置、钢筋规格、型号、绑扎牢固	设计图纸有关图集、规范	质检评定表、隐蔽验收记录

控制过程	控制环节		控制要点	责任人	控制内容	控制依据	见 证
施工过程	十二	模板工程	19	模板支设	土建工程师	模板尺寸、垂直度、平整度、加固情况	设计图纸、施工方案	自检记录隐蔽验收
			20	模板拆除	土建工程师	拆除时间模板清理修整	施工日记混凝土试块强度	施工日记
	十三	预应力梁	21	梁几何尺寸、预应力钢筋张拉、混凝土浇捣	土建工程师、预应力工程师	梁、板几何尺寸、张拉控制应力、脱模、混凝土级配、混凝土浇筑	设计图纸	质检评定、混凝土试块强度报告
	十四	砌块墙体	22	混凝土空心砌块墙体砌筑	土建工程师	混凝土砌块质量、墙体中线位置、垂直度、砂浆灰缝饱满度、强度等级、梁底塞缝、构造柱圈梁	设计图纸有关规范	质检评定表
	十五	装修工程	23	装饰工程施工质量	装饰工程师	装饰材料选用报验、装饰施工方案、平整度、观感，线条、细部处理	施工方案施工图纸规范	质检评定表
	十六	门窗工程	24	木门、铝合金窗及钢门窗安装	装饰工程师	成品半成品质量、安装位置、框边塞缝、框体牢固	设计图纸规范要求	质检评定表
	十七	楼地面工程	25	水泥砂浆面层质量	土建工程师	楼面标高、面层平整度	设计图纸规范要求	质量证实表
	十八	回填土	26	回填土的平整度、密实度、标高	土建工程师	土质情况、土的干容重、含水率、土的平整度、标高控制	设计图纸规范要求	土壤环刀取样试验报告
	十九	设计变更	27	设计变更合理	各专业工程师	确认下达执行设计变更的合理性	设计变更单	批准后设计变更通知单
	二十	材料代用	28	材料代用合理	总工程师	代用文件代用，申请审批	材料代用通知单	变更后的材料预算
	二十一	隐蔽工程验收	29	分项工程	各专业工程师	隐蔽内容质量标准	图纸规范	隐蔽工程记录
	二十二	质量评定	30	分项工程	专职质监工程师	保证、基本、允许偏差项目	验评标准	验评记录
			31	分部工程	专职质监工程师	各分项工程资料	验评标准	验评记录
			32	单位工程	总工程师	所含分部资料、观感	验评标准	验评记录
	二十三	最终检验和试验	33	最终检验和试验	项目经理项目总工程师	交工前的各项工作	图纸规范标准合同	各种检验资料
交工验收	二十四	成品保护	34	成品保护措施得力	总包经理项目总工程师	竣工工程作好看守，保护措施，确保美观	图纸和合同	成品无损坏、污染
	二十五	资料整理	35	资料整理齐全	总工程师各专业工程师技术部	所有质保资料、技术管理资料、验评资料齐全	图纸、规范、标准、档案馆有关文件	各种见证资料
	二十六	工程交工	36	办理交工	项目经理等组成交工领导小组	组织工程交工、文件资料归档办理移交手续	图纸合同	交工验收记录、竣工验收证明书

控制过程	控制环节		控制要点	责任人	控制内容	控制依据	见 证
交工验收	二十七	工程回访	37 质量情况	项目经理项目总工	了解用户意见，提出组织实施	整改报告	整改报告
	二十八	料具盘点清理	38 料具盘点清理	物资部动力部	对未用完的材料和设备清退出场	材料对帐单	材料盘点报表
	二十九	竣工决算	39 竣工决算	合约部	按图纸、合同、变更、材料代用等依据进行决算	合同	竣工决算书

5.2.8.8 成品保护措施

（略）

5.2.8.9 工程保修措施

（1）竣工时，各项工程质量符合国家工程质量检验评定标准后才能交付业主使用。

（2）各分包单位负责工程期间的产品保护，凡因施工造成的产品破坏均由各分包单位赔偿，由总承包方监督实施。

（3）本工程交付发包方使用后（若分阶段交付，分别以分阶段交付日算起），总承包方在六个月后进行第一次工程质量回访，一年后进行第二次回访，征询用户意见。

（4）工程质量回访后（在一年内随叫随到），凡属于总承包在施工时造成的质量问题，均由总承包方负责维修，不留隐患，一切费用由总承包方负责。凡不属于总承包方造成的问题而发包方要求维修的，总承包方协助解决，费用由发包方承担。

（5）双方建立热线联系电话，业主若发现质量问题，即通知施工单位，3d内施工单位要派人上门联系、检查及进行维修。

5.2.9 职业安全健康管理方案

5.2.9.1 安全管理目标

（1）管理方针

在施工管理中，要始终如一的坚持"安全第一、预防为主"的安全管理方针，以安全促生产，以安全保目标。

（2）管理目标

杜绝重大人身伤亡事故和机械事故，一般工伤事故频率控制在1.5‰以下，确保安全生产。

（3）管理目标分解图

（略）

5.2.9.2 安全管理体系

施工现场安全生产管理体系是施工企业和施工现场整个管理体系的一个组成部分，包括：制定、实施、审核和保持"安全第一，预防为主"方针，安全管理目标所需的组织结构、计划活动、职责、程序、过程和资源。

施工现场安全生产管理体系的建立不仅是为了满足工程项目部自身安全生产的要求，

同时也是为了满足相关方（政府、投资者、业主、保险公司、社会）对施工现场安全生产管理体系的持续改善和安全生产保证能力的信任。

（1）安全管理组织机构

以项目经理为首，由生产副经理、质安副经理、区域责任工程师、专业安全工程师，各施工队及各施工班组等各方面的管理人员组成本标段工程的安全管理组织机构。安全管理机构如图 5.2.9-1。

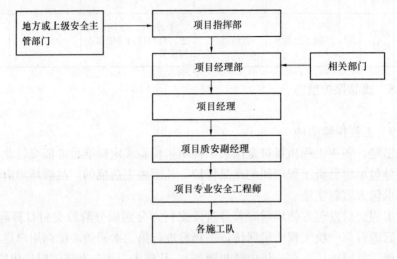

图 5.2.9-1　安全管理机构

（2）安全生产责任制

（略）

（3）安全管理制度

（略）

（4）安全教育

（略）

5.2.9.3　安全技术措施

1）安全防护

（1）脚手架防护

① 外墙脚手架所搭设所用材质、标准、方法均应符合国家标准。

② 外脚手架每层满铺脚手板，使脚手架与结构之间不留空隙，外侧用密目安全网全封闭。

③ 提升井架在每层的停靠平台搭设平整牢固。两侧设立不低于 1.8m 的栏杆，并用密目安全网封闭。停靠平台出入口设置用钢管焊接的统一规格的活动闸门，确保人员上下安全。

④ 每次暴风雨来临前，及时对脚手架进行加固；暴风雨过后，对脚手架进行检查、观测，若有异常及时进行矫正或加固。

⑤ 安全网在国家定点生产厂购买，并索取合格证。进场后，由项目部安全员验收合格后方可投入使用。

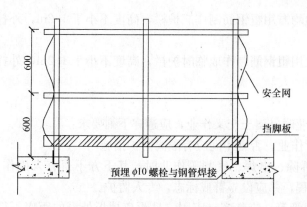

图 5.2.9-2 预留洞口防护示意图

（2）"四口"防护

① 通道口：用钢管搭设宽 2m、高 4m 的架子，顶面满铺双层竹笆，两层竹笆的间距为 800mm，用钢丝绑扎牢固。

② 预留洞口：边长在 500mm 以下时，楼板配筋不要切断，用木板覆盖洞口，并固定。楼面洞口边长在 1500mm 以上时，四周必须设两道护身栏杆，如图 5.2.9-2 所示。

竖向不通行的洞口用固定防护栏杆围挡；竖向需通行的洞口，装活动门扇，不用时锁好。

③ 楼梯口：楼梯扶手用粗钢筋焊接搭设，栏杆的横杆应为两道。如图 5.2.9-3 所示。

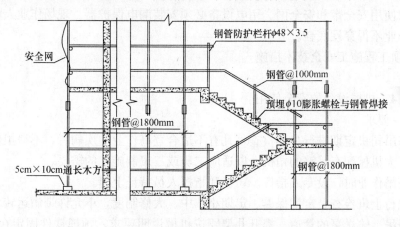

图 5.2.9-3 楼梯口防护示意图

④ 电梯井口：电梯井的门洞用粗钢筋作成网格与预留钢筋焊接。电梯井口防护如图 5.2.9-4 所示。

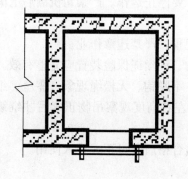

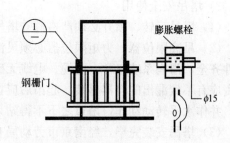

图 5.2.9-4 电梯井口防护门

正在施工的电梯井筒内搭设满堂钢管架，操作层满铺脚手板，并随着竖向高度的上升逐层上翻。井筒内每两层用木板或竹笆封闭，作为隔离层。

（3）临边防护

① 楼层在砖墙未封闭之前，周边均需用粗钢筋制作成护栏，高度不小于 1.2m，外挂安全网，刷红白警戒色。

② 外挑板在正式栏杆未安装前，用粗钢筋制作成临时护拦，高度不小于 1.2m，外挂安全网。

（4）交叉作业的防护

凡在同一立面上同时进行上下作业时，属于交叉作业，应遵守下列要求：

① 禁止在同一垂直面上的上下位置作业，否则中间应有隔离防护措施。

② 在进行模板安拆、架子搭设拆除、电焊、气割等作业时，其下方不得有人操作。模板、架子拆除必须遵守安全操作规程，并应设立警戒标志，专人监护。

③ 楼层堆物（如模板、扣件、钢管等）应整齐、牢固，且距离楼板外沿的距离不得小于 1m。

④ 高空作业人员应带工具袋，严禁从高处向下抛掷物料。

⑤ 严格执行"三宝一器"使用制度。凡进入施工现场的人员必须按规定戴好安全帽，按规定要求使用安全带和安全网。用电设备必须安装漏电保护器。现场作业人员不准光膀子，高空作业不得穿硬底鞋。

2）分项工程施工安全技术措施

（略）

5.2.9.4 机械设备的安全使用

1）统一要求

（1）塔吊司机定期进行身体检查，凡有不适合登高作业的疾病者，不得担任司机。

（2）三大机械配有足够的司机，以适应二班或三班制施工的需要。

（3）塔吊作业时，设专人指挥。司机和指挥人员持证上岗。

（4）执行上班检查、定期保养、定期小、中、大修制度，不允许带病运转。

（5）塔吊、输送泵的管道、提升井架要按机械说明要求，预埋铁件固定在建筑物上，并应牢固稳定。

（6）塔吊按要求设置防雷装置，接地要符合要求。

（7）塔吊如遇六级以上大风、暴雨、浓雾、雷暴，要停止运作。严禁司机酒后上岗。

2）塔吊安全使用

（1）塔吊运转、顶升必须严格遵守塔吊安全操作规程，严禁违章作业。

（2）吊高限位器、力矩限位器必须灵活可靠，吊钩、钢丝绳保险装置应完整有效。零部件齐全，滑润系统正常。电缆、电线无破损或外裸，不脱钩、无松绳现象。零星、细碎物资应有不致漏出的容器盛装。起吊后应在离地 0.3m 左右高度观察吊物正常后才继续起吊，并作水平转动动作，吊重之下不得站人。

（3）塔吊安装完毕，经南京市劳动局有关部门验收合格后方可正式投入使用。

3）混凝土输送泵使用安全

（1）每班班前须检查泵体各部位、油路系统、电气系统，一切正常后再开动泵机。

（2）停止输送后应对泵体、管路进行清洗，以备下次再用。

（3）管道接头和垂直段的附强装置必须牢固可靠，螺栓应拧紧。应经常检查螺栓松紧情况，以防止松脱造成事故。

（4）向溜槽内铲送混凝土的人员，应有牢固不滑的站板，防止混凝土浆液溅起后滑。

（5）输送泵应搭防砸、防雨、防晒的防护棚。

（6）泵送设备的停车制动和锁紧制动应同时使用，轮胎应楔紧，水源应正常且水箱储满清水，料斗内应无杂物，各润滑点应润滑正常。泵送设备的各部螺栓应紧固，管道接头应紧固密封，防护装置应齐全可靠。各部位操作开关、调整手柄、手轮、控制杆、旋塞等应在正确位置。压力系统应正常无泄漏。

（7）装备好清洗管的清洗用品，作业前，必须先按规定配制的水泥浆润滑管道。无关人员必须离开管道。应随时监视各种仪表和指示灯，发现不正常时，由技师调整或处理。输送管堵塞时，应进行逆向运转返料斗，必要时拆管排除堵塞，泵送工作应连续作业，必须暂停时应隔 6~10min，泵送一次，若停止较长时间后，泵送时，应逆向运转一至二个行程，然后顺向泵送。泵送时，料斗内应保持一定数量的混凝土，不得吸空。

（8）应保持水箱内储水，发现水质浑浊并有较多砂粒时及时检查处理。泵送系统受压力时，不得开启任何输送管道和液压管道。液压系统的安全阀不得任意调整。蓄能只能冲入氮气。

（9）作业后，必须将料斗内和管道内混凝土全部输出，然后对泵机、料斗、管道进行清洗。用压缩空气冲压管道时，管理出口端前方 10m 内不得站人，并应用金属网篮等收集冲出的泡沫橡胶及砂石粒。

4）提升井架的使用安全

（1）严格按照安装方案进行组装，组装后报南京市劳动部门验收。并进行空载、动载和超载试验。

（2）司机必须经过专门的培训，人员要相对稳定，每班开机前，要对卷扬机、钢丝绳、地锚进行检验，并进行空车运行，合格后方准使用。

（3）严禁载人。在安全装置可靠的情况下，装卸料人员才能进入到吊篮内工作，严禁各类人员乘吊篮升降。

（4）禁止攀登架体和从架体下面穿越。

（5）吊篮上设置摄像装置，操作室设电视监控，以做到各操作层均可同司机联系，并且信号准确。

（6）保养设备必须在停机后进行。禁止在设备运行中擦洗、注油等工作。需重新在卷筒上缠绳时，必须两人操作，一人开机一人扶绳，相互配合。司机在操作中要经常注意传动机构的磨损，发现磨绳、滑轮磨偏等问题，要及时向有关人员报告立即解决。

（7）架体及轨道发生变形必须及时纠正。严禁超载运行。

（8）司机离开时，应降下吊篮并切断电源。

5）其他中小形机械安全使用

（1）中小形机械应在操作场所悬挂安全操作规程牌，操作人员应熟悉其内容，并按要求操作。应持证上岗，操作时专心致志，不得将自己的机械交他人操作。机械要做到上有盖、下有垫，电箱要有安全装置，要有漏电保护装置。

（2）对电锯、钢筋机械，其传动部分应有防护罩，电锯应有安全装置，要有漏电保护装置。

（3）电焊机一次线接机处，应有保护罩，电线不得任意布放，露天放置应有防雨装置。手把线不乱拉，手把要绝缘，不跑电，不随意拖地。

（4）搅拌机应放平、安稳，离合器、制动器要灵敏可靠。

（5）乙炔瓶上应有明显标志。瓶上应有防震圈，要防爆、防晒。

5.2.9.5 安全用电

1）安全用电技术管理

（1）施工现场用电须编制专项施工组织设计，并经主管部门批准后实施。

（2）施工现场临时用电按有关要求建立安全技术档案。

（3）用电由具备相应专业资质的持证专业人员管理。

（4）用电设施的运行及维护人员必须具备下列条件：

① 经医生检查无妨碍从事电气工作的病症；

② 掌握必要的电气知识，考试合格并取得合格证书；

③ 掌握触电解救法和人工呼吸法；

④ 新参加工作的维护电工、临时工、实习人员，上岗前必须经过安全教育，考试合格后在正式电工带领下，方可参加指定的工作。

（5）巡视：

① 恶劣天气易发生断线、电器设备损坏、绝缘降低等事故，应加强巡视和检查；

② 架空线路的巡视和检查，每季不应少于1次；

③ 配电盘应每班巡视检查1次；

④ 各种电气设施应定期进行巡视检查，每次巡视检查的情况和发现的问题应记入运行日志内；

⑤ 接地装置应定期检查。

（6）配电所内必须配备足够的绝缘手套、绝缘杆、绝缘垫、绝缘台等安全工具及防护设施。

（7）供用电设施的运行及维护，必须配备足够的常用电气绝缘工具并按有关规定，定期进行电气性能试验。电气绝缘工具严禁挪做它用。

（8）新设备和检修后的设备。应进行72h的试运行，合格后方可投入正式运行。

（9）用电管理应符合下列要求：

① 现场需要用电时，必须提前提出申请，经用电管理部门批准，通知维护班组进行接引。

② 接引电源工作，必须由维护电工进行，并应设专人进行监护。

③ 施工用电用毕后，由施工现场用电负责人通知维护班组，进行拆除。

④ 严禁非电工拆装电气设备，严禁乱拉乱接电源。

⑤ 配电室和现场的开关箱、开关柜应加锁。

⑥ 电器设备明显部位应设"严禁靠近，以防触电"的标志。

⑦ 施工现场大型用电设备等，设专人进行维护和管理。

2）安全用电技术要求

（略）

5.2.9.6 安全消防措施

（1）现场安全消防组织机构

针对本项目成立消防安全工作领导小组，以项目经理为组长，项目质安副经理为副组长，各安全工程师、专业工程师、施工队队长、现场保安员为组员。

（2）防火教育

（略）

（3）消防安全措施

（略）

5.2.9.7 治安保卫措施

1）治安保卫管理组织

（1）成立领导小组

针对本项目成立保卫工作领导小组，以项目经理为组长，项目安全负责人为副组长，各施工段工长、作业队队长、安全员、现场保安为组员。

（2）职责与任务

① 定期分析施工人员的思想状况，做到心中有数。

② 定期对职工进行保卫教育，提高思想认识，一旦发生灾害事故，做到召之即来，团结奋斗。

2）治安保卫措施

为了加强施工现场的保卫工作，确保建设工程的顺利进行，根据建设工程施工现场保卫工作基本标准的要求，结合本标段工程的实际情况，为预防各类盗窃、破坏案件的发生，特制定本标段工程的保卫工作方案。

（1）本标段工程设立由10人组成的保卫领导小组，由本标段工程项目经理任组长，全面负责领导工作，质安副经理任副组长，其他成员由施工工长、各施工队队长、安全员组成。

（2）工地设门卫值班室，由保安员昼夜轮流值班，白天对外来人和进出车辆及所有物资进行登记，夜间值班巡逻护场。重点是仓库、木工棚、办公室、塔吊及成品、半成品保卫。

（3）加强对劳务分包人员的管理，掌握人员底数，掌握人员的思想动态，及时进行教育，把事故消灭在萌芽状态。非施工人员不得住在现场，特殊情况必须经项目保卫负责人批准。

（4）每月对职工进行一次治安教育，每季度召开一次治保会，定期组织保卫检查，并将会议检查整改记录存入企业资料内备查。

（5）对易燃、易爆、有毒品设立专库、专管，非经项目负责人批准，任何人不得动用。不按此执行，造成后果追究当事人刑事责任。

（6）施工现场必须按照"谁主管，谁负责"的原则，由党政主要领导干部负责保卫工作。

（7）施工现场设立门卫和巡逻护场制度，护场守卫人员要佩带值勤标志。

（8）财会室及职工宿舍等易发案部位要指定专人管理，重点巡查，防止发生盗窃案件。严禁赌博、酗酒、传播淫秽物品和打架斗殴。

（9）变电室、大型机械设备及工程的关键部位和关键工序，是现场的要害部位，加强保卫，确保安全。

（10）加强成品保卫工作，严格执行成品保卫措施，严防被盗、破坏和治安灾害事故的发生。

（11）施工现场发生各类案件和灾害事故，立即报告有关部门并保护好现场，配合公安机关侦破。

3）治安保卫教育

（1）每月对职工进行治安教育，每季度召开一次治保会，定期组织保卫检查。现场所有人员必须服从和支持值班人员按规定行使管理。

（2）每次对职工进行保卫教育的记录存档，以备核查。

4）现场保卫定期检查

为了维护社会治安，加强对施工现场保卫工作的管理，保护国家财产和职工人身安全，确保施工现场保卫工作的正常有序，促进建设工程顺利进行，按时交工，根据本项目实际，每周对现场保卫工作进行一次检查，对现场保卫定期检查提出的问题限期整改，并按期进行复查。检查内容如下：

（1）加强对全体施工人员的管理，掌握各施工队伍人员底数，检查各队的职工"三证"是否齐全，无证人员、非施工人员立即退场，并对施工队负责人进行处罚。

（2）加强对职工的政治思想教育，在施工场内严禁赌博、酗酒、传播淫秽物品和打架斗殴。

（3）施工现场保卫值班人员必须佩带袖标上岗，门卫及值班人员记录完整明确。

（4）施工现场易燃、易爆物品设有专库，专人负责保管，进出料记录明确，做好成品保护工作，并制定具体措施严防盗窃、破坏和治安事故的发生。

5）门卫值班记录

（1）外来人员联系业务或找人，门卫必须先验明证件，进行登记后方可进入工地。

（2）门卫值班每天记录完整清楚，值班人员上班时不得睡觉、喝酒，不得随意离开岗位，发现问题及时向主管领导报告。

（3）进入工地的材料，门卫值班人员必须进行登记，注明材料规格、品种、数量，车的种类和车号。

5.2.10 文明施工及环境管理方案

5.2.10.1 文明施工措施

1）管理目标

本工程的文明施工管理目标：严格执行南京市《文明工地标准管理规定》，确保达到"南京市文明施工样板工地"标准。

2）管理机构及管理流程

（略）

3）现场管理原则

（略）

4）文明施工措施

（1）现场场容管理方面的措施

① 施工工地的大门和门柱为方形 490mm×490mm，高度为 2.5m，大门采用 φ50 钢管及 0.5mm 厚薄钢板焊接制作。

② 施工现场周围使用 2m 高压型钢板（0.6～0.8mm 厚）围挡，并涂刷宣传画或标语。

③ 在大门口设置"七牌一图"施工标牌。

④ 施工区域与宿舍区域严格分隔，场容场貌整齐、有序，材料区域堆放整齐，并有门卫值班。设置醒目安全标志，在施工区域和危险区域设置醒目安全警示标志。

⑤ 建立文明施工责任制，划分区域，明确管理负责人，实行挂牌制，做到现场清洁整齐。

⑥ 施工现场地面全部硬化地面，将道路材料堆放场地用黄色油漆划 10cm 宽黄线予以分割，在适当位置栽植花草等绿化植物，美化环境。

⑦ 修建场内排水管道沉淀池，防止污水外溢。

⑧ 针对施工现场情况设普宣传标语和黑板报，并适当更换内容，确实起到鼓舞士气，表扬先进的作用。

(2) 施工人员着装形象

（略）

(3) 现场机械管理方面的措施

① 现场使用的机械设备，要按平面布置定点存放，遵守机械安全规程，经常保持机身等周围环境的清洁。机械的标记、编号明显。

② 机械排出的污水要有排放措施，不得随地流淌。

③ 钢筋切断机、对焊机等需要搭设护棚的机械，搭设护棚时要牢固、美观，符合施工平面布置的要求。

④ 临时各种设施的各种电闸箱式样标准统一，摆放位置合理，便于施工和保持安全。

(4) 现场生活卫生管理的措施

① 工地办公室应具备各种图表、图牌、标志。室内文明卫生、窗明几净，秩序井然有序，室内外放盆花，美化环境。

② 施工现场办公室、仓库、职工（包括民工）宿舍，有专职卫生管理人员和保洁人员，制定卫生管理制度，设置必要的卫生设施。

③现场厕所及建筑物周围须保持清洁，无蛆少臭，通风良好，并有专人负责清洁打扫，无随地大小便，厕所及时用水冲洗。

④ 施工现场严禁居住家属，严禁居民、家属、小孩在施工现场穿行、玩耍。

⑤ 宿舍管理以统一化管理为主，制定详尽的宿舍管理条例。要求每间宿舍排出值勤表，每天打扫卫生，以保证宿舍的整洁。宿舍内不允许私接私拉电线及各种电器。宿舍必须牢固，安全符合标准，卧具摆放整齐，换洗衣物干净，晾挂整齐。

⑥ 食学管理符合《食品卫生法》，有隔绝蝇鼠的防范措施，有盛残羹下脚的加盖容器，内外环境清洁卫生。

⑦ 现场设茶水桶，每个水桶有明显标志，并加盖，派专人添供茶水及管理好饮水设施。

⑧ 现场排水沟末端设沉积井，并定期清理沉积池内的沉积物，食堂下水道和厕所化粪池要定期清理并消毒，防止有害细菌的传播。

(5) 施工现场文明施工措施

① 设置临时厕所：由于施工现场人员多，结构长度长，在每层楼内按每 80m 设置一处小便桶，每天下班后派专人清理。

② 楼层清理：生产班组每天完成工作任务后，要求必须将余料清理干净，堆放在规

定的部位，不得随意堆放在楼层内，保持楼层整洁。

③ 控制施工用水：施工期间用水量大，用水部位多，容易造成施工楼层及施上现场污水横流或积水现象，污染建筑产品，影响人员行走，造成不文明的现象。采取以下措施：

a. 每个供水龙头用自制木盒保护，上锁，并设专人看管。严防他人随意开启、破坏。

b. 主体结构施工期间，要在浇筑混凝土前冲洗模板及钢筋面的灰尘、润湿模板、浇筑后养护等。在楼层边四周、电梯井或预留洞口边砌高 60mm 砖堤，内侧用水泥砂浆抹面，形成封闭的挡水线。

c. 装修期间，干砖必须在底层浇水湿润后再上至楼层工程面，不得在楼层内浇水。砌筑砂浆在底层集中搅拌，不得在工作面重新加水搅拌。

d. 现场四周设置组织排水沟，保持排水顺畅。

5. 2. 10. 2　环境管理措施

1）环境管理目标

（1）防大气污染达标：施工现场扬尘、生活用火炉烟尘的排放符合要求（扬尘达到国家二级排放规定。

（2）生活及生产污水达标：污水排放符合《南京市水污染物排放标准》。

（3）施工垃圾分类处理，尽量回收利用。

（4）节约水、电、纸张等资源消耗，节约资源，保护环境。

2）环境管理组织与职责

（略）

3）环境管理的实施方案及措施

（1）**防止空气污染措施**

① 施工垃圾使用封闭的专用垃圾道或采用容器吊运，严禁随意凌空抛散造成扬尘。施工垃圾要及时清运，清运前，要适量洒水减少扬尘。

② 施工现场要在施工前做好施工道路规划和设置，尽量利用设计中永久性的施工道路。路面及其余场地地面要硬化。闲置场地要绿化。

③ 水泥和其他易飞扬的细颗粒散体材料应尽量安排库内存放。露天存放时要严密苫盖，运输和卸运时防止遗撒飞扬，减少扬尘。

④ 施工现场要制定洒水降尘制度，配备专用洒水设备及指定专人负责，在易产生扬尘的季节，施工场地采取洒水降尘。

⑤ 施工采用商品混凝土，减少搅拌扬尘。砂浆及零星搅拌要搭设封闭的搅拌棚，搅拌机上设置喷淋装置，方可进行施工。

⑥ 食堂大灶使用液化气。

（2）**防止水污染措施**

① 现场搅拌机前台及运输车辆清洗处设置沉淀池。排放的废水要排入沉淀池内，经二次沉淀后，方可排入市政污水管线或回收用于洒水降尘。未经处理的泥浆水，严禁直接排入城市排水设施。

② 冲洗模板、泵车、汽车时，污水（浆）经专门的排水设施排至沉淀他，经沉淀后排至城市污水管网，而沉淀池由专人定期清理干净。

③ 食堂污水的排放控制。施工现场临时食堂，要设置简易有效的隔油池，产生的污

水经下水管道排放要经过隔油地。平时加强管理，定期掏油，防止污染。

④ 油漆油料库的防漏控制。施工现场要设置专用的油漆油料库，油库内严禁放置其他物资，库房地面和墙面要做防渗漏的特殊处理，储存、使用和保管要专人负责，防止油料的跑、冒、滴、漏。

⑤ 禁止将有毒有害废弃物用作土方回填，以免污染地下水和环境。

（3）其他污染的控制措施

① 通过电锯加工的木屑、锯末必须当天进行清理，以免锯末刮入空气中。

② 钢筋加工产生的钢筋皮、钢筋屑及时清理。

③ 建筑物外围立面采用密目安全网封闭，降低楼层内风的流速，阻挡灰尘进入施工现场周围的环境。

④ 制定水、电、办公用品（纸张）的节约措施，通过减少浪费，节约能源，达到保护环境的目的。

4）文物保护措施

在施工中若发现古墓、古建筑遗址等文物及化石或其他有考古、地质研究等价值的物品时，立即派专人保护好现场，并即刻电告监理或业主，再用书面形式报告，待政府有关部门处理后，再行施工。

5.2.11 施工风险防范及季节性施工措施

5.2.11.1 施工风险防范

针对施工中可能出现的风险因素，制定相应的防范措施，具体见表 5.2.11。

风险事件预测与措施表　　　　　　　　　　　　　　表 5.2.11

风险因素		典 型 风 险 事 件	防 范 措 施
技术风险	设 计	设计错误和遗漏、规范不恰当，未考虑施工可能性等	加强技术会审，仔细审查图纸
	施 工	施工工艺落后，不合理的施工技术和方案，应用新技术失败等	注意信息收集，合理采用新技术，结合实际情况设计工艺
	其 他	工艺流程不合理，违反操作安全等	加强以人为本的观念，注重工艺的研究和应用
非技术风险	自然和环境	洪水、地震、台风、不明的水文气象	加强合同的制订和管理，在合同的制订中应考虑各种因素，以减少各种外在因素对工程的影响
	政治法律	法律及规章制度的变化、战争和骚乱、罢工等	
	经 济	通货膨胀、汇率的变化、市场的动荡，各种费率的变化等	
	合 同	合同条款遗漏、表达有误、索赔管理不利	
	人 员	管理人员、施工人员的素质不符合要求	根据工程具体的实际情况，严格资质、资格审查，安排项目管理机构人员，制定合理的材料供应计划及检验计划，充分结合实际情况，合理设计施工机具
	材 料	原材料的供应不足、数量差错，质量不合格等	
	设 备	施工设备供应不足，类形不配套，选型不当	
	资 金	资金筹措方式不合理，资金不到位	搞好与金融机构的关系，充分利用各种融资方式
	组织协调	与业主和上级管理部门及监理方的不协调、内部的不合理	研究各方特点，制定相应措施协调好关系

5.2.11.2　季节性施工措施

1）冬期施工措施

当室外平均气温连续五天稳定低于5℃或当日气温低于−3℃时开始进入冬期施工，必须按冬期施工规定采取相应措施。

（1）组织有关人员学习冬期施工规范及规程，逐级向下进行交底。

（2）密切注意气象动态，专人与气象部门联系并记录公布，以防寒流突然袭击和极端负温的影响。

（3）做好物资储备和机械设备的保养及维修工作，不要因小失大，马虎凑合。

（4）加强对混凝土的养护特殊处理，原则上不浇水，放草袋覆盖。混凝土中适量加一些外加剂，改善混凝土的强度，适应冬期施工的需要。

（5）加强对砂浆配合比的控制工作，适量加入外掺剂，改善砂浆的融冻点，满足施工需要。在进行砌筑工程时，砂浆应使用掺盐抗冻砂浆。砂浆的流动性应比常温适量增大，根据出现的负温天气情况，砂浆试块与砌体同条件的要增做一组，必要时可采用热水拌合砂浆。

（6）具体施工时编制详细的专项施工方案。

2）雨期施工措施

（1）在结构施工阶段，注意天气变化，防止雷雨突袭，保证连续浇捣的顺利进行。现场准备一定数量的彩条布，作为覆盖刚浇筑混凝土和机具的使用，当雨下大时，应按规范规定，在可留施工缝的位置留设施工缝，停止混凝土的浇筑。

（2）雨期施工期间，劳动力要进行统筹安排，晴天先室外后室内，雨天施工室内，尽量避免因雨水影响而产生的窝工现象。

（3）雷暴雨天气禁止进行一切室外作业。

（4）雷雨、台风期间要及时发布气象资料，使全体职工了解信息，以便安排工作和生活，采取相应的措施。

（5）定时对现有水沟进行疏浚，准备抽水泵作应急抢险，出现水情及时处理。

（6）雨天应随时观测基础沉降情况，发现沉降过大或沉降不均，要及时停止作业并进行加固处理。

（7）具体施工时编制详细的专项施工方案。

3）炎热高温天气施工措施

（1）高温天气施工，应做好各种降温防暑工作。

（2）配备充足饮用水、降温饮料和设置遮阳降温凉棚。

（3）合理安排作业时间，错开日照强烈时段。

（4）施工作业面设置防暑降温茶水、药品。

（5）现场设医务室，及时救治中暑职工。

（6）商品混凝土运输和输送要考虑混凝土坍落度的损失。

（7）具体施工时编制详细的专项施工方案。

4）夜间施工措施

（1）夜间施工现场配备值班电工，在施工作业面、材料运输通道、施工设备旁、主要出入通道等架设亮度足够的照明灯具。

（2）固定的灯具与易燃物体要保持足够的安全距离，拖动的灯具采用容量相当的双层塑料橡胶电缆，电源开关均要有漏电保护装置。

5.2.12 新技术应用计划

（略）

5.2.13 施工方案编制计划

见表 5.2.13。

施工方案编制计划表 表 5.2.13

序　号	分部分项及特殊过程名称	编制单位	负责人	完成时间
	测量工程施工方案	项目经理部	项目总工程师	2002.10.10
1	钻孔灌注桩施工方案	桩基专业队	分包单位技术负责人	2002.10.15
2	基础分部施工方案	项目经理部	项目总工程师	2002.12.20
3	基坑降水施工方案	项目经理部	项目总工程师	2002.12.20
4	钢拱支座承台基础施工方案	项目经理部	项目总工程师	2002.12.20
5	地下预应力系梁施工方案	项目经理部	项目总工程师	2002.12.20
6	分叉异形柱及折扇形大梁施工方案	项目经理部	项目总工程师	2003.1.30
7	V形钢管混凝土柱施工方案	项目经理部	项目总工程师	2003.1.30
8	大型预应力环梁施工方案	项目经理部	项目总工程师	2003.1.30
9	主体看台结构施工方案	项目经理部	项目总工程师	2003.1.30
10	屋盖钢箱梁施工方案	钢结构分包单位	分包单位技术负责人	2003.2.20
11	大跨度巨形钢斜拱施工方案	钢结构分包单位	分包单位技术负责人	2003.2.20
12	金属屋面施工方案	屋面分包单位	分包单位技术负责人	2003.2.20
13	主体施工脚手架搭设方案	项目经理部	项目总工程师	2003.1.30
14	看台面层施工方案	项目经理部	项目总工程师	2003.3.30
15	防水施工方案	防水分包单位	分包单位技术负责人	2003.2.20
16	运动员地下通道防水施工方案	防水分包单位	分包单位技术负责人	2003.1.30
17	附属用房装饰装修施工方案	装饰装修分包单位	分包单位技术负责人	2003.9.20
18	建筑给水排水工程施工方案	安装工程分包单位	分包单位技术负责人	2003.1.1
19	体育场普通照明工程施工方案	安装工程分包单位	分包单位技术负责人	2003.9.20
20	空调系统与设备安装施工方案	安装工程分包单位	分包单位技术负责人	2003.9.20
21	体育场智能工程施工方案	安装工程分包单位	分包单位技术负责人	2003.9.20
22	冬期施工方案	项目经理部	项目总工程师	2003.1.1
23	雨期施工方案	项目经理部	项目总工程师	2003.5.1
24	高温期节施工方案	项目经理部	项目总工程师	2003.5.1

5.3 嘉兴体育中心体育场工程施工组织设计

5.3.1 编制依据

（略）。

5.3.2 工程概况

5.3.2.1 工程建设概况

嘉兴市体育中心体育场一期工程为 2004 年嘉兴市重点工程建设项目。场地位于嘉兴市中环南路北侧，长堰塘西侧。体育场工程建设概况见表 5.3.2-1。

工程建设概况　　　　　　　　　　表 5.3.2-1

序 号	项　　目	内　　　　容
1	工程名称	嘉兴市体育中心体育场一期主体育场工程
2	工程地址	嘉兴市中环南路北侧
3	建设单位	嘉兴市文化体育建设投资经营有限公司
4	设计单位	嘉兴市建筑设计研究院有限公司
5	监理公司	杭州市信安建设监理有限公司
6	监督单位	嘉兴市质量监督站
7	施工单位	中国建筑第八工程局
8	投资性质	政府投资
9	施工工期	415d
10	质量要求	确保"钱江杯"
11	主要功能	公用建筑竞技体育场

5.3.2.2 工程建筑设计概况

见表 5.3.2-2。

建筑设计概况一览表　　　　　　　　　表 5.3.2-2

建设规模（座）	35000 座		总建筑面积（㎡）	55115	总高（m）	55
层数	地上	2~6 层	层高	首层	5.4m	看台屋盖	管桁架和膜结构
				标准层	4.8m，3.6m		
装饰装修	看台地面	细石混凝土面层					
	外　墙	混凝土多孔砖					
	楼　梯	大理石					
	电梯厅	地面：大理石	墙面：		顶棚：		
其他需要说明的事项		设计合理使用年限 50 年，建筑设计等级为一级，建筑耐火等级一级					

体育场工程设计平面图见图 5.3.2-1，剖面图见图 5.3.2-2。

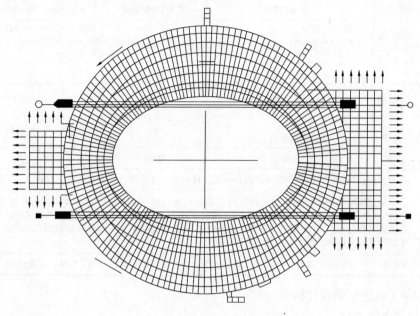

图 5.3.2-1 嘉兴体育中心体育场工程平面图

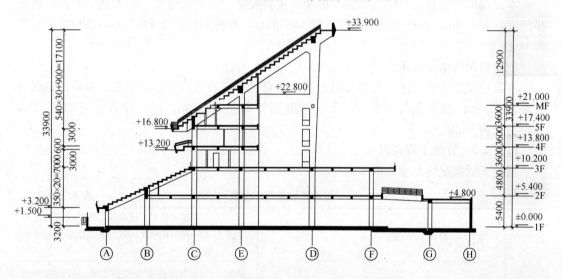

图 5.3.2-2 嘉兴体育中心体育场工程看台剖面图

5.3.2.3 工程结构设计概况

结构设计概况见表 5.3.2-3。

结构概况一览表 表 5.3.2-3

地基基础	埋深	27.45m	持力层	砂质粉土	承载力标准值	1200kN
	桩基	类型1：先张法预应力管桩；桩长：25m；桩径：500mm 类型2：预制钢筋混凝土方桩；桩长：24m；桩径：400mm×400mm				
	承台基础梁	基础承台深度1000～1400mm，主拱支座承台尺寸17.8m×10.8m，深5.5m 基础梁高600～800mm，宽度300mm				

主体	结构形式	框架结构	主要柱网间距	8400mm、7200mm、7700mm	
	主要结构尺寸	径向梁：600mm×700mm、200mm×500mm；环梁：600mm×1150mm	板：140mm、120mm	柱：600mm×600mm、600mm×700mm、700mm×900mm	墙：240mm
抗震等级设防		6度	人防等级	一级	
混凝土强度等级及抗渗要求	基础	C30，主拱基础掺抗裂纤维	墙体	C30	
	梁	C30、C40（预应力混凝土）	板	C30，一层掺抗裂纤维	
	柱	C30	楼梯	C30	
钢筋		类别：圆钢、螺纹钢。部分楼层径向梁、环向梁、挑梁设计有无粘结预应力筋			
看台屋盖结构		屋盖膜结构工程由钢结构和膜结构两部分组成，屋盖钢结构主要承重构件为跨度270m、总长300m的拱形主拱桁架（垂直于地面），侧面布置11榀次桁架（投影与主拱投影垂直，沿主拱中心垂线对称分布），次桁架之间布置8榀边桁架和12榀支撑桁架。膜体总面积约25000㎡左右，采用法国法拉利品牌，颜色为白色			
其他需说明的事项		结构安全等级：一级，地基基础设计为乙级，框架抗震等级：3级，抗震设防：6度			

5.3.2.4 机电安装设计概况

(1) 建筑电气工程

本建筑电气安装工程包括动力及照明，主要包括：各种配电箱、柜安装 239 台，镀锌桥架安装 931.6m，各种电缆、电线敷设 117793m，各种钢管敷设 42523m，各种灯具安装 3651 套。

(2) 建筑给水、排水工程

本工程建筑给水、排水安装工程包括主体育场及泵房管道安装，主要工程量：钢塑管安装 5091.9m，镀锌钢管安装 59.4m，无缝钢管安装 961.2m，UPVC 管安装 6507.2m，紫铜管安装 240m。

5.3.2.5 智能工程概况

智能工程概况详见表 5.3.2-4。

智能工程概况一览表　　　　　　　　　　　　　　表 5.3.2-4

强电	低压	二路独立的 10kN	弱电	电话	程控交换机方式实现，程控交换机放置在一楼通信机房，综合布线语音总配线架跳接
	接地	采用 TW-S 保护系统		安全监控	分为闭路电视监控系统、防盗报警系统，监控中心设在一层安保监控中心
	防雷	一层高低压配电间及各强电井内均设置总等位接地，所有配电箱均应分别设置 N 线、PE 线端子排		楼宇自控	本工程要求 IBMS 集成管理系统，主要实现消防系统、安保系统、楼控系统、一卡通系统之间的数据资源的通信共享和联动
	电视	设置信息点共 118 个，由室外有线电视信号引来，采用 860MHz 高隔离度的邻频传播系统		综合布线	工作区均采用六类模块，本系统共配置信息点 555 个，在出租用房内和管委会设置一个智能信息箱，预留 1 根六芯多模光缆和一根 25 对五类大对数电缆

续表

消防系统	自动喷水灭火系统	按中危险 I 级设计，喷水强度为 6L/min·m，设计流量 21L/s，火灾延续时间 1h，实际流量应以计算为准
	消火栓系统	系统设计用水量 15L/s，火灾延续时间 2h
	气体灭火系统	按轻危险配置，配置基准 20m²/A，每个配置点配置两具
其他需说明的事项		进出建筑物的各种金属管道均就近与基础接地体连接，利用基础钢筋与总等电位连接

5.3.2.6 自然条件

（1）气象条件

据嘉兴气象资料显示，本工程所处地带位于亚热带季风气候地区，季风显著，四季分明，年气温适中，光照较多，雨量丰沛，空气湿润，雨热季节变化同步，气候资源多样，气象灾害繁多。1月份最冷，月平均气温在 3~4℃，极端最低气温 −11~−12℃；7月份最热，月平均气温 28~29℃，极端最高气温可达 39~40℃。年相对湿度 80% 以上，年平均风速为 1.7~3.2m/s，年平均降雨量 1000~1200mm，年平均蒸发量 1300~1400mm。

（2）工程地质及水文条件

本场地除填土层松软且不均匀，不能作为天然地基外，其余各层均可作为天然地基。但天然地基持力层的硬壳层粉质黏土层厚度小，明浜区缺失，故应采用桩基。土质无污染，对混凝土结构无腐蚀性。

场地内地下水类型有赋存于浅部土层中的潜水和赋存于砂质粉土层中的承压水。潜水受天气降水及地表水影响显著，测得场地地下稳定水位埋深位于原地面下 2.2~4.5m，平均水面标高为 −0.3m。地下水年变化幅度约 2.0~2.5m，基础设计时地下水位埋深按年均常水位埋深 0.5m 考虑。

另据场地地下水质资料，并结合场地及场地周围无污染源及污染史，判定场地地下水、土对混凝土无腐蚀性。本场地内未发现暗浜（塘）等不良地质条件，场地是稳定的。但场地南端存在明浜（塘），现明浜内水面标高约为 1.1m，水深约 1.0m，浜底淤泥厚约 0.6m，明浜底标高约为 −0.5m。

（3）地形条件

主体育场所在位置 ±0.000 相当于黄海高程 2.600m，比赛场地 +1.500 标高相当于黄海高程 +4.100m。

（4）周边道路及交通条件

本工程三面环水，东西侧及北侧均为河流，景观大道中心线向北的延长线即为主体育场南北向中轴线，与嘉兴大剧院隔中环南路相望。

场地位于南湖景观大道北端，花园路东侧，南侧为中环南路，双向 6 车道，是城市南区东西连接的主干道，交通便利。

5.3.2.7 工程特点、重点及难点

1）工程特点

（1）设计大量采用新技术、新材料，充分体现出建筑的时代感，提高了建筑的科技含量。

（2）屋面结构造型新颖，构造独特。本工程屋面系统为钢管桁架结构，由两座拱及众

多钢V形支撑与径向钢管桁架支撑组成，形成一个钢构空间整体受力体系，整个屋面造型颇为独特，波浪式的膜结构使屋面构成了一幅轻盈、宏伟的画卷。其中又以两座长拱最为独特，单个拱跨度近300m，高度53m，这样的钢拱在国内并不多见。

（3）构造复杂。体育场形状不规则，梁大部分为弧形，还有部分斜梁，断面尺寸大小不一，有普通钢筋和预应力钢丝束。柱既有方形，又有圆形，高度各不相同，墙体弧形较多。

（4）工期紧。本工程要求在415个日历天内完成，在如此短的时间内完成如此复杂的工程难度较大。

（5）质量要求高。本工程要求确保"钱江杯"，争创鲁班奖。

（6）施工专业众多，本工程涉及的专业有土建、钢结构、电气、给排水、暖通空调、电梯、消防、弱电、幕墙、通信、竞赛训练场地面、草坪、篷盖等。

2）施工重点、难点

（1）屋面钢拱体系施工难度大

由于施工现场场地情况复杂，除南侧靠近中环南路外，另外三侧均靠近水边：东侧为长堰塘河道，西侧为河道支流，北侧为数条小河交汇处，虽然体育场建成后可以达到与周围环境融为一体的效果，但是在施工过程中因场地情况问题给钢结构的安装带来较大困难：

①大型吊机无法在体育场东西两外侧行走，屋盖部分钢构件无法在外侧吊装；

②体育场北侧及东西两侧构件运输无法在体育场外组织运输；

③场地地势很低，地下水位较高；

④体育场内部区域较小，作业机械站位、构件堆场、构件地面拼装、高空吊装胎架等工作要求场地使用量大，场地相当紧张。

另外，钢管桁架管径大、工程量大，钢管桁架工程量达2800t，加工量大，且最大管径达700mm，最大壁厚达35mm，对材料采购、加工制作能力要求较高。

（2）施工总承包要求高

由于本工程施工专业众多，导致交叉作业多，人员、材料、机械设备投入量大，工序衔接交叉量大，其中不论哪个环节出了问题，将发生连锁反应影响大范围甚至整个工程的施工。为确保工程能顺利施工就必须做好各专业之间的协调工作，如何将这么多专业施工队伍组成一个有机整体，协同作战将是摆在总承包管理单位面前的一个难题。

（3）施工技术难度大

①大体积混凝土的施工，尤其是两个主拱钢支座，是建筑工程中的超大体积混凝土。

②预应力工程的施工，结构设计预应力工程为部分构件，在整体工程中局部施加预应力，应充分考虑由于施加预应力而造成的非预应力构件的裂缝。

③本工程钢屋盖系统的预埋件设置，尤其是两个主拱的支座预埋件，应按照设计预埋件的形式制定专题施工方案，确保预埋件的轴线、标高和角度准确。

钢屋盖安装高度高，其中主拱最高点标高达54.6m，对施工机械能力、质量控制能力、高空作业能力要求较高；屋面结构节点复杂，板材极厚（最大100mm），主拱主弦杆$D700 \times 35$mm需要煨弯，主拱支座含有万向转动不滑移支座，采用大量的球形节点等，对设计、加工、安装都提出了很高要求。

④本工程是由 5 个圆心组成的椭圆形结构，5 个圆心均在场内，其工程的定位、放线工作十分重要，应制定详细的定位、放线施工方案。

⑤模板及支架工程的施工中，异形结构多、高支模结构多、清水混凝土多，一般建筑工程使用的模板及其支架工程方案不适应本工程，故对模板及其支架应制定专项施工方案。

⑥给排水施工中，热水系统中补偿器的固定支座和导向支座的安装是铜管安装中的难点。

⑦照明工程的预留预埋工作量大，部分区域灯具安装高度较高，施工中有一定的难度。

5.3.3 施工部署

5.3.3.1 施工总承包项目管理工作组织

（略）

5.3.3.2 施工总体目标

根据本工程特点，制定本工程施工总体目标，具体见表 5.3.3-1。

施 工 目 标 一 览 表

表 5.3.3-1

名　称	实　现　目　标	备　注
工程质量	确保"钱江杯"	
工　期	确保工程在 415 个日历天内完成本工程施工，其中主体结构封顶 180d	
安全生产	无重大伤亡事故，轻伤率 1.5‰以下	
文明施工	确保省级"文明标化工地"	
环境保护	创建花园式的施工环境，营造绿色建筑，做好工程周围公益、环保工作，竣工交付时室内环境检测合格	

5.3.3.3 施工区段划分及施工组织顺序

（1）施工区域、施工段的划分及施工组织

本工程外环弧长约 900m，设 12 条温度伸缩缝或后浇带，基础部分施工以温度伸缩缝和后浇带自然划分施工段（共分 12 个施工段），组织两个专业工程处分东西两半分别同时进行施工。

上部主体施工，按照设计图中⑫～⑬轴及㉞～㉟轴两条伸缩缝为界划分成两个施工区域。

安排两个土建施工队各负责一个区域的施工，每个区域又以伸缩缝为界划分六个施工段，共分 12 个施工段，其中Ⅰ、Ⅱ二区中的 A、C、G、I 施工段体量最大，是控制整个工程进度的关键，每个土建施工队又分为三个模板组和三个钢筋组，每组负责两个施工段的模板工程及钢筋工程施工，混凝土工及瓦工各设一个班组，每组负责六个施工段的相应工程施工。

两个区域进行同步施工，统一按顺时针方向推进，基础至二层，Ⅱ区按 A、B、C→D、E、F，Ⅰ区按 G、H、I→J、K、L 顺序施工；三层以上Ⅰ、Ⅱ区同步施工。

施工区域及施工段划分见图 5.3.3-1。

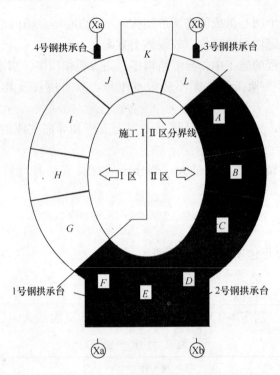

图 5.3.3-1　施工区段划分示意图

屋盖钢桁架工程施工时，先行安装西侧钢结构，最后安装东侧钢结构。

（2）主体工程沿竖向高度的施工顺序

南北看台区主体框架拟分 4 个施工层（⑬～㉚轴、㉟～㉒轴），见表 5.3.3-2。

南北二看台区主体框架施工层划分表　　　　　　　　　　表 5.3.3-2

序　号	施　工　层	标　　高
1	第一施工层	±0.00～+5.40m 柱
2	第二施工层	+5.40m 梁板
3	第三施工层	+5.40～+10.20m 柱
4	第四施工层	+10.20m 梁、板及+3.20～+10.20m 看台

东、西二看台区框架拟分 12 个施工层（㉛～㉞轴、⑫～㉗轴），见表 5.3.3-3。

东西二看台区主体框架施工层划分表　　　　　　　　　　表 5.3.3-3

序　号	施　工　层	标　　高
1	第一施工层	±0.00～+5.40m 柱
2	第二施工层	+5.40m 梁板
3	第三施工层	+5.40～+10.20m 柱
4	第四施工层	+10.20m 梁、板及+3.20～+10.20m 看台
5	第五施工层	+10.20～+13.80m 柱
6	第六施工层	+13.80m 梁板及+13.20～+13.80m 看台
7	第七施工层	+13.80～+17.40m 柱
8	第八施工层	+17.40m 梁板
9	第九施工层	+17.40～+21.60m 柱
10	第十施工层	+21.60m 梁板
11	第十一施工层	+21.60～+33.90m 柱
12	第十二施工层	+16.80～+33.90m 看台

（3）钢屋盖施工部署

根据现场场地条件及屋盖情况，为减少对前道工序的要求和对后续工程的影响，分东、西两个区进行施工，两个分区间搭接施工。

加工厂运送到现场的构件，按照吊机行走道路进行场内运输，在工厂构件到达现场前应预备好吊机进行卸车，构件在施工总平面布置场地内摆放整齐。

5.3.3.4 施工总流程

施工总流程见图 5.3.3-2。

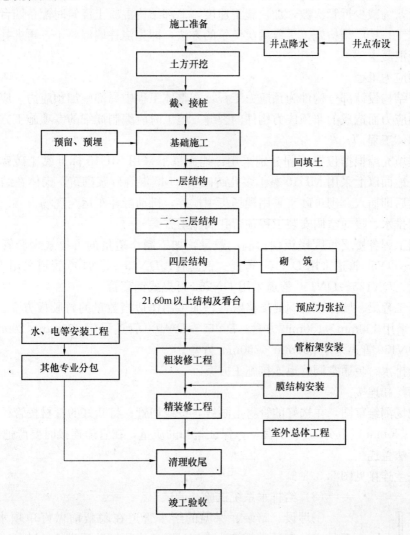

图 5.3.3-2 施工流程图

5.3.3.5 主要施工方法选择

（1）钢筋工程

钢筋均在体育场东南、西南角生产区内加工，成形后运至体育场外侧塔吊覆盖范围内。梁主筋 $\phi18$（含 $\phi18$）以上钢筋采用直螺纹和闪光对焊相结合的连接方法，柱主筋 $\phi14$ 以上采用电渣压力焊连接，板筋则采用闪光焊、搭接焊接或绑扎搭接。

（2）模板工程

体育场看台区基础承台、地梁模板采用 18mm 厚胶合板，4 个主钢拱基础采用 18mm 厚覆膜胶合板。

主体外露部分的清水混凝土采用 18mm 厚覆膜胶合板模板；其余柱、墙、梁、板均采用 18mm 厚胶合板，支撑采用普通钢管脚手架。

（3）混凝土工程

混凝土采用商品混凝土，浇筑采用泵送工艺，其中基础、柱混凝土浇筑时，采用汽车式混凝土泵，为减少拆管次数，加快施工速度，上部结构混凝土浇筑时配备四台混凝土布料机配合施工。楼层结构施工采取两次浇筑的方法，即先浇柱墙混凝土，再绑扎梁板钢筋后浇筑梁板混凝土。

（4）预应力工程

本工程结构设计部分构件为预应力工程，在整体工程中局部施加预应力，应充分考虑由于施加预应力而造成的非预应力构件的裂缝，施工时应编制详细的专项施工方案。

（5）砌体工程

本工程填充墙根据位置不同分别采用：地面以下采用 MU15 标准黏土砖砌块、M10 水泥砂浆，地面以上采用 MU10 黏土多孔砖砌块、M5 混合砂浆砌筑，砌体在结构楼层拆模清理验收后即插入。砌筑砂浆采用现场集中搅拌，机动翻斗车运至现场。

（6）给排水、暖通空调安装工程预留孔洞施工方案

①根据工程各楼层每区楼板预留洞的数量，加工制作适量的可提式钢套管，周转使用。$DN15 \sim DN50$ 管道采用 $DN100$ 可提式钢套管；$DN65 \sim DN100$ 管道采用 $DN150$ 可提式钢套管；$DN125 \sim DN150$ 管道采用 $DN250$ 可提式钢套管。

②根据工程梁、墙体预留洞的规格数量，加工制作适当数量的竹胶板方盒。$DN15 \sim DN50$ 管道采用 $150mm \times 150mm$ 方盒；$DN65 \sim DN100$ 管道采用 $200mm \times 200mm$ 方盒；$DN125 \sim DN150$ 管道采用 $250mm \times 250mm$ 方盒。

（7）给排水、暖通空调管道连接施工方案

①钢管丝扣连接。

根据现场测绘草图，在选好的管材上画线，按线切管；将断好的管材按管径尺寸分次套制丝扣，$\phi70mm$ 以上分 3～4 次套丝，保证丝扣的质量，在管道连接时要严把质量关。

②钢管法兰连接。

钢管法兰连接见图 5.3.3-3。

（8）给排水系统试验、调试

①埋设、暗装、保温的给水管道在隐蔽前做好单项水压试验。系统安装完后进行综合水压试验，水压试验后进行冲洗。

②排水管道安装好后进行通水试验、灌水试验和通球试验。

③消火栓系统进行消防调试。

④联运试验：采用专用测试仪器对火灾自动报警系统的各种探测器输入模拟火灾信号，火灾自动报警系统发出声光报警信号并启动系统。

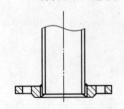

图 5.3.3-3　钢管法兰连接示意图

启动一只喷头或以 0.94～1.5L/s 的流量从末端试水装置处放水，水流指示器、压力

开关、水力警铃和消防水泵应及时动作并发出相应信号。

（9）电气配管施工方案

①钢管的连接与煨弯：暗设钢管的连接均采用钢套管电弧焊连接，明设钢管（包括可进入吊顶内的钢管）的连接拟采用全丝管箍丝扣连接。钢管弯曲时，直径大于 32mm 时，要求采用电动弯管器弯制；直径小于 25mm 的钢管采用手工弯曲。

②中间接线盒设置：管路较长或有弯曲时（管入盒除外）才允许加装接线盒或放大管径。

③电线管沿墙体引上时，采用直接引上。

（10）其他专业分包工程

其他专业分包项目具体施工方案待施工前由专业分包单位编制专项施工方案，报业主、设计、监理审批后实施。

5.3.4 主要工程项目施工方案

5.3.4.1 桩基工程施工方案

本工程主拱桩基为锤击 400mm×400mm 预制钢筋混凝土方桩，桩长 24m，桩身伸入承台 500mm，桩身构造选用图集《预制钢筋混凝土方桩》（浙 G19—91）。其余桩基均为静压 ϕ500 先张法预应力混凝土管桩，桩长 25m，桩身伸入承台 50mm，桩身构造选用图集《先张法预应力混凝土管桩》（2002 浙 G22）。

1）桩施工流程

（1）锤击预制钢筋混凝土方桩施工流程

施工流程见图 5.3.4-1。

（2）静压先张法预应力混凝土管桩施工流程

施工流程见图 5.3.4-2。

2）打桩设备选型

（1）静压先张法预应力混凝土管桩压桩机。本工程预应力混凝土管桩共 2011 根，按每台桩机日成桩 30 根，有效工作时间 34d 计算，自重 300t 以上的静压桩机二台可以满足施工要求。故本桩基施工拟选用一台 YZY600 型及一台 ZYC-600 静力压桩机。

（2）本工程共设计 400mm×400mm 钢筋混凝土方桩 384 根，拟选用一台 3.5t 柴油锤及相应的桩架进行施工，满足施工要求。

3）预制桩的采购、运输堆放、检验与验收

预制桩按计划分批进场，在施工点附近堆放，并配好施工点用桩节数和桩长，避免发生场内二次搬运。

管桩混凝土达到 100% 设计强度，并满足沉桩强度要求方能出厂；钢筋混凝土方桩混凝土强度达到设计强度的 70% 方可起吊，达到 100% 方可运输。

预应力管桩与钢筋混凝土方桩的吊装采用两支点法（管桩可采用两头吊钩法），两支点距离桩端为 0.21L（L 为桩段长度），绳索与桩身水平夹角不得小于 45°，装卸时应轻起轻放，严禁抛掷、碰撞、滚落；堆放场地要压实平整。

预应力管桩与钢筋混凝土方桩堆放按两支点法进行，最下层支点要放在垫木上，并垫以楔形木防止滚动，堆放层数不得超过 3 层。

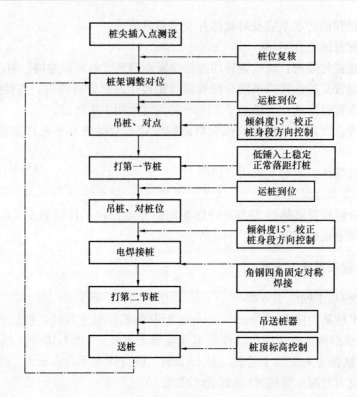

图 5.3.4-1 锤击预制钢筋混凝土方桩施工流程

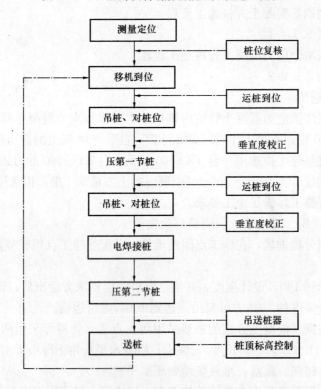

图 5.3.4-2 静压先张法预应力混凝土管桩施工流程

管桩与方桩打桩前起吊喂桩时，采用单点法，起吊支点距桩顶端 0.293L（L 为桩段长度）。起吊过程中要轻稳操作，起吊距离宜小于 10m。

预制构件进场时要查验出厂合格证及桩身浇筑和养护时间，并按标准图集有关要求抽检外观质量和制作尺寸偏差，检验合格才允许使用。

4）预制桩施工要点

（1）接桩采用钢端板焊接法，桩顶端距地面 1m 左右即可接桩。

（2）使用送桩杆送桩，送桩时要保证送桩杆垂直度，防止在送桩过程中发生桩身偏斜与位移。

（3）打桩开始插桩前，采取人工开桩尖孔的方法，以保证桩尖插入土体稳定，避免桩尖位置因桩周土体阻力不均匀而产生桩尖位移情况。

5.3.4.2 基础工程施工方案

1）钢筋混凝土基础施工顺序

测量定位复核、桩基检测、降水→基础承台、地梁土方开挖、桩头处理→垫层、基础承台、地梁模板→基础承台、地梁、板钢筋、柱插筋→基础承台、地梁、板混凝土→基础土方回填。

2）降水施工方案

根据地质勘探报告，现场地下水位较高，地基土渗透系数很小，而大面积基坑挖土深度在地下水位以下约 2.0m，根据类似工程的施工经验，大面积基坑拟采用明排方案，在基坑内挖排水明沟，明沟宽度 300mm，深度 300mm，每隔 30m 设 1000mm×1000mm×1000mm 集水井，并用水泵将水抽到周围排水沟中排入河流。

四个主拱承台开挖深度较大，坑深约 5.5m，拟采用轻形井点降水。主拱支座受力一侧土体采用水泥土加固，不考虑放坡和降水。轻型降水井点采用单排三面布置。

井点布置距坑壁 1.0m，间距为 1.4m，每个钢拱支座承台的井点管埋深 7.2m，根数 45 根，管长 6.0m，泵 1 台。

降水前编制详细的降排水施工方案。

3）土方等工程施工方案

（1）土方开挖

土方工程主要为承台、地梁等的土方开挖。考虑工程自然地坪标高为 -0.1～-0.8m 不等，基础开挖普遍深度一般在 2.5～1.8m，采用放坡开挖，开挖坡度为 1:1～1:1.5。

钢拱承台基础开挖深度约为 5m，采取放坡和护坡相结合的方法。在主拱承台没有水泥土搅拌桩的三面采用放坡，基坑上部 2.6m 范围内采用 1:1 的坡度，下部按 1:0.75 的坡度放坡，并采用钢丝网加水泥砂浆护坡。放坡基坑留工作面，钢拱支座承台工作面为 2.5m，其他工作面 0.5m。

土方开挖选用反铲挖土机，每个大区计划配备 4 台挖机，12 辆自卸汽车配合运输，现场集中堆土区采用 1 台推土机堆土。

本工程考虑土方综合平衡，开挖出的土方考虑到回填，土方基本不外运，在开挖前须将表层含有草根和有机杂质的土先除去另外堆置或外运，下面的净土堆置在场地周围指定的地方。

（2）桩头处理

①土方开挖后，及时分区组织验槽，并插入桩头处理，桩头处理时，应严格控制好桩头的标高，保证锚入承台内的桩长和钢筋符合设计要求。

②桩头处理程序为：

方桩：在桩身上用红油漆标出要破除的标高线→破除上部桩体→破碎中部桩体→剥离出桩头锚固钢筋→焊接锚固钢筋。

管桩：在桩身上用红油漆标出要截除的标高线→截除上部桩体→按设计要求施工接桩钢筋→灌桩头混凝土。

③凿方桩工作由人工进行，空压机配合。

4）垫层施工

（1）经人工土方开挖、清边到位后，立即进行验槽和桩位复核，桩体检测。

（2）垫层施工紧随土方工程进行，人工清理一块，验收一块，浇筑一块；砌筑一块，回填一块，尽量减少地基土暴露时间，垫层标高用水准仪严格按设计标高控制，并做好表面压实抹平收光工作。

（3）混凝土垫层完成后，待强度达到1.2MPa后，立即把轴线、承台、基础梁边线投设到垫层上去，以确保承台、基础梁的正常施工。

（4）钢拱支座垫层以下设计为500mm厚石块灌浆，混凝土垫层厚度为150mm，伸出承台底面500mm，混凝土采用现场搅拌，垫层浇筑从短边开始，用平板振动器振捣密实，用2m长木尺刮平，一次浇筑完成。

5）基础、主拱等钢筋和埋件施工

（1）钢筋质量要求

本工程所用的国产钢材必须符合国家有关标准的规定及设计要求。钢材应批量进货，每批钢材出厂质量证明书或试验书齐全，钢筋表面或每捆（盘）钢筋应有明确标志，且与出厂检验报告及出厂单相符，钢筋进场检验内容包括查验标志，外表观察，按规范要求每60t为一批抽样进行复检试验，合格后方可用于施工。

钢筋在加工过程中，如若发现脆断、焊接性能不良或力学性能显著不正常现象，应根据国家标准进行化学分析检验，确保质量达到设计和规范要求。

（2）钢筋加工场地及运输方法

①钢筋均在体育场东南、西南角生产区内加工，成形后运至体育场外侧塔吊覆盖范围内，具体位置见施工总平面布置图。所有半成品直接由塔吊运至施工作业地点。

②每个集中加工区配备二套钢筋加工机具，另设调直机一台、闪光焊机一台、直螺纹加工机械两台。

（3）钢筋翻样及成形

钢筋进行现场翻样，技术负责人对钢筋翻样料单进行审核、审批。本工程基础梁、承台结构配筋多而复杂，在翻样时综合考虑基础承台、基础梁和柱等的相互关系，按照设计和规范的要求，确定钢筋相互穿插避让关系。

（4）钢筋连接

梁主筋ϕ18（含ϕ18）以上钢筋采用直螺纹和闪光对焊相结合的连接方法，柱主筋ϕ14以上采用电渣压力焊连接，板筋则采用闪光焊、搭接焊接或绑扎搭接。

（5）钢筋绑扎

受力钢筋搭接接头位置应正确，其接头相互错开，每个搭接接头的长度范围内，搭接钢筋面积不应超过该长度范围内钢筋总面积的 1/4。所有受力钢筋和箍筋交接处全绑扎，不得跳扣。

主拱基础钢筋绑扎顺序为：底层钢筋绑扎→预埋件吊安→立钢筋支承架→绑预埋件外侧钢筋及箍筋→绑扎承台加强钢筋。基础内预埋件尺寸较大，将会影响钢筋特别是箍筋的正常布置，施工时应与设计联系进行处理，一是尽量让钢筋改道，二是切断主筋后，再将主筋与预埋钢板对焊牢。

后浇带部位上下钢筋定位方法详见图 5.3.4-3。

底部钢筋下绑砂浆垫块，一般厚度不小于 50mm，间隔 1m，侧面的垫块应与钢筋绑牢，不应遗漏。

（6）预埋件安装

主拱基础预埋件尺寸较大且重量重，达 13t，采用吊车就位，并特制型钢固定支架固定预埋件，预埋件位置精确定位后，与固定支架焊接牢固。

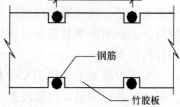

图 5.3.4-3 钢筋定位方法

具体施工前，主拱基础应编制详细的施工方案。

6）模板工程

基础部分的大梁均为弧形梁，模板采用 18mm 厚胶合板现场制作，模板数量按施工流水段的划分情况进行配置。

根据不同弧度的梁采取不同的套板方法进行模板放样和设计，确定模板制作的几何形状、尺寸要求，龙骨的规格、间距，选用的支架系统。绘制各分部混凝土模板设计图，操作工艺要求及说明。

4 个主钢拱基础采用 18mm 厚覆膜胶合板。侧模上口用带钩螺栓与主拱支座钢筋及桩焊接固定，中部设 $\phi12$、间距 1600mm 带钩螺栓与钢筋固定，并设拉结筋穿杆与桩头焊接连接。为加强模板支撑，在支座外侧模板向地下打入三排钢管支撑骨架，三排钢管上端同样用钢管互相拉结固定，形成整体。

基础梁为超长混凝土梁，每隔 70m 左右设置一道后浇带，见图 5.3.4-4。后浇带部位模板采用快易收口网做模板支设。

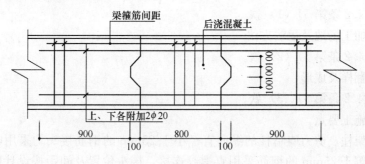

图 5.3.4-4 基础梁后浇带

7）混凝土浇筑

混凝土采用商品混凝土，应提前向供应商提出混凝土配比要求：选用矿渣硅酸盐水泥，石子采用 5~30mm 连续级配的碎石，砂采用细度模数在 2.6~3.0 之间的中、粗砂；

控制水泥用量在 260~300kg，水灰比小于 0.6；混凝土中应掺加Ⅱ级粉煤灰和高效能缓凝型复合减水剂。混凝土坍落度控制在 12±2cm 左右。

混凝土浇筑采用 2 台臂长 28m 汽车式混凝土泵进行浇筑。

浇筑桩头、槽底及帮模应先浇水润湿。承台梁浇筑混凝土时，应按顺序直接将混凝土倒入模中；如甩槎超过初凝时间，应按施工缝要求处理。

钢拱支座基础承台长 17.8m、宽 10.8m、高 3m，支座长 16.75m、宽度 7.2m、高 10.54m，每个钢拱支座基础承台底板面积达 192m²。故确定从远到近分段分层浇筑，每层浇筑按 500mm 控制，混凝土沿远端承台开始布料。

大体积混凝土浇筑时产生的泌水和浮浆，一方面使之顺混凝土坡面下流到坑底，大部分泌水顺垫层坡度通过两侧模板底部预留孔排出坑外，少量来不及排除的泌水在混凝土浇筑时，不断向前推赶至基坑顶端排出，最后，上部混凝土的泌水排除则采用真空水泵抽排至外面的水坑内。

大体积混凝土采用 JDC-2 便携式电子测温仪对温差进行监控，通过预埋式测温线与手机插接进行测温，内表温差大于 25℃，加强保温工作，确保内表温差不大于 25℃；当内表温差小于 15℃时，适当减少保温层的厚度。

纵横连接处及桩顶一般不宜留槎留槎应在相邻两桩中间的 1/3 范围内，甩槎处应预先用模板挡好，留成直槎。继续施工时，接槎处混凝土应用水先润湿并浇浆，保证新旧混凝土接合良好；然后用原强度等级混凝土进行浇筑。

混凝土浇筑后，在常温条件下 12h 内应覆盖浇水养护，浇水次数以保持混凝土湿润为宜，养护时间不少于 7d。

5.3.4.3 主体结构工程施工方案

1) 主体结构工程施工顺序

采用先施工竖向构件，再施工水平结构。施工顺序见图 5.3.4-5。

每层砖砌体在上层梁预应力筋张拉结束，养护到期模板拆除后插入。后浇带（宽度 800mm）梁板模板在该跨混凝土灌筑完毕后暂不拆除，后浇带 56d 后浇筑混凝土。

2) 钢筋工程

(1) 钢筋质量要求

同第 5.3.4.2 条第 5)(1) 款。

(2) 钢筋加工场地及运输方法

同第 5.3.4.2 条第 5)(2) 款。

(3) 钢筋翻样及成形

同第 5.3.4.2 条第 5)(3) 款。

(4) 钢筋施工要点

本工程框架柱、剪力墙暗柱的纵向直径小于 25mm 的钢筋接头均采用电渣压力焊焊接接头，大于等于 25mm 的钢筋采用直螺纹连接，接头位置及间距按设计图纸要求，但同一截面上钢筋连接的数量不得超过全截面钢筋总数的 50%，斜柱主筋采用直螺纹连接。

框架梁主筋接头采用闪光接触对焊和熔槽绑条焊相结合（直径大于 20mm 的采用直螺纹连接），次梁主筋采用闪光对焊和搭接相结合，焊接强度、焊接质量需符合现行国家标准《混凝土结构工程施工质量验收规范》的要求，梁面钢筋跨中连接，梁底钢筋支座连

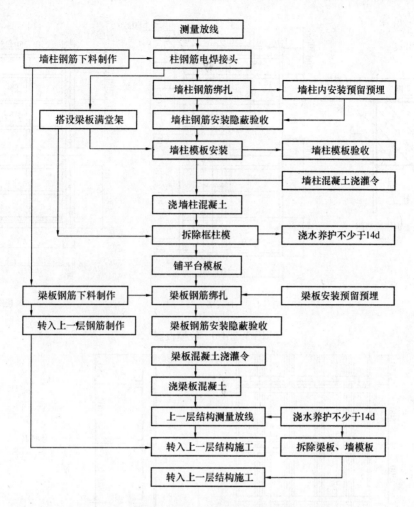

图 5.3.4-5　主体结构施工顺序

接，连接时注意同截面内受拉钢筋搭接面积不超过 25％，悬挑部分及其伸进梁内 3m 范围内不得有接头。

焊接钢筋时，焊工必须持证上岗，先做试件，确认操作方法，焊接参数，试件都合格后再正式操作，已焊接的接头逐根进行目测自检合格后，再按规范的比例，抽检合格后方可大面积操作。

3）模板及支撑体系工程

（1）模板选择及支撑体系设置

根据工程整体外形为圆形，内部结构弧形和台阶较多以及外形不规则的结构特点，模板体系大面积采用 18mm 厚胶合板，墙柱清水混凝土部位采用双面覆膜胶合板，模板次楞采用 50mm×100mm 木方，主楞采用 $\phi48×3.5$ 钢管，圆柱模板采用定型钢模板和定型包箍。

①柱、墙模板

柱模按定型模板，分节设计，采取散支、散拆方法。柱模板见图 5.3.4-6，墙体模板见图 5.3.4-7。

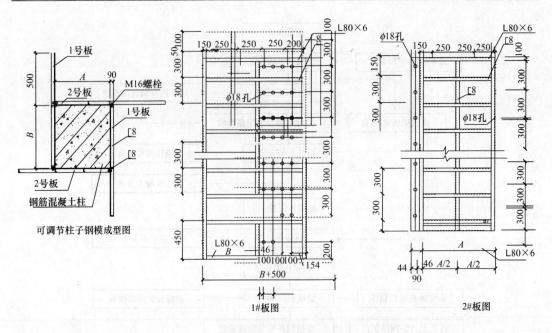

图 5.3.4-6　柱模板图

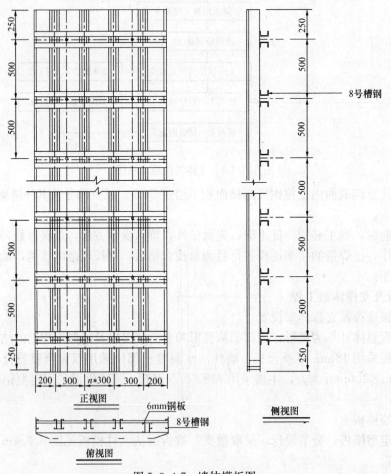

图 5.3.4-7　墙体模板图

②楼板模板

楼板厚度为 100～160mm，选用 18mm 厚胶合板摸板，50mm×100mm 木方间距不大于 300mm，满堂架采用普通 $\phi48\times3.5$ 钢管，立柱钢管纵横向间距为 1m，满堂架水平杆竖向间距不大于 1800mm，底部离地 150mm 设扫地杆，双向每 6 跨设置 45°～60°的斜向支撑。

③梁模板

主梁、次梁及顶板模板按散支散拆方式设计。梁底模板采用胶合板模板（梁高大于 1200mm 的采用双层底模），支撑体系采用普通 $\phi48\times3.5$ 钢管，梁底支撑钢管立柱间距和数量详见表 5.3.4-1。支模图见图 5.3.4-8、图 5.3.4-9。

梁底支撑体系设置表   表 5.3.4-1

梁宽截面 (mm)	梁底模板	底部纵向木方（次楞）间距 (mm)	底部横向钢管（主楞）间距 (mm)	立杆横向间距		立杆纵向间距 (mm)	立杆顶部扣件数
				间距 (mm)	数量		
800×1600	双层	200	400	≤600	3	400	2
600×1600	双层	200	400	≤600	3	400	2
400×1200	单层	200	500	≤600	2	500	1
400×1000	单层	200	500	≤800	2	500	1
400×800	单层	250	500	≤800	2	500	1
400×700	单层	300	500	≤900	2	500	1
600×700	单层	300	500	≤900	2	500	1

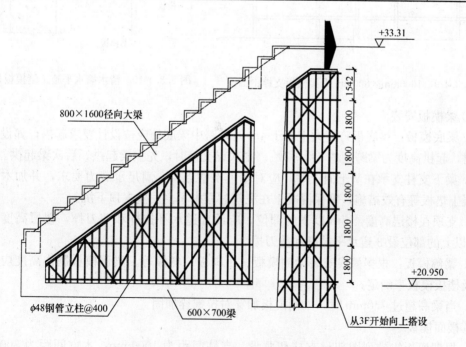

图 5.3.4-8　1600mm×800mm 大梁模板支撑体系

（2）施工操作要点

① 柱、墙模板

a. 按图纸尺寸制作柱侧模板，注意外侧板宽度应加上两倍内侧板模板厚，按放线位置钉好压脚板再安放柱模板，在垂直方向加斜拉顶撑，校正垂直度及柱顶对角线。

b. 柱箍根据柱模尺寸、侧压力的大小等因素进行设计，选择钢木箍。柱箍间距一般在 500mm 左右，柱截面较大时应设置柱中穿心螺栓，由计算确定螺栓的直径、间距。

c. 外墙水平施工缝技术处理：为保证外墙水平施工缝外表美观，在施工时可采取预留 80mm 宽、8mm 深施工缝交接带，且浇筑坡度向内，以保证在浇筑混凝土时水泥浆不会向外流淌。如图 5.3.4-10 所示。

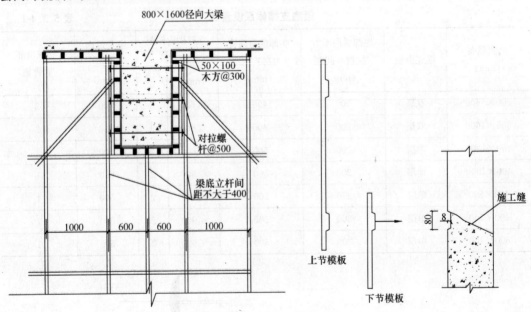

图 5.3.4-9　1600mm×800mm 大梁模板支撑剖面图　　图 5.3.4-10　清水墙水平施工缝模板处理

② 梁模板安装

a. 梁底模板：梁底板跨度大于等于 4m 时，跨中梁底处应按设计要求起拱，如设计无要求时，起拱高度为梁跨度的 1‰～3‰。主次梁交接时，先主梁起拱，后次梁起拱。

b. 梁下支柱支承在基土面上时，应对基土平整夯实，满足承载力要求，并加木垫板或混凝土垫板等有效措施，确保混凝土在浇筑过程中不会发生支顶下沉。

c. 支顶在楼层高度 4.5m 以下的部位，应设二道水平拉杆和剪刀撑，楼层高度超过 4.5m 以上的部位设 3 道水平拉杆和剪刀撑。

d. 梁侧模板：根据墨线安装梁侧模板、压脚板、斜撑等。梁侧模板制作高度应根据梁高及楼板模板来确定。

e. 当梁高超过 750mm 时，梁侧模板加穿对拉螺栓加固。

③ 楼面模板

a. 根据模板的排列图架设支柱和龙骨。支柱间距 1000mm，木方间距为 300mm，横向钢管主龙骨间距为 1000mm。支柱排列要考虑设置施工通道。

b. 底层地面应夯实，并铺垫脚板。采用多层支架支模时，支柱应垂直，上下层支柱应在同一竖向中心线上，各层支柱间的水平拉杆和剪刀撑要认真加强。

c. 铺模板时可从四周铺起，在中间收口。若为压旁时，角位模板应通线钉固。

d. 楼板根据施工区域划分成12个施工段，之间由后浇带连接，后浇带留设方法见图5.3.4-11，后浇带部位模板采用快易收口网做模板支设。

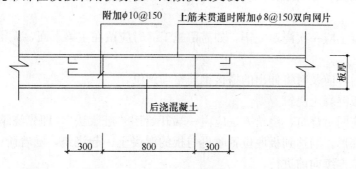

图 5.3.4-11 楼板后浇带留设

4）混凝土工程

柱、梁板等构件要求为清水混凝土，采用商品混凝土，浇筑采用泵送工艺，配备四台混凝土布料机配合施工。楼层结构施工采取两次浇筑的方法，即先浇柱墙混凝土，再绑扎梁板钢筋后浇筑梁板混凝土。

（1）混凝土选材

①水泥：水泥品种、强度等级应根据设计要求确定。质量符合国家现行水泥标准。

②砂、石子：根据结构尺寸、钢筋密度、混凝土施工工艺、混凝土强度等级的要求确定石子粒径、砂子细度。砂、石质量符合国家现行标准。

③水：自来水或不含有害物质的洁净水。

④外加剂：根据设计及施工组织设计要求，确定是否采用外加剂。外加剂须经试验合格后，方可在工程上使用。

⑤掺合料：根据设计及施工组织设计要求，确定是否采用掺合料。掺合料质量符合国家现行标准。

⑥拌制清水混凝土所用材料（包括水泥、砂、石子、粉煤灰、泵送剂和其他材料）要求搅拌站在第一次清水混凝土浇筑前全部备齐。水泥要求采用同一强度等级、同一厂家、同一生产批号，如不能保证同一批号，必须于施工前同生产厂家签约，要求保证所用的水泥生产控制各项参数一致；保证所进场的砂必须是同一产砂地点，砂的粗细程度和含泥量等指标必须基本一致；保证所用的石子必须是同一石厂所产，而且石子的规格和含泥量也必须保证基本一致；其他材料要求必须是同一种规格型号，性能完全一致。有条件的话，上述原材料尽量一次进场。

（2）柱混凝土浇筑

①浇筑前底部应先填50～100mm厚与混凝土配合比相同的减石子砂浆，柱混凝土应分层浇筑振捣，使用插入式振捣器时每层厚度不大于50cm，振捣棒不得触动钢筋和预埋件。

②柱高在2m之内，可在柱顶直接浇筑，超过2m时，应采取措施（用串筒）或在模

板侧面开洞口安装斜溜槽分段浇筑。每段高度不得超过 2m，每段混凝土浇筑后将洞模板封闭严实，并用箍箍牢。

③柱子混凝土的分层厚度应当经过计算确定，并且应当计算每层混凝土的浇筑量，用专制料斗容器称量，保证混凝土的分层准确，并用混凝土标尺杆计量每层混凝土的浇筑高度，混凝土振捣人员必须配备充足的照明设备，保证振捣人员能够看清混凝土的振捣情况。

④柱子混凝土应一次浇筑完毕，如需留施工缝时应留在主梁下面，无梁楼板应留在柱帽下面。

⑤浇筑完后，应及时将伸出的搭接钢筋整理到位。

（3）梁、板混凝土浇筑

①梁、板应同时浇筑，浇筑方法应由一端开始用"赶浆法"，即先浇筑梁，根据梁高分层浇筑成阶梯形，当达到板底位置时再与板的混凝土一起浇筑，随着阶梯形不断延伸，梁板混凝土浇筑连续向前进行。

②和板连成整体高度大于 1m 的梁，允许单独浇筑，其施工缝应留在板底以下 20～30mm 处。浇捣时，浇筑与振捣必须紧密配合，第一层下料慢些，梁底充分振实后再下第二层料，用"赶浆法"保持水泥浆沿梁底包裹石子向前推进，每层均应振实后再下料，梁底及梁侧部位要注意振实，振捣时不得触动钢筋及预埋件。

③梁柱节点钢筋较密时，此处宜用小粒径石子同强度等级的混凝土浇筑，并用小直径振捣棒振捣。

④浇筑板混凝土的虚铺厚度应略大于板厚，用平板振捣器垂直浇筑方向来回振捣，厚板可用插入式振捣器顺浇筑方向拖拉振捣，并用钢插尺检查混凝土厚度，振捣完毕后用长木抹子抹平。施工缝处或有预埋件及插筋处用木抹子找平。浇筑板混凝土时不允许用振捣棒铺摊混凝土。

⑤预应力混凝土在浇筑过程中应派专人进行跟踪检查，严禁振动棒直接振捣无粘结预应力筋及承压板、钢筋网片、穴模；混凝土的浇筑过程中应留设同条件的混凝土试块，不得少于两组，以控制预应力筋的张拉时间，保证整个施工过程的总进度。待混凝土浇筑完毕，能够上人时将张拉端的穴模清理干净。混凝土应加强养护，注意保湿，防止混凝土出现裂缝。

⑥施工缝位置：施工缝应留置在次梁跨度的中间 1/3 范围内。施工缝的表面应与梁轴线或板面垂直，不得留斜槎，施工缝宜用木板或钢丝网挡牢。

（4）剪力墙混凝土浇筑

①柱、墙的混凝土强度等级相同时，可同时浇筑，反之，宜先浇筑柱混凝土，预埋剪力墙锚固筋，待拆柱模后，再绑剪力墙钢筋、支模、浇筑混凝土。

②浇筑墙体混凝土应连续进行，间隔时间不应超过 2h，每层浇筑厚度按照规范的规定实施。

③对拉螺栓孔眼处理。对拉螺栓孔采用事先准备好的颜色一致的砂浆封堵，封堵时由内向外填塞，防止外部作业对墙面的污染。原浆面处用专用堵头工具压光。

（5）楼梯混凝土浇筑

①楼梯段混凝土自下而上浇筑，先振实底板混凝土，达到踏步位置时再与踏步混凝土

一起浇捣，不断连续向上推进，并随时用木抹子（或塑料抹子）将踏步上表面抹平。

②施工缝位置：楼梯混凝土宜连续浇筑，多层楼梯的施工缝应留置在楼梯段 1/3 的部位。

5）预应力工程

本工程西看台四五六层每层两根径向梁、东西看台顶层环向梁、每层四根挑梁设计为无粘结预应力结构，径向梁结构尺寸为 700mm×850mm，梁中配置 7 根无粘结预应力筋，预应力筋的线形为连续双曲线形配筋，两端张拉；环向梁结构尺寸 600mm×1150mm，梁中配置 8 根无粘结预应力筋，预应力筋的线形为单曲线形配筋，一端锚固一端张拉；锚固端、张拉端如图 5.3.4-12 所示。

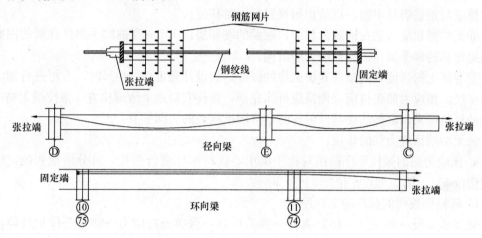

图 5.3.4-12　锚固端、张拉端示意

（1）选材要求

无粘结预应力筋锚具，张拉端采用符合国家Ⅰ类锚具技术要求的 XM-15-1 单孔锚具，锚固端采用符合国家Ⅰ类锚具技术要求的 QMW15 型挤压锚；钢绞线采用强度级别为 1860MPa、$\phi6.24$ 的高强低松弛钢绞线，预应力筋的张拉控制应力根据设计要求为 $0.70f_{ptk}$，无粘结预应力部分混凝土的强度级别为 C40。

（2）操作要点

①预应力筋的下料长度应综合考虑其曲率、锚固端长度、保护层厚度、张拉千斤顶所需长度、变角器尺寸等各方面因素，准确计算不同梁的下料长度，并列下料尺寸表。

②根据设计图纸要求，对有挤压固定端的钢绞线进行挤压制作。挤压时，首先将无粘结钢绞线的端部去掉 70mm 的外包皮，安装挤压套时首先将挤压弹簧慢慢放入钢绞线的端部，使挤压弹簧紧紧的裹在钢绞线上，挤压套放入挤压模后应使挤压套同挤压模在同一轴线上，不得出现偏斜，挤压力正常为 35～50MPa。

③无粘结预应力筋的铺设：

a. 梁内预应力筋的铺设在梁底模支完，梁的普通钢筋绑扎完毕，梁的一面侧模支完后进行。

b. 铺设预应力筋之前，应在梁的侧模上按照预应力筋的线形，标注预应力筋拖架的位置及高度，架设预应力筋的拖架用 $\phi6.5$ 的圆钢筋同普通钢筋绑扎或焊接，钢筋拖架的间距为 1500mm。

c. 预应力筋拖架按矢高要求定位完成后开始铺设预应力筋。铺设时应注意在穿筋过程中保护好外包皮，穿入无粘结预应力筋之后应检查其矢高和水平位置是否合格，合格后用绑扎丝将预应力筋按曲线线形固定，保证预应力筋的线形顺直无弯曲。

④预应力筋穿设完毕后即进行端部钢筋网片、承压板的安装。预应力筋的承压板采用尺寸为 180mm×100mm×20mm、260mm×100mm×20mm、100mm×100mm×20mm 的钢板制作，每块钢板各焊接 4ϕ10 长 300mm 的铁脚；张拉端及锚固端承压钢板下设五道双向网片 ϕ8@50mm，网片间距为 100mm，网片筋尺寸为 650mm×250mm。

⑤预应力筋张拉穴口采用聚苯板留设，穴模的尺寸为 120mm×100mm×100mm；张拉穴模应与钢筋绑扎牢固，以防止振捣混凝土时移位。

⑥无粘结预应力筋在铺放过程中，在梁的端部搭设 1.5m 宽的脚手架，在梁的侧面搭设与梁等长的脚手架，供穿预应力筋所用。

⑦混凝土的强度在同条件养护试块的强度达到设计强度的 100% 时，方可进行预应力筋的张拉。预应力筋张拉前梁侧模应拆除完毕，张拉穴口逐个清理检查，张拉端无粘结钢绞线的外包皮采用电热法使其外包皮的切口同承压板的表面平齐。

⑧无粘结预应力筋的张拉：

a. 预应力筋的张拉顺序按照对称于梁中心线的顺序进行张拉，且分两批张拉，第一批超张拉 5%，第二批超张拉 3%。

b. 每根钢绞线的张拉施工顺序：

清理承压板→割皮→穿锚环夹片→穿千斤顶→张拉至初应力→测量千斤顶缸伸出值 L_1→张拉至 105%σ_{con}（或 103%σ_{con}）→测量千斤顶缸伸出值 L_2→校核伸长值→顶压锚固→千斤顶回程→卸千斤顶。

⑨张拉穴口的封堵。

预应力筋张拉完毕经检查无误后，即可采用手提砂轮锯切割多余的钢绞线，切割后的钢绞线外露长度距锚环夹片的长度不应少于 30mm，按规范要求将锚具做好防腐处理，然后清理穴口，用 C40 膨胀混凝土或环氧树脂砂浆进行封堵。

6）砌筑工程

（略）。

7）外脚手架

（略）

5.3.4.4 钢屋盖施工方案

本工程屋架为管桁架，外设 PVC 膜结构，拱最高点约为 54.6m，水平投影面积约 22000m^2，屋盖系统平面投影见图 5.3.4-13。

整个体育场钢屋盖所有桁架均为钢管桁架，次桁架之间设置钢管檩条，主结构（不包括马道）用钢量约为 2800t。

主拱的截面形状为钻石形，单重约 700t，上弦的管径为 ϕ500×16，中弦（两根）的管径为 ϕ600×25，上弦与中弦的高度保持不变，为 1.834m，下弦（一根）的管径为 ϕ700×35 中弦与下弦的高度是变化的，最大 5.966m，最小 5.147m，拱的两端采用半球形支座。

次桁架为三角桁架，断面尺寸为 2m×1.5m，上弦管径为 ϕ325，下弦管径为 ϕ325

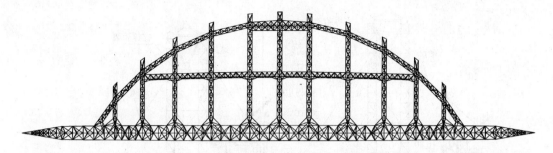

图 5.3.4-13　嘉兴体育场屋盖系统平面投影示意图（半侧）

（351），腹杆管径为 $\phi180$，弦杆为弧形。

边桁架截面有四边形（断面尺寸为 2m×1.5m）、三角形两种形式（断面尺寸为 1.5m ×1.5m），主管管径为 $\phi325$（$\phi299$），腹杆为 $\phi159$（$\phi219$）。

支撑桁架截面为三角形，断面尺寸为 1.5m×1.5m，上弦直径为 $\phi273×10$，下弦直径 为 $\phi299×12$，腹杆直径为 $\phi156×6$。支撑桁架为直线形。

1）钢结构施工流程

埋件安装→胎架安装→构件拼装→次、边桁架吊装→主拱吊装→膜结构骨架吊装→胎 架卸载。

本工程中屋盖结构包括东西两部分，在施工时，先安装东侧钢结构，最后安装西侧钢 结构。

2）钢结构拼装施工要点

（1）预埋件施工

①预埋件（锚固件）埋设应在基础混凝土浇筑前完成。

②土建钢筋网绑扎过程前，根据设计图纸要求，将预埋件按照图纸位置及定位尺寸 埋设。

③为防止预埋件在混凝土浇筑过程中发生位移，可采用型钢或钢筋制作固定支架，与 钢筋网或主钢筋焊接，并将埋件与固定支架焊接固定。

④在预埋件（锚固件）定位之后，立即进行测量复核。在满足规范和设计允许偏差要 求后，即可移交下道工序进行混凝土浇筑施工。

⑤拱脚预埋件尺寸较大且重量达 13t，选择 NK800 型 80t 汽车吊进行吊装。

（2）支撑胎架的施工

①主拱架支撑胎架的设计：

a. 临时支撑胎架的主要用在分段吊装时，对每小段桁架起支撑作用。

b. 根据自身受力特点和桁架的截面要求，临时支撑胎架设计成格构式支撑柱。

c. 主拱架支撑胎架形式：

由于支撑点的位置不同，对下部固定方式各有不同：

样式一：见图 5.3.4-14（a），用于两个胎架落于地面，铺设路基箱（加焊接、加长工 字钢梁）。

样式二：见图 5.3.4-14（b），用于一个胎架坐落于看台，另一个落于地面。

样式三：见图 5.3.4-14（c），用于两个胎架落于看台，设置转换梁（工字形钢梁）。

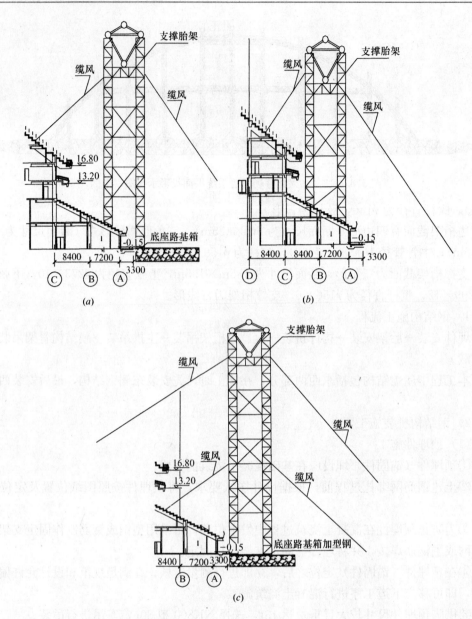

图 5.3.4-14　胎架

(a) 胎架样式一 ; (b) 胎架样式二 ; (c) 胎架样式三

　　d. 安装用临时支撑胎架端面的选用：主肢选用 L90×8 的角钢，斜缀条选用 L63×6 的角钢，横缀条选用 L45×4 的角钢，胎架顶部的托座由 20 号工字钢及 δ20 的钢板组成。

　　e. 临时支撑胎架结构形式为格构式支撑柱，加工制作成标准节，每节之间采取螺栓的连接形式，临时支撑胎架与路基箱之间采取焊接的连接方式，吊装过程中在临时支撑胎架四周拉设缆风绳。

　　②主桁架支撑胎架的设计。

　　桁架支撑胎架同主拱架的安装支撑胎架。

　　③临时支撑胎架的加工。

临时支撑胎架根据设计的实际尺寸，按照正式构件加工，并按《钢结构工程施工质量验收规范》（GB 50205—2001）验收。

④临时支撑胎架的安装。

采用地面整体拼装，300t 履带吊或 50t 履带吊进行安装。应根据构件吊装顺序安装胎架，不得影响构件的吊装。支撑胎架的安装质量按照《钢结构工程施工质量验收规范》（GB 50205—2001）检查验收。

⑤临时支撑胎架的拆除。

支撑胎架在屋盖卸载完成后分段拆除，拆除用吊机为 300t 履带吊或 50t 履带吊、卷扬机和手拉葫芦进行配合。拆除时注意以下事项：

a. 在确认拆除段与下段或锚固件（预埋件）彻底脱离后，才能起吊和移动；

b. 拆除过程中，拆除段拉设溜绳，防止与已安构件或混凝土结构发生碰撞；

c. 未拆除段及时拉设缆风绳，防止倾翻。

（3）主拱及桁架拼装施工

体育场钢屋盖系统由东区屋盖钢管桁架及西区屋盖钢管桁架组成，每榀拱架及桁架主弦杆加工厂分段制作，散件运输至现场。主拱架为一圆拱，因此主拱架地面拼装采用分两段整体卧拼方式。根据桁架截面为倒三角钢管的特点，桁架采用卧拼。

根据现场条件及安装方法的需要，全部在体育场内拼装场地进行拼装，拼装在胎架上进行。胎架放置在路基箱上，表面通过钢垫板找平。在胎架中心定位完毕后，胎架与路基箱及钢垫板焊接固定。部分拼装胎架因高度较大，采用支撑加固或用缆风绳临时固定。

拼装胎架的形式根据桁架的形式所定，拼装胎架的形式详见胎架的设计，所用材料为型钢及管材。

拼装吊机拟采用一台 KH180-2 型 50t 履带吊和两台 25t 汽车吊。

①拼装胎架的制造。

拼装胎架分两种类型：一是桁架拼装胎架；另一是主拱架拼装胎架。

拼装胎架设置通长。拼装胎架均布置在桁架的上下弦节点处，直接支撑桁架的上下弦节点。但为了避免胎架支柱与主拱腹杆相碰，胎架支柱统一偏移节点一定距离，桁架的拼装胎架的断面示意图见图 5.3.4-15。

主拱架的现场拼装胎架断面示意图见图 5.3.4-16 所示：

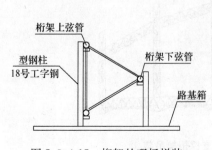

图 5.3.4-15　桁架的现场拼装

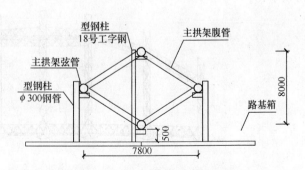

图 5.3.4-16　拱架的现场拼装

桁架拼装过程中，选用路基箱作为拼装平台，拼装胎架与路基箱间采取焊接的形式进行连接。

拼装胎架支柱选用 18 号工字钢及 $\phi300$ 的钢管，在支柱的侧面焊接 14 号工字钢的牛腿。桁架的上弦坐落在牛腿上。上弦支柱的底部设置 $\delta30$ 的加劲板作为下弦管的支撑。

②胎架的复测。

胎架的复测包括：定位坐标测设的复核；胎架设计的复核；胎架本身的检查。

③桁架拼装。

组装场地推平、夯实，上铺设 100mm 厚道渣、100mm 碎石。拼装在组装胎架上进行，胎架根据桁架每个节间的断面尺寸设置，并找正、找平，拼装和工厂组装相同，根据每根杆件的组对顺序和管口标记组对，严格控制构件的几何尺寸。先组对、点焊，经过检查确认后焊接，探伤合格后进行最终尺寸检查，并作为吊装时的参考数据。

④拼装过程中的测量、放线：

测量放线选用一台全站仪和一台经纬仪。

定位点的测设流程：计算拼装胎架定位点的相对坐标→在拼装场地选一基准点→计算基准点到胎架定位点的距离及夹角→将全站仪架在基准点处→逐一测设各胎架定位点的平面坐标→胎架定位点的垂直坐标通过胎架高度确定。

3）屋盖钢结构吊装

屋盖钢结构吊装包括：主拱吊装、次桁架吊装、边桁架吊装、联系桁架吊装、膜结构骨架吊装。

(1) 屋盖吊装流程

①西侧屋面吊装流程如下：

第一步：南、北侧拱脚支座及 ZG1、ZG12 吊装（NK80-80t），见图 5.3.4-17。

图 5.3.4-17 南北拱脚支坐及 ZG1、ZG12 吊装

次桁架 CHJ1-1、CHJ2-1、CHJ3-1、CHJ4-1，边桁架 BHJ1、BHJ2、BHJ3 及支撑桁架 ZCHJ1、ZCHJ2、ZCHJ3 吊装（CC2000 型-300t、主杆 48m ＋副杆 48m），见图 5.3.4-18。

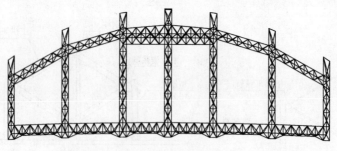

图 5.3.4-18 次桁架、边桁架、支撑桁架吊装

第二步：主拱第 ZG2、ZG11 段吊装（CC2000 型-300t、主杆 48m＋副杆 36m），见图 5.3.4-19。

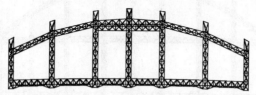

图 5.3.4-19　主拱 ZG2、ZG11 段吊装

第三步：主拱 ZG3、ZG4、ZG5、ZG6；ZG10、ZG9、ZG8、ZG7 段吊装（CC2000 型-300t、主杆 48m＋副杆 24m），见图 5.3.4-20。

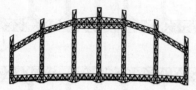

图 5.3.4-20　主拱 ZG3、ZG4、ZG5、ZG6；ZG10、ZG9、ZG8、ZG7 段吊装

第四步：次桁架 CHJ5、CHJ6，边桁架 BHJ4、BHJ5、BHJ6 及支撑桁架 ZCHJ4 吊装（CC2000 型-300t、主杆 48m＋副杆 48m），见图 5.3.4-21。

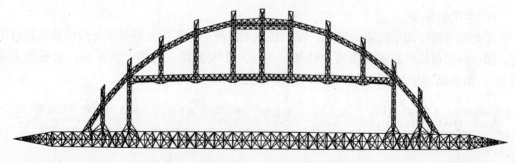

图 5.3.4-21　次桁架、边桁架及支撑桁架吊装

第五步：次桁架 1、2、3、4 第Ⅱ分段吊装（CC2000 型-300t；主杆 48m＋副杆 48m），见图 5.3.4-22。

第六步：膜骨架安装

②东面屋面吊装流程图：（同西侧）

吊装完成见图 5.3.4-23。

（2）屋盖吊装施工工艺

①主拱架的吊装

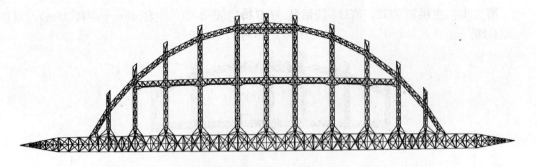

图 5.3.4-22 次桁架 1、2、3、4 第 II 分段吊装

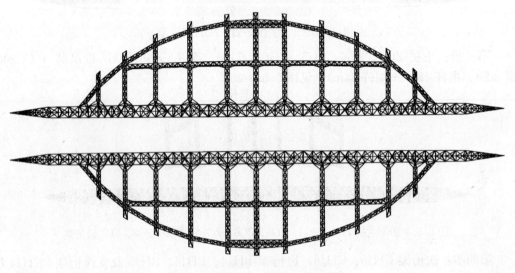

图 5.3.4-23 吊装完成图

A. 主拱的分段。

针对本工程屋面主拱架的特点，在吊装施工过程中，采用大型吊机分段吊装法进行吊装，即：根据吊机的起重性能将主拱架分为十二个安装段，见图 5.3.4-24，最重段重量约 65t，由两端向中间分段吊装，第六段作为主拱架的合拢段。

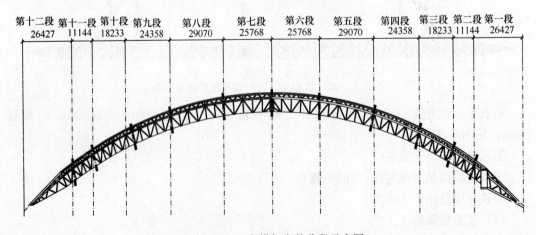

第十二段	第十一段	第十段	第九段	第八段	第七段	第六段	第五段	第四段	第三段	第二段	第一段
26427	11144	18233	24358	29070	25768	25768	29070	24358	18233	11144	26427

图 5.3.4-24 主拱架安装分段示意图

考虑本工程施工现场场地情况复杂，体育场外北侧及体育场东西两侧场外无法满足大型吊机进出场及吊装要求，故本工程南、北侧两个拱角（第一段、第十二段）在体育场外南、北侧进行散件吊装。

B. 吊机工况。

主吊机：主拱架吊装机械选用一台 CC2000 型 300t 履带吊，采用主臂＋副臂作业，第三～十段采用 $L=$ 主臂 48m＋副臂 24m，在 12m 作业半径内，其额定起重量为 70.4t（最重构件为 65t，满足吊装要求）；第二、第十一段采用 $L=$ 主臂 48m＋副臂 36m（构件重 27t，距离为 29m，满足）。

辅助吊机：在吊装滚动支座时，应先把支座整体装配，禁止支座任何方向的滚动，在整体卸载后，方可将支座调成可转动状态。分段第一、第十二段散装机械选用一台 NK800 型 80t 汽车吊，采用主臂工况作业，主臂 $L=$36m，在 11m 作业半径内，其额定起重量为 15t（最重单件为 10t，满足吊装要求）。

C. 施工工艺：

a. 施工准备：检查混凝土支座顶纵、横定位轴线，作为对位、校正的依据；确认主拱架埋件安装精度；

b. 安装支座：检查临时支撑胎架的安装精度；确认屋面主桁架的分段几何尺寸和分段重量；绑扎钢丝绳、高空用操作栏杆、安全绳；

c. 钢丝绳的绑扎：

根据桁架菱形截面的几何特征和重心位置，确定钢丝绳的绑扎点。钢丝绳绑扎在桁架中弦相贯节点处，绑扎时垫设橡胶块，防止钢丝绳损坏构件表面油漆（图 5.3.4-25）。

d. 屋面主拱架的吊装：

a）屋面主拱架分段吊装，四点起吊，单机旋转就位。

b）钢丝绳绑扎时，根据构件起重量在吊装钢丝绳上配备相应的手拉葫芦，在构件离地面 1m 左右后进行调平，以便吊装构件顺利就位。

c）正式吊装前必须进行试吊，并在手拉葫芦调平后加设保险钢丝绳，防止意外。

d）吊装段就位后进行初步找正，并拉设缆风绳临时固定。

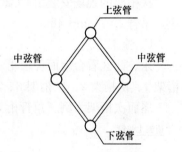

图 5.3.4-25 主拱架截面形式

e）屋面主拱架找正：找正包括平面位置、垂直度和标高的找正。平面为拱架的找正在支座安装时完成。

f）标高的找正：一端在支座安装时进行，另一端通过在临时支撑胎架上加设垫板调整。

g）垂直度的找正：采用缆风绳校正法进行，主桁架的垂直度不能同时向一个方向偏差。

h）第一段屋面主拱架安装就位后及时拉设缆风绳，进行垂直度找正，临时稳定，在第二段主拱架就位后及时与第一段主拱架进行焊接固定。

②屋面次桁架的吊装

A. 次桁架的分段：

由于施工现场场地情况特殊，大型吊机在体育场外侧无法行走，从而使得次桁架1、次桁架 2、次桁架 3、次桁架 4 的场内吊装半径过大,无法吊装。故在本工程中,对于次桁架 1、次桁架 2、次桁架 3、次桁架 4 采取特别措施进行吊装。具体为:

次桁架 1、次桁架 2、次桁架 3、次桁架 4 分两端吊装(分段见图 5.3.4-26),分段点处搭胎架作为临时支撑。

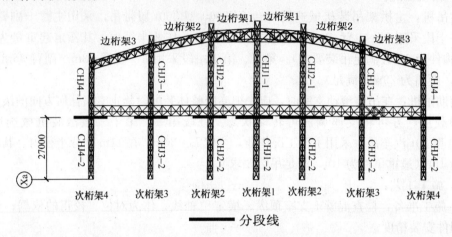

图 5.3.4-26 次桁架分段图

分段后需与主拱连接的屋面次桁架在屋面主拱架找正、固定后开始吊装。吊装前需再次检查主桁架的垂直度和间距。

B. 吊机工况。

次桁架的现场安装由 CC2000 型 300t 履带吊负责完成,300t 履带吊采用塔式工况作业,吊臂 $L=48m+48m$。

C. 施工工艺。

东、西区看台屋面各含十一榀次桁架,根据每榀次桁架的布置位置,现场安装时,次桁架 1、次桁架 2、次桁架 3、次桁架 4 分段吊装,次桁架 5、次桁架 6 整体吊装。

屋面次桁架为倒三角管桁架,吊装时采用四点起吊,截面形式如图 5.3.4-27 所示。

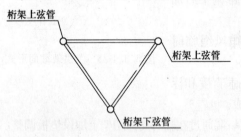

图 5.3.4-27 次桁架截面形式

③边桁架、联系桁架的吊装

在相邻两榀次桁架找正固定后,开始安装该区域的边桁架与连系桁架。边桁架与支撑桁架由 CC2000 型 300t 履带吊负责安装,施工时吊机布置在场内吊装。

④膜骨架的吊装

为使结构受力体系达到设计意图,减少施工应力,膜骨架施工必须在屋面结构整体卸载完毕后才能施工。

膜骨架部分由于其自重较轻、外形尺寸较小,故本工程膜骨架施工采用 300t 一钩多吊的安装方式。

⑤扩声系统支架安装

扩声系统支架施工采用地面整体拼装,利用卷扬机吊装。

4）结构卸载

屋面和主拱安装完成后，屋面系统临时支撑则进行卸载和拆除。卸载过程中结构体系逐步转换，杆件内力和临时支撑的受力发生变化。根据计算分析，采用分批、分级同步卸载。卸载的先后顺序及分级大小根据结构计算和工况分析得出的结果进行，即以变形量控制分级大小、以支撑胎架的内力变化控制卸载先后顺序，以保证卸载时相邻支撑胎架的受力不会产生过大的变化，同时保证结构体系的杆件内力不超出规定的容许应力，避免支撑胎架内力或结构体系的杆件内力过大而出现破坏现象。

西区屋盖系统形成整体受力体系后，方可卸载。

在同一批支撑胎架进行卸载时，要从高处往低处卸，以保证屋面外侧的挠度得到有效的控制。

（1）卸载技术措施

①卸载采用液压千斤顶，通过千斤顶的行程来实现屋面的变形，当屋面变形全部完成后，屋盖即自成体系，此时屋盖的重量就可以由屋盖本身来承担了，支撑胎架不再承受屋面荷载，卸载即全部完成。

②卸载前先计算好支撑点的屋面变形量，通过变形量确定千斤顶的行程，如变形量超出千斤顶的最大行程，则要在卸载过程中更换千斤顶，或者卸载到一定位置时，将屋面临时固定，待更换千斤顶位置后继续卸载。

③卸载时，每个支点下都要安排人员测量同步下沉数据。

④卸载时要统一指挥，保证同步，且严格按分批和分级大小进行。

⑤卸载前要仔细检查各支撑点的连接情况，此时应让屋盖处于自由状态，不得有附加约束，特别要避免支撑胎架与屋盖之间的固接。

⑥卸载时要进行跟踪测量和监控。

⑦卸载前要清理屋面上的杂物，卸载过程中，屋面上下不得进行其他作业。

⑧卸载前要作好一切安全措施，并检查好千斤顶。

（2）主拱卸载设施的架设

主拱卸载采用液压千斤顶同步卸载方案，即：两榀主拱的12组支撑胎架同步卸载。卸载采用专用卸载设施——卸载用管托和液压千斤顶，每个点布置2台千斤顶，下弦管用2台50t（次桁架用20t）液压千斤顶，中弦管用2台50t千斤顶，千斤顶的布置见图5.3.4-28。卸载设施要与支撑胎架或主拱连接可靠，防止倾倒和高空落物。

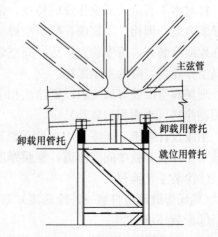

图5.3.4-28 主拱卸载千斤顶布置示意图

5）施工现场的测量

（1）埋件位置的复测

构件安装前，锚固件、预埋件、地脚螺栓的标高及位置进行复测，并对超出误差范围的地脚螺栓给予纠偏，在地脚螺栓无法纠偏的情况下，上报设计院，提出处理的解决方案，同意后实施。

（2）主拱的安装测量

主拱的安装采用搭设支承胎架和支撑稳定体

系，依靠支承胎架的定位来确定主拱的位置。

先确定各个胎架的平面位置坐标，并用全站仪在实际位置将胎架的中心位置放样出来，胎架的高度根据该处主拱的底面标高来确定，在胎架安装到设计标高后，将设计坐标精确放样到胎架上，同时在四面做好定位标记。

主拱安装测量要点：胎架纵横两个方向的垂直度要找正；中心点的坐标在主拱底面的投影应在工厂加工构件时标记出来；控制好主拱的直线度。

（3）次桁架的安装测量

次桁架的安装测量方法同主拱基本相同，首先也应在场地内放样胎架的设计坐标点，然后安装胎架和支撑体系。

（4）主拱、次桁架的卸载测量

主拱、次桁架卸载后的下挠度直接反映了整个结构的稳定性，该指标十分重要，根据卸载方案，第一步是对主拱的卸载，第二步是次桁架的卸载，因此，测量也相应地分两步进行。

主拱架的卸载测量：（以一个主拱为例）

主拱共分 12 段进行高空安装，每一段上设 6 个卸载测量点，一个主拱架共设 72 个测量点，每个测量点必须做好标记，以保证卸载前后测点在同一个位置。主拱架安装完卸载之前，用水准仪或全站仪测量每一个测量点的标高，待主拱卸载完后，依次对上述各点再测量其标高，比较卸载前后的标高变化，可知主拱的下挠度。

次桁架的卸载测量是在两个主拱都已卸载完后进行的。要求每榀次桁架根据跨度设置卸载测量点，分别设在次桁架的两端和中间，同时对设置的测量点作好标记。次桁架的卸载测量方法基本同主拱架的卸载测量方法。次桁架卸载之前，用水准仪或全站仪测量各点的标高，卸载完后再测量各点的标高，然后比较卸载前后的各点标高变化值，可知各个次桁架的下挠度。

（5）根据设计要求进行沉降观测

按设计要求布设沉降观测点，随施工进行定期沉降观测，直至交工验收，移交用户单位。

6）涂装和防火涂料施工

（1）现场涂装

①涂装内容及方法

针对本工程全为高空作业的特点，钢结构涂装选择地面涂装为主、高空涂装为辅的现场涂装方案，即构件吊装前，除高空焊接口左右 100mm 范围内不进行涂装外，其余部位均在地面涂装好，待安装完毕后，高空焊缝影响区和吊装碰坏部分进行补漆，这样可以减少高空作业量，降低安全隐患。

现场高空涂装方法一般以刷涂法和手工滚涂法为主，根据油漆使用说明和现场条件可采用刷涂法（小面积和修补）。

油漆设计要求：底漆采用水性无机富锌底漆两道，漆膜厚度不低于 2um×50um；中间漆采用环氧云铁中间漆两道，漆膜厚度不低于 2um×30um；面漆与防火涂料配套使用。

②涂装工艺流程

（现场焊缝部位打磨→补涂底漆）基层清理确认→涂刷→质量检查→修复→认可。

③涂装环境

a. 施工环境温度：由于涂料的物性不同，要求的施工温度也不同，施工时应根据产品说明书或涂装施工规程的规定进行控制，一般应控制在 5~35℃之间。

b. 施工环境湿度：一般控制相对湿度不大于 85%，也可以控制钢材表面的温度，即钢材的表面温度应高于露点温度 3°以上，方允许施工。

c. 施工温度和相对湿度要在施工区的附近测量。在狭窄部位施工时应保持良好通风。

d. 在雨、雾和较大灰尘的条件下，禁止户外施工。

④涂装修补

a. 运输、安装过程中对涂层如有破损，视损伤程度的不同采取相应的修补方式。

b. 焊接部位焊完后必须清除焊渣，表面处理至 ST3.0 级要求后，用同种涂料进行修补。

c. 涂装结束，结构安装前后，经自检或检查员检查发现涂层缺陷，应找出产生原因，及时修补，其方法和要求应与完好的涂层部分一样。修补涂装时，应将基底处理到原来的要求，用同样的漆进行修补，并达到原来的漆膜厚度要求。

⑤涂装中注意事项

a. 施工时应严禁烟火，施工期间应避免日晒雨淋。库房附近应杜绝火源，并要有明显的"严禁烟火"标志牌和灭火器材。

b. 遇雨天或构件表面有结露现象，不宜施工或延长施工间隔时间。

c. 涂料应储存于通风干燥的库房内，温度一般控制在 5~35℃，密封保管。

d. 施工前应对涂料名称、型号、颜色进行检查，是否与设计规定的相符。检查制造日期，是否超过储存期，如超过储存期，应进行检验，质量合格仍可使用，否则禁止使用。

e. 现场涂装前，应彻底清除涂装件表面上的油、泥、灰尘等污物。一般可采用水冲、布擦、溶剂清洗等方法，要保证构件清洁、干燥、车间底漆未经损坏。

f. 涂装时应全面均匀，不起泡、流淌。

g. 涂装后，如发现有龟裂、起皱等现象时，应将漆膜刮除并用砂纸打磨，重新补漆。

h. 涂装后，如发现有起泡、凹陷、洞孔、剥离、生锈等现象时，应将漆膜刮除并经表面处理后，按规定涂装时间隔层次予以补漆。

⑥涂装验收

涂装完成后，检查人员按施工规范要求，任意检查构件上的五个分布点，其五个点之平均值不得低于规定值的 90%，而且其中任何一点的漆膜厚度值不得低于规定值的 70%。

（2）防火涂料施工

①技术要求

a. 根据施工图纸说明及招标文件要求，所有杆件除作油漆防腐之外，还应作防火涂料。防火等级为二级，防火涂料选用薄型防火涂料。

b. 桁架防火时间不小于 1.5h，檩条的防火时间不小于 0.5h，且应保证防火涂料与油漆的适配性。

②施工工艺

a. 本工程钢结构防火涂料采用涂刷工艺。

b. 施工前，在被涂钢构件表面要将油污、尘土等清除干净。

c. 除锈完成后，按照油漆涂层要求进行涂装，充分干燥后才可施涂钢结构防火漆。

d. 防火漆在开盖搅拌均匀后即可施工。

e. 本防火漆刷、涂均可，一般为 3~6 道。每道厚度不超过 0.35mm，必须在前一道干燥后再进行下一道的涂装，一般 8h 后即可刷涂下一道。

f. 刷涂时应确保涂层完全闭合，轮廓清晰，最后一道应以同一批次产品涂装，防止对工程整体造成色差。

③注意事项

a. 当钢结构安装就位，与其相连的吊杆、马道、管架及其他相关连的构件安装完毕，并经验收合格后，方可进行防火涂料施工。

b. 钢结构表面的杂物应清除干净，其连接处的缝隙应用防火涂料或其他防火材料填补堵平后方可施工。

c. 施工防火涂料应在室内装修之前和不被后继工程所损坏的条件下进行。施工时，对不需作防火保护的部位和其他物件应进行隐蔽保护，刚施工的涂层，应防止脏液污染和机械撞击。

d. 刷涂时应确保涂层完全闭合，轮廓清晰。刷涂后的涂层，应剔除乳突，确保均匀平整。

e. 当设计要求涂层表面平整光滑时，应对最后一遍涂层作抹平处理，确保外表面均匀平整。

f. 薄涂型防火涂料底涂层每道间隔 8～24h，视天气情况而定，必须在前一遍基本干燥后，在刷涂后一遍。

g. 当防火涂层出现下列情况之一时，应重刷涂：

a) 涂层干燥固化不好，粘结不牢或粉化、空鼓、脱落时；

b) 钢结构的接头、转角处的涂层有明显凹陷时；

c) 涂层表面有浮浆或裂缝宽度大于 1.0mm 时；

d) 涂层厚度小于设计规定厚度的 85% 时，或涂层厚度虽大于设计规定厚度的 85%，但未达到规定厚度的涂层之连续面积的长度超过 1m 时。

h. 钢板、槽钢、角钢等钢结构表面的防火涂料施工必须做好安全防范措施。如搭好脚手架，系好安全带，戴好安全帽。

i. 防火涂料储存在工地外专用仓库内，材料进场仅限当天用量。

j. 做好每批到场的防火涂料质量的检查记录（每批产品的质量保证单），报总包方及监理公司审核。

k. 每批物料进场后，应存放在仓库内，领取物料施工仅限当天用量。如有剩余，则应盖紧桶盖放回仓库。

l. 防火漆、机械设备进场后，应摆放整齐，作好标识，写明材料或设备名称、用途等。

m. 材料员应做好涂料、设备的相应台账，做到账、卡、物相一致。

n. 施工过程和涂层干燥固化前，环境温度宜保持在 5～38℃ 之间，相对湿度不宜大于 90%，空气应疏通。当风速大于 5m/s 或雨天、露天和构件表面有结露时，不宜施工。

o. 涂料不可与水混合，应存放在室内。

p. 涂料所用溶剂具挥发性，属易燃物品，施工时要注意通风，严禁火种。

④设计方案

a. 桁架防火时间 1.5h，涂层厚度 1.4mm，参考用量 $2.3kg/m^2$。

b. 檩条防火时间 0.5h，涂层厚度 0.45mm，参考用量 $0.75kg/m^2$。

⑤质量要求

a. 涂层表面平整，无色差，无漏涂。

b. 涂层厚度达到国家防火规范要求和合同要求。

c. 具体质量要求参照《钢结构防火涂料应用技术规范》。

d. 钢结构防火涂料出厂时，应附有涂料品种名称、技术性能、制造批号、储存期限和使用说明。

5.3.4.5 装饰装修工程

（略）

5.3.4.6 建筑屋面防水工程

（略）

5.3.4.7 建筑电气工程

（略）

5.3.4.8 建筑给水、排水工程

（略）

5.3.4.9 施工测量

本工程外形呈椭圆形，分东、南、西、北四个区，根据设计轴线定位图中的五个圆心坐标点，采用极坐标法进行施工放样。

以复核后的桩基工程施工时的控制点为依据，根据设计对本工程平面坐标和高程的要求，准确地将建筑物的轴线和标高反映在施工过程中，严格按工程测量规范要求，以先整体后局部的原则对整个工程进行整体控制，再进行各区段控制点的加密和放样工作。

1）精度要求

（1）保证施工测量精度，控制减小测量误差。

（2）保证正常施工进度，满足总工期要求。

（3）平面控制网：根据设计轴线定位图中的五个圆心坐标点建立平面控制网。主要技术要求符合 GB 50026—93 的规定。边长中误差 1/15000，测角中误差 15″。测回数为一个测回，观测法为方向观测法。

（4）高程控制网：场区的高程控制网应由 4～8 个高程水准点构成，水准路线为闭合环形路线，水准测量的精度按三等沉降监测水准测量主要技术要求执行。高程中误差 ± 0.5mm，相邻总高程中误差 ± 0.3mm，环形闭合差小于等于 $0.6 n^{1/2}$（n 为测站数）。

2）测量施工组织

（略）

3）现场控制网、轴线和标高的复核

本工程主体结构施工是从基础承台、基础梁起始的，原桩基工程已完工，因此对现场的控制网、工程的定位轴线控制点及标高点进行复核。

（1）平面控制网复核

按甲方提供的坐标控制点，利用全站仪对桩基定位的五个圆心点进行复核，必须满足工程测量规范 GB 50026—93 的规定，控制点之间的距离偏差必须达到小于等于 ± 3mm 的要求，如果超标则调整或业主认可，作为施工的平面控制网点。

（2）轴线复核

根据认可后的平面控制网点（五个圆心点），利用全站仪采用工程测量极坐标法，按设计轴线定位图中的设计角度及距离对各轴线复核。测出桩位中心线，其允许偏差值应小于等于 1mm，相邻轴线的距离偏差值控制在 2mm 范围内。

（3）标高控制

利用现场提供的高程水准点，采用精密水准仪复核桩基水准控制点及标高值，复测是采用往返闭合测量，闭合差值应小于等于 $0.6n^{1/2}$（n 为测站数）。

4）建筑物施工放样

当平面控制网确定后，利用全站仪根据设计轴线定位图中的角度及半径，利用极坐标法依次定出建筑物的各条轴线。观测法为方向观测法，测回数为一个测回。

（1）地下及首层放样

当各条轴线定出经业主认可后应及时对各条轴线进行控制，利用 J₂ 级光学经纬仪依据定出的轴线点转 180°将轴线控制点引测至基坑外的地面点上，做好标记，及时保护。待基坑挖完后，依据基坑外的轴线控制桩，用 J₂ 经纬仪向基础垫层上投测出建筑物的每条轴线，作为施工的依据。

（2）二层以上部分放样

由于本工程主体结构为内低外高，所以二层以上轴线控制采用平面控制网控制，同样采用五个圆心平面控制网点，利用全站仪依据图中的设计尺寸及角度分别测出内圆各轴线点，做好标记，待完成后将全站仪置于内圆各轴线点标记上，对中、整平、精平后利用盘左、盘右瞄准平面控制网点，转 180°，又量出设计尺寸，定出各轴线交汇点，做好标记，作为施工的依据。

5）竖向控制、高程测量

（1）竖向控制

根据本工程的结构特点及现场条件的限制，无法对建筑物各轴线进行外控投测，故采用内控法对建筑物的轴线进行竖向控制。在±0.00 完工后，在相应的位置设置钢板控制轴线交汇点（激光垂准仪控制点），并在以上各楼层楼板上与该点相对应的位置预留出 200mm×200mm 的洞口，作为向上传递激光点使用。将 JC-100 激光铅垂仪架在±0.00 层的控制点上，调整仪器使水准点气泡严格居中，将激光光束投测到上层的透明接收靶上，作为上一层的控制轴线交汇点。在使用时将仪器分别旋转 90°、180°、270°、360°四个方向，查看光束是否在一个圆点上，以光束轨迹画圆取圆心点作为交汇点，否则要对仪器进行校正。待上层交汇点确定后，再利用全站仪对交汇点进行复核，即可得到上层的轴线控制平面，利用该平面控制体系进行上层的施工测量。

竖向控制测量允许偏差：层高不大于 5m，偏差不大于 3mm；层高大于 5m，其偏差不大于 5mm，全高 $H/1000$，但不大于 30mm。

（2）高程测量

依据场区水准控制点，将标高引测至各施工区的结构柱上，各层间高程传递主要用 50m 钢尺向上丈量。以各引测的建筑物的±0.00 点为依据用钢尺沿铅直方向向上量至施工层，再利用水准仪将楼层标高线进行引测，以此类推。每次向上传递均应用±0.00 点为基准进行丈量。

高程控制点如图 5.3.4-29 所示。

6）圆弧形平面曲线放样

在利用平面控制网定出各轴线后解决局部圆弧曲面的放样，宜采用矢高法进行。在大半径的圆弧形曲面的施工放样中，采用等分圆弧所对的弦后，再求取各点对应的矢高值的方法来确定圆弧平面曲线，当弦的等分点越多，放样时所求得的圆弧曲线越精确。

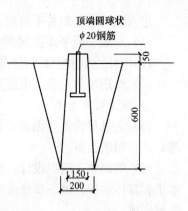

图 5.3.4-29 高程控制点

7）测量施工注意事项

（1）为了做到防患于未然，建立合理的复核制度，每一工序均有专人复核。

（2）测量仪器均在计量局规定周期内检定，检定合格后使用于工程，并有专人负责。

（3）阴雨、曝晒天气在野外作业时一定要打伞，以防损坏仪器。

（4）非专业人员不能操作仪器，以防损坏而影响精度。

（5）对平面轴线控制网和高程平面控制网定期复核。

（6）由于工期紧，施工分项多，为保证各班组相互配合，以求紧密搭接，施工测量应与各专业工种密切配合，并制定切实可行的与施工同步的测量措施。

（7）所有施工测量记录和计算成果均应按工程项目分类装订，并附有必要的文字说明。

8）建筑物的沉降观测

（略）

5.3.5 施工准备工作计划

5.3.5.1 施工准备工作计划
见表 5.3.5。

施工准备工作计划一览表　　　　　　　表 5.3.5

序　号	工　作　内　容			执　行　人　员
1	现场交接准备			项目总工程师、测量员
2	施工技术准备			项目总工程师、技术员
3	检验、试验准备			项目总工程师、试验员
4	施工队伍准备			项目经理
5	施工机械准备	木工机械、钢筋加工机械安装		施工员、机械队长
		混凝土搅拌机、砂浆机安装		机械队队长
		塔吊安装	钢筋混凝土基础施工	专业施工员
			塔吊安装、验收	机械队队长
6	物资、材料准备			项目经理、材料员
7	施工设施准备	钢筋车间、水泥库房、试验室		各专业施工员
		配电房、木工车间		施工员、电工班长
		生活用房、临时围墙		各专业施工员
		道路和绿化		各专业施工员
		施工供电	施工现场以外电源	电工班长
			施工现场以内电源	电工班长
		施工供水管网铺设		施工员、水工班长

5.3.5.2 施工准备的具体内容
1）现场交接准备

进入现场后，即着手对现场实况进行交接。

(1) 对现场的平面控制网点进行交接，并根据需要进行导线点加密。

(2) 对已完的桩基础的轴线、标高与设计要求是否相符进行复验，并办理相应的手续。

(3) 对现场的水源、电源及排水设施进入踏勘、交接。

2) 施工技术准备

(1) 人员尽快熟悉图纸，提出图纸中问题及在施工中所要解决的问题和合理化建议等，进行图纸会审。

(2) 编制施工组织设计：按设计图纸要求，根据工程特点结合地质构造、现场环境和本工程具体情况，进一步修改和完善已编制好的施工组织设计，确保工程好、快、省、安全地完成。

(3) 施工组织设计拟定的施工方法和进度计划、建筑工程预算定额和有关费用定额，进行施工图预算的编制。向材料部门提供材料计划，并做好劳动力、材料及机械台班需用量分析。

(4) 施工方案和技术交底：工程开工前由项目总工组织施工人员、质安人员、班组长进行交底，针对施工的关键部位、施工难点、质量和安全要求、操作要点及注意事项等进行全面的交底，各个班组长接受交底后组织操作工人认真学习，并要求落实在各个施工环节之上。

(5) 资料准备：遵照当地档案馆有关要求，准备好各种资料详表，施工中及时填写整理，分册保管，待工程竣工后装订成册。

3) 检验试验准备

(1) 选定当地主管部门认证的中心试验室，并报业主及监理认可。

(2) 建立现场试验室，配备相应的试验器材，按国家现行有关标准对各项器材设备进行安装、调试及检测。

(3) 提前做好混凝土级配、砂浆级配试验，组织各种进场材料的检验及钢筋焊接试验；准备好各种混凝土试模，各种测量工具提前送检报验。

4) 施工队伍准备

(1) 做好劳动力进场教育准备；

(2) 本工程人员数量及施工人员需求计划详见"施工资源计划"。

5) 施工机械准备

本工程施工机械需求计划见"施工资源计划"。

6) 物资材料准备

主要施工周转材料配备见"资源计划"。

7) 施工设施准备

(1) 根据工程特点、现场实际情况和施工需要做好现场平面规划，并按此进行现场临建的搭设和临时用水用电管线的布置，安排好现场消防设施及 CI 形象布置。

(2) 施工用水、用电准备。根据施工程序安排，针对本工程主要用电负荷为基础和主体工程施工阶段的各种机械设备、钢筋加工和混凝土施工时的各种机具设备，计算施工用电负荷。

5.3.6 施工总平面布置

施工总平面布置（详见图 5.3.6-1、图 5.3.6-2、图 5.3.6-3、图 5.3.6-4）。共分三阶段布置：基础施工阶段、主体结构施工阶段、装饰安装施工阶段。

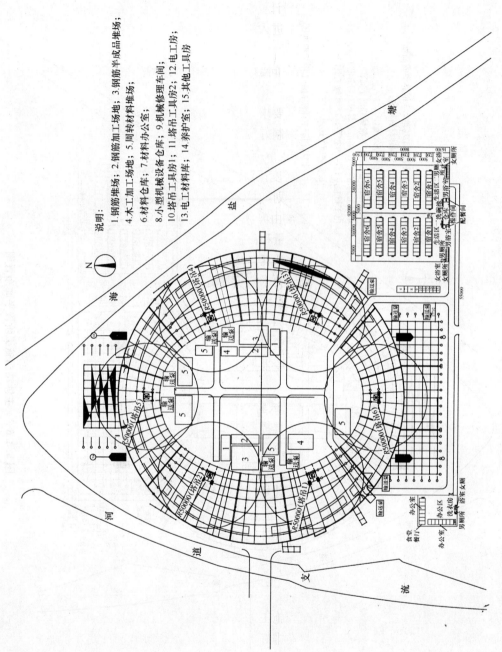

图 5.3.6-1 基础施工阶段平面布置图

说明:

1.钢筋堆场; 2.钢筋加工场地; 3.钢筋半成品堆场;

4.木工加工场地; 5.周转材料堆场;

6.材料仓库; 7.材料办公室;

8.小型机械设备仓库; 9.机械修理车间;

10.塔吊工具房1; 11.塔吊工具房2; 12.电工房;

13.电工材料库; 14.养护室; 15.其他工具房

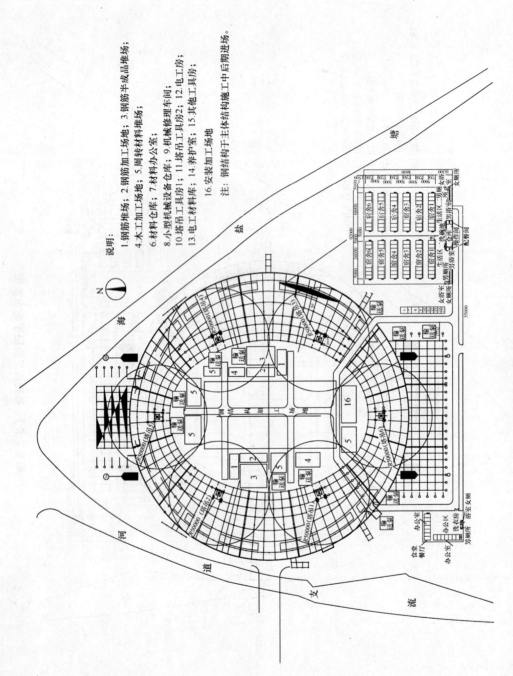

说明:
1.钢筋堆场; 2.钢筋加工场地; 3.钢筋半成品堆场;
4.木工加工场地; 5.周转材料堆场;
6.材料加工仓库; 7.材料办公室;
8.小型机械设备仓库; 9.机械修理车间;
10.塔吊工具房1; 11.塔吊工具房2; 12.电工房;
13.电工材料库; 14.养护室; 15.其他工具房;
16.安装构件加工场地。

注:钢结构于主体结构施工中后期进场。

图 5.3.6-2 主体结构施工阶段平面布置图

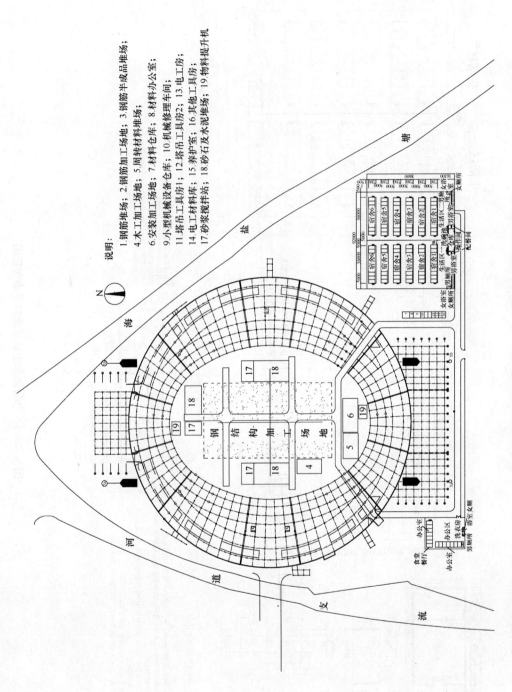

说明：

1.钢筋堆场；2.钢筋加工场地；3.钢筋半成品堆场；
4.木工加工场地；5.周转材料堆场；
6.安装加工场地；7.材料仓库；8.材料办公室；
9.小型机械设备车间；10.机械修理车间；
11.塔吊工具房1；12.塔吊工具房2；13.电工房；
14.电工材料库；15.养护室；16.其他工具房；
17.砂浆搅拌站；18.砂石及水泥堆场；19.物料提升机

图 5.3.6-3　装饰安装施工阶段平面布置图

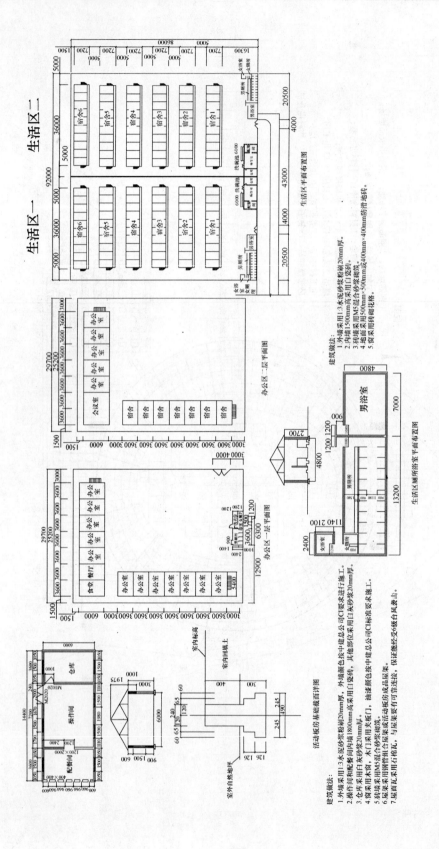

图 5.3.6-4 办公区及生活区设施平面布置图

表 5.3.7-1

劳动力计划一览表

劳动力人数（单位：人）

工种	04.11上	04.11中	04.11下	04.12上	04.12中	04.12下	05.1上	05.1中	05.1下	05.2上	05.2中	05.2下	05.3上	05.3中	05.3下	05.4上	05.4中	05.4下	05.5上	05.5中	05.5下	05.6上	05.6中	05.6下	05.7上	05.7中	05.7下	05.8上	05.8中	05.8下	05.9上	05.9中	05.9下	05.10上	05.10中	05.10下	05.11上	05.11中	05.11下	05.12上	05.12中	05.12下
普工	150	200	200	200	200	200	100	100	100	100	100	100	100	100	100	100	100	100	100	100	100	100	100	100	100	100	100	100	100	100	100	100	100	100	100	100	100	100	100	100	100	100
木工	40	160	160	160	160	200	860	860	860	860	860	860	860	860	860	80	80	80	80	80	100	100	100	100	100	100	100	100	100	100	100	100	100	50	50	50	50	50	50	20	20	20
钢筋工	120	200	200	400	400	400	400	400	400	400	400	400	400	400	400	20	20	20	20	20	20	20	20	20	20	20	20	20	20	20	20	20	20	10	10	10	10	10	10	20	20	20
混凝土工	40	80	80	80	80	120	200	200	200	200	200	200	200	200	200	20	20	20	20	20	20	10	10	10	10	10	10	10	10	10	10	10	10	10	10	10	10	10	10	20	20	20
瓦工	40	40	40	40	40	40	40	40	40	280	280	280	280	280	280	500	500	500	500	500	500	500	500	500	500	500	500	100	100	100	100	100	100	10	10	10	10	10	10	20	20	20
电焊工	10	20	20	20	20	20	20	20	20	20	20	20	20	20	20	10	10	10	10	10	10	10	10	10	10	10	10	10	10	10	2	2	2	2	2	2	2	2	2	2	2	2
电工	6	6	6	6	6	6	6	6	6	6	6	6	6	6	6	6	6	6	6	6	6	6	6	6	6	6	6	6	6	6	6	6	6	6	6	6	6	6	6	6	6	6
机械操作	24	30	30	30	30	60	60	60	60	60	60	60	60	60	60	260	260	260	260	260	260	260	260	260	260	260	260	260	260	260	260	260	260	120	120	120	120	120	120	20	20	20
安装	5	4	4	4	4	30	30	30	30	30	30	30	30	30	30	360	360	360	360	360	360	360	360	360	360	360	360	360	360	360	360	360	360	180	180	180	60	60	60	10	10	10
安装电工		10	10	10	10	20	20	20	20	20	20	20	20	20	20	10	10	10	10	10	10	10	10	10	10	10	10	10	10	10	10	10	10	120	120	120	120	120	120	20	20	20
水暖工	5	10	10	10	10	30	10	10	10	10	10	10	10	10	10	30	30	30	30	30	30	30	30	30	30	30	30	30	30	30	180	180	180	60	60	60	60	60	60	10	10	10
合计	440	750	910	910	1810	1925	1746	1746	1746	1986	1986	1986	1986	1986	1986	1416	1416	1416	1416	1416	1416	1346	1346	1346	1338	1338	1338	918	918	918	918	918	918	598	598	510	390	390	390	238	240	238

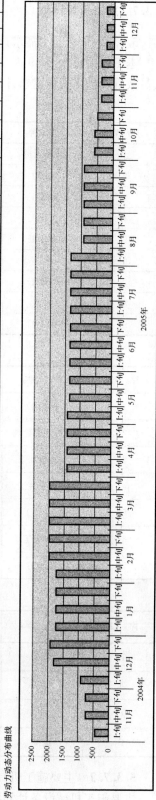

劳动力动态分布曲线

5.3.7 施工资源计划

5.3.7.1 劳动力需求计划

本工程拟投入 2049 人（高峰期人数），其中施工管理人员 42 人，劳务人员 2007 人。人员数量及施工人员需求计划详见表 5.3.7-1～表 5.3.7-4。

钢结构安装劳动力计划　　　　　　　　　　　　　　表 5.3.7-2

序 号	工 种	人 数	计划进场时间	计划退场时间
1	管理人员	16	2005.6.25	2006.2.20
2	电焊工	55	2005.8.15	2005.12.30
3	安装工	50	2005.8.30	2005.12.5
4	起重工	18	2005.8.15	2005.12.15
5	测量工	4	2005.7.1	2005.12.30
6	电工	2	2005.6.30	2006.1.25
7	气焊工	25	2005.8.10	2005.12.30
8	钳工	4	2005.8.10	2005.12.30
9	油漆工	20	2005.8.15	2006.2.5

膜结构装安装劳动力计划　　　　　　　　　　　　　表 5.3.7-3

序 号	工 种	人 数	计划进场时间	计划退场时间
1	测量工	4	2005.9.20	2005.12.30
2	结构表面处理	8	2005.9.20	2005.12.30
3	预紧扳加工	6	2005.9.20	2005.12.30
4	绳网安装工	8	2005.9.20	2005.12.30
5	膜安装工	16	2005.9.20	2005.12.30
6	膜热合工	8	2005.9.20	2005.12.30
7	辅助工	10	2005.9.20	2005.12.30

虹吸排水安装劳动力计划　　　　　　　　　　　　　表 5.3.7-4

序 号	工 种	人 数	计划进场时间	计划退场时间
1	电工	2	2005.9.25	2006.1.15
2	焊工	5	2005.9.25	2005.12.30
3	水暖工	9	2005.9.25	2006.1.15
4	泥工	1	2005.9.25	2005.12.30

5.3.7.2 主要施工机具需用量计划

主要施工机械设备计划详见表 5.3.7-5、表 5.3.7-6。

土建机械配备计划　　　　　　　　　　　　表 5.3.7-5

序号	机械名称	规格（功率）	数量（台）	序号	机械名称	规格（功率）	数量（台）
1	塔吊起重机	QTZ63（40）	6	21	钢筋弯曲机	QJT-400（2.8）	6
2	提升机	2（7.5）t	6	22	钢筋对焊机	UN1-150（150）	4
3	机动自卸车	8t	24	23	电渣压力焊机	BX3-500（38）	12
4	平板汽车	8t	4	24	钢筋调直机	JK-2（5.5）	4
5	机动翻斗车	FC-1	20	25	钢筋直螺纹机	（5）	8
6	手推车		40	26	电锯	MJ109（5.9）	4
7	装载机	ZLM-30	4	27	双面压刨机	MB206（4）	4
8	推土机	上海 120A	2	28	平刨机	MBS/4B（4）	4
9	压路机	10t	2	29	台钻	（3）	4
10	潜水泵	ϕ100（3）	20	30	汽车吊	12t	1
11	泥浆泵	ϕ100（3）	8	31	汽车吊	8t	1
12	单级射流泵	ϕ50（2）	8	32	电焊机	BX-300-2（23）	6
13	反铲挖掘机	1.0m³	8	33	套丝机	（1.5）	4
14	蛙式打夯机	HW60（2.8）	10	34	弯管机	（2）	4
15	砂浆搅拌机	WJ350（4）	8	35	冲击钻	（0.75）	20
16	混凝土输送泵	HBT60（60）	4	36	砂轮切割机	JSG2-400（2.2）	20
17	汽车泵	DC115B	2	37	手电钻		20
18	插入式振捣器	HZ50A（1.5）	50	38	气割设备		10
19	平板振动器	PZ-50（0.5）	16	39	直流电焊机	2X5-400（26）	4
20	钢筋切断机	GJ401（5.5）	6	40	交流电焊机	B2X-300（23）	4

水电安装机械配备计划　　　　　　　　　　表 5.3.7-6

序号	机械或设备名称	型号规格	数量	序号	机械或设备名称	型号规格	数量
1	汽车起重机	20t	1	12	砂轮切割机	400 型	4
2	汽车起重机	QY-8	2	13	型材切割机	1030 型	5
3	载重汽车	5t	2	14	角向磨光机	ϕ100	15
4	叉车	CPCD5t	1	15	台钻	EQ3025	3
5	叉车	CPCD10t	1	16	电锤	ZIC1-16	16
6	液压升降台	ZTY5	4	17	磁力电钻	5-32 B2-32Ⅱ	3
7	交流弧焊机	BX3-500-2	4	18	液压弯管器	DB4-1.5-2	4
8	直流弧焊机		6	19	空气压缩机	VF-6/7	2
9	焊条烘干箱	YZH2-150	1	20	液压压线钳	10～185mm²	4
10	焊条恒温箱		1	21	液压开孔器	ϕ15～ϕ80mm	4
11	砂轮切割机	ϕ500	5	22	电动试压泵	4D-SY/35	2

5.3.7.3　主要施工周转材料配备

主要施工周转材料配备见表 5.3.7-7。

主要周转材料需用量计划一览表　　　　　　表 5.3.7-7

序号	材料名称	单位	数量
1	全钢定型模板	m²	1600
2	18mm 厚覆膜胶合板	m²	9620
3	18mm 厚九夹板	m²	32030
4	ϕ48 钢管	t	3330

序 号	材 料 名 称	单 位	数 量
5	扣件	个	632200
6	木方	m³	925
7	竹笆	m²	17230
8	塑料薄膜（幅宽1.2m）	m²	23070
9	密目安全网（1.8m×6m）	m²	23220
10	3型卡	个	131870
11	早拆头	套	1400

5.3.7.4 主要检测设备（仪器）配备计划

（1）土建工程试验和检测设备详见表5.3.7-8。

土建工程检验和检测设备仪器一览表　　　　　　表5.3.7-8

序号	仪器、设备名称	规格型号	数量	序号	仪器、设备名称	规格型号	数量
1	全站仪	南方	1套	9	天平		2个
2	经纬仪	DJ2	2台	10	振动台		2座
3	精密水准仪	DS1	1台	11	磅秤	中	4台
4	水准仪	DS3	2台	12	温湿度两用计		2支
5	钢卷尺	50m	4把	13	质量检测器		8套
6	混凝土试模	15cm×15cm×15cm	40组	14	游标卡尺		4支
7	砂浆试模	7.07cm×7.07cm×7.07cm	12组	15	干湿球温度计		4支
8	坍落度筒		6套	16	取土环刀		1个

（2）安装工程试验和检测设备详见表5.3.7-9。

安装工程检验和检测设备仪器一览表　　　　　　表5.3.7-9

序号	仪器、设备名称	规格型号	数量	序号	仪器、设备名称	规格型号	数量
1	经纬仪	J6	2	15	标准电流互感器	HL23-2000/5	1
2	水准仪	S3	2	16	三相调压器	TSGC-9/0.5 9kVA	1
3	焊缝检验仪		6	17	单相调压器	TDGS-20/0.03 20kVA	1
4	试验变压器	TSB	1	18	单相调压器	TDGS-5 5kVA	1
5	兆欧表	2500V/1000V/500V	1/2/7	19	大电流发生器	SLQ-82 8000A	1
6	接地电阻测试仪	ZC-8	1	20	升流器	SLQ-82 2000A	1
7	指针式万用表	U-201	8	21	交直流电压表	T24-V/T26-V	各1
8	智能万用电桥	QS-88	1	22	交直流电流表	D26-A	1
9	变比组别全自动测量仪	BBC-1-1	1	23	交直流毫安表	C21-MA115～30A 25～50A	1
10	直流泄漏试验变压器	TDM	1	24	核相器 DE-10/35		1
11	工频相位仪	DPX 0～360°40-60Hz	1	25	功率因数表 D31		1
12	互感器校验仪	DS9608	1	26	绝缘电阻表	ZC25-4	2
13	交直流稳压电源	YSJ-1A	1	27	压力表	0～2.5MPa	8
14	精密电压互感器	HJS2	1	28	压力表	0～6.4MPa	2

5.3.7.5 钢结构施工机械计划

见表5.3.7-10。

钢结构安装设备一览表　　　　表 5.3.7-10

序号	机械名称	规格（功率）	数量	备注	序号	机械名称	规格（功率）	数量	备注
1	300t 履带吊	CC2000	1		11	电动角向砂轮机	$\phi180$	20	
2	80t 汽车吊	NK800	1		12	千斤顶	50t	40	
3	50t 履带吊	KH180-2	2	其中一台可用 80t 履带吊	13	千斤顶	20t	20	
					14	20t 手拉葫芦	HSZ-20	8	
4	25t 汽车吊	QY25	3		15	10t 手拉葫芦	HSZ-10	8	
5	拖车	解放	2		16	5t 手拉葫芦	HSZ-5	20	
6	逆变焊机	ZX7-400S	35		17	焊接保温筒		70	
7	弧焊整流器	ZXG-800	5		18	高压油泵	ZB-500/400	4	
8	烘干箱	YGCH	2		19	定滑轮	20t	5	
9	空压机	2V-0.6/7C	4		20	定滑轮	10t	5	
10	卷扬机	5t、10t	3、4		21	砂轮切割机		2	

5.3.7.6　膜结构施工机械计划

见表 5.3.7-11。

膜结构安装设备表　　　　表 5.3.7-11

序号	机械名称	规格（功率）	数量	计划进场时间
1	吊装扒杆		2	2005.10.1
2	卷扬机	2t	1	2005.10.1
3	手拉葫芦	3t	1	2005.10.1
4	手拉葫芦	2t	5	2005.10.1
5	手拉葫芦	1t	5	2005.10.1
6	尼龙吊带	4t	3	2005.10.1
7	紧绳器	1t	250	2005.10.1
8	预紧扳		250	2005.10.1
9	尼龙绳	$\phi12\sim\phi14$		2005.10.1
10	其他工具			2005.10.1

5.3.7.7　虹吸排水加工设备

见表 5.3.7-12。

虹吸排水加工安装设备表　　　　表 5.3.7-12

序号	机械名称	规格（功率）	数量	计划进场时间
1	PE 热熔焊机	DN110	2	2005.10.1
2	PE 热熔焊机	DN160	1	2005.10.1
3	PE 热熔焊机	DN315	1	2005.10.1
4	切割机		1	2005.10.1
5	磨光机		3	2005.10.1

5.3.8 施工进度计划及保证措施

5.3.8.1 工期目标及控制点

（1）工期目标

确保整个工程在 415 个日历天内竣工，按开工时间为 2004 年 11 月 1 日进行编制。

（2）施工进度控制点

为确保工期目标的实现，特制订各专业工程的开始与结束时间进行进度控制，见表 5.3.8。

施工进度控制点一览表　　　　　　　　　表 5.3.8

序　号	分部工程及专业分包名称	开始时间	结束时间	备　　注
1	土方开挖	2004.11.1	2004.11.24	
2	基础	2004.11.1	2005.01.25	
3	主体结构	2004.12.31	2005.05.2	
4	粗装饰	2005.05.17	2005.08.19	
5	给排水、电气	2004.12.05	2005.10.30	
6	桩基	2004.11.06	2004.11.25	检测完成
7	管桁架加工、制作	2004.12.14	2005.7.31	
8	膜结构加工、制作	2005.06.21	2005.10.18	
9	建筑幕墙加工、制作、安装	2005.05.30	2005.08.27	加工、制作 2005.6.30 前完成
10	消防工程施工	2005.05.30	2005.11.25	不包含前期预留预埋时间
11	建筑智能化设备施工	2005.06.21	2005.11.17	设备采购 2005.6.20 前完成
12	电梯设备安装	2005.05.10	2005.07.28	设备采购 2005.5.10 前完成
13	通风及空调工程设备安装	2005.05.30	2005.10.26	设备采购 2005.5.20 前完成
14	装饰装修工程施工	2005.07.16	2005.12.07	
15	运动场地施工	2005.09.19	2005.12.07	
16	室外泛光照明系统设备安装	2005.11.07	2005.12.06	设备采购 2005.11.07 前完成
17	变配电系统设备安装	2005.11.07	2005.12.06	设备采购 2005.8.5 前完成
18	竣工	2005.12.11	2005.12.20	

5.3.8.2 施工进度计划安排

总施工进度计划见图 5.3.8。

5.3.8.3 施工进度保证措施

（略）。

5.3.9 施工质量保证措施

（略）。

5.3.10 安全管理方案

（略）。

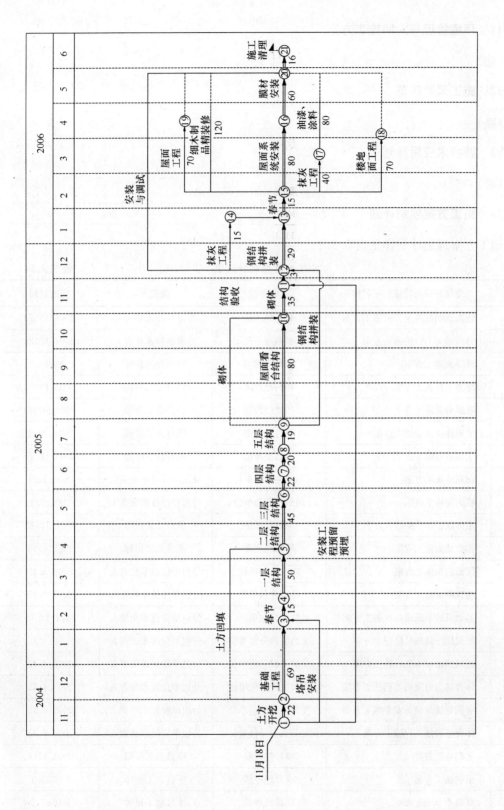

图 5.3.8 嘉兴体育场施工进度计划网络图

5.3.11 环境管理与文明施工方案

（略）

5.3.12 施工风险防范

（略）

5.3.13 新技术应用计划

（略）

5.3.14 施工方案编制计划

施工方案编制计划详见表 5.3.14。

施工方案编制计划表　　　　　　　　表 5.3.14

序号	分部分项及特殊过程名称	编制单位	负责人	完成时间
1	锤击预制混凝土方桩施工方案	桩基施工队	桩基队技术负责人	2004.10.23
2	静压预应力管桩施工方案	桩基施工队	桩基队技术负责人	2004.10.23
3	排降水施工方案	项目经理部	项目总工程师	2004.10.23
4	土方工程施工方案	项目经理部	项目总工程师	2004.10.23
5	基础分部施工方案	项目经理部	项目总工程师	2004.10.30
6	Y形柱及斜梁施工方案	项目经理部	项目总工程师	2004.12.1
7	主体看台施工方案	项目经理部	项目总工程师	2004.12.15
8	钢屋盖施工方案	钢结构分包单位	分包单位技术负责人	2004.12.1
9	膜结构施工方案	膜结构分包单位	分包单位技术负责人	2005.5.1
10	主体施工脚手架搭设方案	项目经理部	项目总工程师	2004.12.15
11	看台地面施工方案	项目经理部	项目总工程师	2005.4.15
12	屋面防水施工方案	防水分包单位	分包单位技术负责人	2005.4.15
13	建筑幕墙施工方案	幕墙分包单位	分包单位技术负责人	2005.4.15
14	运动员地下通道防水施工方案	防水分包单位	分包单位技术负责人	2004.12.15
15	附属用房装饰装修施工方案	装饰装修分包单位	分包单位技术负责人	2005.4.15
16	建筑给水排水工程施工方案	安装工程分包单位	分包单位技术负责人	2005.4.15
17	体育场普通照明工程施工方案	安装工程分包单位	分包单位技术负责人	2005.4.15
18	空调系统与设备安装施工方案	安装工程分包单位	分包单位技术负责人	2005.4.15
19	体育场智能工程施工方案	安装工程分包单位	分包单位技术负责人	2005.4.15
20	冬期施工方案	项目经理部	项目总工程师	2004.11.1
21	雨期施工方案	项目经理部	项目总工程师	2005.5.1
22	高温季节施工方案	项目经理部	项目总工程师	2005.5.1